RENEWALS 458-4574
DATE DUE

WITHDRAWN
UTSA LIBRARIES

Sección de Obras de Ciencia y Tecnología

CRÓNICA AMBIENTAL

Comité de Selección

Dr. Antonio Alonso
Dr. Francisco Bolívar Zapata
Dr. Javier Bracho
Dr. Juan Luis Cifuentes
Dra. Rosalinda Contreras
Dra. Julieta Fierro
Dr. Jorge Flores Valdés
Dr. Juan Ramón de la Fuente
Dr. Leopoldo García-Colín Scherer
Dr. Adolfo Guzmán Arenas
Dr. Gonzalo Halffter
Dr. Jaime Martuscelli
Dra. Isaura Meza
Dr. José Luis Morán
Dr. Héctor Nava Jaimes
Dr. Manuel Peimbert
Dr. José Antonio de la Peña
Dr. Ruy Pérez Tamayo
Dr. Julio Rubio Oca
Dr. José Sarukhán
Dr. Guillermo Soberón
Dr. Elías Trabulse

MIGUEL ÁNGEL GIL CORRALES

CRÓNICA AMBIENTAL
Gestión pública de políticas ambientales en México

Fondo de Cultura Económica
Secretaría de Medio Ambiente y Recursos Naturales
Instituto Nacional de Ecología

Primera edición, 2007

Gil Corrales, Miguel Ángel
 Crónica ambiental. Gestión pública de políticas ambientales en México / Miguel Ángel Gil Corrales ; pról. de Adrián Fernández Bremauntz. — México : FCE, SEMARNAT, Instituto Nacional de Ecología, 2007
 559 p. ; 23 × 17 cm − (Colec. Sección de Obras de Ciencia y Tecnología)
 ISBN 978-968-16-7584-4

 1. Medio Ambiente — Políticas 2. Recursos Naturales I. Fernández Bremauntz, Adrián, pról. II. Ser. III. t.

LC H133315   Dewey 351.823 2 G589c

Distribución mundial

Diseño de portada: *Laura Esponda*

Comentarios y sugerencias: editorial@fondodeculturaeconomica.com
www.fondodeculturaeconomica.com
tel. (55) 5227-4672 Fax (55) 5227-4694

Empresa certificada ISO 9001:2000

D.R. ©, 2007, INSTITUTO NACIONAL DE ECOLOGÍA
Periférico Sur 5000, 04530 México, D.F.

D.R. ©, 2007, FONDO DE CULTURA ECONÓMICA
Carretera Picacho-Ajusco 227, 14200 México, D.F.

Se prohíbe la reproducción total o parcial de esta obra
—incluido el diseño tipográfico y de portada—,
sea cual fuere el medio, electrónico o mecánico,
sin el consentimiento por escrito del editor.

ISBN: 978-968-16-7584-4

Impreso en México • *Printed in Mexico*

A LOURDES
mi pequeño colibrí

[Las] cosas que comunalmente pertenecen a todas las criaturas que biven en este mundo son estas: el ayre, e las aguas de la lluuia, e el mar, e su ribera. Ca qualquier criatura que biva, puede usar de cada una destas cosas, según quel fuere menester.

Partidas, partida III, título XXVIII, ley III, *circa* 1290.

ÍNDICE

Prólogo 15

Presentación 21

Prescripciones 31
    Acerca de la gestión pública 31
    Hacia una gestión ambiental integrada 34
    Problemas de articulación 40
    Naturaleza de los fenómenos ambientales 44
    Los conflictos ambientales 46
    Puntos de encuentro 48
    Un problema de enfoque 51
    Planteamientos 53

  I. Perspectivas 59
    ¿Son dos partes o dos perspectivas del mismo problema? 59
    En la búsqueda de un paradigma ambiental . . . 61
    El manejo de los problemas ambientales 71
    El medio ambiente es un problema de percepción y de prioridades . 73
    Las políticas ambientales 82
    La legislación ambiental 90

  II. Gestión y política ambiental 98
    Panorama gubernamental 98
    La dimensión ambiental en las políticas públicas 128
    Institucionalización de la gestión ambiental . . 139

  III. Las instituciones ambientales 161
    La Secretaria de Medio Ambiente y Recursos Naturales 170
    Instituto Nacional de Ecología 179

Procuraduría Federal de Protección al Ambiente 187
Comisión Nacional del Agua 190
Consejo de Salubridad General 194

IV. EL SECTOR AMBIENTAL 197
    En proceso de definición 197
    Coordinación sectorial 203
    Ambiente sin fronteras 216
    Coordinación metropolitana 228
    Municipios y ciudades en conflicto 240

V. GESTIÓN INTERGUBERNAMENTAL 245
    El federalismo 249
    La región 255
    El municipio 259
    El problema de descentralizar 266
    Descentralizar para centralizar 271

VI. GESTIÓN PÚBLICA DE LAS POLÍTICAS AMBIENTALES 284
    En el marco de la administración pública 284
    A través de las estructuras de gestión 289
    De los procesos de planeación y programación 295
    Instrumentos de gestión 304
    Programas y proyectos interinstitucionales 310
    En la perspectiva del gasto 311

VII. INTEGRALIDAD DE LAS POLÍTICAS AMBIENTALES Y SU INTEGRACIÓN CON
LAS POLÍTICAS GENERALES DE DESARROLLO 319
    La integralidad del sector 319
    Integración de políticas 322
    Internalización de la política ambiental 331
    Internacionalización de la agenda ambiental 336

VIII. GESTIÓN AMBIENTAL ¿Y DESARROLLO SUSTENTABLE? 349
    Un estilo emergente de gestión pública 353
    Orientaciones en la política ambiental 360

Escenario previsto 363
Hacia un sistema nacional de gestión ambiental 367

IX. 30 AÑOS DESPUÉS, Y LO QUE SIGUE 370
Recapitulación 370
Paradojas ambientales 373
Nuevas perspectivas 376

X. UN DESARROLLO SUSTENTABLE CENTRADO EN LA CALIDAD DE VIDA . 398
El desafío 398
La calidad de vida 404
Planeación estratégica 409
Conclusiones 420

BIBLIOGRAFÍA 429

ANEXOS
[441]

CRÓNICA AMBIENTAL DE MÉXICO 443

PANORAMA AMBIENTAL 474

LEGISLACIÓN AMBIENTAL FEDERAL 492

LEGISLACIÓN AMBIENTAL EN LAS ENTIDADES FEDERATIVAS 511

ORGANISMOS AMBIENTALES EN LAS ENTIDADES FEDERATIVAS 514

ÁREAS NATURALES DE MÉXICO PROTEGIDAS CON DECRETOS FEDERALES . . 517

GLOSARIO. 527

PÁGINAS AMBIENTALES EN INTERNET 557

PRÓLOGO

Con frecuencia se nos olvida que las políticas ambientales son políticas públicas y que, en consecuencia, están inmersas en la incertidumbre de la globalización, en la inequidad de la macroeconomía, en el sistema corporativo de gobierno y en los problemas de la gobernabilidad. Consideramos que la naturaleza y, en consecuencia, los problemas ambientales, forman parte dialéctica del desarrollo de la humanidad, independientemente del uso irrestricto de sus recursos. A nadie escapa la importancia de los problemas ambientales, que se convierten en conflictos en la búsqueda de consenso y armonización de intereses, que no es otra cosa el sentido de la política en sus diferentes proyecciones. El marco gubernamental y, agregamos, las relaciones de la sociedad con la naturaleza, son el sustrato de la fenomenología ambiental en cualquiera de sus manifestaciones. No es, pues, el ambiente el protagonista del escenario, sino el escenario mismo; es decir, los sucesos ambientales no tienen un valor propio, intrínseco. El ambiente tiene el valor que la sociedad le otorga.

> La unidad de las "ciencias ambientales" no ha sido creada por las ciencias mismas, sino impuesta por la creciente conciencia del público sobre la amenaza planteada al medio por nuestras propias actividades [...] La ciencia de hoy refleja las actitudes de la cultura occidental hacia el mundo natural. Otras culturas perciben la naturaleza de modos diferentes, y necesitamos saber qué aspectos particulares de las tradiciones clásicas y judeocristianas dieron forma a los orígenes de esas áreas de estudio de las que nacieron las ciencias ambientales [...] Nunca hubo una sola cultura occidental unificada que sirviera de base para todo el pensamiento científico. Las diferencias de antecedentes religiosos, filosóficos y sociales siempre han tenido su lugar en el debate interpretativo de la naturaleza. [Bowler, 1998]

Aparte de la revolución conceptual del ambiente y su categorización positiva en la norma jurídica, el autor propone que el acontecer de la naturaleza es un asunto de Estado y no sólo un quehacer gubernamental en conflicto con intereses legítimos y en permanente enfrentamiento con la sociedad. Por esta razón, se deben abordar las políticas ambientales, sin olvidar su propia naturaleza, insertadas con firmeza en el contexto de la economía de mercado —de consumo de masas— y, por tanto, en la perspectiva internacional, y asimismo como catalizadores del ordenamiento económico y regional del país. En este sentido, la administración pública —y ahora la nueva gestión pública— requiere estrategias defensivas hacia el *exterior* y tácticas de combate a la degradación ambiental hacia el *interior* que le permitan cumplir un papel proactivo e interactivo en un proceso de globalización con alto grado de riesgo e incertidumbre.

En esta dimensión, el ambiente no puede concebirse tan sólo como un "asunto de gobierno", sino como un compromiso de responsabilidad compartida entre las fuerzas motrices del desarrollo y los grupos de presión para el cambio social. Por ello, la administración pública, como principal instrumento de gestión de las políticas públicas, conserva aún sus funciones estratégicas de promoción, fomento, conciliación y arbitraje del desarrollo nacional. Su estructura jurídica y administrativa, reitera esta obra, es una de las principales limitantes para asimilar la naturaleza de los fenómenos ambientales a la relación sustentable de la sociedad con la naturaleza y a la gestión adecuada de las políticas ambientales, hasta ahora asunto exclusivo del gobierno.

Es necesario entender que lo ambiental es una materia "difusa" que no pertenece a una sola disciplina del conocimiento ni su manejo puede encajonarse en sectores jurídicos o administrativos. Se habla de ecosistemas, pero nadie los ha clasificado, ni mucho menos delimitado; se emplea el término biomédico "homeostasis"* para explicar el equilibrio del ecosistema, sin éxito; se utiliza por igual el novedoso concepto de "metabolismo**urbano" como perspectiva de análisis de los procesos ambientales de la ciudad en desarrollo metropolitano, sin mayores alcances; con la misma facilidad se manejan por fragmentos los medios de contaminación ambiental (aire, agua, suelo, residuos y alimentos) sin considerar sus relaciones recíprocas ni su indivisibilidad. Las fronteras entre lo "renovable" y lo "no renovable" de los recursos naturales se pierde en una degradación ambiental cada vez más acelerada, desordenada y sin retroceso: eutroficación de lagos, pérdida de suelos, extinción de especies, contaminación

---

*"Conjunto de fenómenos de autorregulación que conducen al mantenimiento de la constancia en la composición y propiedades del medio interno de un organismo. Autorregulación de la constancia de las propiedades de otros sistemas influidos por agentes exteriores", DRAE, XXII edición.

**"Conjunto de reacciones químicas que efectúan constantemente las células de los seres vivos con el fin de sintetizar sustancias complejas a partir de otras más simples, o degradar aquéllas para obtener éstas", DRAE, XXII edición.

marina, contaminación de la estratósfera, pérdida de arrecifes, disminución de la disponibilidad de agua dulce, etc., cuyas posibilidades de recuperación se presentan a muy largo plazo, es decir, más allá de cálculos prospectivos. Por último, en esta perspectiva apocalíptica del ambiente, no hay acuerdo en los límites conceptuales de los bienes comunes,* lo que impide adoptar medidas de previsión en los fenómenos ambientales, cada vez más globalizados, e incorporar la reparación del daño ambiental como responsabilidad distinta en nuestro sistema jurídico.

La nueva gestión pública, por su naturaleza estratégica, ofrece la oportunidad de centrar objetivos gubernamentales hoy dispersos en la legislación, y en los planes y programas de desarrollo. El presente texto traduce la posibilidad de conciliar los objetivos de desarrollo sustentable con los de regulación y gestión de las políticas ambientales, en tanto se adopten perspectivas diferentes en la interpretación de los fenómenos ambientales y en su manejo sectorizado, jerarquizado y tendenciosamente conservador, con el fin de constituir un paradigma, como propone Leff, basado en las condiciones de un desarrollo endógeno, ecológicamente sustentable, socialmente equitativo, regionalmente equilibrado y económicamente sostenible. No obstante, la administración pública mexicana, conocida y organizada apenas a partir de los estudios de la Comisión de Administración Pública de 1966, instaló mecanismos, sistemas y procedimientos que brindaron un soporte más efectivo a la gestión pública, a los programas de gobierno y al fortalecimiento de un federalismo que comienza a consolidarse en un sistema de gestión intergubernamental corresponsable.

Se menciona con demasiada insistencia la necesidad de adoptar nuevas concepciones sobre la administración pública, a la que se declara burocrática, reglamentista e ineficiente sin considerar que la administración pública sólo es uno de los medios del Estado para cumplir con los fines establecidos en la Constitución Política de los Estados Unidos Mexicanos. Por tanto, toda calificación sobre su naturaleza, los medios que emplea o su eficiencia, es tendenciosa, reduccionista y carente de sustento salvo en sus aspectos instrumentales, que deben ser sujetos de un análisis cuidadoso por su inviabilidad. Los instrumentos de gestión pública, desde los legislativos, pasando por los administrativos hasta

---

The commons en inglés se refiere a los bienes que un grupo, comunidad o sociedad utilizan en común. En la bibliografía especializada es cada vez más frecuente la noción *los comunes*, por lo que, en general, conservamos esa expresión. En algunos casos, para dar más claridad al texto, *the commons* se traduce como *bienes comunes* (Ostrom, 2000).

la concertación de responsabilidades, son los que deberían adecuarse a las nuevas condiciones que impone el contexto económico, político y financiero internacional, en el que nuestro país desempeña un papel reactivo. Después de esto puede usarse indistintamente el término de gestión pública, gerencia pública o cualquier otro de moda.

Se responde asimismo a las exigencias del Fondo Monetario Internacional en cuanto al adelgazamiento* y desmonopolización gubernamental, desregulación de la economía, descentralización hasta la sociedad civil de facultades en exceso centralizadas en formas autoritarias de gobierno, exigencias que desconocen los parámetros históricos del desarrollo nacional y el valor de sus instituciones arraigado en sus tradiciones, al mismo tiempo que ignoran que las medidas propuestas para una reforma del Estado ya se adoptaron con mucha anticipación, con diferente ritmo y sentido en el ejercicio de un gobierno corporativo que, no obstante, rindió frutos en un modelo económico intervenido y protegido por el Estado durante 50 años, de 1925 a 1975, hasta que el desarrollo tecnológico, el reordenamiento de polos industriales, el comercio exterior en expansión, y, ante todo, el cambio de modelo económico impulsado por el Consenso de Washington en 1981, impusieron nuevas reglas del juego hacia la internacionalización de la economía y posterior globalización de los países miembros de la Organización Mundial de Comercio.**

Es muy probable que estas condiciones históricas se repitan en muchos países hasta hace poco clasificados como del tercer mundo y hoy considerados "emergentes" en la economía de mercado. Es por esto que la Organización para la Cooperación y el Desarrollo Económico*** les recomienda estrategias que interactúen en el foro internacional y al mismo tiempo respondan a sus propias necesidades. Pero no dice cuáles.

Un camino para hacer compatibles dimensiones aparentemente irreconciliables en nuestro país es *1)* conocer los puntos de encuentro de ambas dimensiones, *2)* determinar y consensar el efecto de nuestras necesidades y el alcance de nuestra respuesta, *3)* seleccionar y adoptar estrategias flexibles en su manejo jurídico y administrativo, *4)* diseñar mecanismos de internalización institucional de los trata-

---

*Eufemismo que designa la falta de intervención del gobierno en la regulación económica y social del país para dar libre juego a las fuerzas del mercado, defendidas por Adam Smith.
**Véase J. Stiglitz, *El malestar en la globalización*, Taurus, Madrid, 2002.
***Véase OCDE. *La transformación de la gestión pública. Las reformas en los países de la OCDE*, Madrid, 1997.

dos y acuerdos internacionales suscritos por el gobierno mexicano, y *5)* hacer partícipes y corresponsables a los gobiernos locales en la cooperación internacional.

En realidad el autor no propone cambios sustanciales en el diseño de políticas ambientales, pues equivaldría a construir un edificio sobre cimientos cuestionables, como considera que se ha estado haciendo. Lo que propone son enfoques y esquemas diferentes de gestión gubernamental de las políticas ambientales; analiza, y en ocasiones denuncia, múltiples inconformidades de diversos investigadores por las premisas falsas de que parten las políticas ambientales y el paradigma del desarrollo sustentable; asimismo, plantea dudas, vacíos y paradojas que habrían de aclararse para diseñar instrumentos de gestión ambiental congruentes con la realidad económica, política, social y cultural de nuestro país y su entorno.

Me complace exponer estas opiniones en momentos de tránsito acelerado de nuestro país hacia formas democráticas del ejercicio de gobierno que requieren, con mayor rapidez, estructuras de gestión ambiental que respondan tanto a los compromisos internacionales como a las demandas nacionales, pero también a las necesidades reales por lo general distorsionadas debido a la percepción siempre en conflicto de la sociedad respecto del medio ambiente. Es un requerimiento ineludible la participación de los gobiernos locales y la sociedad civil en el diseño y gestión compartidos y corresponsables de las políticas ambientales, así como el reordenamiento de las estructuras administrativas del gobierno federal.

¿Cuáles son las acciones sustantivas del gobierno federal en función del proyecto nacional contenido en nuestra Constitución Política?, ¿cuál es el pacto de la federación, entendida en sus tres niveles de gobierno, para cumplir de forma equitativa y corresponsable con las prioridades constitucionales?, ¿cuáles son las relaciones intergubernamentales idóneas?, ¿cuál es la responsabilidad de la sociedad? Sólo después de responder las preguntas anteriores estaremos en condiciones de definir el modelo de gestión pública más efectivo a través del cual arreglar los sistemas y procesos de la administración pública. Esto significa que antes de implantar modelos de gestión propuestos para otros contextos culturales, debemos resolver para el nuestro la lógica de Quintiliano:* "Qué, por qué, para qué, cómo, con qué, con quién, cuándo y dónde".

En el Instituto Nacional de Ecología nos planteamos las mismas preguntas y estamos empeñados en compromisos de investigación ambiental con resulta-

*El hexámetro de Quintiliano, precursor del método científico, fue desempolvado del siglo III por Gildardo Campero, hoy en día consejero del Instituto Nacional de Administración Pública, para la elaboración de su *Microanálisis administrativo*.

dos de corto plazo y previsiones de largo plazo en la gestión de políticas ambientales inmersas, como dice el autor, en un contexto turbulento con un elevado riesgo e incertidumbre para el desarrollo sustentable del país. La experiencia en el Instituto contribuyó a la formación de una masa crítica de investigadores y al conocimiento de los factores condicionantes y determinantes de los problemas ambientales, que aborda esta obra, y a la percepción cada vez más firme de que dichos problemas provienen del contexto socioeconómico, político y cultural de los países en cualesquiera de sus categorías de desarrollo, lo que amplía su perspectiva de análisis.

No puedo estar de acuerdo con todos los enunciados del autor de *Crónica ambiental*, pero tampoco tengo suficientes argumentos para estar en desacuerdo; por tanto, bienvenidas sus protestas.

ADRIÁN FERNÁNDEZ BREMAUNTZ
Presidente del Instituto Nacional de Ecología

PRESENTACIÓN

Estas notas se organizaron en su origen para cubrir las necesidades de información básica del curso de especialización en Gestión y Análisis de Políticas Ambientales, que imparte desde 1993 el Instituto Nacional de Administración Pública con el apoyo académico del Instituto Nacional de Ecología, sobre un tema de manejo cotidiano, aunque todavía desconocido: la gestión ambiental. El análisis jurídico-administrativo de las políticas ambientales del gobierno mexicano, en un periodo de cambios fundamentales en las relaciones económicas y políticas internacionales, llevó el estudio a planteamientos teóricos y metodológicos —que no se han investigado lo suficiente— y a conformarse en un ensayo sobre el contexto histórico y gubernamental de las políticas ambientales.[1]

El enfoque cronológico facilita la comprensión de un tema adjudicado al gobierno y que, por lo mismo, ha devenido en campo de batalla internacional en los últimos diez años a través del comercio exterior y de la percepción mundial de los problemas ambientales.

Hoy en día se menciona con demasiada facilidad la necesidad de adoptar modelos de desarrollo económico con sustentabilidad, sin considerar las enormes dificultades que implica el indispensable cambio de estilo de desarrollo tanto para los países muy industrializados como para los emergentes. Sucedió lo mismo con la naciente Organización Mundial de la Salud hace 57 años, al proclamar que la salud era un estado de completo bienestar físico, mental y social, lo que resultó inalcanzable aun para los países con mejor nivel de vida.[2] El modelo de bienestar

---

[1] Todo análisis sobre la gestión pública en materia ambiental que pretenda ir más allá de la mera descripción sin comentarios choca con la ineludible necesidad de hacer valoraciones, y éstas sólo se podrán hacer en torno al modelo de Estado y a la actitud de la sociedad frente a la naturaleza.

[2] En un intento por evitar el calificativo de "cicatera" o "pusilánime", la ORGANIZACIÓN MUNDIAL DE LA SALUD (OMS) propuso hace años una definición que desde entonces es canónica en todos los países: "la salud (del ser humano) es un estado de perfecto bienestar físico, mental y social, y no sólo de ausencia de enfermedad". Hermoso *desideratum*. Pero más que definición de un estado real del ser humano, ¿no son acaso esas palabras una falsedad y la proclamación de una utopía? (Laín Entralgo, 1984). La total bienaventuranza de la definición de salud de la OMS, ese estado de pleno bienestar más allá de la ausencia de enfermedad, no es terrenal sino celestial. Lo que la OMS define no es la salud sino la felicidad, el paraíso. No extraña que esta definición induzca a creer que la salud es algo estático y pretenda preservarla como una bola de cristal: intacta. El "silencio orgánico" que caracte-

que adoptaron múltiples países del mundo occidental a partir de la posguerra, lo que dejó al término del siglo XX fue un creciente malestar por las desigualdades entre países agrupados en tres mundos. En la década de los años sesenta, en el apogeo de la polarización de los bloques políticos y del modelo keynesiano de intervención del Estado en el desarrollo económico, se fomentaba la planeación para adaptar la producción a las necesidades de la sociedad o perfeccionar el uso de recursos escasos, mientras que ahora, en el cambio de siglo, se habla de la "construcción del consenso a través de una negociación de la acción pública".

Estas utopías marcaron la búsqueda de nuevos paradigmas de desarrollo. El paradigma de desarrollo sustentable, tan conocido en su concepción original y tan interpretado en tantos sentidos como reflejen las expectativas nacionales, difícilmente resolverá el conflicto entre la conservación óptima de los recursos naturales y su aprovechamiento racional en horizontes prospectivos (de muy largo plazo), y mucho menos en el marco de los procesos de globalización económica, política y cultural instalados desde los años ochenta e impulsados de forma vertiginosa en la década siguiente. Al contrario, apoyamos la idea de que el desarrollo sustentable será posible en tanto las políticas económicas sean idóneas con el medio. No es en las políticas ambientales donde se catalizarán las condiciones para un desarrollo con sustentabilidad en el uso de los recursos naturales, sino en la transformación del modelo económico que impone una sociedad de dominio y explotación de la naturaleza.[3]

No se ha definido una tercera vía, y aunque se perfilara, existe el temor de que siguiera los cánones de los países industrializados, como profetizó el Instituto Hudson hace medio siglo.[4] En cualquier senda y ante eventualida-

---

riza al estado de salud nunca es absoluto: siempre se relaciona con una circunstancia, una persona, una sociedad. *Bienestar* y *salud* no son sinónimos: la salud es un proceso activo de adelantos y retrocesos, de pequeños logros y de importantes trastornos (Lolas, 1997).

[3] El concepto de desarrollo sustentable *(sostenible* en su expresión original) sin duda trasciende los límites de la ecología y del pensamiento puramente ambientalista, y constituye de suyo un paradigma general que pertenece al ámbito de la ciencia económica. En esta esfera, la noción de desarrollo sustentable traduce una evolución marcada por el tránsito hacia la denominada "economía ambiental", que constituye la nueva frontera del pensamiento económico en nuestros días. En este contexto se considera que el desarrollo sustentable persigue tres objetivos esenciales: *1)* un objetivo puramente económico, la eficiencia en la utilización de los recursos y el crecimiento cuantitativo; *2)* un objetivo social y cultural, la limitación de la pobreza, el mantenimiento de los diversos sistemas sociales y culturales, y la equidad social; y *3)* un objetivo ecológico, la preservación de los sistemas físicos y biológicos (recursos naturales *latu sensu*) que sirven de soporte a la vida de los seres humanos (Juste Ruiz, 1999).

[4] El Instituto Hudson categorizó cuatro grupos de países de acuerdo con su nivel de ingreso per cápita y su producción industrial: postindustrializados, industrializados, en etapa de desarro-

des en la construcción de un nuevo orden económico internacional que arrastre a nuestros países, es posible prever un orden interno de relaciones intergubernamentales que permita presentar un frente único al contexto de desigualdades que provocan los nuevos sistemas en gestación. Todo indica que hay tiempo y posibilidades para hacerlo.

Las políticas de desarrollo sustentable necesariamente inciden en el estilo de desarrollo adoptado por los países de economía subordinada mediante la intervención en las prácticas de producción y consumo que tienden al aprovechamiento económico y de subsistencia de los recursos, y que afectan la calidad del ambiente y en consecuencia la calidad de vida de la población.

Según esta premisa, la estructura del trabajo se distribuye en un capítulo preliminar denominado "Prescripciones", con la doble intención de introducir y preceptuar, y diez partes: *1)* Aunque el análisis de perspectivas es fundamental para la orientación

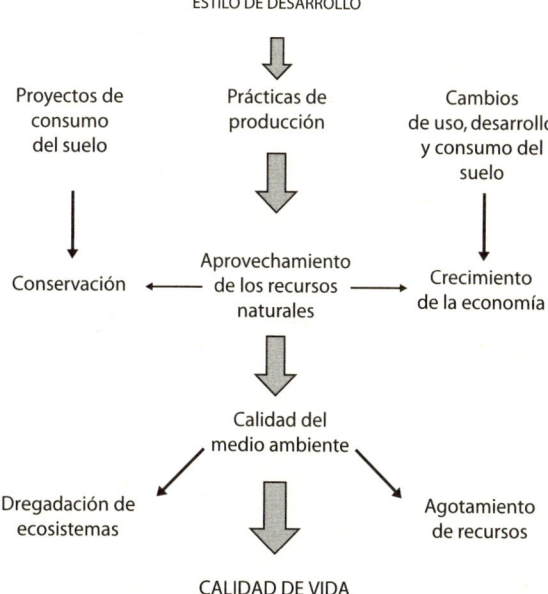

llo industrial y en etapa preindustrial, sin alterar el resto de variables del desarrollo, lo que significaba que conservarían siempre la misma distancia y, en consecuencia, el mismo nivel. Por fortuna para los países subordinados a esta escala rostowiana de desarrollo, tan de moda en la posguerra, la profecía no se cumplió.

del texto, se tratan sólo las que se refieren a la naturaleza de los problemas y políticas ambientales por lo que implica su manejo; *2)* la gestión y política ambientales se describen dentro de un marco gubernamental histórico mediante sus instrumentos administrativos; *3)* por instituciones ambientales nos referimos sólo a la Semarnat y sus órganos descentralizados y desconcentrados, así como al Consejo de Salubridad General; *4)* en cambio, el sector ambiental se describe con mayor amplitud, pues se incluyen seis dependencias con atribuciones ambientales, siete con atribuciones que inciden en las políticas ambientales y tres dependencias globalizadoras; *5)* abordamos la gestión intergubernamental como elemento de referencia fundamental del federalismo y de los procesos de descentralización, buscando la posición estratégica del municipio como agente catalizador del desarrollo regional; *6)* retomamos la gestión pública de las políticas ambientales, ahora por conducto de sus instrumentos para la planeación y gestión ambiental, y *7)* para resolver los problemas de integralidad del sector y proponer criterios de integración de las políticas ambientales con las políticas generales de desarrollo, como punto toral de las estrategias gubernamentales para lograr un crecimiento con calidad; *8)* se analizan las perspectivas de una gestión ambiental para el desarrollo sustentable con base en las nuevas previsiones establecidas en el Plan Nacional de Desarrollo y en el Programa Nacional de Medio Ambiente y Recursos Naturales 2001-2006; *9)* las observaciones sobre lo acontecido en los últimos 30 años y el análisis de algunas paradojas dan cabida a reflexiones y observaciones de interés, ya señaladas en los capítulos anteriores, con la intención de esbozar las posibles acciones pertinentes, y también pretenden extraer los puntos críticos del desarrollo de la gestión ambiental, y plantear las bases y opciones de una nueva gestión pública de las políticas ambientales; *10)* finalmente, regresamos al desarrollo sustentable ante la posibilidad de reorientar su enfoque hacia la calidad de vida por medio de una planeación estratégica determinada en sus ejes de análisis para el sector público.

No se menciona, ni siquiera tangencialmente, la teoría del caos para explicar la naturaleza tan compleja y aleatoria de los fenómenos ambientales en esta perspectiva y justificar, en consecuencia, la imposibilidad de su regulación y gestión por parte de las estructuras gubernamentales.[5]

> El orden y estabilidad que pretende el Derecho no tiene asidero en la visión del mundo que ofrece la ciencia contemporánea, para la cual el orden es algo excepcional y la

---

[5] "Teoría del caos" y "ciencia del caos" no son frases habituales en los investigadores que trabajan en estos campos. Ellos prefieren designar su área como dinámica no lineal, teoría de los sistemas dinámicos o, más modestamente, como métodos de sistemas dinámicos (Hayles, 1993).

regla es el caos. La certidumbre que exige el Derecho como regla de sus enunciados normativos y juicios de conducta es un valor escaso en el discurso de la ecología, más afín a la incertidumbre, más próximo a las preguntas que a las respuestas ciertas. [Borrero, en Leff, 2001]

Tampoco se aborda la gestión ambiental en el marco de los supuestos de la globalización —lo que sugieren los acontecimientos económico-políticos de los últimos veinte años— porque significaría enfocar el estudio a partir del análisis de la naturaleza y la internacionalización de la agenda ambiental, del objeto y el desarrollo de las políticas ambientales en la perspectiva de la economía neoclásica,[6] y ahora el manejo de lo público en la economía de mercado, lo que no ha sido el propósito (el análisis histórico de las políticas ambientales de nuestro país, en tanto dependiente, nos daría una crónica de la expoliación).

La bioeconomía de Georgescu-Roegen (1971) desarrolló una crítica radical a la economía desde la perspectiva de la segunda ley de la termodinámica. De allí emerge la concepción del proceso económico como una transformación productiva de masa y energía sujetas a la degradación irreversible de energía útil (que se manifiesta en última instancia en forma de calor) de todo proceso metabólico y productivo. Este ineluctable proceso de degradación de la energía, magnificado por el ritmo acelerado de crecimiento económico, se manifiesta en el calentamiento global del planeta por la creciente producción de gases de invernadero y la disminución de la capacidad de absorción de bióxido de carbono, debida a los procesos de desforestación, lo que lleva a la muerte entrópica de la vida en la Tierra. [Leff, 2000]

Algunos planteamientos de este texto son fundamentales para diseñar mecanismos ambientales idóneos en el comercio exterior y anticipar los posibles efectos globales de los problemas ambientales. Asimismo, darían un marco de referencia más seguro para identificar los factores determinantes en la integración de las políticas ambientales a las políticas de desarrollo nacional, regional y microrregional, y sus implicaciones en:

---

[6] La economía neoclásica explica que el deterioro ambiental se debe a los efectos negativos externos de las actividades económicas que se producen por fallas en las regulaciones; por ejemplo, que los sistemas legales todavía consideren los recursos naturales bienes que no son propiedad de nadie pero que todos tienen derecho a usar (González Márquez, 2002).

a) las relaciones intergubernamentales entre la federación, las entidades federativas y los municipios,
b) la distribución de competencias ambientales entre los niveles de gobierno,
c) la articulación local y regional de la acción pública federal,
d) la inserción de México en la cooperación internacional y
e) el papel de la denominada sociedad civil en la gestión ambiental.

En las limitaciones que nos impusimos, el estudio se restringe al análisis sinóptico de los principales acontecimientos que influyeron, si no en la definición, sí en la conducción de las políticas ambientales, en el supuesto de que éstas se hayan originado por circunstancias propias del desarrollo nacional, o adoptado como exigencias de un concierto internacional en cuya partitura no intervenimos. En cualquier forma, partimos de la hipótesis de que las políticas ambientales son reactivas ante factores exógenos a nuestras directrices de desarrollo pautadas en la Constitución Política. A partir de esta premisa, las variables del comportamiento institucional estarán subordinadas a las políticas públicas dictadas por el gobierno federal en torno a sus compromisos internacionales, sobre todo relacionados con el comercio exterior y organismos financieros, así como a las estrategias de desarrollo, en especial las vinculadas con la reforma del Estado que tienden a la modernización y al redimensionamiento de su papel en la economía nacional; de ahí la importancia de la dimensión ambiental en los tratados comerciales y los planes de desarrollo regional.

Sin embargo, los apuntes históricos y las reflexiones que concitan parten del "entorno" del ambiente, plagado de contradicciones y dilemas en el contexto económico, político y gubernamental, en especial en el marco jurídico administrativo de la gestión pública, donde encontramos obstáculos hasta ahora insalvables para lograr un desarrollo sustentable.

Diseñar sistemas de gestión pública de políticas ambientales en respuesta a la preocupación que planteó hace 12 años Luis Aguilar:

> ¿Cómo realizar las funciones del Estado, en particular sus funciones económicas y sociales, en el nuevo contexto de una sociedad más democrática, plural, abierta, informada y participativa, en la que el gobierno queda sujeto al control del voto, de la opinión crítica y de la exigencia de rendir cuenta pública de sus actos, y en la que las decisiones de gobierno están además restringidas por los contrapesos de otros poderes del Estado, por las libertades individuales constitucionalmente garantiza-

das, por la capacidad de organización e iniciativa de los grupos sociales para promover autónomamente sus intereses, por el buen conocimiento que ciudadanos y organizaciones poseen de sus problemas particulares y de los asuntos públicos [...]? [Aguilar, 1992]

Consideramos que la perspectiva histórica y contextual del análisis de los acontecimientos ambientales puede ofrecer una respuesta.

Así, el trabajo se articula sobre los siguientes parámetros:

- la naturaleza de los fenómenos ambientales: multidimensional, contextual, multicausal, transdisciplinaria, transectorial, con efectos de corto, mediano, largo y muy largo plazos;
- la percepción reduccionista, inmediata, personalizada y dispersa de los problemas ambientales;
- el paradigma ambiental conservacionista y economicista, orientado al desarrollo sustentable sin modificar los estilos de desarrollo;
- la sustitución abrupta de un sistema corporativo de gobierno que brindó crecimiento económico, desarrollo social, estabilidad política e identidad nacional durante 75 años por un modelo de gestión gubernamental sustentado en parámetros económicos, políticos y financieros internacionales aún sin reconocimiento en el desarrollo institucional de la administración pública;
- el cambio de relaciones intergubernamentales: de una autoridad inclusiva, dependiente y jerárquica a una autoridad compartida, interdependiente y negociada;
- la transformación de una administración pública burocrática a una "nueva gestión pública" sin acondicionar su estructura jurídica ni adecuar sistemas, mecanismos e instrumentos de gestión, fuertemente internalizados en la administración pública;
- la incorporación de tratados internacionales *(hard law)* en el sistema jurídico interno sin la debida preparación para recibirlos;
- la adopción indiscriminada de compromisos internacionales mediante mecanismos de *soft law;*
- la integración aleatoria de elementos en el sistema organizativo de las dependencias federales;
- la disociación del marco legal con el administrativo y programático en la organización y funcionamiento de las dependencias y

- la incertidumbre jurídica en la titularidad de los derechos de propiedad, sea privada, pública o colectiva, en materia de recursos naturales, de bienes comunes y de servicios ambientales.

Queda planteada una segunda tarea de reseña y análisis en campos específicos, como la gestión de la calidad del aire, administración ambiental del agua, gestión ambiental de residuos, regulación ambiental de la industria y de zonas costeras, desarrollo urbano sustentable, gestión ambiental de la biodiversidad y de áreas naturales protegidas, así como en diversos instrumentos para la gestión de políticas públicas en materias estratégicas del ambiente: ordenamiento territorial, análisis y evaluación de riesgos ambientales, estudios de impacto ambiental, manejo social de riesgos ambientales, sistemas de información, investigación aplicada y desarrollo tecnológico, educación y capacitación ambiental, y mecanismos de regulación jurídica y administrativa de las políticas ambientales. Es evidente que el análisis de estos campos e instrumentos requieren la participación conjunta de sus conocedores.

No es posible comentar temas sobre gestión y política ambiental en México sin acudir a la investigación señera de Alejandro Carrillo Castro en materia de la administración pública mexicana; a los estudios magistrales de Victor Urquidi sobre gestión ambiental de las políticas públicas, en el marco de la globalización y la posición gubernamental de los países emergentes; de Raúl Brañes y José Juan González Márquez sobre sus perspectivas innovadoras en el derecho y la legislación ambiental; de Enrique Leff en torno a su inagotable fuente de investigación epistemológica, metodológica y conceptual de los fenómenos ambientales y sus presupuestos interdisciplinarios; de Sergio López Ayllón por sus investigaciones sobre las expectativas sociales frente al derecho y la función de las instituciones jurídicas en el conjunto del sistema social; y a Enrique Cabrera con sus estudios de avanzada en las relaciones intergubernamentales y transferencia de facultades. Ellos son en tal caso los generadores de ideas, conceptos y prácticas que alimentaron los planteamientos del presente trabajo.

He de agradecer al Instituto Nacional de Ecología, hasta ayer rector incomprendido de las políticas ambientales, y al Instituto Nacional de Administración Pública, hasta ahora catalizador de capacidades gubernamentales, la información y apoyo brindados, y ante todo la oportunidad de compartir experiencias y de recibir estímulos, orientación y consejos de académicos y funcionarios públicos (me resisto a considerarlos servidores) como Adrián Fernández Bremauntz, Victor

Hugo Páramo, José Juan González Márquez, Vladimir Pérez Mar, Arturo González, Jorge Apáez, y en especial a Tere Brito y Magil Cárdenas, quienes cargaron con la mayor parte del trabajo.

MIGUEL ÁNGEL GIL CORRALES
Instituto Nacional de Administración Pública
México, septiembre de 2006

PRESCRIPCIONES

> Demasiado fatal es la localidad de la ciudad de México al lado de los lagos de Chalco y Texcoco, situada en un lugar pantanoso, rodeada de acequias y ejidos de la misma naturaleza. Los miasmas que de estos sitios se desprenden son bastantes para infectar su atmósfera.
> *El Fénix de la Libertad*, núm. 24, 21 de enero de 1833; tomo II

Acerca de la gestión pública

La Administración, *mencionada con nostalgia*, fue el timón del desarrollo industrial y empresarial durante el siglo XX como sostén de una "economía del bienestar" y del ahorro en trance hacia una economía de mercado y alto consumo. En el mismo lapso, la administración pública, *mencionada con nostalgia anticipada*, adopta sin adaptar los principios fayolianos y la metodología tayloriana para construir, al menos en nuestro país, un edificio administrativo sostenido por un sistema corporativo de gobierno que comienza a desmoronarse y no encuentra caminos de reintegración. Después de un siglo de utilizar sistemas y procedimientos trasplantados, sobre todo y de forma indiscriminada, a partir de la administración de la producción de bienes y servicios al quehacer gubernamental, la administración pública empieza a entenderse como gestión pública con la pretensión de incorporar estrategias para lograr "sistemas y procesos de clase mundial" y "servicios de calidad al cliente"

> El surgimiento de la administración pública como disciplina favoreció la adopción inmediata de los principios de Taylor por dos razones muy convincentes. En primer lugar, la administración pública carecía de sustento teórico propio, ya que sus principios y métodos venían de la ciencia política y del derecho [...] En segundo lugar, los principios básicos de la administración pública como subcampo de la ciencia política: ética, participación, democracia, equidad y respeto de la norma, entre otros, tenían una connotación distinta a los principios de la administración científica, como eficiencia, eficacia y productividad. En este sentido, la separación con respecto a la ciencia

política constituyó un terreno propicio para que la administración pública empezara a adoptar nuevos valores. [Lhérisson, en Lynn y Wildavsky, 1999]

En este cambio de paradigma, la Organización para la Cooperación y el Desarrollo Económicos promueve entre sus países miembros un modelo de gestión gubernamental centrado en procesos competitivos en un contexto cambiante, que pueda realizar una administración por resultados mediante el control de gestión y la evaluación del desempeño por medio de estándares e indicadores. El modelo exige programas eficaces con una definición clara de objetivos y delegación de responsabilidades; análisis de costos y beneficios de los programas y políticas públicas; rendición de cuentas, tanto en el desempeño como en la base de costo y en los resultados; medición de la calidad de los servicios públicos y consolidación de un sistema de incentivos y sanciones; y que además pueda responder a una fiscalización parlamentaria mediante evaluaciones multianuales y de auditorias. Por su parte y simultáneamente, el Banco Mundial impone en sus mecanismos de crédito y asistencia técnica: el establecimiento de un ordenamiento jurídico idóneo para sus políticas de promoción de la economía de mercado; el mantenimiento de un entorno de políticas no distorsionantes, incluso la estabilidad macroeconómica; orientar la inversión pública hacia servicios básicos e infraestructura tendente a la protección de grupos vulnerables; la defensa del ambiente mediante instrumentos de comando y control; el encauzamiento de la opinión pública como partícipe de las políticas ambientales; el uso de mecanismos autorreguladores, en particular en el sector productivo; e instrumentos eficaces y basados en el mercado.

En el reordenamiento de los países del segundo y tercer mundos hacia una economía de mercado surgen medidas de ajuste condicionadas por el Fondo Monetario Internacional e instrumentadas por el Banco Mundial, algunas denunciadas hace poco por Joseph Stiglitz debido a sus desastrosas consecuencias, que se traducen en la reducción del tamaño y acción del gobierno; en la privatización de empresas públicas; en la desregulación jurídica y desmonopolización económica del Estado; en la descentralización de facultades a los gobiernos locales y *empowerment* de la sociedad civil; así como en una estricta disciplina del gasto público por conducto de recortes presupuestales. En estas condiciones, esquemáticas para los países dependientes, se genera un escenario de preocupación por el futuro y las condiciones de incertidumbre en el arreglo político, económico y financiero, y asimismo por la adaptación de las formas y modos de producción a los nuevos requerimientos del mercado. Se construye de esta forma un nuevo paradigma económico en donde la administración pública se concibe como instrumento de gestión, cuyo funcionamiento requiere herramientas de planeación estratégica y un nuevo estilo gerencial, guiado por una misión y orientado hacia el mercado exterior.[1]

En esta coyuntura histórica, los países económicamente vulnerables como México incorporan estos elementos en programas de modernización administrativa sin el conocimiento ni las adaptaciones necesarias en la base jurídica, en la práctica administrativa ni en los sistemas y mecanismos de relación intergubernamental; con parámetros de calidad total alrededor del "cliente" *(total quality management), accountability, empowerment, compliance* y *enforcement,*[2] y por si fuera poco, en términos de eficiencia, eficacia, efectividad, equidad, congruencia, calidad, honestidad, confiabilidad, adaptabilidad, flexibilidad, legitimidad y solidez. Con esta complicada receta, lo único que se ha adoptado es un paradigma efímero que pretende sustituir o que tan sólo se agrega al anterior modelo burocrático.

Desde la óptica con que se emprendió la reforma de los últimos años, se trataba de lograr el retiro del Estado de la actividad económica y de anular su papel protagónico y omnipresente como conductor del desarrollo, justamente porque ese papel se había pervertido. Además, México debía iniciar ese tránsito para mantener su viabilidad como país en un nuevo entorno globalizado. Pero nunca se planteó ni mucho menos se debatió o se sometió a un consenso la segunda parte del proceso: ¿A quién había que traspasar esa enorme dotación de poder que perdería el Estado? [Aburto, 1996]

El sistema económico ha cambiado y se encuentra trastocado. Del nacionalismo protector de empresarios y trabajadores, se ha pasado sin escalas al cosmopolitismo de mercados abiertos con cesión acusada de la soberanía del país. Con ventajas y problemas, casi todo se ha desregulado y casi todo se ha privatizado para formar nuevos lin-

---

[1] A pesar de lugares comunes muy recurrentes donde se proclama una supuesta crisis del paradigma económico neoclásico debido a una supuesta incompetencia para asumir los desafíos del desarrollo sustentable, puede verse que la economía y los economistas han estado aproximándose, por diversos caminos, a la definición de las condiciones de sustentabilidad económica desde hace mucho tiempo. Que no nos extrañe, por tanto, que, hoy por hoy, la economía se vaya convirtiendo en una de las más importantes vetas de interpretación de los problemas ambientales y de formulación de políticas públicas para enfrentarlos (Quadri, 1994).

[2] No es posible traducir literalmente los términos sin cometer serias omisiones o desviaciones a su interpretación original. "El nuevo manejo público es una transdisciplina anglosajona en idioma inglés para la cual muchos países no tienen traducciones adecuadas, ni mucho menos fórmulas racionales de recepción y adaptación críticas. Se trata de una transculturación que opera sin adaptaciones, como una mera adopción que se asume sin ajustes, y no contempla acondicionamientos idiomáticos a la legislación vigente del país receptor" (Guerrero, 2003).

deros entre Estado y empresariado. El proteccionismo ha cedido el campo a la estrategia de competir y crecer hacia fuera. De ser vía sospechosa de dominación y de expoliación, la inversión extranjera ha pasado a considerarse la tabla de salvación de la modernización productiva y del estrangulamiento externo. Se rechaza la reglamentación estatal, la ingeniería social; se confía en la sabiduría de los mercados y del hombre económico y sus empresas para resolver a la vez los problemas del crecimiento y de la equidad. La competitividad y la eficiencia se han convertido en los valores más altos de la vida económica. [David Ibarra, en Grupo Vallarta, 2004]

Como veremos adelante, a raíz del debilitamiento del sistema corporativo de gobierno y de la recomposición de las fuerzas motrices del mercado internacional, nuestro país necesita estructuras emergentes[3] de gestión pública en especial en materias difusas y de alto valor estratégico para el crecimiento económico sostenible y socialmente sustentable, como energía, ambiente, salud pública, turismo y desarrollo urbano. Pero además de estructuras emergentes, requiere una gestión integral e integrada de manejo horizontal, es decir, de acción intersectorial y transectorial que concilie los conflictos generados por el enfrentamiento de políticas económicas con el ambiente en la dimensión regional.

Hacia una gestión ambiental integrada

La política ambiental mexicana, con sus instrumentos de gestión, sean legislativos, económicos, territoriales o administrativos, es de inspiración internacional: la primera ley ambiental, la Ley Federal para Prevenir y Controlar la Contaminación Ambiental de 1971, se origina alrededor del Congreso de Founex y de la Conferencia de Estocolmo; la Conferencia Hábitat impulsó las reformas constitucionales que establecieron las bases para la legislación y la planeación urbana de 1976. La segunda, la Ley Federal de Protección al Ambiente de 1982, fue coincidente con las directrices ambientales producto de la Declaración de Nairobi —sesión especial del Consejo de Gobernadores del Programa de Naciones Unidas para el Medio Ambiente (PNUMA)—, así como con prioridades nacionales en torno al desarrollo urbano y regional. La tercera, la Ley General del Equilibrio Ecológico y Protección al Ambiente de 1988, surge al amparo de la Comisión Brundtland

---

[3] Estructuras emergentes porque escapan a la forma tradicional de organizar y operar instituciones públicas, de corte fayoliano, de inspiración tayloriana y aspiración fordista.

y del contexto preparativo de la Cumbre de la Tierra. Las reformas legales en materia agraria, de aguas, bosques, pesca, minería, bienes nacionales, asentamientos humanos y normatividad de 1992 son el cimiento del Tratado de Libre Comercio de América del Norte.

En la década de los años setenta, la necesidad de ordenar el desarrollo urbano y el impacto territorial de las zonas metropolitanas removió el interés gubernamental de intervenir en el desarrollo regional que atendía con enfoques sectoriales la Secretaría de la Presidencia. La expedición de la Ley General de Asentamientos Humanos en 1976, y la consiguiente creación de la Secretaría de Asentamientos Humanos y Obras Públicas (SAHOP), abrieron la posibilidad de incorporar las medidas de protección ambiental al desarrollo urbano. Las autoridades de la Subsecretaría de Mejoramiento del Ambiente (SMA) no aprovecharon esta infraestructura para definir su estructura administrativa, y tampoco lo hizo la Comisión Intersecretarial de Saneamiento Ambiental (CISA), creada en 1978 precisamente para coordinar programas intersectoriales. Esta circunstancia seguramente influyó para que en el diseño de la Secretaría de Desarrollo Urbano y Ecología (Sedue) no se previeran mecanismos de integración de la Subsecretaría de Ecología, por lo que corrió con la misma suerte que la SMA en cuanto a desarticulación institucional.

La formación del sector ambiental en torno a conceptos tan abstrusos como "ecología" y "saneamiento"[4] abre perspectivas transdisciplinarias que no se definieron con claridad en políticas públicas por conducto de disposiciones legislativas, de estructuras integradas de gestión o de programas de participación multidisciplinaria. Lo que sucedió fue un parcelamiento de la gestión ambiental con enfoques sectoriales que provocó conflictos de competencia entre las instituciones involucradas y desconcierto en las entidades federativas. El saneamiento es componente sustantivo e imprescindible del Código Sanitario, de la Ley General de Salud y de las tres leyes ambientales. Al igual que el término "salubridad", se maneja en forma repetida en los instrumentos legales aunque de manera diferente en los reglamentos interiores de las dependencias responsables. Todo indica que se desconocen sus significados. Salvo en materia de calidad del agua, se insiste en considerar el saneamiento una política ambiental prioritaria... ¿para qué? La CISA ilustra el concepto de "limpieza" con que maneja el saneamiento. Este enfoque de hecho soslaya la importancia de la pre-

---

[4] Actividades cuyo propósito es establecer ciertas condiciones sanitarias en el hábitat de los seres humanos, que se estiman indispensables para la protección de su salud (Brañes, 2001).

visión y prevención en los fenómenos ambientales, y conduce al control de forma prioritaria y tardía.[5]

El diseño de programas y comisiones intersecretariales que exigen la participación de múltiples instituciones públicas y privadas muestra el instinto barroco que mueve a las organizaciones públicas, pues cumplen más con la forma y los medios que con los fines, y hacen de cualquier propósito, por simple que sea, una meta inalcanzable.

El panorama gubernamental, abigarrado en su desarrollo histórico, ha sido propicio para instalar instrumentos de gestión ambiental en la perspectiva sanitaria, pues la legislación y las acciones de protección sanitaria y mejoramiento del ambiente fueron insumos fundamentales para el desarrollo regional del país y para cumplir con políticas sociales que fueron exigencias primarias en la intervención del Estado en la vida del país durante la primera mitad del siglo XX. En adelante, la transformación del modelo de desarrollo en un contexto internacional turbulento cambió los parámetros en el diseño de políticas públicas, pero no se acompañaron de formas adecuadas de organización gubernamental compatibles con los agrupamientos de países en la economía mundial ni con las exigencias nacionales de nuevas formas de gobierno, y menos aún con la inercia del cambio acelerado hacia una economía de mercado a partir de la década de los años ochenta. El desconcierto en la gestión pública subsiste hasta la fecha, y la materia ambiental se ha convertido en un ingrediente indispensable que los distintos planes de desarrollo no han podido integrar mediante dispositivos jurídicos y administrativos adecuados.

A partir de la posguerra, la concepción administrativa de los procesos de producción se transforma en términos de calidad y gestión estratégica hacia el entorno de la empresa y los mercados internacionales, en vías de integración y en condiciones de elevada incertidumbre. Mientras tanto, los países europeos, los Estados Unidos de América y Japón, consecuentes con las políticas de reconstrucción y fomento económico, adoptan mecanismos de intervención gubernamental en el desarrollo con sistemas de planeación económica, y proyectan para los países latinoamericanos modelos de gestión pública centralizados, hegemónicos y dependientes, así como fuertes contradicciones entre las políticas de desarrollo nacional, las necesidades del desarrollo regional y los requerimientos de un desarrollo empresarial volcado hacia el comercio exterior y cada vez más comprometido en procesos de integración económica y política. La gestión ambiental en estas condi-

---

[5] El saneamiento sigue restringido a la gestión de la calidad del agua.

ciones ha sido reactiva a políticas ambientales que se expresan en instrumentos legislativos ineficientes y de difícil aplicación. La gestión ambiental responde por igual a un desarrollo institucional del sector público que hasta la fecha no la ha entendido y la ha incorporado como elemento extraño a su tradicional forma de organizarse y operar.

Al igual que en todo el mundo, la naturaleza de la materia ambiental dificulta ubicarla en una sola institución, por lo que la Ley Orgánica de la Administración Pública Federal la reparte en seis dependencias, para sectorizar o fragmentar así la gestión de las políticas ambientales. Más aún, sabemos que existen otras dependencias sin atribuciones ambientales que inciden estratégicamente en la situación del ambiente, en el equilibrio de los ecosistemas y en la calidad de vida de la población, lo que complica más una tarea de por sí compleja. Las instituciones ambientales son pues las encargadas de las políticas ambientales en tanto exista correspondencia de otras instituciones pertinentes del sector público y asimismo de la sociedad civil, que hasta ahora no ha asumido su parte de responsabilidad ambiental. Para esto último ya se acepta en muchos sectores que se requiere, primero, integrar la gestión pública gubernamental en sus tres niveles de gobierno; segundo, concertar con la sociedad civil; y tercero, responder de forma unificada al concierto internacional.

La Secretaría de Medio Ambiente de 1995 es resultado de una interpretación sectorial y no multifactorial de la política ambiental: al principio *sanitaria* (Ssa) y muy vinculada a los problemas de contaminación atmosférica de las ciudades, de cuerpos de agua superficiales y en consecuencia de los alimentos; luego *urbana* (Sedue), aunque disociada de las políticas ecológicas que surgieron en esta etapa; después *rural* (Sedesol), con la misión de fortalecer el desarrollo municipal impulsado por el Pronasol, aunque en esta ocasión con el INE y la Profepa como instrumentos de control de la degradación ambiental. En ningún caso es posible comprobar que la gestión ambiental modificase de forma determinante la situación ambiental del sector correspondiente.

Se advierte en retrospectiva que mientras el mundo occidental se veía empujado a adoptar el evangelio de la economía de mercado (según Stiglitz), nuestro país apenas se preparaba para intervenir en el desarrollo económico y social en forma planificada[6] (¿su obsolescencia estaba marcada de origen?). Extraña asimismo que la integralidad del sector y las políticas ambientales se buscase hasta 1995, con la

---

[6] Aunque el sistema de planeación ya se había instalado con la creación de la Secretaría de la Presidencia, en 1959, los procesos de planeación, programación y presupuesto sólo pudieron operar con la respectiva reforma constitucional y la Ley de Planeación de 1983.

creación de la Semarnap, y que su integración con las políticas económicas se prepararan hasta hace poco con la Semarnat, justo cuando los tratados de libre comercio se convierten en el mayor impedimento para las políticas de desarrollo sustentable. La organización actual de la Semarnat por objetos de gestión facilita la programación de acciones coordinadas y el entendimiento con los sectores privado, social e internacional, aunque requiere de transformaciones importantes en los dispositivos administrativos de la Secretaría de Hacienda y Crédito Público (SHCP) y la Secretaría de la Contraloría y Desarrollo Administrativo (Secodam)[7] para la asignación de recursos, la organización de las dependencias, el ejercicio del presupuesto, la vigilancia y el control del gasto público, que se manejan disociados y con criterios incompatibles con cualquier intento de modernizar la administración pública. En este sentido, la gestión estratégica del Plan Nacional de Desarrollo no se ha conciliado con los cambios indispensables, en algunos casos estructurales, que reclaman los sectores de la administración pública federal. En el sector público no es posible hacer cambios radicales "con lo mismo", y a veces con menos. La perspectiva de manejo por objetos ambientales tampoco cuenta con el soporte legal suficiente, como es el caso del sector primario, de la industria, del desarrollo urbano y turístico, y de la zona federal marítimo terrestre, lo que dificulta su gestión integrada. Además, cada uno de estos campos de actuación gubernamental "pertenece" a sectores diferentes con responsabilidades distintas de las dependencias a su cargo.

En estas condiciones, las instituciones ambientales, con atribuciones ambientales o incidencia ambiental, son los principales obstáculos para el desarrollo eficaz de las políticas ambientales, hasta que exista un marco jurídico y administrativo que permita la acción institucional conjunta por objetivos compartidos. Las delegaciones federales, desconcentradas de las dependencias participantes en la gestión ambiental, acentúan la desarticulación gubernamental, pues trabajan sin coordinar sus recursos ni compartir objetivos y funciones en el ámbito local.

La sectorización del quehacer gubernamental ha sido tradicional en la administración pública mexicana en el papel predominante que ha desempeñado el Estado en el desarrollo económico y social del país, regulado mediante diversos instrumentos de gestión, en especial la inversión pública federal, y en los últimos 22 años en forma planificada. Desde 1977, la Ley Orgánica de la Administración Pública Federal define administrativamente los sectores, y el sistema de planeación de 1983 los

---

[7] Convertida en Secretaría de la Función Pública.

lleva a los campos de la programación y asignación de recursos. El sector ambiental, con estas bases, se configura con dependencias y entidades de la administración pública federal y por diversos mecanismos de coordinación gubernamental que llegan a establecer concurrencias con otros niveles de gobierno, pero que por lo general no se incluyen en la conducción de las políticas ambientales del sector. Desde esta perspectiva, el sector ambiental tiene un alcance federal con implicaciones territoriales, y en este sentido, no difiere de las estrategias previstas en los planes nacionales de desarrollo anteriores.

La noción de sector ambiental en la práctica debería extenderse a los tres niveles de gobierno, pues así lo indican los términos de concurrencia de la LGEEPA. Sin embargo, aunque existiera la voluntad política de lograr la coincidencia y complementariedad de las acciones federales y locales, los instrumentos de gestión intergubernamental han demostrado no ser idóneos para lograr la compatibilidad, en gran parte por la naturaleza de los conflictos ambientales, que obedecen más a perspectivas intersectoriales y regionales que locales. Los asuntos ambientales no respetan fronteras jurídicas, políticas ni administrativas, y sin embargo se ven, con ingenuidad, como problemas de origen y manejo locales.

Queda pendiente en la agenda ambiental la definición del sector en el ámbito de las áreas metropolitanas y municipios, sobre todo en los que son sedes del gobierno estatal, en donde se presentan conflictos de competencias entre los niveles de gobierno local; y en los municipios marginados y en particular con asentamientos de población indígena. Esta incertidumbre se refleja con mayor intensidad en los municipios en proceso de metropolización y que no necesariamente están conurbados en los términos físicos de la Ley General de Asentamientos Humanos; así como en los municipios fronterizos y en los costeros con desarrollo turístico.

Es pertinente acostumbrarnos a distinguir entre el sector ambiental, que se limita al espacio de los tres niveles de gobierno, y la noción de sistema ambiental que abarca los procesos económicos, políticos y sociales del país. La filosofía del Plan Nacional de Desarrollo 2001-2006 se sustenta en elementos de participación ciudadana y de consenso con los actores de los escenarios económicos, políticos y sociales dentro de un sistema nacional de planeación "participativa" que pretende revertir la tradicional hegemonía del gobierno federal en un federalismo cooperativo y en una participación corresponsable de la sociedad civil en la formulación de políticas y gestión pública. De ahí surge la necesidad de constituir un sistema nacional de gestión ambiental. Sin embargo, pasada la consulta pública para la elaboración del Plan, no se advierten dispositivos permanentes para la participación interactiva entre los niveles de gobierno y la sociedad.[8]

Problemas de articulación

Las experiencias fallidas de los mecanismos de coordinación interinstitucional, como la Comisión Intersecretarial de Saneamiento Ambiental (CISA, 1978), el Instituto Sedue (Insedue, 1984) y la Comisión Nacional de Ecología (Conade, 1985) ofrecen lecciones interesantes para la formación del sector ambiental y el diseño de directrices en las políticas ambientales. La inserción de la gestión ambiental, primero como elemento inductor de la salubridad del hábitat humano, luego como parte imprescindible del desarrollo urbano, después como determinante del desarrollo regional y en adelante como sector especializado, se acompaña de estructuras administrativas subordinadas, desconcentradas e independientes, respectivamente, con programas formalmente integrados aunque en la práctica desarticulados de su contexto institucional y sectorial.

> La inserción de la gestión ambiental en la estructura administrativa del Estado —por lo general, en la administración central del Estado— se ha dificultado enormemente por la sectorización que caracteriza a esa estructura. En efecto, la gestión ambiental tiene una naturaleza eminentemente transectorial, que no guarda ninguna relación con los criterios de sectorización o subsectorización que han determinado la organización jurídico-administrativa del Estado. [Brañes, 2001]

Esta incongruencia es característica de la administración pública mexicana, que se acentúa por la naturaleza difusa de los fenómenos ambientales y la influencia creciente del comercio internacional. Las comisiones intersecretariales y los mecanismos de coordinación intergubernamental, previstos en la Ley Orgánica de la Administración Publica Federal y en la Ley de Planeación, han sido los con-

---

[8] La consulta pública se instala en los procesos electorales desde 1946, primero para conformar la plataforma política del partido en el poder, posteriormente para constituir el plan básico de gobierno y a partir de 1982 para alimentar los planes de desarrollo. En todos los casos ha sido evidente que los planteamientos, peticiones y reclamos de la población han construido mecanismos eficientes de concesión democrática y de legitimación del poder constituido, así como al acercamiento del *tlatoani* a las voces del pueblo. En ningún caso hemos advertido correspondencias con los planes de gobierno o con los planes de desarrollo.

ductos para el arreglo "horizontal" de materias difusas, como el ambiente, que requieren políticas públicas de corte transdisciplinario y prospectivo (lo que se antoja imposible sin cambios estructurales), además de los planes y programas sectoriales y regionales limitados por sus propios instrumentos de gestión. El sistema de planeación democrática y la Ley de Planeación establecidos en la Constitución Política desde 1983 no se han adecuado a las condiciones del país ni a las experiencias de una planeación del desarrollo nunca evaluadas y que en la actualidad padecen un proceso de desprestigio explicable y de cambio inexplicable hacia una nueva gestión estratégica.

No cabe duda de las enormes fallas en los procesos de planeación, programación y presupuestación, instalados con más formalidad que con posibilidades de reconocer y resolver los problemas fundamentales del país. La organización del sector público federal se instrumentó convenientemente con sistemas administrativos idóneos, pero los procesos de programación sectorial e institucional surgieron y se desarrollaron en forma paralela a las estructuras organizacionales, en ocasiones sin puntos de identificación; simultáneamente con la "renovación moral", el hincapié en el sistema de vigilancia y control del gasto público desatendió el resto, y en un plazo muy corto los nuevos mecanismos de la reforma administrativa se supeditaron a la administración de recursos humanos, perdiendo de vista los fines y la oportunidad de consolidar instrumentos de gestión para la planeación del desarrollo económico y social del país, en concordancia con la apertura de la economía mexicana al exterior que se preparaba en el mismo periodo de gobierno.

Los procesos de descentralización impulsados a ritmo desigual en los últimos veinte años no lograron o intentaron tocar las fibras más sensibles en la autonomía de la gestión local: la capacidad y vocación legislativa; la capacidad jurídica y técnica para intervenir en el uso del suelo y el ordenamiento territorial; la generación y disponibilidad de recursos financieros para el desarrollo compartido; una coordinación fiscal equitativa; una perspectiva regional del desarrollo; y la participación ciudadana informada y responsable.

Las relaciones intergubernamentales en nuestro país, de autoridad inclusiva, dependiente y jerárquica, están estrechamente vinculadas con un proceso de fortalecimiento del federalismo que no se ha aclarado lo suficiente, salvo en términos de gobernabilidad, y que a nuestro juicio implica no sólo la descentralización o desconcentración de facultades del gobierno federal, o el fortalecimiento de la gestión local, sino el impulso del desarrollo regional, como fue la característica fundamental de la intervención "intrusiva" del Estado desde el gobierno de Porfirio Díaz, aunque ahora con fuerzas motrices locales. Sólo de esta forma se podrá entender y hacer compatible la integración de los sectores de la administración federal en las entidades federativas y los conjuntos de municipios que forman parte de microrregiones.

> En los Estados Unidos, en Alemania, en Austria, en Suiza, en Canadá no se vive en estos momentos el federalismo clásico. Se le abandonó por ineficaz y por ingenuo. Pero en México, estamos empeñados en rescatar y en querer vivir un federalismo clásico que nunca ha funcionado. En México, tenemos pues, un doble problema; vivimos en un desequilibrio de fuerzas enormes entre la Federación y los Estados, y al mismo tiempo luchamos por perpetuar un federalismo clásico que nunca hemos vivido, y que precisamente por inoperante, condujo a ese desequilibrio. [Faya Viesca, 1998]

La experiencia adquirida en los últimos 25 años con los múltiples mecanismos emergentes de coordinación intergubernamental (inversión pública federal, convenios de desarrollo, Coplades, sistemas de coordinación fiscal, descentralización, Pider, Pronasol, Progresa, Procampo, etc.) muestra la debilidad instrumental dispuesta para fortalecer el federalismo. La participación corresponsable y efectiva de las autoridades locales y de la sociedad civil organizada no es sólo el requisito indispensable de un gobierno democrático, sino la condición *sine qua non* para lograr el ejercicio de una gestión ambiental integrada y sustentable, y al mismo tiempo un factor coadyuvante del desarrollo nacional.

El desarrollo regional ha sido el destino de la inversión pública federal y el elemento mas desconocido del sistema de políticas gubernamentales, pues ni siquiera ha constituido una estrategia de operación que diera congruencia a los procesos de planeación.[9] El centralismo, la distribución sectorial de la acción pública federal y la división política del país han impedido la concepción y el manejo regional del desarrollo económico y social; cualquier intento de regionalización quedaba automáticamente supeditado al sistema de gobierno establecido por la Federación. En consecuencia, cada sector ha transmitido sus propias políticas, objetivos y estrategias a las

---

[9] Cabe recordar que, desde 1951, el Banco de México encomendó estudios de planeación regional a Paul Lamartine Yates, que sirvieron de guía metodológica a las dependencias del gobierno federal para diseñar enfoques regionales en los programas a su cuidado, en especial en el sector agropecuario. En adelante, la Secretaría de la Presidencia, como órgano central de planeación, se organizó por sectores y regiones para realizar estudios consecuentes con el Plan de Acción Inmediata 1962-1964.

entidades federativas sin contemplar su diversidad municipal y su concepción multifactorial regional. Los instrumentos (convenios de desarrollo social) y mecanismos (sistema de coordinación fiscal) de gestión intergubernamental no han demostrado ser los elementos de cohesión del sistema corporativo de gobierno instalado desde 1925, menos aún en los sectores ya mencionados, como el energético, productivo, ambiental, sanitario, además del turístico y el urbano, que requieren un tratamiento transectorial.

Es necesario diseñar modelos diferenciados de desarrollo regional que permitan intervenir en forma integrada y sin conflictos de competencias, tanto la parte federal como la estatal y municipal, sobre todo en microrregiones que afectan zonas metropolitanas, fronterizas, costeras, deprimidas e indígenas, con la presencia ineludible de los sectores productivo, distributivo, social y académico, en función de programas de desarrollo regional consensuados. Los programas de descentralización han sido partes desarticuladas de las estrategias para la reforma del Estado, de ahí los alcances limitados del fortalecimiento de la gestión local y la nula perspectiva regional. Mientras que los planes de desarrollo nacional no intervengan de forma armonizada en los elementos constitutivos del Estado, sus presupuestos e intenciones seguirán formando parte de la retórica gubernamental.

La idea del municipio libre se incorporó a la Constitución Política de los Estados Unidos Mexicanos desde 1917. Han transcurrido 87 años y el municipio sigue supeditado a los poderes estatal y federal (autoridad inclusiva de Wright). Se han logrado algunos avances con la reforma política (el municipio ha sido objeto de nueve reformas constitucionales) y la instalación de un sistema nacional de planeación que permite la participación, aunque sea por consulta pública, de la mayoría de los 2443[10] municipios existentes. Sin embargo, las tradiciones culturales y las relaciones económicas de producción, frente a un mundo muy competitivo, dificulta el proceso de cambio social que ha requerido México y que seguramente necesitan los países de América Latina para responder digna y oportunamente a la confrontación de los grandes bloques hegemónicos. Ya no es sólo un problema de justicia y equidad democrática proveer recursos y servicios a las municipalidades. La humanidad sufre una transformación equivalente a la revolución del primer milenio y los países rectores de la economía mundial se están preparando para su advenimiento, mientras que los países dependientes de dicha rectoría se encuentran a la defensiva. Toda proporción guardada, la recomposición de fuerzas de presión internacional no es muy diferente a

---

[10] INEGI, *XII Censo General de Población y Vivienda, 2000: Resultados preliminares.* En 2000 se consideran siete nuevos municipios creados en Chiapas que no se incluyeron en los resultados preliminares.

la redistribución de sectores económicos, políticos, gubernamentales y sociales que necesita nuestro país para acomodarse idóneamente en situaciones de incertidumbre y de cambio acelerado. El municipio, en su perspectiva regional, adquiere en estas circunstancias un valor estratégico más importante aún que su gobernabilidad.

> Frente a la concepción de la historia previa, se han producido, al menos, tres rupturas que obligan a replantear toda la realidad actual y sus tendencias de futuro. Siguiendo a Giddens, éstas serían: primero, el ritmo de cambio; este ritmo es, hoy en día, tremendamente acelerado en comparación con épocas históricas anteriores, y esta aceleración hace más difícil la adaptación y la convergencia con las transformaciones sociales. Segundo, la discontinuidad en el ámbito del cambio; la interconexión producida por los avances en las telecomunicaciones y el sistema de transporte ha hecho saltar por los aires la posibilidad del aislamiento y ha generado la comunicación constante y reiterada con la consecuente globalización de problemas y soluciones, al menos desde una perspectiva teórica. Tercero, la naturaleza intrínseca de las instituciones modernas. Algunas formas sociales modernas, tales como el sistema político del Estado-nación o la dependencia generalizada de la producción a partir de fuentes inanimadas de energía y la completa mercantilización de los productos y del trabajo asalariado, simplemente no se dan en anteriores periodos históricos. [Villoria, 1996]

Naturaleza de los fenómenos ambientales

La naturaleza difusa, imprevisible y de largo plazo de los fenómenos ambientales rebasa los tiempos gubernamentales, su manejo sectorial y su capacidad de pronta respuesta a las expectativas de la población, lo que exige una instrumentación diferente de las políticas públicas en los tres niveles de gobierno, y la participación efectiva y corresponsable de la sociedad civil organizada. Requiere además una interpretación interactiva, más que reactiva, a la globalización de los conflictos ambientales. Por otro lado, el alcance transectorial de los problemas ambientales desvanece la división política-administrativa del país para localizarse en apartados regionales diferentes para cada uno de los medios ambientales: aguas superficiales y subterráneas, aguas costeras y aguas marinas, aire troposférico y estratosférico, residuos industriales y municipales, áreas naturales y ecosistemas, biodiversidad y vida silvestre, mismos que se traslapan y dificultan tanto en su manejo legislativo como en el administrativo.

Asimismo, es necesario reconocer también su naturaleza transdisciplinaria para comprender que los asuntos ambientales no pertenecen a una disciplina única de conocimiento, sino que se abordan desde una perspectiva multi e interdisciplinaria, por lo que, en consecuencia, tampoco tienen fronteras políticas, jurídicas ni administrativas. Los bienes comunes, recursos naturales y problemas del ambiente trascienden los limites convencionales del Estado, sean sectores o programas de la administración pública, formas de gobierno, niveles en nuestro caso expresados en gobierno federal, entidades federativas y municipios, o las mismas leyes que responden a una división problematizada de los fenómenos ambientales.

> Los bienes comunes son considerados "intereses sociales que por su falta de reconocimiento jurídico expreso, y derivado de ello, su escasa precisión en cuanto a su titularidad, identidad y alcances, han sido denominados por la doctrina como intereses difusos, difundidos o propagados, de grupo, colectivos, de sector, de categoría, sin estructura, anónimos, dispersos, o superindividuales, cuya característica distintiva es la existencia de una continua interferencia entre el aspecto individual y el colectivo". [Cifuentes, 2002]

Aún más, el ambiente invariablemente se mediatiza por los procesos industriales, comercio, consumo, etc., lo que implica que necesariamente afecta intereses y crea conflictos; en otras palabras, forzosamente los problemas ambientales se politizan.

Estas características generan confusión en la regulación y gestión de materias ambientales a cargo de las instituciones legislativas y gubernamentales, y sugieren perspectivas diferentes de organización, menos verticales y más horizontales; es decir, transectoriales. La naturaleza multidisciplinaria, transectorial, interrelacionada, multicausal y de alcance imprevisible de los problemas ambientales reclama una gestión estratégica selectiva en sus diversas materias, consensuada en los diferentes niveles de gobierno y con la sociedad civil, flexible en su desarrollo, y, ante todo, integrada con otras políticas públicas en materia de salud, energía, industria, comercio, agricultura, transporte, y desarrollo urbano y turístico. En este sentido, podremos hablar de agendas verde y café para distinguir sus componentes agregados en la pérdida de especies, deforestación, desertificación, degradación del suelo y desequilibrio de ecosistemas en la primera, así como problemas de contaminación del agua, aire, suelo, alimentos, vegetales, animales, del mar y de zonas costeras en la segunda, además de implicaciones de ambos componentes en el cambio climático, el enrarecimiento de la capa de ozono, la escasez de agua dulce, la pérdida de biodiversidad y los desastres naturales. Lo que no podemos realizar es una gestión integral e integrada de todos ellos sin tomar en cuenta el estilo de desarrollo del modelo económico que condiciona, determina o induce patrones degradantes de producción, distribución y consumo de bienes y servicios.

Los conflictos ambientales

La naturaleza de los fenómenos ambientales provoca diferentes interpretaciones según su efecto y la percepción de la población. Algunos autores y diseñadores de políticas públicas cuestionan la existencia de los problemas ambientales, y sostienen que un "problema ambiental" es una categorización por parte de la sociedad respecto de un fenómeno natural o un problema producto del desarrollo mismo. Por ello, dicen, es más conveniente tratar los problemas ambientales como conflictos humanos en relación con el ambiente, con el fin de buscar soluciones (conflictos socioambientales). En este sentido, la "gestión ambiental" es la búsqueda de soluciones a los conflictos ambientales compatibilizando las necesidades humanas con el entorno, y las políticas ambientales significan la selección óptima de opciones, conductas y prioridades en las acciones gubernamentales para tomar decisiones enfocadas al ambiente.

> En esta concepción, la problemática ambiental aparece como un proceso determinado por las formas históricas de uso, valoración y explotación de los recursos, sujetas al condicionamiento de la demanda externa de productos primarios que fue configurando a las naciones latinoamericanas como economías exportadoras, dependientes de las condiciones políticas y económicas del mercado internacional. Este proceso ha inducido modelos de urbanización y patrones tecnológicos para la extracción, cultivo y transformación de los recursos de nuestros países, que han destruido las prácticas tradicionales de manejo de las comunidades locales que mantenían una armonía con las condiciones del medio. A su vez, los efectos contaminantes y degradantes de la calidad ambiental impuestos por esta racionalidad productiva sobrepasan incluso a los generados en los países altamente industrializados. [Leff, 2000]

Dourojeanni (1990), investigador acucioso en este campo, sostiene que un conflicto ambiental es lo que cada individuo percibe como tal desde su particular punto de vista personal. Cada persona emite juicios sobre la base de sus conocimientos y la percepción de las situaciones que lo afectan; por lo tanto, mientras no perciba cómo lo afecta directamente un caso específico de deterioro del ambiente no lo considera un conflicto. Tampoco se da cuenta de lo que ocurre o no le preocupa si sus actividades afectan a terceros, menos aún si éstos no reclaman o no tienen la capacidad de impedirle que siga afectándolos. En general, son ambientales, a menos que tenga una formación especializada y la honestidad necesaria para reconocer, además, cuáles se deben a sus propias actividades.

La resultante de este enfoque indica que el ambiente es un asunto de percepción y prioridades determinadas por factores culturales, económicos y políticos. Ante todo, por el conflicto de intereses legítimos suscitados por el patrón tradicional de conservar los recursos y el imperioso requerimiento de explotarlos, aunque ahora, sustentablemente. El conflicto Norte-Sur sobre la agenda verde es muy ilustrativo. La naturaleza de los problemas ambientales se percibe de manera diferente en los países con un alto índice de sustentabilidad, casi todos asociados con la riqueza, frente a los países "depredadores" y contaminados, todos vinculados con la pobreza. Las orientaciones verde o café de la política ambiental, los instrumentos legislativos incluyentes o excluyentes, las medidas administrativas de alta o baja intensidad, albergan contenidos de indudables tintes ideológicos y políticos, y concurren hacia intereses económicos que predominan sobre los parámetros conservacionistas del medio.

Un hecho sorprendente es la disociación entre la magnitud del deterioro o daño ambiental que observan, describen y analizan los especialistas y la relevancia que adquiere en el plano de la conciencia pública y los programas gubernamentales para enfrentarlos. No existe una relación proporcional entre daño, conciencia y protesta ambiental, porque tampoco existe unanimidad en lo que puede considerarse objeto de preocupación ambiental. Los problemas ambientales no emergen a la escena pública en función de la amenaza real que representan ni en razón de su gravedad objetiva (Lezama, 2004).

La naturaleza de los problemas ambientales es entonces el factor condicionante y determinante del paradigma ambiental, construido de manera diferente por los diversos actores que participan en el escenario ambiental de acuerdo con sus perspectivas. El efecto global de problemas ambientales, como el enrarecimiento de la capa de ozono estratosférico, el aumento de temperatura del planeta, el desprendimiento de masas glaciares de la Antártida, el cambio climático, el efecto invernadero y muchos otros, se percibe de manera diferente a como se perciben los problemas ambientales que impactan las fronteras, y más aún, los que afectan internamente a los países. Este desconcierto hace de las políticas ambientales el elemento más incómodo del escenario económico, político y financiero internacional.

En el caso de México, la percepción legislativa de lo que entendemos por ecología y medio ambiente parte de la Constitución Política y de un foro internacional cada vez más agresivo por conducto de transacciones económicas, financieras y tecnológicas en conflicto con el ambiente y en confrontación con las políticas nacionales de desarrollo. Las políticas gubernamentales dirigidas al ordenamiento ambiental se encuentran en la disyuntiva de responder a las demandas de los grupos de presión y al mismo tiempo de reconocer y resolver las necesidades que en realidad plantean los problemas ambientales. En contraparte, la percepción pública de los problemas ambientales gira en torno al ambiente inmediato, para la conservación o aprovechamiento de los recursos naturales, y para su pronta respuesta a las medidas de regulación establecidas por la autoridad para la protección ambiental.

Adoptemos en esta situación como principio que el escenario ambiental es conflictivo por su propia naturaleza, y que la perspectiva sectorial y fragmentada adoptada en la legislación y en la administración pública es una limitante más para su análisis.

Puntos de encuentro

Durante siglos adoptamos la perspectiva lineal en el análisis de los fenómenos de la naturaleza, acorde con la visión del mundo y los principios de los maestros fundadores del paradigma científico moderno: Nicolás Copérnico, Galileo Galilei, Francis Bacon e Isaac Newton. La crisis ambiental que irrumpe en los últimos cincuenta años como subproducto inesperado del desarrollo industrial, las comunicaciones, la información y el conocimiento arroja enfoques sistémicos que empiezan a reconocer las profundas contradicciones en el manejo de los problemas ambientales:

Dilema 1: El aprovechamiento productivo de los recursos naturales frente a la obligación de conservarlos de forma sustentable hace que las políticas ambientales se traduzcan en paradojas en las cuales coexisten varias verdades contradictorias, según el punto de vista particular; además, el juego esencial no es sobre la búsqueda de la verdad, sino sobre la captura del significado más atractivo con metáforas, analogías, argumentaciones construidas estratégicamente y artificios retóricos (Villoria, 1996).

Dilema 2: Asimismo, el aprovechamiento productivo de los recursos[11] naturales, frente a las exigencias éticas de conservarlos en equilibrio dentro de sus ecosis-

---

[11] La denominación de "recurso" al elemento natural denota la intención de aprovecharlo económicamente.

temas y biodiversidad, constituye el paradigma de desarrollo sustentable tan difícil de lograr y cuyo manejo inadecuado puede conducir a una mayor desigualdad de oportunidades en el desarrollo de los países económicamente dependientes, y, en consecuencia, acentuar la brecha Norte-Sur.

Dilema 3: Una serie de conflictos cuya resolución requiere la cooperación multilateral, entre los cuales se encuentran los que pueden existir entre los países del Norte y del Sur, entre ambiente y desarrollo, entre prioridades nacionales e internacionales, entre generaciones presentes y futuras, y entre intereses individuales y colectivos (Ponce, 1995).

Dilema 4: Los derechos de propiedad de los recursos naturales, entendidos en términos de responsabilidad civil, penal y administrativa, entran en conflicto con la tutela jurídica de los bienes comunes, incluso los ecosistemas y la biodiversidad.

> La consideración del ambiente como bien jurídico exige que el orden legal distinga con claridad entre éste y los elementos que lo integran [...] es indispensable también que se reconozca el carácter colectivo de su titularidad [...] y que la reparación del daño ambiental amerite también la caracterización, por parte del ordenamiento jurídico, de la figura del daño ambiental como una institución diferente a la del daño civil. Para tales efectos, la legislación ambiental debe definir claramente lo que se entiende por daño ambiental distinguiéndolo de los daños civiles que por influjo de aquél, pueden trasladarse a las personas o sus patrimonios.[12] [González Márquez, 2002]

---

[12] La reparación de los daños ambientales no siempre es posible mediante la aplicación del sistema de imputabilidad de la responsabilidad, propio del derecho civil, por varias razones:

1) La mayoría de los daños que tienen esa característica no pueden imputarse a un solo individuo, sino a la sumatoria de varias conductas contaminantes imputables, por lo general, a varios;

2) los daños al ambiente pueden afectar individualmente la esfera de interés de una persona, pero sus efectos sobre el patrimonio colectivo son de mayor relevancia;

3) en la medida en que el ambiente no es apropiable, resulta difícil determinar a quién corresponde el derecho a demandar la reparación;

4) el carácter colectivo del daño ambiental complica todavía más la difícil tarea de establecer el vínculo causal exigido por los sistemas de responsabilidad civil;

5) el carácter incierto del daño ambiental pone en tela de juicio las reglas tradicionales sobre prescripción de la acción;

6) si se acepta que la restauración del estado previo al daño es la única forma de reparación a la que debe aspirar el derecho ambiental, no existen aún reglas para determinar cuándo se restauró el ambiente dañado; y

7) cuando no es posible la reparación *in natura*, resulta muy difícil determinar el valor del bien dañado, y con ello el monto de la indemnización (González Márquez, 2002).

Dilema 5: Por su parte, la naturaleza excesivamente compleja y difusa de los problemas ambientales, objeto de percepciones y valoraciones distintas, que en consecuencia provocan conflictos de intereses entre lo público y lo privado, y contradicción entre el discurso gubernamental y la realidad social, explica que por lo general las necesidades (problemas reales) no coincidan con las demandas (percepción de los problemas), y que se ajusten algunas prioridades de la agenda ambiental y obedezcan a motivaciones en apariencia ajenas a los conflictos ambientales.

Dilema 6: La conveniencia de adoptar mecanismos de prevención de la contaminación y de la degradación ambiental, que suelen requerir plazos muy largos, frente a la percepción pública de detener de inmediato sus efectos en la población y los ecosistemas, reciclan la incapacidad de los países con desarrollo económico subordinado para tomar decisiones idóneas y oportunas, y para contribuir a frenar los impactos globales de los fenómenos ambientales y, al mismo tiempo, resolver con oportunidad los efectos nacionales.

Dilema 7: La globalización creciente de los problemas ambientales, y, en consecuencia, la pérdida paulatina de perspectiva local, aumenta la tendencia a internacionalizar la agenda ambiental *vis à vis* la presión política nacional para fortalecer el federalismo y el desarrollo regional. En este balance, los problemas de percepción de la realidad ambiental se desvirtúan, determinan prioridades y demandas cada vez más alejadas de las necesidades reales y distorsionan el uso de recursos destinados al bienestar social, siempre escasos. Esta encrucijada, entre responder a las presiones de un concierto internacional que asume la responsabilidad de atender los fenómenos ambientales, por una parte, y resolver oportunamente los conflictos nacionales provocados por la degradación ambiental, por otra, se ha convertido en el dilema central de las políticas públicas.

Estos encuentros ponen en duda la viabilidad de las políticas ambientales centradas en actos de autoridad a través de mecanismos verticales de comando y control; cuestionan también la efectividad de estructuras piramidales, responsables de la gestión ambiental, sean dependencias o entidades de la administración pública federal y estatal, así como el acuerdo intergubernamental contemplado en nuestra Constitución Política, canalizado por el sistema nacional de planeación e instrumentado por planes, programas y mecanismos de coordinación; asimismo, la integridad y capacidad del municipio para atender y resolver los asuntos de su gobierno, centrados sobre todo en la salud de la población, el cuidado del ambiente, el uso del suelo y el desarrollo urbano. Estas contradicciones encaminan el tradicional *modus operandi* de la administración pública a la búsqueda de estrategias no previstas en los planes y programas de desarrollo ni en las estructuras administrativas: hacia un modelo de gestión interdependiente, por decisiones negociadas de autoridades traslapadas, como lo propone Deil Wright en su ya clásico estudio de las relaciones intergubernamentales; a la participación corresponsable de la "sociedad civil"; y hacia una concepción colegiada de las estructuras gubernamentales, para responder de forma participativa en el concierto internacional.

Un problema de enfoque

De Estocolmo a Río de Janeiro, las políticas ambientales se manejaron en forma independiente de las políticas de desarrollo. En las mismas políticas ambientales enunciadas en la época no había coincidencia entre las de prevención y control de la contaminación, y las de conservación y aprovechamiento de los recursos naturales. El esfuerzo del último decenio, de Río a Johannesburgo, se centró en la integración de políticas ambientales con las económicas en vista de un desarrollo sustentable, aunque sin romper ataduras jurídicas, económicas y financieras que, al contrario, se adaptaron o adoptaron para favorecer la entrada de los países emergentes a una economía de mercado cuyas transacciones no contemplan parámetros ambientales.

> La intervención del Estado en la gestión ambiental no ofrece un balance equitativo. La cooptación del discurso ambientalista ha sido muy lucrativa para el Estado: los partidos políticos y sus clientelas han ambientalizado su esclerosado discurso; sus patrocinadores empresariales y corporativos han enverdecido su imagen como gestores de la nueva contaminación sostenible; el Estado ha descubierto la gallina de los huevos de oro para captar recursos frescos en los centros de financiamiento multilateral; el poder, en fin, se ha desplegado en un territorio nuevo donde ejercer una renovada manipulación de la esperanza y la inocencia de las gentes. Al ambiente, en cambio, le ha ido muy mal, inclusive peor que antes. [Borrero, en Leff, 2001]

El marco de la administración pública, tanto en su organización como en su desarrollo institucional, determinado anteriormente a partir de la Ley de Secretarías y Departamentos de Estado y ahora por la Ley Orgánica de la Administración Pública Federal, ofrece una estructura muy densa para formular e implantar políticas y estrategias ambientales de corte horizontal (transectoriales) y vertical (federalistas) que responda a su vez a un concierto internacional más complejo y demandante.[13]

Los organismos de gestión pública, desde la Ssa y la Sedue hasta la Sedesol, no fueron congruentes con una gestión integral de las políticas ambientales. Con la Semarnap se abre la posibilidad de desarrollar una agenda para el desarrollo sustentable. El enfoque estratégico del PND 2001-2006, la estrategia intersectorial del Programa Nacional de Medio Ambiente y la organización de la Semarnat, desconcentrada en la agenda verde y centralizada en la agenda café, aumenta la posibilidad de sentar las bases orgánicas y funcionales para reorientar el desarrollo económico y social del país en términos de sustentabilidad y responsabilidad compartida entre los sectores gubernamentales.

Los elementos críticos de la gestión ambiental: acerca de la naturaleza transectorial del ambiente y los problemas que genera la sectorización administrativa de la acción pública federal; sobre sus relaciones reciprocas con las formas de producción y la necesidad de que pague el que contamine; así como la responsabilidad de la población en el manejo racional de los recursos naturales y en la preservación de la calidad del ambiente, ya habían sido previstos en el Programa Nacional de Ecología 84-88. Se contempló la estrategia intersectorial con 14 dependencias de la AFP, aunque no se instrumentó, en el Programa Nacional de Protección al Medio Ambiente 90-94. Esto significa que se conocen los segmentos coyunturales del sector ambiental, lo que implica que los obstáculos para desarrollar una gestión pública integral e integrada se encuentran en el sistema ambiental, es decir, en las vinculaciones de la acción gubernamental con el sector productivo, distributivo, financiero y social, y ante todo con la representación política de la sociedad civil.

Aunque el Programa de Medio Ambiente 1995-2000 rompe con la tradición de

[13] Es sólo hasta la segunda mitad del siglo XX cuando el enfoque jurídico tradicional de la administración pública comenzó a perder su capacidad para explicar un fenómeno cada vez más complejo. Se puede decir que el objeto de estudio de la disciplina no pudo seguir más en el "contenedor" y rebasó los límites del enfoque tradicional. Es el momento en que la intervención estatal se amplía hacia diversos sectores de actividad; es la etapa en que la norma jurídica queda atrás de una realidad que se mueve flexiblemente según lo que los consensos de los actores políticos en turno consideren estratégico para el desarrollo económico, o lo que la dinámica internacional promueva como espacios viables de intervención. Es la fase amplia del Estado benefactor, llamado por algunos Estado omnipresente (Cabrero, en Bozeman, 1998). Durante años se hizo famosa la tesis de que en México había un país legal junto a otro país real; es decir, la legalidad circulaba por un canal y la práctica por otro; aparte de la veracidad de este problema, en la medida en que llegó la alternancia se ha comprobado que hace falta un nuevo marco legal y nuevos diseños institucionales, en suma, una reforma del Estado (Aziz, 2003).

proponer todas las soluciones posibles para responder a una problemática ambiental cada vez más compleja y en gran parte irreversible, al emprender la gestión de políticas de freno a la contaminación y degradación ambiental, no logra integrar una agenda gubernamental para el desarrollo sustentable. No obstante, la organización integral de la Semarnap y la formulación de un programa por proyectos y prioridades permitieron resultados que, si bien fragmentados, podrán consolidar la gestión intersectorial propuesta de nuevo por la administración 2000-2006, aunque en esta ocasión fue negociada previamente en la preparación del Plan Nacional de Desarrollo 2001-2006.

El programa ambiental 2001-2006 adopta estrategias de compromisos intersectoriales similares a la Cisa de 1978, esta vez previos a la formulación de los programas, y, por tanto, articulados. El Programa Nacional de Salud, por su parte, incorpora criterios de calidad ambiental protectores de la salud y programas de acción en salud ambiental, y da prioridad a los estudios de riesgos ambientales, aunque sin la previsión de instrumentos de vinculación con los correspondientes de la Semarnat, con excepción de la Cicoplafest.

Sorprende advertir la escasa importancia que da el Programa Nacional de Medio Ambiente a la protección ambiental de la contaminación, excepto en lo referente a la promoción de la justicia ambiental. Resalta por igual la mínima importancia que se da a la investigación ambiental aplicada, reservada al INE, en tanto el Programa sólo menciona necesidades específicas de investigación en materia forestal, además de las que corresponden por su naturaleza realizar al INE, al IMTA[14] y a la Conabio. Es posible que la creación del fondo sectorial para la investigación ambiental dé lugar a un programa estratégico de investigación ambiental. En este aspecto cabe resaltar la necesidad de realizar estudios de infraestructura para la gestión ambiental, en particular en aspectos jurídicos, administrativos y gubernamentales, tantas veces señalados en el texto. Más importante aún, como lo propone González Márquez (2002), ningún instrumento de las políticas ambientales contempla los importantes principios y conductas de responsabilidad por el daño ambiental, tema que provoca campos de investigación aún no previstos.

Planteamientos

El desarrollo sustentable como el derecho a un ambiente adecuado serán utopías en tanto el estilo de desarrollo no modifique sus patrones de apropiación y explo-

---

[14] Excluido en el último Reglamento Interior de la Semarnat del 21 de enero de 2003.

tación de los recursos naturales, así como los de producción, distribución y consumo; mientras que las políticas económicas no sean congruentes con las políticas ambientales, al menos en lo concerniente al aprovechamiento sustentable de los recursos naturales, y al manejo ambiental de productos y servicios y sus transacciones comerciales; y hasta que la concepción del desarrollo en los países hegemónicos de la economía de mercado y del sistema financiero internacional sea compatible con las posibilidades de desarrollo de los países económicamente dependientes.

En una economía de mercado con intervención estatal en áreas estratégicas, como tiende a ser la de México, la agenda para el desarrollo sustentable corresponde al sector productivo y al comercio exterior, y, subsidiariamente, al sector ambiental. Las políticas de bienestar social prescritas en las garantías individuales de nuestra propia Constitución Política como derechos sociales son puntos de partida y finalidades de un proyecto nacional nunca declarado pero tácitamente vigente, si bien sujeto a condiciones que exigen un nuevo marco jurídico, diferentes estilos de gobierno y arreglos institucionales en la administración pública y en sus relaciones con la sociedad civil, de forma que se distingan las funciones de Estado de las funciones de gobierno y sus funciones administrativas, y permitan, asimismo, el manejo adecuado de actividades difusas, como las del cuidado y mejoramiento del ambiente.

Las políticas ambientales, manejadas por separado en diferentes sectores de la administración pública de 1972 a 1994, no lograron internalizarse en la gestión de objetivos sanitarios ni de desarrollo urbano o regional. En adelante y hasta el presente con la conformación de su propio sector, los esfuerzos de integración son ostensibles, y el freno a la degradación ambiental es evidente en algunas de sus manifestaciones aunque no se cuente con una evaluación precisa. Sin embargo, los instrumentos de política ambiental de mayor valor estratégico como el ordenamiento territorial, el uso del suelo, los estudios de riesgo y de impacto ambiental, el consumo de energía, los límites de tolerancia a la contaminación y los instrumentos económicos no han encontrado una plataforma de conciliación y de articulación dentro de los sistemas y procesos tradicionales de la administración pública, lo que significa que no se ha logrado diseñar e implantar sistemas y mecanismos idóneos para la prevención de la contaminación y degradación ambiental. Menos aún podremos adoptar medidas de previsión o cautelares en los factores que condicionan los fenómenos ambientales.

Las estructuras de gestión ambiental, determinadas por un marco legal incongruente con el administrativo y con el programático, se establecieron por presiones emergentes en el ámbito internacional y por las prioridades pautadas en los periodos de gobierno. Mientras que de Estocolmo a Río los países latinoamericanos se orientaban hacia formas de gestión intersectorial mediante comisiones y consejos, en México la gestión ambiental se realizaba en complementación de otros objetivos sectoriales. La vinculación ambiente-desarrollo de Río a Johannesburgo sentó las bases para constituir organismos responsables de la planeación y dirección de las políticas ambientales en un escenario económico, político y financiero de difícil asimilación y actuación para los países de respuesta limitada.[15] Es así como la gestión pública, coordinada y concertada, de las políticas ambientales requiere no tanto de instituciones con una elevada jerarquía política y administrativa, dotados con la mayor parte de los recursos públicos, que de todos modos serían insuficientes, sino del diseño de mecanismos e instrumentos de gestión pública que faciliten la internalización de las políticas ambientales en el quehacer gubernamental, no como ingredientes sino como agentes catalizadores del aprovechamiento sustentable de los recursos naturales, pues su sostenibilidad corresponde a las políticas económicas.

La adopción de responsabilidades ambientales por parte de los gobiernos locales, en particular los municipios, depende de un análisis diferenciado de necesidades y posibilidades que no ofrece el federalismo cooperativo adoptado. El sistema de concurrencias establecido en las Leyes Generales de Asentamientos Humanos, de Salud y del Equilibrio Ecológico y la Protección al Ambiente trata por igual a las entidades federativas, y más aún a los municipios, lo que crea dificultades para deslindar adecuadamente competencias. Las diez reformas constitucionales que pretenden ampliar competencias a los municipios, en gran parte con incidencia en las condiciones ambientales del hábitat humano y en la conservación o explotación de los recursos naturales, no se han analizado lo suficiente en los congresos y las autoridades locales, tanto en sus efectos como en la capacidad de respuesta integrada a los conflictos ambientales. ¿Hasta qué punto las leyes locales de los campos ya mencionados son congruentes entre sí y reflejan su respectiva realidad? ¿Son compatibles con La Ley de Aguas Nacionales y con la Ley General de Bienes Nacionales en la zona federal marítimo terrestre? ¿Y con los

---

[15] El secretario general de las Naciones Unidas, Kofi Annan, señaló que "el progreso esperado en temas medioambientales ha sido lento, mientras que la situación del medio ambiente mundial es frágil, y las medidas de conservación, insatisfactorias [...] No se han obtenido los beneficios económicos, sociales y culturales que se esperaban del proceso de globalización, y éste no ha propiciado la integración regional. En cambio, la problemática ambiental se globaliza y existe una fuerte interdependencia y vulnerabilidad social, ambiental y económica" (Rojas, 2003).

planes de desarrollo urbano que afectan zonas metropolitanas? Y queda por mencionar la Ley Agraria y los problemas de la tenencia de la tierra y uso del suclo.

El concierto internacional ha sido determinante en la configuración de las partituras nacionales. La materia ambiental en este contexto se ha visto envuelta en escándalos de explotación y comercio ilícito, prácticas desleales y defensa de intereses corporativos en los tratados de libre comercio, y ha servido como *modus vivendi* para algunas organizaciones no gubernamentales y bandera de organizaciones políticas.

México tiene una larga tradición de cooperación internacional en lo concerniente a la protección ambiental, tanto en el ámbito regional como en el global. Ha destacado en diversas negociaciones internacionales, sobre todo en cuestiones marinas y nucleares, y en varias ocasiones ha tomado la iniciativa para fomentar la cooperación entre países latinoamericanos. Desde hace tiempo apoya muchas iniciativas de la ONU relacionadas con la protección del ambiente, y con frecuencia fue el principal portavoz del grupo G-77 de países en desarrollo. Los principales temas emergentes que reclaman una creciente atención por parte de las autoridades federales y obligan a una revisión de su propia capacidad de respuesta, como el cambio climático, desertificación, pérdida de biodiversidad, problemas asociados a la bioseguridad o la bioprospección, no pueden enfocarse sólo desde una perspectiva nacional. Son asuntos ambientales estrechamente relacionados con modelos de desarrollo inducidos sobre todo por el desarrollo científico, tecnológico e industrial, ampliamente estudiados, y ahora por una economía de mercado resultante del "fin de la historia"[16] y adoptada como nuevo paradigma del desarrollo. En el siglo XXI, teniendo en cuenta los conocimientos existentes sobre la interdependencia ecológica de las naciones, la agenda ambiental nacional aparece cada vez más vinculada a la agenda de la cooperación mundial para enfrentar los retos ambientales globales, con responsabilidades y estrategias compartidas según el principio de la responsabilidad común pero diferenciada.

Es obvio que, en las actuales circunstancias, el Estado-nación, aunque mantendrá durante mucho tiempo su actual singularidad política, no es el marco idóneo para afrontar los retos del futuro. Tampoco es válido el espacio tradicional de la cooperación asociativa mediante tratados, lastrada por los recelos de los dirigentes de los Estados que los suscriben. Buena parte de las convenciones internacionales no son más que letra muerta firmada, y los propósitos perseguidos no podrán cum-

---

[16] Referente al estudio de Francis Fukuyama "El fin de la historia y el último hombre", publicado por Planeta en 1992.

plirse sin prever la creación de una organización propia para los fines perseguidos, facultada lo suficiente para actuar e incluso imponer a los miembros de la institución así acuñada el obligatorio cumplimiento de los compromisos adquiridos (R. Martín Mateo, en Real Ferrer, 2000). Los tratados existentes presentan un carácter sectorial; no existe todavía un tratado multilateral general que se ocupe de los diversos aspectos de la protección del medio ambiente (Soberanes, 1997).

Lo anterior puede llevar a la conclusión de que no es dable esperar mucho de la cooperación internacional y, más bien, de que hay que concentrarse en el esfuerzo propio. Por desgracia, la cooperación internacional es una verdadera condición *sine qua non* para avanzar hacia la sustentabilidad, porque lo cierto es que, por muchos esfuerzos que se hagan dentro de cada país para alcanzar el desarrollo sustentable, no se logrará sino dentro de un contexto mundial favorable, como lo impone la interdependencia ecológica entre las naciones, y ante todo con la cooperación de los países con una clara responsabilidad histórica y actual en el deterioro ambiental del planeta, y, además, con los recursos financieros y tecnológicos necesarios para contener y revertir ese deterioro no sólo dentro de sus fronteras.

Si bien es cierto que los países históricamente considerados del segundo y tercer mundos deben abandonar sus intentos de regular sus economías con base en planes arquetípicos y en obediencia a consignas macroeconómicas de estabilización, privatización y liberalización, también debemos admitir que los países promotores de las reuniones anuales de Davós son los únicos que pueden cumplir, y les conviene seguir, con los postulados de un fundamentalismo de mercado. Por desgracia, muchos países han experimentado resultados desastrosos al seguir el modelo de cambio abrupto del Fondo Monetario Internacional y del Banco Mundial. En nuestro país, la denominada reforma del Estado, encaminada al principio a la apertura económica y después a la afiliación con agrupamientos económicos, ya se había instalado desde 1977 con diferente marcha, ritmo y sentido en sus componentes jurídicos, administrativos y políticos. La reforma agraria, como el desarrollo regional y tardíamente el federalismo, con sus consecuencias en el incremento del bienestar de la población, fueron productos genuinos del desarrollo de los derechos sociales plasmados en la Constitución. El Consenso de Washington sólo impulsó este cambio por medio de una reforma económica que aumentó las desigualdades y las distancias entre los miembros de un federalismo compartido inequitativamente.[17]

---

[17] Enrique Leeff (2 000) refiere que algunos estudios recientes sobre el efecto de las políticas de ajuste sobre el ambiente muestran que, en el caso de México, éstas no lograron revertir los proce-

Nuestro país necesita transitar de un federalismo dual y corporativo a un federalismo cooperativo o asociado con equidad y responsabilidad compartida. Al adoptar las experiencias de Stiglitz, el crecimiento sólo podrá recuperarse si se construye de nuevo un ambiente propicio para la inversión, lo que requiere medidas audaces en todos los niveles gubernamentales y no simples imitaciones de esquemas importados.

Las buenas políticas de escala nacional pueden neutralizarse por las malas políticas de escala local y regional. Las regulaciones de toda suerte pueden dificultar la apertura de nuevos negocios. La no disponibilidad de tierra puede constituir un impedimento análogo a la falta de capital. La privatización hará poco bien si los funcionarios de las administraciones locales estrangulan tanto a las empresas que las dejan sin incentivo para invertir. Esto significa que las cuestiones del federalismo deben ser atacadas frontalmente. Hay que establecer una estructura federalista que proporcione incentivos en todos los niveles. [Stiglitz, 2002]

Los principales instrumentos de gobierno, empezando con el consenso constitucional y su orden normativo; la administración pública, en su concepción weberiana o mertoniana, pero al fin y al cabo burocrática; y la planeación económica, ahora considerada tradicional, con el manejo de la inversión pública federal y de un sistema de coordinación fiscal amañado, aún mantienen vigentes sus principios, aunque no tanto sus estrategias. La nueva gestión pública, tal como se propone, es un nuevo eufemismo, un nuevo ejercicio de retórica gubernamental. A partir de esta concepción tratamos de entender la gestión pública de políticas ambientales en México.

Vayamos por partes.

---

sos de degradación ambiental. Sin embargo, la misma recesión económica, al limitar la disponibilidad de recursos de inversión para el campo, también frenó las inversiones en proyectos ecológicamente irracionales que se venían desarrollando en el agro mexicano.

I. PERSPECTIVAS

La naturaleza es un punto de partida para el capital, pero no suele ser un punto de regreso. La naturaleza es un grifo económico (agotamiento de recursos) y también un sumidero (contaminación), pero un grifo que puede secarse y un sumidero que puede taparse. La naturaleza, como grifo, ha sido más o menos capitalizada; la naturaleza como sumidero está más o menos no capitalizada. El grifo es casi siempre propiedad privada; el sumidero suele ser propiedad común.

JAMES O´CONNOR

¿SON DOS PARTES O DOS PERSPECTIVAS DEL MISMO PROBLEMA?

LOS CONCEPTOS *ecología* y *ambiente*[1] están hermanados por su naturaleza, aunque sus significados sean diferentes. La ley ambiental distingue entre el equilibrio ecológico y la protección al ambiente, y en su contenido son apartados diferentes. El desarrollo histórico de las políticas ambientales también registra diferentes interpretaciones y expresiones institucionales, como veremos más adelante. Pablo Gutman reserva el término *ecología* para la ciencia que estudia el comportamiento de los ecosistemas, y *ambiente*, a la problemática que resulta de la interacción de la sociedad humana con el medio natural (Leff, 1994).

[1] Ha sido notoria la similitud en la acepción popular de los términos *ecología* y *medio ambiente*, sin embargo, no se han definido en ningún texto legal. En teoría, ambos conceptos son muy diferentes: "La *ecología* es la ciencia que estudia las interrelaciones entre los biosistemas y sus ambientes, desde el ecoide hasta la ecosfera, y cuyo contenido específico puede variar según la naturaleza del biosistema (biológico, humano) y el nivel de agregación del sistema ecológico considerado, mientras que el *ambiente* de un sistema dado está constituido por aquellos elementos que no pertenecen al sistema bajo consideración, y que están interrelacionados con el sistema" (Gallopin). La aparición de nuevos fenómenos físicos y sociales que sobrepasan a los procesos y efectos conocibles y predictibles por los paradigmas disciplinarios tradicionales, y que escapan a su control por medio de los mecanismos del mercado, ha provocado el surgimiento de una noción de *medio ambiente* asociada a los problemas de la contaminación por la acumulación de desechos, del agotamiento o sobreexplotación de los recursos, del deterioro de la calidad de vida y de la desigual repartición social de los costos ecológicos del desarrollo (Leff).

Si bien el término *ambiente* o *medio* tal y como lo usamos hoy es relativamente reciente, no hay nada nuevo en la idea de que el destino de los seres humanos está ligado íntimamente al mundo natural. Pero lo que constituye la "naturaleza", el efecto que ha ejercido en la historia, hasta qué punto es posible escribir la historia desde una perspectiva biológica en vez de social o cultural, y qué lugar debe ocupar el ambiente en la conceptuación del tiempo y el espacio históricos son problemas que se debaten desde hace mucho y que aún se hallan muy lejos de estar resueltos. [Arnold, 2000]

Con las palabras "café" y "verde" de la jerga ambientalista se identifican dos áreas temáticas que, por convención, son susceptibles de una clara diferenciación: el área café corresponde a los problemas de contaminación del aire, agua, suelo, alimentos y especies; el área verde alude a los problemas de la existencia y desarrollo de los organismos vivos, sus hábitats y los ecosistemas. En torno a estos problemas se estructuran sendos campos de acción, que se conocen como la agenda café y la agenda verde, respectivamente.

Para complicar aún más la selva semántica del "medio ambiente", la proliferación e intervención creciente de organismos internacionales, centros académicos y organizaciones no gubernamentales en los problemas ambientales formaron un tercer grupo de importancia cada vez más estratégica en las agendas gubernamentales. En este grupo de asuntos, que incluiríamos en una agenda "gris", se abordan temas de legislación, gestión, investigación, capacitación, información, vinculación, cooperación internacional, etcétera.

La distinción tiene un origen histórico. El color café caracteriza los típicos problemas ambientales de los países industrializados, que son por lo general de contaminación. Estos países perturbaron o incluso transformaron por completo sus ecosistemas originales desde hace siglos, lo cual provocó una drástica reducción de su diversidad biológica. En el contexto de los países de temprana industrialización, el área café cubrió la mayor parte de la agenda ambiental. En cambio, se obligó a los países de menor desarrollo relativo a enfocar su gestión ambiental en la defensa de los recursos bióticos y sus hábitats, es decir, el área verde. Desde la perspectiva de una gestión ambiental integrada, las agendas café y verde representan polos diferenciables de un amplio espectro de intervenciones públicas. Por otra parte, las múltiples vinculaciones entre los llamados problemas cafés y los verdes dificultan con frecuencia su clasificación (Semarnap, 2000).

Desde el punto de vista conceptual, por ser los países industrializados los que primero se preocuparon por las cuestiones ambientales y dado su predominio en la Conferencia de Estocolmo, se generó un discurso según el cual los países en desarrollo eran los que más estaban deteriorando el medio ambiente, pues, en su afán de obtener ingresos económicos —proseguía el argumento—, estaban utilizando desmedidamente los recursos naturales, sobre todo para satisfacer las necesidades de una población con un crecimiento absolutamente sin control. La respuesta de los países en desarrollo fue un cuestionamiento general de los patrones de consumo de los países industrializados y de la existencia de un comercio internacional que no tenía en cuenta aspectos de equidad y no se preocupaba por los derechos individuales o comunitarios. [Ponce, 1995]

Es así como la preocupación por los recursos naturales generó una legislación conservacionista que en adelante provocó conflictos de intereses con el aprovechamiento económico de los mismos, en vista del modelo de desarrollo industrial adoptado por los países en la posguerra. Asimismo, el efecto de la industrialización en el ambiente y por su conducto en los asentamientos humanos con una creciente tasa de urbanización y de metropolización de las ciudades abrieron cauce a un paradigma ambiental emergente que irrumpe en la década de los años sesenta y que aún no termina de configurarse.

Los componentes de este sistema excesivamente complejo son en primera instancia la población y el territorio donde se encuentra asentada, la industria y el comercio, y el gobierno, cuya responsabilidad en el manejo ambiental es intrínseca. Es por ello que lo relacionado con la ecología y el ambiente es un asunto de Estado.

En la búsqueda de un paradigma ambiental

¿Realmente se ha configurado un paradigma ambiental o son cabos sueltos?

En la medicina antigua, el concepto de salud no distinguía entre el ser humano y su ambiente. Aun a partir de su tecnificación, hace como dos milenios y medio con Alcmeón de Crotona e Hipócrates de Cos, el hombre seguía siendo parte integral de su ambiente. Con el desarrollo de las técnicas instrumentales, consecuentes con la evolución del conocimiento científico y sus aplicaciones tecnológicas, se separa al individuo humano de un entorno biológico que en adelante le corresponde dominar y transformar.[2] Más aún, el pensamiento cartesiano segmenta al individuo en mente y cuerpo, y hace de este último el objeto de las técnicas instrumentales médicas a partir del siglo XVII. La fragmentación posterior del conocimiento médico en especialidades estrechamente vinculadas con el desarrollo científico y tecnológico hacen de la medicina, en particular de la preventiva, un campo en donde es difícil conciliar la práctica profesional, la gestión sanitaria y la gestión ambiental (Lain Entralgo, 1981).

La recuperación de la importancia del ambiente en la salud pública se refuerza con Johann Peter Frank, al publicar el primer tomo de su enciclopedia en 1799 y difundir fuera de Alemania los principios de la policía médica. Con este estudio se abre el camino a la higiene "científica" del siglo XIX, y con ella al reconocimiento del papel que representa la salubridad del ambiente en la salud humana.

> The 80 years from 1750 to 1830 form a pivotal period in the evolution of public health. The peculiar interest of these decades derives from the creation during this period of the foundation for the sanitary movement of the nineteenth century, a development fraught with momentous consequences for modern public health. [Rosen, 1985] [Los 80 años que van de 1750 a 1830 constituyen un periodo clave en la evolución de la salud pública. El peculiar interés que se despertó en esas décadas partió de la creación, durante este periodo, del movimiento sanitario del siglo XIX, avance con consecuencias considerables para la salud pública moderna.]

La intervención del Estado en la salud pública mediante políticas sanitarias e instrumentos legales para regular la práctica médica, servicios de salud y condiciones ambientales (policía médica) se gestó en Alemania, y con rapidez se adoptó en Francia, Inglaterra y Estados Unidos, para dar paso a un movimiento sanitario muy relacionado con el desarrollo urbano e industrial. Los trabajos pioneros en materia de codificación sanitaria, investigación epidemiológica y estudios socioeconómicos de las enfermedades transmisibles y la importancia de factores ambientales en la producción de enfermedades fueron obra de Franz Anton Mai, quien

---

[2] En la Europa feudal, "individual" significaba "indivisible", es decir, se definía en términos de relaciones grupales o sociales. Con el capitalismo, el significado dominante de "individual" se volvió "entidad independiente"; se abstrajo a la persona individual de su ser social. Estas separaciones teóricas se produjeron en ciencia, teoría política, psicología y otros campos del pensamiento. Aún son dominantes hasta hoy y configuran la forma como pensamos y experimentamos la naturaleza: naturaleza no humana en términos de las partes que la integran y como algo separado de los seres humanos; naturaleza humana en términos de la escisión entre mente y cuerpo, y asimismo entre los individuos que "componen" la sociedad (O'Connor, 2001).

preparó el primer Código Sanitario del Palatinado (1800); de Edwin Chadwick, promotor de la ley inglesa de pobres (1834); de Benjamin W. McCready, precursor de la medicina ocupacional (EUA, 1837); de Louis René Villermé (Francia, 1840) y de John Snow (Inglaterra, 1849), quienes realizaron los primeros estudios epidemiológicos de las enfermedades transmisibles; así como de Rudolf Virchow y Max Von Pettenkofer (Alemania, 1848 y 1873), que dieron cuenta de los factores ambientales y socioeconómicos en la producción de enfermedades.

> La salud era la manifestación de la dialéctica entre orden y caos, pureza y peligro, responsabilidad e inmoralidad. Para los pietistas, la acción en favor del saneamiento urbano simbolizaba la responsabilidad humana frente al entorno físico al extirpar los males de la vivienda deficiente, las cloacas congestionadas y la ventilación inapropiada. Con su entrega a la responsabilidad moral y a una teoría ambientalista de la enfermedad, los pietistas se opusieron al concepto de la especificidad de la enfermedad como producto de gérmenes definidos que parecían atacar a las poblaciones sobre una base moral fortuita. [Turner, 1989]

El ambiente, concebido como el entorno natural del ser humano, ha sido una constante en el desarrollo de la humanidad; sin embargo, sólo hasta hace poco se convirtió en tema disyuntivo de su devenir. Sus dos variables interpretativas, equilibrio ecológico y contaminación, se comienzan a perder en la primera y se incrementan en la segunda, junto con el cambio que induce el progreso.

El paradigma ambiental se mantuvo desde el comienzo de la Revolución industrial con un enfoque patrimonial, conforme a una cosmovisión sustentada en el dominio de la naturaleza y la depredación de sus recursos. Con el avance científico y tecnológico del siglo XIX, que propició un mayor conocimiento de las relaciones recíprocas entre el ser humano y la naturaleza, se fortalece la concepción higienista del ambiente con una fuerte tendencia antropocéntrica, orientada a la protección de enfermedades y a la promoción ambiental de las actividades productivas.

En la década de los sesenta del siglo XX se manifiesta la perspectiva ecologista con orientación biocéntrica, cuando se cuestionaba la falta de crecimiento armónico en el mundo debido a la creciente brecha entre países desarrollados y subdesarrollados, y entre desarrollo y pobreza que existía ya en los primeros. La década de los setenta abre el foro internacional, el sistema de Naciones Unidas prepara dispositivos de ordenamiento ambiental y la mayoría de los países empieza a construir sistemas legislativos y administrativos para enfrentar los problemas ambientales. En la década de los ochenta, con la premisa de racionalizar el uso de los recursos naturales y prevenir la contaminación ambiental, los países industrializados plantean una visión economicista que todavía no da muestras de ofrecer justicia y equidad para los países menos industrializados. Por último, el consenso internacional de la Cumbre de la Tierra, de 1992, propone los postulados del desarrollo sustentable que todos conocemos y que descansan en un cambio de actitud y responsabilidad de individuos, gobiernos y sociedades en sus relaciones con la comunidad biótica.

Paradigma ambiental

Perspectiva	Época	Naturaleza
Patrimonial	Desarrollo industrial	Depredadora
Higienista	Siglo XIX	Antropocéntrica
Ecologista	Siglo XX / Década de los sesenta	Biocéntrica
Economicista	Década de los ochenta	Racionalizadora
Sustentable	Década de los noventa	Ética[3]

Este último enfoque no establece el dilema de una política sanitarista frente a una ambientalista, ni ofrece una versión tendenciosamente economicista de la concepción, planteamiento y solución de los problemas ambientales. Lo que provee es la posibilidad de integrar un frente común y corresponsable en la acción ambiental desde la perspectiva de un desarrollo sustentable, entendido como "el desarrollo que satisface las necesidades de la generación presente sin comprometer la capacidad de las generaciones futuras para satisfacer sus propias necesidades" (CMMAD, 1988).[4]

---

[3] La necesidad de que la relación del ser humano con la naturaleza se establezca sobre una base ética se presenta en Aldo Leopold, *Ética de la tierra*. La ética de la tierra comprende la vida no humana y el medio no viviente como el grado más elevado de la evolución ética. Así, Leopold designa con el término abreviado *tierra* la integridad y síntesis de la naturaleza tanto con sus partes vivas como con aquellas a las que no atribuimos vida y que, sin embargo, son una fuente de energía que fluye a través del círculo de la vida (Vicente, 2002).

[4] Hacia fines del siglo XIX, un biólogo especializado en cuestiones forestales acuñó el término *desarrollo sustentable* para referirse a la necesidad de explotar los recursos de los bosques de tal modo que se garantice la capacidad del sistema forestal de reproducirse de manera constante. El concepto le gustó a la responsable de la Comisión Mundial sobre Medio Ambiente y Desarrollo, surgida de la incorporación de temas sobre el ambiente en la 38ª Asamblea General de las Naciones Unidas,

La sustentabilidad emerge como una necesidad de restablecer el lugar de la naturaleza en la teoría económica y en las prácticas del desarrollo, promoviendo la internalización de las condiciones ecológicas de la producción que aseguren la sobrevivencia y un futuro para la humanidad. Sin embargo, la búsqueda de consensos sobre "nuestro futuro común" no unifica las visiones del futuro ni las estrategias para transitar hacia el desarrollo sustentable; el discurso sobre la sustentabilidad no es homogéneo ni está libre del conflicto entre los intereses —muchas veces contrapuestos— de los actores sociales que movilizan y resisten este proceso de cambios históricos, no sólo como visiones diferenciadas entre países, sino dentro de cada nación. De la voluntad de capitalizar a la naturaleza mediante el mercado a la descentralización de la economía y la construcción de una racionalidad ambiental basada en principios no mercantiles (potencial ecológico, equidad transgeneracional, justicia social, diversidad cultural y democracia), la sustentabilidad se define por medio de significados sociales y estrategias políticas diferenciados (Leff, 2000).

No obstante, Víctor Urquidi (1996) señala oportunamente que el desarrollo sustentable no es sólo el que conserva para las generaciones futuras los recursos naturales de que dispone el planeta, como algunos interpretan, sino mucho más. El desarrollo sustentable es una meta de mediano y largo plazos que supone la adopción gradual pero intencionada de nuevos paradigmas de crecimiento y desarrollo, tanto económicos como sociales, de las sociedades nacionales y del conjunto de éstas. Dichos nuevos paradigmas comprenden, entre otras cosas: *a)* la reducción sustancial y aun el abandono de fuentes de energía de origen fósil en la actividad agropecuaria e industrial, y la reasignación correlativa de recursos al uso de fuentes de energía renovables y no contaminantes; *b)* el desarrollo y el empleo de la tecnología para el fin anterior y, por extensión, para evitar, reducir y aun eliminar cualquier clase de contaminación atmosférica o de suelos y recursos hídricos por emisiones y desechos de la actividad industrial y agropecuaria y del funcionamiento normal de la vida urbana; y *c)* la introducción y adopción de normas de consumo para la creciente población mundial que reduzcan al mínimo la utilización de recursos agotables y contaminantes, y en cambio supongan la renovación y el mejoramiento constantes de la calidad de los recursos naturales.

conocida como la Comisión Brundtland, en honor a su presidenta, la señora y entonces primera ministra de Noruega, Gro Harlem Brundtland, quien rescató el término para generalizarlo a todas las áreas del ambiente en el informe Nuestro Futuro Común, presentado en 1987.

El logro de un desarrollo sostenible se consolidó como el objetivo fundamental de la acción ambiental de este cambio de siglo y está presente en la actualidad en todos los textos y programas de protección ambiental. Se trata de una aproximación que podemos considerar "realista" o incluso "pragmática" a la problemática ambiental, pues, a diferencia del concepto de "crecimiento cero" que se postulaba para la protección ambiental en los años setenta, parte de la aceptación de un desarrollo económico indisociable de la calidad de vida de las generaciones presentes, y tiene por finalidad lograr que la explotación y contaminación de los recursos naturales que este desarrollo inevitablemente conlleva se mantenga dentro de límites tolerables, que no excedan de la capacidad del ambiente ni hipotequen las posibilidades de desarrollo de las generaciones futuras (Lozano, 2001).

El problema fundamental es la pérdida de confianza de la población en sus instituciones; lo revelan en múltiples formas y demuestran hasta la saciedad recientes estudios sobre el desarrollo histórico y cultural de nuestras sociedades. La materia ambiental no sólo no es ajena a estas convulsiones, sino que se ha estado incorporando como agente catalizador del proceso de transformación de paradigmas económicos, políticos y de bienestar social. El desarrollo sustentable es uno de estos paradigmas emergentes. Irrebatible en su concepción como en su misión, su realización depende más de altas dosis de confianza que de actos de gobierno.

La modernidad se ha caracterizado por el desarrollo tecnológico sobre la base del conocimiento científico pretendido como universal y constante. La ciencia moderna creyó dominar las fuerzas naturales al determinar las leyes que rigen el movimiento de los cuerpos. Sin duda, este hecho característico de la ciencia moderna es un reflejo de la cultura occidental: la masificación de la ciencia provocó al mismo tiempo la masificación de esta cultura. Al proponer como válidos sólo los conocimientos provenientes del método científico, la cultura tendió a homogeneizarse. Así se homogeneizaron los modelos de producción y desarrollo, y ahora es válido en todo el mundo pretender el estándar de vida de los países del Norte, con la misma tecnología que desarrollaron para extraer bienes de la naturaleza. Esto ha llevado a los países del Sur a experimentar con la transferencia de tecnología con resultados desastrosos (Calderón, 2000).

> Se moderniza para conseguir desembarazar la economía de mercado de los pesados lastres que el sector público arroja sobre ella, de forma que los distintos países desarrollados puedan competir en condiciones más ágiles y flexibles en la nueva economía globalizada, siendo los beneficios finales del proceso —más riqueza— el instrumento de

legitimación más importante para los gobiernos y sus administraciones. Esta respuesta tal vez no recoja la pluralidad actual del proceso modernizador, pero entiendo que sí recoge el espíritu del proceso en sus inicios, en la década de 1980. [Villoria, 1996]

Se cree que olvidar el alcance de las cuestiones del ambiente, por cualesquiera motivos —desde el desconocimiento hasta la insensatez— es la causa fundamental del progresivo agravamiento del deterioro del ambiente en América Latina y el Caribe. En general, el modo como se establecen las prioridades en las políticas de desarrollo y en la lucha contra el subdesarrollo y sus manifestaciones, lo que tiene relación con los recursos ambientales y la calidad del medio, se considera un mero "dato del problema", algo fuera de la realidad socioeconómica, sin relación con las causas de la situación deteriorada de la región [Medellín, 2000].

En nuestros países latinoamericanos se suelen advertir los problemas ambientales como los percibieron los europeos. Consideramos que sus orígenes y efectos han sido los mismos, en el mismo terreno y en similares condiciones. Pero nuestros problemas están vinculados al desarrollo dependiente y hegemónico, con la pobreza y marginalidad —y en México con la corrupción— de un sistema corporativo de gobierno que fue efectivo durante un largo periodo en el desarrollo económico y social del país, y que en los últimos 10 años comenzó a desmoronarse y redefinirse sin pautas consistentes.

La pobreza también significa —entre otras cosas— un importante proceso de deterioro del ambiente, que se utiliza como recurso final en la resolución de problemas urgentes de subsistencia. El ambiente es, así, virtualmente objeto de devastación en función de las necesidades básicas de los que tienen más carencias. Esta "contaminación de la pobreza" es el elemento clave del deterioro ambiental en América Latina y el Caribe, y constituye un elemento inédito en las preocupaciones ambientales, por su magnitud y características, en relación con la problemática ambiental del mundo desarrollado. Y, lo que es más, la degradación ambiental, que se puede vincular a la pobreza, no tiene como únicos responsables a los pobres; al contrario, son ellos, sin duda, las peores víctimas del sistema, pues son los que reciben los deterioros ambientales tanto por las instalaciones industriales como por las propias infraestructuras creadas por los gobiernos para el bien de todos (Zilberman, 2000). El emblemático circulo vicioso de la pobreza de Winslow, paradigma de la salud pública durante la segunda mitad del siglo XX, sigue vigente, aunque ahora a través del ambiente.

La problemática ambiental aparece como un proceso determinado por las formas históricas de uso, valoración y explotación de los recursos, sujetas al condicionamiento de la demanda externa de productos primarios que fue configurando a las naciones latinoamericanas como economías exportadoras, dependientes de las condiciones políticas y económicas del mercado internacional. Este proceso ha inducido modelos de urbanización y patrones tecnológicos para la extracción, cultivo y transformación de los recursos de nuestros países, que han destruido las prácticas tradicionales de manejo de las comunidades locales que mantenían una armonía con las condiciones del medio. [Leff, 2000]

Un problema básico en materia ambiental es considerar que el deterioro, sea del suelo, agua, aire, flora o fauna, como lo percibimos hoy en día, es lo importante, sin tomar en cuenta que hay una historia indeleble de la depredación en sí misma, así como de los efectos irreversibles acarreados y concatenados con el desarrollo urbano e industrial. Vale insistir en que las transformaciones de las ciudades, las regiones y aun de los países transitan por procesos dialécticos incomparables e incompatibles. Las medidas que no se adoptaron en la década de los años cincuenta para el crecimiento ordenado de la ciudad de México y su zona metropolitana no son las mismas que habrían de adoptarse en el presente, ni mucho menos replicarse en la metropolización de una veintena de ciudades del país, como ha venido sucediendo. La deforestación de la región de los Tuxtlas no se corregirá con simples programas de reforestación en ecosistemas desequilibrados e irrecuperables.[5] Asimismo, la "restauración" ambiental de las zonas costeras no devolverá los arrecifes, manglares y humedales perdidos, ni mucho menos restablecerá la cadena trófica de las especies involucradas. El problema, en suma, consiste en adoptar nuevas perspectivas de regulación, aprovechamiento y recuperación ambiental dentro del estilo de desarrollo que adoptamos o nos obligamos a adoptar.

No es cierto, como a veces se pretende, que los elementos que componen la biosfera[6] tengan una interrelación casi mecánica según la cual la falta de uno de ellos llevaría a una serie de consecuencias ininterrumpidas y en cascada.

---

[5] El caso de los Tuxtlas es muy ilustrativo: poco o nada se hizo, por ejemplo, para aprovechar en todo su potencial el enorme patrimonio de recursos naturales de la región. Por el contrario, han permitido la desaparición de especies, se exterminaron partes de la flora nativa —con sus respectivas desertificaciones y erosiones—, se introdujeron especies nocivas, se consumieron sin control especies animales, de tierra y acuáticas, hasta su extinción, etc. Como en otras regiones, México sufre hoy un proceso quizás irreversible de degradación de sus recursos renovables, lo que puede llevar a una pérdida definitiva de su potencial genético, tan importante para el desarrollo.

[6] Un geólogo austriaco, Eduard Sues, acuñó en 1875 la palabra "biosfera" al hablar de la génesis de los Alpes. La palabra pasaría a ser una herramienta ecológica formidable (la tierra y la vida) a

Pero negar esta utópica visión mecanicista no supone que cada especie pueda mantenerse en el planeta de forma aislada. La interdependencia de las especies es evidente y está científicamente comprobada. Se aprecia, sin embargo, que a diario desaparecen para siempre de la faz de nuestro planeta, y debido a la actividad humana, especies vegetales y animales, cuyas consecuencias no podemos valorar con exactitud. Una prudencia elemental indica que conviene mantener todas las especies que comparten con nosotros la biosfera porque sabemos que son elementos que contribuyen a mantener su composición, la cual es, a la postre, la que necesita nuestra especie para sobrevivir. Un debate permanente es si los animales o incluso las plantas tienen derecho también a un ambiente adecuado. Desde un punto de vista estrictamente teórico, los animales y las plantas son objetos de derecho, son bienes protegidos, cualidad radicalmente diferente a la que ostentamos las personas sujetos de derecho. Las culturas jurídicas, históricas o vigentes, salvo algunos exóticos episodios, nunca han reconocido a plantas o animales el carácter de sujetos. En nuestro ordenamiento jurídico podemos decir que esto resulta ontológicamente imposible (Loperena, 1996).

El Tratado de la Comunidad Europea define los objetivos de la política comunitaria de protección del ambiente con una enorme amplitud, de lo que resulta una legitimación muy amplia de la Comunidad para actuar en cualquier ámbito sectorial o geográfico que sea preciso para la protección del medio. Así, de conformidad con el artículo 174.1 del Tratado:

La política de la Comunidad en el ámbito del medio ambiente contribuirá a alcanzar los siguientes objetivos:

- La conservación, la protección y la mejora de la calidad del medio ambiente
- La protección de la salud de las personas
- La utilización prudente y racional de los recursos naturales
- El fomento de medidas a escala internacional destinadas a hacer frente a los problemas regionales o mundiales del medio ambiente. [Lozano, 2001]

De forma similar, aunque con mucha anticipación, la Constitución Política de los Estados Unidos Mexicanos señala en sus artículos 25, 27, 4, 73, fr. XVI, y 115, frs. V y III, las bases para el aprovechamiento y conservación de los recursos naturales, así como para la protección ambiental, lo que abre el campo de

---

partir de 1927, cuando el mineralogista Vladimir Ivanovich Vernadsky usó el término "biosfera" como una visión holística de la naturaleza (Alponte, 2003).

las políticas ambientales para el desarrollo sustentable, para la preservación del equilibrio ecológico, y para la prevención y control de la contaminación.

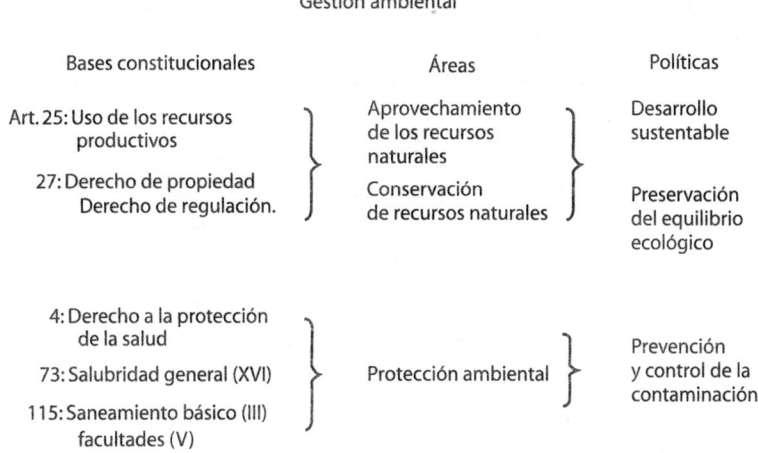

El dilema del desarrollo sustentable resultante del enfrentamiento entre el aprovechamiento y la conservación de los recursos naturales, previstos en los artículos 25 y 27, es el componente esencial de las políticas ambientales, y su conciliación sólo puede ser paulatina, relativa y de largo plazo, determinada ante todo por un cuerpo de estrategias que permitan su integración con las políticas generales de desarrollo económico y social.

Las tres vertientes constitucionales son el resultado de ideas parciales y cambiantes sobre los problemas ambientales. Éstas se modificaron conforme evolucionaba la visión sobre los problemas ambientales y sus consecuencias; se reformaron los artículos constitucionales que se consideró más adecuados para incluir estas preocupaciones. Sin embargo, en ningún caso se hizo una reforma de fondo que permitiera tratar estas cuestiones de manera integral. Es también notorio que, en el país, nunca se ha partido de una visión integral y actual de lo que es el ambiente para la adecuación de la ley sobre protección ambiental y las leyes relacionadas con ella, como la de aguas nacionales. Como resultado, las bases constitucionales del derecho ambiental mexicano consideran al ambiente de manera fragmentada y parcial. Como es de esperarse, estos problemas en las bases constitucionales se reflejan en toda la legislación ambiental y son el origen de muchas deficiencias en las primeras leyes y en la vigente. Así, aunque la Constitución incluye los principios básicos para la protección del ambiente, no parte de una visión global de éste y, por tanto, no permite protegerlo de manera total. Por esto, el derecho ambiental en México carece, de hecho, de una base constitucional sólida; dificulta la participación de los estados y reduce considerablemente la eficacia de las leyes (Vargas, 2002).

El manejo de los problemas ambientales

¿Existen los problemas ambientales o son construcciones sociales?

La realidad es producto, no causa, de la percepción. "Si se considera a la ciencia contemporánea un género particular de discurso de efectos prácticos, debe destacarse que se construye sobre el cimiento del diálogo. Los hechos irreductibles y obstinados de que hablaba William James y que son la marca de la cientificidad, surgen en realidad de una serie de 'compromisos' y 'transacciones' derivadas del diálogo, de la interacción y la interlocución" (Lolas, 1997); de ahí la necesidad de adoptar paradigmas ambientales, por endebles y transitorios que sean. De ahí, en consecuencia, la desesperada adopción de políticas ambientales sostenibles pero no sustentables.

> La ambivalencia del discurso de la sustentabilidad surge de la polisemia del término *sustainability*, que integra dos significados: uno traducible como *sustentable*, que implica la internalización de las condiciones ecológicas de soporte del proceso económico; otro, *sostenible* que aduce a la durabilidad del proceso económico mismo. En este sentido, la sustentabilidad ecológica se constituye en una condición de la sostenibilidad del proceso económico. [Leff, 2000]

En 1997 se consultó a más de 200 expertos en el mundo acerca de los principales problemas ambientales emergentes. La encuesta de opinión arroja resultados que pueden interpretarse como contradictorios: mientras que 51% identificó el cambio climático, y 28%, la escasez de agua dulce, la deforestación con su consecuente desertificación y la contaminación de cuerpos de agua, por una parte, en el otro extremo de respuestas, 3% o 4% destacaba el incremento del nivel del mar, los efectos de El Niño, los tóxicos bioacumulativos persistentes y los desechos espaciales, todos ellos problemas consecuentes con la industrialización, desarrollo tecnológico, crecimiento urbano y patrones de consumo; vistos en otro sentido, son problemas globales o transnacionales estrechamente relacionados, y, sin embargo, se perciben como independientes. En la perspectiva nacional o local, los problemas se identifican en sus relaciones con la población, con el aprovechamiento de los recursos naturales, con la pobreza y la sobrevivencia. En todo caso, las respuestas sugieren que la percepción de los expertos es opuesta a la de los inexpertos, y las de ambos, diferente al impacto real en las poblaciones y ecosistemas.

Problemas ambientales emergentes identificados por más de 200 expertos en el mundo. (1997)

Cambio climático	51 %
Escasez de agua dulce	29
Deforestación / desertificación	28
Contaminación de cuerpos de agua	28
Pérdida de biodiversidad	23
Disposición de residuos	20
Contaminación del aire	20
Degradación del suelo	18
Perturbaciones en el funcionamiento de ecosistemas	17
Contaminación por agentes químicos y radiactivos	16
Disminución de la capa de ozono	15
Enfermedades ambientales	14
Pérdida de recursos naturales	11
Perturbaciones en el ciclo biogeoquímico	11
Emisiones industriales	10
Reducción de la resistencia a padecimientos	7
Desastres naturales	7
Pérdida de hábitat / especies invasoras	6
Alteraciones genéticas	6
Contaminación de mares	6
Colapso pesquero	5
Circulación oceánica	5
Degradación de zonas costeras	5
Desechos espaciales	4
Tóxicos acumulativos persistentes	4
Efectos de El Niño	3
Incremento del nivel del mar	3

El medio ambiente es un problema de percepción y de prioridades

Dentro de los problemas ambientales más relevantes y denunciados en todo el mundo, el de la contaminación —en su explicación más usual relativa al proceso de industrialización, mecanización y nuevos factores de producción de la agricultura y el crecimiento urbano— no es precisamente el más dramático en los países de América del Sur y el Caribe, aunque haya adquirido dimensiones muy grandes, sobre todo en los países más adelantados en el proceso de industrialización, como México y Brasil.

La resultante de estas perspectivas indica que el ambiente es un asunto de percepción y de prioridades determinadas por factores culturales, económicos y políticos, y ante todo por el conflicto de intereses legítimos suscitados por la necesidad tradicional de conservar los recursos y el imperioso requerimiento de explotarlos, ahora, sustentablemente. El conflicto Norte-Sur sobre la agenda verde es muy ilustrativo. La naturaleza de los problemas ambientales se percibe de manera diferente en los países con un alto índice de sustentabilidad,[7] casi todos asociados con la riqueza, frente a los países "depredadores" y contaminados, todos vinculados a la pobreza.

En principio no existen, como tales, los llamados "problemas ambientales". Un problema ambiental es una categorización que establece la sociedad respecto de un fenómeno natural o un problema creado por el desarrollo mismo. Por ello es más conveniente tratar los problemas ambientales como conflictos humanos en relación con el ambiente, con el fin de buscarles soluciones (conflictos ambientales). En este sentido, la gestión ambiental es la búsqueda de soluciones a los conflictos ambientales compatibilizando las necesidades humanas y el entorno.

---

[7] El índice de sustentabilidad ambiental se elaboró en el World Economic Forum 2000 de Davós, Suiza, de conformidad con los siguientes criterios:
• Estado y evolución de los sistemas ambientales estratégicos: calidad del aire, disponibilidad y calidad del agua, biodiversidad y uso del suelo.
• Presiones y riesgos ambientales: contaminación del aire y del agua, presiones sobre ecosistemas, generación de residuos y presiones demográficas.
• Vulnerabilidad ambiental, humana, social y económica: satisfactores básicos, salud pública y exposición a desastres naturales.
• Capacidades institucionales y sociales, infraestructura científica y técnica: participación y debate públicos sobre regulación ambiental, sistemas de información, ecoeficiencia y solución de fallas institucionales.
• Responsabilidad global: contribución a esfuerzos internacionales e impacto en recursos comunes ambientales globales.

Por lo general, un conflicto ambiental es lo que cada individuo percibe como tal desde su particular punto de vista personal. Cada persona emite juicios con base en sus conocimientos y la percepción de las situaciones que lo afectan; por tanto, mientras no perciba cómo lo afecta directamente un caso específico de deterioro del ambiente, no lo considera un conflicto. Tampoco se da cuenta de lo que ocurre o no le preocupa si sus actividades afectan a terceros, menos aún si éstos no reclaman o no tienen la capacidad de impedirle que siga afectándolos. En general, todo esto es de índole ambiental, a menos que se tenga una formación especializada y la honestidad necesaria para reconocer, además, cuáles se deben a las actividades propias (Dourojeanni, 1990).

El daño ambiental y la conciencia ambiental aparecen como fenómenos separados y responden a elementos normativos de orden diferente. ¿Qué tipo de normas sociales debe regir una sociedad para que el daño ambiental y sus efectos humanos y ecosistémicos generen preocupación, indignación o reivindicación? Deben ser, desde luego, normas en las cuales la reproducción humana no se restrinja a la sobrevivencia animal y en las que la calidad de vida no se mida en la simple ingestión alimenticia y se introduzca, por tanto, en la canasta social del bienestar otros elementos que den precisamente cuenta de un determinado nivel de calidad de vida y confort (Lezama, 2004).

Desde la década de los años sesenta del siglo XX, el ser humano reconoce que atraviesa por una crisis ambiental. Es más, en las últimas dos décadas se apreció un cambio significativo en el nivel con que se manifiesta la crisis ambiental; de problemas de escala local o regional se pasó a problemas de escala planetaria. Es claro que esta crisis ambiental ha sido un resultado no buscado por el ser humano, aunque en algunos casos o en alguna medida es responsabilidad de su actuación económica. Desde finales de la misma década algunos estudiosos expresaron diferentes opiniones para explicar la crisis ambiental. White (1967) adjudicó la causa a la ideología judeocristiana occidental, proclive al dominio de la naturaleza. Hardin (1968) pensó que el incremento poblacional y la existencia de espacios públicos conducían a generar deterioro ambiental. Ehrlich y Holdren (1971) argumentaron que el crecimiento poblacional era el principal responsable de la degradación ambiental. Commoner (1972) sostuvo que la industria moderna y el consumismo superfluo constituían la razón principal. Para Bookchin (1980), los sistemas de dominación y jerárquicos propios de la moderna sociedad industrial inducen a una actitud de dominio irresponsable sobre la naturaleza. Otros estudiosos (Foster, 1984; Leff, 1994; O'Connor, 1998) culpan al sistema capitalista como responsable de la actual crisis ambiental (Foladori, 2001, a quien corresponden las citas anteriores).

Principales indicadores de la crisis ambiental del planeta

Deforestación de bosques
Contaminación del agua
Contaminación de costas y mares
Sobreexplotación de mantos acuíferos
Erosión de suelos
Desertificación
Pérdida de la diversidad agrícola
Destrucción de la capa de ozono
Calentamiento global del planeta

Tomado de P. Moguel y V. M. Toledo (1990), *Ecología política*, Barcelona, *apud* Foladori, 2001.

La convivencia respetuosa y en armonía del ser humano con su entorno no ha sido precisamente una nota destacada a lo largo de la historia. Sabemos que en la antigüedad hubo profundas mutaciones de la tierra que no fueron producto de desgracias o acontecimientos naturales, sino consecuencia muy directa de la manipulación humana. En periodos más primitivos y diferentes a los nuestros se destruyó la megafauna europea del Paleozoico, se produjo la deforestación de la América del Norte precolombina o la desertización de las estepas mongólicas. Los desastres ambientales no son, por tanto, un invento reciente, pues han acompañado, casi de forma constante, a muchas actividades humanas. La gran diferencia radica en que el poder que hoy tiene el hombre sobre la naturaleza supera en proporciones gigantescas al que poseía con anterioridad.

Muchos ecologistas de los tiempos recientes piensan que hay lugar tanto para el cambio evolutivo lento como para las transformaciones rápidas, incluso revolucionarias. James Lovelock, en su controvertida tesis de Gaia, donde representa a la Tierra como un organismo vivo, complejo y aislado, argumenta que "desde el punto de vista en gran escala de Gaia, la evolución del ambiente se caracteriza por tiempos de reposo marcados por tiempos de cambio abrupto y repentino" (Arnold, 2000).

En el fondo, la crisis ecológica, es decir, la percepción de un posible daño irreversible al ambiente mundial, ha tenido dos efectos de gran importancia en la representación del mundo. El primero muestra que la interrelación de los sistemas ambientales impide atacar con eficacia el deterioro ambiental sin un replanteamiento tanto del sistema de relaciones internacionales basados en la interacción exclusiva de Estados soberanos como del uso ilimitado e irrestricto de los recursos y la tecnología por parte de los mismos Estados. El segundo tiene que ver con el concepto ilimitado para admitir que la escasez de recursos existe también en el eje temporal. En este sentido, el concepto de "desarrollo sustentable" supone un replanteamiento completo de la dimensión temporal y espacial de los recursos del planeta, considerado en su conjunto.[8]

Desde la misma perspectiva de Enrique Leff,

> debe tenerse presente qué cambios en las condiciones naturales del ambiente pueden dar lugar al surgimiento de procesos que afecten a la sociedad y, por otro lado, qué transformaciones ambientales generan las actividades humanas, en particular las asociadas al sistema productivo. En ningún caso puede definirse la relación ambiente-sociedad en términos de "impacto". Esto supondría entenderlas como una acción unilateral, unicausal y unilineal, lo que está lejos de ser cierto. Impacto es el choque de un proyectil contra un cuerpo. En este caso, el cuerpo es un objeto pasivo que no tiene influencia alguna sobre el proyectil ni sobre su proyección. Considerar impacto el efecto sobre el ambiente significa entenderlo como determinado exclusivamente por las características de la actividad (unilateralidad); como la generación de efectos exclusivamente desde la actividad hacia el ambiente manteniéndose aquélla inalterada (unilineal) y asignando la producción de los efectos exclusivamente a las condiciones de la actividad que afectan al ambiente (unicausalidad). Esa concepción impide percibir la relación compleja que existe entre las actividades sociales y el medio natural, y, por eso mismo, limita las acciones sobre los efectos más aparentes y no sobre los determinantes fundamentales, pues ignora las características de esa relación [Leff, 1990].

Esto obliga a tomar en consideración, como punto de partida, la naturaleza multidisciplinaria, transectorial, interrelacionada, de alcance imprevisible y de gestión fragmentada de los problemas ambientales que reclama una gestión estratégica selectiva en sus diversas materias, consensuada en los diferentes niveles de

---

[8] Según James Lovelock (1979), la hipótesis Gaia postula que "las condiciones físicas y químicas de la superficie de la Tierra, de la atmósfera y de los océanos han sido y son adecuadas para la vida gracias a la presencia misma de la vida, lo que contrasta con la sabiduría convencional según la cual la vida y las condiciones planetarias siguieron caminos separados adaptándose la primera a las segundas".

gobierno y con la sociedad civil, flexible en su desarrollo y ante todo, integrada con otras políticas públicas en materia de salud, energía, industria, comercio, agricultura, transporte y desarrollo urbano.

Naturaleza de los problemas ambientales

Multidisciplinaria	Involucra casi todos los campos del conocimiento Científico y tecnológico.
Transectorial	Salud pública, comercio exterior, sector energético, sector productivo, desarrollo urbano.
Interrelacionada	Desde sinergias moleculares hasta implicaciones territoriales.
De Alcance imprevisible	Con efectos de corto, mediano, largo y muy largo plazo
De Gestión fragmentada	A cargo de la Semarnat, Ssa, Stps, Sagarpa, Sedesol, Sct y con intervenciones importantes de la Secon, Se, Sedena, Semar, Segob.

Reclama una gestión estratégica selectiva, consensuada, flexible e integrada

La naturaleza difusa y de largo plazo de la materia ambiental rebasa los tiempos gubernamentales y su capacidad de pronta respuesta a las expectativas de la población, lo que exige una integración de políticas públicas en los diferentes niveles de gobierno, así como la participación activa y corresponsable de la sociedad civil organizada. Asimismo, el alcance transectorial de los problemas ambientales desvanece la división política-administrativa del país para localizarse en apartados regionales diferentes para cada uno de los medios ambientales: aguas superficiales y subterráneas, aire troposférico y estratosférico, residuos industriales y municipales, áreas naturales y ecosistemas, biodiversidad y vida silvestre, mismos que se traslapan y dificultan su manejo.

Es necesario insistir en la naturaleza transdisciplinaria para comprender que los asuntos ambientales no tienen fronteras políticas, jurídicas ni administrativas. Los bienes comunes,[9] los recursos naturales y los problemas del ambiente trascien-

---

[9] *The commons* en inglés se refiere a los bienes que un grupo, comunidad o sociedad utiliza en común. En la bibliografía especializada es cada vez más frecuente el uso de la noción *los comunes*, por lo que, en general, conservamos esa expresión. En algunos casos, para darle más claridad al sentido del texto, *the commons* se considera *bienes comunes* (Ostrom, 2000). El orden legal fundado en el derecho

den los límites convencionales del Estado, sean sectores o programas de la administración pública, formas de gobierno, niveles en nuestro caso expresados en entidades federativas y municipios, o las mismas leyes que responden a una división problematizada de los fenómenos ambientales.

Esto genera un conflicto en la regulación y gestión de materias ambientales a cargo de las instituciones gubernamentales y que sugieren diferentes formas de organización menos verticales y más horizontales, es decir, transectoriales, por lo que los procedimientos tradicionales del manejo administrativo representan sus principales obstáculos.

El agua es un bien común y al mismo tiempo es un recurso natural susceptible de aprovechamiento y que se percibe como un problema cuando escasea o se contamina; en consecuencia, hay que legislar para delimitar competencias y fincar responsabilidades, pero también hay que administrar el recurso y realizar actividades de gestión para su preservación, aprovechamiento sustentable y saneamiento. Para ello, habría que distinguir el agua de cuerpos superficiales del agua de mantos freáticos; el agua para uso y consumo humano, del uso agrícola e industrial y de otros aprovechamientos; el agua residual de diferentes fuentes; el agua dulce y las aguas costeras y marinas. En cada una de sus variantes el enfoque legislativo, administrativo y político puede dar lugar a manejos diferentes y provocar incertidumbres.[10]

El mar es un bien común pero también un recurso aprovechable por sus recursos naturales y por su navegabilidad, lo que ha provocado conflictos patrimoniales en sus delimitaciones territoriales; la legislación marina sentó los principios del derecho ambiental internacional, especialmente en la contaminación por el derrame de hidrocarburos, pero hasta ahora no ha habido acuerdos internacionales efectivos para la protección de especies o ecosistemas marinos.

positivo privado aparece hoy en día como una camisa de fuerza que estrecha el campo de visibilidad de lo que se expresa en los nuevos movimientos por la defensa de los derechos ambientales, culturales y colectivos asociados a la apropiación de los bienes comunes. El campo de observación de estos nuevos derechos, ceñidos a su carácter individual, vela la mirada de lo sustantivo del ser colectivo, que quedó ocluido y subyugado por la historia (Leff, 2001).

[10] En la década de los años cincuenta, la Secretaría de Recursos Hidráulicos se encargaba de los sistemas de riego y de las grandes obras de infraestructura hidráulica. En el otro extremo, la Secretaría de Salubridad y Asistencia era la responsable de introducir agua potable a las localidades rurales (con el apoyo de la Comisión Constructora e Ingeniería Sanitaria y el financiamiento de la Lotería Nacional) y de realizar actividades de saneamiento básico, entre ellas las de gestión de la calidad del agua y de las aguas servidas. Por otro lado, en las localidades de 2 500 a 5 000 habitantes, la Secretaría del Patrimonio Nacional intervenía en los sistemas de agua y alcantarillado mediante las Juntas Federales de Mejoras Materiales.

El aire igualmente es un bien común, aunque no sea un recurso aprovechable de la naturaleza y sea fácilmente contaminable; en la atmósfera se distingue el aire estratosférico de la troposfera, y en ésta, diferentes ambientes como el urbano, el industrial, el domiciliario y otros recintos vulnerables a la concentración de contaminantes. En la misma secuencia, se requiere legislar sobre fuentes y limites de emisiones, así como en los factores condicionantes y determinantes de riesgo a la exposición de la población y de los ecosistemas a los contaminantes; asimismo se necesita realizar actividades de gestión de la calidad del aire, y en cada uno de los espacios, las competencias y responsabilidades de los niveles de gobierno y la concurrencia de la sociedad civil serán diferentes.

Los residuos no son bienes comunes ni recursos naturales, en cambio, son factores potenciales de peligro y riesgo en la contaminación ambiental. La regulación y gestión diferencial de los residuos dependerá de una adecuada caracterización de sus propiedades, lo que provoca opiniones muy encontradas. Desde Paracelso se acepta que cualquier sustancia puede ser peligrosa según la dosis;[11] hasta hace poco agregamos que depende también de la exposición y la respuesta individual. En cualquier caso, se han determinado elementos básicos para declarar la peligrosidad de un residuo *(cretib)*.* El problema radica en la dificultad para el manejo integrado de residuos peligrosos y no peligrosos, sólidos, líquidos y gaseosos, de reutilización, reciclaje o desecho, para lo cual no es posible formular una normatividad integral, como los residuos que generan las ciudades, la industria y los hospitales.

Si bien la atmósfera y los océanos se consideran bienes de naturaleza difusa porque su titularidad no puede individualizarse,[12] la biodiversidad no sólo es un patrimonio de la humanidad cuyo valor ecológico y cultural resulta inconmensurable con su valor económico; este patrimonio de recursos hoy en día es subvaluado y destruido por la presión de la expansión económica, las estrategias de sobrevivencia de las poblaciones locales, o confinado, codificado y apropiado en las estrategias de

---

[11] "Todas las sustancias son venenos; no hay ninguna que no tenga efecto tóxico. La dosis correcta es lo que hace la diferencia entre un veneno y un remedio", Felipe Aureolo Teofrasto Bombast von Hohenheim, Paracelso (1493-1541).

* Corrosivo, reactivo, explosivo, tóxico, inflamable y biológico-infeccioso.

[12] En el derecho romano, las *res communes* son las cosas cuya propiedad no pertenece a nadie y su uso es común a todos: su naturaleza también es excluyente de toda apropiación individual (aire, agua corriente, mar). El informe Brundtland introdujo la noción de bien común global para los océanos, el espacio cósmico y la Antártida; estos bienes se consideran *global commons*, comunes a todo el globo. Los *global commons* se identifican con las nuevas *res communes omnium* de nivel planetario (González, 2001).

valorización económica de los servicios ambientales (recursos genéticos, reservas ecoturísticas, sumideros de carbono) según las reglas del mercado (Leff, 2001).

Al otorgar al medio ambiente la categoría de bien económico (al igual que su uso o acceso a los recursos naturales) surgen una serie de elementos indispensables para asignarle un valor. Esta valoración no es sencilla por sí misma, pero se complica todavía más cuando hay que cuantificar en términos monetarios, es decir, cuando hay que poner precios ambientales. Si no se llega a traducir los cálculos económicos a cantidades específicas, no tiene utilidad alguna en la realidad y no se podrían implantar los instrumentos de las políticas ambientales. [Figueroa, 2000]

El nuevo paradigma del desarrollo sustentable nos impone deberes importantes respecto de las generaciones futuras por la contaminación y la degradación ambiental. La contaminación por radiación nuclear, por desechos químicos y nucleares que penetran en las cadenas tróficas, la contaminación atmosférica que produce cambios climáticos y efectos adversos en la salud pública, las sustancias nocivas que requieren mucho tiempo para descomponerse o que se biotransforman y bioacumulan, y que en el largo plazo se incorporan a las cadenas alimentarias, todos son factores de un elevado riesgo ambiental que puede ser previsible y manejable oportunamente.

Sin restar importancia a la trascendencia de esta nueva perspectiva, no debemos restringir el análisis de la contaminación ambiental a sus efectos biológicos y a su efecto en la salud pública. La contaminación plantea además otros problemas éticos, jurídicos, económicos, políticos y sociales, todos difíciles de manejar por la naturaleza tan compleja de las fuentes, diseminación y efecto de los contaminantes.

El primer problema es violar los derechos de las personas a vivir sin la amenaza de las agresiones ambientales;[13] otro de singular importancia se relaciona con los métodos idóneos o más aceptables para la prevenir y controlar la contaminación, lo que puede provocar problemas subsidiarios de injusticia social; un tercer aspecto es determinar las responsabilidades de quienes causan contaminación, pues en gran parte no se pueden identificar las fuentes que la originan ni evaluar sus efectos; un cuarto problema tiene que ver con la respuesta social a la contami-

---

[13] La sexta reforma del artículo 4° constitucional, publicada en el *Diario Oficial de la Federación (DO)* del 28 de junio de 1999, adiciona el reconocimiento al derecho de toda persona a un ambiente adecuado tanto para su desarrollo como para su bienestar.

nación en cuanto a los intereses comprometidos y la actitud depredadora y contaminante de la población. Complementariamente a la respuesta social, también es un problema la disponibilidad de recursos para proveer de dispositivos y mecanismos de protección ambiental, así como determinar si el daño producido por la contaminación hace que una actividad sea inaceptable, como en el caso de la contaminación nuclear. Otro problema aún no considerado es el derecho de los individuos a la reparación de los daños producidos por la contaminación en su patrimonio, en su capacidad laboral, en su salud y en su potencial genético. Y otro más, de actualidad, es determinar la magnitud y repercusión del daño ambiental por los costos económicos y sociales que implican.

En el ámbito político, el problema de la contaminación no plantea nuevas cuestiones de principio, aparte de que algunas medidas necesarias para el control eficaz de la contaminación incluyen restricciones a la libertad. Los asuntos políticos de importancia surgen de la gran variedad en la gama de formas y tipos de contaminantes que hacen necesario un enfoque muy complejo y en diversos niveles de los problemas que originan.

Es pertinente aceptar también que gran parte del deterioro ambiental en las economías que usan los mecanismos de mercado no se debe a la irracionalidad de los consumidores, ni al egoísmo de los empresarios. Desde la perspectiva de la economía, los problemas como el de la contaminación resultan de lo que los economistas llaman "externalidades", y éstas se deben a defectos estructurales en el sistema de mercado. Las externalidades resultan de la falla estructural que supone que algunos recursos de la sociedad se encuentren disponibles a precio cero. El aire puro y el agua limpia están a disposición de quienesquiera tomarlos sin costo alguno, lo cual incentiva a los usuarios a desperdiciar recursos socialmente válidos. El problema del deterioro ambiental surge, de manera importante, por causas eminentemente económicas.

Es muy difícil exigir una indemnización adecuada por los daños producidos por la contaminación, pues se requiere no sólo determinar el grado y tipo de responsabilidad, sino también calcular los costos de la contaminación para las personas, comunidades y empresas. Por la gran variedad de daños causados por la contaminación a los bienes comunes, a los recursos naturales, a la propiedad, a las personas, a su salud, al disfrute de su existencia y a la duración de sus vidas, el cómputo de daños en dinero es en extremo difícil, y puede resultar insatisfactorio e injusto para las partes dañadas. En materia jurídica, las leyes ambientales se refieren sobre todo a los derechos y deberes de las personas, a sus obligaciones y responsabilidades, y a la justicia y justificación de sus actos. Estos términos, que pertenecen al campo de la moral, invaden los dominios del derecho. Esto puede significar que sus diversas interpretaciones queden impregnadas de una fuerte dosis de moralidad. "Aunque el derecho penal es un instrumento torpe, no apropiado como única arma empleada contra la contaminación (su empleo aislado puede provocar enormes injusticias y costos inaceptables), debe desempeñar un papel principal en el combate contra la contaminación" (McCloskey, 1988).

Las políticas ambientales

¿Por qué y para qué?

Las políticas públicas son las manifestaciones más ostensibles de las acciones del gobierno mexicano; son mencionadas y reclamadas por los cuerpos de presión económica, política y social más representativos, aunque sin tener una clara idea de su naturaleza y sus implicaciones. El discurso oficial las incluye como parte sustantiva del mensaje y la oferta gubernamentales para señalar los caminos y la respuesta a los problemas prioritarios del país. Se desprenden de la Constitución Política de los Estados Unidos Mexicanos, entendida como proyecto nacional, y se expresan en la legislación secundaria, en los compromisos internacionales, en decisiones emanadas de cortes, tribunales y órganos constitucionales autónomos, en la conformación de estructuras de gestión pública, y en el diseño de planes y programas de desarrollo. La presencia del "gobierno" es visible mediante actos de autoridad, de obras, de servicios y de políticas públicas. Sin embargo, ni siquiera las propias autoridades las conocen lo suficiente.

Como señala el Plan Nacional de Desarrollo 2001-2006, las políticas públicas son un "conjunto de concepciones, criterios, principios, estrategias y líneas fundamentales de acción a partir de las cuales la comunidad, organizada como Estado, decide hacer frente a desafíos y problemas que se consideran de naturaleza pública".[14] Los objetivos esenciales del Estado orientan el sentido y contenido de las políticas públicas, y éstas se expresan en decisiones adoptadas por el Poder Ejecutivo. Si bien las políticas públicas definen espacios de acción no sólo para el

[14] El Colegio de México las define como "conjunto de medidas, orientaciones y procedimientos que se establecen para dirigir y organizar cierto aspecto de la actividad de una sociedad o de un país". En el Instituto Nacional de Ecología se mencionan como "cursos de acción enfocados a la solución de problemas relevantes para la colectividad". Para Gabriel Quadri, las políticas ambientales son la búsqueda de consenso entre la propiedad privada y las necesidades colectivas.

gobierno sino también para actores ubicados en los sectores social y privado, las diversas instancias de gobierno cumplen una importante función en el proceso de generación de políticas públicas en forma de instituciones, programas, criterios, lineamientos y normas a través de los siguientes elementos:

OBJETIVOS→POLÍTICAS→ESTRATEGIAS→INSTRUMENTOS→TÁCTICAS[15]

Mientras las políticas conducen al logro de los objetivos (en parte cuantificados en metas), las estrategias indican el camino para alcanzarlos; para esto se establecen lineamientos de acción y se elaboran instrumentos de gestión, como programas, proyectos, sistemas de registro e información, inventarios, etc., los que requieren de tácticas específicas para su aplicación y manejo.

Las políticas públicas no son objetos tangibles, concretos o materiales del Estado o del gobierno, sino decisiones que establecen lineamientos, opciones, prioridades y limitaciones a los órganos de gobierno como principales instrumentos del Estado para cumplir y hacer cumplir las directrices constitucionales. En particular, inducen al sector productivo a determinadas conductas y ofrecen respuestas a las demandas de la población y a los compromisos internacionales.

El enfoque de políticas públicas ha experimentado un impresionante desarrollo, y en ese desenvolvimiento encontró escisiones. Los primeros estudios se centraron en el diseño de políticas, olvidándose de la puesta en marcha. No es sino hasta los años ochenta cuando se retoma la original preocupación de Harold Laswell (1951) de tener una ciencia al servicio de la democracia, al poner énfasis en la ética y en los valores. De igual manera se otorga importancia al tema de la evaluación, al que se hace acompañar de un vasto instrumental técnico. [Pardo, 1991]

La nueva gestión pública *(new public management)*, hace poco incorporada a nuestros sistemas de gobierno, no es diferente en este sentido a la administración pública tradicional, que exige una orientación estratégica básica en la definición de objetivos (misión), una selección precisa de metas e indicadores y un planteamiento de estrategias en función de resultados, en términos de calidad, transparencia, rendición de cuentas y participación ciudadana; pero requiere además de

---

[15] Aquí cabe una aclaración: los objetivos representan lo que queremos o proponemos hacer; las políticas indican lo que debemos, podemos o podríamos hacer; las estrategias señalan cómo hacerlo; los instrumentos son herramientas que describen con qué hacerlo; y las tácticas enseñan en qué forma hacerlo.

la definición e instrumentación de políticas públicas que induzcan el comportamiento idóneo del quehacer gubernamental en el alcance de los objetivos propuestos en planes y programas de desarrollo con una perspectiva de largo plazo (visión).

Reconociendo que en la actualidad las prescripciones normativas (políticas, jurídicas o administrativas) ya no son suficientes para entender o interactuar con la dinámica de los fenómenos colectivos, podemos atrevernos a decir que la crisis del modelo de administración racional-legal-impersonal ha llegado a su punto máximo. El control ya no es la premisa más importante de las funciones del gobierno; las reglas, la obligatoriedad, la impersonalidad y la centralización han terminado con cualquier utilidad que pudiera ofrecer el paradigma burocrático, por lo que es necesario transitar a otro nuevo paradigma, sea cual sea el nombre, en el que se sustituyan las reglas por los principios, se reconozca la complejidad y la ambigüedad que enfrentan las dependencias públicas; y en función de este contexto turbulento se construyan nuevas relaciones de trabajo que incidan en la creación de una nueva cultura organizacional; y se realice un esfuerzo introspectivo y transversal, donde en un pequeño espacio podamos encontrar diferentes significados, racionalidades, formas y objetos. [Barzelay, 1998]

Es desde esta nueva perspectiva de actuación gubernamental como las políticas públicas ofrecen sustento y encauzan las decisiones del Poder Ejecutivo. El entorno internacional turbulento y los procesos de globalización económica, tecnológica y ambiental que en buena medida catalizan los países hegemónicos y envuelven a los países que emergen a situaciones inéditas sin capacidad de respuesta reclaman dispositivos flexibles y oportunos que no pueden ofrecer nuestros arcaicos sistemas jurídicos y administrativos, institucionalizados con más formalidad que efectividad.

Las políticas públicas destinadas a regular[16] el ambiente se extraen de la Constitución Política de los Estados Unidos Mexicanos (artículos 4, 25, 27, 73, fracs. XVI y XXIX-G, 115, fracs. III y V); de los tratados y acuerdos internacionales suscritos; de leyes ambientales: Ley Federal para Prevenir y Controlar la Contaminación Ambiental, Ley Federal de Protección al Ambiente, Ley General del Equilibrio Ecológico y la Protección al Ambiente, Ley de Aguas Nacionales, Ley General de Vida Silvestre, Ley General para el Desarrollo Forestal Sustenta-

---

[16] La regulación de políticas ambientales puede ser jurídica, administrativa, económica o territorial.

ble, Ley General para la Prevención y Gestión Integral de Residuos, así como de leyes con importante incidencia en el ambiente: Ley General de Salud, Ley General de Asentamientos Humanos, Ley Agraria, Ley de Desarrollo Rural Sustentable, Ley Federal de Sanidad Vegetal, Ley Federal de Variedades Vegetales, Ley Federal de Sanidad Animal, Ley Federal del Mar, Ley de Pesca, Ley Minera, Ley General de Bienes Nacionales y Ley Federal de Metrología y Normalización.

No existen políticas públicas unificadas en materia ambiental, pues la fracción II del artículo 32 *bis* de la Ley Orgánica de la Administración Pública Federal enuncia que corresponde a la Semarnat "formular y conducir la política nacional en materia de recursos naturales, siempre que no estén encomendadas expresamente a otra dependencia".

Se declaran políticas públicas para el logro de los objetivos señalados en los planes de desarrollo: Plan Nacional de Salud 1974-1976, Plan Global de Desarrollo 1980-1982, Plan Nacional de Desarrollo 1983-1988, 1989-1994, 1995-2000 y 2001-2006; y dan sentido al cuerpo de estrategias, instrumentos y tácticas de los programas sectoriales, regionales e institucionales de desarrollo. Asimismo, deben dar forma a las estructuras de gestión ambiental y orientación a las relaciones intergubernamentales para la coordinación regional.

Los objetos de las políticas públicas para fines de regulación y gestión ambiental se orientan al aprovechamiento sustentable de los recursos naturales, a la protección de la biodiversidad, a la regulación ambiental de la industria, a la protección contra riesgos ambientales, al desarrollo urbano y regional sustentables, y a la gestión ambiental de zonas costeras y fronterizas, en un contexto internacional cada vez más interactivo. Las materias comprendidas en la LGEEPA (materias ambientales), como áreas naturales protegidas, aprovechamiento del agua, aprovechamiento del suelo, explotación de recursos no renovables, prevención y control de la contaminación de la atmósfera, del agua y de los ecosistemas acuáticos, del suelo, así como actividades riesgosas, materiales y residuos peligrosos, energía nuclear, ruido, vibraciones, energía térmica y lumínica, olores y contaminación visual, se relacionan en forma y grados distintos con cada uno de los objetos mencionados.[17]

Las políticas ambientales, en continuo proceso de conceptuación y desarrollo, instalan sistemas y procesos de gestión ambiental dentro de un marco jurí-

---

[17] La LGEEPA no incluye principios, criterios o elementos de regulación de las materias ambientales por cada objeto de gestión; además, no es muy clara en la definición y delimitación de las materias que deben regularse, ni en sus ámbitos de competencia, pues no incluye temas de indiscutible prioridad en las políticas ambientales, como biodiversidad, cambio climático y contingencias ambientales.

dico —que consideramos inadecuado y que requiere de arreglos tanto constitucionales como legislativos— sustentado en una estructura institucional caracterizada por inercias burocráticas que limitan la posibilidad de administrar apropiadamente insumos difundidos, como salud, energía, ambiente, educación y turismo, entre otros. El manejo gubernamental en estos campos, mediante políticas públicas sectorizadas y enraizadas en prácticas administrativas de corte vertical, impregnado de un federalismo fuertemente centralizado y autoritario, en un contexto internacional turbulento y sin visos de definición en el corto plazo, significa marchar contra el reloj.

En su corta historia, las políticas ambientales se han desarrollado de forma y con alcance diferentes según la materia en conflicto y de acuerdo con variables tecnológicas, económicas, políticas y sociales que inciden de manera importante en las políticas públicas pero que aún no se consideran en la gestión de programas ambientales. Es así como han seguido cauces diferentes la gestión de políticas de calidad del agua, aire, suelo, conservación de la biodiversidad, regulación ambiental de la industria y desarrollo urbano, *vis à vis* el aprovechamiento de recursos naturales y la degradación ambiental. Sus alcances han obedecido a prioridades de control, prevención y restauración, en ese orden, con una relación de costo-beneficio que apenas se empieza a determinar. Hasta hace poco, en función de sus resultados, se han incorporado elementos condicionantes de la gestión ambiental, relacionados con la administración pública, relaciones intergubernamentales, federalismo, gobernabilidad, planeación regional, estatus municipal, gestión metropolitana, desarrollo urbano, comercio exterior y cooperación internacional.

La percepción legislativa de lo que entendemos por ecología y ambiente parte de la Constitución Política y de un foro internacional cada vez más agresivo por medio de transacciones económicas, financieras y tecnológicas en conflicto con el ambiente y en oposición a las políticas nacionales de desarrollo. Las políticas gubernamentales dirigidas al ordenamiento ambiental se encuentran en la disyuntiva de responder a las demandas de los grupos de presión *(stakeholders)*, y al mismo tiempo a reconocer y resolver los conflictos y necesidades que en realidad plantean los problemas ambientales. En contraparte, la opinión pública sobre el ambiente gira en torno a su percepción inmediata, a la conservación o el aprovechamiento de los recursos naturales y a su respuesta oportuna ante las medidas de regulación establecidas por la autoridad para la protección ambiental. Por tanto, es necesario adoptar como principio que el escenario ambiental es conflictivo por su propia naturaleza, y que la perspectiva sectorial y fragmentada adoptada en la legislación y la administración pública es una limitante más para su análisis.

La gestión pública de políticas ambientales se realiza mediante programas, ordenamiento ecológico del territorio, estudios de riesgo y evaluaciones de impacto ambiental, reglamentos y normas oficiales mexicanas, instrumentos económicos, unidades de manejo para la conservación de la vida silvestre, consejos de cuenca y manejo de áreas naturales protegidas, con el apoyo de sistemas de investigación, información y registro integrado.

El panorama gubernamental, abigarrado en su desarrollo histórico, ha sido propicio para instalar instrumentos de gestión ambiental en la perspectiva sanitaria, pues la legislación y acciones de protección sanitaria y mejoramiento del ambiente fueron insumos fundamentales para el desarrollo regional del país y para cumplir con políticas sociales que fueron exigencias primarias en la intervención del Estado en la vida del país durante la primera mitad del siglo XX. En adelante, la transformación del modelo de desarrollo en un contexto internacional turbulento cambió los parámetros en el diseño de políticas públicas, pero no se acompañaron de formas adecuadas de organización gubernamental compatibles con los agrupamientos de países en la economía mundial y con las exigencias nacionales de nuevas formas de gobierno, y más aún con la inercia del cambio acelerado hacia una economía de mercado a partir de la década de los ochenta. El desconcierto provocado en la gestión pública subsiste hasta la fecha y la materia ambiental es un ingrediente indispensable que los distintos planes de desarrollo no han podido integrar por conducto de dispositivos jurídicos y administrativos adecuados.

A partir de la posguerra, la concepción administrativa de los procesos de producción se transforma en términos de calidad y de gestión estratégica hacia el entorno de la empresa y los mercados internacionales, en vías de integración y en condiciones de elevada incertidumbre. Mientras tanto, los países europeos, los Estados Unidos y Japón, consecuentes con las políticas de reconstrucción y de fomento económico, adoptan mecanismos de intervención gubernamental en el desarrollo mediante sistemas de planeación económica, pero proyectan para los países latinoamericanos modelos de gestión pública centralizados, hegemónicos y dependientes, así como fuertes contradicciones entre las políticas de desarrollo nacional, las necesidades del desarrollo regional y los requerimientos de un desarrollo empresarial volcado hacia el comercio exterior y cada vez más comprometido en procesos de integración económica. La gestión ambiental en estas condiciones ha sido reactiva a políticas ambientales que se expresan en instrumentos legislativos ineficientes y de difícil aplicación. La gestión ambiental ha sido reactiva por igual a un desarrollo institucional del sector público que hasta el presente no la entiende y la incorpora como elemento extraño a su forma tradicional de organizarse y operar.

Con las ideas de Ervin Laszlo (1990) sobre la gran bifurcación de la década de los noventa, las instituciones gubernamentales están impregnadas de concepciones anacrónicas del mundo y del lugar del ser humano en él. Se fragmentan a lo largo de las fallas de las subculturas natural-científico-técnicas, social-científico-políticas y artístico-espiritual-religiosas. Estas divisiones (las mismas que hay entre las ciencias duras y las humanidades) se han vuelto ahora obsoletas y peligrosas; impiden a sus autoridades una visión integrada de sí mismas y de su época: ver las cosas desde una perspectiva integral.

Están a la vista las enormes fallas en los procesos de planeación, programación y presupuestación, instalados con más formalidad que con posibilidades de reconocer y resolver los problemas fundamentales del país. La organización del sector público federal se instrumentó con sistemas administrativos idóneos, pero los procesos de programación sectorial e institucional surgieron y se desarrollaron en forma paralela a las estructuras organizacionales, en ocasiones sin puntos de identificación; simultáneamente con la "renovación moral", el hincapié en el sistema de vigilancia y control del gasto público desatendió el resto, y en un plazo muy corto los nuevos mecanismos de la reforma administrativa se supeditaron a la administración de recursos humanos, perdiendo de vista los fines y la oportunidad de consolidar instrumentos de gestión para planear el desarrollo económico y social del país, en concordancia con la apertura de la economía mexicana al exterior que se preparaba en el mismo periodo de gobierno.

La institución del sistema nacional de planeación democrática, producto de las reformas constitucionales de 1983 que dieron origen a la Ley de Planeación y a la obligación del Poder Ejecutivo federal de preparar planes y programas de desarrollo, indicativos para los poderes estatales, formó parte sustantiva de la reforma administrativa del Estado mexicano que condujo a un ordenamiento de las acciones sectoriales del gobierno federal, aunque por desgracia y pese a los instrumentos de gestión intergubernamental (Coplades) para la conciliación de políticas regionales, no se tradujeron en un ejercicio democrático de asignación de recursos y responsabilidades compartidas en el desarrollo económico y social del país. Esto explica en parte que los planes y programas no incorporasen, hasta hace poco, elementos de evaluación que permitieran correcciones oportunas y continuidad en los diferentes periodos de planeación.

La evaluación de la actuación gubernamental está implícita en el sistema de planeación como un instrumento previsto en el proceso de planeación y programación. La orientación del proceso hacia el control y vigilancia del gasto público desvió la atención prioritaria de planes y programas hacia el desarrollo de instrumentos de registro, información y auditoría, en demérito de la evaluación como instrumento fundamental para la retroalimentación de los planes, reformulación de programas, y asignación adecuada y oportuna de recursos financieros por medio del presupuesto. La implantación de programas operativos anuales facilitó el desarrollo de criterios e indicadores para la evaluación de eficiencia en el uso de recursos y de eficacia en el alcance de los programas para medir el cumplimiento de metas y el logro de algunos objetivos planteados. Sin embargo, la medición de la efectividad o resultados de los objetivos propuestos en los planes y programas no fue ni ha sido prevista, menos aún en términos de congruencia.

Las políticas ambientales en esta perspectiva sólo pueden evaluarse en un nivel conceptual, es decir, de forma cualitativa, en sus relaciones e implicaciones que suceden entre sus propios objetos —señalados al comienzo de este comentario—, y en el entorno económico, político y social de los conflictos ambientales. El escenario corporativo, que sumó las expectativas de la población y las fuerzas motrices de la economía a las políticas de gobierno, ha contribuido al desinterés en la evaluación de las políticas, estrategias e instrumentos de gestión pública para el desarrollo económico y social.

El programa ambiental de la ONU (UNEP, 1999) destaca que la evaluación del éxito o fracaso de las iniciativas de política y gestión ambiental en su conjunto no es una tarea sencilla, y propone cuatro preguntas:

1) ¿Se plantearon adecuadamente las políticas para resolver los problemas ambientales? 2) ¿Se pusieron en práctica las intenciones planteadas en las políticas? 3) ¿Tuvo esta instrumentación efectos positivos en los problemas que se pretende resolver? 4) ¿Son suficientes estos efectos?

Las últimas dos preguntas son particularmente difíciles de contestar: a menudo el monitoreo de políticas no es sistemático, hay datos pobres o inexistentes, no hay indicadores adecuados, ni se dispone de informes y datos periódicos sobre la situación ambiental antes y después de la implementación. Tampoco se dispone de mecanismos, métodos o criterios adecuados para establecer cuál política contribuye a cuál cambio en el estado del ambiente. Generalmente resulta imposible identificar una acción o política específica que haya tenido un impacto particular, dado que las interacciones entre la acción humana y los resultados ambientales es compleja y aún poco conocida. Además, es muy fácil que las eventualidades políticas y los problemas de gobernabilidad anulen los beneficios potenciales de los instrumentos de política. Estos problemas dificultan la comparación entre la situación actual y lo que podría haber sucedido en ausencia de determinadas políticas. [GEO, 2000]

Podemos aceptar en que el planteamiento de políticas haya sido congruente con los problemas ambientales como se expresaron en los informes bienales desde 1986 que al menos reflejan la perspectiva de las autoridades; lo que no es fácil aceptar es que se haya aplicado la instrumentación idónea para la gestión de políticas ambientales, que se desarrolló por separado para cada uno de los sectores regulados en la LGEEPA.

La legislación ambiental

¿Cuál es la ley aplicable y cuál la autoridad competente?

En México, la legislación ambiental partió, como en otros países, de las legislaciones llamadas de primera generación, que se caracterizan por su naturaleza reactiva, es decir, están enfocadas a enfrentar las consecuencias negativas derivadas de los modelos iniciales de desarrollo industrial, y de la introducción al comercio y liberación al ambiente de una gran variedad y volumen de materiales peligrosos, centradas en el comando y control, así como en los llamados controles al final de los procesos o final del tubo.

> El sistema jurídico mexicano sufrió una transformación sustantiva en los últimos quince años. Una parte importante de esta transformación fue el resultado directo de los cambios en el modelo económico, político y social de México; es decir, a un "país nuevo" corresponde un "derecho nuevo". Si bien los cambios al marco normativo eran presupuestos necesarios para la acción del Estado, aquellos no correspondieron a una agenda legislativa explícita, sino que fueron dándose de una manera fragmentada y casuística. [López Ayllón, 1997]

Esta normativa dio paso a una segunda generación tendiente a introducir enfoques preventivos, y asumió, en la relación costo-beneficio, que es preferible prevenir que remediar. Aquí se prescribieron formas precisas e incluso modalidades tecnológicas específicas para alcanzar los fines que se persiguen, en especial en la gestión ambiental de la industria; el enfoque preventivo se dirige a los factores determinantes de la contaminación y degradación ambiental. Cabe esperar una tercera etapa de instrumentos de regulación, tanto jurídica como económica y administrativa, con medidas de previsión o precautorias para abordar los factores condicionantes de los problemas ambientales, como es el caso del manejo de sustancias químicas propuesto por la OCDE. Las medidas de previsión atacan la raíz de los problemas, es decir, antes de que se presenten.[18]

Cifuentes percibe esta evolución en cuatro momentos —que coexisten—. El primero tiene que ver con disposiciones para proteger la salud física; el segundo, con las que se relacionan con limitaciones o que proporcionan ciertas orientaciones sobre derechos subjetivos que pueden incidir en la naturaleza; el tercero se configura por disposiciones sobre conservación y un adecuado aprovechamiento de recursos naturales, y el cuarto se integra por disposiciones sobre protección del ecosistema (Cifuentes, 2002).

La Constitución Política de 1917 no se ocupó expresamente de las cuestiones relacionadas con el ambiente o la ecología, sin embargo, al establecer la propiedad originaria de la Nación sobre las tierras y aguas del territorio nacional, y al considerar la propiedad privada como derivada, enterró para siempre el concepto de propiedad napoleónica heredada del antiguo sistema romano y sujetó el ejercicio de este derecho a las condiciones que dictase el interés general. Así, la utilización de los recursos naturales quedó sujeta a la regulación de la Nación y de esta forma se abrieron las bases para el desarrollo de la legislación ambiental.

En su origen, la regulación jurídica del ambiente se relacionó con la protec-

---

[18] Desde otra perspectiva, Enrique Leff advierte que "en la racionalidad de la modernidad, el derecho del hombre hacia la naturaleza es un derecho privado, individual, de dominio sobre la naturaleza, donde los valores de la conservación quedan entrampados, sin encontrar expresión ni defensa. Es por ello que los derechos colectivos aparecen como un grito que no alcanza a plasmarse de manera consistente en los ordenamientos constitucionales, en las leyes primarias y secundarias de la legislación ambiental o las relativas a los derechos de los pueblos indios. Las formas mismas del ordenamiento jurídico, los tiempos de los procedimientos legales, obstaculizan la traducción del discurso político a la eficacia de un instrumento jurídico que permita la práctica de una defensa legal de los derechos ambientales y colectivos. Frente a este entramado de fallas jurídicas, los movimientos sociales avanzan en la definición y legitimación de nuevos derechos, quedando plasmados en un discurso que muchas veces no alcanza a decir todo lo que entraña en el silenciamiento del ser que ha quedado ocluido, dominado, subyugado por la racionalidad modernizadora" (Leff, 2001).

ción de los recursos naturales. Es el caso de las primeras reservas de la biosfera "la isla de Guadalupe" (DOF 24-X-22) y el "cajón del Diablo" (DOF 14-IX-37); de igual manera, en 1924 se publicó la Ley de Plagas; en 1926, la primera Ley Forestal, y en 1940, la Ley de Sanidad Fitopecuaria. En cambio, la regulación de las conductas que inciden sobre otros elementos del ambiente comenzó hasta 1946, con la Ley de Conservación del Suelo y Agua (González Márquez, 1994).

Una rápida revisión muestra que los instrumentos regulatorios y las instituciones de gestión ambiental en México han sufrido constantes cambios, al igual que en el resto del mundo. Sin embargo, es evidente que dichos cambios han ocurrido en forma reactiva a los sucesos y fenómenos en el plano internacional. Así, por ejemplo, según las tendencias internacionales, la legislación mexicana, desde la época revolucionaria hasta la década de los setenta, estaba dirigida claramente a la regulación de la explotación de los recursos naturales como sustento y base de la actividad productiva. Dentro de las disposiciones antecedentes en materia de conservación de recursos naturales que pueden mencionarse, el Código Civil de 1870 incorpora las primeras disposiciones para regular las aguas propiedad de la nación, y sobre cacería y veda de algunas especies; en 1876 se declara reserva forestal al Desierto de los Leones para proteger manantiales y asegurar el abasto de agua a la ciudad de México; lo mismo sucede con el decreto presidencial de 1889 que establece el Parque Nacional El Chico, en el estado de Hidalgo; y a partir de 1904 con la Junta Central de Bosques y Arboledas, de la Secretaría de Agricultura y Fomento, se desarrollan las políticas de conservación de los recursos naturales mediante diversos órganos de gobierno y una creciente participación en foros internacionales.

A pesar de la "reactividad" de las leyes ambientales mexicanas, sí han dado pie a la generación de políticas públicas que poco a poco se han internalizado en las diferentes dependencias y entidades de la administración pública, tanto federal como estatal, provocando subsidiariamente nuevos problemas de articulación sectorial y de congruencia regional. Las reformas a las leyes especiales en materia de aguas nacionales, forestal, vida silvestre y residuos, por su parte, tienden a fortalecer el federalismo mediante la transferencia de facultades —cada vez menos centralizadas[19]— hacia los gobiernos locales, estableciendo o al menos facilitando

---

[19] El programa de descentralización ambiental se impulsa a partir de 1995 con el análisis de atribuciones de la Semarnap que requerían transferirse a las autoridades locales o que podrían desconcentrarse en las delegaciones radicadas en las entidades federativas. El programa se impulsó en 1997 por conducto de las delegaciones, de los programas de desarrollo regional sustentable (Proders) y del

Cronología de la política ambiental
(Por su legislación)

1870	Conservación de los recursos naturales	Código Civil
1891	Saneamiento ambiental	Código Sanitario
1971	Prevención y control de la contaminación	Ley Federal para Prevenir y Controlar la Contaminación Ambiental
1982	Protección de los recursos naturales	Ley Federal de Protección al Ambiente
1988	Equilibrio ecológico y protección ambiental	Ley General del Equilibrio Ecológico y la Protección al Ambiente

mecanismos de concertación con la sociedad civil a través de órganos colegiados de consulta, coordinación y gestión, como los consejos consultivos regionales para el desarrollo sustentable, el consejo técnico consultivo nacional forestal, el consejo consultivo nacional para la restauración y conservación de suelos y, ante todo, los consejos de cuenca organizados por la Comisión Nacional del Agua de la Semarnat para el desarrollo regional integrado.

La reglamentación de las leyes ambientales y la formulación de normas oficiales mexicanas, a cargo del Ejecutivo Federal, han sido instrumentos de gestión muy valiosos para especificar los términos de regulación y facilitar su verificación y cumplimiento. El orden reglamentario no ha sido del todo oportuno, pues no se han actualizado los reglamentos para la prevención y control del ruido (1982), y de la contaminación atmosférica (1988). La internalización de tratados y acuerdos interinstitucionales a nuestro orden jurídico interno, de acuerdo con la Ley Sobre la Celebración de Tratados (1992), requiere de dispositivos reglamentarios o mecanismos administrativos para su incorporación oportuna a los procesos gubernamentales; entre tanto, existen impactos regulatorios insuficientemente estudiados, y las dependencias involucradas en el cumplimiento de los tratados

programa de desarrollo institucional ambiental (PDIA). Hoy en día, los Proders se incorporaron a la Comisión Nacional de Áreas Naturales Protegidas como instrumentos de gestión en las zonas estratégicas establecidas por la Comisión Nacional para el Conocimiento y Uso de la Biodiversidad (Conabio).

internacionales no cuentan con mecanismos de recepción de los compromisos para su debida y oportuna respuesta (Walss, 2001).

La LGEEPA faculta a los congresos locales a la elaboración de leyes ambientales de conformidad con los términos constitucionales (art. 73, frac. XXIX-G). Las 32 entidades federativas han incorporado políticas ambientales en sus planes de desarrollo y cuentan con leyes y estructuras de gestión ambiental. Los municipios, por su parte, tienen competencia para expedir bandos de policía y buen gobierno así como reglamentos para ordenar sus atribuciones ambientales. En este nivel de gobierno la gestión pública de políticas ambientales inicia un desempeño aún desconocido.

El análisis de la legislación mexicana siempre ha sido atractivo, en especial en materia sanitaria y ambiental. Son fáciles de encontrar defectos de técnica jurídica y de claridad terminológica, incongruencias con sus bases constitucionales, vacíos en las diversas materias que pretenden abarcar y, ante todo, dificultades en su interpretación administrativa. Esto último es muy importante para el ciudadano que debe observar la ley, así como para la autoridad que tiene por obligación vigilar su cumplimiento y establecer diversas medidas relacionadas con su objeto. Las circunstancias las rebasan constantemente. Cuando se expiden, dejan de ser vigentes en parte o quedan neutralizadas por leyes conexas. Por esto son igualmente "reactivas" a los acontecimientos naturales y sociales que regulan, y no son propositivas ni mucho menos preventivas.[20]

> Hay un conflicto creciente entre una legislación que pretende ser técnicamente perfecta y una administración pública que no la entiende y que la declara inaplicable a través de disposiciones que "le dan la vuelta", "mientras más perfectas son nuestras definiciones jurídicas, más complicada es la operación de la administración pública". [Merino, 1998]

Es común encontrar distintos enfoques, ambigüedad o contraposición de preceptos correspondientes a una misma materia tratada en las leyes de los distintos sectores del gobierno federal, y de estos últimos en relación con el estatal y a su vez con el municipal. Si no se acierta a tener claridad sobre los espacios de competen-

---

[20] Existen elementos que permiten suponer que la "nueva legislación" fue menos el producto de una política legislativa explícita que el resultado del cambio de modelo económico diseñado por la elite política y, al menos en ciertos sectores, de los procesos de "globalización" y de la modificación de las relaciones entre la sociedad y el estado. En este sentido, la "modernización del sistema jurídico tiene paralelos con otros procesos de transformación económica e institucional que ha sufrido el país en los siglos XVIII y XIX (López Ayllón, 1997).

cia en las variadas materias, se tiene como consecuencia un panorama de abigarramiento que deriva en la imposición de políticas demagógicas de carácter "benéfico" para las mayorías, que en lo fundamental tratan de conciliar los distintos intereses públicos o privados; son asimismo planteamientos inacabados o equívocos de los problemas y de sus soluciones; y las menos buscan afectar procesos o acciones que en efecto deterioran al ambiente y como consecuencia el bien público.

> Existe una asociación muy estrecha entre la vigencia del derecho y los sistemas de gobierno. Durante los años veinte y los treinta, bajo la influencia marxista-leninista, en los países europeos del este se propuso que se eliminaran el derecho y los abogados, o que al menos se restringiera grandemente su importancia por ser innecesarios y nocivos a la sociedad. En el decenio de 1960 y comienzos del de 1970 la Revolución china adoptó estas ideas con gran seriedad: se cerraron todas las escuelas de derecho y desaparecieron casi todos los abogados. Sólo desde finales de los años treinta en la Unión Soviética y desde finales de los setenta en la República Popular China se ha denunciado esto como "nihilismo legal". [Berman, 2001]

El análisis histórico de la legislación ambiental debe ser consecuente con el desarrollo de la legislación sanitaria al tomar en cuenta que comparten el mismo objetivo: mejorar la calidad de vida. El desequilibrio de los ecosistemas, la pérdida de la biodiversidad, la contaminación ambiental, aparte de sus consecuencias económicas, sociales y culturales, afectan en el corto plazo la capacidad de sobrevivencia, potencial productivo, bienestar y salud de la población.

El concepto de salubridad general, aunque nunca se ha definido, se incorporó a nuestra Constitución Política desde 1908, y se refiere precisamente a las condiciones sanitarias del ambiente, si bien con una vocación antropocéntrica. Desde la creación del Consejo Superior de Salubridad del Departamento de México, en 1841, las acciones de "higiene pública" (salubridad) y de "policía médica" (control sanitario) han sido hasta el presente fundamentales para el desarrollo regional del país y el mejoramiento de las condiciones de vida, en particular en comunidades rurales. No es aceptable, por tanto, la interpretación contrapuesta de "higienista" o "ecologista" de la legislación ambiental mexicana, como si fueran incompatibles.

Se insiste en señalar que la primera ley ambiental fue federal y de orientación higienista y antropocéntrica; que la segunda también fue federal aunque de corte ecologista y biocéntrica, y que la tercera, que se pretende integral, es sobre todo "ambientalista", y, como ley general, con un enfoque descentralizador, pues establece competencias y mecanismos de concurrencia entre la federación, los estados y los municipios.

Estas diferentes percepciones en tan corto tiempo han contribuido, en la esfera administrativa, a la imprecisión de funciones en las instituciones competentes o en fenómenos de duplicación, vacío e interferencia entre las mismas. El análisis histórico de la legislación ambiental, desde esta perspectiva, debe ser coincidente además con las transformaciones del aparato administrativo responsable de la gestión de políticas ambientales.

Con motivo de la promulgación de la Ley General de Salud (1984), José Francisco Ruiz Massieu señalaba oportunamente que "en un Estado de derecho, pocos cambios verdaderamente trascendentes pueden prosperar si se carece de instrumentos jurídicos que concilien las garantías sociales con las individuales, que sistemáticamente interrelacionen los diversos mecanismos institucionales, que consagren las prioridades y los rumbos que tanto las experiencias como la ideología revolucionaria apuntan y que se conviertan en medios para calificar la congruencia y la aptitud de las administraciones que debe utilizarlos" (Derecho Federal Mexicano, 1983). Esta perspectiva integradora promovía una técnica legislativa sustentada en la conciliación de un conflicto de intereses creado entre la salud individual y la de las poblaciones y el ambiente; identificada más con la importancia que con la emergencia de los problemas; y comprometida con instrumentos de gestión transparentes susceptibles de evaluarse. En este sentido, las leyes vinculadas a las políticas ambientales deben conciliarse y reflejarse debidamente en la Ley Orgánica de la Administración Pública Federal, con lo cual se lograría un reparto más adecuado de competencias institucionales y, en consecuencia, estructuras de gestión con mayor posibilidad de integrarse en la realización de programas multidisciplinarios de protección ambiental.

Es por esto que una lectura cronológica de la legislación ambiental mexicana deberá tomar en cuenta sus orígenes en la preceptiva sanitaria, desde sus esbozos en el Protomédico del Ayuntamiento de la Ciudad de México durante el virreinato hasta las reformas emprendidas a la ley ambiental vigente. Dentro de esta secuencia se incluyen algunas notas sobre los antecedentes más importantes que llevaron a establecer la legislación sanitaria-ambiental de México; las bases constitucionales que la sustentan; las propias leyes que denominamos "ambientales", y los convenios internacionales de mayor significación en la materia.

1519   Diego Ordaz y otros nueve españoles suben al Popocatépetl para sacar azufre del cráter y con éste hacer pólvora. Al llegar cerca del cráter, salían de sus entrañas humos, gases, chispas y cenizas que cegaban y sofocaban a los exploradores.

1524   Hernán Cortés funda los primeros ingenios azucareros en la región de Tuxtla, Ver., Iniciándose con esto las primeras formas de contaminación del agua.

1554   Bartolomé Medina usa mercurio para la amalgamación de la plata, dando lugar a la primera forma de contaminación no restaurable por la naturaleza.

1646   Tribunal del Protomedicato.
El ayuntamiento de la Ciudad de México, y posteriormente los demás del virreinato, fueron los primeros en dictar disposiciones para controlar el ejercicio de la medicina y en luchar contra las epidemias.

Fue el protomédico del ayuntamiento el encargado de ejercer éstas hasta la fundación de la Cátedra de Prima de Medicina en la Real y Pontificia Universidad de México, cuyos titulares las ejercieron hasta 1646. Ese año, el Consejo de Indias instituyó el Real Tribunal del Protomedicato, que tenía como atribuciones generales velar por la salubridad pública y cuidar el ejercicio de las artes médicas. En 1831 el Tribunal fue sustituido por la Facultad Médica del Distrito Federal, en cuyo seno se estableció diez años después el consejo Superior de Salubridad del Departamento de México.

II. GESTIÓN Y POLÍTICA AMBIENTAL

> A pesar de su creciente descrédito y del virtual desmantelamiento a que lo ha sometido la embestida neoconservadora, el Estado sigue siendo la máxima instancia de articulación social.
>
> OSZLAK, 1997

PANORAMA GUBERNAMENTAL

NO OBSTANTE que nuestra organización política establece una estructura administrativa del gobierno federal cuya existencia arranca desde 1821,[1] la característica inevitable hasta el presente es que las estructuras de gestión y los procesos administrativos consecuentes no han coincidido con las variables determinantes del desarrollo nacional; corresponden en su caso con políticas emergentes que reflejan periódicamente las interpretaciones y prioridades adoptadas por los cuadros dirigentes en turno.

> La adaptación de las transformaciones externas a la realidad interna de las organizaciones públicas no es siempre fruto de la voluntad de líderes políticos o burócratas clarividentes o innovadores, sino que también puede producirse a pesar de líderes incompetentes e, incluso, puede no producirse con líderes implicados en el cambio y competentes. [Villoria, 1996]

La evolución del sector público en lo general muestra un crecimiento institucional desordenado que hace mayor hincapié en la pronta resolución de los problemas presentados que en la previsión de esfuerzos de largo plazo. De ahí la competencia entre instituciones, que deriva en desigualdades técnicas y de

---

[1] No obstante, desde 1824 el Reglamento para el Gobierno Interior y Exterior de las Secretarías de Estado y el Despacho Universal, expedido por la Junta Soberana Provisional Gubernativa del Imperio Mexicano, que estableció los ministerios de Relaciones Exteriores e Interiores, de Justicia y Negocios Eclesiásticos, de Hacienda Pública y de Guerra con encargo de lo perteneciente a Marina, sirvió de base para la organización de la administración pública durante la primera vigencia de la Constitución de 1824.

recursos para cumplir con sus objetivos, disparidades que no es raro encontrar también dentro de una misma institución. En consecuencia, la discrecionalidad de las acciones de gobierno ha sido la nota distintiva de la administración pública mexicana hasta 1965, fecha en que se constituye la Comisión de Administración Pública que influiría después en los primeros esfuerzos de reforma administrativa del gobierno federal (1977-1982).[2] Además, el desarrollo institucional de la administración pública mexicana muestra un crecimiento desarticulado y desconectado de la realidad del país. Por consiguiente, se advierte que al crecimiento cuantitativo de las instituciones no ha correspondido un desarrollo cualitativo y equilibrado de la administración en su conjunto.

La evolución de la estructura administrativa del gobierno federal nos permite apreciar que el desarrollo institucional del Poder Ejecutivo está ligado a los acontecimientos históricos más importantes de nuestro país. Sin embargo, dicha relación no ofrece evidencias de que la conformación de los órganos de gobierno hayan obedecido a intenciones o a políticas decididas por los gobernantes para inducir o fomentar el desarrollo nacional, al menos durante el siglo XIX (aunque en 1853 se fundó el Ministerio de Fomento, Colonización e Industria y Comercio que dio lugar a las actuales dependencias de regulación y promoción de la infraestructura del país). La Constitución Política de 1917 abrió cauces institucionales que dieron soporte al fomento de la infraestructura social y económica del país y, asimismo, a la organización del sector público federal. Es así como se crea el Departamento de Salubridad Pública, que continúa las tareas de control sanitario del Consejo Superior de Salubridad y aborda el cuidado del ambiente en lo correspondiente a factores de riesgo ambiental en el hábitat de las poblaciones, lo que hace posible el desarrollo urbano y regional del país. Los trabajos del Departamento de Salubridad se encaminaron a la organización de la infraestructura sanitaria nacional con soporte en el saneamiento ambiental y en el equipamiento básico de asentamientos humanos.

La incorporación del ambiente a la esfera de competencias del Estado y, por tanto, el establecimiento de una gestión pública del ambiente, es un hecho relativamente tardío en todas partes del mundo. En los países de América Latina, incluso

---

[2] La Reforma Administrativa, preparada desde 1966 mediante las comisiones de administración pública y de programación del sector público, y a partir de 1971 por la Dirección General de Estudios Administrativos de la Secretaría de la Presidencia, a cargo de Alejandro Carrillo Castro, estableció las bases de conocimiento y operación para la sistematización de la acción pública federal, la que a su vez permitió la instalación, en 1983, del sistema nacional de planeación democrática y de los procesos sexenales de planeación y de programación del desarrollo.

México, dicha incorporación es consecuencia de una tendencia hacia la progresiva ampliación de los objetivos sociales que asume el Estado, sobre la base de que sólo de esta forma se podría garantizar que ellos se alcancen. A las funciones clásicas iniciales —la seguridad interior y exterior del Estado, incluidas la defensa nacional y las relaciones con la administración de justicia, así como el manejo de las finanzas públicas— se agregaron progresivamente otras, que configuraron el marco de la intervención estatal en la economía en sectores como el agropecuario, forestal, industrial, minero y pesquero. Al mismo tiempo o después se crearon órganos administrativos para la atención de problemas sociales, como el trabajo, salud pública o educación. La protección del ambiente y en general el impulso al desarrollo sustentable pasaron a formar parte de estos nuevos cometidos del Estado tan sólo en las décadas más recientes, cuando se generalizó la convicción de que para revertir la situación de deterioro ambiental en gestación se necesitaban, según el lenguaje de la Declaración de Estocolmo (1972), medidas de largo alcance (Semarnap, 2000).

La influencia creciente de la percepción internacional de los problemas ambientales, centrada en el crecimiento de las ciudades y en la contaminación atmosférica, fue predominante sobre la importancia tradicional en nuestro país de los efectos de la contaminación del agua y de los alimentos en la salud de la población, de ahí la primera ley ambiental "federal" circunscrita a la problemática del desarrollo urbano metropolitano de la ciudad de México, aunque de forma indeterminada ya que la reforma constitucional de 1987, que dio origen a la fracción XXIX-G, no menciona al Distrito Federal.

En este contexto histórico, la gestión de la calidad ambiental en México surge como respuesta del gobierno federal al crecimiento de las ciudades, y de los ejes y corredores industriales, asociados a problemas de contaminación biogénica o por sustancias tóxicas. El paradigma sanitario centrado desde el siglo XIX en el saneamiento ambiental, alrededor de los cuerpos de agua superficiales, de los vectores de enfermedades y de los desechos municipales, se estaba transformando en un paradigma ambiental que a partir de la década de los años ochenta se extendería a la protección de los recursos naturales. El desarrollo de la legislación ambiental y de las estructuras de gestión responsables sucede en paralelo con la metropolización de las ciudades, la distribución anárquica de los espacios de producción, la intervención creciente del Estado en la economía nacional, la ampliación expansiva del aparato gubernamental y la presión de los compromisos de la cooperación internacional.

Las diferentes percepciones de la política ambiental dieron lugar a diferentes cursos de acción gubernamental instrumentados mediante reglamentos, estructuras de gestión y programas, a veces contrapuestos y que en cualquier caso no tuvieron oportunidad de insertarse en los procesos institucionales existentes, lo que contribuyó en la esfera administrativa a la imprecisión de funciones en las instituciones involucradas o en fenómenos de duplicación, vacío e interferencia de acciones entre las mismas.

Pero vayamos a su origen, Lanning, en su estudio sobre El Real Protomedicato afirma que

> en el siglo XVIII, los españoles peninsulares y los españoles americanos entendían la salud pública un poco diferente de la percepción americana contemporánea. De hecho, para los españoles americanos de ese tiempo, la salud pública significaba la adecuada concesión de licencias a médicos, flebotomianos, cirujanos y farmacéuticos; la inspección de hospitales y boticas; el control de información médica falsa o peligrosa; la supresión de impostores y curanderos, y la impartición de justicia en casos médicos. En cambio, el americano moderno ve la salud pública como la reglamentación de las medidas de sanidad, los parámetros de control de drogas, la detección de enfermedades y la atención médica preventiva, por lo general sin costo para la persona. Sin embargo, en tiempos de crisis generales, en particular cuando ocurrían epidemias, el Protomedicato participaba poco en los esfuerzos por remediar los problemas de salud pública. Los funcionarios virreinales o locales, debido a que tenían la autoridad y el dinero, eran los que actuaban con el Protomedicato, proporcionándoles consejo y asesoría.[Lanning, 1997]

El Reglamento de Estudios Médicos, de Exámenes y del Consejo de Salubridad General del Departamento de México (publicado el 4 de enero de 1841) se había elaborado a finales del año anterior por la Facultad Médica del Departamento de México y por la Junta de Catedráticos del Establecimiento de Ciencias Médicas (antecedente primario de la actual Facultad de Medicina de la UNAM). Dicho Reglamento, en su tercer capítulo, trata de la creación, composición y atribuciones del Consejo Superior de Salubridad, que sustituye al Real Tribunal del Protomedicato, con la tarea de arreglar "con la posible brevedad el Código de Leyes Sanitarias", aunque sin atribuciones sobre la salubridad propiamente dicha. Durante 50 años el Consejo se dedicaría al control de boticas y medicamentos, y a la asesoría de las autoridades "en todo lo concerniente a la policía sanitaria y reglas de salubridad", hasta la expedición del primer Código Sanitario de 1891 a 1894, que establece las bases de la "policía médica" instalada en algunos países europeos desde principios del siglo XIX.

Las Ordenanzas Municipales formuladas el 29 de diciembre de 1840 y que se daban a conocer el 28 de junio de 1841 "fijándose en los parajes acostumbrados" anota que los Ayuntamientos estarán a cargo de la policía de salubridad, el cuidado de hospitales, casas de beneficencia y cárceles, la limpieza de las calles, mercados y plazas públicas y la desecación de los pantanos. Además, los Ayuntamientos debían disponer que en cada pueblo hubiera "cementerio bien construido y convenientemente situado", que los alimentos y bebidas fueran "de buena y bien acondicionada calidad, prohibiendo los malsanos y corrompidos", que en las boticas no se vendiesen "drogas o medicinas rancias o adulteradas", que hubiese abundancia de aguas potables y suficientes "fuentes públicas", que las calles fuesen rectas y estuvieran empedradas, y que se conservaran los "montes y arboladas". [Martínez Cortés, 1993]

Como podemos apreciar, las atribuciones de control sanitario del medio, antes en el Protomedicato y después en el Consejo Superior de Salubridad, se marginan de la autoridad sanitaria a cargo de las autoridades locales hasta la Constitución de 1917, que crea el Consejo General de Salubridad y el Departamento de Salubridad. El Código tenía cobertura nacional, es decir, era una legislación sanitaria federal, que los diferentes estados podían modificar según su constitución particular. Las resistencias de las nuevas disposiciones en puertos y ciudades fronterizas se atribuían a las Juntas de Sanidad que existían en dichas poblaciones, y que dependían de las autoridades estatales respectivas, las cuales se preocupaban más por los problemas de su entidad que por los que afectaban a todo el país. Desde entonces existía confusión y conflicto entre las competencias federales y locales en materia de salubridad.

Apenas tomó posesión de la presidencia de la República Plutarco Elías Calles, se propuso aclarar la situación de la salubridad pública. En efecto, el 19 de diciembre de 1924 Calles emitió un Reglamento del Departamento de Salubridad Pública *(sic)* que empezaría a regir el primero de enero de 1925, que no incluye al Consejo de Salubridad General en la estructura de dicha dependencia y sólo lo menciona para reiterar que el Departamento de Salubridad Pública viene a ocupar el papel que antes desempeñaba el Consejo Superior de Salubridad. El Código Sanitario publicado en el *Diario Oficial* del martes 8 de junio de 1926 definió la composición y el papel del Consejo de Salubridad General dentro de la estructura del Departamento de Salubridad Pública, cuyo título segundo se refiere al servicio de sanidad federal (a excepción de los delegados especiales) como la única autoridad federal que vigilará el cumplimiento del Código Sanitario y de los reglamentos que apruebe el Consejo de Salubridad General:

> En el campo de la ingeniería sanitaria, el Consejo de Salubridad General es el que expide los reglamentos a que estará sujeta la aprobación de planos y proyectos para la creación de nuevas ciudades, colonias o poblados, o para su ampliación. Los planos o proyectos para la ejecución de obras de saneamiento, desagüe y pavimentación también deben sujetarse a estos requisitos. La intervención del Consejo en la higiene del trabajo es fundamental ya que dicta los reglamentos para garantizar la salubridad y la higiene del trabajo, en las negociaciones agrícolas, industriales, mineras o de cualquier otra clase. El Código le faculta para dictar disposiciones extraordinarias en materia de salubridad cuando la insalubridad de un Estado afectase a la salubridad del Distrito Federal o de los territorios federales; cuando la dicha insalubridad de un Estado afectase a otro Estado o a la totalidad del país. En este caso el Consejo de Salubridad estaba facultado para dictar "disposiciones en materia de salubridad, de observancia general en el país" las cuales harían cumplir las autoridades sanitarias de los Estados. [Martínez Cortés, Martínez Barbosa, 2000]

Este galimatías, iniciado por el doctor José María Rodríguez, constituyente de 1917, y sostenido por el Reglamento comentado, ha tratado de aclararse con medidas formales que contradicen el sentido autoritario de su origen, como supeditar el Consejo al jefe del Departamento de Salubridad. Esta situación continúa hasta la fecha con la misma ambigüedad. La Secretaría de Salubridad y Asistencia nace en 1943 con grandes expectativas, aunque con un Consejo que el mismo doctor Bernardo Gastélum, recién nombrado secretario del mismo en 1959, propuso su abolición (Martínez Barbosa *et al.*, 2000).

La sincronía aparentemente armónica de organismos de gestión, de leyes y de programas ambientales, no coincide con los cambios sucedidos al correr del tiempo en la administración pública. El papel que podría representar el Consejo de Salubridad General, de tan larga historia, no ha sido aprovechado en su dimensión ambiental, en particular en la realización de acciones extraordinarias de salubridad general y en el ejercicio de facultades "plenipotenciarias" adquiridas tácitamente en su estatuto constitucional. Por razones históricas, las funciones

Instrumentos de gestión ambiental en México

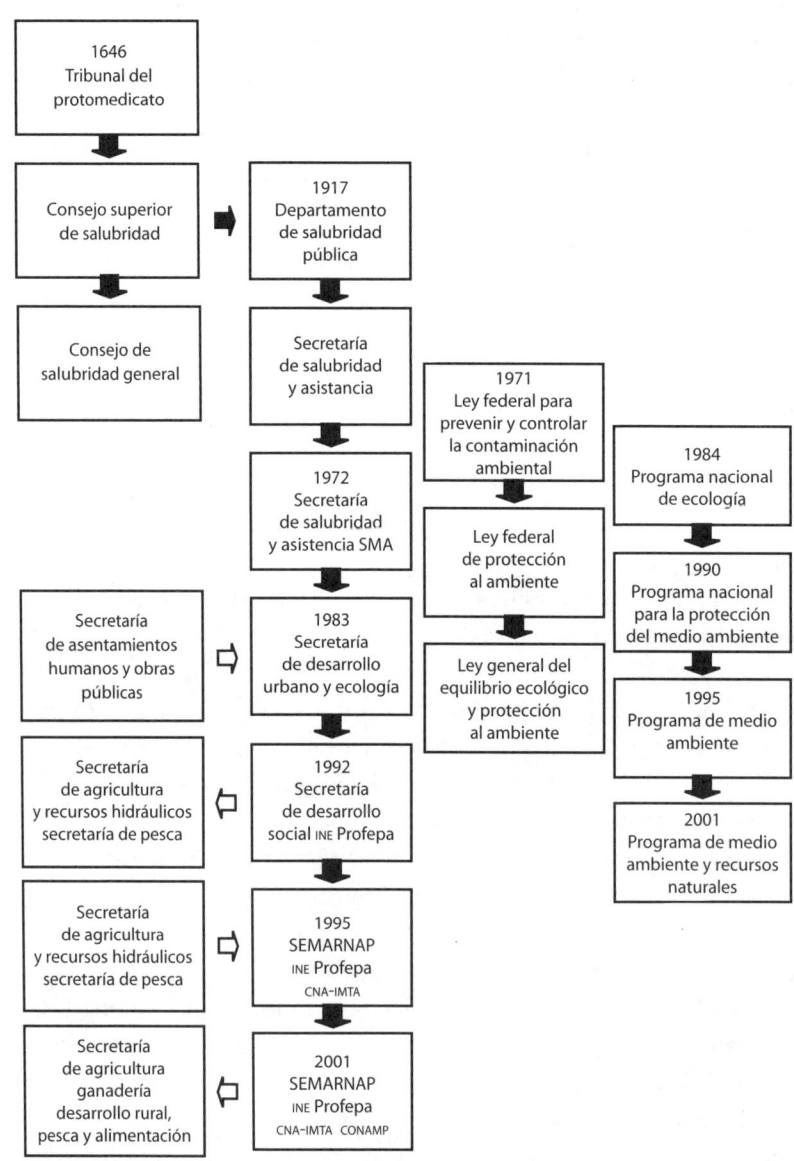

gubernamentales de salubridad se institucionalizan en desventaja con las de asistencia médica y social, las que tenían mayores recursos y aceptación de la sociedad, y heredaron la tradición sanitaria del Consejo Superior de Salubridad.

El Departamento de Salubridad (1917-1943) y la Secretaría de Salubridad y Asistencia (1943-1982), en lo correspondiente a las actividades de salubridad del medio, desempeñaron un papel relevante en el desarrollo de la infraestructura económica y social del país mediante el control sanitario de alimentos, bebidas y medicamentos, de la prevención de enfermedades transmisibles y del saneamiento básico del hábitat humano, de ahí sus relaciones interdependientes con las dependencias agrícolas y laborales.

Las instituciones y las políticas ambientales se vieron impulsadas de manera importante por el concierto internacional proclive a un modelo global de industrialización basado en la apropiación irrestricta de los recursos naturales y al mismo tiempo, en el compromiso ineludible de protegerlos. Surgen así foros internacionales y organismos no gubernamentales que se multiplican con la asistencia de múltiples órganos del sistema de Naciones Unidas para desarrollar agendas ambientales tan diversas y encontradas que concurren con un interés inesperado en la Cumbre de la Tierra de 1992.

La intervención del Estado en la economía nacional y en el desarrollo social dio origen no sólo a un mayor número de dependencias sino a la aparición de múltiples entidades paraestatales. Aunque en los últimos 28 años el cuerpo administrativo del gobierno federal se ha mantenido aparentemente sin modificaciones sustantivas, el explosivo reclutamiento de personal, el incremento de la inversión pública mediante las entidades paraestatales, y la recomposición de estructuras administrativas para fortalecer los sistemas de planeación, programación, presupuestación y vigilancia del gasto público hipertrofiaron la administración pública, que, en el mismo lapso, se transformó de un modelo de gestión orientado al fortalecimiento de la infraestructura económica y al bienestar social de la población a un modelo de respuesta a los mercados internacionales. La reforma política y administrativa de la década de los años setenta, el acercamiento Este/Oeste y el Consenso de Washington con sus diversas implicaciones en las economías emergentes, así como el proceso de internacionalización de nuestra propia economía determinaron un redimensionamiento del Estado que aún no termina y se refleja en los intentos de modernización de la administración pública federal y sus importantes estrategias de descentralización y fortalecimiento de la gestión local.

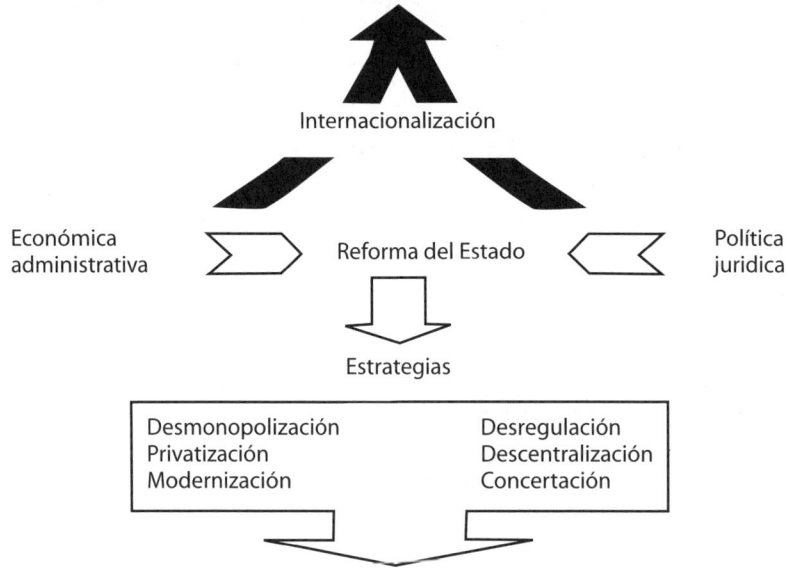

La agenda de la reforma del Estado que aborda un gran número de países de América Latina y el mundo en desarrollo es tributaria de los enfoques propuestos y condicionados por el Fondo Monetario Internacional, el Banco Mundial y otros organismos financieros multilaterales.[3] Al principio, el acento de la reforma se asignó a un conjunto de políticas orientadas a reducir el tamaño del Estado y transferir gran parte de sus áreas de intervención al mercado; el conjunto de recomendaciones recibió la denominación de "Consenso de Washington",[4] y estuvo enmarcado en nuestra región por los problemas fiscales y financieros producto de la crisis de los años ochenta. Sin embargo, la experiencia tras una década de reformas en un centenar de países demuestra que la relación entre el tama-

[3] Grupo del Banco Mundial: Banco Internacional de Reconstrucción y Fomento, Asociación Internacional de Fomento, Corporación Financiera Internacional, Organismo Multilateral de Garantía de Inversiones y Centro Internacional de Arreglo de Diferencias Relativas a Inversiones.

[4] John Williamson acuñó la expresión *consenso de Washington* para simbolizar lo que él llamaba acuerdos sustanciales a los que habrían llegado los gobiernos latinoamericanos, a finales de los años ochenta, para lograr el crecimiento económico: se requería liberalización comercial, estabilidad macroeconómica y una correcta fijación de precios. Williamson articuló este "consenso" en un decálogo que incluía disciplina fiscal (reducción sustancial del déficit público), cambiar prioridades del gasto público y retirarlo de las áreas que reciben tradicionalmente recursos desproporcionados a

ño y la eficacia de las instituciones estatales no es lineal, y que el desempeño óptimo de los mercados demanda la existencia de una red institucional efectiva que prevenga sus desequilibrios y se haga cargo de un conjunto de objetivos y actividades poco atractivos a la inversión privada (Carlos Vilas, ¿*Más allá del Consenso de Washington?*).

> La primera función del Estado globalizado consiste en sentar adecuadamente los cimientos donde descansa, pues su misión radica en 5 tareas: establecer un ordenamiento jurídico básico; mantener un entorno de políticas públicas no distorsionantes que incluyan a la estabilidad macroeconómica; invertir en los servicios sociales básicos y en la infraestructura; proteger a los grupos vulnerables; y defender el medio ambiente. Esta medida, más que referir el concurso de un Estado en el sentido más pleno del término, señala meramente que la función de un ministerio de Hacienda, es secundada por la construcción de los cimientos sociales que el Estado ya no tiene como responsabilidad exclusiva. El Banco Mundial afirma, sin abono de evidencia alguna, que es un hecho aceptado que en muchos países los monopolios públicos activos en la infraestructura y los servicios sociales son poco eficaces. En contraste, la emergencia de nuevas tecnologías y de sistemas de organización estan creando oportunidades para que los proveedores privados, más competitivos que los proveedores públicos, participen en actividades que hasta el momento han estado reservadas al Gobierno. [Guerrero, 2003]

La globalización es un proceso que se sustenta en el despliegue de los mercados y el retiro del Estado de sus tareas fundamentales de conducción, regulación y planeación del desarrollo. Este globalismo y su expresión actual en el modelo neoliberal no sólo ha desestructurado a los Estados-nación al replegarlos a un mínimo indispensable y convertirlos en apéndices de los mercados internacionales: también hizo superfluas las políticas y administraciones públicas orientadas a un desarrollo nacional y al mejoramiento de los niveles de bienestar para la población.

los beneficios económicos obtenidos por la administración, la defensa, los subsidios indiscriminados y los "elefantes blancos", ampliar la base tributaria y recortar las tasas impositivas marginales, liberar el sector financiero hacia tasas de interés determinadas por el mercado, unificar tipos de cambio y acercarse a uno competitivo, liberar el comercio (sustituir las restricciones cuantitativas), suprimir las barreras a la inversión extranjera y permitir que las empresas nacionales y extranjeras compitan en igualdad de condiciones, privatizar las empresas estatales, desreglamentar y no restringir la competencia, y garantizar los derechos de propiedad con un costo bajo. Para algunos críticos de este "consenso", como Ravi Kanbur, que fue economista en el Banco Mundial hasta su renuncia en el año 2000, las políticas sociales quedaron fuera del decálogo "real" (Aziz, 2003).

La globalización no ha tenido el mismo efecto en todos los países, pues mientras los desarrollados, impulsores de las políticas del "libre mercado", introducen nuevas medidas proteccionistas y amplían sus sectores públicos, las naciones menos desarrolladas aplican de manera doctrinal los procesos de apertura y repliegue de sus sectores públicos, lo que debilita su soberanía estatal y su capacidad de gestión pública autónoma (Hernández, 2001).

Con el uso genérico de la categoría *globalización* ha habido un cambio profundo en relación con quien genera las transformaciones y la dinámica del mismo; en otras palabras, ¿quién es el sujeto que ejecuta las acciones del proceso? Para los economistas, el comercio de las mercancías, y concretamente el comercio internacional, es el que define el proceso y el desarrollo (Held, 1999); lo es la circulación financiera, para algunos (Moran, 1998; Fox, 1995), el libre mercado y la libre competencia para otros, sin restricciones nacionales o internacionales (Ohmae, 1995). Algunos políticos piensan que la determinación está en el comercio internacional con el control del Estado, y la importancia de las comunicaciones, o bien en las relaciones internacionales, políticas y económicas (McGrew, 1992; Hirst y Thompson, 1999; Held, 1999). Varios sociólogos y antropólogos consideran las redes y las facilidades de cómputo, la digitalización, las telecomunicaciones y la "información de la sociedad" (Borja y Castells, 1997) como los elementos que definen las nuevas tendencias de relaciones y contactos... En general, y en especial en algunas concepciones modernistas o hiperglobalistas, la globalización aparece como un proceso económico sin agente, que se activa por sí mismo en la esfera de las relaciones internacionales con influencia directa en las esferas locales, políticas y culturales, pero sin que quede claro el mecanismo ni el lugar. Los movimientos y la circulación generan las pérdidas y las ganancias del proceso al influir en la cultura, la sociedad, la economía y la política (Ramírez, 2003).

Así, en los países más desarrollados es donde mayor importancia tiene la globalización, de forma que una parte importantísima de sus decisiones vendrá marcada por el capitalismo mundial, por los desarrollos tecnológicos exógenos: por la información generada en el exterior. Con ello se produce una potenciación de las decisiones basadas en la supervivencia y no en la reflexión. Los gobiernos de los países desarrollados ceden cada vez más poder a una realidad circular que genera, a su vez, mayores necesidades de respuesta y menor capacidad de iniciativas. En resumen, favorece un desarrollo ecológicamente destructivo, una necesidad de abandonar el lastre que representan los gastos sociales en un mundo competitivo y en adaptación permanente, y una dependencia mayor de las necesidades sistémicas, con la consiguiente reducción de la democracia y su ámbito de decisiones (Villoria, 1996).

En México, el redimensionamiento del Estado, resultante asimismo de la reforma económica y consecuente a su vez con la contracción económica y financiera del país, y su apertura al comercio exterior, aumentó de manera exponencial las dificultades para implantar las políticas y estrategias para modernizar los sistemas de gestión pública, descentralizar la acción federal que por tradición jurídica y cultural se concentraba en el Poder Ejecutivo federal, y concertar las políticas públicas con una sociedad civil excluida del panorama gubernamental.

> En un contexto nuevo de interdependencia, globalización e internacionalización de la economía y de la sociedad, se hace precisa una reconsideración de la configuración y de la actuación del Estado y de sus instituciones, desarrollando al máximo su voluntad y capacidad para la receptividad, la innovación, la eficiencia, la adaptación, el aprendizaje, la transparencia, la competitividad, la flexibilidad, la comunicación e información interna y externa, la desconcentración y descentralización, así como para la medición y valoración de los resultados a través de la evaluación. Estos son, pues, valores y criterios de actuación requeridos por las nuevas circunstancias. [OCDE, 1997]

La intervención del Estado en la economía nacional, por medio de instrumentos de gestión, se intensifica con el presidente Calles, quien establece el Consejo Nacional Económico de los Estados Unidos Mexicanos (1928) con el propósito de estudiar los asuntos económico-sociales de la nación, como grupo permanente y autónomo de consulta. Durante la administración del presidente Ortiz Rubio se promulgó la primera Ley sobre Planeación General de la República (1930), en la que se preveía el establecimiento de un órgano dependiente de la Secretaría de Comunicaciones y Obras Públicas, denominado Comisión de Programa, con el propósito de llevar a cabo los estudios y programas a que se refería la Ley, asesorar en su materia a estados y municipios, y fomentar la creación de comisiones locales de planeación. Además creaba la Comisión Nacional de Planeación, integrada con representantes tanto del sector público como del académico, privado y social con carácter de cuerpo consultivo de la mencionada Comisión. Asimismo, esta Ley preveía la formulación de un "Plano Nacional de México". El presidente Abelardo Rodríguez estableció el Consejo Nacional de Economía de los Estados Unidos Mexicanos (1933), el que, como auxiliar técnico consultivo del Ejecutivo

Federal, debía atender consultas, formular iniciativas y recomendaciones, así como realizar investigaciones en materias económicas.

Con la gestión del presidente Lázaro Cardenas, el primer plan sexenal marca un hecho sin precedente en la historia de México, y representó el primer esfuerzo por conducir integralmente el desarrollo nacional a partir de un documento político y programático. El Plan Sexenal 1934-1940 fue básicamente un conjunto de postulados generales de política económica, donde el tipo de planeación que se pretendía llevar a efecto quedaba circunscrito casi exclusivamente al ámbito del sector público. La estructuración del documento respondía en gran medida a la organización administrativa del gobierno.

Para crear la infraestructura básica del desarrollo nacional, cuyo impulso había asumido el Estado, se instituyeron la Comisión Federal de Electricidad y Petróleos Mexicanos, este último con motivo de la expropiación, encargado de explotar, refinar y distribuir los hidrocarburos. Además, se creó el Departamento Agrario, cuyas principales funciones eran el estudio, iniciativa y aplicación de las leyes agrarias; la dotación y restitución de tierras; el fraccionamiento de latifundios, y el parcelamiento y organización de ejidos.

El presidente Ávila Camacho sustituye el Consejo Nacional de Economía por la Comisión Federal de Planificación Económica, con la facultad básica de encarar los problemas económicos producto de la guerra, y crea el Comité de Inversiones Públicas (1942). Con la publicación de la Ley para el control por parte del gobierno federal de organismos descentralizados y empresas de participación estatal, el presidente Alemán sustituye el Comité de Inversiones Públicas por la Comisión Nacional de Inversiones (1948), adscrita a la Secretaría de Hacienda, la que sólo funcionó por un corto lapso debido a problemas de coordinación interinstitucional. Ante la inoperancia de la Comisión Nacional de Inversiones, el presidente Ruiz Cortines la hace depender de la Presidencia de la República (1953) con el objetivo principal de examinar y aprobar las inversiones del sector público mediante un programa nacional.

En el periodo del presidente López Mateos se expidió una nueva Ley de Secretarías y Departamentos de Estado que creó la Secretaría de la Presidencia con funciones similares a la Comisión de Inversiones, aunque compartiendo las de planeación, participación y control de la administración pública federal con las Secretarías de Hacienda y del Patrimonio Nacional. Se encargaba sobre todo de la elaboración del plan general del gasto público y de los programas especiales fijados por el presidente de la República, de la planeación del desarrollo regional así como de la inversión pública y del sector paraestatal. Dentro del modelo centralizado de planeación y control de la administración pública federal, el Ejecutivo federal dictó un acuerdo para la elaboración del Programa de Inversiones 1960-1964, coordinado por la Secretaría de la Presidencia. Se publicó el acuerdo sobre la planeación de desarrollo económico y social del país. Se constituyó la Comisión Intersecretarial para la Formulación de Planes Económicos y Sociales de corto y largo plazos, integrada por representantes de la Secretaría de la Presidencia y de Hacienda y Crédito Público, cuyo objetivo fundamental fue elaborar un plan de acción inmediata para el periodo 1962-1964; dicho documento no recibió la sanción formal del presidente de la República y se utilizó como documento de trabajo.

Por su parte, la Comisión Especial de Planeación de la Cámara de Senadores presentó una iniciativa de Ley Federal de Planeación en la que se proponía la formulación de un Plan Nacional de Desarrollo Económico y Social cuya duración sería de 6 años. Proponía también la creación de:

a) una comisión nacional de planeación,
b) diversas comisiones sectoriales,
c) una subcomisión de financiamiento y
d) direcciones de planeación en cada una de las instituciones del sector público federal.

Durante la presidencia de Díaz Ordaz, en los primeros años de su sexenio, la Comisión Intersecretarial elaboró el Programa de Desarrollo Económico y Social de México, 1966-1970. La Secretaría de la Presidencia, con base en este programa, solicitó a los organismos públicos sus programas de actividades. De ahí surgió el Programa de Acción del Sector Público 1966-1970. También en este periodo se creó la Comisión de Estudios del Territorio Nacional (Cetenal), que inició el levantamiento aerofotogramétrico de todo el país, como base y punto de partida para un inventario de los recursos naturales de México.

La Comisión Intersecretarial procede a la elaboración de un programa de desarrollo económico y social para el sexenio. En el mismo año se creó la Comisión de Administración Pública con el propósito de estudiar la reforma administrativa que requería el gobierno para el cumplimiento de dicho programa de desarrollo. Dedicó los dos primeros años a la formulación de un diagnóstico publicado con el nombre de "Informe sobre la Reforma de la Administración Pública Mexicana". La Comisión de Administración Pública se orientó hacia la institucionalización de los sistemas y mecanismos de planeación de la administración pública federal.

En el periodo del presidente Echeverría se inician los Comités Promotores de Desarrollo Económico y Social en los diversos estados de la República (Coprodes). Se establecieron unidades de organización y métodos, y unidades de programación en todas las dependencias del Ejecutivo y entidades paraestatales; asimismo, la Comisión Coordinadora y de Control del Gasto Público con la cual se buscaba establecer la debida vinculación entre las secretarías de la Presidencia, de Hacienda y Crédito Público, y del Patrimonio Nacional. La Secretaría de la Presidencia elaboró un anteproyecto de lineamientos para el Programa de Desarrollo Económico y Social 1974-1980, que tampoco llegó a adoptarse formalmente. Se prepara un nuevo proyecto de iniciativa de Ley General de Planeación Económica y Social que proponía un Consejo Nacional de Planeación Económica y Social y la Comisión Central de Planeación con dos subcomisiones, una de análisis económico y otra de gasto y financiamiento, así como una secretaría técnica coordinadora, y se establece la Comisión Nacional de Desarrollo Regional con el fin de regular los Coprodes, convertidos ya en organismos descentralizados del gobierno federal y presididos por el gobierno de cada estado.

> Hasta finales de la década de 1970, los esfuerzos en pro de reformar a la administración pública constituyeron respuestas a situaciones urgentes y a intereses momentáneos, causa que explica por qué la administración pública tendió a padecer un desfase estructural: cuando apenas se le estaba preparando para resolver los problemas que daban origen a las reformas administrativas en curso, ya habían surgido otras graves dificultades que encarar. De hecho, casi todos los países subdesarrollados que recién se habían emancipado estaban dedicados a organizar a la administración pública para encarar la vida independiente y ejercitar la soberanía, de modo que cuando esos países se reorientaban a la administración pública para encaminarla hacia el desarrollo económico, la concepción de los problemas del desarrollo globalmente considerado ya había cambiado. [Carrillo Castro en Guerrero, 2003]

Durante el gobierno del presidente López Portillo se publicaron en el *Diario Oficial de la Federación* las reformas constitucionales a los artículos 27, 73 y 115 con lo cual se sentaron las bases jurídicas para la planeación urbana en México. También se publicó el decreto que creó la Comisión Nacional de Desarrollo Regional y

Urbano, con las atribuciones de coordinar la elaboración del Plan Nacional de Desarrollo Urbano y supervisar su ejecución, conforme a la Ley General de Asentamientos Humanos de 1976. La Secretaría de la Presidencia se transforma en Secretaría de Programación y Presupuesto para integrar las importantes atribuciones de administración del presupuesto, hasta entonces a cargo de la SHCP, con la planeación y coordinación del gasto público y constituir un verdadero órgano central de planeación según los cánones de la ONU, aunque con 18 años de atraso.[5] En el mismo periodo se aprueba el Plan Global de Desarrollo 1980-1982, que, aunado a los planes sectoriales e intersectoriales, concebía la posibilidad de ordenar un sistema nacional de planeación en un intento por reorganizar los instrumentos al alcance del Estado para el logro de los objetivos nacionales. A la vez se llevaron a cabo importantes experiencias de planeación estatal y municipal con apoyo de las delegaciones federales. Como mecanismo de coordinación intergubernamental, se establecen los Convenios Únicos de Coordinación definiéndose como el instrumento de gestión que coadyuvaría a la articulación del Plan Global de Desarrollo en la consolidación del sistema nacional de planeación en el ámbito regional.

Con el presidente De la Madrid se publicaron las reformas a los artículos constitucionales 25, 26 y 73, fracción XXIX-D, relativos a la planeación del desarrollo. El artículo 25 otorga al Estado la rectoría del desarrollo nacional; el artículo 26 se refiere a la organización de un sistema de planeación democrática del desarrollo nacional, y el 73, fracción XXIX-D, establece la facultad del Congreso de la Unión para expedir leyes sobre planeación nacional del desarrollo económico y social.

> La planeación del desarrollo desde la propia constitución política se determina como una actividad exclusiva de la Federación; así señala que el Ejecutivo Federal coordinará sus acciones con los estados. La Ley de Planeación reglamentaria de ese principio, enfatiza que la participación de los estados será para adherirse a los planteamientos, que sobre desarrollo en cualquier área, realice la Federación. La Federación, a través del Poder Ejecutivo, únicamente buscará procurar la congruencia de las acciones sectoriales con las acciones que venga desarrollando el Estado, y considerará las acciones estatales cuando sean acciones en las que intervengan entidades paraestatales.
> [Ramos, 1994]

[5] Eduardo Villaseñor refiere, en *La democracia en México*, que en la iniciativa de reformas a la Ley de Secretarías y Departamentos de Estado, para constituir la Secretaría de la Presidencia, el presidente López Mateos eliminó a ultima hora las atribuciones sobre la administración del presupuesto, lo que redujo su capacidad de acción.

En sustitución de los Convenios Únicos de Coordinación se crea el Convenio Único de Desarrollo, el cual aglutina los programas regionales siguientes: Programas Estatales de Inversión (PEI), Programas Sectoriales Concertados (Prosec), Programas de Desarrollo Estatal (Prodes) Programa Integral para el Desarrollo Rural (Pider), y los programas de inversión federal que atienden las necesidades de zonas deprimidas y grupos marginados. Las acciones de estos programas se promueven mediante el Comité Estatal de Planeación para el Desarrollo (Coplades).

El sistema nacional de planeación democrática, creado en la reforma constitucional de 1983, dio lugar a planes de desarrollo de mediano plazo instrumentados con programas sectorizados para orientar e inducir la actividad productiva a un crecimiento económico que redundaría en el desarrollo social, de acuerdo con un modelo de planeación indicativa adaptado a una sociedad de economía mixta. El sistema persiste fuertemente arraigado en estructuras administrativas y en procesos presupuestales que necesitan modificarse para lograr en el corto plazo nuevos sistemas de gestión estratégica que permitan resolver los problemas de coordinación institucional y sectorial que han caracterizado a la administración pública federal.[6]

Como se describe adelante, durante el periodo gubernamental de Carlos Salinas la Secretaría de Programación y Presupuesto se reintegra a la de Hacienda y Crédito Público, lo que canceló el curso institucional de un modelo de gestión para la planeación del desarrollo en una economía "cerrada".

El enfoque estratégico, introducido en los años siguientes en los procesos gubernamentales aunque de manera abrupta, pretendía establecer las bases para incorporar el enfoque de gerencia pública en la toma de decisiones, así como facilitar la integración de políticas ambientales en el ámbito regional y contribuir a la formación de una agenda ambiental para el desarrollo sustentable, con el apoyo de la cooperación internacional mediante convenios bilaterales y multilaterales. El Tratado de Libre Comercio de América del Norte, y con menor impacto el posterior con la Unión Europea, se mencionan como agentes catalizadores de una

---

[6] El sistema de planeación de México se legisló en 1930 e institucionalizó en 1983 con el establecimiento del Sistema Nacional de Planeación Democrática y sus diversos instrumentos vigentes al presente. En fechas recientes se denomina a este periodo "de planeación tradicional", a diferencia de la "planeación estratégica" que intenta introducir el Programa de Modernización de la Administración Pública Federal de 1995. La Ley de Planeación publicada en el *Diario Oficial de la Federación* el 5 de enero de 1983 abroga la Ley sobre Planeación General de la República de 1930, que nunca se aplicó, aunque en 1980 se festejaron los "50 años de la planeación en México". En el lapso comprendido entre 1930 y 1982 se instalaron múltiples instrumentos administrativos de planeación que no se apoyaron en la Ley ni en un sistema de planeación.

Instrumentos de gestión para la planeación

	1928	Consejo Nacional Económico
	1930	Comisión Nacional de Planeación
	1933	Consejo Nacional de Economía
	1942	Comisión Federal de Planificación Económica
	1943	Comité de Inversiones Públicas
	1948	Comisión Nacional de Inversiones
	1958	Secretaría de la Presidencia
	1967	Comisión de Estudios del Territorio Nacional
	1971	Comités Promotores de Desarrollo Económico y Social
		Comisión Coordinadora y de Control del Gasto Público
	1975	Comisión Nacional de Desarrollo Regional
	1976	Secretaría de Programación y Presupuesto
	1983	Sistema Nacional de Planeación Democrática
		Secretaría de la Contraloría General de la Federación
	1992	Secretaría de Hacienda y Crédito Público

agenda integrada del ambiente con el comercio, sin embargo, y hasta la fecha, aún no se determinan los instrumentos de gestión necesarios desde la perspectiva de un desarrollo sustentable. La dimensión ambiental del TLC es fundamental para explicar el giro importante que dieron las políticas ambientales y las correspondientes estructuras de gestión responsables a partir de 1992, como se apunta en su oportunidad.

El cambio de procesos gubernamentales es muy significativo en las diversas materias de regulación. Desde 1995, la Secodam[7] implanta en el sector público federal el Programa de Modernización de la Administración Pública (Promap) con base en un esquema de planeación estratégica y cuatro espacios de actuación prioritaria: participación ciudadana, descentralización, evaluación de la gestión pública y profesionalización del servidor público. La adopción del Promap para las dependencias y entidades del sector público federal significaba la transformación inmediata de concepciones, actitudes, técnicas y prácticas de trabajo adquiridas en los procesos de planeación, programación, organización, presupuestación, control y evaluación instalados e internalizados paulatinamente desde 1977, lo que resultó imposible.

---

[7] La Secretaría de la Contraloría y Desarrollo Administrativo, a partir del 10 de abril de 2003 llamada Secretaría de la Función Pública, se creó en 1983 como Secretaría de la Contraloría General de la Federación con dos importantes funciones: la vigilancia del gasto público y la simplificación administrativa.

La modernización administrativa intentada alude a la adaptación de la administración pública a los cambios políticos, económicos y sociales en los fines del Estado, como una mayor participación social, democratización, abatimiento de rezagos sociales, menor presencia en la economía, administración de recursos, organización de personal, empleo de tecnología, romper los vicios de la corrupción, descentralización de facultades y responsabilidades, orientación al logro de objetivos y resultados, desregulación, transparencia, simplificación administrativa, etc. Estos cambios promovían a su vez una respuesta adecuada a las nuevas concepciones y realidades nacionales y a las transformaciones internacionales. En realidad, las transformaciones impulsadas responden a la necesidad de conformar un nuevo modelo económico de desarrollo que busca reorientar un sector importante de la producción hacia el mercado externo, mediante la desregulación de la economía y una menor participación directa del Estado en la producción, la apertura al mercado mundial y la integración regional de mercados, principalmente.

El Promap se implantó sin considerar las bases constitucionales previstas para constituir el Sistema Nacional de Planeación Democrática, sin reformas previas a la Ley de Planeación ni las adecuaciones pertinentes a los sistemas y procesos administrativos del gobierno federal. El Promap fue de naturaleza eficientista, sobre la base de optimizar la acción pública en una relación costo/beneficio y en la economía del gasto, sin que la preocupación básica radicara en el logro, adecuado o no, de los objetivos sustantivos o transcendentes encomendados al aparato administrativo. Propuso las técnicas e instrumentos más agresivos de la empresa moderna en términos del cliente, calidad del servicio, procesos, productividad y estrategias comprendidos en proyectos. No obstante el esfuerzo desplegado a través de múltiples cursos de capacitación y de ejercicios institucionales para incorporar elementos estratégicos en la organización de las dependencias y en el diseño de programas, al término de la administración no se evidencian cambios sustanciales en el quehacer gubernamental, y, una vez más, estos importantes instrumentos se incorporan al ritual administrativo.

Con independencia de estas instrumentaciones, emerge un nuevo paradigma de gestión pública del que el gobierno mexicano no puede sustraerse. El nuevo manejo público, o nueva gestión pública *(new public management)* es un paradigma administrativo anglosajón, sustentado en la privatización, en los postulados de la economía neoclásica y en la inefectividad de la administración pública:

La emergencia de nuevos paradigmas en ciencias sociales viene acompañado frecuentemente de un idioma igualmente novedoso. Dentro de la ciencia de la administración mundialmente considerada, es frecuente que el incentivo primario nazca en países administrativamente desarrollados, tales como las naciones anglófonas principales. Entonces puede ocurrir un fenómeno de transculturación vacilante e inmadura, a veces un vasallaje intelectual inconsciente y en ocasiones hasta abyecta sumisión que opera de un modo totalmente adoptivo. Dentro de una atmósfera acrítica y dócil se producen traducciones equívocas, interpretaciones semánticas enclenques, y falsificaciones conceptuales que vulneran una interacción científica digna y fructuosa entre culturas administrativas diversas. (Guerrero, 1999)

Tomando como punto de referencia el sistema británico, se distinguen dos grandes etapas:

- El modelo neotaylorista (Clarke-Newman, 1998), que coincide con la ola de reformas de los años ochenta. El objetivo de las reformas es superar los obstáculos y déficit de la burocracia, y sobre todo lo que se relaciona con el presupuesto y la flexibilidad en la gestión del personal. Se entiende que la reforma de este modelo "es uno de los escollos, si no el escollo de la adaptación de la sociedad al mundo del siglo XXI" (Crozier, 1988). Es el periodo de las privatizaciones, la expansión del modelo de agencia y los modelos empresariales de gerencia. Es también la época de las tres grandes E, *economía, eficacia y eficiencia*.
- Una ola más radical, ya en los años noventa, que destaca el mercado y el papel del gerente como un hacedor de políticas *(policy entrepreneur)*. Se utilizan términos como flexibilidad, responsabilidad, reingeniería, "empoderamiento" *(empowerment)*, optimismo e igualitarismo (de oportunidades, no de resultados). Es lo que algún autor (Durant, 1998) ha llamado el estado neoadministrativo donde prevalecerían las tres D, *descentralización, desinstitucionalización y devolución*. [Olías de Lima, 2001]

La búsqueda de eficiencia en el sector público no es nueva, como tampoco lo es acudir al sector privado en busca de instrumentos para mejorar los procesos administrativos. Así sucedió durante casi todo el siglo XX al adoptar a Fayol y a Taylor como simbolos de un paradigma administrativo que se llevó sin titubeos a la administración pública, con resultados que de ninguna manera podemos considerar desastrosos. La idea de gerencia pública pretende ir más allá, pues supone un cambio de perspectiva sobre la manera de alcanzar resultados en el ámbito público que incluso afecta la esencia de lo público. Pero, ¿cuáles resultados?

La aplicación de la gestión de la calidad total al sector público no ha tenido problemas especiales en las empresas públicas (Velázquez, 1992; Reinoso, 1992); no obstante, los servicios públicos tienen un conjunto de peculiaridades y diferencias que exigen que el método de la calidad total se adapte a dichas especialidades y no viceversa. [Villoria, 1996]

El término "gerencia pública" se refiere al conjunto de actividades conducentes a obtener bienes o productos públicos que engloban tanto las propias de la dirección como las de los distintos niveles administrativos. *Gerenciar* implica actividades distintas, como combinar recursos, entrenar al personal, diseñar procesos o establecer reglas, con un marcado carácter intraorganizativo. Pero no están excluidas otras de carácter extraorganizativo, en la medida en que conseguir objetivos implica relacionarse con otras personas, promotores, clientes, proveedores, etc., y con otras organizaciones, para participar en redes organizativas más amplias. En la gerencia es de especial interés la labor directiva e impulsora de los *managers*, o gerentes; de ahí que la mayor parte de las perspectivas subrayen este aspecto. Lo característico de la gerencia pública es que se desenvuelven en un entorno político, lo cual quiere decir, en primer lugar, que afecta los intereses colectivos (Olías de Lima, 2001).

La nueva gerencia pública emergió en el seno de un contexto caracterizado por seis rasgos prominentes: en primer lugar, la nueva gerencia pública aparece como propuesta de solución para los problemas de *productividad* de los gobiernos, donde destaca el esfuerzo en favor de servicios públicos superiores y menos costosos. En segundo lugar, domina su tendencia a la *mercantilización*, es decir, la transferencia de los servicios públicos desde el nicho de la burocracia hacia el mecanismo del mercado. En tercer lugar, se considera la *orientación al cliente*, pues, habida cuenta del imperio mundial del mercado, los ciudadanos se ciñen a la condición de consumidores en libertad de escoger proveedores. En cuarto lugar, repunta el ejercicio de los procesos de descentralización de la responsabilidad de los gerentes públicos, lo que estrecha los marcos legales y ensancha los márgenes discrecionales. En quinto lugar se releva la pureza gerencial del nuevo manejo público, el cual, para apartarse del contagio político, personifica la provisión de servicios públicos y se separa de los procesos gubernamentales en

Nueva perspectiva de gestión

Actual	En proceso
Estructuras rígidas	Procesos adaptativos
Gestión vertical	Gestión horizontal
Fragmentación de materias	Integralidad de objetos
Entorno estable	Entorno cambiante
Objetivos múltiples	Objetivos estratégicos
Responsabilidad cupular	Delegación de responsabilidades
Dirección centralizada	Dirección descentralizada
Control de recursos	Control de gestión
Costo de recursos	Costo / beneficios
Control contable	Rendición de cuentas
Evaluación de avance	Evaluación de resultados
Eficiencia y eficacia	Efectividad y congruencia
Exclusión del usuario	Participación del cliente

La administración pública mexicana pretende transformarse en gerencia pública

estricto sentido. Por último, se establece la rendición de cuentas por resultados, es decir, la búsqueda de una relación positiva entre insumos y productos (Guerrero, 2003).

El nuevo paradigma busca disminuir o revertir el crecimiento del gobierno; privatizar o cuasiprivatizar los bienes y servicios del gobierno o su esfera de competencia; automatizar la producción y distribución de servicios, en particular de tecnología informática; impulsar la agenda internacional; desarrollar gerentes profesionales, y establecer estándares explícitos y medidas de rendimiento, así como definir metas, objetivos e indicadores de éxito, expresados de preferencia en términos cuantitativos.

Todo este desarrollo del paradigma del servicio al cliente ha llevado a múltiples agencias públicas a gestionar la calidad a través del método de la "Gestión de la Calidad Total" (TQM). Dicho método tiene su origen en los estudios del doctor Shewhart, quien trabajó para los laboratorios de AT&T, y, en concreto, en el desarrollo de su Tabla de Control entre 1923 y 1931, año en que publica *Economic Control of the Quality of Manufactured Product*. Más tarde, en 1940, el doctor Armand

Fiegenbaum publicó *Total Quality Control*, origen del método Crosby de calidad total (Crosby,1992). Al final de la década de los años treinta, Edward Deming empezó a desarrollar, para el Departamento de Guerra de Estados Unidos, métodos estadísticos para el control de la calidad. Más adelante, al finalizar la guerra, Deming y Kaoru Ishikawa, con el impulso de Douglas MacArthur, promueven en Japón (1946) el control de calidad mediante instrumentos de gerencia ahora muy conocidos, como el control total de calidad (CTC), el control estadístico de procesos (CEP) y los círculos de control de calidad (CCC), que dieron lugar al cabo del tiempo a la administración total de la calidad y la gestión estratégica, desarrolladas en adelante por Genichi Taguchi, Peter Drucker, Alfred Chandler, Igor Ansoff y Michael Porter

En forma paralela nació la primera aplicación y desarrollo de las técnicas y métodos de control de calidad con la norma británica BS 1009: War Emergency Quality Control, que incluía controles estadísticos. En 1947 se funda en Londres la International Organization for Standardization (ISO), y en 1979 se desarrollaron las normas ISO 9000. En México se introdujeron en 1990, al presente con alrededor de 3 500 empresas certificadas.

En 1992, David Osborne y Ted Gaebler introducen al sector gubernamental de los Estados Unidos el enfoque gerencial con apoyo de la administración del presidente Clinton. Este último antecedente y la incorporación de México a la OCDE fueron decisivos para que el gobierno mexicano intentara introducir la gestión estratégica a partir de 1995, por conducto del Promap, ya comentado.[8] Para Osborne y Gaebler, un gobierno eficaz debe reunir las siguientes condiciones: tener una orientación empresarial (ganar en lugar de gastar); tener capacidad de anticipación; estar descentralizado; orientarse hacia el mercado; guiarse por una misión; buscar resultados; dirigirse al cliente y cumplir un papel catalítico.

[8] El Promap se propuso a las dependencias con un esquema de planeación estratégica cuya metodología no contemplaba el marco jurídico como punto de partida. El proceso parte de la identificación de la *misión* de la institución, que representa su razón de ser y hacia la cual deben orientarse todas sus actividades. Después se determina y revisa la *visión* que representa un escenario futuro muy deseado de la organización y se expresa en los programas sectoriales. El siguiente paso es la definición de los *objetivos estratégicos* de cada programa sectorial e institucional. Mediante un análisis organizacional y contextual (que permite localizar las fortalezas y debilidades de la institución, así como las amenazas y oportunidades de su entorno), y en función de los objetivos, se identifican las estrategias y los proyectos específicos. Por último, para la medición de los objetivos estratégicos se seleccionan *indicadores de resultados* y se fijan las *metas*. Estos últimos son los elementos básicos del sistema de evaluación del desempeño, y junto con los proyectos, debidamente costeados, servirán de base para las asignaciones presupuestales.

La introducción del concepto de cliente,[9] potencialmente innovador y renovador del servicio, no ha dejado de causar cierta polémica acerca de las connotaciones instrumentales y mercantiles que conlleva. Los últimos avances de la gestión pública matizan la vertiente más individualista y disgregadora de esta noción, y subrayan los aspectos cívicos y de igualdad de derechos propios de la ciudadanía. En este sentido, elevar al antiguo usuario de los servicios públicos a la categoría de cliente es promoverlo a actor, y no simple receptor, de las actividades públicas. El intencionado paralelismo con el consumidor del mercado quiere destacar algo más que el intercambio entre el proveedor y el receptor del servicio (mercancías por contribución al financiamiento). Lo que la idea del cliente permite superar es la percepción imperfecta que tiene el mercado público acerca de las preferencias de los ciudadanos. Convertir a los ciudadanos en clientes significa también dotarlos de relevancia y poderes sobre los servicios que recibe *(empowerment)* (Olías de Lima, 2001).

Las tendencias en la nueva gestión pública se orientan sobre todo al entorno del gobierno y de la administración desde una perspectiva de conjunto; a la importancia de la calidad y sus resultados en los procesos de regulación y de prestación de servicios hacia una población señalada como cliente en función de su intervención y participación de dichos procesos; a la selección rigurosa de objetivos y estrategias; a la preocupación por el futuro y las condiciones de incertidumbre en el arreglo político, económico y financiero de los países; y a la consideración de que el personal es un factor crítico.

Los rasgos del modelo burocrático típico han sufrido críticas bien documentadas: la división especializada del trabajo, desarrollada y defendida con ardor por Taylor, fue criticada entre otras razones por la tendencia a la alienación y el despilfarro de potencialidades (Kliksberg, 1992); la jerarquía rígida, con la consiguiente unidad de mando

[9] Inspirada en la noción de *soberanía del consumidor* que formulara Ludwig von Mises tiempo atrás, el acento en la orientación hacia el cliente se remonta a mediados de la década de 1980, cuando en la OCDE se comenzó a explorar una nomenclatura propia de su naturaleza económica, y muy ajena a las categorizaciones clásicas en política y administración pública: el Comité de Cooperación Técnica refiere la noción de *cliente*, que designa a un amplio conglomerado de sujetos tales como ciudadanos, empresas, colectividades y "todos los demás miembros de la sociedad con que está en contacto la administración". En otras palabras, como toda persona que tiene contacto con la administración es un cliente conforme tan generosa conceptuación, ella no excluiría a los presidiarios por ser inquilinos de cárceles públicas, ni a los indigentes beneficiarios de programas de asistencia, ni a los seres humanos aún dentro del seno materno antes del alumbramiento, pues la madre recibe atención en sanatorios del gobierno, ni a los muertos por ser asilados de los camposantos municipales. ¿Quién en un país está desvinculado de la administración pública? (Guerrero, 2003).

de Fayol, desconoce el papel importantísimo de las redes informales en las organizaciones (Pfiffner y Sherwood, 1960) además de chocar frontalmente con la especialización derivada de la sociedad del conocimiento, la cual no permite tal modelo jerárquico (Toffler, 1992); la reglamentación exhaustiva de todos los aspectos de las funciones de la organización da lugar a que los individuos concretos tiendan a actuar de acuerdo con las rutinas que tienen encomendadas, con una incapacidad disciplinada (Merton, 1964) y una tendencia a la desresponsabilización y falta de iniciativa. [Villoria, 1996]

En esencia, el cambio propuesto transforma los sistemas y procesos de la planeación "tradicional" en un concepto que empieza a instrumentarse como planeación estratégica, ya conocida en el medio empresarial y desconocida en la administración pública. Los fines de la planeación económica, en sus diferentes modelos de gobierno, como mencionamos, buscaban la adaptación de la producción a las necesidades de la sociedad. En el nuevo enfoque, la planeación estratégica, en un solo modelo de gobierno, busca la adaptación de las formas y modos de producción a los requerimientos del mercado. Esto significa abandonar los modelos determinísticos de naturaleza reactiva empleados en la planeación económica, para utilizar ahora modelos de incertidumbre de naturaleza proactiva; significa por lo tanto que ya no se requieren diagnósticos ni estudios de predicción sino análisis situacionales con escenarios y estudios prospectivos; en lugar de análisis de sectores deberemos enfocarnos al análisis de problemas; los indicadores de actividades deberán ser sustituidos por indicadores de resultados y las metas deberán ser relacionadas con dichos indicadores; la evaluación de operaciones que se ha utilizado (en términos de eficacia y eficiencia) para vigilar el uso de los recursos ahora deberá realizarse para medir el desempeño, tanto de los programas como del personal, en función de sus resultados (efectividad).

La OCDE (1997) señala que esta transformación es el resultado del desarrollo de un mercado mundial que pone de relieve la incidencia de las actividades públicas sobre la competitividad nacional, así como de la impresión general de que la productividad en el sector público es inferior a la del sector privado, a lo que se agregan la limitación del crecimiento futuro del sector público debido a los déficit presupuestarios y a la importancia de la deuda pública, así como la desconfianza en las capacidades del poder público para resolver los problemas económicos y sociales. Menciona también la importancia de las exigencias ciudadanas de una mejor atención y calidad de los servicios, así como mayores posibilidades de elec-

Nueva perspectiva de planeación

Actual	En proceso
Planeación económica	Plancación estratégica
Modelo determinístico	Modelo de incertidumbre
Naturaleza reactiva	Naturaleza proactiva
Diagnóstico	Análisis situacional
Estudios de predicción	Estudios de previsión
Análisis de sectores	Análisis de problemas
Indicadores de actividades	Indicadores de resultados
Actividades/metas	Indicadores/metas
Evaluación de operaciones	Evaluación del desempeño

La planeación económica se transforma en planeación estratégica

ción, además de las reivindicaciones procedentes de los empleados del sector público.

Las observaciones y propuestas de transformación de la gestión pública para los países de la OCDE[10] son aplicables para nuestro país, en donde cabe mencionar la relevancia de la intervención hegemónica del gobierno federal en la economía nacional y en la vida pública mediante un sistema corporativo de gobierno identificado con el poder político, la administración pública y el desarrollo nacional que acarreó, a pesar del crecimiento sostenido de la economía durante 30 años a partir de la posguerra, la pérdida de confianza de la sociedad en sus instituciones gubernamentales, la corrupción de sus elementos de cohesión y la desarticulación de las expectativas sociales del desarrollo económico.

[10] La Organización para la Cooperación y el Desarrollo Económico agrupa a 29 países. Los 20 originarios (1961) son los actuales 15 miembros de la Unión Europea, excepto Finlandia, que se adhirió con posteriioridad (1969), y Suiza, Turquía, Noruega, Estados Unidos y Canadá. Más adelante se produjo el ingreso de Japón (1964), Australia (1971), Nueva Zelanda (1973), México (1994), República Checa (1995), Hungría (1996), Polonia (1996) y Corea. El artículo primero de la Convención de la OCDE establece que la organización promueve políticas destinadas a favorecer un desarrollo económico sostenible y elevados estándares de empleo y nivel de vida. Los miembros de la organización se comprometen a mantener informados al resto de los socios sobre sus actividades y políticas con transparencia. En el ámbito de la gestión pública existe una activa unidad (PUMA) que realiza tareas de documentación, estudio y asesoramiento.

Para autores como Gruening por el momento la NGP no puede concebirse como un nuevo paradigma dado que no hay un conjunto de valores o principios fundamentales y suficientemente compartidos e integrados por una comunidad de estudiosos como para ofrecer una representación propia de la realidad, y de allí la dificultad para consolidar una perspectiva teórica. Más bien se trata de un "cúmulo disciplinario" o de una intersección de diversas perspectivas disciplinarias, herramientas de acción, métodos de análisis, e ideas —algunas de ellas innovadoras— en torno a lo público y a las estrategias de cambio gubernamental. Como Gruening sostiene, posiblemente lo nuevo es la mezcla de elementos y no la naturaleza de los mismos. [Cabrero, 2003]

El Plan Nacional de Desarrollo 2001-2006 se apoya en un sistema nacional de planeación participativa cuyo componente de planeación estratégica descansa en la formulación y desarrollo de programas, y tiende al mejoramiento organizacional como en su seguimiento y control. En este proceso deberán concurrir la Oficina de Planeación Estratégica y Desarrollo Regional y la Oficina para la Innovación Gubernamental de la Presidencia de la República, la Secretaría de Hacienda y Crédito Público, y la Secretaría de la Función Pública, a las que corresponde hacer compatibles los programas regionales con los programas sectoriales, institucionales y especiales, y todos, con los programas operativos anuales; asimismo deben darles apoyo institucional idóneo a través del mejoramiento de estructuras, procesos y proyectos, además de diseñar e implantar un sistema nacional de indicadores que permita el seguimiento y el control de los objetivos y estrategias del Plan. El producto del proceso de elaboración del Plan fue un documento que define las políticas públicas como "el conjunto de concepciones, criterios, principios, estrategias y lineas fundamentales de acción a partir de las cuales la comunidad organizada como Estado, decide hacer frente a desafíos y problemas que se consideran de naturaleza pública".

Las políticas públicas están contenidas no sólo en planes, programas y asignaciones de recursos presupuestales, humanos y materiales, sino en disposiciones constitucionales, leyes, reglamentos, decretos, resoluciones administrativas, así como en decisiones emanadas de cortes, tribunales y órganos constitucionales autónomos. Sin embargo, a pesar de que estructura tres procesos para la planeación estratégica, el mejoramiento organizacional y el seguimiento y control —dentro de un sistema nacional de planeación participativa—, no determina los instrumentos de gestión indispensables para el manejo efectivo de sus elementos, tomando en cuenta que la planeación estratégica es de reciente introducción en la gestión

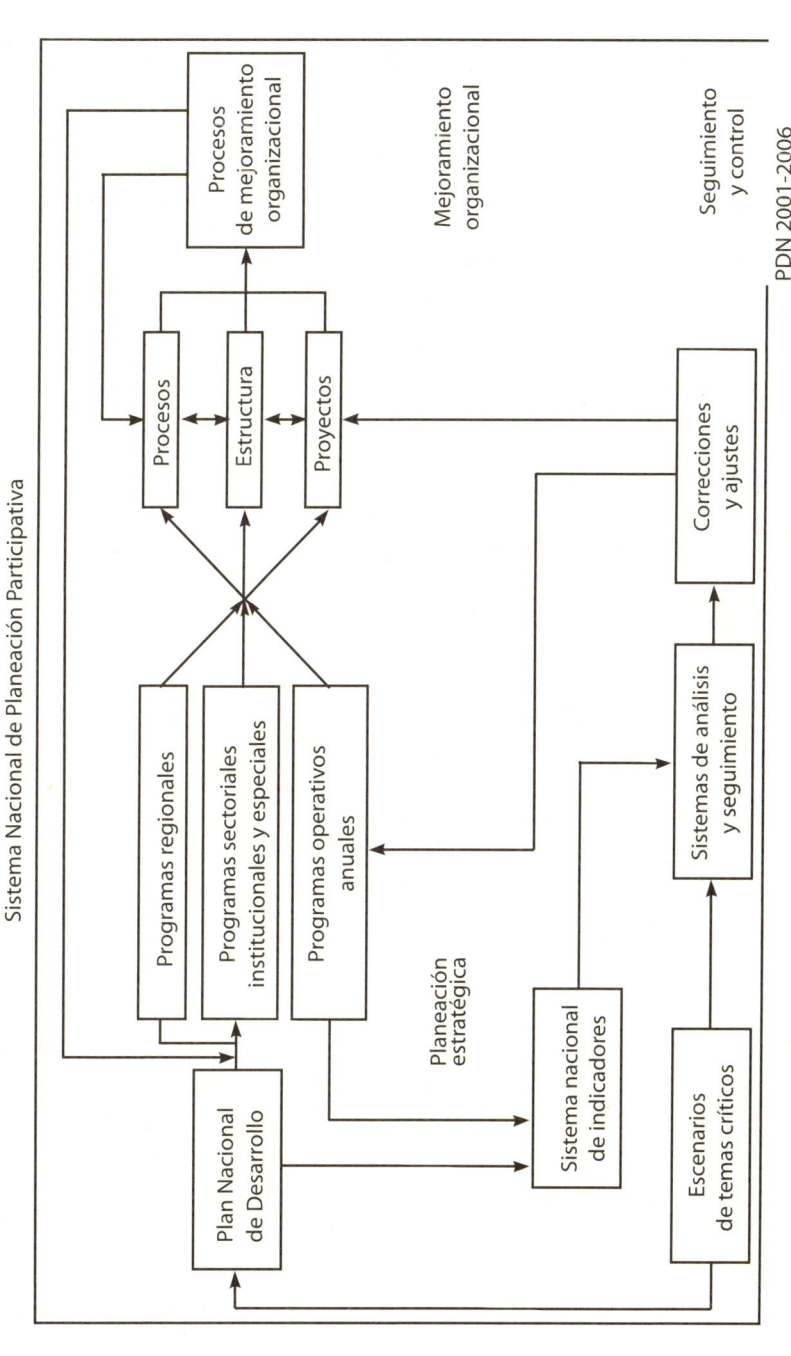

pública y que los procesos de evaluación aún no se incorporan en ningún segmento de los sistemas y procedimientos administrativos de gobierno. Esto puede explicar en parte que los programas sectoriales o institucionales, entre ellos el del ambiente, no definan elementos de amarre intersectorial ni indicadores de resultados del programa.

El Plan define un horizonte de planeación de 25 años y señala enfáticamente que la planeación no debe ser más un estéril ejercicio retórico ni tampoco una acción estatista que sustituya a la sociedad e inhiba su creatividad. Debe permitir la atención eficaz de las prioridades que democráticamente se han propuesto. Hablamos de un esfuerzo de previsión, de racionalidad, de orden, de coordinación y, sobre todo, de un gran trabajo de conciliación: entre los intereses de los individuos y los de la sociedad; entre las opiniones de los especialistas y las del ciudadano que sabe mejor cuáles son sus necesidades inmediatas; entre la experiencia y el sentido innovador; entre el pasado y el futuro.[11]

Las políticas ambientales del PND se incluyen tanto en el área de crecimiento con calidad como en el área de desarrollo social y humano, mediante los siguientes objetivos y estrategias:

- Crear condiciones para un desarrollo sustentable
  - Promover el uso sustentable de los recursos naturales, en especial la eficiencia en el uso del agua y la energía.
  - Promover una gestión ambiental integral y descentralizada.
  - Fortalecer la investigación científica y la innovación tecnológica para apoyar tanto el desarrollo sustentable del país como la adopción de procesos productivos y tecnologías limpias.
  - Promover procesos de educación, capacitación, comunicación y fortalecimiento de la participación ciudadana relativos a la protección del ambiente y el aprovechamiento sustentable de los recursos naturales.
  - Avanzar en la mitigación de las emisiones de gases de efecto invernadero.

- Promover el desarrollo económico regional equilibrado
  - Apoyar el respeto a los planes de desarrollo urbano y ordenamiento territorial de cada localidad.
  - Garantizar la sustentabilidad del desarrollo económico en todas las regiones del país.

[11] Sin embargo, no se modifican los términos hegemónicos del artículo 26 constitucional ni de la Ley de Planeación.

- Crear núcleos de desarrollo sustentable que desalienten la migración regional.
- Proyectar y coordinar, con la participación de los gobiernos estatales y municipales, la planeación regional.

- Lograr un desarrollo social y humano en armonía con la naturaleza
- Armonizar el crecimiento y la distribución territorial de la población con las exigencias del desarrollo sustentable, para mejorar la calidad de vida de los mexicanos y fomentar el equilibrio de las regiones del país, con la participación del gobierno y de la sociedad civil.
- Crear una cultura ecológica que considere el cuidado del entorno y del ambiente de la toma de decisiones en todos los niveles y sectores.
- Fortalecer la investigación científica y tecnológica que nos permita comprender mejor los procesos ecológicos.
- Proporcionar condiciones socioculturales que permitan contar con conocimientos ambientales y desarrollar aptitudes, habilidades y valores para comprender los efectos de la acción transformadora del ser humano en el medio natural. Crear nuevas formas de relación con el ambiente, y fomentar procesos productivos y consumo sustentables.
- Alcanzar la protección y conservación de los ecosistemas mas representativos del país y su diversidad biológica, en especial de las especies sujetas a alguna categoria de protección.
- Detener y revertir la contaminación de agua, aire y suelos.
- Detener y revertir los procesos de erosión e incrementar la reforestación.

Además, en el área de orden y respeto el PND propone fomentar la capacidad del Estado para conducir y regular los fenómenos que afectan a la población en cuanto a su tamaño, dinámica, estructura y distribución territorial a través de la estrategia de "armonizar el crecimiento poblacional y la distribución territorial de la población con las exigencias del desarrollo sustentable para contribuir a mejorar la calidad de vida de los mexicanos". En este campo de actuación gubernamental no se advierten medidas para considerar el valor estratégico de los recursos naturales en su conservación ni en su aprovechamiento como un problema de seguridad nacional.

El sector ambiental en esta dirección requiere por tanto una visión integral y prospectiva que no la facilita el sistema jurídico mexicano, y, más aún, orientarse a la constitución de un sistema nacional de gestión ambiental en el cual el gobierno sea un agente regulador y catalizador, y el gobernado, un agente corresponsable del ambiente, no un ciudadano administrado y sólo invitado a participar.

La posición de la Semarnat en el área de crecimiento con calidad y la nueva distribución administrativa que permite su reglamento interior abre espacios apenas emprendidos en la integralidad de las políticas ambientales y su posible integración con las políticas generales de desarrollo nacional. Sobre este aspecto haremos algunas precisiones en el capítulo VII.

La dimensión ambiental en las políticas públicas

Por lo general se acepta que los problemas ambientales se reconocen a partir de la conferencia de Estocolmo (1972), preparada desde el Congreso Científico Internacional celebrado en Founex, Suiza (1969), y concertada por la alarma creciente de desastres ambientales, tanto por la explotación sin medida de los recursos naturales como por las contingencias atmosféricas de Londres y Los Ángeles.[12]

> Desde el punto de vista conceptual, por ser los países industrializados los que primero se preocuparon por las cuestiones ambientales, y dado su predominio en la Conferencia de Estocolmo, se generó un discurso según el cual los países en desarrollo eran los que más estaban deteriorando el medio ambiente pues, en su afán de obtener ingresos económicos —proseguía el argumento—, estaban utilizando desmedidamente los recursos naturales, sobre todo para satisfacer las necesidades de una población con un crecimiento absolutamente sin control. La respuesta de los países en desarrollo fue un cuestionamiento general de los patrones de consumo de los países industrializados y de la existencia de un comercio internacional que no tenía en cuenta aspectos de equidad y no se preocupaba por los derechos individuales o comunitarios. [Ponce, 1995]

Algunos países industrializados habían emprendido ya desde fines de los años sesenta programas de mejoramiento ambiental, que en los setenta fueron la base para las orientaciones más generales y precisas que habrían de dar la OCDE

---

[12] Es necesario mencionar como antecedente importante el Pacto Internacional de Derechos Económicos, Sociales y Culturales, aprobado por la Asamblea General de las Naciones Unidas el 16 de diciembre de 1966, que reconoce en el artículo 12.1 el derecho de toda persona al disfrute del más alto nivel posible de salud física y mental. Para garantizarlo exige de los Estados "el mejoramiento en todos sus aspectos de la higiene del trabajo y del medio ambiente" (Loperena, 1996).

y la Comunidad Europea acerca de las políticas regulatorias entonces consideradas indispensables. En cambio, los países caracterizados por economías de planificación central dieron pocas muestras de preocuparse por el ambiente. A su vez, entre los países en vía de desarrollo, la política ambiental careció durante ese periodo de un impulso verdadero. Los deterioros ambientales específicos de muchos países en desarrollo en los diferentes continentes, su pérdida de recursos naturales renovables y de su biodiversidad, y la presencia de condiciones sociales, técnicas y a veces económicas poco propicias para otorgar al ambiente la prioridad política necesaria, hacían ver la necesidad de integrarlos a aceptar lineamientos de políticas ambientales internacionales. No se trataba de hacer "más de lo mismo", sino de abordar la problemática ambiental en todas sus dimensiones (Urquidi, 1997).

> A partir de la crisis provocada por las guerras mundiales y la depresión de 1929, en Estados Unidos se generó una discusión sobre los límites del crecimiento económico, misma que se incrementó alrededor de 1960, cuando se cuestionaba la falta de crecimiento armónico en el mundo dada la creciente brecha entre países desarrollados y subdesarrollados, y entre desarrollo y pobreza que existía ya en los primeros. La modernidad capitalista introdujo una forma de producción en donde la industrialización transformó a la sociedad sobreexplotando los recursos naturales, y subordinándolos a una lógica que le exige ritmos que no concuerdan con los de reproducción de la naturaleza. La promesa de mejorar las condiciones de vida de la población a través de la industrialización se convirtió en riqueza para unos cuantos y en pobreza que se agudiza día con día para la mayoría, con la consabida contaminación ambiental y los recursos naturales cada vez más escasos y alterados. [Ramírez, 2003]

La primera conferencia de las Naciones Unidas sobre problemas ambientales se celebró en Lake Success (Nueva York) en 1949; en adelante y hasta 1972, los temas ecológicos tuvieron como marco la UNESCO.

La UNESCO, en su difusión de las preocupaciones ecológicas, auspició un programa de amplios estudios sobre el medio humano que se tradujo en la "Conferencia Internacional de la Biosfera", celebrada en París en 1968. Y fue justo en esa conferencia (a la que asistieron representantes de 60 naciones) donde se apoyó la idea de que la ONU promoviera un encuentro mundial sobre problemas ambientales. Este fue el origen de la conferencia que cuatro años después se celebraría en

Estocolmo, y en la cual se decidió la creación del Programa de las Naciones Unidas sobre el Medio Ambiente (PNUMA) con sede en Nairobi, Kenia.

Antes, en 1966, Aurelio Peccei, director de una de las mayores empresas consultoras europeas en desarrollo económico e ingeniería, y Alexander King, entonces secretario general de la OCDE, fundaron el Club de Roma, formado por economistas, especialistas en planificación, biólogos, sociólogos y empresarios, y se propusieron auspiciar una serie de estudios globales sobre los problemas mundiales. Pero tal vez los años clave para la discusión y, sobre todo, para la generalización de una conciencia creciente en torno a la problemática que tratamos sean los del inicio de la década de los setenta. En efecto, en 1971 se publica el primer modelo de Jay W. Forrester, el "World 2", que relacionaba cinco magnitudes básicas (población, producción industrial, reserva de materias primas, contaminación del ambiente y producción de alimentos) de los que surge la dinámica de cambio en el sistema mundial, como variables en evolución y su previsible desarrollo, así como esa misma evolución una vez introducidas las políticas correctoras propuestas. Al año siguiente vio la luz el primero de los tres volúmenes que constituyeron el resultado de los trabajos del equipo dirigido por Dennis y Donella Meadows dentro del MIT (Massachussets Institute of Technology) también para el Club de Roma,[13] que se continuó en 1973 con las 13 monografías del informe "Hacia un equilibrio global: Colección de estudios", y con la presentación técnica del modelo "World 3", que perfeccionaba el de Forrester y contenía una estimación más empírica de los parámetros (Sosa, 1994).

Se caracterizó al "World 3" del equipo Meadows, realizado sobre la base del modelo de Forrester, como "la profecía del colapso", toda vez que se centraba en el innegable agotamiento de los recursos no renovables. En esta denuncia va implícito el cuestionamiento del principio de que "la naturaleza es sabia", es decir, que los desequilibrios conducirían a un nuevo equilibrio de manera natural, pues hoy los recursos de *feedback* negativo de la naturaleza no son capaces de compensar el sistema acelerado de *feedback* positivo, introducido por el modelo de desarrollo

---

[13] El informe del Club de Roma titulado *Los límites del crecimiento* llegó justo a tiempo para influir en la Conferencia de la ONU en Estocolmo sobre el ambiente, donde hubo una reacción muy dividida. Mientras que el mismo Club de Roma, respaldado en Occidente por una amplia opinión pública, daba mucho peso al informe con sus escenarios pesimistas, éstos provocaron —en la medida en que se llegaron a conocer— indignación en el Tercer Mundo. Así, se formularon los puntos de vista de los países en desarrollo en el Informe de Bariloche, un llamamiento ecológico relativamente ingenuo en favor del crecimiento y la justicia. Mucho más radicales política y ecológicamente fueron, en cambio, la Declaración de Cocoyoc y el Blueprint for Survival, que exigían del Norte renuncias tajantes a su crecimiento, por lo que quedaron políticamente fuera de juego (Weizsäcker, 1993).

que constituye las relaciones de la civilización humana con la biosfera. Si la esperanza no se pone en el reajuste "natural" sino en las posibilidades de la tecnología, el informe del MIT es por igual taxativo: antes de proceder a la difusión de cualquier nueva tecnología hay que plantearse sus secuelas físicas y sociales, así como los plazos necesarios para su introducción.

La versión latinoamericana del Club de Roma se materializó igualmente en 1972 con la constitución de la Fundación Bariloche. Dos años más tarde se publicó el segundo informe ("Momento de decisión"), elaborado por Mihailo Mesarovic y Eduard Pestel, con una regionalización del mundo, a diferencia del informe anterior. Las diez regiones diferenciadas se relacionan en el modelo global mediante cinco variables básicas: individual, grupal, demoeconómica, tecnológica y medioambiental. Este modelo, el "World Integrated Model", preconizador del crecimiento orgánico (referido a la interdependencia entre las partes del sistema) se centra mucho más que el primero en la crisis energética. Aquél había aparecido en un momento en que el problema principal era la contaminación del ambiente. Ahora la crisis del petróleo desplazó la atención hacia el tema de los recursos energéticos así como hacia la necesidad de reducir la distancia entre países industrializados y menos desarrollados (Mesarovic, Pestel, 1975).

El tercer informe al Club de Roma ("Por un nuevo orden internacional") se publicó en 1976 con la dirección de Jan Tinbergen, entusiasta de la planificación que ya había publicado al principio de la década estudios sobre el sistema de economía mixta y su progresiva socialización de cara al futuro. El tema de este informe era el nuevo orden internacional, y los problemas del agotamiento de recursos parecieron quedar a un lado para ocupar el primer plano la abismal desigualdad entre países ricos y pobres. Todos los problemas estudiados en los informes anteriores se convierten en el punto de partida para argumentar en favor de la necesidad de un nuevo orden.

Con la Conferencia de Estocolmo se crea el Registro Internacional de Sustancias Químicas Potencialmente Tóxicas (Risqpt), se declaran los principios que se deberán adoptar para establecer políticas ambientales en los países participantes y se prepara la primera Conferencia Internacional de Seguridad Química (ICCS) realizada en la misma ciudad de Estocolmo en 1994, con la participación del PNUMA, la OIT y la OMS. La Conferencia culminó en el Foro Intergubernamental de Seguridad Química (FISQ) organizado para cumplir con el Capítulo 19 de la Agenda 21: "Manejo ambientalmente seguro de las sustancias químicas tóxicas".

El Congreso de los Estados Unidos de América, por conducto de la National Environment Protection Act (NEPA, 1969) establece políticas que deberán incorporarse a las principales acciones federales que afecten significativamente la calidad del ambiente humano, y requiere que las agencias federales preparen manifestaciones de impacto ambiental sobre los proyectos que se propongan; establece asimismo el Consejo de la Casa Blanca en materia de Calidad Ambiental (CEQ), con la responsabilidad de aconsejar al presidente en la preparación de un reporte anual sobre calidad ambiental. Por su parte, el gobierno integra 15 diferentes programas de diversas dependencias federales para crear la Agencia de Protección Ambiental (EPA, 1970), organizada con 10 oficinas regionales, cuatro centros de investigación, 12 laboratorios ambientales y cinco oficinas de campo, para intervenir en problemas de contaminación de aire y agua, manejo de residuos sólidos y peligrosos, radiaciones, sustancias tóxicas y plaguicidas.

En México, a raíz de la Conferencia de Estocolmo, se adoptan medidas legislativas y administrativas en un escenario gubernamental poco propicio para emprender acciones ambientales que requerían por su naturaleza el esfuerzo integrado de gran parte de la administración pública federal, la coordinación idónea con las administraciones estatales y, por si fuera poco, la respuesta concertada de una industria y una población ajenas a los problemas ambientales. En estas condiciones, el paradigma ambiental emergente era un "asunto de gobierno" y de los países altamente industrializados.

No obstante, las políticas ambientales establecidas por países ricos o pobres, pero todos contaminados, no incorporan aún al presente la perspectiva ética como pauta de comportamiento social que asegure la protección ambiental en términos de equidad. Las pautas de comportamiento social para la protección idónea del ambiente en función de un desarrollo sustentable se empiezan a definir mediante diversos mecanismos públicos, sociales y privados, e instrumentos jurídicos, administrativos, políticos, económicos y educativos.

Mientras tanto, la necesidad de reordenar las condiciones de producción y concurrencia competitiva a los mercados internacionales como única salida para reactivar el desarrollo socioeconómico de México ha modificado sustancialmente nuestra visión en cuanto a los referentes conceptuales del paradigma ambiental. Es así como nuestro gobierno suscribió alianzas comerciales con los países de América del Norte y con los que forman la Unión Europea. Los tiempos previstos para integrar nuestra economía a los términos ambientales pactados seguramente están alterando los engranajes de una planta industrial y de mecanismos de comercialización y de organización social que no contaban con la capacidad oportuna para hacer frente a estos compromisos. La introducción de patrones tecnológicos de producción, la inducción de procesos de extracción de recursos naturales y la difusión de modelos sociales de consumo que generan una degradación en cascada de ecosistemas han propiciado el agotamiento del potencial productivo de los países subdesarrollados y se han convertido en premisas de cambio en el nuevo paradigma ambiental.

Algunos economistas de la CEPAL nos advirtieron que la perspectiva económica y financiera, dominante en las políticas de desarrollo en nuestros países, era insuficiente y carente de una visión ambiental. El mundo occidental tuvo que retomar a Malthus y congregarse en el Club de Roma.

> Se ha discutido mucho sobre la relación entre población y ambiente y hay elementos suficientes para alejarnos de interpretaciones mecánicas y deterministas que postulan mayor deterioro ecológico como efecto directo del incremento demográfico. Para las próximas décadas habrá que cuidar más los factores que median entre población y ambiente y sobre los cuales es factible incidir, sobre todo en las modalidades del consumo, la eficiencia productiva, las tendencias de urbanización y concentración demográfica, y sobre todo algunos aspectos territoriales del desarrollo en regiones críticas. [Provencio, 1999]

En ese lapso han sucedido demasiados cambios, tantos que algunos países como el nuestro marchan en contra del reloj; es decir, los acontecimientos ambientales se adelantan a la capacidad de gestión para resolverlos. Hasta hace poco, el gobierno mexicano se enfrentó a la tarea de frenar la contaminación ambiental y al mismo tiempo normar su regulación. Todos tenemos idea de las causas de los asentamientos humanos irregulares con los efectos que nadie desconoce en detrimento de la calidad de vida de la población; sólo será posible corregir esta situación con un esfuerzo nacional de ordenamiento territorial. También vivimos ya la experiencia consuetudinaria de explotación o expoliación irracional de los recursos naturales, para lo cual, aunque con enormes dificultades, se han establecido medidas de preservación: áreas protegidas, reservas, campos tortugueros, licencias y permisos, etc.; sin embargo, los problemas se multiplican y atienden con viejos y nuevos instrumentos de gestión de conformidad con su emergencia, la percepción de impactos, y la capacidad de respuesta y coordinación gubernamental.

A primera vista, hay mucha distancia entre Estocolmo y Río de Janeiro, pero en concreto, la situación ambiental del mundo y de los países se restringe a dos parámetros: la voluntad de los gobiernos para pactar la protección de bienes comunes y cumplir el pacto, y la voluntad de la población para ser corresponsable en la preservación del equilibrio ecológico y la protección ambiental.

La declaración de políticas ambientales en nuestro país no es tan reciente como suele mencionarse. Si entendemos por salubridad tanto el conocimiento como el mejoramiento de las condiciones sanitarias del ambiente natural de las poblaciones humanas, la política ambiental se instala desde 1841, con la expedición del Reglamento de Estudios Médicos, de Exámenes y del Consejo Superior de Salubridad que establecía el Consejo Superior de Salubridad del Departamento de México,[14] que encomendaba la formulación de un código sanitario, y de las Ordenanzas Municipales de la ciudad de México, en cuyo capítulo primero encargaba a los ayuntamientos la "policía de salubridad" y en el tercero se refería a la higiene pública (Martínez Cortés, 1993).

La primera disposición de la administración republicana dirigida a proporcionar a los ciudadanos "su salubridad, comodidad y cuantos bienes trae consigo una buena policía" es el Bando de Policía y Buen Gobierno hecho público el 7 de febrero de 1825 por el gobernador del Distrito Federal.

Sin embargo, las condiciones sanitarias del país no conmovieron al legislador de la época, y la Constitución de 1857 se promulgó sin referentes a la salubridad del ambiente humano. Esta omisión reflejaba la indiferencia y fatalismo de las autoridades, y de la población misma, frente a los problemas de contaminación del agua, alimentos y hábitat de la mayoría de las poblaciones del territorio nacional, y que impedían, además, la comunicación y el desarrollo de regiones potencialmente productivas. No obstante, la insistencia de salubristas de la talla de Eduardo Liceaga provocó la decisión del gobierno de apoyar al Consejo Superior de Salubridad formulando un nuevo reglamento que ampliaba sus atribuciones hacia la vigilancia y el mejoramiento de la higiene pública, y lo adscribía a la Secretaría de Gobernación, con lo que adquirió rango de responsabilidad federal (Bustamante, 1960).

Así como la epidemia de cólera en la Inglaterra de 1848 originó la creación del Registro General de Salud, y la de Estados Unidos en 1870 dio lugar al Servicio de Salud Pública, en México los brotes epidemiológicos del cólera fueron el

---

[14] Constituido por los distritos o prefecturas de Cuernavaca, Texcoco, Huejutla, Tlalnepantla, Sultepec, Toluca y Tulancingo además del circular Distrito de México.

escenario propicio para que el mismo doctor Liceaga lograra la promulgación del primer Código Sanitario en 1891, tras diez años de investigaciones sobre la situación sanitaria del país y sus posibilidades de regulación, lo que dio fuerza legal a las funciones de la policía médica (control sanitario) a cargo del Consejo. El Código incluía disposiciones para organizar y operar el Consejo Superior de Salubridad así como las correspondientes al servicio de sanidad marítima, de sanidad federal en los estados y de la administración sanitaria local, en la cual se contemplan las fábricas, industrias, depósitos y demás establecimientos peligrosos, insalubres e incómodos.

Las actividades del Consejo se vieron necesariamente limitadas por la difícil situación que atravesó el país a lo largo de las tres décadas siguientes, y fue sólo hasta 1872 cuando se expidió el Reglamento del Consejo Superior de Salubridad. En el nuevo ordenamiento se agregó a las atribuciones del Consejo la formación de la estadística médica del Distrito Federal, lo que marcó el inicio de los estudios epidemiológicos en nuestro país. Siete años después, en 1879, el organismo pasó a depender de la Secretaría de Gobernación, indicio del propósito de una acción federal en el campo de la salud pública. A partir de entonces, el Consejo Superior de Salubridad desarrolló actividad creciente en el ejercicio de sus funciones, todavía circunscritas en esencia a la ciudad de México.

En 1908 se reforma la fracción XXI del artículo 72 de la Constitución Política de 1857, que amplia su ámbito a toda la República en materia de salubridad general.[15] Esta modificación, en cuyo origen sólo pretendía impedir el ingreso al país de extranjeros indeseables desde el punto de vista sanitario, de la conducta o de la utilidad productora, permitió al diputado doctor José María Rodríguez incorporar a la Constitución Política de 1917 las cuatro bases de la fracción XVI del artículo 73 que daban origen a la organización sanitaria nacional, mediante el Consejo de Salubridad General y del Departamento de Salubridad Pública. Las facultades

[15] El Ejecutivo envía al Congreso de la Unión una iniciativa para adicionar la fracción XXI del artículo 72 constitucional, a efecto de que se facultara al Poder Legislativo para legislar sobre la salubridad pública en las costas y fronteras; esta adición se basa en la noción de que la salubridad pública de las costas y fronteras constituía un capítulo de la regulación migratoria. Dicha iniciativa no prosperó, pero sirvió como antecedente inmediato de la fracción XVI del artículo 73 de la Constitución de 1917. Aunque se planteó con el propósito de restringir la garantía de libre tránsito, como medida de salubridad para contribuir al control de epidemias, el legislador prefirió establecer dicha facultad en términos de "salubridad pública en los puertos y fronteras". La comisión de puntos constitucionales de la Cámara de Diputados, con la creencia de que precisaba el propósito del Ejecutivo, modificó la frase por "salubridad general de la República" (Tena, 1996). Esta referencia histórica muestra el desconocimiento y escaso interés tanto de las autoridades como de los legisladores por los aspectos de salubridad.

concedidas a estos órganos suscitaron múltiples controversias acerca de la inconstitucionalidad de los términos pactados en las bases señaladas, que daban lugar a una "dictadura sanitaria" y a una incongruencia jurídica analizada exhaustivamente por Felipe Tena Ramírez.

El artículo 27 se constituye en baluarte de la soberanía de los bienes comunes de la nación y anticipa el uso racional de sus recursos al prescribir la regulación y el aprovechamiento de los elementos naturales susceptibles de apropiación, para hacer una distribución equitativa de la riqueza pública y cuidar de su conservación.[16] El tercer párrafo constituye el primer antecedente histórico de regulación especifica en materia ambiental. Aunque orientado al fomento de la actividad productiva, el constituyente otorgó un amplio sustento legal a la protección de los recursos naturales al disponer que la nación tendrá en todo tiempo el derecho de imponer a la propiedad privada las modalidades que dicte el interés público, así como el de regular, en beneficio social, el aprovechamiento de los elementos naturales susceptibles de apropiación, con el objeto de contribuir a una distribución equitativa de la riqueza pública, cuidando su conservación, y buscando el desarrollo equilibrado del país y el mejoramiento de la calidad de vida de la población.

En este precepto se prevén principios que hoy día se conocen y se aceptan ampliamente en el mundo como necesarios en la adopción de políticas de protección ambiental. En el presente se tiene plena conciencia de que la preservación del equilibrio ecológico no es concebible si el Estado no tiene la potestad de limitar el derecho de propiedad para salvaguardar la permanencia de los recursos. Se pone de manifiesto la vinculación existente entre protección ambiental y desarrollo sustentable, así como el derecho de las generaciones presentes y futuras de nuestro país a mejores condiciones de vida.

El hecho de que el constituyente incorporase dicha disposición "cuando diseñó el proyecto nacional que subyace en la Carta Fundamental de México, es algo en verdad singular para su época y conforma, una vez más, el carácter precursor de la Constitución Política de 1917, que en el momento de su aparición fue una auténtica obra maestra del constitucionalismo social del presente siglo". Con base en este proyecto constitucional y en el modelo de crecimiento económico adoptado por México a partir de esa época, se expidieron diversos ordenamientos jurídicos, como las leyes federales de Agua, Pesca, Caza y de Conservación del Suelo y Agua, así como la Ley Forestal, en los que cada recurso natural es objeto de una

[16] *Constitución Política de los Estados Unidos Mexicanos*, Imprenta de la Secretaría de Gobernación, 1917.

protección jurídica específica aunque con una marcada tendencia a impulsar el desarrollo de manera indiscriminada y en consecuencia carente de criterios ecológicos que permitieran el menor deterioro ambiental posible (Brañes, 1994).

La orientación prospectiva de la Constitución Política abrió nuevos cauces de reivindicación social en diversas materias, es así como la Ley Federal del Trabajo (1931) refuerza el interés en el cuidado de la seguridad e higiene en los centros de trabajo, que desde 1881 se había intentado regular.[17] Con esta base jurídica se expiden diversos reglamentos, aunque mal fundamentados, y se adiciona la fracción XXXI al artículo 123 Constitucional que incluye obligaciones a los patrones sobre seguridad e higiene para la protección de los trabajadores (1942). De esta forma, la intervención del Departamento de Salubridad en el ambiente natural se complementa por el Departamento del Trabajo (1932) en el medio laboral. El paradigma ambiental adoptado por las autoridades sanitaria y laboral responde en estas circunstancias a la presión de salubristas y legisladores que exigían acciones de mejoramiento ambiental, por una parte, y por otra, a la de los trabajadores de la industria naciente que demandaban mejores condiciones en el trabajo.

Cronología sanitaria

1825	Bando de Policía y Buen Gobierno de la ciudad de México: contiene las leyes para el resguardo de la salud pública, como las reglas sobre la policía de salud pública que ha de observar la Suprema Junta del Gobierno de Medicina y el reglamento para evitar los perjuicios que causan a la salud las vasijas de cobre, el plomo de los estañados, las de estaño con mezcla de plomo, y los malos vidriados de los de barro (Bustamante, 1960:).
1841	Se expide el reglamento de estudios médicos, de exámenes y del Consejo Superior de Salubridad, que estableció el Consejo Superior de Salubridad del Departamento de México encomendándole la formulación de un código sanitario.

[17] El Consejo Superior de Salubridad elaboró el proyecto de reglamento de las fábricas, industrias, depósitos y demás establecimientos peligrosos, insalubres e incómodos del Distrito Federal. En este primer esfuerzo técnico de higiene industrial, el Consejo adopta una política de prevención de riesgos (como en Francia y Bélgica) en lugar de sistemas represivos (como en Inglaterra). En el sistema preventivo sólo se permite la apertura de determinados establecimientos hasta que satisfacen ciertos requisitos en consonancia con los intereses de la salud y bienestar públicos. El Reglamento señala los siguientes inconvenientes de los establecimientos: *1)* desprendimiento de gases nocivos procedentes de operaciones químicas, *2)* desprendimiento de gases y malos olores procedentes de la descomposición de la materia orgánica, *3)* impregnación de los suelos por materias orgánicas, *4)* peligros de incendio, *5)* peligros de explosión, *6)* escurrimiento de aguas sucias, *7)* producción de humos abundantes y *8)* fuertes ruidos y conmociones del suelo (Bustamante, 1960: 303).

1881	El Consejo Superior de Salubridad elaboró el proyecto de reglamento de fábricas, industrias, depósitos y demás establecimientos peligrosos, insalubres e incómodos del Distrito Federal.
1891	Se expide el primer Código Sanitario. Establece la diferencia entre la administración sanitaria del ámbito federal y local, las autoridades y sus bases organizativas.
1903	Reforma al Código Sanitario.
1908	Reforma a la fracción XXI, artículo 72 de la Constitución Política de 1857 que amplia su ámbito a toda la República en materia de salubridad general.
1917	Adición a la fracción XVI, artículo 73 de la Constitución Política de 1917, que establece: El Consejo de Salubridad General. El Departamento de Salubridad.
1926	Reforma al Código Sanitario.
1929	Se organiza el servicio de higiene industrial y previsión social del Departamento de Salubridad.
1931	Se promulga la Ley Federal del Trabajo.
1932	Se crea el Departamento del Trabajo.
1934	Reforma al Código Sanitario. Se expide la Ley de Coordinación y Cooperación de Servicios Sanitarios en la República Mexicana.
1940	Se publica el Reglamento para los establecimientos industriales o comerciales molestos, insalubres o peligrosos.
1942	Reformas a la fracción XXXI del artículo 123 Constitucional incluyendo obligaciones a los patrones en materia de seguridad e higiene en los centros de trabajo.
1943	Se integra el Departamento de Salubridad a la Secretaria de Asistencia para crear la Secretaría de Salubridad y Asistencia.
1949	Reforma al Código Sanitario.
1954	Reforma al Código Sanitario.
1971	Decreto por el que se adiciona la base cuarta de la fracción XVI del artículo 73 de la Constitución Política, referida a la lucha contra la contaminación como facultad del Consejo de Salubridad General.
1973	Reforma al Código Sanitario.
1982	Decreto que adiciona al art. 4 de la Constitución Política relativo al Derecho a la Protección de la Salud.
1983	Se crea la Secretaría de Salud con un nuevo modelo de gestión descentralizada.
1984	Se promulga la Ley General de Salud.

Institucionalización de la gestión ambiental

En lo general se acepta que en México el desarrollo económico y social moderno se inicia en la década de los años cuarenta, de acuerdo con un modelo de industrialización que aceleró la explotación creciente de los recursos naturales y la degradación del ambiente.

Las profundas transformaciones que significaron un gran crecimiento de la capacidad productiva del país tuvieron también efectos negativos al causar la aparición de diversos desequilibrios. La creciente urbanización implicó una gran concentración de la actividad económica que propició profundos desequilibrios en el uso de los recursos y en la distribución de los beneficios del progreso. Un problema de este proceso de urbanización es la concentración demográfica en unas cuantas ciudades de gran tamaño, donde los problemas de contaminación, seguridad y costos en la prestación de servicios alcanzan niveles muy elevados. Al mismo tiempo aumentó la dispersión de poblaciones de tamaño tan pequeño que dificulta la introducción de servicios de agua potable, alcantarillado, electricidad, salud, educación y abasto.

Dicho modelo favoreció el crecimiento económico en torno a la atomización de la producción agropecuaria sin un orden ecológico racional aunado a la ganadería extensiva indiscriminada y al inicio de un acelerado proceso de industrialización y urbanización que ocasionó grandes impactos ambientales; asimismo, la expansión de la frontera agrícola con el Programa Nacional de Desmontes como respuesta a la revolución verde causó una importante disminución de la biomasa al aplicarse estos programas sin considerar los ecosistemas. La acelerada urbanización e industrialización dieron lugar a la proliferación de asentamientos poblacionales irregulares, incrementándose más aún la problemática ambiental en áreas urbanas. Del mismo modo, la adopción de patrones socioculturales ajenos propiciaron procesos de consumo altamente productores de desechos, muchos de ellos no biodegradables y que, al no contar en nuestro país con el equipamiento e infraestructura adecuados para su manejo, han provocado impactos ambientales negativos. Todo esto es producto de un modelo de desarrollo economicista que vio en el deterioro ambiental un costo aceptable del crecimiento, sin tomar en cuenta los aspectos cualitativos.

En esta circunstancia histórica, las acciones de salubridad se convirtieron en instrumentos estratégicos para el control sanitario de los factores ambientales que de manera endémica impedían el desarrollo regional del país.

No obstante que la historia de la salubridad en México descansa sobre todo en actividades de prevención y control sanitario, la regulación sanitaria del ambiente ha sido un capitulo incomprendido. Las tareas del Departamento de Salubridad, desde su creación en 1917, se encaminaron a la organización de la infraestructura sanitaria nacional centrada en la atención médico-asistencial y en el saneamiento ambiental. Ya es muy reconocida la importancia del esfuerzo cooperativo entre el gobierno federal y los gobiernos de las entidades federativas en materia de salubridad general, sin el cual no hubiera sido posible establecer las bases para conformar un sistema nacional de salud.

Con este antecedente y en cumplimiento de lo dispuesto en el Plan Sexenal 1934-1940, se aprobaron y promulgaron la Ley de Coordinación y Cooperación de Servicios Sanitarios en la República, el 25 de agosto de 1934, y la Ley sobre Aprovechamiento de Aguas de Jurisdicción Federal en el mismo año.

La inversión pública federal registró un monto proporcionalmente importante y sostenido en obras sanitario-asistenciales, incluidas las de equipamiento básico de las localidades rurales, y dentro de ellas, las de abastecimiento de agua para uso y consumo humano, saneamiento de vivienda y las destinadas a la disposición apropiada de desechos y excretas.

	1925–1929	1930–1934	1935–1940	1941–1946	1947–1952	1953–1958	1959–1964	1965–1970
Fomento agropecuario	14	11	18	17	10	14	9	11
Fomento industrial	-	-	6	11	23	32	36	40
Comunicaciones y transporte	78	76	66	59	42	37	30	22
Beneficio social	8	13	10	11	24	14	22	25
Administración y defensa	-	-	-	2	1	3	3	2
Total	100%	100%	100%	100%	100%	100%	100%	100%

Durante el gobierno de Lázaro Cárdenas se dio un fuerte impulso a la protección de las áreas naturales con la creación por decreto de 40 parques nacionales y 7 reservas, bajo la administración de la Oficina de Bosques y Parques del Departamento Autónomo Forestal.

En las décadas de los años cuarenta y cincuenta se presentaron contingencias ambientales en Donora, Pennsylvania; Poza Rica, Veracruz; Londres, Inglaterra; Nueva York, Nueva Orléans, Los Ángeles, Washington, Filadelfia y Cincinnatti, EUA; y en Rotterdam, Hamburgo, Frankfurt y Praga, lo que influyó decididamente en la denuncia de Rachel Carson[18] y en la alarma mundial de la década de los sesenta sobre los impactos del desarrollo industrial en el desequilibrio ecológico y la contaminación ambiental, expresados por Edward Lorenz en el "efecto mariposa".

El tiempo atmosférico de la Tierra estando en un estado permanentemente caótico, parece estar regido por esta criatura de extraño aspecto, más que por la simples curvas y los puntos y elipses que constituyen el punto y los atractores periódicos de sistemas más estables. Debido a que los atractores periódicos rigen el estado ultrasensible que se conoce ahora con el nombre de *caos*, el "efecto mariposa" llegó a ser identificado con una historia fantástica pero atrayente. Es la de una "mariposa monarca" volando a lo largo de la costa de California del Sur. Agitó sus alas inesperadamente, y a la semana siguiente el clima de la Mongolia exterior se tornó absolutamente impredecible. [Laszlo, 1990]

Es así como los países nórdicos firman la carta de Belgrado y el Reino Unido constituye el consejo para la educación ambiental (1968), y al año siguiente se realiza el Congreso Científico Internacional de Founex, Suiza, ya referido.

En la misma década se libró en el ámbito internacional la gran batalla por la soberanía de los Estados sobre sus recursos naturales. Esta batalla tuvo un saldo favorable para los países desarrollados en los arbitrajes internacionales relativos a los grandes casos petroleros (Arabia vs. Aramco, Libia vs. Texaco, Libia vs. British Petroleum Company, Kuwait vs. Aminoil). En todos esos casos, los países otorgaron concesiones a empresas privadas, originarias de países desarrollados, para la exploración, extracción, procesamiento, transporte y comercialización del petróleo y sus productos; las concesiones en cuestión fueron luego expropiadas por los gobiernos, expropiaciones cuya legalidad se impugnó en arbitrajes con los argu-

---

[18] Dentro de las múltiples denuncias sobre degradación del ambiente destacan *La primavera silenciosa* (1962), de Rachel Carson; *Los límites del crecimiento* (1972), de los Meadows; *En paz con el planeta* (1975), de Barry Commoner; *Futuro común* (1981), informe al presidente Carter; *Nuestro futuro común* (1987), informe Brundtland; *La tierra en juego* (1991), de Al Gore; *Mas allá de los límites del crecimiento* (1991), nuevamente de los Meadows; *Política de la tierra* (1992), de Ernst von Weizsäcker; *Our stolen future* (1996), de Colborn *et al*.

mentos de la vigencia del principio *pacta sunt servanta* (los acuerdos deben cumplirse) y del respeto a los derechos adquiridos por las empresas transnacionales, aun en perjuicio de los derechos soberanos de los Estados (Ponce, 1995).

Mientras tanto, los trabajos de la Secretaría de Salubridad y Asistencia para el mejoramiento de condiciones ambientales y prevención de enfermedades de origen hídrico o transmitidas por vectores se intensificaban por medio de campañas sanitarias "verticales" y la introducción de sistemas de agua potable, drenaje y alcantarillado, sobre todo en áreas rurales, cuya cobertura en la época era de 65% (INEGI, 2001).

En estas condiciones se expide la Ley Federal para Prevenir y Controlar la Contaminación Ambiental (LFPCCA, 1971), primer ordenamiento jurídico mexicano de naturaleza ambiental con disposiciones en materia de aire, aguas y suelos, y haciendo hincapié en la contaminación de dichos elementos. Asimismo, dirige sus regulaciones hacia el control de los contaminantes y sus causas, cualesquiera que sea su procedencia u origen, que en forma directa o indirecta sean capaces de producir contaminación o degradación de sistemas ecológicos. Su aplicación estaba conferida a la Secretaría de Salubridad y Asistencia y al Consejo de Salubridad General, lo cual constituye un claro ejemplo de la tendencia de la época a considerar la problemática ambiental desde un enfoque claramente sanitario[19] (Brañes, 1987).

La creación del Consejo Nacional de Ciencia y Tecnología (1971) sentó las bases para integrar 12 campos de investigación en programas indicativos, entre ellos el Programa Nacional Indicativo de Ecología Tropical impulsado por Gonzalo Halffter y Arturo Gómez Pompa, y fomentar la creación de centros de investigación, como el Instituto de Ecología y el Instituto Nacional de Investigación sobre Recursos Bióticos, así como reforzar el Centro de Ecodesarrollo a cargo de Iván Restrepo y el Centro de Investigaciones Ecológicas del Sureste, creado por Enrique Beltrán.

En el mismo año, por disposición del Ejecutivo federal, se creó un equipo de trabajo intersecretarial con el objeto de organizar e instrumentar acciones en sus diversos ámbitos para proteger el equilibrio ecológico y mejorar el ambiente: el Comité Central Coordinador de Programas para el Mejoramiento del Ambiente;

---

[19] Debe mencionarse que el enfoque sanitario o "higienista" se adoptó en nuestro país como consecuencia de su propio desarrollo económico y social, y como respuesta gubernamental a los problemas de salud pública originados por determinantes ambientales. En el ámbito internacional, el panorama fue distinto en vista de que en la reunión de Estocolmo apenas se creaba el Programa de las Naciones Unidas para el Medio Ambiente y el Registro Internacional de Sustancias Químicas Potencialmente Tóxicas, por lo cual se le encomendaba la gestión de políticas ambientales a la Organización Mundial de la Salud, que ya era un organismo consolidado y de gran reconocimiento mundial.

dicho grupo estuvo presidido por la SSA y con representantes de diversas secretarías, de las cuales resaltamos las de Recursos Hidráulicos, Agricultura y Ganadería, e Industria y Comercio.

El interés por la coordinación intergubernamental se expresó igualmente en la creación de la Comisión Jurídica Consultiva por coordinación entre la Secretaría de Salubridad y Asistencia y la Procuraduría General de la República, encargada de proponer la reglamentación que permitiera la aplicación plena de la LFPCCA y poner en marcha los mecanismos de coordinación y control. Asimismo se creó el grupo intersecretarial de asuntos internacionales sobre el ambiente (1973) para delinear una política ambiental que facilitara la participación de México en las reuniones y programas internacionales.

Lo anterior se reforzó por el Código Sanitario de los Estados Unidos Mexicanos, publicado en el *Diario Oficial de la Federación* el 13 de marzo de 1973, que contemplaba al saneamiento del ambiente como materia de salubridad general. El Código confería también a la Secretaría de Salubridad y Asistencia atribuciones para prevenir y controlar la emisión de contaminantes en la atmósfera, que dañaran o pudieran dañar la salud de los seres humanos, como polvos, vapores, humos, gases, ruidos y otros.[20]

Se han advertido algunas inconsistencias en la Ley Federal para Prevenir y Controlar la Contaminación Ambiental, entre ellas su falta de fundamento constitucional, pues se anticipó a la reforma del artículo 73, fracción XVI, referida a la lucha contra la contaminación como facultad del Consejo de Salubridad General y que se publicó en el *Diario Oficial de la Federación* el día 6 de julio de 1971 (Carmona, 1981). No obstante, esta ley fue el fundamento para los primeros reglamentos relativos a la prevención y control de la contaminación:

- Reglamento para la prevención y control de la contaminación atmosférica originada por humos y polvos. *Diario Oficial de la Federación (DOF)*, 7 de septiembre de 1971.

[20] Aunque el concepto de saneamiento ambiental por lo general se limita a las acciones relativas a los elementos ambientales que tienen que ver con la salud humana, el Código Sanitario de 1973 incorporó una idea de "saneamiento del ambiente" que se refería no sólo a "actividades de mejoramiento, conservación y restauración del medio ambiente tendiente a preservar la salud, así como de prevención y control de aquellas condiciones del ambiente que perjudican la salud humana" (art. 44), que es lo habitual, sino se extendía además a investigaciones y programas cuya finalidad fuera "la preservación de los sistemas ecológicos y el mejoramiento del medio, así como aquellos para el desarrollo de técnicas y procedimientos que permitan prevenir, controlar y abatir la contaminación del ambiente" (art. 46).

- Reglamento para el control y prevención de la contaminación de las aguas. *DOF,* 29 de marzo de 1973.
- Reglamento para prevenir y controlar la contaminación del mar por vertimiento de desechos y otras materias. *DOF,* 23 de enero de 1979.

A raíz de la reforma administrativa del gobierno federal, en la década de los setenta, desaparecieron la capacidad normativa y las acciones de control de la Secretaría de Salubridad y Asistencia (SSA), en materia de ingeniería sanitaria de obras públicas relacionadas con el abasto de agua potable y la disposición de excretas, al transferirse dichas facultades a la Secretaría de Agricultura y Recursos Hidráulicos, que después compartió la Secretaría de Desarrollo Urbano y Ecología (Sedue). A partir de ese momento, las acciones para proveer de agua potable y dotar de servicios de saneamiento básico a las mayorías marginadas se vieron severamente disminuidas. Al crearse en 1972 la Subsecretaría de Mejoramiento del Ambiente (SMA) se desdibujó en forma interna y prácticamente se desarticuló y desapareció la capacidad de regulación y control sanitario de la SSA para insumos, productos, establecimientos y servicios de alto riesgo a la salud en el hábitat humano y en el ocupacional, al no definirse estas atribuciones en la reglamentación interna de la SMA. De hecho, fue al margen de la SMA y sin vinculación programática con ella como se condujo el control sanitario de alimentos, bebidas y medicamentos (Fujigaki, 1988).

Sin duda, la preparación de la Conferencia de Naciones Unidas sobre Asentamientos Humanos[21] y la acelerada tasa de urbanización que impulsó el crecimiento desordenado de las ciudades hizo que se publicaran en el *Diario Oficial de la Federación* las reformas constitucionales a los artículos 27, 73 y 115 que sentaron las bases jurídicas para la planeación urbana en México (6 de febrero de 1976). La Ley General de Asentamientos Humanos, publicada en el *Diario Oficial de la Federación* de 26 de mayo del mismo año, en su texto original contenía 47 artículos agrupados en cuatro capítulos: "I. Disposiciones generales", "II. De la concurrencia y coordinación de autoridades", "III. De las conurbaciones" y "IV. De las regulaciones a la propiedad en los centros de población".

---

[21] En la Conferencia se hace un reconocimiento explícito del papel de los asentamientos humanos en el desarrollo y en la calidad del ambiente. Conocida como la "Conferencia Hábitat", contribuyó a destacar el papel central que debe tener la satisfacción de las necesidades básicas en el desarrollo, en especial el agua, saneamiento y atención primaria a la salud.

También se publicó en el *Diario Oficial de la Federación* el decreto que creó la Comisión Nacional de Desarrollo Regional y Urbano, con las atribuciones de coordinar la elaboración del Plan Nacional de Desarrollo Urbano y supervisar su ejecución conforme a la Ley General de Asentamientos Humanos. Estas importantes intervenciones reflejan la preocupación del Ejecutivo federal por intervenir en la regulación urbana y en especial por el ordenamiento territorial de las zonas metropolitanas, que empezaban a generar serios problemas ambientales en las ciudades de México, Guadalajara y Monterrey.

Consecuentemente con las reformas constitucionales y la promulgación de la Ley General de Asentamientos Humanos, se creó la Secretaría de Asentamientos Humanos y Obras Públicas (SAHOP), en cuya estructura orgánica se estableció la Subsecretaría de Asentamientos Humanos, misma que contaba con una Dirección General de Ecología Urbana. La incorporación de los asentamientos humanos, como un nuevo componente de la gestión ambiental, derivó en que la atención y la protección ambiental se abocaran, también, a atender los problemas relacionados con las concentraciones urbanas del país.

> La creación de la SAHOP respondía a las recomendaciones de la Conferencia sobre Asentamientos Humanos de la ONU, celebrada en Vancouver, respecto a la necesidad de dar prioridad al ordenamiento del territorio. Los planes elaborados por la SAHOP poseían diferentes niveles de calidad, pero aun los que estuvieron técnicamente elaborados no lograron transformar las inercias burocráticas de los encargados de la gestión urbana en los estados y municipios ni las prácticas clientelares que prevalecían en los procesos de evaluación y uso del suelo. [Ziccardi, en Cabrero, 2003]

El Reglamento Interior de la SSA *(DOF,* 10 de octubre de 1973) crea la Subsecretaría de Mejoramiento del Ambiente (instalada el año anterior) como responsable de las políticas de mejoramiento ambiental, así como de los programas para prevenir y controlar la contaminación ambiental y de la normatividad correspondiente. Asimismo, establece el Consejo Técnico de la SMA con el propósito de estudiar y proponer alternativas, funcionar como órgano normativo y en general actuar como órgano de consulta para todos los niveles de gobierno en la lucha contra la contaminación ambiental. El Reglamento no define una estructura administrativa para la SMA, por lo que descansa para su operación en el Consejo Técnico, que se organiza en cinco áreas en línea para la planeación, investigación, operación, coordinación y control de actividades.[22]

De acuerdo con la memoria de la salud pública en México durante el periodo 1977-1982, la Subsecretaría de Mejoramiento del Ambiente, como instrumento de gestión de la Ley Federal para Prevenir y Controlar la Contaminación Ambiental, fue un cuerpo extraño dentro de la Secretaría de Salubridad y Asistencia, y los reglamentos expedidos para el cumplimiento de la Ley, en lo que corresponde a sus aplicaciones, no se mencionan en los informes anuales de la Secretaría. En realidad, desde su origen, la Subsecretaría daba respuesta al entorno internacional sin ideas muy claras sobre el manejo de factores ambientales que afectaban la salud pública, salvo la tradicional experiencia en el saneamiento básico y el equipamiento urbano mediante obras de ingeniería sanitaria y campañas sanitarias que se realizaban verticalmente "desde el centro". El Código Sanitario de 1973 incorpora el saneamiento del ambiente como materia de salubridad general con referencias a la atmósfera, suelo, agua y mar territorial; radiaciones ionizantes, electromagnéticas e isótopos radiactivos; pero tambien a las poblaciones, edificios y construcciones, vías generales de comunicación y transportes; y cadáveres, lo que induce un concepto abigarrado del saneamiento ambiental.

Dentro de la estructura de la SMA se creó la Unidad de Análisis de Obra Pública e Impacto Ambiental,[23] con facultades para determinar qué tipo de obras públicas en sus diferentes etapas podrían ocasionar efectos al ambiente "con el fin de otorgar las autorizaciones que se requirieran, emitir dictámenes técnicos y supervisar la realización de los proyectos de obras, verificando que éstas se ajusten a las disposiciones vigentes en materia de saneamiento ambiental; así como establecer las normas, criterios y lineamientos referentes al efecto ambiental" (López Portillo, 1982), aunque no se habian definido criterios ni diseñado dispositivos para la realización de estudios de impacto ambiental, ni mucho menos para regular dichos impactos. Pese a las circunstancias institucionales adversas para la inter-

---

[22] El diseño del Consejo reflejaba por una parte la naturaleza transectorial de los asuntos del ambiente, tal como se interpretaban en esa época, y por otra la necesidad de fortalecer el arreglo interinstitucional con las organizaciones de seguridad y asistencia social, previsto en la Comisión Mixta Coordinadora de Actividades en Salud Pública, Asistencia y Seguridad Social. Con la conducción de la doctora Blanca Raquel Ordoñez de la Mora, se ordenó en adelante con ocho direcciones generales orientadas al saneamiento ambiental que no se "aceptaron" en la estructura tradicional de la SSA.

[23] Los estudios de efecto ambiental se incorporaron a la National Enviromental Protection Act de los Estados Unidos desde su fecha de expedición, en 1969.

nalización de políticas ambientales, la idea se materializó más asdelante en la Ley Federal de Protección al Ambiente.

No hay indicios suficientes para constatar que los programas de la SSA y de la SAHOP se hayan vinculado en materias ambientales, al menos en lo relativo al hábitat humano, lo que explica en parte la inconsistencia de las políticas ambientales en materia de desarrollo urbano y vivienda en la constitución de la Sedue. En ese momento del desarrollo del sector ambiental comienza el divorcio en la gestión pública entre lo "ecológico" y lo "ambiental", para acentuar las diferencias institucionales. Este acontecer inadvertido repite las circunstancias que separaron las políticas laborales de las sanitarias en la década de los años treinta con la creación del Departamento del Trabajo y su desvinculación con el Departamento de Salubridad. ¿Debe culparse a las autoridades o a la idiosincrasia de la gestión pública? ¿O acaso lo ecológico y lo ambiental no se pueden manejar juntos? ¿Y el ambiente laboral es diferente al sanitario?

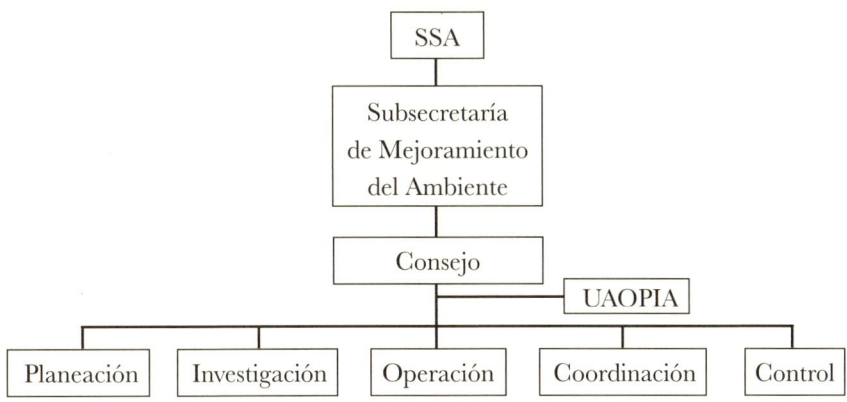

Parte importante del esfuerzo de reorganización gubernamental, en esa década, se orientó a impulsar los procesos de planeación por sectores de la administración pública federal, entre los cuales destaca, por su participación multidisciplinaria, el Plan Nacional de Salud 1974-1976. El Plan constaba de 20 programas, entre ellos el de higiene, saneamiento y mejoramiento del ambiente con el objeto de prevenir y controlar la contaminación del aire, agua, suelo y la originada por agentes específicos que pudiesen afectar la salud pública o los sistemas ecológicos, y también con el propósito de contribuir al saneamiento básico de los asentamientos humanos y lograr el control sanitario de los alimentos, desde su producción hasta su consumo.

El programa de higiene, saneamiento y mejoramiento del ambiente estaba predestinado al fracaso por su excesiva formalidad, pues su ejecución dependía de un comité central coordinado por representantes de 10 dependencias y cuatro entidades de la administración pública federal, además de 31 entidades federativas y dos cámaras industriales. Nunca se formularon los programas institucionales, excepto los de la Subsecretaría de Mejoramiento del Ambiente, que se encontraban en operación, aunque desvinculados, dentro de la entonces Secretaría de Salubridad y Asistencia; y aun si se hubieran elaborado, no podrían haberse coordinado, pues el mismo Plan Nacional de Salud se presentó a las instituciones involucradas avanzado el año 1975, es decir, disponiendo de un año para su ejecución, y las metas previstas para 1983, como era de esperarse, no fueron tomadas en cuenta por el siguiente régimen. Aunque se hubiera implantado un sistema de planeación con la debida anticipación, la siguiente administración no habría aceptado el Plan, dada la tradición política del Estado mexicano.

En 1975 se formula el Plan Nacional Hidráulico con la intención de integrar y hacer coherentes las políticas hidráulicas con los objetivos de desarrollo económico y social del país. Se definieron regiones conforme a criterios hidrológicos; se incorporaron las variables sociales y económicas más pertinentes en el proceso de planeación hidráulica, tanto en la escala nacional como en la regional, y se establecieron escenarios en un horizonte de 25 años (CTMMA, 2003). Como lo señala el Centro del Tercer Mundo para el Manejo del Agua, en 1976 se creó la Comisión Nacional del Plan Hidráulico para la gestión del plan, pero la LOAPF expedida al año siguiente fusiona la Secretaría de Recursos Hidráulicos con la de Agricultura y Ganadería, y el gobierno decide enfocarse sobre todo a los problemas agrarios, de tal suerte que se convirtió en un fuerte obstáculo para llevar a cabo el plan.

La Ley Orgánica de la Administración Pública Federal decretada en diciembre de 1976 repartía atribuciones ambientales en la SSA, en la SAHOP, en la SARH, en la SRA y en el Departamento de Pesca, y permitía la vinculación entre dependencias por conducto de comisiones intersecretariales.[24] Paradójicamente, esta nueva distribución de responsabilidades ambientales, en vez de fortalecer la gestión

[24] "Art. 21. El Presidente de la República podrá constituir comisiones intersecretariales, para el despacho de asuntos en que deban intervenir varias Secretarías de Estado o departamentos administrativos. Las entidades de la administración pública paraestatal podrán integrarse a dichas comisiones, cuando se trate de asuntos relacionados con su objeto. Las comisiones podrán ser transitorias o permanentes y serán presididas por quien determine el Presidente de la República."

ambiental, produjo un grave debilitamiento de la misma al fragmentar de nuevo la atención de los problemas ambientales como consecuencia de la dispersión de funciones en varias secretarías de Estado, entre ellas la de Agricultura y Recursos Hidráulicos, y la de Pesca.

La LOAPF buscaba fundamentar y encauzar una de las reformas más radicales y profundas que se hayan planteado al aparato administrativo del Estado mexicano, con la idea de adaptarlo a las exigencias del desarrollo político, económico y social. Se partía de un modelo integral de la estructura de la administración pública federal, que finalmente incorporaba a las entidades paraestatales, las que se encontraban reguladas por una gran diversidad de leyes y de difícil consulta, que obstaculizaban su coordinación y operación de conjunto. Dichas disposiciones establecieron las bases para la constitución de los sectores administrativos e hicieron explícita, por vez primera, la obligación de programar las actividades de todas las instituciones de la administración pública, lo que permitía a su vez la evaluación de resultados. [Sánchez, 1998]

Un efecto imprevisto en la sectorización de dependencias y entidades, de conformidad con la Ley Orgánica de la Administración Pública Federal, fue acentuar la separación tradicional de la acción pública en compartimentos de difícil coordinación, tanto en sentido horizontal (entre sectores) como vertical (con las entidades federativas). Esta situación contribuyó a que las dependencias que incorporaron facultades para abatir la contaminación ambiental en diversas formas desarrollaran programas desvinculados de la Subsecretaría de Mejoramiento del Ambiente.[25]

En estas condiciones, el 24 de agosto de 1978 se creó la Comisión Intersecretarial de Saneamiento Ambiental (CISA) "para conocer de la planeación y conducción de la política de saneamiento ambiental, la investigación, estudio, prevención y control de la contaminación, el desarrollo urbano, la conservación del equilibrio

---

[25] En realidad el problema de entendimiento conceptual y operativo entre fronteras sectoriales es característico del sector público federal, más aún en la materia ambiental cuya naturaleza multidisciplinaria y transectorial, dentro de un marco legal encajonado, dificulta delimitar competencias y corresponsabilidades. Si a esto agregamos la idiosincrasia de la gestión pública en torno a un ejercicio de poder en un sistema corporativo y cooptativo que dificulta todo intento de coordinación y comunicación horizontal entre las organizaciones y sus jerarquías, la participación integrada conmueve decisiones políticas del más alto nivel o la firma de convenios para fijar prioridades conjuntas. En este sentido, la sectorización administrativa constituyó un soporte muy importante en la sistematización de las acciones gubernamentales y en la articulación institucional para los procesos de programación y presupuestación del sector público.

ecológico y la restauración y mejoramiento del ambiente". El acuerdo señalaba como funciones principales de la Comisión formular un programa quinquenal de actividades, así como establecer las bases de coordinación entre las 11 dependencias que la integraban y las bases de cooperación con los estados, municipios y organizaciones internacionales. La CISA intentó por segunda vez conciliar intereses institucionales prioritariamente dispersos, con escasos resultados.

La Comisión elaboró el Programa Coordinado para Mejorar la Calidad del Aire en el Valle de México *(DOF,* 7 de diciembre de 1979) que previó acciones para el trienio 1980-82 dentro del marco de referencia de los planes nacionales de desarrollo urbano y de desarrollo industrial, y conforme a los lineamientos del Plan Global de Desarrollo; asimismo preparó el Programa Integral de Saneamiento Ambiental. Este último se formó con los proyectos elaborados por las secretarías de Salubridad, Agricultura, Asentamientos Humanos, Educación, Marina, Pesca y Turismo. En los informes anuales respectivos no hay registros del avance de los proyectos, lo que hace suponer que *1)* no se desarrollaron, *2)* se asimilaron a los programas regulares de las dependencias, *3)* se incorporaron a los programas de acción del sector público (PASP) que exigía el Plan Global de Desarrollo, de los cuales tampoco se encuentran registros en el informe final de gobierno. Una vez más se advierte la desarticulación de la acción pública federal, no obstante la prioridad señalada por el Ejecutivo federal a la coordinación intersecretarial. De nuevo resalta la figura del sistema corporativo de gobierno y su estructura escalonada de poder, que impide todo intento de acuerdo horizontal entre las jerarquías administrativas.

La Comisión realizó igualmente un balance en el documento "México: 10 años después de Estocolmo"; en él, somete a análisis la gestión ambiental coordinada por la Subsecretaría de Mejoramiento del Ambiente y señala éxitos, fracasos, estrategias y experimentos infructuosos, para delinear las grandes acciones de la planeación ambiental del país. La iniciativa es similar a la que adoptó la ONU diez años después de Río, en Johannesburgo, para evaluar las políticas de desarrollo sustentable que implantaron los diversos países, con los mismos resultados: precarios.

El periodo 1980-1982 se asocia con la etapa de consolidación de la reforma administrativa del gobierno federal, sobre todo mediante sistemas de organización y programación en las dependencias y la formulación del Plan Global de Desarrollo 1980-1982. En el mismo periodo, la coordinación de los servicios de salud a cargo de Guillermo Soberón preparaba las bases para la reforma del Sector Salud que condujeron a la concepción de un modelo de gestión sanitaria, avanzado para la época, que modificaba por entero las estrategias que promovía la SSA desde su creación, en 1943, y permitía la descentralización de los servicios de salud, así como la concurrencia de los gobiernos locales en la salubridad general del país ordenada por la Ley General de Salud.

Así, la construcción de un sistema nacional de salud facilitaría la coordinación intergubernamental y la concertación con la sociedad civil de políticas y estrategias para la protección ambiental por conducto de *a)* una subsecretaría para la protección del ambiente incorporada a la SSA, *b)* un departamento del ambiente, dependiente del Ejecutivo federal, o *c)* una coordinación de asuntos ambientales, dependiente por igual del Ejecutivo, en todo caso en estrecha vinculación con la Comisión Intersecretarial de Saneamiento Ambiental. De las tres opciones se eligió la primera, con la misma intención de integrar áreas con atribuciones ambientales ubicadas por la LOAPF de 1977 en la SSA, SAHOP y SARH para formar la Subsecretaría de Ecología, aunque adscrita a la naciente Secretaría de Desarrollo Urbano y Ecología (Sedue). La CISA se convertiría años después en la Comisión Nacional de Ecología.

No hay estudios documentados que expliquen por qué no se adoptó la tercera opción, pues era la corriente de opinión del sistema de Naciones Unidas y también el modelo de gestión que ensayaba la mayoría de los países latinoamericanos,[26] además de compartirse con legislaciones y sistemas administrativos sectorizados. Es posible que el foro internacional, proclive a la defensa de los recursos naturales, influyese en la decisión tras las experiencias fallidas del sector sanitario en el mejoramiento ambiental que no fueran del hábitat humano.

Hasta 1982, las acciones de saneamiento se condujeron por la Subsecretaría de Mejoramiento del Ambiente de la SSA, con una clara orientación hacia los efectos ambientales en la salud pública aunque sin establecer diferentes campos de actuación del saneamiento ambiental.[27] Además, las áreas de saneamiento y de control sanitario de la Secretaría trabajaban en forma independiente. A partir

---

[26] Argentina (1987), Comisión Nacional de Política Ambiental; Bolivia (1986), Comisión de Medio Ambiente y Recursos Naturales; Chile (1990), Comisión Nacional de Medio Ambiente; Cuba (1976), Comisión Nacional de Protección del Medio Ambiente y del Uso Racional de los Recursos Naturales; El Salvador (1990), Consejo Nacional del Medio Ambiente; Guatemala (1986), Comisión Nacional del Medio Ambiente; Honduras (1990), Comisión Nacional de Medio Ambiente y Desarrollo; Nicaragua (1990), Comisión Nacional del Ambiente y Ordenamiento Territorial; Panamá (1985), Comisión Nacional de Medio Ambiente; Uruguay (1973), Instituto de Preservación del Medio Ambiente (PNUMA, 2001).

[27] Por su parte, la Secretaría de Agricultura y Recursos Hidráulicos continuaría con sus actividades de saneamiento del agua en estrecha coordinación con la SSA.

de 1977, el reglamento interior de la SSA establece ocho direcciones generales: de Efectos del Ambiente en la Salud, de Mejoramiento del Ambiente, de Programas Especiales de Saneamiento, de Saneamiento Atmosférico, de Saneamiento del Agua, de Investigaciones y Normas Sanitarias de los Alimentos, de Sistematización y Análisis Ambiental y de Promoción del Saneamiento Ambiental. Una estructura administrativa de esta magnitud daría lugar a la consolidación de la gestión ambiental y al fortalecimiento del equipamiento urbano, que ya daba muestra de insuficiencia por los elevados niveles de concentración demográfica.

SSA
Subsecretaría del Mejoramiento del Ambiente

1977	1978
• Efectos del ambiente en la salud • Mejoramiento del ambiente • Programas especiales de saneamiento • Saneamiento atmosférico • Saneamiento el agua • Promoción del saneamiento ambiental • Sistematización y análisis ambiental • Investigaciones y normas sanitarias de los alimentos	• Comisión Intersecretarial de Saneamiento Ambiental

La iniciativa de reformas a la LOAPF del 22 de diciembre de 1982 señalaba que el progreso del país

> no debe sustentarse en una producción de bienes y servicios a partir de una explotación inadecuada de los recursos naturales que origine su deterioro y una creciente contaminación del medio ambiente; ahí la necesidad de integrar en un sólo órgano las facultades relativas a ecología, medio ambiente, asentamientos humanos y ordenamiento territorial de la República, como medida para que con un carácter integrador de los elementos de protección del medio ambiente y la ecología, se apoyen en forma congruente las acciones del desarrollo socioeconómico.

Por lo general, la exposición de motivos para sustentar cambios institucionales no cuenta con presupuestos básicos que expliquen y justifiquen la propuesta del

Ejecutivo y la decisión del Legislativo para realizar las reformas, lo que da por resultado más una declaración política de intenciones que la respuesta concreta a un problema de actuación gubernamental.

La Secretaría de Desarrollo Urbano y Ecología que se creaba tenía, básicamente, las atribuciones de formular y conducir las políticas generales de asentamientos humanos, urbanismo, vivienda y ecología. Se encargaba de proyectar la distribución y el ordenamiento territorial de los centros de población junto con otras dependencias y entidades del Ejecutivo federal, así como de promover el desarrollo urbano de las comunidades y fomentar la organización de sociedades cooperativas de vivienda.

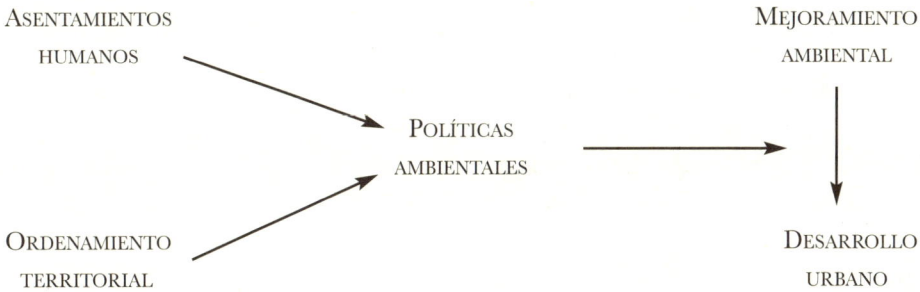

Tal como ya referimos, entre la creación del Departamento del Trabajo y el fallido deslinde de atribuciones con la SSA, al integrarse la Sedue, la SSA tuvo dificultades de conceptuación y programación coordinada con dicha dependencia cuando se separaron e independizaron las funciones de saneamiento básico y de salud ambiental a cargo de la SSA. Esto ocurrió como consecuencia de las definiciones que en materia de atribuciones de la SSA había prescrito la Ley Orgánica de la Administración Pública Federal.

En el caso de la Sedue y la SSA, la primera conservó la facultad de formular y conducir la política de saneamiento ambiental sin aclarar los alcances del término ni sus diferencias con el saneamiento básico, en tanto que a la segunda, el reglamento interior de 1983 sólo le otorgaba capacidad para investigar sobre los efectos del ambiente en la salud, con evidente descuido de las actividades de salud ambiental, es decir, el análisis, prevención y control de los factores ambientales de riesgo para la salud de la población. ¿Acaso este importante espacio estaba implícito en las políticas de saneamiento ambiental? No hay pruebas de que esto haya sucedido; hasta la fecha se desconoce el significado del saneamiento, salvo por su aplicación en la gestión de la calidad del agua.[28] En todo caso, no hay evidencias de ningún convenio entre ambas dependencias en este periodo para precisar competencias. Lo que resulta inoportuno es que el reglamento de la SSA del 23 de septiembre de 1988, a escasas dos meses de que terminara la administración gubernamental y ya preparado el presupuesto de 1989, haya creado la Dirección General de Salud Ambiental, Ocupacional y Saneamiento Básico. ¿Para qué? Tal parece que había quedado una importante deuda pendiente en este campo de frontera y se pretendía continuar con algunas tareas de la CISA que no se habían contemplado en la Comisión Nacional de Ecología. Esta experiencia es muestra suficiente del desconocimiento de la naturaleza multidisciplinaria de los fenómenos ambientales y de la confusión conceptual que prevalecía en el manejo de los recursos naturales y la protección del ambiente. Esta ambigüedad interpretativa se transmitiría en la incertidumbre jurídica de la siguiente ley ambiental.

Conservando en esencia el espíritu y la concepción restringida de la Ley de 1971, al mantener su carácter de asunto de salubridad general, en 1982 se promulgó la Ley Federal de Protección al Ambiente, donde ya se incluyen artículos específicos sobre la protección a la fauna, flora, suelo y ecosistemas marinos. El objetivo de esa Ley se describe en su artículo 1º, que, de acuerdo con la reforma de 1984, se refiere por una parte a la conservación, protección, preservación, mejoramiento y restauración del ambiente, así como de los recursos que lo integran y, por otra, a la prevención y control de los contaminantes y las causas que los originan. Mantiene la distinción entre las ideas de protección al ambiente, y de prevención y control de la contaminación ambiental, pero invierte el orden de su presentación, como por lo demás correspondía en una ley cuya denominación se refería a la protección del ambiente. En la legislación ambiental de 1982 aparecen por primera vez, aunque con timidez, las primeras medidas preventivas orientadas a la protección integral del ambiente. Se incorpora en este sentido la evaluación del impacto ambien-

---

[28] A partir de la creación de la Sedue y la desaparición de la Subsecretaría de Mejoramiento del Ambiente, la Ley Orgánica de la Administración Pública Federal adjudicó las acciones de saneamiento básico a la Sedue sin señalar la posible coordinación de ésta con la SSA. Asimismo se omitió el papel primario de la SSA para promover y fomentar el saneamiento básico en el hábitat humano a cargo del municipio. La Ley General de Salud define la doctrina y el sustrato de la vigilancia y el control sanitarios así como los efectos del ambiente en la salud (salud ambiental). Sin embargo, respecto del saneamiento básico sólo señala que la Secretaría de Salud debe "apoyar el saneamiento básico" (artículo 118, frac. IV), sin definir la expresión misma de "saneamiento básico" para determinar los límites de su acción. En 1983, la SSA y la Sedue acordaron realizar el deslinde respectivo de las funciones de saneamiento ambiental y de saneamiento básico, aunque al presente continúan como entidades de trabajo separadas.

tal de los proyectos de construcción de obras públicas o privadas, como un instrumento básico de planeación, así como la figura jurídica de la declaratoria, destinada a proteger, mejorar y restaurar ambientalmente las áreas que así lo requieran" (Brañes, 1987). No obstante, como ya señalamos, la evaluación de impacto ambiental ya se había considerado en la estructura de la SAHOP y se contemplaba en la segunda etapa de la SMA como herramienta de trabajo.

Dos situaciones impidieron la aplicación de esta Ley. En primer término, su endeble fundamento constitucional, que se refería a la conservación de recursos naturales, y a la prevención y control de la contaminación, y en segundo término, su falta de reglamentación, pues, según el artículo tercero transitorio, en tanto no se expidieran los reglamentos previstos en la misma, como sucedió, quedaban vigentes los elaborados para la ley anterior (Carmona, 1991). Quizá la limitación más profunda que presentó la LFPA haya consistido en que, como resultado del enfoque prevaleciente en la época de su promulgación, se aboca sólo a la prevención y control de la contaminación ambiental, y por lo general lo hace con normas que se limitan a establecer sanciones para corregir conductas que producen efectos indeseables, es decir, no identifica las causas económico-sociales que están en la base de la problemática ecológica que vivimos, y, en consecuencia, trata este fenómeno como resultado de un conjunto de conductas individuales que deben corregirse con castigos.

La Ley Federal de Protección al Ambiente traduce la interpretación biocéntrica de las políticas ambientales extraídas del campo sanitario para perder su exclusividad antropocéntrica, lo que permite organizar estructuras de gestión más amplias en materia ambiental. Sin embargo, la percepción del legislador sobre las políticas públicas por lo general no toma en cuenta los elementos que condicionan la organización y funcionamiento de las estructuras de gestión idóneas ni la posibilidad de formular y poner en marcha programas de acción; dicho de otra forma, al legislador le interesa que la norma se cumpla dentro de los términos procesales determinados, sin prever el necesario arreglo institucional que en gran medida requiere la administración pública; al legislador le interesa qué, por qué y para qué, sin considerar quién debe cumplir la norma, cómo, cuándo, dónde, con qué costo y en qué condiciones.[29] Desde esta perspectiva y al crearse la Sedue, la polí-

---

[29] Estas preguntas las planteó el monje Quintiliano desde el siglo III, en anticipación del método científico. Al ser un planteamiento lógico, las ciencias sociales y en especial la enseñanza sistematizada del derecho que surgió con la Universidad de Bolonia en 1080, debieron de adoptarlo como punto de partida. Esta raíz epistemológica y la posterior departamentalización del conocimiento explicarían en mínima parte que las técnicas legislativas no sean transdisciplinarias ni transectoriales.

tica ambiental se identifica con la de asentamientos humanos, desarrollo urbano y vivienda, lo que implica que adoptaba de nuevo una visión antropocéntrica. ¿Por qué el sector ambiental naciente no se vinculó orgánicamente a la SARH para fortalecer el desarrollo regional y rural, y favorecer con ello la preservación de ecosistemas y el ecodesarrollo tan de moda en ese tiempo?, ¿o a la Semip, para prever de esta forma un desarrollo industrial y energético racional?, ¿o por qué no se le declaró sector independiente? El proceso legislativo de reformas a la Ley Orgánica de la Administración Pública Federal para crear la Sedue no menciona estas opciones en la exposición de motivos de la iniciativa ni en el debate. Es posible que la reforma política aún incipiente no diera cabida a este tipo de reflexiones.

Además, la creación de la Sedue ni siquiera toma en cuenta los elementos fundamentales que dieron origen a la SAHOP ni la infraestructura creada por la SMA para el análisis de la obra pública e impacto ambiental, o los mecanismos de supervisión de la Secretaría de Recursos Hidráulicos para los estudios de impacto ambiental, que diversos tratadistas del derecho ambiental adjudican a la Sedue.

En 1983 se crean las direcciones generales de Saneamiento Básico y Ocupacional, y de Investigación de los Efectos del Ambiente en la Salud adscritas a la Subsecretaría de Salubridad. A partir de la expedición de la Ley General de Salud que distribuía competencias entre la Federación y los gobiernos locales para integrar un sistema nacional de salud y que, en consecuencia, modificaba sustancialmente la estructura orgánica de la SSA, en adelante Secretaría de Salud, el Reglamento Interior de 1984 de esta Secretaría elimina casi todos los incisos de saneamiento básico y sólo señala "acciones de apoyo de saneamiento básico".[30] Reubica a la Dirección General de Saneamiento Básico y Ocupacional, con la denominación de Control de la Salud Ambiental y Ocupacional, en la Subsecretaría de Regulación Sanitaria; y la de Investigación de los Efectos del Ambiente en la Salud en la Subsecretaría de Investigación y Desarrollo, lo que pervierte su verdadero propósito, que era dictaminar los riesgos a la salud en el área de saneamiento básico y control sanitario. La fractura definitiva de la congruencia y unidad de criterios en esa materia fue la compactación administrativa de 1985 que eliminó de la estructura administrativa de la

---

[30] Las reformas constitucionales de 1983 al artículo 115 otorgan al municipio servicios públicos (fracción III), algunos de ellos relacionados con el saneamiento básico, así como facultades (fracción V) para formular, aprobar y administrar la zonificación y planes de desarrollo urbano municipal; participar en la creación y administración de sus reservas territoriales; controlar y vigilar la utilización del suelo en sus jurisdicciones territoriales; intervenir en la regularización de la tenencia de la tierra urbana; otorgar licencias y permisos para construcciones, y participar en la creación y administración de zonas de reservas ecológicas.

SSA el área de saneamiento básico y de investigación de los efectos del ambiente en la salud. En consecuencia, las atribuciones reglamentarias en estas materias disminuyeron de manera sensible, así como sus muy limitados recursos transferidos a las direcciones generales de Control Sanitario de Bienes y Servicios, de Investigación y Desarrollo Tecnológico y de Regulación de Servicios de Salud. Esta decisión muestra el poco interés de las autoridades sanitarias en mantener la tradición salubrista que trajo beneficios indudables en el desarrollo económico y social del país durante un siglo, y traduce el espíritu maniqueo y tecnocrático de un modelo de gestión que transformaba el concepto de salubridad por el de salud, término abstracto, o, más aún, abstruso, que impide toda gestión gubernamental.

La desarticulación interna de las funciones ambientales en la SSA llegó a ser tan grave que:

- El estudio de los riesgos ambientales se efectuaba como ejercicio de investigación en salud, desvinculados de la vigilancia epidemiológica y de los procesos de gestión administrativa para el control sanitario de los riesgos identificados, sin traducirse en medidas de seguridad en el control sanitario ambiental.

- La regulación sanitaria de la contaminación del agua para uso y consumo humano, o la del ambiente respecto de contaminantes de naturaleza física, como radiaciones, se repartía en dos direcciones generales.

- El proceso de regulación y control sanitario de los riesgos ambientales para la salud de los trabajadores en el hábitat de trabajo se encontraba dividido, pues una dirección general realizaba el estudio y la calificación de los riesgos ambientales laborales, otra se encargaba de la regulación sanitaria de los establecimientos de trabajo y en otra se ejercía el control sanitario ocupacional.

- Era evidente la limitada capacidad de diálogo y de coordinación intersectorial que tenía la SSA con otras dependencias involucradas en la gestión ambiental, como la Sedue, la SARH y la STPS.

En estas circunstancias se creó la Comisión Interna del Programa de Salud Ambiental y Ocupacional (1985-1988) como mecanismo de apoyo a la coordinación de nueve unidades administrativas de la SSA competentes en la materia. En 1987, la Comisión formula el Programa Integral de Fortalecimiento Municipal en

Saneamiento Básico, Salud Ambiental y Control Sanitario en zonas específicas de Coahuila, Chiapas, Chihuahua, Durango, Guerrero y Tabasco. La Comisión se sustituyó el año siguiente por la Dirección General de Salud Ambiental, Ocupacional y Saneamiento Básico, de nueva creación, aunque sin posibilidades de trabajar por carecer de soporte legal y de presupuesto. Es así como hasta 1989 las funciones de saneamiento ambiental, en lo correspondiente a la salud humana, intentan retomar el cauce iniciado por la SSA en 1971, al compartir responsabilidades con la Sedue (después Sedesol, luego Semarnap y ahora Semarnat), y con la SARH (CNA), entre otras dependencias de menor incidencia en el sector, y con los gobiernos de las entidades federativas.

El Reglamento Interior de la SSA publicado el 31 de diciembre de 1992 concentra las funciones ambientales en la Dirección General de Salud Ambiental, para los efectos de las atribuciones contenidas en el artículo 118 de la Ley General de Salud, fracciones I, II, III, IV, V, VI, VII, y en la Dirección General de Medicina Preventiva para apoyar el saneamiento básico y ocupacional.

En adelante, la Secretaría de Salud impulsa las actividades de salud ambiental mediante un convenio con la Semarnap, en colaboración con la Organización Panamericana de la Salud, dentro del marco de la Subsecretaría de Regulación y Fomento Sanitario, y estrechamente vinculadas al programa de descentralización. En fecha reciente, el reglamento interior (8 de octubre de 2001) instituye la Comisión Federal para la Protección contra Riesgos Sanitarios que incluye a las direcciones generales de Salud Ambiental y de Control Sanitario de Productos y Servicios, con el objeto de diseñar e instrumentar la política nacional de prevención y control de los efectos nocivos de los factores ambientales en la salud del ser humano, salud ocupacional y saneamiento básico.

El Programa Nacional de Salud 2001-2006 propone cinco estrategias sustantivas y cinco instrumentales para lograr sus objetivos. El primero que cita es vincular la salud al desarrollo económico y social en virtud de seis líneas de acción, como fortalecer la salud ambiental, para lo cual determina cinco actividades:

- Elaboración de diagnósticos de salud ambiental en los ámbitos federal, estatal y jurisdiccional.
- Medición de la exposición a riesgos ambientales y su impacto en las condiciones de salud tanto de la población general como de la expuesta, para dar lugar a los Criterios de Calidad Ambiental Protectores de la Salud.

- Diseño, implantación y/o modernización de políticas y acciones regulatorias y no regulatorias para el manejo de riesgos en establecimientos, comunidades y regiones, y dar lugar a Programas de Acción en Salud Ambiental.
- Creación de un registro nacional de intoxicaciones y un sistema de vigilancia epidemiológica de los efectos de los riesgos ambientales sobre la salud.
- Fortalecimiento de la capacitación de recursos humanos en salud pública ambiental.

La promulgación de la Ley General del Equilibrio Ecológico y Protección al Ambiente, en cambio, no provocó la formación de una nueva dependencia. Esto debido al énfasis desconcentrador del gobierno federal iniciado desde 1983 en los sectores de programación y presupuesto, información, procuración de justicia, salud y educación, y ante todo frente al compromiso explícito de la Ley de transferir facultades y recursos de la Federación por conducto de procesos de descentralización a las entidades federativas y de fortalecer la gestión local. En esta circunstancia coyuntural, de cambio en el modelo económico y en consecuencia en lo político, como de transformación del sistema jurídico, la Sedue propone la reorganización de la Subsecretaría de Ecología referida en nuestro estudio. Vale la pena señalar por una parte que la LGEEPA no exigía ningún cambio institucional de importancia, salvo reducir las competencias de la Secretaría en extensión a las entidades federativas y a los municipios, y, por otra, que la situación económica y financiera del país que llevó a la primera compactación administrativa de 1985 impedía cualquier intento de reconfiguración gubernamental.

La Ley de 1988 introdujo los siguientes elementos en la política ambiental: *a)* un concepto conocido como ordenamiento ecológico del territorio, *b)* evaluaciones de impacto y riesgo ambiental, *c)* instrumentos para la protección de las áreas naturales, *d)* investigación y educación ambiental, *e)* importancia de la información y *f)* monitoreo. "El valor de la Ley radica en sus condiciones de aplicación. En este sentido, la Ley es indicativa de una nueva visión del derecho público sobre los recursos naturales y de una ética del ambiente, pero entra en contradicción con muchos artículos vigentes en otros ordenamientos legales, fundados en el derecho privado sobre los recursos, y que justifican todo un conjunto de procesos ecodestructivos" (Leff, 1990).

En diciembre de 1996 entraron en vigor importantes modificaciones a la LGEEPA con objeto de modernizar la regulación ambiental (por ejemplo, al permitir el acceso de los medios de comunicación, permisos integrados, la autorregulación y la creación de un inventario de emisiones), transferir más responsabilidades ambientales a los estados y municipios, y establecer el derecho de acceso a la información sobre el ambiente.

> No deja de ser sorprendente la reforma del art. 3°, fracc. XI, de la LGEEPA, que establece el término de *desarrollo sustentable* como "el proceso evaluable mediante criterios e indicadores de carácter ambiental, económico y social que tiende a mejorar la calidad de vida y la productividad de las personas que se funda en las medidas apropiadas de preservación del equilibrio ecológico, protección del ambiente y aprovechamiento de recursos naturales, de manera que no se comprometa la satisfacción de las necesidades de las generaciones futuras" en tanto que pretender la satisfacción de las necesidades de las generaciones futuras es una buena voluntad más que un compromiso; asimismo es dudosa la afirmación de que existe un proceso mediante el cual se puede evaluar lo que es sustentable, así como es difícil establecer un parámetro de sustentabilidad y definir qué es una mejoría de la calidad de vida y productividad de las personas. (Figueroa, 2000)

Las recientes modificaciones de 2001 introducen disposiciones que fortalecen el federalismo por medio de una mayor transferencia de facultades ambientales a las entidades federativas, en armonía con las directrices del Plan Nacional de Desarrollo.

III. LAS INSTITUCIONES AMBIENTALES

En estricto sentido, todas las instituciones de derecho público, social y privado son instituciones ambientales.

A PARTIR de la Ley Federal de Protección al Ambiente, la Subsecretaría de Mejoramiento del Ambiente se fusiona con la Secretaría de Asentamientos Humanos y Obras Públicas para constituir la Secretaría de Desarrollo Urbano y Ecología, lo que amplía la perspectiva de protección ambiental hacia la preservación y restauración del equilibrio ecológico, aunque resta las importantes funciones de prevención y control de efectos ambientales en la salud de las poblaciones, que estarían a cargo de la SSA. A la Sedue se le atribuyen las facultades para preservar los recursos forestales, de la flora y la fauna silvestre con que cuenta la geografía nacional y contrarrestar los efectos nocivos de la excesiva concentración industrial. Se estructura en materia ecológica con una subsecretaría y seis direcciones generales, que se reducen a cuatro en 1985, con fines de regulación ecológica, prevención y control de la contaminación, conservación de los recursos naturales y promoción ambiental. La nueva subsecretaría de ecología no incorpora la dirección general de ecología urbana de la SAHOP ni la unidad de análisis de obra pública e impacto ambiental de la SMA, lo que traduce la pérdida de capacidades y un distanciamiento de las políticas ambientales enfocadas al desarrollo urbano. La exposición de motivos de la nueva ley ambiental y la fundamentación para la creación de la Sedue no dan cuenta de este cambio tan importante en la configuración de políticas públicas para entenderse con sucesos emergentes tanto en el entorno internacional, el ambiente, como en el contexto nacional, el ordenamiento de los asentamientos humanos e industriales.

El proceso de fortalecimiento de la gestión ambiental continuó con la creación de la Comisión Nacional de Ecología (Conade, 1985), con carácter intersecretarial, formada por la Secretaría de Programación y Presupuesto, de Desarrollo Urbano y Ecología, y de Salud, con la función de analizar y proponer prioridades en materia ecológica que requirieran instrumentación sectorial. La Comisión se constituyó como foro de consulta y órgano de coordinación interinstitucional y de

SEDUE
Subsecretaría de Ecología
1983

> • Prevención y control de la contaminación ambiental
> • Prevención y control de la contaminación del agua
> • Ordenamiento ecológico e impacto ambiental
> • Parques, reservas y áreas ecológicas protegidas
> • Flora y fauna silvestres
> • Protección y restauración ecológica

concertación internacional, con la encomienda de formular y publicar el informe bienal de la situación ambiental en el país.

Por desgracia, la Conade nace en un momento inoportuno, pues la Comisión Intersecretarial de Saneamiento Ambiental no había resuelto los problemas originados por la descoordinación institucional ni mucho menos se notaba su presencia en las entidades federativas; aún más, la situación financiera del país y la compactación administrativa del gobierno federal limitaba la disponibilidad de recursos necesarios para crear las 11 subcomisiones que establecía su propio reglamento interior;[1] no obstante, produjo el primer informe general de ecología 1987-1988 y el informe de la situación general en materia de equilibrio ecológico y protección al ambiente 1989-1990, así como un cuerpo estratégico de 100 acciones necesarias para hacer frente a los principales desequilibrios ecológicos en forma coordinada con los estados y municipios, y concertadas con la sociedad.

Como se anota adelante, la Conade se adoptó como modelo de gestión por la firma contratada para redefinir el papel de la Subsecretaría de Ecología en el marco de la nueva ley ambiental de 1988, de la apertura de nuestro país a la economía de mercado y de los acontecimientos internacionales subsecuentes a la Comisión Brundtland. Con la creación de la Sedesol en 1992, la Conade desaparece del panorama institucional y, como es costumbre, se abroga hasta 1997.

---

[1] La Conade se organizaba en las subcomisiones de control de agroquímicos, de aguas residuales, de bosques y selvas, de la zona metropolitana de la ciudad de México, de salud ambiental, de la industria privada, de la industria paraestatal, de atención a emergencias, de educación ambiental, de fauna silvestre y de ecología marina.

Mediante decreto presidencial publicado en el *Diario Oficial* el 8 de marzo de 1984, se crea el Instituto Sedue como un órgano desconcentrado de la Secretaría, encargado de la investigación, desarrollo, promoción y coordinación tecnológica y científica en materia de desarrollo urbano, vivienda y ecología. Los antecedentes históricos del Instituto se remontan al 18 de febrero de 1971, fecha en la cual se creó un órgano técnico-administrativo denominado "Comisión para el Aprovechamiento de Aguas Salinas", cuya formalización se publicó en el *Diario Oficial* el 23 de abril del mismo año. Esta Comisión dependía de la extinta Secretaría de Recursos Hidráulicos y su función principal consistía en el estudio, tratamiento y aprovechamiento de las aguas salobres (subterráneas, superficiales y del mar). Más adelante se transformó en la "Dirección General de Aprovechamiento en Aguas Salinas" por acuerdo presidencial del 26 de septiembre de 1977, publicado en el *Diario Oficial* el 3 de octubre del mismo año. Esta dirección dependía de la desaparecida Secretaría de Asentamientos Humanos y Obras Públicas y, en consecuencia, absorbió las funciones que venía realizando la Comisión ya mencionada. Asimismo, el entonces titular del ramo, arquitecto Pedro Ramírez Vázquez, comunicó el 2 de agosto de 1978 que a esa dirección general le correspondía "el enfoque y realización del programa de energía solar". En atención a lo anterior, todas las actividades relacionadas con esta materia se deberían coordinar con esa dirección general, por lo cual se denominó "Dirección General de Aprovechamiento de Aguas Salinas y Energía Solar".

El Instituto Sedue se conformó mediante la integración de dos áreas operativas de la desaparecida SAHOP, la Dirección General de Aprovechamiento de Aguas Salinas y Energía Solar que desarrollaba tecnologías para la desalación del agua y coordinaba proyectos de energía solar, y la Coordinación SAHOP-Coplamar,[2] dedicada a la atención de zonas deprimidas en lo relativo a infraestructura económica y social para el desarrollo regional.

[2] La Coordinación General del Plan Nacional de Zonas Deprimidas se creó en 1977 para poner en marcha estudios orientados a las zonas rurales marginadas en materia de salud, educación, abasto alimentario, mejoramiento de la casa rural, dotación de agua potable, construcción de caminos, generación de empleos, organización social para el trabajo, electrificación rural, desarrollo agroindustrial y servicios de apoyo a la economía campesina, desde el crédito hasta la asistencia técnica y comercialización. La Coplamar se guiaba por la convicción de que *1)* el crecimiento económico no constituye el propósito del desarrollo sino un medio para alcanzarlo; *2)* el desarrollo se expresa en el grado de satisfacción de las necesidades esenciales de toda la población; *3)* la planeación debe partir de las necesidades esenciales de la población para, en función de ellas, determinar las metas de producción de bienes y servicios y, en consecuencia, las características de la estructura productiva. Se trata, en cierto modo, de una concepción opuesta a la idea de la planeación que hasta hace muy poco dominaba la escena política: a partir de metas de crecimiento económico y, con base en ellas, derivar programas, proyectos y políticas específicas (Ovalle, Cantú, 1982).

No fue posible transformar ambos grupos de trabajo —con capacidades y objetivos distintos— en un centro rector de programación, coordinación y evaluación de las actividades científicas y tecnológicas del sector ambiental, y que además pudiera diseñar políticas que integraran un sistema de investigación ambiental y mantuviera una vinculación adecuada con los centros de investigación e instituciones de educación superior, por lo que no se logró coordinar las acciones en la materia. Estas circunstancias ocasionaron que el nuevo organismo no contara con los recursos humanos necesarios en cuanto a preparación y experiencia, y a la vez heredara una serie de compromisos institucionales que no podía cumplir. En la práctica, no se logró organizar siquiera un centro que realizara investigaciones científicas y tecnológicas para el programa de ecología de la propia Secretaría, pues no se contaba con la infraestructura mínima, ni se consolidó una plantilla de personal con el perfil requerido para el desarrollo de estas actividades.

El 19 de agosto de 1985 se modificó el reglamento interior de la Sedue para ajustar las funciones del Instituto hacia las de un órgano técnico especializado para integrar, promover y coordinar el desarrollo tecnológico y científico del sector, que en coordinación con la SEP y el Conacyt contribuyera a la consecución de los objetivos y políticas en ciencia y tecnología establecidas en el Plan Nacional de Desarrollo. La dificultad que representó para el personal del Instituto manejar los conceptos de ciencia y tecnología en la temática particular del sector y la imposibilidad de contratar nuevo personal idóneo para las funciones del Instituto fueron algunos de los problemas que impidieron su consolidación; otros fueron los frecuentes cambios de las autoridades administrativas durante el periodo y la problemática laboral consiguiente.

Cabe mencionar que se iniciaron algunas de estas acciones sin llegar a concluirse por la necesidad de atender otras actividades, como las derivadas de los sismos de 1985, que dieron origen al Programa de Renovación Habitacional, y por los cambios administrativos tan frecuentes ya mencionados.

La fundamentación del Instituto Sedue no contempla la existencia de otros centros de investigación creados o patrocinados por el Consejo Nacional de Ciencia y Tecnología, como el Instituto de Ecología, el Instituto Nacional de Investigación en Recursos Bióticos, el Centro de Ecodesarrollo y el Centro de Investigaciones Ecológicas del Sureste. En 1987 propone una reconversión hacia adentro, como apoyo a la Secretaría, y hacia afuera para consolidar el sector ambiental. Mientras tanto, se expide la nueva ley ambiental y se inician los procesos de reconfiguración de la gestión ambiental que se describen adelante.

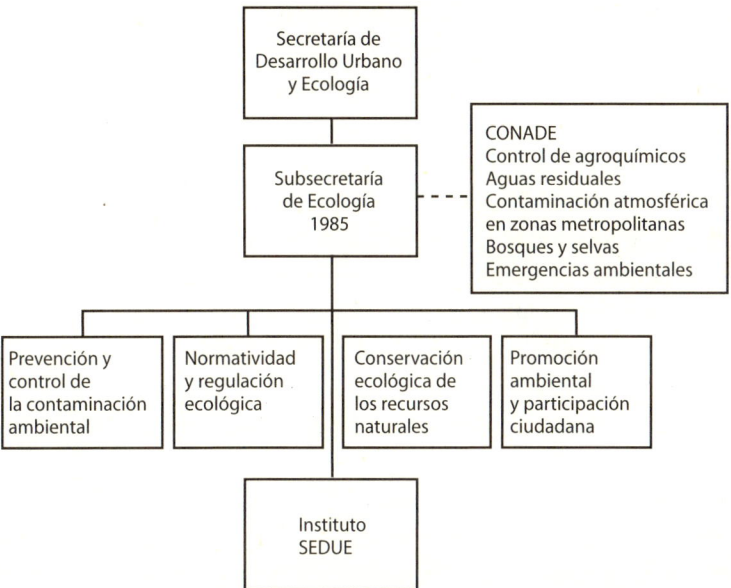

En materia legislativa, se hizo evidente que la ley ambiental de 1982 entonces en vigor aún no ofrecía el apoyo necesario para enfrentar integralmente la problemática ecológica, pues la legislación en su conjunto mantenía un fuerte carácter centralizador y con marcada tendencia a regular por separado el aprovechamiento de cada recurso natural.

La Ley General del Equilibrio Ecológico y la Protección al Ambiente, publicada en el *Diario Oficial* el 28 de enero de 1988, a diferencia de la ley anterior distribuye competencias que facilitan la descentralización de la gestión ambiental al establecer los términos de concurrencia de los tres ámbitos de gobierno. Además se caracteriza y difiere de las legislaciones ambientales de otros países por requerir la realización de estudios de impacto ambiental a proyectos públicos y privados, así como estudios de riesgo para cierto tipo de instalaciones y actividades. Asimismo, parte del principio de que el desarrollo sustentable debe guiar la política ambiental.

Este nuevo ordenamiento faculta a los estados y municipios para prevenir y controlar la contaminación ambiental, para participar en la prevención y control de la contaminación de las aguas, en la creación de zonas de reserva de interés estatal o municipal y en el establecimiento de sistemas de evaluación de impacto ambiental en las materias que no sean de jurisdicción federal (Brañes, 1994).

La LGEEPA establece una amplia visión sobre los problemas ambientales, entre los que se incluyen conceptos para el desarrollo sustentable y el uso eficiente de los recursos naturales. Esta Ley contiene las bases para:

- definir principios de política ambiental,
- promover la coordinación entre los diferentes niveles de gobierno,
- proteger la biodiversidad (zonas naturales y vida silvestre),
- fomentar la gestión sustentable de los recursos naturales,
- preservar, recuperar y mejorar el medio ambiente,
- prevenir y controlar la contaminación del aire, agua y suelo,
- fomentar la participación social y la educación ambiental y
- establecer medidas de control y seguridad, y sanciones por incumplimiento.

Con esta nueva perspectiva, se modificó la estructura gubernamental para la gestión ambiental: la iniciativa de reformas a la LOAPF del 23 de abril de 1992 señala que "con el propósito de integrar y darle mayor congruencia a todas las políticas en materia social, y de unificar la responsabilidad en este importante ámbito de la administración pública federal, se plantea la transformación de la Sedue en Secretaría de Desarrollo Social. En consecuencia, a las atribuciones que actualmente tiene conferidas por ley esa dependencia, se sumarían las relativas a la planeación del desarrollo regional que dan sustento a las acciones del Programa Nacional de Solidaridad".

La iniciativa se turnó a la Cámara de Diputados, que elaboró un proyecto de dictamen del 27 de abril al 6 de mayo de 1992.[3] Justifica el proyecto de acuerdo con las siguientes ventajas:

a) Agrupar atribuciones normativas y capacidad de ejecución en materia de desarrollo regional y urbano.
b) Incidir al mismo tiempo en diversos factores que determinan el bienestar

---

[3] Sin embargo, el presidente de la República expidió de manera anticipada el decreto que reforma, adiciona y deroga diversas disposiciones de la LOAPF el 22 de abril del mismo año, es decir, cinco días antes, para crear la Sedesol. En la misma fecha sucedió la explosión de la red del drenaje en un sector de la ciudad de Guadalajara. La presidencia de la República dispone una gestión más estricta de los desechos industriales y la vigilancia de su transporte, la cuantificación del riesgo industrial en los 50 centros urbanos más grandes del país, la formulación de un plan de ordenamiento ecológico general del territorio nacional, la conclusión de los planes estatales de contingencias ambientales, y otras acciones para elevar la seguridad de las redes de distribución de combustibles y las de agua potable.

social: infraestructura, equipamiento, vivienda y oportunidades productivas.
c) Consolidar mecanismos de participación social que ya probaron su utilidad en la realización de estas tareas.
d) Incorporar la variable ambiental en las actividades vinculadas al desarrollo.
e) Coordinar la política de desarrollo social por conducto del Gabinete de Desarrollo Social, integrado por la Secretaría de Educación Pública, la de Salud, y otros organismos públicos y sociales.

La Secretaría orientaría sus esfuerzos al desempeño de funciones eminentemente técnico-normativas, de control en materia de ecología y protección del ambiente, y a la atención de las demandas ciudadanas por incumplimiento de normas o atentados contra los intereses ecológicos de la población.

En la exposición de motivos de la iniciativa enviada por el Ejecutivo se considera la conveniencia de crear una Comisión Nacional de Ecología[4] como órgano desconcentrado de la administración federal, que tendría facultades para normar y vigilar los programas y políticas en materia ecológica. La mayoría de los integrantes de las comisiones unidas responsables del dictamen estimó que esta idea propuesta en la exposición de motivos de la iniciativa debía merecer un tratamiento integral que se dirigiera a organizar de la mejor manera posible los organismos e instrumentos administrativos que cumplan con eficacia las exigencias del tratamiento que exige la protección y defensa del ambiente. En este sentido, se hace una adición a la fracción XXVII del artículo 32, a efecto de que en ella se señale la facultad para crear los órganos administrativos desconcentrados indispensables para llevar a efecto las tareas de defensa y protección del ambiente.

Las comisiones estimaron necesario considerar la conveniencia de crear por los mecanismos legales, una Procuraduría Federal de Protección y Defensa del Medio Ambiente como organismo desconcentrado de la administración federal, con la jerarquía administrativa suficiente para cumplir con eficacia atribuciones de vigilancia, supervisión y ejecución de acciones para la protección y defensa del

[4] La iniciativa no menciona la existencia formal de una comisión similar creada en 1985. La Conade se proponía de nuevo, como mecanismo para integrar las políticas ambientales a otros sectores gubernamentales, facilitar la coordinación intergubernamental, concertar acciones con la sociedad civil y responder a la cooperación internacional, es decir, con las mismas funciones de la existente y coordinada por la Subsecretaría de Ecología, aunque ahora como órgano desconcentrado de la Secretaría de Desarrollo Social.

ambiente. Con el mismo espíritu, la adición abre la creación de una institución nacional desconcentrada para asuntos ecológicos, como un foro amplio para la investigación, destinada al análisis de la problemática ecológica y a la propuesta de normas y acciones que tendrían la posibilidad de contar con dos supuestos indispensables: por un lado, el soporte técnico de especialistas en la materia que sumaría su contribución para el diseño normativo correspondiente; y por otro, la representación de la población por medio de las organizaciones ecologistas y grupos interesados en la defensa y protección del ambiente.

Así como la creación de la Sedue se fundamentaba en la necesidad de integrar en un solo órgano las acciones de desarrollo urbano y ecología, con el objetivo primordial de mejorar la calidad de vida de la población, la Sedesol busca a su vez la consolidación, ampliación e incremento de la calidad de los servicios básicos y de los relativos al desarrollo social, la vivienda y la normatividad en materia de protección ecológica *(sic)*, así como la coordinación de tareas orientadas a la promoción del desarrollo regional para lograr el desarrollo rural integral.

El Gabinete de Bienestar Social se transforma en Gabinete de Desarrollo Social, coordinado por la Sedesol e integrado por diversas dependencias y entidades. Asimismo, la nueva Secretaría se integra al Gabinete Económico y al Agropecuario, participa en los órganos de gobierno del IMSS, Infonavit, ISSSTE y Fovissste, y se coordina con la banca de desarrollo, para proyectarse como la dependencia de mayor capacidad de gestión y decisión en los programas del gobierno federal.[5]

La Sedesol conservaría sus facultades normativas y se daría una mayor responsabilidad a otras dependencias relacionadas directamente con aspectos ecológicos. Las atribuciones de la Sedesol se ejercerían mediante la Comisión Nacional de Ecología, que se crearía (?) con el carácter de órgano administrativo desconcentrado de dicha Secretaría, con autonomía técnica y operativa, y con facultades normativas y de control. La Comisión contaría, en su caso, con consejos consultivos y con instancias regionales multiparticipativas a efecto de lograr una corres-

[5] En la historia del desarrollo institucional de las estructuras administrativas del gobierno federal, no encontramos otro antecedente como el de la Sedesol, que, independientemente de las funciones relevantes que le otorgaban para el desarrollo nacional, se convertía en una poderosa plataforma política para la candidatura presidencial de Luis Donaldo Colosio. En cuanto a su estructura de gestión ambiental, por una parte, no se atendieron los lineamientos propuestos y autorizados del estudio de reorganización contratado; por otra, la iniciativa de reformas a la LOAPF enviada al Congreso de la Unión no coincidía con los términos del estudio ni se tomó en cuenta su dictamen; y por una tercera, el Ejecutivo tomó decisiones legislativas por su cuenta al inventar un sistema de comando y control para responder a las circunstancias políticas del momento catalizadas por las negociaciones del Tratado de Libre Comercio de América del Norte.

ponsabilidad efectiva. La iniciativa propone encomendar a las diferentes dependencias de la Administración Pública Federal la aplicación y vigilancia de las disposiciones que en materia ecológica dicte la Sedesol. Esta transferencia de funciones tendría, además, el efecto de evitar duplicidad de instancias en los trámites que realizan los particulares. La iniciativa busca promover la participación directa de las comunidades rurales y su colaboración en la vigilancia de las áreas protegidas.

Con la creación de la Sedesol por decreto del Ejecutivo Federal, se reparten las atribuciones y los recursos de la Subsecretaría de Ecología de la Sedue en el Instituto Nacional de Ecología y la Procuraduría Federal de Protección al Ambiente, de acuerdo con el modelo de comando y control[6] utilizado por la Usepa desde la década de los años setenta, y que para la presente no había dado los resultados esperados en los EUA. La nueva Conade quedó en la iniciativa, y el esfuerzo inicial en ese corto lapso de 1992 a 1994 se dedicó a la cimentación de la Profepa.

Sedesol
Instituto Nacional de Ecología
1992

- Planeación ecológica
- Normatividad Ambiental
- Aprovechamiento Ecológico de los Recursos Naturales
- Investigación y desarrollo tecnológico

Radicalmente, el proceso de "desincorporación" de entidades paraestatales iniciado en 1983, el "adelgazamiento" del gobierno federal y la descentralización de facultades, así como la apertura comercial, la firma del TLCAN y el ingreso de México a la OCDE, impulsaron importantes reformas legales (1992) en materia de

---

[6] Las políticas ambientales que utilizan instrumentos de comando y control se destinan especialmente a la regulación de procesos y residuos industriales a partir de normas referentes a:
- límites máximos de contaminación,
- controles en el equipamiento,
- control sobre los procesos para impedir o sustituir insumos,
- control sobre los productos, prohibiendo algunos o estableciendo límites de productos contaminantes en otros,
- prohibición de actividades en determinadas zonas y
- control de uso (cuotas) de recursos naturales. (Foladori, 2001)

normalización, comercio exterior, forestal, aguas nacionales, pesca y minas. Estas reformas coinciden con la transformación de la Sedue en Sedesol y con la creación de sus instrumentos de comando (INE) y control (Profepa).

Cabe mencionar que los años turbulentos de 1992 a 1993 coinciden con el fin de la guerra fría y el acercamiento Este-Oeste con el derrumbe de la Unión Soviética, el tratado de la Unión Europea (Maastricht), el comienzo de la administración Clinton y el informe Gore, la propuesta de reinvención gubernamental de Osborne y Gaebler, y la Cumbre de la Tierra. Estos sucesos de reconstrucción de las relaciones internacionales no pueden ser ajenos a los cambios surgidos en nuestro país para la entrada rápida a la integración económica regional del TLCAN. Sin embargo, los acontecimientos políticos y sociales de 1994 ofrecieron menos opciones y más limitaciones a la posición de México en el concierto internacional, decisivo para la integración del ambiente en las políticas de desarrollo económico y social del país.

La Secretaría de Medio Ambiente y Recursos Naturales

El clima de inestabilidad política y de incertidumbre económica, frente a los compromisos comerciales y financieros del entorno internacional, favoreció la toma de decisiones emergentes en la gestión ambiental al integrar áreas estratégicas en una nueva dependencia, la Secretaría de Medio Ambiente, Recursos Naturales y Pesca. La iniciativa de Reformas a la LOAPF del 9 de diciembre de 1994 resalta el imperativo de desarrollo municipal, al propiciar la descentralización y desconcentración de programas y proyectos del gobierno federal, así como la aplicación de los recursos correspondientes hacia los estados y municipios.[7] Establece para su creación los siguientes lineamientos:

- Toda política de desarrollo debe considerar al medio ambiente como un activo productivo escaso, con frecuencia no renovable, que da sustento y hace viable la existencia humana.

[7] Una vez más, el desarrollo regional y municipal es el eje central de las políticas gubernamentales. Sin embargo, los instrumentos dispuestos desde la Coplamar hasta la Subsecretaría de Desarrollo Regional de la Sedesol se originaron de forma dispersa y sin un plan rector. Hasta el momento —y podemos extender el juicio al presente—, los planes nacionales de desarrollo, orientados al fortalecimiento del federalismo, no se han instrumentado debidamente en los programas sectoriales o institucionales, ni mucho menos de manera integrada como lo exige el desarrollo regional y como única perspectiva viable para el fortalecimiento del municipio.

- Los procesos de las políticas sectoriales deben incluir consideraciones de tipo ambiental.
- La política ambiental debe contener elementos que la articulen a una estrategia integral de combate a la pobreza, una mayor participación ciudadana y acciones para evitar la degradación del ambiente.
- Asimismo debe considerar mecanismos preventivos más eficaces para lograr que los procesos productivos y de consumo sean más adecuados en cuanto al uso de recursos naturales, renovables y no renovables, y a la generación de emisiones y descargas.
- La regulación en materia ambiental debe ser más clara.
- La estrategia de financiamiento de los programas ambientales debe comprender mecanismos complementarios a los ya existentes.
- La Semarnap debe coordinar los esfuerzos de gobierno y sociedad en la consecución de un desarrollo sustentable en el largo plazo, así como:
- contar con mejores indicadores para el conocimiento de nuestros ecosistemas y del impacto ambiental proveniente de la actividad productiva,
- dotar al país de una infraestructura de protección al ambiente con un costo social mínimo,
- diseñar incentivos económicos para estimular el interés por cumplir con las metas de política ambiental,
- apoyar la investigación y el conocimiento científico para la conservación de la diversidad de especies y
- fortalecer los contenidos ecológicos en los planes de estudio de todos los niveles.

Los elementos básicos de la política ambiental se definieron desde la propia iniciativa de creación de la Semarnap. La reunión de diversos órganos de la administración pública federal favoreció la unidad de mando, la simplificación de los actos de autoridad en la materia, la coordinación administrativa y ante todo, la posibilidad de reorientar políticas específicas en materia de pesca, aguas, flora y fauna silvestres, bosques y zonas costeras hacia objetivos de desarrollo sustentable.

Esta nueva Secretaría absorbió funciones que pertenecían a las secretarías de Desarrollo Social, Agricultura y Recursos Hidráulicos y de Pesca, por lo que en términos generales la Semarnap como dependencia del Poder Ejecutivo federal tenía a su cargo el desempeño de las atribuciones y facultades que le encomiendan la Ley Orgánica de la Administración Pública Federal, la Ley General del Equilibrio Ecológico y la Protección al Ambiente, la Ley de Aguas Nacionales, la Ley Forestal, la Ley Federal de Caza, la Ley de Pesca, la Ley General de Bienes Nacionales y otras leyes, así como los reglamentos, decretos, acuerdos, normas oficiales mexicanas, circulares y órdenes del presidente de los Estados Unidos Mexicanos.

La decisión abrupta de integrar en una dependencia las principales fuentes de política ambiental, que en su origen incluía el ramo de minas, tendría repercusiones sindicales, laborales, presupuestales y administrativas cuyos arreglos conformarían una institución *sui generis* en la que es muy difícil distinguir entre las funciones sustantivas y las adjetivas y regulativas; que debió funcionar sin reglamento interior durante 18 meses, de acuerdo con las políticas, estrategias y prioridades señaladas en el Programa de Medio Ambiente, traducidas en agendas de trabajo y coordinadas directamente por la Secretaría del Ramo, y por las circunstancias imprevisibles de 1995.

El Reglamento Interior publicado en el *Diario Oficial de la Federación* el 8 de julio de 1996 establece en sus 87 artículos y 7 transitorios las atribuciones de las diversas unidades administrativas y órganos desconcentrados para constituir la Semarnap. De acuerdo con su reglamento, la Secretaría se organizó para su funcionamiento con:

- una secretaría de despacho,
- tres subsecretarías,
- una oficialía mayor,
- dos unidades coordinadoras,
- una unidad de contraloría interna,
- dieciséis direcciones generales,
- una delegación federal en cada estado y
- cinco órganos administrativos desconcentrados.

De la lectura del Reglamento se van desprendiendo las atribuciones de cada uno de los servidores públicos al frente de las unidades administrativas anteriormente mencionadas hasta llegar a los órganos administrativos desconcentrados. El artículo 33 del mismo señala que "para la más eficaz atención y eficiente despacho de sus asuntos, la Secretaría contará con los órganos administrativos desconcentrados que le estarán jerárquicamente subordinados con atribuciones específicas para resolver sobre la materia que a cada uno se determine, de conformidad con las disposiciones aplicables". El titular de la Secretaría, por tanto,

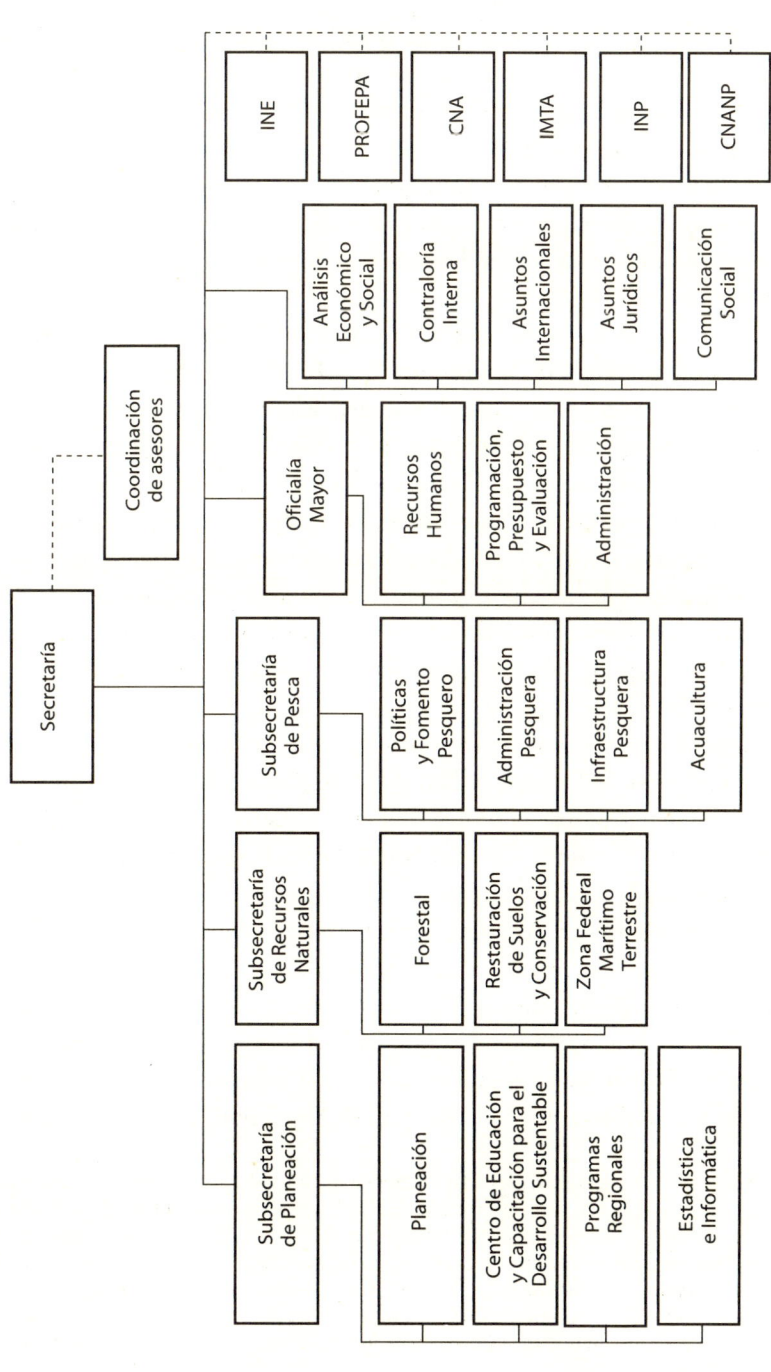

podrá "revisar, confirmar, modificar, revocar o nulificar, en su caso, los actos y resoluciones dictados por los órganos administrativos desconcentrados". "Es muy importante dejar claro que los titulares de estos órganos, serán los representantes legales del desconcentrado, con facultades para celebrar los actos jurídicos, convenios y contratos que se requieran para el ejercicio de las atribuciones del órgano respectivo, así como para establecer la debida coordinación con las unidades administrativas de la Secretaría y del sector en la ejecución de su programa y acciones".

Con excepción de los titulares de la Comisión Nacional del Agua, del Instituto Nacional de Ecología y de la Procuraduría Federal de Protección al Ambiente, designados por el presidente de la República, los titulares de los órganos son nombrados por la Secretaría. Las atribuciones y facultades de regulación ambiental se adscriben sobre todo al INE, la Profepa y la CNA, con el objeto de facilitar la toma de decisiones y el manejo administrativo. Sin embargo, la LOAFP distribuye competencias ambientales, además de la Semarnap, en otras dependencias: Sedesol, Ssa, STPS, SCT, Sagar. La misma Ley otorga facultades globalizadoras a la SHCP y a la Secodam en procesos administrativos de regulación, como los de programación y presupuesto, adquisición de bienes, contratación de personal y estructuración administrativa.[8]

Las modificaciones al reglamento interior de la Semarnap (5 de junio de 2000) constituyen la Comisión Nacional de Áreas Naturales Protegidas como órgano desconcentrado de la propia Secretaría. Asimismo, el decreto del 4 de abril de 2001 crea la Comisión Nacional Forestal como organismo público descentralizado y coordinado por la Semarnat.

Las reformas a la LOAPF del 30 de noviembre de 2000 estructuran la Secretaría sin atribuciones de explotación pesquera y con una redistribución de competencias administrativas que configura una institución más identificada con los objetos de las políticas ambientales que con los sectores de la LGEEPA.

La nueva Secretaría se organiza con tres subsecretarías, de Planeación y Política Ambiental, de Fomento y Normatividad Ambiental, y de Gestión para la Pro-

---

[8] No se ha escrito la historia de las "dependencias globalizadoras". Hasta 1958, la Presidencia de la República, con el apoyo de la Secretaría de Hacienda y Crédito Público y de la Comisión de Inversiones Publicas, establecía las políticas de desarrollo y regulaba la administración pública. En la siguiente etapa se creó un sistema de regulación con la SHCP, la Secretaría de la Presidencia y la Secretaría del Patrimonio Nacional. De 1977 a 1992, el sistema se integra con la SHCP, la Secretaría de Programación y Presupuesto, y la Secretaría de la Contraloría y Desarrollo Administrativo. En adelante y hasta el presente, se constituye con la SHCP y la Secretaría de la Función Pública.

tección Ambiental (de las cuales dependen cinco coordinaciones y 17 direcciones generales), tres órganos desconcentrados y 31 delegaciones. Además tutela dos organismos descentralizados: la Comisión Nacional para el Conocimiento y Uso de la Biodiversidad, creada en 1992, y la Comisión Nacional Forestal, que integran el núcleo del sector ambiental.

El cambio institucional radica en la desincorporación del ramo pesquero y en el impulso a la investigación ambiental aplicada a través de la transformación del INE en un centro de promoción, fomento y desarrollo de la investigación ambiental. El cambio fundamental se plantea en la articulación de políticas ambientales con las políticas económicas para "promover el desarrollo regional equilibrado y crear las condiciones para un desarrollo sustentable" como lo apunta el Plan Nacional de Desarrollo 2001-2006. Para contribuir a un crecimiento con calidad, la Semarnat distribuye sus funciones administrativas en áreas prioritarias de la política ambiental enfocadas al desarrollo regional, costero, industrial, energético y urbano en términos de sustentabilidad, por conducto de las siguientes direcciones generales:

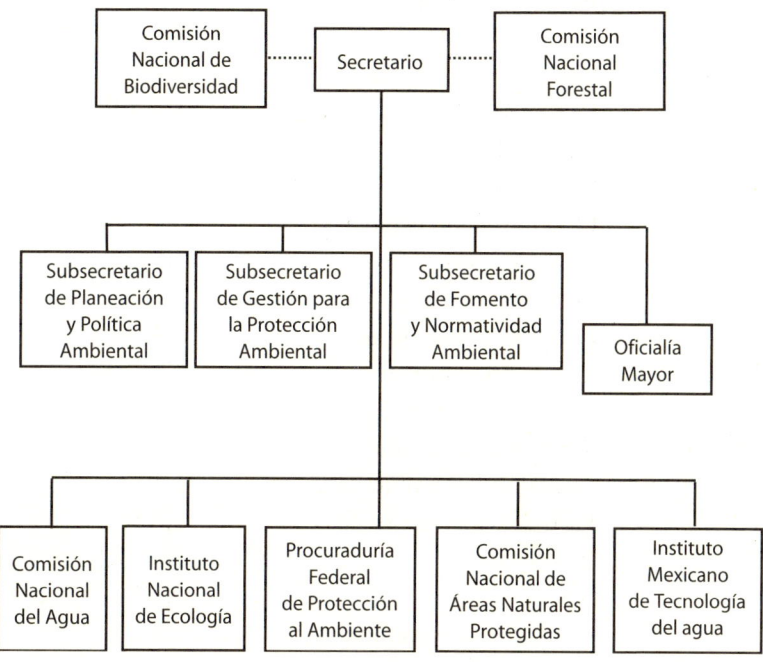

- Educación y capacitación para el desarrollo sustentable
- Política ambiental e integración regional y sectorial
- Sector primario y recursos naturales renovables
- Industria
- Fomento ambiental del desarrollo urbano y turismo
- Energía y actividades extractivas
- Impacto y riesgo ambiental
- Manejo integral de contaminantes
- Zona federal marítimo terrestre y ambientes costeros
- Vida silvestre
- Federalización y descentralización de servicios forestales y de suelos

La Ley Orgánica de la Administración Pública Federal establece 35 atribuciones para la Semarnat, 15 de las cuales se destinan a la regulación ambiental y el resto a la gestión de diversos aspectos de la política ambiental y con especial referencia al agua, por lo que no hay cambios sensibles en la distribución de competencias ambientales.

Número	*Relación*	*Fracciones*
5	Política ambiental	I,III,III,XVI,XIX
1	Normatividad	IV
1	Cumplimiento de la ley	V
2	Protección de áreas naturales	VI, VII
1	Zona federal	VIII
1	Cooperación internacional	IX
1	Ordenamiento ecológico	X
1	Impacto ambiental	XI
1	Tecnologías ambientales	XII
1	Restauración ecológica	XIII
1	Evaluación ambiental	XIV
2	Información ambiental	XIV, XVIII
1	Valuación económica	XV
1	Contabilidad ambiental	XV
1	Participación social	XVII
2	Regulación	XX, XXXIX
11	Agua	XXI a XXXI
1	Instrumentos económicos	XL

El reglamento interior de la Secretaría (4 de junio de 2001), en cambio, sufre modificaciones importantes de forma y contenido, pues se estructura por objetos y no por sectores de la política ambiental. La Secretaría amplia sus áreas de coordinación y de dirección a 22 unidades con funciones transectoriales. El 21 de enero de 2003 se expide un nuevo reglamento para crear dos unidades: la Coordinación General de Delegaciones y Coordinaciones Regionales, y la Dirección General de Gestión de la Calidad del Aire y Registro de Emisiones y Transferencia de Contaminantes, que muestran el acento de las políticas ambientales hacia la descentralización y la regulación ambiental de la industria.

En el Acuerdo por el que se adscriben orgánicamente las unidades administrativas de la Secretaría (25 de junio de 2001) se distinguen las áreas de política ambiental destinadas a la vinculación, planeación y fomento, de las que son objeto de gestión y de vigilancia, correspondientes a las estructuras centrales de la Secretaría y a la Profepa. No aparece la adscripción de las unidades que forman los demás órganos desconcentrados. Se advierten con relativa facilidad los campos que no son objeto de la legislación ambiental, como el "sector primario", industria y desarrollo urbano, que serán manejados como políticas de fomento y normatividad ambiental; asimismo, aquellos que requieren de una especial gestión estratégica para la protección ambiental en donde se propone un manejo integral de contaminantes, de la zona federal marítimo terrestre, de la vida silvestre y forestal, con el uso de estudios de impacto y riesgo ambiental. En todos ellos se realizan actos de autoridad cuya eficiencia requiere un soporte legal que no los contempla.

En el proyecto de decreto que reforma, adiciona y deroga diversas disposiciones de la Ley de Aguas Nacionales de 24 de abril de 2003, la Comisión Nacional del Agua se reestructura *in extenso* con cambios importantes que soportan las nuevas políticas orientadas al desarrollo regional por conducto de los consejos de cuenca. Al término del proceso legislativo, se ratificó a la CNA como órgano desconcentrado de la Semarnat.

La regulación y gestión ambiental de la industria exige instrumentos tanto jurídicos como administrativos, económicos, sociales y tecnológicos. El desarrollo urbano, y más aún el metropolitano, contemplan la actuación coordinada de los niveles de gobierno y la concertación cada vez más condicionada con el sector privado y la sociedad civil, lo que ofrece un panorama de gestión ambiental compartida imprevista en nuestra legislación. El acelerado desarrollo industrial y tecnológico en torno a los contaminantes y degradantes del ambiente hacen de su manejo integral un problema de difícil conciliación con la norma jurídica y social, y con los instrumentos disponibles aún en su dimensión tecnológica más avanzada, lo que aumenta la brecha entre el hecho y el derecho. La zona federal marítimo-terrestre es objeto de la Ley General de Bienes Nacionales pero no de la LGEEPA, por lo que la gestión ambiental de zonas costeras no tiene sustento salvo en lo que corresponde a las atribuciones equivalentes del municipio. Las zonas fronterizas, de valor estratégico para la seguridad nacional, son objeto de relaciones bilaterales determinadas por circunstancias por entero diferentes en cada uno de los países colindantes; sin embargo, el componente ambiental cobra cada vez mayor importancia en la frontera norte.[9] El aprovechamiento sustentable de los recursos naturales entra en conflicto con su propia preservación y con la conservación de la biodiversidad: no hay términos legales ni administrativos que permitan un manejo integrado.

El planteamiento organizativo de la Secretaría, en consecuencia, representa un cambio fundamental en la orientación de las políticas ambientales que requiere estrategias en conflicto con la estructura jurídico-administrativa de la administración pública federal y que induzcan, como mejor salida, a los caminos de la descentralización, de la desconcentración regional y de la concertación con la sociedad civil, en especial con las organizaciones industriales, académicas y de servicios.

[9] El concepto de frontera en materia ambiental tiende a modificarse de conformidad con los términos convenidos en los tratados de integración económica, en particular con el TLCAN, que prohíbe cualquier relajación de las normas ambientales ya consolidadas por las partes y exige realizar un mayor esfuerzo en el cumplimiento de las mismas.

Instituto Nacional de Ecología

El Instituto Nacional de Ecología se constituye como órgano responsable de la formulación, instrumentación y evaluación de las políticas ambientales. Con una edad institucional de 12 años, su presencia es el resultado de un proceso de desarrollo institucional.

La promulgación de la Ley General del Equilibrio Ecológico y Protección al Ambiente en 1988 y los consecuentes esfuerzos de descentralización, el reciente informe Brundtland, el clima internacional en materia ambiental y la necesidad de un modelo de gestión nacional acorde con los problemas ambientales crecientes determinaron la oportunidad de plantear cambios sustanciales en la Subsecretaría de Ecología. Así, se contrató a la firma Booz, Allen & Hamilton para realizar un estudio cofinanciado por el Banco Mundial. El estudio, realizado de septiembre de 1991 a abril de 1992, buscaba reestructurar la Subsecretaría de Ecología de la Sedue como un órgano de segundo piso, con la misión de planear y dirigir las políticas ambientales del país con las guías siguientes:

- considerar una perspectiva estratégica de largo plazo,
- asignando prioridades de acción basadas en evaluación de riesgos,
- enfocar los problemas ambientales de manera integral,
- buscar la aplicación de soluciones de costo social y económico que permitan la utilización de tecnologías limpias y la medición del desempeño con base en metas, y
- fijar el propósito de que el desarrollo económico y de las poblaciones del país ocurran en armonía con la protección de la salud pública y del ambiente.

Se realizó un estudio administrativo al interior de la Subsecretaría de Ecología en cuanto a su estructura, organización, procedimientos, situación del personal y operación de programas y proyectos, acompañado de los sistemas de apoyo en materia de información, equipamiento y demás elementos que pudieran determinar su capacidad instalada, elementos configurados en el marco de la Sedue y de los compromisos internacionales en materia ambiental. Este análisis no ubicó a la Subsecretaría en el entorno inmediato de lo que podría haber constituido el sector ambiental, ni mucho menos en el ámbito de los sistemas y procedimientos tanto del gobierno federal como de las entidades federativas, de las cuales se estudió a Jalisco y Tamaulipas. Con un esquema comparativo con la EPA y los países europeos, adoptó un modelo de gestión desconcentrada, orientado a la descentralización y al fortalecimiento de la gestión ambiental local. Ni en ese momento ni después el estudio previó la posibilidad de descentralizar facultades y herramientas de gestión a la sociedad civil, como sucedía en los Estados Unidos, Canadá y Suecia.

La transformación de la Sedue en Sedesol al término de la investigación administrativa no obedeció al modelo propuesto. La posición internacional de México en la apertura comercial y la respuesta gubernamental a la Cumbre de Río explican en gran parte la adopción de un modelo basado en el comando y el control, formalmente descentralizado, desconcentrado y concertado, aunque en la práctica fuertemente centralizado en la Profepa y con un INE desmantelado en recursos humanos y presupuestales. Las tareas del INE en este marco institucional, en su calidad de órgano desconcentrado de la Sedesol, se orientaban al desarrollo regional como componente de un sector gubernamental de alta prioridad en las políticas públicas; y las de la Profepa, a contener los niveles de contaminación atmosférica de las ciudades y zonas críticas originada por fuentes fijas y móviles, así como la degradación ambiental producida por la pérdida de biodiversidad y el desequilibrio ecológico, con la misión de responder a las demandas ciudadanas.

La iniciativa de reformas fundamentaba el cambio en la necesidad de impulsar con mayor fuerza institucional el Pronasol a través de políticas de desarrollo regional (pues la SPP se fusionó con la SHCP el 21 de febrero) tendentes a la consolidación, ampliación e incremento de la calidad de los servicios básicos y los relativos al desarrollo urbano, vivienda y normatividad ambiental. De esta forma, la Sedesol sería uno de los ejes fundamentales para lograr el desarrollo rural integral. En este sentido, el proyecto de reformas tiene como objetivo avanzar en el fortalecimiento del federalismo y del municipio en los términos del artículo 115 constitucional, que se había reformado en 1989. Asimismo, facilita la transferencia de facultades radicadas en la federación a los estados y municipios, y limita el alcance de las atribuciones ambientales de la Sedesol al encomendar a las diferentes dependencias de la administración pública federal, la aplicación y vigilancia de las disposiciones ambientales que dicte la Sedesol, dentro de sus respectivas competencias.

Los acontecimientos políticos y sociales del momento histórico que vivía el país nulificaron los esfuerzos del INE para organizarse dentro del nuevo marco administrativo y cumplir con un programa ambiental que automáticamente quedaba rezagado. El hecho evidente es que predominó la actuación institucional de

Instituto Nacional de Ecología

Desarrollo institucional **Funciones ambientales**

1972

SSA
Subsecretaría de Mejoramiento del Ambiente

- Prevención sanitaria de la contaminación

1983

SAHOP →

SEDUE
Subsecretaría de Ecología

- Regulación ecológica
- Conservación de los recursos naturales
- Saneamiento ambiental

1992

PRONASOL

SEDESOL
INE
PROFEPA

- Protección ambiental
- Conservación de los recursos naturales

1995

SEPESCA
SARH →

SEMARNAP
INE
PROFEPA
CONAGUA
INP
IMTA

- Protección y control de la contaminación
- Protección ambiental
- Preservación del equilibrio ecológico
- Aprovechamiento sustentable de recursos

2001

SEMARNAT
INE
PROFEPA
CONAGUA
IMTA
CONANP

Investigación sobre:
- Ordenamiento ecológico
- Contaminación
- Economía ambiental
- Investigación aplicada

control de la Profepa, y no se estableció el pretendido modelo de gestión ambiental de investigación, planeación y prevención.

La conversión de la estructura administrativa del INE-Sedesol al INE-Semarnap, ante la ausencia de un orden reglamentario, obedeció primariamente a la falta de recursos, pero también a prioridades preestablecidas en materia de protección de áreas naturales y vida silvestre, a una pronta respuesta a compromisos internacionales contraídos en la Cumbre de la Tierra, en el TLCAN y en la OCDE, y a la presión de los problemas ambientales crecientes. La formulación del Programa de Medio Ambiente y la agenda de trabajo del INE dieron pauta a una gestión, durante 1995, por prioridades y proyectos estratégicos.

El INE se encontraba en la encrucijada de replantear objetivos, políticas y estrategias con alcances transectoriales y al mismo tiempo identificarse en el ámbito de una Secretaría en proceso de integración que además buscaba la incorporación de estrategias de protección ambiental y sustentabilidad en los programas del sector público federal. Mientras tanto, los conflictos intersindicales y la irrupción en el escenario ambiental de partidos políticos y de organizaciones no gubernamentales acentuaban la incertidumbre institucional y frenaban la conformación de los grupos de trabajo.[10]

Desde entonces, la agenda de trabajo del INE señalaba además que

> la cuestión ambiental se ha politizado notablemente, ya que numerosas organizaciones sociales intervienen directamente en la solución de problemas específicos, o tratan de influir en definiciones nacionales. Lo ambiental se ubicó ya como un denso espacio de participación social e interacción intelectual y política donde se apuntan las limitaciones de gestión ambiental, y donde además de los problemas que ya se han puntualizado, se señala con frecuencia el excesivo predominio de una política ambiental centralizada, que se finca fundamentalmente en las atribuciones y presupuestos de la Federación, y que no ha logrado una coordinación eficiente entre instituciones públicas para el ejercicio de una política integradora, que dé lugar a una visión que propicie estrategias urbano-ambientales, regionales-ambientales e industriales. Una distorsión fundamental, que ya no debe perderse de vista, es que la mayor parte de los avances se localizan en ámbitos industriales y urbanos, mientras que los procesos de deterioro ambiental en el sector rural han permanecido con un nivel de atención mínimo. [INE, 1995]

---

[10] La creación de la Semarnap a partir de la Secretaría de Pesca dio lugar a enfrentamientos entre grupos sindicales para lograr la representación única ante las autoridades del trabajo.

En esta situación, el Instituto Nacional de Ecología desarrolla sus funciones públicas en el marco de una nueva dependencia, en el contexto de un sistema político y administrativo en transición democrática y de federalización, dentro de una economía abierta y en proceso de globalización, en un país con graves desigualdades e indigencias sociales, en medio de crecientes y crónicas tendencias de deterioro, agudizadas por fenómenos importados de variabilidad climática y en un contexto económico, financiero y ambiental adverso. El INE adopta una conciencia aguda del entorno natural, en razón de su función pública fundamental, y desarrolla asimismo la conciencia de que su acción tiene lugar dentro de un ámbito humano y social mayor, constituido por numerosas instituciones de gobierno y organizaciones políticas, civiles y económicas que se caracterizan por su dinámica, diferenciación e interdependencia, y que en ocasiones manifiestan un comportamiento hostil y competitivo ante el desempeño público del INE.

El manual general de organización de la Semarnap, publicado en el *Diario Oficial* el 21 de noviembre de 1997, señala los objetivos del Instituto Nacional de Ecología:

- formular la política general de ecología,
- determinar las normas que aseguren la conservación y restauración de los ecosistemas fundamentales para el desarrollo de la comunidad,
- controlar y manejar los residuos peligrosos,
- conservar y promover el manejo sustentable de la flora y fauna silvestre, y
- fomentar la investigación científica y tecnológica para mejorar la gestión ambiental de los recursos naturales.

Para el desarrollo de sus objetivos, el Instituto se organiza en seis áreas de operación destinadas a la prevención y control de la contaminación y a la preservación de los ecosistemas.

Las reformas a la LOAPF del 30 de noviembre de 2000 transforman al INE en un órgano con la misión de planear, promover, fomentar y desarrollar la investigación científica y tecnológica en materia de conservación y aprovechamiento de los recursos naturales, así como de la protección ambiental, en una perspectiva estratégica de largo plazo, en términos de prioridades de acción basadas en el desarrollo sustentable del país, al enfocar los problemas ambientales de manera integral y buscar la aplicación de soluciones, con un costo social y económico óptimo, que permitan la utilización de tecnologías limpias y la medición del desempeño de acuerdo con metas, con el propósito de contribuir a que el desarrollo económico y

SEMARNAP
Instituto Nacional de Ecología
1996

> - Gestión e información ambiental
> - Regulación ambiental
> - Ordenamiento ecológico e impacto ambiental
> - Residuos, materiales y actividades riesgosas
> - Vida silvestre
> - Áreas naturales protegidas

social ocurra en armonía con la conservación y aprovechamiento sustentable de los recursos naturales y la protección al ambiente.

El siguiente reglamento interior (4 de junio de 2001) organiza al INE con cuatro áreas de investigación y dos unidades de apoyo para

1) brindar apoyo técnico y científico a las unidades administrativas de la Secretaría,

2) coordinar, promover y desarrollar la investigación científica para:
   a) formular y conducir la política general de saneamiento ambiental,
   b) administrar y promover la conservación y el aprovechamiento sustentable de la vida silvestre, y
   c) formular y conducir la política general en materia de prevención y control de la contaminación y manejo de materiales peligrosos,
3) elaborar, promover y difundir las tecnologías y formas de uso requeridas para el aprovechamiento sustentable de los recursos naturales y sobre la calidad de los procesos productivos, de los servicios y del transporte.

Todo esto se añade a las funciones especificas en materia de ordenamiento ecológico, economía ambiental, normatividad, información y capacitación, entre otras.

En su esencia, el desarrollo institucional del INE se interrumpe drásticamente con su transformación en centro de investigación. Las funciones sustantivas en materia de regulación jurídica y administrativa, así como en los servicios y accio-

Instituto Nacional de Ecología

```
                    ┌─────────────┐
                    │ Presidente  │
                    └─────────────┘
                   /       │       \
    ┌──────────────────┐       ┌──────────────────┐
    │ Unidad ejecutiva │       │ Unidad ejecutiva │
    │  Administración  │       │ Asuntos jurídicos│
    └──────────────────┘       └──────────────────┘

┌──────────────────────┐       ┌──────────────────────┐
│  Dirección General   │       │  Dirección General   │
│    Investigación     │       │  Investigación sobre │
│  de Ordenamiento     │       │   la Contaminación   │
│      Ecológico       │       │   Urbana Regional    │
│    y Conservación    │       │      y Global        │
│   de los Ecosistemas │       │                      │
└──────────────────────┘       └──────────────────────┘

┌──────────────────────┐       ┌──────────────────────┐
│  Dirección General   │       │  Dirección General   │
│ Investigación en     │◄─────►│  del Centro Nacional │
│  Política            │       │   de Investigación   │
│  y Economía Ambiental│       │    y Capacitación    │
│                      │       │      Ambiental       │
└──────────────────────┘       └──────────────────────┘
```

nes de mejoramiento ambiental que lo caracterizaban, se transfirieron en su mayor parte a la Subsecretaría de Gestión para la Protección Ambiental, y en menor medida, a la de Fomento y Normatividad Ambiental y a la de Planeación y Política Ambiental. Una vez más, en sus antecedentes, desde la Subsecretaría de Mejoramiento del Ambiente, que dio un giro brusco en su conversión en Subsecretaría de Ecología y ésta a su vez en dos órganos desconcentrados, el INE y la Profepa, tanto de la Sedesol como de la Semarnap, el INE-Semarnat se transforma definitivamente y se convierte en una nueva figura como fuerza motriz de las políticas ambientales.

El diseño del nuevo INE, con la directriz de realizar investigación aplicada para apoyar las políticas ambientales a cargo de la Semarnat, debía enfrentar la disyuntiva de escoger un modelo de fomento, concertación, coordinación o realización de una investigación aplicada que en la práctica no se puede diferenciar de la básica, la orientada o sus desarrollos tecnológicos, tal como sucedió con la reestructuración del Consejo Nacional de Ciencia y Tecnología en 1973. A primera vista, de acuerdo con sus atribuciones reglamentarias y con la estructura orgánica dispuesta, el INE se constituye como un centro para realizar investigación de apoyo a las necesidades que se anticipen o que surjan de los diferentes órganos de la Secretaría, lo que refleja un papel secundario en el desarrollo de las políticas ambientales.

En este nuevo orden institucional, las raíces del INE parten de la Secretaría de Recursos Hidráulicos con la creación de la Comisión para el Aprovechamiento de Aguas Salinas, dependiente en la siguiente Administración de la Secretaría de Asentamientos Humanos y Obras Públicas, con funciones ampliadas en materia de energía solar. Este órgano a su vez se integró a la Sedue para formar el Instituto que comentamos.

Antecedentes del Instituto Nacional de Ecología
como centro de investigación

	Órgano	*Dependencia*
1971	Comisión para el Aprovechamiento de Aguas Salinas	Secretaría de Recursos Hidráulicos
1977	Dirección General de Aprovechamiento de Aguas Salinas	Secretaría de Asentamientos Humanos y Obras Públicas
1978	Dirección General de Aprovechamiento de Aguas Salinas y Energía Solar	Secretaría de Asentamientos Humanos y Obras Públicas
1985	Instituto Sedue	Secretaría de Desarrollo Urbano y Ecología
2001	Instituto Nacional de Ecología	Secretaría de Medio Ambiente y Recursos Naturales

La similitud de circunstancias institucionales en el entorno gubernamental, económico y financiero, en sus dificultades de inserción en el sector científico y en la indefinición de un modelo de gestión, hace del INE una réplica del Insedue. Sin embargo, el avance en las políticas ambientales ha sido considerable, y las estructuras de gestión, aunque sea difícil apreciarlo, tienden a consolidar un sector ambiental cada vez más articulado y con mayores posibilidades de concertar un sistema nacional de gestión ambiental. El INE, en esta circunstancia imprevista, cuenta con la oportunidad, que no tuvo el Conacyt en su momento, de adoptar un modelo de investigación ajeno a presiones y sujeto a prioridades institucionales de trabajo. Sólo le faltan recursos presupuestales y la oportunidad de integrar capacidades de investigación existentes en el país y en su entorno internacional.[11]

Procuraduría Federal de Protección al Ambiente

La creación de la Procuraduría Federal de Protección al Ambiente (Profepa) fue sin duda una respuesta institucional a las declaraciones contra México vertidas en el contexto de las negociaciones del TLC por parte de los opositores estadunidenses a dicho acuerdo, quienes proclamaban que nuestro país no era digno socio comercial por no cumplir adecuadamente sus propias leyes ambientales. El contar con una institución gubernamental dedicada exclusivamente a asegurar la observancia de las normas significó una prueba del compromiso mexicano de cumplir con sus obligaciones internacionales. Además, la Profepa intenta ser un cauce formal para dar acceso al público a reclamaciones derivadas de problemas ambientales (Ponce, 1995).

La Profepa tiene a su cargo vigilar el cumplimiento de cinco leyes, ocho reglamentos y 86 normas oficiales mexicanas. Además, debe verificar el cumplimiento de las condiciones establecidas en una gran cantidad de concesiones, licencias, autorizaciones y permisos. La única materia ambiental de competencia federal que no está bajo su responsabilidad es la relativa al control de descargas de aguas residuales a los cuerpos de agua de propiedad nacional, que compete a la Comisión Nacional del Agua.[12]

A lo largo de la década anterior, tanto la regulación de las actividades industriales como la del aprovechamiento de los recursos naturales ha establecido un fuerte predominio gubernamental en la materia, lo que constituye un claro sesgo centralista. Es evidente que la industria ha estado mucho más vinculada a la iniciativa y a la regulación del gobierno federal que a las de las autoridades locales;

---

[11] Las necesidades de personal y de nuevos conceptos de gastos de operación, consecuentes con nuevas estructuras administrativas dictaminadas por la Secodam (puestos) pero no apoyadas por la SHCP (plazas), que siguen la política de "adelgazamiento del Estado", se han convertido en los principales obstáculos para modernizar la administración pública. El INE es sólo uno de tantos casos.

[12] El control de las descargas al drenaje de los centros de población es competencia de los organismos operadores de los sistemas de agua.

del mismo modo, el aprovechamiento de los recursos pesqueros, forestales y de la fauna silvestre ha sido regulado exclusivamente desde el gobierno federal. Por otra parte, la legislación ha dotado a la administración pública de facultades discrecionales muy amplias; asimismo, la capacidad jurídica del poder público para imponer restricciones a la actividad industrial ha crecido más que las restricciones jurídicas que limitan dicha capacidad. Por lo que se refiere al campo de los recursos naturales, la idea errónea de que todos ellos son por definición patrimonio nacional ha permitido márgenes de discrecionalidad administrativa todavía mucho más amplios que en el caso de la industria.

En sus primeros años de existencia, de 1992 a 1997, el ámbito de acción prioritaria de la Profepa comprendía las fuentes de contaminación atmosférica y por residuos peligrosos, así como las obras e instalaciones sujetas a evaluación de impacto ambiental, todas ellas de jurisdicción federal; hace poco fue posible ampliar la protección ambiental al aprovechamiento sustentable de los recursos, por lo que se abocó a la vigilancia pesquera, la forestal, la relativa al tráfico de flora y fauna silvestres, la experiencia fitosanitaria de la manera como ingresa al territorio nacional, al ordenamiento ecológico del territorio, a las obras y actividades sujetas a evaluación de impacto ambiental, a la zona federal marítimo-terrestre y a la atención de las contingencias que afectan a los recursos naturales (Azuela, 2000). Todo esto significa que las políticas de desarrollo sustentable en materia de recursos naturales han girado en torno al control en el aprovechamiento de especies y no a la previsión mediante dispositivos normativos y políticas económicas adecuadas para lograr su propia sustentabilidad.

El Reglamento Interior de la Semarnat estructura a la Profepa con 15 direcciones generales adscritas al Procurador y a cuatro subprocuradurías: recursos naturales, verificación industrial, auditoria ambiental y jurídica. El programa de Procuración de Justicia Ambiental 2001-2006 señala que "un cambio significativo en la estructura ha sido la creación de una nueva Subprocuraduría Jurídica, cuya justificación era más que evidente, igualmente se modificó la estructura delegacional, sustituyendo la división temática tradicional, por una de carácter operacional acorde al flujo del acto administrativo". Al participar la Profepa en el Gabinete de Orden y Respeto, la Subprocuraduría Jurídica, además de contar con mayor capacidad para dar seguimiento a los procedimientos jurídico-administrativos derivados de las acciones de inspección y vigilancia, se encarga de recabar elementos probatorios y denunciar ante el Ministerio Público de la Federación la comisión de delitos ambientales, al mismo tiempo que coadyuvar en su persecución.

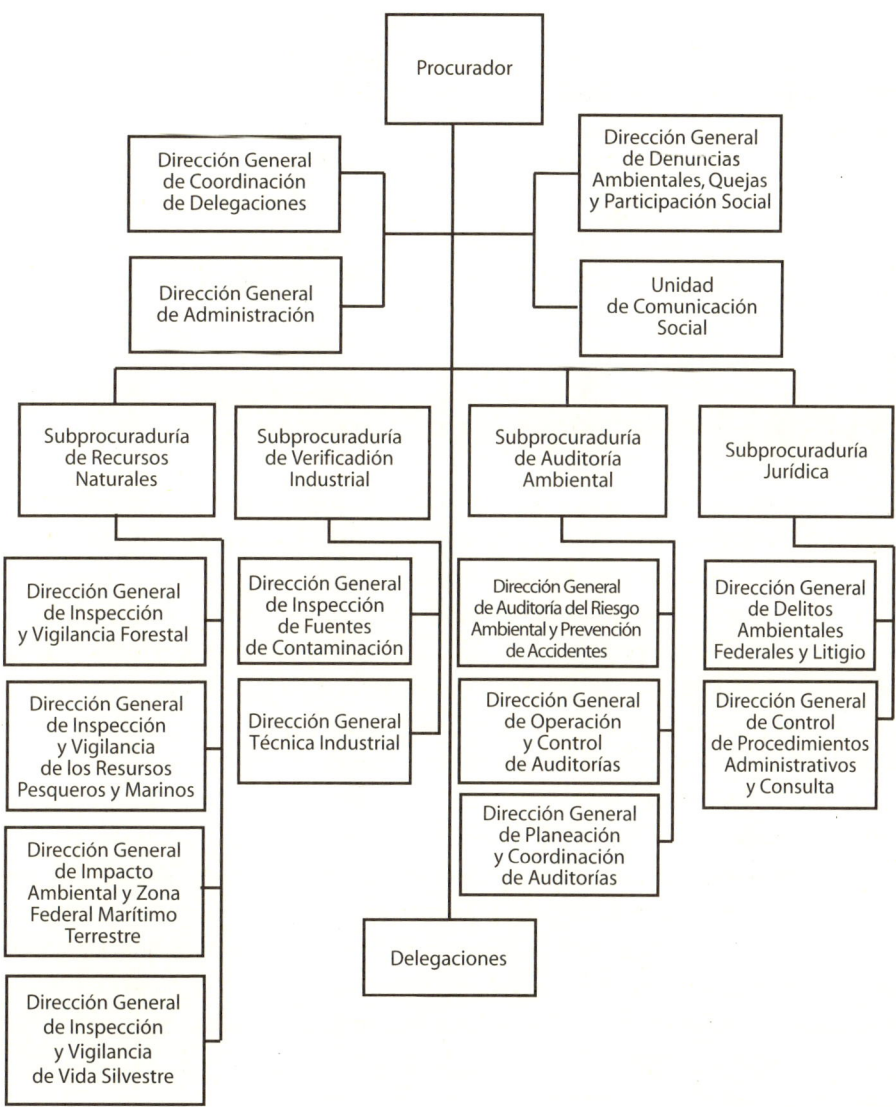

Sin embargo, el reglamento interior de la Secretaría no establece elementos en el INE para la investigación jurídica en las diferentes materias ambientales, ni atribuciones en la Profepa para ofrecer la necesaria asistencia jurídica a los gobiernos de las entidades federativas a efecto de lograr una mejor eficiencia en los procesos legislativos y una mayor eficacia en su aplicabilidad.

El reglamento de 2001 introduce el concepto de riesgo ambiental en los programas voluntarios de auditoría ambiental, así como la percepción social de riesgos ambientales (art. 77, frac. III) e incluye una nueva delegación en la Zona Metropolitana del Valle de México. El reglamento de 2003 enfoca el interés por la información sobre emergencias ambientales asociadas a sustancias químicas (art. 124, frac IV); aprueba y supervisa la operación de las unidades de verificación, organismos de certificación y laboratorios de prueba acreditados en los términos de la Ley Federal de Metrología y Normalización (art. 118, fracs. XXXVI y XXXVII).

Comisión Nacional del Agua

En materia hidráulica, el Código Civil (1870), con antecedentes en el Reglamento General sobre Medidas de Aguas, expedido en 1761,[13] incorpora el primer dispositivo legal para regular las aguas propiedad de la nación; preveía que para usar o aprovechar aguas propiedad de la nación se debía contar con la concesión otorgada por las autoridades competentes; en 1876, con Sebastián Lerdo de Tejada en la presidencia de la república, procedió a la expropiación de la zona boscosa denominada Desierto de los Leones por causa de utilidad pública, pues protegía el curso de 14 manantiales que abastecían de agua a la ciudad de México (reserva forestal); en 1902, la Ley sobre Régimen y Clasificación de Bienes Federales, precursora de la Ley General de Bienes Nacionales, declaró por primera vez a las aguas propiedad de la nación como inalienables e imprescriptibles; en 1910 se promulgó la Ley sobre Aprovechamiento de Aguas de Jurisdicción Federal, que reguló en forma pormenorizada los usos y concesiones de las aguas, a excepción de las concesiones para efectos de navegación, las cuales se sujetaban a la aprobación del Congreso de la Unión; la importancia del manejo del agua para el desarrollo del país, en este periodo histó-

---

[13] Primer cuerpo legislativo en la Nueva España que conformó una completa regulación sobre el agua. El Reglamento señalaba que para poseer aguas, y en consecuencia para usarlas y aprovecharlas en cualquier explotación, era necesario el otorgamiento de una concesión por el rey o sus representantes. La facultad de otorgar concesiones correspondía a los virreyes y presidentes de la Audiencia Real de la Nueva España.

rico, culminó en 1926, con la expedición de la Ley sobre Irrigación con Aguas Federales que establece la Comisión Nacional de Irrigación, lo que marca el inicio de un esfuerzo sistemático y prioritario pararegular la utilización del recurso hidráulico.

La administración del agua fue un factor determinante del desarrollo regional del país y eje fundamental de la actividad agrícola e industrial. De 1946 a 1976 su manejo se amplía en la Secretaría de Recursos Hidráulicos, la que se organiza por distritos de riego, convertidos más adelante en comisiones de alcance regional.

A finales de los años cuarenta y principios de los cincuenta se establecen las primeras comisiones de cuenca en los ríos más importantes del país (Grijalva, Papaloapan, Coatzacoalcos, Balsas). El objetivo de estas comisiones era propiciar el desarrollo regional basado en la implementación de proyectos hidráulicos a gran escala. Posteriormente, a principios de los años sesenta, fueron desarrollados proyectos de rehabilitación a gran escala en los distritos de riego con el objetivo de incrementar la productividad del sector agrícola. Asimismo fueron desarrollados planes para la transferencia de aguas entre cuencas para expandir el área regada en el noroeste del país, y asegurar una fuente de abastecimiento a futuro para la ciudad de México. En 1956 y 1958, respectivamente, se publica la Ley y el Reglamento del Aprovechamiento de Aguas del Subsuelo. A partir de esta fecha se empieza a regular la extracción y utilización de las aguas subterráneas. [CTMMA, 2003]

El proceso de institucionalización del agua ha variado de conformidad con el uso nacional del recurso, es así como la Comisión Nacional de Irrigación se constituyó sobre todo para la construcción de presas que dieran cauce a los sistemas hidroeléctricos e hidroagrícolas, lo que permitió también el desarrollo de la infraestructura económica y social mediante proyectos de colonización y regionalización que caracterizaron el desarrollo del país durante la década de los años treinta. La conversión de la Comisión en la Secretaría de Recursos Hidráulicos (1946) permitió a su vez consolidar los sistemas de riego e impulsar el desarrollo regional e industrial que instrumentaba la inversión pública federal y la naciente industria local. El desarrollo subsecuente vinculado a la producción agrícola y la distribución urbana de los asentamientos humanos significó un cambio distintivo en la administración participativa del agua por conducto de la Comisión Nacional del Agua, creada en el sector agrícola en 1989 y transferida al sector ambiental en 1995, al amparo de la Ley de Aguas Nacionales.

Con antecedentes en la Ley Federal de Aguas, en 1992 se promulga la Ley de Aguas Nacionales para una mayor participación de organizaciones de usuarios en la operación de la infraestructura, fomentar la inversión privada para mejorar los

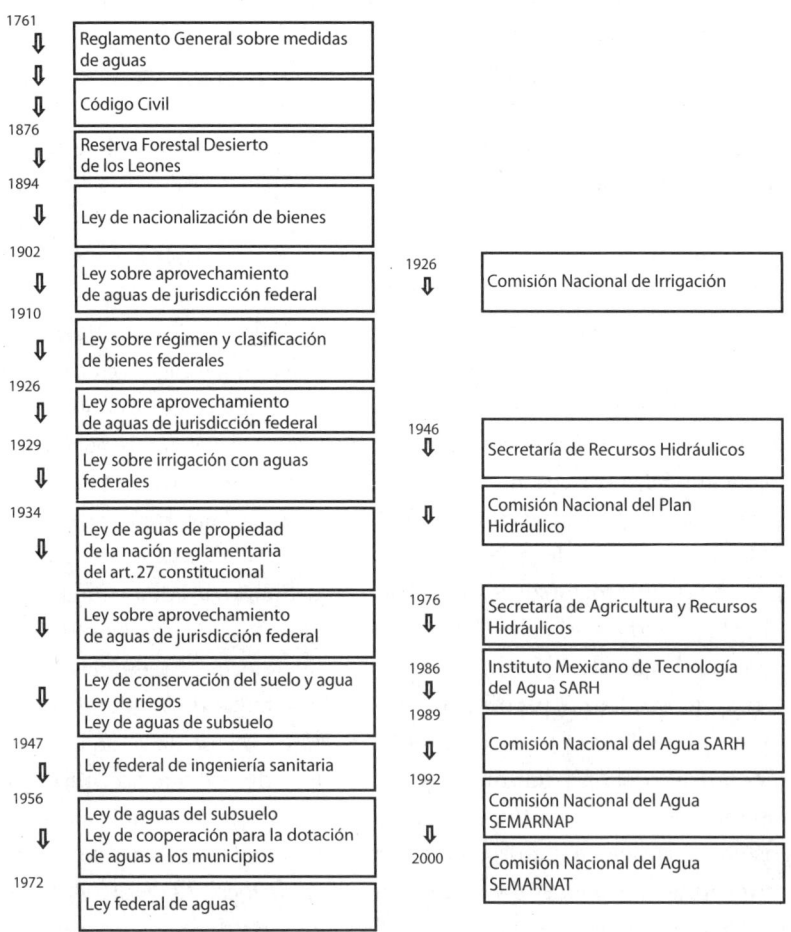

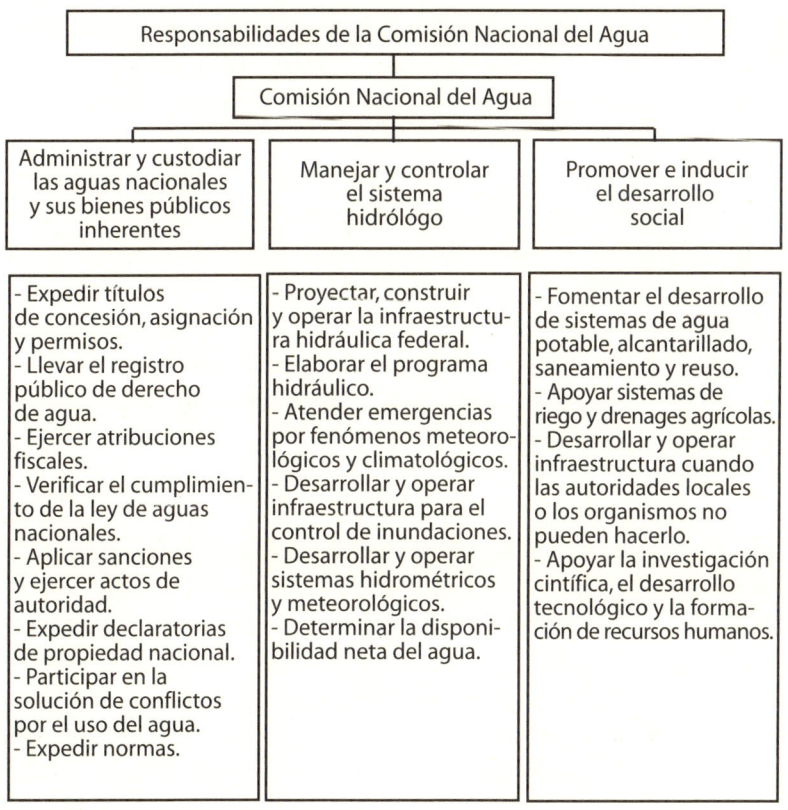

servicios y su calidad, y transferir a organizaciones sociales de usuarios el manejo, administración y cuidado del recurso.

Por su parte, la LGEEPA en las reformas de 1996, establece los niveles de competencia para los gobiernos federal, estatal y municipal en materia ambiental. De igual forma se establece como obligatoria la realización y presentación del correspondiente estudio de impacto ambiental; se promueve un cambio a favor de un sistema integrado de permisos y la creación de un inventario de todas las emisiones al ambiente, incluidas las descargas de efluentes al agua. La Ley General de Salud estipula los estándares de calidad que deberá cumplir el agua que sea destinada al consumo humano. [CTMMA, 2003]

El nuevo reglamento interior de la Secretaría (21 de enero de 2003) reestructura la Comisión Nacional del Agua sin mencionar el Instituto Mexicano de Tecnología del Agua; amplía sus facultades hacia la infraestructura hidroagrícola, la infraestructura hidráulica urbana, la atención de organismos fiscalizadores y la evaluación, y fortalece la coordinación regional, los asuntos fronterizos, los programas rurales y la participación social. Se redistribuyen las competencias de sus 34 gerencias nacionales y siete coordinaciones de proyectos, en particular en materia de fortalecimiento institucional, atención social y legislativa, normatividad de aguas nacionales, inspección y medición, uso eficiente del agua y la energía eléctrica, innovación y calidad, de lo contencioso y de procedimientos administrativos.

La reforma a la Ley de Aguas Nacionales abre nuevas perspectivas en el manejo colegiado del agua mediante estructuras compartidas entre los niveles gubernamentales y la sociedad civil, lo que requerirá nuevos enfoques de organización y operación tanto de la propia Comisión como de los organismos y consejos de cuenca previstos en la nueva Ley.

Consejo de Salubridad General

El 6 de junio de 1971 se expidió el decreto por el que se adiciona la base cuarta de la fracción XVI del artículo 73 Constitucional, referente a la lucha contra la contaminación como facultad del Consejo de Salubridad General. Esta importante adición dio sustento a la Ley Federal para Prevenir y Controlar la Contaminación Ambiental, a su orientación higienista y, en consecuencia, a la creación de la Subsecretaría de Mejoramiento del Ambiente dentro de la estructura de la SSA. Dio lugar asimismo a que dicha Subsecretaría se vinculase al Consejo e incorporase temas ambientales a su agenda de trabajo, lo que no sucedió.

Aunque el citado Consejo, creado en 1917, sea un órgano "suprasecretarial", que depende por tanto del presidente de la República y cuenta con una jerarquía administrativa superior a cualquier dependencia, con facultades extraordinarias en materia de saneamiento ambiental y que pueda intervenir en cualquier entidad federativa sin consulta previa al Poder Ejecutivo, al cabo de 34 años el Consejo no ha incluido asuntos ambientales en su agenda de trabajo. En principio, el Consejo debería ser uno de los principales promotores y catalizadores de la gestión ambiental. Así se colige de la propia Constitución Política, que le encomienda la atribución de adoptar medidas para prevenir y combatir la contaminación ambiental. De ahí que la LFPCCA, en su momento, dispusiera que la aplicación de esa Ley y sus reglamentos competería al Ejecutivo federal, "por conducto de la Secretaría de Salubridad y Asistencia y del Consejo de Salubridad General" (art. 5).

En su origen, la LFPA reprodujo la misma disposición pero la reforma de 1984 determinó que se omitiera mencionar al Consejo de Salubridad General, al lado de la Secretaría de Desarrollo Urbano y Ecología, como una de las principales autoridades para la aplicación de esa Ley. La verdad es que la LFPA tenía un ámbito más amplio que el de la prevención y control de la contaminación ambiental, lo que sin embargo no era razón suficiente para excluir al Consejo de las autoridades encargadas de la aplicación de la Ley. Por otra parte, aunque la LFPA no lo hubiera señalado, el Consejo de Salubridad General era una autoridad encargada de la aplicación de esa Ley mientras mantuviera sus atribuciones constitucionales en orden de adoptar medidas para la prevención y control de la contaminación ambiental, atribuciones que por demás están reiteradas por la vigente Ley General de Salud. Esta situación se mantiene hasta el día de hoy, porque la LGEEPA tampoco incluyó al Consejo de Salubridad General entre las autoridades llamadas a aplicar sus disposiciones (Brañes, 2000).

El papel asumido por el Consejo ha sido por lo general complementario de las funciones de la SSA. Y no podía ser de otra manera, pues, al depender directamente del presidente de la República, el Código Sanitario de 1926, elaborado por el Departamento de Salubridad, acota de inmediato dicha dependencia al señalar que será titular del Consejo el jefe del Departamento de Salubridad, lo que por ende nulifica cualquier actuación que comprometiese el desarrollo unificado de las políticas sanitarias. Sin embargo, esta medida conciliatoria ha impedido que el Consejo intervenga en acciones extraordinarias de salubridad, sobre todo en las que requieren un arreglo intersectorial y ante todo la invasión de soberanías territoriales para casos de contingencias y desastres naturales que obligan a la dictadura sanitaria denunciada por el constituyente del 17.

No obstante la indiscutible calidad técnica de este Código, desde el punto de vista legal no se acató el mandato de la primera base de la fracción XVI del artículo 73 constitucional en la que se expresa que "El Consejo de Salubridad General dependerá directamente del Presidente de la República, sin intervención de ninguna Secretaría de Estado". En el Código de 1934 se corrigió parcialmente este error, y se establece que "compete la acción sanitaria federal: I. Al Presidente de la República. II. Al Consejo de Salubridad General, III. Al Departamento de Salubridad Pública". Sin embargo, se prescribía que el Consejo seguiría integrado por los jefes y funcionarios del Departamento de Salubridad Pública. El error se corrigió al final en el Código Sanitario de 1949, que especificó que "compete la acción sanitaria federal: I. Al Presidente de la República, II. Al Consejo de Salubridad

General, III. A la Secretaría de Salubridad y Asistencia", y además que "El Consejo de Salubridad estará integrado por un presidente, un secretario, nueve consejeros y el número de vocales auxiliares que el propio Consejo determine".

Sin embargo, advierte Tena Ramírez, el Código registró grandes fallas desde el punto de vista constitucional a tal grado que sus autores parecieron desconocer nuestro sistema. En lugar de definir la materia sanitaria federal para atribuirla a los órganos respectivos, el Código enumeró estos órganos sin señalarles otra competencia que la vaga e indefinida de *acción sanitaria federal*, cuyo contenido incumbía fijarlo precisamente al Código (art. 3°). En cuanto a la acción sanitaria local, el artículo 4° la atribuyó en primer lugar a los estados y en segundo lugar a la SSA. Para subsanar estas deficiencias, el Código de 1955 enumeró en las doce fracciones de su artículo 3° las actividades sanitarias en materia de salubridad general del país, con lo que la indefinida expresión constitucional recibió en la ley secundaria su definición y contenido. En el artículo 5° se rectificó otro error del Código precedente, al autorizar que la SSA se haga cargo temporalmente de los servicios sanitarios locales en los estados que no estuvieren capacitados para atenderlos debidamente, pero siempre que con ello pueda afectarse la salubridad general, condición esta última que por no aparecer en el artículo 5° del Código de 1949 hacía de la sustitución de la autoridad local por la federal intromisión contraria al sistema federal.

El último Código de 1973 enumera en las quince fracciones de su artículo 3° lo que es materia de salubridad general, pero no señala lo que pertenece a la federación en forma exclusiva. El artículo 3° incurre en una confusión conceptual al tratar como equivalentes la salubridad general y la salud pública, con la consecuencia inadmisible de que actividades tan generales como las atribuidas en las fracciones I, II, IV, V, VI, VII, VIII y IX a la federación pertenecen a ésta con exclusión de los estados, de conformidad con la norma básica de nuestro sistema federal consignada en el artículo 124. Por lo demás, el nuevo Código parece desdeñar la existencia de las entidades federativas; sólo las menciona en previsión de celebrar con ellas convenios de coordinación (art. 13). Cabe preguntarse de qué facultades en materia sanitaria disponen las entidades federativas, a fin de poder hacerlas objeto de convenios de coordinación (Tena, 1996).

Gracias al desarrollo legislativo de los diferentes códigos sanitarios han podido ampliarse y hacerse más específicas las funciones que competen al Consejo de Salubridad General y a la Secretaría de Salud. Sin embargo, la incongruencia jurídica sigue presente y no se ha aprovechado al Consejo para promover la coordinación intersectorial e intergubernamental que requiere la gestión de políticas ambientales.

IV. EL SECTOR AMBIENTAL

En proceso de definición[1]

La LOAPE distribuye competencias ambientales, aparte de la Semarnat, en la Secretaría de Salud sobre los efectos del ambiente en la salud humana; en la Secretaría del Trabajo y Previsión Social, en materia de seguridad, higiene y ambiente de trabajo; en la Secretaría de Agricultura, Ganadería, Desarrollo Rural, Pesca y Alimentación, en lo correspondiente a sanidad animal y vegetal, pesquería sustentable, conservación de los suelos agrícolas, pastizales y bosques, construcción de pequeñas obras de irrigación y promoción de plantaciones forestales; en la Secretaría de Comunicaciones y Transportes, en lo relativo a concesiones y permisos para la ocupación de las zonas federales dentro de los recintos portuarios, así como al cuidado de los aspectos ecológicos en los derechos de vía de las vías federales de comunicación; y en la Secretaría de Desarrollo Social, en cuanto a proyectar la distribución de la población y la ordenación territorial de los centros de población.

Dentro de este mismo ámbito federal cabe destacar, como señala la Ley General de Salud, la competencia del Consejo de Salubridad General para dictar medidas con el fin de prevenir y combatir los efectos nocivos de la contaminación ambiental en la salud de las poblaciones. La Ley General de Salud también otorga facultades a la Secretaría de Salud para realizar diversas actividades ante situaciones que causen o puedan causar riesgos o daños a la salud de las personas, así como la promoción y apoyo al saneamiento básico en lo relativo al abastecimiento de agua potable; a la disposición apropiada de desechos sólidos, líquidos y excretas; al saneamiento de la vivienda y de los establecimientos ocupacionales; al manejo sanitario de los alimentos; y al control de la fauna nociva. Por su parte, la Ley de Aguas Nacionales establece que la Comisión Nacional del Agua es la responsable de la prevención y control de la contaminación de las aguas, así como de

---

[1] El sector ambiental se forma con instituciones gubernamentales, sean federales o locales; a diferencia de un sistema nacional de gestión ambiental, aún no contemplado, que implicaría tanto al sector ambiental como al productivo, distributivo, energético, académico y la sociedad organizada.

otorgar o revocar los permisos de descarga de aguas residuales en cuerpos receptores que sean bienes nacionales y vigilar, por lo que toca al agua, el debido cumplimiento de las leyes en materia ecológica.

La LGEEPA, a su vez, distribuye competencias ambientales entre la Federación, los estados, el Distrito Federal y los municipios, y permite que las dependencias y entidades de la administración pública federal ejerzan atribuciones que les confieren otros ordenamientos cuyas disposiciones se relacionen con el objeto de la Ley y ajusten su ejercicio a los criterios para preservar el equilibrio ecológico, aprovechar sustentablemente los recursos naturales y proteger el ambiente en ella incluidos, así como a los reglamentos, normas oficiales mexicanas y demás normatividad que de la misma se derive.

De esta forma, el sector ambiental mexicano hoy en día se constituye por el Consejo de Salubridad General; por las secretarías de Medio Ambiente y Recursos Naturales; de Desarrollo Social; de Agricultura, Ganadería, Desarrollo Rural, Pesca y Alimentación; de Salud; del Trabajo y Previsión Social; de Comunicaciones y Transportes, y por el Gobierno del Distrito Federal, por conducto de la Comisión Ambiental Metropolitana, así como por los gobiernos de los estados y municipios sin descuidar la importancia de las acciones de otras dependencias y entidades de la administración pública federal incluidas en el Programa Nacional de Medio Ambiente y Recursos Naturales.[2]

Otro grupo de dependencias cuentan con atribuciones estrechamente vinculadas con las políticas ambientales en materias de normatividad, desarrollo industrial, energía, sustancias químicas, recursos marinos, asentamientos humanos, cooperación internacional, desarrollo regional y turismo. Cabe agregar que las secretarías de Relaciones Exteriores y de Hacienda y Crédito Público cuentan con oficinas de gestión ambiental que intervienen estratégicamente en procesos de cooperación internacional y de financiamiento. Además, existen algunos organismos paraestatales en cuyas estructuras han incorporado áreas que tratan cuestiones ambientales, lo que contribuye a incrementar la capacidad de instrumentación de políticas y programas. Tales son los casos de Petróleos Mexicanos, cuyas cuatro subsidiarias (Pemex Refinación, Gas y Petroquímica Básica, Petroquímica, y Exploración y Producción) cuentan con gerencias de Seguridad Industrial y Pro-

---

[2] Debemos tomar nota de los 43 compromisos interinstitucionales que implican un mayor número de dependencias y entidades con lo cual se filtran los límites del sector, sin agregar las interacciones internacionales de cada dependencia, cuyos efectos ambientales no se han analizado debidamente.

tección Ambiental, así como con una Gerencia de Protección Ambiental y Ahorro de Energía de nivel corporativo; de la Comisión Federal de Electricidad, que tiene una Gerencia de Protección Ambiental, y de la Secretaría de Energía, cuya estructura abarca la Dirección General de Seguridad y Protección Ambiental. Incluso algunas instituciones financieras, como Banobras y Nafin, incluyen áreas cuya misión es la canalización y manejo de recursos económicos a la solución de problemas ambientales.

Artículos de la Ley Orgánica de la Administración Pública Federal (LOAPF) relacionados con la gestión ambiental

Dependencia	Artículo	Fracciones
Semarnat	32 bis	I a XXXI,XXXV,XXXIX,XL
SSA	39	I,VII,VIII,XIV,XVII,XXI
STPS	40	XI
Sagarpa	35	IV,VII,XII,XIX,XX
Sedesol	32	I,II,IV,IX,X,XI,XII,XV
SCT	36	XXV,XX
SER	28	I
SE	33	III,V,I
Sedena	29	XVI,XVII
SRA	41	II,III,IX,XI.
Semar	30	IV,XI,XVII,XVIII
Segob	27	XXIV
Sectur	42	II
Secon	34	III,IX,XXVII
SHCP	31	I,III,IX,X,XII,XV,XVI,XIX
Secodam	37	I a IX,XIV,XVIII,XIX

En los gobiernos de las entidades federativas, los órganos responsables de la gestión ambiental se distribuyen en diferentes instancias de las estructuras administrativas según las competencias que establecen las leyes orgánicas de la administración pública de las entidades. Así, en 12 existen secretarías o equivalentes (Campeche, Guerrero, Michoacán, Chiapas, Estado de México, Distrito Federal,

Jalisco, Querétaro, Quintana Roo, Sonora, Yucatán, San Luis Potosí y Tabasco), en 10 se subordinan a otras estructuras en segundo y tercer niveles, y el resto en institutos y consejos, lo que ofrece un panorama de difícil coordinación intergubernamental con la federación.

La integración del sector, así definido, requiere una concepción diferente del quehacer gubernamental. La sectorización a que dio lugar la Ley Orgánica de la Administración Pública Federal, expedida en 1977, estableció las bases para una programación formalmente articulada de la acción pública federal por conducto del presupuesto. Sin embargo, esto no ha sucedido, a pesar de los múltiples convenios y comités establecidos entre dependencias y entidades, y de ambas con los gobiernos de las entidades federativas. La estructura programática prevista desde la instalación de la programación operativa anual se diseñó en su origen para integrar el sistema de planeación, pero en pocos años, en el proceso de programación y presupuesto, predominaron los criterios contables para responder sobre todo a objetivos de control interno del gasto programado y cumplir con la política de "renovación moral", aunque es posible que en esta degeneración del sistema hayan influido la falta de reglamentación de la Ley de Planeación y la ineficiencia de los instrumentos de gestión (comités técnicos de instrumentación del plan y comisiones de programación) previstos para integrar el proceso de planeación.

Las tareas de vinculación interinstitucional se convierten en estas circunstancias en condición *sine qua non* para lograr las acciones multidisciplinarias, interdisciplinarias y transdisciplinarias que reclama la gestión ambiental. Sin embargo, la vinculación se organiza en las unidades de comunicación social con criterios de difusión y relaciones públicas, y no de desarrollo institucional e integración de políticas públicas. Esta interpretación simplista contribuye a que la acción pública federal se transmita igualmente desarticulada a través de las delegaciones radicadas en las entidades federativas.

El proceso de fortalecimiento del federalismo se impulsó de nuevo con los mecanismos de programación sectorial de mediano plazo instalados a partir de 1982, con base en las modificaciones y adiciones a los artículos 25, 26, 27, 28 y 115 de la Constitución Política de los Estados Unidos Mexicanos, que, entre otros efectos, permitían la implantación de un sistema nacional de planeación y la "concurrencia" de la Federación y los estados en los planes nacionales de desarrollo. Sin embargo, pese a su naturaleza multisectorial y su vocación descentralizadora, la LGEEPA no determina bases para conformar un sistema nacional de gestión ambiental. El Programa de Medio Ambiente 1995-2000 no señala estrategias intersectoriales para la participación coordinada de dependencias en la consecución de metas ambientales. Salvo la voluntad política y las prioridades que marca el Ejecutivo federal, no propuso elementos orgánicos que posibilitaran una acción institucional integrada como lo reclama la materia ambiental.

Las reformas a la LGEEPA de 1996, después de un proceso exhaustivo y participativo de consulta, se orientaron a modificar los esquemas de gestión ambiental tanto federal como estatal y sus relaciones con los particulares, aunque no hayan aportado elementos para modificar las estructuras administrativas de la Semarnap. Los cambios incorporados a la Ley reflejan un marcado interés en la provisión de dispositivos de participación social para la defensa de los particulares en el cumplimiento de la Ley y de los actos administrativos de gobierno. Introducen además nuevos elementos para impulsar la estrategia de descentralización, aunque no se incluyen medidas para fortalecer la capacidad de gestión ambiental en las entidades federativas, en particular en los municipios; y en el ámbito federal provee de nuevos instrumentos de gestión ambiental y de vigilancia, así como de mecanismos de simplificación administrativa.

A pesar de estos avances, la Ley no logra resolver la desarticulación de los problemas ambientales con los procesos productivos. No se asume plenamente que han sido las formas de apropiación y explotación de los recursos naturales y del crecimiento urbano las que han provocado la degradación ambiental, ni se hace cargo de la relación de estos procesos con la tenencia de la tierra. Deja así a las leyes particulares la regulación de estos usos, y no las obliga a adecuarse a los criterios ambientales. Cada una de estas leyes hace hincapié en el recurso que regula (forestal, caza, pesca, asentamientos humanos, agua, etc.), y pierde la visión integrada que el marco de la LGEEPA podría dar* (Carabias, Provencio, 1994).

Las recientes modificaciones a la Ley (31 de diciembre de 2001) arrojan claras intenciones de transferir mayores facultades ambientales mediante convenios o acuerdos de coordinación entre la federación y los gobiernos locales; asimismo crea dos figuras legales de importancia para la regulación ambiental de la industria: el registro de emisiones y transferencia de contaminantes, y el seguro de riesgo ambiental con un sistema nacional de seguros. Agrega la participación de estados, municipios y el Distrito Federal en la integración del sistema nacional de información ambiental y de recursos naturales, que había omitido la Ley, y precisa los términos de inspección, vigilancia e imposición de sanciones. Cabe mencionar

---

*Opinión relacionada con la Ley original expedida en 1988, aplicable a la reformada en 1996.

Reformas a la LGEEPA
(DOF, 13 de diciembre de 1996)

DESCENTRALIZACIÓN	ARTÍCULOS
• Control de la contaminación atmosférica	5, 7, 8, 9, 28, 111
• Evaluación de impacto ambiental	5, 7, 8, 9, 28, 111
• Regulación ambiental de los asentamientos humanos	23 fr. VIII, 148
• Participación de gobiernos locales en el manejo de ANP	47
• Suscripción de convenios	11, 12, 13
SIMPLIFICACIÓN ADMINISTRATIVA	
• Integración de procedimientos en la EIA	35 bis 3
• Reducción de plazos en la resolución de EIA	35 bis
• Eliminación del registro de prestadores de servicios EIA	
• Reuso de residuos peligrosos	151, 151 bis, 152
GESTIÓN AMBIENTAL	
• Modalidades del ordenamiento ecológico del territorio	19 bis-20 bis 7
• Instrumentos económicos	21, 22, 22 bis
•Precisión de ámbitos de competencia	111, 112
VIGILANCIA	
• Reglamentación de la auditoria ambiental	38 bis, 38 bis I
• Autorregulación ambiental	38
PARTICIPACIÓN SOCIAL	
• Participación de la sociedad civil en el manejo de ANP	47
• Mecanismos de consulta pública para EIA	20 bis, 20 bis 5, 34
• Derecho a la información	159 bis-159 bis 6
• Recursos de revisión	176-181
• Definición procedimental en la denuncia popular	189-204

la orientación hegemónica del Artículo tercero transitorio, que condiciona cualquier convenio o acuerdo con las entidades o municipios a la necesidad de contar con un programa de ordenamiento regional, particular o marino, según corresponda.

Coordinación sectorial

La Semarnap empezó por operar en forma básicamente sectorial. Cada programa se formuló conforme su propio diagnóstico y su propia lógica, aunque con la orientación general de los principios del desarrollo sustentable. Esta orientación común, derivada del compromiso con la sustentabilidad, permitió identificar algunas convergencias estratégicas claras. La coordinación con otros sectores de la administración pública se desarrolló a la par, con distintas intensidades y resultados. La suscripción, junto con Sagar, Sedesol, SCT, SRA, Secofi, SEP y SSA, de bases de colaboración para la atención integral a las regiones prioritarias y el programa nacional correspondiente representan un caso de interés para ejemplificar los nuevos esfuerzos intersectoriales. Las necesidades de algunas negociaciones internacionales implicaron también la constitución de instancias intersecretariales, como fue el caso en relación con los asuntos de bioseguridad y de cambio climático. La participación de México en las diversas sesiones de la Comisión de Desarrollo Sostenible de las Naciones Unidas, así como en la evaluación del desempeño ambiental de México por parte de la OCDE, constituyen otros ejemplos de colaboración intersectorial (Semarnap, 2000).

Como puede apreciarse, en la Semarnap el desarrollo de la coordinación sectorial ha tenido lugar de "dentro" hacia "afuera", de conformidad con una agenda de proyectos ordenados y priorizados en un programa anual de actividades, de consuno con los crecientes compromisos adquiridos en los foros internacionales, de los cuales destacan los promovidos por la agenda 21, por la OCDE y por el Tratado de Libre Comercio de América del Norte. Se hace evidente que los instrumentos de gestión internacional se han convertido en agentes catalíticos del escenario gubernamental, que facilitan su conexión aunque reorientan sus prioridades nacionales.

Aunque la coordinación gubernamental sea uno de los obstáculos más importantes de la administración pública y que se deriven de su propio sistema jurídico, de las estructuras administrativas que se han desarrollado desde su origen y de los estilos de gestión, mas aparejados con la interpretación política del desarrollo que con los problemas económicos y sociales, se han incorporado tanto en la Constitución Política como en la Ley Orgánica de la Administración Pública Federal y en la Ley de Planeación diversos ordenamientos para diseñar mecanismos e instrumentos de vinculación intersectorial y de la Federación con los Estados. Éstos son de alcance nacional, como el Consejo Consultivo Nacional para el Desarrollo Sustentable, creado para coordinar y concertar políticas ambientales por conducto de cuatro consejos regionales; asimismo, la participación en foros internacionales, en especial a partir de la Cumbre de Río, y el desarrollo de componentes nacionales, han contribuido al acercamiento institucional y ante todo al reforzamiento de la acción coordinada con las autoridades locales para la recepción de la cooperación internacional y la acción conjunta de proyectos de mejoramiento ambiental.

Debemos agregar otros mecanismos, como el Consejo Nacional Consultivo de Normalización y el Sistema Nacional de Protección Civil, así como diversos destinados a resolver problemas ambientales en el ámbito sectorial, regional o institucional que exigen la participación cada vez mayor de los sectores productivo y académico, de organizaciones no gubernamentales y de la sociedad civil. Veamos algunos de ellos.

El Consejo Consultivo Nacional para el Desarrollo Sustentable se creó con el objeto de fomentar la protección, restauración y conservación de los ecosistemas y recursos naturales, así como de los bienes y servicios ambientales, con el fin de propiciar su aprovechamiento y desarrollo sustentables. Se organiza en cuatro regiones con la participación proporcional de 20 consejeros nacionales y 20 regionales.

Al presente, y en particular en la frontera norte, es el único instrumento regional efectivo de conciliación de políticas ambientales en el que participan los sectores gubernamental, legislativo, empresarial, académico y social.

En sus seis años de vida, los Consejos Consultivos para el Desarrollo Sustentable se han adecuado a las condiciones que les permitan desempeñar mejor su labor de instrumentos para convocar e impulsar la participación social por conducto de sus organizaciones. Algunas de estas adecuaciones ya se institucionalizaron en la LGEEPA e integraron a los reglamentos de los Consejos, en tanto otras están en proceso de formalización en los ordenamientos correspondientes. De una u otra forma, se han adoptado nuevas modalidades que contribuyen a mejorar los procedimientos y a ampliar la representación social.

El 5 de julio de 2001, la Semarnat constituyó el Comité Técnico Asesor de Autoridades Ambientales, con el objeto de establecer medidas conjuntas para mejorar la situación ambiental y de los recursos naturales.[3] Asimismo integró la Asociación Nacional de Autoridades Ambientales Estatales, la cual está formada

---

[3] El Comité consta de grupos de trabajo que coadyuvan a la gestión ambiental de políticas, estrategias y programas ambientales hasta ahora en el ámbito de las delegaciones de la Semarnat y de la Profepa con muchas dificultades, así como de los Coplades, aunque con poco éxito. Los grupos pueden intervenir en la descentralización y fortalecimiento de capacidades locales, ordenamiento ecológico y desarrollo regional, planeación, desarrollo urbano sustentable, competencias, participación social e información ambiental.

Coordinación gubernamental

Ámbito	Mecanismo	Objeto
Nacional	Consejo Consultivo Nacional para el Desarrollo Sustentable	Políticas ambientales
Nacional	Comité Técnico Asesor de Autoridades Ambientales	Gestión Intergubernamental
Nacional	Asociación Nacional de Autoridades Ambientales Estatales	Políticas regionales
Nacional	Comisión Nacional para el Conocimiento y uso de la Biodiversidad	Protección de la biodiversidad
Nacional	Comisión Nacional Forestal	Políticas forestales
Nacional	Consejo Nacional Consultivo de Normalización	Normatividad
Nacional	Sistema Nacional de Protección Civil	Contingencias
Nacional	Comisión Nacional de Áreas Naturales Protegidas	Protección de ecosistemas
Nacional	Consejo Técnico Consultivo Nacional Forestal	Políticas forestales
Nacional	Consejo Consultivo Nacional para la Restauración y Conservación de Suelos	Conservación de suelos
Sectorial	Comité de Análisis y Aprobación de Programas para la Prevención de Accidentes	Prevención de accidentes
Sectorial	Consejos de Cuenca	Administración hidráulica
Sectorial	Red Mexicana de Manejo de Residuos	Información
Regional	Comisión Ambiental Metropolitana	Políticas Ambientales
Regional	Convenios de desarrollo social	Coord. Intergubernamental
Regional	Comités de planeación de los estados	Coord. Intergubernamental
Regional	Consejos de gestión ambiental	Coordinación estatal
Regional	Consejos técnicos consultivos estatales (rec. naturales)	Coordinación estatal
Institucional	Cicoplafest	Manejo de plaguicidas
Institucional	Comisión Intersecretarial de Bioseguridad y Organismos Genéticamente Modificados	Bioseguridad
Institucional	Comité Intersecretarial para el Cambio Climático	Políticas ambientales

por las autoridades ambientales de las entidades federativas y cuyos principales objetivos son el intercambio de experiencias, la formulación de proyectos regionales y la colaboración con las autoridades federales.

La Comisión Nacional para el Conocimiento y Uso de la Biodiversidad (Conabio) se estableció en marzo de 1992 por decreto presidencial. Su secretariado coordina e instrumenta diversas actividades y programas de investigación relacionados con la biodiversidad. México ratificó ya la Convención de Diversidad Biológica, y, como parte de su instrumentación, está en vísperas de establecer el Sistema Nacional de Información sobre Biodiversidad.

La Comisión Nacional de Áreas Naturales Protegidas (Conanp) es un órgano desconcentrado de la Semarnat, producto de su reglamento interior, y tiene como antecedente inmediato el Consejo Nacional de Áreas Naturales Protegidas de 1996. La Conanp tiene por objeto preservar y asegurar el aprovechamiento sustentable de los ecosistemas, salvaguardar la diversidad genética de las especies silvestres de las que depende la continuidad evolutiva, así como asegurar la preservación y el aprovechamiento sustentable de la biodiversidad del territorio nacional. La transformación del Consejo en un órgano desconcentrado con estructura de gestión y recursos propios puede dar continuidad con mayor impulso a la protección de áreas naturales con alcances regionales de un desarrollo sustentable.

Las experiencias del Consejo en tan corto tiempo son muy importantes, pues propició la participación organizada de los sectores público, académico y de investigación, organizaciones no gubernamentales y sociales, así como el privado en la conservación de las áreas naturales protegidas; logró que los recursos del Global Environment Facility (GEF) se administraran por una organización no gubernamental: el Fondo Mexicano para la Conservación de la Naturaleza; planteó otras soluciones para la problemática específica de diversas áreas naturales protegidas, como la de la Reserva de la Biosfera los Tuxtlas.

Acorde con el nuevo reglamento interior de la Semarnat (21 de enero de 2003), la Conanp es la responsable de formular y coordinar, así como de "establecer las políticas y lineamientos para la formulación, ejecución y evaluación de los programas de desarrollo regional sustentable para la conservación de los ecosistemas y su biodiversidad, aplicables a las zonas marginadas situadas en las regiones en que se ubiquen las áreas naturales protegidas, en sus zonas de influencia y otras que por sus características la Comisión determine como prioritarias para la conservación" (art. 143, frac. IV), lo que significa una orientación conservacionista de los recursos naturales localizados en zonas deprimidas y sin vinculación estricta con las políticas de aprovechamiento económico.

En 1995 se creó el Consejo Consultivo Nacional para la Restauración y Conservación de Suelos como un órgano de consulta de la Semarnat en el que participan representantes del Poder Legislativo; de universidades y centros de educación superior e investigación; de organizaciones de productores y empresarios forestales, agrícolas y pecuarios; de organizaciones de productores y distribuidores de insumos y equipo agropecuario y forestal, así como de organizaciones no gubernamentales, del sector social rural y de organismos gremiales y de consultoría.

Este Consejo tiene la atribución de proporcionar asesoría a las organizaciones e instituciones de los sectores social y privado que por la naturaleza de sus funciones o actividades requieran de la opinión, asesoría o apoyo del propio Consejo en las materias de restauración, conservación y aprovechamiento sustentable de los suelos.

Entre los principales resultados de trabajo se encuentran los siguientes: en materia de inventario y monitoreo de suelos; en la elaboración de proyectos de normas oficiales mexicanas relacionadas con el análisis y cartografía de suelos y certificación de laboratorios así como en las correspondientes a terrenos forestales de pastoreo, humedales costeros, germoplasma forestal y hierba de candelilla; la integración de catálogos de estudios e inventarios de suelo en México; la preparación de documentos para la gestión ante los gobiernos estatales del inventario nacional de suelos y la validación de términos de referencia para el diseño del sistema de monitoreo de la degradación de suelos.

Hace poco se creó la Comisión Nacional Forestal (4 de abril de 2001) "considerando que es urgente instrumentar políticas públicas para revertir el proceso de degradación de los recursos forestales, al mismo tiempo, aliente su aprovechamiento, incremente su potencial y propicie la participación activa de los propietarios o poseedores de los terrenos en que se encuentran dichos recursos y de los inversionistas". El propósito de la Comisión es desarrollar, favorecer e impulsar las actividades productivas, de conservación y de restauración en materia forestal, así como participar en la formulación de los planes y programas y en la aplicación de la política de desarrollo forestal.

En cuanto a la gestión del agua, se ha avanzado en aspectos técnicos, institucionales, jurídicos, sociales y políticos. Empero, la componente organizacional y de participación, de mayor importancia en la gestión del agua, es aún incipiente. La necesidad de una gestión integral del agua por cuenca hidrológica llevó a la

Comisión Nacional del Agua a promover los Consejos de Cuenca, con el objeto de sanear las cuencas, corrientes y cuerpos de agua para

- promover su consumo eficiente,
- ordenar su aprovechamiento y regular su distribución y usos,
- conservar el suelo y el agua, y
- promover el reconocimiento del valor social, ambiental y económico de este recurso.

Los Consejos de Cuenca están integrados por el director general de la Comisión Nacional del Agua, quien preside el Consejo; un secretario técnico; un representante de los usuarios de la cuenca por cada tipo de uso que se haga del recurso; y por los titulares de los poderes ejecutivos de las entidades federativas comprendidas dentro del ámbito del Consejo de Cuenca de que se trate. Se invita a las instituciones, organizaciones y representantes de las diversas agrupaciones de la sociedad interesadas cuya participación se considere conveniente para el mejor funcionamiento del mismo.

Los Consejos de Cuenca constituyen la figura jurídica que se establece en la Ley de Aguas Nacionales y su Reglamento para consolidar la participación de los usuarios. La organización de los Consejos de Cuenca reconoce cuatro niveles territoriales —cuenca, subcuenca, microcuenca y acuífero— para articular los intereses de los distintos usos del agua, los correspondientes a las organizaciones no gubernamentales y los tres niveles de gobierno. Su base legal y reglamentaria, sus reglas de organización y funcionamiento, el respaldo social de sus comités estatales, subregionales y regionales de usuarios, y sus Asambleas de Representantes constituyen una estructura organizativa amplia y estable que los califica para llevar a cabo una moderna gestión del agua. Al mes de septiembre de 2001 se habían instalado 25 Consejos de Cuenca y creado seis Comisiones de Cuenca, cuatro Comités de Cuenca y 47 Comités Técnicos de Aguas Subterráneas (Cotas) en los acuíferos con mayor grado de sobreexplotación, organizaciones todas auxiliares del Consejo (CNA, 2001).

En términos generales, los Consejos de Cuenca existentes son de creación incipiente, o bien sufren una profunda reforma al centrarse sobre todo en su propia consolidación mediante la generación de planes y programas de trabajo que respondan a las necesidades del agua en la cuenca. En ese sentido, el principal logro de los Consejos es sentar las bases de participación social necesarias para el proceso de formulación de los planes y programas.

Estructura de los consejos de cuenca

Asamblea de usuarios y comités regionales

Asamblea de usuarios

- Comité regional de usuarios de riego:
  Integrado por representantes de zona, distritos y unidades.

- Comité regional de industriales:
  Integrado por representantes de zona, ramo o sector.

- Comité regional de prestadores de servicio:
  Integrado por representantes de zona, ramo o sector.

- Comité regional de empresas y organismos abastecedores de agua potable:
  Integrado por representantes directos.

- Otros comités regionales:
  Integrado por representantes de zona y por agrupaciones.

Consejo de cuenca

Vocales de los usuarios (voz y voto)

- Titular de la Comisión Nacional del Agua
  Presidente
  (voz y voto de calidad)

- Titulares de los Gobiernos de los Estados
  Vocales
  (voz y voto de calidad)

- Coordinación y concertación

- Invitados, academia, dependencias de los gobiernos, ONG (voz).

- Secretaría Técnica
  Comisión Nacional del Agua
  (voz)

FUENTE: Centro del tercer mundo para el manejo del agua A. C. M. A. Porrúa, 2003.

La Comisión Ambiental Metropolitana se establece a partir de la Comisión Intersecretarial de Saneamiento Ambiental *(DOF,* 24 de agosto de 1978). Más adelante, en 1986, se firmó el convenio de concertación para efectuar las acciones de prevención de la contaminación atmosférica en el DF y su zona conurbada, y se organizó la subcomisión de contaminación atmosférica en la zona metropolitana.

En 1988 se amplió el convenio DDF-Estado de México para coordinar el consejo del área metropolitana de la ciudad de México, mismo que dio lugar a la comisión metropolitana para la prevención y control de la contaminación ambiental en el valle de México (3 de mayo de 1989), la que formuló el programa integral contra la contaminación atmosférica de la Zona Metropolitana del Valle de México (ZMVM) (PICCA, 1990). Esta misma comisión se ratificó en 1992, para transformarse en la actual Comisión Ambiental Metropolitana *(DOF,* 17 de noviembre de 1996).

En el marco de esta Comisión se han impulsado medidas para el mejoramiento de la calidad del aire, como los programas de Verificación Vehicular y Hoy no Circula, puestos en marcha en 1991, así como el "Programa para mejorar la Calidad del Aire en el Valle de México 1995-2000" (Proaire), presentado el 11 de marzo de 1996, con el objetivo de disminuir poco a poco los niveles de contaminación y las contingencias ambientales. Las líneas estratégicas del Proaire fueron *a)* reducir las emisiones de la industria (industria limpia), *b)* disminuir las emisiones por kilómetro de los vehículos automotores (vehículos limpios), *c)* reducir las tasas de crecimiento de los kilometrajes recorridos en vehículos automotores (nuevo orden urbano y transporte limpio) y *d)* reducir la erosión del suelo (recuperación ecológica). El proceso de análisis y evaluación en el cual se basó el desarrollo del Proiare 2002-2010 partió en primer lugar del análisis de las principales fuerzas motrices que determinan la generación de contaminantes atmosféricos; en segundo lugar se analizó la generación de contaminantes en los diferentes sectores de actividad de la ZMVM, así como sus tendencias; en tercero, los estudios de modelación de la calidad del aire contribuyeron a precisar la relación entre emisiones y calidad del aire e influencia del medio, así como el análisis de la exposición de la población a la contaminación atmosférica ha permitido conocer sus efectos en la población por medio del análisis de riesgos (MIT, 2000).

La Comisión Ambiental Metropolitana (CAM) es un órgano de coordinación cuyo propósito es planear y ejecutar acciones en materia de protección al ambiente, y de preservación y restauración del equilibrio ecológico. Cubre el territorio del Distrito Federal y la zona conurbada limítrofe, correspondiente a 18 municipios del Estado de México. Se integra por miembros permanentes y eventuales que se reúnen en el Pleno, auxiliado por un Consejo Consultivo. El apoyo técnico debe provenir de un secretariado técnico constituido por siete grupos de trabajo referentes a diversas materias consideradas fundamentales para el mejoramiento del ambiente en una determinada zona metropolitana de la ciudad de México.

La falta de estructura y organización de la CAM, así como la carencia de recursos exclusivos o parciales asignados a la operación del Secretariado Técnico, quizá provocaron que no se constituyesen todos los grupos de trabajo.[4] Esta situación

---

[4] Se han organizado los grupos de aire, suelo y educación ambiental.

explica la carencia de estudios de soporte a las decisiones adoptadas, la falta de visión integral de los problemas ambientales y el tono discrecional, emergente y circunstancial de las reuniones y acuerdos. La estructura organizacional prevista en el reglamento es de carácter vertical, por materias de estudios, lo que favorece la investigación especializada y la formación de expertos, aunque de manera parcelada. Sin embargo, polariza la atención y los recursos en las áreas emergentes, lo que desequilibra la organización; acentúa la fragmentación de las políticas ambientales; impide la coordinación integrada de las instituciones participantes y duplica los estudios que realizan, lo que genera interferencias y conflictos entre el personal.

La experiencia adquirida en los 12 años de operación de la CAM muestra un escenario adverso para una gestión integrada, coordinada y concertada de políticas ambientales en la Zona Metropolitana del Valle de México. Es por eso que se requieren estudios especializados en aspectos jurídicos, administrativos, económico-financieros y tecnológicos en las diversas materias que comprende la gestión ambiental. Un sistema integrado de gestión ambiental es fundamental para lograr los objetivos de coordinación y concertación que se propone la Comisión. La estructura jurídica y administrativa del Gobierno del DF es demasiado compleja para lograr una acción integrada en materias tan difusas como el ambiente. Se requiere una gestión selectiva, estratégica y flexible que permita salvar los obstáculos de una administración pública rebasada por realidades emergentes. Pero se requiere con mayor intensidad salvar los obstáculos jurídicos que impiden la acción conjunta de los tres niveles de gobierno y la participación corresponsable de la sociedad civil.

En el cambio organizacional que se determine habrá de tomarse en cuenta el área de influencia de la zona metropolitana, pues el alcance es diferente según se trate de la cuenca atmosférica e hidrológica o del propio desarrollo urbano. También es oportuno estudiar los factores condicionantes de la degradación ambiental estrechamente vinculados al desarrollo urbano metropolitano. Para este fin, en 1992 se constituyó un contrato de fideicomiso entre el gobierno federal y el Banco Nacional de Obras y Servicios Públicos para apoyar programas, proyectos y acciones para la prevención y control de la contaminación ambiental en la ZMVM.

La Comisión Intersecretarial para el Control del Proceso y Uso de Plaguicidas, Fertilizantes y Sustancias Tóxicas (Cicoplafest) durante 15 años ha operado con alta prioridad en la retórica gubernamental pero sin recursos ni estatus administrativo. La estructura actual de esta Comisión se concentra sobre todo en aspectos operativos que responden más al control de registros y trámites que a la prevención. El esquema de operación debería definir, desde una perspectiva federal, acciones sobre los fabricantes y formuladores de plaguicidas, y desde una estatal, acciones sobre los comercializadores y aplicadores. El proceso de regulación abarca operaciones de: explotación, elaboración, desarrollo, fabricación, formulación, mezclado, acondicionamiento, maquila, envasado, manipulación, transporte, distribución, aplicación, almacenamiento, importación, exportación, comercialización, tenencia, uso, experimentación, tratamiento, disposición final y publicidad de plaguicidas, fertilizantes y sustancias tóxicas. Las bases de coordinación de la Cicoplafest sólo distribuyen competencias en algunas de tales operaciones, además, las actividades que realiza la Cicoplafest se refieren más que nada a plaguicidas.

De ampliar su esfera de acción a las sustancias tóxicas, sería inevitable que abarcase el manejo de sustancias químicas reguladas tanto por la Ley General de Salud como por la Ley General del Equilibrio Ecológico y Protección al Ambiente, así como por otras leyes y reglamentos que intervienen de manera diferente en el ciclo de vida de dichas sustancias. También comprende la intervención de otras dependencias, como las secretarías de Energía, Gobernación, Hacienda y Crédito Público, Desarrollo Social, Defensa Nacional y Marina, en las que igualmente la Ley Orgánica de la Administración Pública Federal distribuye competencias para el manejo de sustancias químicas.

En cualquier sentido es indispensable reconocer los objetos de atención de la Comisión, pues en su manejo pueden ser diferentes los plaguicidas y las sustancias tóxicas, estas últimas en la atmósfera turbulenta de las sustancias químicas. También es necesario definir las acciones por realizar ya que tanto hay actos de autoridad como registros, información, análisis, evaluación y manejo de riesgos, impactos, consecuencias, entre otros. Tampoco hay que dejar de reconocer con claridad los elementos de gestión del sistema Cicoplafest, pues muchos constituyen procesos diferentes, su manejo pertenece a dependencias distintas y el objeto de atención es igualmente diferente.

Con antecedentes en el Comité Nacional de Bioseguridad Agrícola (1989) se crea la Comisión Intersecretarial de Bioseguridad y Organismos Genéticamente Modificados *(DOF*, 5 de noviembre de 1999) con el objeto de coordinar las políticas públicas relativas a la bioseguridad y a la producción, importación, exportación, movilización, propagación, liberación, consumo y, en general, uso y aprovechamiento de organismos genéticamente modificados, sus productos y subproductos. También deberá promover el establecimiento de un registro de

Cicoplafest

OTORGAMIENTO-SUSPENSIÓN-RESTRICCIÓN-CANCELACIÓN-REVOCACIÓN

De

AUTORIZACIONES: REGISTROS-LICENCIAS-PERMISOS-DICTÁMENES

Relativos a

Explotación, elaboración, desarrollo, fabricación, formulación, mezclado, acondicionamiento, maquila, envasado, manipulación, transporte, distribución, almacenamiento, importación, exportación, comercialización, tenencia, uso, experimentación, tratamiento, disposición final y publicidad.

De

PLAGUICIDAS, FERTILIZANTES Y SUSTANCIAS TÓXICAS

organismos genéticamente modificados y su permanente actualización, y promover, con la participación que corresponde a la Comisión Nacional para el Conocimiento y Uso de la Biodiversidad, el establecimiento de un banco de datos sobre la presencia y distribución de especies silvestres relacionadas con los organismos genéticamente modificados que se pudieran liberar, así como mecanismos de supervisión y evaluación del impacto al ambiente y a la salud humana y animal derivado de la liberación, producción y consumo de dichos organismos, sus productos y subproductos.

Para su fundamento, el acuerdo de creación de la Comisión señala

Que a nivel mundial se ha incrementado la aplicación de la ingeniería genética en vegetales y animales con diversos propósitos como los de aumentar la producción de la actividad agropecuaria, la calidad de los productos, su resistencia a factores adversos, así como la vida en anaquel de los productos perecederos;

Que de conformidad con el avance científico y tecnológico, el concepto de material transgénico se debe entender actualmente como el de organismos genéticamente modificados;

Que los ensayos realizados con individuos de origen vegetal y animal manipulados mediante ingeniería genética deben realizarse bajo un estricto control que minimice los efectos indeseables en el medio ambiente agrícola o pecuario o en la salud humana y proteja la diversidad biológica, por lo que la movilización y manejo de este tipo de materiales y las pruebas de campo deben efectuarse de acuerdo con criterios científicos que permitan la reducción de tales riesgos;

Que es prioritario para el Gobierno de la República garantizar la salud de la población, mediante el establecimiento de lineamientos que aseguren la inocuidad de los alimentos a consumirse, desarrollando campañas de sanidad vegetal y animal, así como organizar y fomentar las investigaciones agrícolas, ganaderas, avícolas, apícolas y silvícolas.

El encuentro de los propósitos de conservación con los del aprovechamiento sustentable de los recursos naturales, y el de éstos con los de la prevención y el control del deterioro del ambiente y su confluencia con la conducción económica y las estrategias nacionales de desarrollo a cargo de otras secretarías de Estado —como Hacienda y Crédito Público, Economía, Energía, Desarrollo Social, Agricultura, Ganadería, Desarrollo Rural, Pesca y Alimentación, y Turismo—, resultan indispensables para lograr un crecimiento económico de largo plazo acompañado de una mayor calidad de vida y equidad de oportunidades para el desarrollo social.

En particular, la gestión en torno a una mayor articulación con la SHCP, la Secon y la SE ocupa un lugar primordial en la búsqueda de resultados ambientales y en la introducción de medidas e instrumentos normativos dirigidos a la inducción de patrones tecnológicos, de producción y de consumo más sustentables.

Con la Secretaría de Energía, Pemex, CFE, IMP y Conae se consolidan esfuerzos de fundamental importancia en atención a la problemática ambiental del país y su interrelación con las prioridades de la agenda ambiental global de los últimos años. A través del Comité Consultivo Nacional de Normalización para la Protección Ambiental, así como de otros comités de normalización, el INE ha trabajado en estrecha vinculación con el sector de energía en la elaboración, actualización y revisión de las normas oficiales mexicanas relacionadas con la industria petrolera y el sector eléctrico. La relación del INE con la SHCP es otro espacio de trabajo interinstitucional que reviste relevancia estratégica para la política ambiental en el corto y mediano plazos; por ella ha pasado la construcción de decisiones intersectoriales vinculadas al diseño y adecuación de instrumentos económicos fiscales, así como de regulaciones arancelarias aplicables en materia de protección ambiental y de aprovechamiento de los recursos naturales, aunque con resultados dificilmente cuantificables. La utilización de instrumentos económicos en las políticas ambientales, después de ocho años de estudios y negociaciones, no han dado los resultados esperados.

El trabajo del INE requirió una fuerte articulación con la Secofi para la concreción de los propósitos de la mejora regulatoria y la instrumentación de mecanismos de gestión relacionados con la contaminación del ambiente y el aprovechamiento sustentable de los recursos naturales ligados con los procesos industriales y el comercio exterior del país. De singular importancia fueron los esfuerzos desarrollados conjuntamente con la Sedesol y el Conapo en torno a la instauración de un sistema nacional de ordenamiento territorial. En este aspecto resulta igualmente significativo el compromiso adquirido por el INEGI en relación con esta iniciativa que ha buscado convocar una adecuada articulación entre las políticas económica, social, regional y urbana, de población y ambiental. Los vínculos interinstitucionales del INE con el INEGI se relacionan con la información cartográfica y estadística que éste proporciona para las tareas relacionadas con el ordenamiento sustentable del territorio, contribución sustantiva para la constitución del sistema nacional de ordenamiento territorial en curso, iniciativa con la que el INEGI se ha comprometido.

El encuentro intersectorial, aunque limitado, entre la Sagarpa y el INE está estrechamente relacionado a su vez con varios de los más representativos espacios de gestión a cargo del Instituto. Además de la concurrencia obligada en torno a la estrategia nacional de acción climática, ha sido materia de esa agenda común temas relacionados con la promoción de prácticas de conservación y aprovechamiento sustentable del campo, aunque sorprende que el Instituto Nacional de Investigaciones Forestales, Agrícolas y Pecuarias, de tan larga tradición y aportaciones en la problemática del campo, no se haya vinculado a las políticas ambientales.

Con la Secretaría de Turismo (Sectur) se ha delineado la estrategia nacional para el turismo sustentable y se ha dado seguimiento regular a los temas de interés compartido mediante instancias como la Comisión Ejecutiva de Turismo y el Consejo Mexicano de Promoción Turística, del Grupo Interinstitucional sobre Turismo Sustentable. Sin embargo, no hay suficiente información ni conocimiento sobre las interacciones del desarrollo urbano, turístico y costero —en función de la protección de ecosistemas— para una planeación estratégica de largo plazo. En este triangulo de insolvencia predomina la actividad económica sobre el equilibrio de los ecosistemas costeros, y el concepto de propiedad e interés social se disuelve en la incertidumbre jurídica, en particular en torno a la responsabilidad por daños ambientales y la delimitación de los bienes comunes.

El INE ha sostenido una creciente vinculación con el sistema de investigación del país para brindar apoyo y apoyarse a su vez en las actividades científicas y tecnológicas de las instituciones académicas y de investigación relacionadas con su materia de trabajo. Destaca en esta dirección la convergencia interinstitucional en el marco del sistema SEP-Conacyt así como de los sistemas regionales de investigación, sin dejar de mencionar las oportunidades que se han abierto en este terreno a partir de la participación del INE en los programas especiales de ciencia y tecnología que viene impulsando el Consejo.

Con la Secretaría de la Defensa Nacional (Sedena) se han coordinado acciones relacionadas con el manejo de la vida silvestre y actividades cinegéticas con convenios para la simplificación administrativa en materia de caza deportiva y el fortalecimiento de los Programas de Recuperación de Especies Prioritarias en las UMA ubicadas en campos militares; la reforestación y preservación de zonas arboladas, y el combate y control de incendios forestales en áreas naturales protegidas, tareas para las que se recibe apoyo de la planta de personal militar.

Ambiente sin fronteras

Como ya expusimos, el sector ambiental se define por medio de la LOAPF y de otras leyes que determinan atribuciones ambientales; de los reglamentos interiores de las dependencias involucradas, que no son lo bastante explícitos; así como de las obligaciones internacionales contraídas por el gobierno mexicano por conducto de tratados y compromisos políticamente vinculatorios. No obstante, también hemos insistido en que la naturaleza transectorial de la materia ambiental dificulta delimitar fronteras con otros sectores de la actuación gubernamental. Es así como existen vinculaciones recíprocas con el sector salud para configurar un campo aún impreciso y que denominamos salud ambiental; asimismo, lo ambiental irrumpe en los procesos laborales para entenderse con la salud ocupacional; incide de la misma forma en el sector agropecuario, tanto en materia vegetal como animal, para intervenir en la cadena alimentaria, aunque esta interfase no se ha estudiado de manera integral.

La "salud ambiental" es componente imprescindible de las gestiones ambiental y sanitaria. Sin embargo, la división administrativa de competencias institucionales contribuye a la parcelación del concepto de salud ambiental en efectos del ambiente en la salud, saneamiento básico, saneamiento ambiental, salud ocupacional, medicina del trabajo, e higiene y seguridad en el trabajo. Estos diferentes enfoques entorpecen la comunicación y la coordinación entre los órganos responsables, y coadyuvan a la falta de un lenguaje, métodos y objetivos comunes, lo que, a nuestro juicio, obstaculiza la investigación, la formulación de normas y estándares, y la adopción de medidas idóneas y eficaces de prevención y control de factores de riesgo en la salud de las poblaciones y en el equilibrio de los ecosistemas.

La interfase entre el sector ambiental y el sector salud provoca conflictos de intereses legítimos en las conductas institucionales del sector público que reclama nuevos enfoques en el diseño de reglamentos que envuelven a las leyes expedidas para regular sus respectivos campos de actuación. Es así como se ha intenta reglamentar la salud ambiental al regular preceptos de la Ley General de Salud; ¿y por qué no también de la LGEEPA? Es evidente que una reglamentación idónea de la salud ambiental debe corresponder a ambos textos legales, sin embargo, la tradición y práctica en nuestro sistema jurídico no contempla la perspectiva multidisciplinaria.[5]

Lo mismo sucede con el orden normativo, pues las secretarías de Medio Ambiente y Recursos Naturales, y de Salud expiden normas oficiales mexicanas que invaden, traslapan o excluyen sus esferas de competencia para generar duplicaciones, interferencias y ausencias.

El nuevo reglamento interior de la Secretaría de Salud *(DOF,* 5 de julio de 2001) integra a la Dirección General de Salud Ambiental (órgano responsable de este campo de frontera) con las direcciones generales de Control Sanitario de Productos y Servicios, de Medicamentos y Tecnologías para la Salud, de la Publicidad y del Laboratorio Nacional de Salud Pública para formar la Comisión Federal para la Protección Contra Riesgos Sanitarios,[6] en calidad de órgano desconcentrado de la Secretaría, por lo que los efectos del ambiente en la salud, de reciente estudio, se mezclan con el control sanitario de establecimientos, insumos, productos y servicios para modificar el concepto tradicional de control sanitario en regulación sanitaria, aunque ahora en una nueva perspectiva de riesgos.

A la Comisión le corresponde el control sanitario señalado en el art. 3°, fracciones XXII, XXIII, XXIV y XXV, de la Ley General de Salud (LGS), con la participación de las entidades federativas, previos acuerdos de coordinación (art. 18).

---

[5] Véase el enfoque sociológico del derecho en López Ayllón, 1997.
[6] El decreto de creación de la Comisión Federal para la Protección Contra Riesgos Sanitarios otorga competencias para intervenir en las siguientes materias:
• proponer e instrumentar la política nacional de protección contra riesgos sanitarios;
• proponer e instrumentar la política nacional de prevención y control de los efectos nocivos de los factores ambientales en la salud;
• evaluar los riesgos a la salud;
• elaborar la normatividad correspondiente, y
• ejercer el control y vigilancia sanitarios de productos, actividades, servicios, establecimientos y publicidad.

La prevención y control de efectos nocivos de los factores ambientales en la salud del ser humano (art. 3°, frac. XIII), así como la salud ocupacional y el saneamiento básico (art. 3° frac. XIV) son competencias de las entidades federativas (art. 13B, frac. I) y no son servicios de ejercicio coordinado con la federación, sin embargo, el Consejo de Salubridad General puede dictar medidas para prevenir y combatir los efectos nocivos de la contaminación ambiental en la salud (art.17, frac. I). La formulación y conducción de la política de saneamiento ambiental corresponde a la Semarnat, en coordinación con la SSA, en lo referente a la salud humana (art. 117).

Por parte de la Ley General del Equilibrio Ecológico y Protección al Ambiente (LGEEPA), el riesgo ambiental se asocia con los procesos industriales, residuos y materiales peligrosos al "establecer que los planes de desarrollo urbano de los centros de población señalarán las áreas en las que se permitirán instalaciones en las que se realicen actividades altamente riesgosas, así como las zonas de salvaguarda que protejan a la población de los efectos que se generen o pueden generarse por el desarrollo de actividades altamente riesgosas". En las manifestaciones de impacto ambiental se deberá incluir el estudio de riesgo correspondiente. La LGEEPA no es precisa en el riesgo que implica la contaminación del agua y el aire, sin embargo, las disposiciones prescritas son en su mayoría de naturaleza preventiva, por lo que se identifican con el manejo de riesgos. No obstante, no es lo mismo riesgo sanitario que riesgo ambiental. La fragmentación del conocimiento de la naturaleza ha conducido a la separación del ser humano y sus riesgos sanitarios, de su propio ambiente y de la noción a veces contrapuesta de "riesgo ambiental". La introducción del enfoque de riesgos en la política sanitaria entraña un replanteamiento de las estructuras jurídicas y administrativas tradicionales en el sector salud en función de sus relaciones con el ambiente, así como una perspectiva intersectorial de gestión que involucre al ambiente laboral, al natural y al construido en torno al desarrollo industrial, urbano y costero.

Por otra parte, el divorcio entre políticas públicas, bases legales, organización y programas es una constante en la administración pública federal. No es extraño, por esta razón, que la incorporación del impacto ambiental en la Subsecretaría de Mejoramiento del Ambiente no se haya utilizado como un instrumento estratégico de política ambiental en la Subsecretaría de Ecología. Tampoco sorprende que la orientación hacia el desarrollo sustentable del Programa Nacional de Protección al Medio Ambiente 1990-1994 no se haya materializado en acciones, ni que la agenda correspondiente del Programa de Medio Ambiente 1995-2000 no se hubiera integrado. Mas aún, las adiciones a la LGEEPA en 1996 en cuanto al desarrollo sustentable no modificaron sustantivamente su contenido, lo que dejó pocas posibilidades de instrumentarlo. Así, el reglamento interior actual de la SSA mantiene las mismas atribuciones que concedía el anterior del 15 de septiembre de 2000 a los órganos que forman la Comisión Federal para la Protección contra Riesgos Sanitarios, aunque con cambio de denominaciones y una nueva estructura para la Dirección General de Salud Ambiental.

El desarrollo institucional de la SSA, muy centralizado hasta 1983, se revierte hacia un modelo de gestión descentralizada que aún no termina de consolidarse en un sistema nacional de salud. La regulación y el fomento sanitarios, así como la prevención y control de enfermedades, y la asistencia social, fueron las partes distintivas de la organización de la dependencia. Los estudios de la Coordinación de los Servicios de Salud (1981-1983) de la Presidencia de la República dieron la pauta para la modernización de la estructura administrativa de la Secretaría y para la programación de acciones con un modelo distinto de operación. Sin embargo, los objetos de regulación y gestión seguían siendo los mismos, aunque ahora en términos de subsidiariedad.

Actualmente, el enfoque de riesgos modifica la interpretación lineal y sectorizada de los problemas de salud, en una concepción sistémica en donde lo importante no es el peligro de las cosas sino las situaciones de riesgo a que se enfrentan los individuos, las poblaciones o los ecosistemas.[7] La relación peligro/riesgo/impacto está sujeta al grado, tipo y forma de exposición en que se encuentra la población frente a las agresiones o respuestas del ambiente y, más importante aún, a su propio estilo de vida. La interpretación y manifestaciones de las situaciones de riesgo, como sabemos, tienen un alto grado de incertidumbre, por lo que el análisis (identificación, estimación, valoración, percepción y aceptabilidad) y manejo de riesgos (comunicación, precaución, prevención y control) implican instrumentos de gestión que requieren formas horizontales de organización matricial que no corresponden con las estructuras administrativas tradicionales de las dependencias de la administración pública federal. Esto significa que la estructura programática, de división especializada y de puestos en relación jerárquica impide la concepción

---

[7] N. Luhmann, al señalar que la palabra *riesgo* parece surgir hacia el siglo XVI, cree necesario distinguir entre el concepto de *riesgo* y el de *peligro:* "marcar los riesgos permite olvidar los peligros; por el contrario, marcar los peligros permite olvidar las ganancias que se podrían obtener con una decisión riesgosa para resaltar que, en consecuencia, en las sociedades más antiguas lo que marca es más bien el peligro, mientras que en la sociedad moderna lo marcado ha sido, hasta hace poco, más bien el riesgo" (Fernández, 2000).

horizontal que exige el enfoque de riesgos. Significa por tanto que el diseño organizacional y de programación y presupuesto requiere nuevos enfoques orientados a procesos y resultados.

Es necesario modificar el sistema rígido de comando (norma) y control (vigilancia) característico de la regulación sanitaria por un sistema de previsión de situaciones condicionantes y prevención de factores determinantes de la salud, bienestar y calidad de vida. Este enfoque exige intervenir en el estilo de desarrollo de la sociedad y en el modo de vida de sus individuos. Implica en consecuencia la necesidad de vincular las políticas de salud a las variables fundamentales del desarrollo económico y social, como lo señala prioritariamente el Programa Nacional de Salud 2001-2006. La regulación sanitaria en esta perspectiva debe abordar no sólo *a)* la verificación y vigilancia del cumplimiento de la ley, *b)* sino la evaluación de los procesos de producción, intercambio, comercialización, uso y consumo de bienes y servicios susceptibles de alterar la calidad de vida de la población, y, ante todo, *c)* la prevención de peligros y riesgos sanitarios, *d)* así como su evaluación y manejo socialmente corresponsable, *e)* junto con el fomento educativo de la población en materia de patrones de vida y consumo.

En tanto el control sanitario es de competencia federal, es necesario reformar la Ley General de Salud para distribuir responsabilidades (art. 13) en los gobiernos de las entidades federativas, en particular para organizar, operar, supervisar y evaluar la prestación de los servicios de salubridad general a que se refieren las fracciones XXII, XXIII, XXIV y XXV del art. 3º de la Ley; para formular y desarrollar programas locales de salud en la materia, así como para vigilar el cumplimiento de la Ley y demás disposiciones aplicables. Asimismo habrían de adecuarse los términos del título 12 referente al control sanitario de productos y servicios, y de su importación y exportación, así como del título 13 relativo a la publicidad. Es pertinente adaptar al enfoque de riesgos la promoción de la salud, la prevención y control de enfermedades y accidentes, la acción extraordinaria en materia de salubridad general y los programas contra las adicciones. De todo ello dependerá lo conducente en materia de vigilancia sanitaria, autorizaciones y certificados, y medidas de seguridad, sanciones y delitos. Igualmente cabe modificar, aunque en sentido contrario, lo que se refiere a la salud ambiental, ocupacional y el saneamiento básico para permitir el ejercicio coordinado con la Federación.

Quedaría pendiente, en esta senda, analizar y recomendar las reformas y adiciones a la Ley General del Equilibrio Ecológico y Protección al Ambiente y a la Ley Federal del Trabajo, a efecto de hacer coincidir con el mismo enfoque de riesgo los objetos de regulación y gestión comunes para integrar en una primera etapa las políticas sanitarias con las ambientales y laborales.

El enfoque estratégico propuesto en la nueva gestión pública es fundamental para incorporar el enfoque de riesgos en las políticas sanitarias. En estas circunstancias, la evaluación y la gestión de riesgos —que reclaman estrategias intersectoriales y transdisciplinarias— tienen que hacerse en forma paulatina y paralela a las prácticas tradicionales para lograr *a)* la internalización de riesgos en las áreas y programas de la Secretaría de Salud, *b)* la incorporación del enfoque de riesgos en las áreas responsables y programas del sector salud, *c)* la articulación correspondiente con otras dependencias estrechamente vinculadas con las políticas sanitarias, en particular con la Semarnat, Sagarpa, Sedesol, Secon, Sener y la SCT, *d)* la coordinación intergubernamental con las entidades federativas y *e)* la concertación con la sociedad civil y los organismos multilaterales mediante la cooperación internacional:

INTERNALIZACIÓN→INTEGRACIÓN→INTEGRALIZACIÓN→COORDINACIÓN→CONCERTACIÓN

La formulación de un programa federal para la protección contra riesgos sanitarios facilitaría salvar los obstáculos administrativos para la integración institucional y sectorial, para lograr con mayor rapidez acciones conjuntas y corresponsables entre los niveles de gobierno y la sociedad civil, y fortalecer de esta forma el anhelado sistema nacional de salud. El programa debe contener políticas para el fortalecimiento del federalismo con un sistema federal de protección sanitaria para el ejercicio coordinado del control sanitario en establecimientos, productos y servicios, y, al mismo tiempo, para organizar un modelo de gestión por procesos en la perspectiva de riesgos y no de impactos.[8]

De conformidad con el artículo 32 bis de la Ley Orgánica de la Administración Pública Federal, el reglamento interior de la Secretaría de Medio Ambiente y Recursos Naturales otorga al Instituto Nacional de Ecología la facultad de "coordinar, promover y desarrollar la investigación científica para formular y conducir la política general de saneamiento ambiental, en coordinación con las áreas competentes de la Secretaría, con la Secretaría de Salud y demás dependencias competentes".

---

[8] La Cofepris se estructura por procesos en las siguientes etapas: evidencia y análisis de riesgos, fomento sanitario, evaluación y autorizaciones sanitarias, operación sanitaria, y constatación y ampliación de cobertura (Programa de acción, 2003).

Aunque ninguna ley, reglamento o norma defina el concepto de saneamiento ambiental, es indiscutible que envuelve el campo de la salud ambiental, como es también aceptable que otras atribuciones de la Secretaría en materia de normatividad, información, ordenamiento ecológico, residuos peligrosos, impacto y riesgo ambiental, así como de inventarios de emisiones de contaminantes y sistemas de monitoreo, se vinculan estrechamente a la estabilidad y salud de las poblaciones.

Dentro de este marco legal, la Semarnap, por conducto del INE, y la Secretaría de Salud, de la Dirección General de Salud Ambiental, establecieron en 1995 las Bases de Coordinación[9] para llevar a cabo en forma conjunta la realización de acciones en materia de protección de la salud y mejoramiento del ambiente. Con estas bases, el INE emprendió actividades en relación con un registro integrado de emisiones de contaminantes y con estudios sobre exposición personal a contaminantes atmosféricos, así como en la elaboración de normas de calidad del aire. De las 14 áreas prioritarias contempladas en el convenio, el INE participó activamente en 11 de ellas y en el desarrollo del sistema nacional de información ambiental, en la definición de un perfil nacional para el uso y manejo de sustancias químicas, en el diagnóstico de necesidades de capacitación en salud ambiental, en el diseño conceptual de un modelo de gestión pública que integra las políticas ambientales con las de salud y las de desarrollo económico y social, así como en diversos campos de capacitación en la materia.

En el marco de la nueva administración, la Secretaría de Salud y la Secretaría de Medio Ambiente y Recursos naturales emitieron una declaración conjunta (22 de junio de 2001) para establecer una política de Estado que permita la prevención y atención de riesgos a la salud derivados de factores ambientales, tendiente a lograr los objetivos de sustentabilidad propuestos en el Plan Nacional de

---

[9] El Convenio comprendía 14 acciones:
 1. Información sobre salud ambiental
 2. Evaluación químico-bacteriológica del agua para consumo humano
 3. Respuesta a contingencias ambientales
 4. Censo nacional de empresas de alto riesgo
 5. Monitoreo microambiental y estudios sobre exposición personal a contaminantes atmosféricos
 6. Inventarios multimedia de emisiones de contaminantes
 7. Revisión periódica de las Normas Oficiales Mexicanas de calidad del aire
 8. Desarrollo de instrumentos para el control de la emisión de COV y otras sustancias tóxicas
 9. Instrumentación para el cumplimiento de normas de calidad del aire
 10. Instrumentación de programas de saneamiento en la producción de moluscos bivalvos
 11. Promoción de la salud ambiental
 12. Formación de recursos humanos
 13. Participación en la Cicoplafest
 14. Divulgación de los trabajos

Desarrollo. El compromiso interinstitucional se orienta a la búsqueda de un ambiente sano para una infancia saludable, a emprender cruzadas de saneamiento básico y ambiental, a fomentar empresas ambientalmente saludables y con un manejo seguro de sustancias químicas, así como a fortalecer los sistemas de información y manejo integral de problemas ambientales.

Con todo, es pertinente reforzar la acción coordinada en los siguientes aspectos:

1. Desarrollo de investigación científica para formular y conducir la política general de saneamiento ambiental.
2. Colaboración en la investigación aplicada sobre los efectos del ambiente en la salud de las poblaciones.
3. Apoyo a la Comisión Ambiental Metropolitana en estudios relacionados con la salud ambiental.
4. Participación en los trabajos del programa ambiental fronterizo.
5. Integración de esfuerzos para fortalecer la gestión ambiental local.

En su nueva estructura, el INE cuenta con competencias para realizar estudios de armonización y aplicación de metodologías para la evaluación de riesgos ambientales por sustancias químicas y sus efectos en la salud, para formular un programa de reducción de riesgos ambientales, para orientar algunos sistemas de información a la vigilancia ambiental y para incorporar la salud de las poblaciones en las actividades de ordenamiento ecológico e impacto ambiental.

Respecto de la contaminación atmosférica, materia de conflicto ambiental, se deberian establecer prioridades en las siguientes líneas de investigación (Blanco, 2001):

- Nuevos sistemas de medición o de muestreo.
- Caracterización ambiental local y regional.
- Evaluación microambiental de exposición personal.
- Correlación con efectos en la salud humana.
- Modelación y pronóstico.
- Composición química de la atmósfera.

En materia laboral, la Ley General de Salud regula los efectos del ambiente en la salud, tanto desde una perspectiva general como de una más específica, referida de manera exclusiva a ese microambiente de trabajo con el tema de "salud ocupacional". De este tema trata también, aunque con diferente enfoque, la legislación laboral, con la denominación de "higiene y seguridad en el trabajo". Con todo, hay que decir que el tema de la salud ocupacional comprende no sólo la cuestión de la salud de los trabajadores contratados, sino de todo tipo de personas que desempeñen las llamadas actividades "ocupacionales" y que no implican por necesidad la existencia de una relación jurídica de trabajo.

Para explicar esta ambigüedad debemos regresar de nuevo a los orígenes. Los principios de higiene industrial contenidos en el proyecto de reglamento de 1881 se incorporaron al primer Código Sanitario de 1891 en sus capítulos IV y V, además de otros preceptos relacionados con medidas preventivas en los accidentes de trabajo. Estas normas de protección a los trabajadores se convierten en derecho positivo al integrar como parte sustantiva el artículo 123 de la Constitución Política de 1917. En cumplimiento de lo dispuesto se promulga el 18 de agosto de 1931 la Ley Federal del Trabajo (LFT), que, a su vez, determinó en 1934 dos disposiciones complementarias: el Reglamento de Medidas Preventivas de Accidentes del Trabajo y el Reglamento de Higiene del Trabajo.

El Código Sanitario de 1926 amplía los conceptos de higiene del trabajo al incluir capítulos que garantizaran la protección de la salud de los trabajadores frente a los riesgos a que se veían expuestos, y sustentar la creación del Servicio de Higiene Industrial y Previsión Social del Departamento de Salubridad con la responsabilidad de ejercer la vigilancia de las condiciones en que se desarrollaba el trabajo y la promoción de la salud de los obreros.

Sin embargo, el Departamento del Trabajo, creado el 30 de noviembre de 1932, se hizo cargo de todos los asuntos y problemas de previsión de accidentes e higiene industrial, sin que el Ejecutivo descargara al Departamento de Salubridad de las mismas atribuciones. La duplicidad de autoridades y la falta de delimitación que había entre las materias que correspondían al Departamento de Salubridad Pública y al del Trabajo eran tan evidentes y limitantes de la propia legislación del trabajo que las actividades que se venían realizando por parte del Departamento de Salubridad Pública en materia de censo de industrias, inspección de fábricas y medidas particulares de protección en el trabajo disminuyeron en forma notable hasta la desaparición de la Oficina de Higiene Industrial, cuyo presupuesto, mobiliario y personal se trasladaron al Departamento del Trabajo en 1937.

En vista de que el Departamento del Trabajo no tenía competencia para intervenir en las industrias de jurisdicción local, el presidente de la República acordó en 1938 la creación de otra Oficina de Higiene Industrial dependiente del

Departamento de Salubridad Pública, con la misión de convencer a los industriales acerca de las ventajas económicas del mejoramiento de las condiciones higiénicas y la prevención de riesgos en el trabajo así como la de promover la educación higiénica en los trabajadores y la organización de comités de vigilancia en las fábricas sobre los preceptos reglamentados. No obstante, "cuando la Oficina de Higiene Industrial trató de abordar la prevención de los riesgos en las empresas no federales, frecuentemente fue desobedecida por los patrones, los cuales interpusieron y ganaron amparos, dándose el caso en algunas entidades de la República de que fuera necesario suprimir los inspectores sobre la materia en virtud de que las Cámaras de Comercio respectivas acordaron no tomar en cuenta las disposiciones de salubridad" (Bustamante, 1960).

En estas condiciones, el Ejecutivo federal expide el reglamento para los establecimientos industriales o comerciales molestos, insalubres o peligrosos (1940, abrogado en 1997), y el Congreso de la Unión establece las reformas que adicionan la fracción XXXI al artículo 123 constitucional, con obligaciones para los patrones en materia de seguridad e higiene en los centros de trabajo (1942). En el mismo sentido, el presidente de la República promulgó el 18 de octubre de 1945 el Reglamento de la Higiene del Trabajo en el cual se determinó que la ya establecida Secretaría del Trabajo y Previsión Social continuase a cargo de la higiene de las empresas de jurisdicción federal, y que la Secretaría de Salubridad y Asistencia se encargase de la higiene de las empresas no federales en donde ejerciese funciones de autoridad sanitaria local y por medio de coordinaciones con las autoridades locales en los demás casos. Por desgracia, "el Reglamento no fue sometido a la aprobación de la Legislatura [sic], lo que ocasionó que la Suprema Corte de Justicia lo haya declarado inconstitucional al conceder en su ejecutoria todos los amparos solicitados contra su aplicación durante el lapso 1944-1952 tanto por parte de la STPS como por la SSA" (Bustamante, 1960).

El dilema interpretativo provocado por la interfase ambiente/salud se convierte en un "trilema" al agregar el componente ocupacional, pues no es fácil distinguir entre el ambiente natural, el ocupacional y el domiciliario en donde suceden los mismos fenómenos ambientales, aunque con diferente impacto. En el ambiente natural se encuentran ecosistemas, asentamientos humanos, asentamientos industriales y recursos naturales que no son diferentes, desde el punto de vista de contaminación y degradación ambiental, del ambiente laboral mismo, que además ya no se restringe a espacios cerrados. Nuestra concepción del trabajo industrial es aún decimonónica, y ordenamos derechos y obligaciones de los trabajadores con los criterios del Código de Hammurabi (1753 a. C) y las reglas eficientistas de Frederick Taylor (1909). Más aún, elaboramos reglamentos y normas laborales por separado: el ambiente de trabajo y el natural, la salud ocupacional y la ambiental. ¿Por qué un reglamento de salud ocupacional, en este caso de higiene, seguridad y ambiente de trabajo, no puede derivarse de la Ley Federal del Trabajo, de la Ley General de Salud y de la Ley General del Equilibrio Ecológico y Protección al Ambiente?

El hecho de que en esta materia puedan ser administrativamente competentes tanto autoridades sanitarias como laborales y ambientales determina que deban actuar de manera coordinada. De acuerdo con la Ley Orgánica de la administración pública federal, corresponde a la Secretaría del Trabajo y Previsión Social estudiar y ordenar las medidas de seguridad e higiene industriales para la protección de los trabajadores y vigilar su cumplimiento; mientras que la Secretaría de Salud debe poner en práctica las medidas tendientes a conservar la salud y la vida de los trabajadores del campo y de la ciudad, y la higiene industrial, con excepción de lo que se relacione con la previsión social en el trabajo. A la Semarnat corresponde en su caso el control de establecimientos que realicen actividades de alto riesgo y sus zonas de salvaguarda, así como el impacto ambiental de proyectos de desarrollo previo estudios de riesgo, en los términos que señala la LGEEPA, independientemente de la prevención y control de emisiones de contaminantes a la atmósfera, de la descarga de aguas residuales y de la eliminación de residuos sólidos.

Explícitamente, la Ley General de Salud prescribe, en su artículo 118, frac. I, que la Secretaría de Salud debe determinar los valores de concentración máxima permisible para el ser humano de contaminantes en el ambiente. En materia de salud ocupacional, el artículo 128 señala que el trabajo se ajustará, por lo que a la protección de la salud se refiere, a las normas que al efecto dicten las autoridades sanitarias. En cuanto a responsabilidades, el artículo 129 otorga a la misma Secretaría:

> I. Establecer los criterios para el uso y manejo de substancias, maquinaria, equipos y aparatos con objeto de reducir los riesgos a la salud del personal ocupacionalmente expuesto, poniendo particular énfasis en el manejo de substancias radioactivas y fuentes de radiación.
>
> II. Determinar los límites máximos permisibles de exposición de un trabajador a contaminantes, y coordinar y realizar estudios de toxicología al respecto, y

III. Ejercer junto con los gobiernos de las entidades federativas, el control sanitario sobre los establecimientos en los que se desarrollan actividades ocupacionales.

La Ley Federal del Trabajo, en su título noveno sobre riesgos de trabajo, define dichos riesgos[10] (art. 473) y la enfermedad de trabajo (art. 475); establece las comisiones de seguridad e higiene (art. 509) y las medidas necesarias para prevenir los riesgos de trabajo (art. 512), así como la tabla de enfermedades de trabajo (art. 513). A su vez, el Reglamento Federal de Seguridad, Higiene y Medio Ambiente de Trabajo fija responsabilidades en la Secretaría del Trabajo y Previsión Social, de manera coordinada con la Secretaría de Salud y con las autoridades de los estados y del Gobierno del Distrito Federal (art. 2). Prescribe que la misma Secretaría y las autoridades locales llevarán a cabo los estudios e investigaciones en los lugares de trabajo y los exámenes que estimen convenientes a los trabajadores para identificar y valorar las posibles causas y accidentes de trabajo, y para determinar las alteraciones de su salud (art. 8); asimismo, que dicha Secretaría determinará en el instructivo correspondiente los niveles de contaminación máxima permisible en los centros de trabajo (art. 135). Además, ordena las bases para organizar, tanto servicios preventivos de medicina del trabajo (art. 213, 214) como de seguridad e higiene (art. 217, 218).

La LGEEPA abre dos capítulos de preceptos para regular actividades consideradas de alto riesgo, y materiales y residuos peligrosos, en donde determina las condiciones para establecer industrias, comercios o servicios susceptibles de riesgos ambientales (art. 145), la clasificación de las actividades que deban considerarse de alto riesgo (art. 146), los estudios de riesgo y programas de prevención de accidentes (art. 147), las zonas intermedias de salvaguarda (art. 148) y el manejo de materiales y residuos peligrosos que cuenta con un reglamento, aunque obsoleto e impreciso, pues no distingue la diferencia entre peligro y riesgo, y agrupa en un solo ordenamiento y sin discriminación los conceptos de *sustancia, material, producto, residuo* y *desecho*. La LGEEPA regula el entorno "ambiental" de las actividades industriales.

Podemos apreciar con facilidad que los espacios ambientales, sanitarios y laborales se entrecruzan y forman subconjuntos de difícil configuración y manejo integral. El marco legal por tanto es impreciso, la respuesta institucional, fragmentada, y los programas carecen de vínculos intersectoriales.

---

[10] Los estándares o límites permisibles para la calificación de riesgos son los publicados como TLV *(threshold limit values)* por la ACGIH (American Conference of Governmental Industrial Hygienists).

EL SECTOR AMBIENTAL

Coordinación metropolitana

El movimiento acelerado de urbanización ha provocado una gran concentración de la población y un proceso de "metropolización" de las grandes ciudades. La falta de planeación e instrumentación de las políticas de desarrollo urbano, y en particular la inadecuada asignación de equipamiento y servicios para la atención a las necesidades generadas por estas poblaciones, ha conducido a una degradación —que puede ser irreversible— del ambiente urbano. Han crecido los desniveles sociales resultantes de las condiciones de vida subhumanas, como las malas condiciones de trabajo y vivienda, el desempleo y el subempleo endémico, los riesgos a la salud producto de la falta de saneamiento, la proliferación de vectores de transmisión de enfermedades a partir de residuos sólidos, la contaminación del aire, agua, alimentos, suelo y vivienda.[11]

La coordinación del desarrollo urbano en las zonas metropolitanas, el ordenamiento territorial y el manejo intersectorial de la gestión ambiental son problemas emergentes aún no planteados en el sistema jurídico mexicano y que se transmiten en el ámbito administrativo por medio de convenios y programas de acción interinstitucional, por lo general con más formalidad que efectividad. Es así como las comisiones metropolitanas de las grandes ciudades se encuentran intervenidas por factores políticos, intereses económicos y coyunturas sociales que impiden, retrasan o desvían los alcances de una gestión ambiental adecuada. Los problemas de uso del suelo, de transporte y vialidad, de distribución de agua y energía, de manejo de la basura municipal, y de control de residuos, emisiones y descargas industriales son irreconciliables cuando no existe un plan de ordenamiento territorial o intervienen factores económicos y políticos opuestos. Ante los escasos resultados ya se empiezan a plantear algunas preguntas de difícil respuesta: ¿debe existir una forma de gobierno metropolitano o regional?, ¿es posible la regionalización económica o administrativa del país con sustento jurídico?, ¿la zona metropolitana es una cuenca de desarrollo regional?, ¿la zona metropolitana de la ciudad de México es la zona metropolitana del valle de México?, ¿es vigente el concepto de conurbación? Estos son asuntos del dominio legislativo que las legislaturas no han planteado.

---

[11] El INEGI describe 58 zonas metropolitanas (1995): saturada, la del Valle de México, 11 consolidadas con una población superior a 500 000 habitantes (Toluca, Monterrey, Puebla-Tlaxcala, Tijuana, Ciudad Juárez, León, Guadalajara, La Laguna, Mérida, Querétaro y Cuernavaca), 12 en crecimiento y 34 en formación.

El proceso de urbanización en nuestro país necesita políticas y estrategias que promuevan, consoliden y controlen de manera integral el desarrollo de ciudades y municipios. Por ello, como estrategia para conducir el desarrollo urbano en términos de sustentabilidad, resulta viable y oportuna una visión metropolitana que contribuya a mantener o elevar la calidad de vida en nuestras ciudades. Es preciso, sin embargo, tomar decisiones y prever instrumentos de corte prospectivo —de muy largo plazo— con las implicaciones que esto acarrea ante necesidades inmediatas claramente determinadas y limitantes legislativas y administrativas aún no superadas en nuestras acciones de gobierno; es necesario, además, identificar algunos elementos de apoyo para asumir tal perspectiva, sobre todo en el ámbito de los gobiernos estatales y municipales, y prever su vinculación al desarrollo rural, toda vez que, pese a las enormes diferencias entre estas dos dimensiones —urbana y rural—, existen puntos de interdependencia con efectos recíprocos de intensidad distinta.[12]

Una primera aproximación a la situación urbana del país evidencia un perfil al mismo tiempo contrastante y heterogéneo, entre cuyos parámetros están la concentración desigual de grandes asentamientos humanos, la necesidad creciente de infraestructura física y de servicios, y, por lo común, la preponderancia económica del sector terciario; por otro lado, presenta también una variedad de grados y magnitudes que conforman distintos tipos de ciudades con enormes divergencias y desigualdades, tanto en su interior como en los ámbitos estatal y nacional (Acosta, Foro, 1997).

En términos de calidad de vida, no existe un modelo de gestión ambiental para el desarrollo urbano sustentable puesto que los contextos locales son muy heterogéneos y están sujetos a situaciones de conflicto entre la perspectiva ambiental y la patrimonial respecto de los problemas que ocasiona el desarrollo urbano y, en particular, el de alcance metropolitano.

> Para decirlo de otra forma, el grado de aceptación de las limitaciones y del control de la propiedad privada y de las actividades de la iniciativa privada es muy diferente de una situación a la otra. Esta situación está no solamente ligada a contextos políticos locales, sino también al peso de ciertos actores en las sociedades locales. En este sentido, el análisis de la acción pública ambiental se asemeja a los análisis de la efectividad de la planeación urbana; varias de las herramientas de la política ambiental que tie-

[12] Es necesario llegar a un acuerdo, aún en términos convencionales, para delimitar lo urbano y lo rural, pues el criterio estadístico no coincide con el urbanístico, el sociológico o el demográfico.

nen efectos en la gestión urbana (ordenamientos ecológicos locales, áreas naturales protegidas, zonas intermedias de salvaguarda) implican imposiciones de modalidades a la propiedad privada [Bassols, Melé, 2001].

La visión metropolitana tendrá que ser incluyente, representativa, plural, flexible e integral, y deberá favorecer no sólo los aspectos físicos relacionados con el territorio, sino también sus ámbitos económico, ecológico y social, sobre todo en el aspecto preventivo y de planeación de corto, mediano y largo plazos.

A principios de la década de los sesenta, Lewis Mumford escribió que las megalópolis se estaban convirtiendo rápidamente en la forma universal de desarrollo urbano, que la economía dominante era la economía metropolitana y que ninguna empresa efectiva podría subsistir sin una relación estrecha con la gran ciudad, sin importar si éstas debían llamarse megalópolis, megaciudades, ciudades globales, zonas metropolitanas o metrópolis [Cortés, 1997].

Ello se debe a que su lugar en las jerarquías nacional e internacional se asocia al crecimiento de su capacidad económica, y a que las actividades terciarias ocupan cada vez un lugar preponderante en la expansión económica de los países y se transforma radicalmente la tradicional división del trabajo.

La combinación de la dispersión espacial y la integración global ha creado una nueva función estratégica para las principales ciudades, las cuales ahora funcionan como centros de control de grandes fuentes de recursos. Además, ha cambiado su estructura económica y social en diferentes vertientes, pues son la sede de las principales organizaciones que guían la economía y de los poderes políticos, así como lugares clave para el establecimiento de servicios especializados que reemplazaron a las manufacturas como guía del desarrollo económico, lugares de producción de innovaciones, centros de diversas actividades culturales y lugares de alto consumo de los avances tecnológicos. Todos estos aspectos influyen en la forma de las ciudades y demuestran que aparece un nuevo tipo de ciudad: "la ciudad sin fronteras", que trae consigo otro nuevo paradigma: "la ciudad invisible". Para entender la estructura físico-espacial del futuro en las ciudades, es necesario comprender que ahí es donde podrán llevarse a cabo ciertos tipos de trabajos muy especializados y que las zonas metropolitanas que tendrán éxito serán las que encuentren de manera rápida su vocación en el nuevo juego de las fuerzas del mercado y la cultura. En muchas ocasiones, el talento y la creatividad en la administración de dichas zonas metropolitanas puede ayudar a elevar sus posibilidades de convertirse en puntos de atracción (Cortés, 1997).

A pesar del diseño de programas de desarrollo urbano aplicables a gran parte de las mayores ciudades del país (por parte de la SAHOP, luego de la Sedue y ahora de la Sedesol y los gobiernos locales involucrados), no existe un cuerpo de políticas públicas que les ofrezca un cauce de racionalidad ambiental o de sustentabilidad de largo plazo, lo que explica el visible deterioro en la calidad de vida tanto en ciudades medianas como en las que se encuentran en proceso de metropolización. Aparte de algunos programas de gestión de la calidad del aire y de proyectos aislados de tratamiento de aguas residuales, así como de restauración o remediación de suelos, las políticas ambientales del gobierno federal no han logrado orientar y reforzar a las administraciones locales en aspectos tan importantes como el establecimiento y manejo de zonas de conservación ecológica, zonas de salvaguarda en torno a instalaciones de alto riesgo, sistemas de transporte regionales y urbanos de bajo impacto ambiental, manejo integral de residuos y tratamiento de aguas residuales. Las carencias en infraestructura ambiental dificultan el cumplimiento de la normatividad, las cuales, en ausencia de cambios sustantivos, exacerbarán los problemas ante la continuación del rápido proceso de urbanización que inevitablemente observará nuestro país en las próximas décadas (Céspedes, 2000).

Hoy en día, los ordenamientos locales tienen en teoría la capacidad de imponerse en función de las competencias de control sobre el uso del suelo que el artículo 115 de la Constitución otorga a los municipios. No obstante, persiste una cierta ambigüedad entre dos formas de concebir la relación entre planeación urbana y ordenamiento ecológico.

> Sin embargo, si los planes de desarrollo urbano se generalizan y refuerzan su capacidad de imponerse a las acciones publicas y privadas, en los casos estudiados no hemos encontrado un proceso dinámico de ordenamiento ecológico del territorio que replantee los objetivos de la planeación urbana y condicione las visiones de la urbanización a largo plazo. Cuando existe una dinámica tendiente a la creación de instrumentos de ordenamiento ecológico del territorio y ésta se desarrolla en forma paralela a los programas de desarrollo urbanos, tampoco constituyen realmente un momento de identificación y de difusión del valor de ciertos espacios naturales fuera del ámbito de sus promotores. Son muchas veces consultores, desplazados de la planeación urbana, quienes toman a su cargo los ejercicios de ordenamiento ecológico del territo-

rio (caso de Monterrey); en otros casos ciertos procesos de planeación urbana pueden intentar reforzar su legitimidad enarbolando también la bandera del ordenamiento ecológico del territorio (caso Matamoros). A esto se agrega que la idea de lo que tiene que ser un ordenamiento ecológico del territorio en un contexto urbano es poco debatida entre los actos de la gestión ambiental [...] El orden jurídico ambiental ha tenido más impacto en la generación de nuevas instituciones que en la introducción de reformas en las instituciones preexistentes, lo que tendría que ser una de sus principales metas y verosímilmente la única forma de influir realmente sobre las formas mismas de la urbanización, como lo subrayaba Antonio Azuela. Pudimos documentar en todos los casos una falta de integración y la no interiorización de las preocupaciones ambientales en las actividades de gestión y de planeación urbana [Bassols, Melé, 2001].

La dinámica de nuestras ciudades medianas y grandes está imbricada con procesos regionales que con frecuencia rebasan la territorialidad político-administrativa de los municipios conurbados, y aun del estado. Esta imbricación genera complejos fenómenos de insustentabilidad y desequilibrio regional, como las crecientes asimetrías entre la ubicación espacial de los recursos y la población; las presiones excesivas sobre su medio físico circundante y sobre sistemas ecológicos regionales; los intereses encontrados entre el uso del suelo-urbano frente al agrícola, los usos del agua (urbano, industrial, agrícola); y los crecientes riesgos para la conservación de flora y fauna, por mencionar sólo los procesos más graves y comunes (Provencio, Foro 1997).

Las ciudades exigen la creación de infraestructura y grandes equipamientos urbanos, así como la prestación de un mayor número de servicios con mejor calidad. Además, la modificación sustancial a las formas de convivencia humana que la urbanización genera hacen necesario un replanteamiento de las responsabilidades del gobierno. La expansión de las ciudades evidencia la existencia de derechos antes no reconocidos, como el derecho a un ambiente no contaminado, espacios públicos para la recreación y el deporte, equilibrio ecológico, etc., sin cuya protección y garantía la vida en las zonas urbanas será humanamente imposible. Todo esto exige de la administración pública local mayor capacidad para movilizar y gestionar recursos, así como profundas innovaciones en sus políticas (Nacif, 1992).

Las presiones sobre los recursos y el deterioro no son un simple efecto de la concentración urbana, más bien expresan un modelo de desarrollo urbano caracterizado por severos procesos de insustentabilidad, entre los que destacan:

- crecimientos urbanos caóticos sin ordenamiento territorial que dirija y acote su expansión,
- patrones desmesurados de consumo, en los que no se asume el costo real de recursos naturales estratégicos, en especial del agua,
- actividades industriales y de servicios carentes de tecnologías limpias, que no incorporan la ecoeficiencia, como es el caso del reciclaje y el pleno aprovechamiento de los insumos y subproductos,
- ausencia crónica de infraestructura ambiental para el tratamiento de residuos, descargas de aguas residuales, etcétera, y
- desequilibrios crecientes en los sistemas de transporte (Provencio, Foro 1997).

La Ley General de Asentamientos Humanos prevé la existencia de las comisiones de conurbación[13] en los casos en que un área urbana involucra a varios municipios o entidades federativas, como sucede en la ciudad de México entre el Gobierno del Distrito Federal y varios municipios del Estado de México. Sin embargo, estas asociaciones han probado ser poco eficaces para resolver los problemas de coordinación entre varias unidades de gobierno. Esto se debe a que las comisiones de conurbación son arreglos muy frágiles que se basan en la asociación voluntaria de unidades independientes. Sus miembros pueden prácticamente vetar cualquier iniciativa que no les satisfaga y sus prioridades suelen ser distintas, además de que la gestión ambiental no es exclusiva de una unidad administrativa, por lo que se complica la coordinación intergubernamental.

Se ha señalado que una forma de consolidación es la federación metropolitana ensayada en grandes ciudades como Montreal. La federación metropolitana se basa en la creación de una unidad gubernamental superior para toda una zona urbana, que comparte responsabilidades con los pequeños gobiernos locales preexistentes. La entidad superior determina prioridades regionales, coordina la toma de decisiones en el ámbito local y provee un foro para la resolución de conflictos entre las unidades locales. Se promueve la división de funciones entre las diferentes unidades de gobierno. La entidad superior se encarga de la prestación de servicios regionales, es decir, de las actividades que permiten aprovechar economías de

[13] Artículo 23: "La comisión de conurbación [...] tendrá carácter permanente y en ella participarán la Federación, las entidades federativas y los municipios respectivos. Dicha comisión [...] funcionará como mecanismo de coordinación institucional y de concertación de acciones e inversiones con los sectores social y privado. Dicha comisión formulará y aprobará el programa de ordenación de la zona conurbada, así como gestionará y evaluará su cumplimiento".

escala. Las unidades participantes se concentran en los servicios que se administran mejor en la localidad (Nacif, 1992).

Desde una perspectiva urbano-industrial, la reordenación espacial que generan los procesos de conurbación también expresa la conformación de una nueva geografía industrial que tendrá efectos directos sobre la sustentabilidad de las regiones del país. Algunos rasgos de esta nueva geografía son:

- Las tres principales metrópolis del país —ciudades de México, Guadalajara y Monterrey— observan una significativa dinámica industrial que implica una clara transición de espacio metropolitano a megalópolis.
- Estas tendencias se fomentan con la expansión radial de vías de comunicación que permiten un enlace expedito entre el centro metropolitano y sus ciudades periféricas.
- En paralelo, emergen un conjunto de regiones urbanas polinucleares de elevada complementariedad interna: centros urbanos fronterizos, ciudades intermedias, centros turísticos y puertos marítimos (Provencio, Foro 1997).

En diversos documentos de carácter académico u oficial es frecuente encontrar diferencias en cuanto al número de municipios conurbados que integran la Zona Metropolitana de la Ciudad de México (ZMCM). De acuerdo con la temática, por ejemplo, para el desarrollo urbano y transporte se considera a la ZMCM integrada por las 16 demarcaciones del Distrito Federal y de 34 o 57 municipios del Estado de México. Sin embargo, en el caso de programas de gestión de la calidad del aire e inventarios de emisiones se considera, casi por tradición, al Distrito Federal y 18 municipios conurbados; empero, en algunas normas oficiales mexicanas, por ejemplo las referentes a la instalación de sistemas de recuperación de vapores en gasolineras, se consideran las 16 delegaciones del DF y 36 municipios. También se observa esta discrepancia en documentos oficiales, en donde, según el organismo que publique (INEGI, Conapo, Sedesol, Cometha), el número de municipios varía de 34 a 38 o 54. Otra situación que se identifica es que dentro de un mismo documento se utilizan indistintamente los términos "Zona Metropolitana de la Ciudad de México" y "Zona Metropolitana del Valle de México" (ZMVM); la situación se complica cuando se incorporan los términos zona urbana, zona suburbana, zona conurbada, área conurbada, área metropolitana de la ciudad o del valle de México, sin precisar sus diferencias y manejándose como si fueran sinónimos (Zavaleta, 2002). Las acepciones más utilizadas para delimitar el ámbito territorial metropolitano de la ciudad de México son las siguientes: en primer lugar, la Comisión Ambiental Metropolitana (CAM), creada en 1992, que incluye en su circunscripción el Distrito Federal y 18 municipios colindantes del Estado de México para constituir la Zona Metropolitana de la Ciudad de México (ZMCM).[14] En segundo lugar, la Zona Metropolitana del Valle de México (ZMVM), que, según el Instituto Nacional de Estadística, Geografía e Informática (INEGI), contabiliza las 16 delegaciones políticas del Distrito Federal y 34 municipios conurbados del Estado de México. Este ámbito se sustenta en el criterio de conurbación directa entre centros urbanos del Distrito Federal y del Estado de México desarrollado por el INEGI con motivo del XII Censo de Población y Vivienda de 2000. En tercer lugar están las estimaciones vertidas en el Programa de Ordenación de la Zona Metropolitana de 1997, que comprenden las 16 demarcaciones del Distrito Federal, 58 municipios del Estado de México y uno más del Estado de Hidalgo (Tizayuca).[15] En cuarto lugar debe mencionarse la circunscripción de la delegación de la Profepa en la zona metropolitana del Valle de México que comprende el Distrito Federal y 19 municipios conurbados del Estado de México *(DOF*, 21 de enero de 2003).

Además, hay que tomar en cuenta de manera muy importante la Comisión Ejecutiva de Coordinación Metropolitana (2000), creada precisamente para articular las comisiones metropolitanas establecidas mediante convenios de coordinación en materias de interés común con el Gobierno del Estado de México y el Ejecutivo Federal: las comisiones metropolitanas de agua y drenaje, de transporte y vialidad, de seguridad pública y procuración de justicia (1994) y de asentamientos humanos (1995). En marzo de 2000 se crea la Comisión Metropolitana de Protección Civil y se reactiva la Comisión Metropolitana de Seguridad Pública y Procuración de Justicia. Todas ellas con circunscripciones variables según los convenios o proyectos de interés común.

[14] El gobierno del Estado de México elaboró en 1986 su plan estatal de desarrollo urbano. En él se incluyó el llamado Valle Cuautitlán-Texcoco conformado por 17 municipios denominados Zona Conurbada de la Ciudad de México. Tal definición se adoptó en diversos discursos oficiales y prácticas de planeación, y llegó a obtener, junto con la superficie del Distrito Federal, el nombre común de ZMCM (Sobrino, 1993).

[15] El área de influencia puede corresponder con la zona conurbada y asentamientos de población que se vinculan al desarrollo urbano de la ciudad de México para efectos de los programas de contingencias y desechos. Comprendería los 100 municipios de los estados de México (56), Hidalgo (39), Tlaxcala (4) y Puebla (1), así como las 16 delegaciones del DF que forman la cuenca hidrológica y que es manejada por el Consejo de Cuenca del Valle de México. Puede tener diferentes alcances en la cuenca atmosférica según sea para supervisión, para modelar o para inventarios. Los residuos peligrosos no tienen cuenca.

Por su parte el Gobierno del Estado de México crea la Coordinación General de Asuntos Metropolitanos.

Ante el desarrollo actual de la zona conurbada de la ciudad de México, es imprescindible diseñar un cuarto nivel de "gobierno", el metropolitano. Sin embargo, el proceso de descentralización apunta a un modelo federalista típico hacia el municipio y no incorpora un nivel metropolitano y regional, además de que no se da prioridad para fortalecer las estructuras de gestión locales, con capacitación, presupuesto y delimitación clara de sus competencias. El concepto de zona conurbada refleja una interpretación fisiográfica de la mancha urbana, lo que es insuficiente para entender los alcances de una cuenca urbana, atmosférica o hidrológica. Menos aún permite adoptar un enfoque regional de la gestión ambiental metropolitana.

La Comisión Ambiental Metropolitana es una comisión interinstitucional de coordinación que en sus doce años de operación debería convertirse en un organismo de ejecución con autonomía de gestión, descentralizado tanto del gobierno federal como de los gobiernos locales implicados en la gestión ambiental de la zona metropolitana de la ciudad de México, aunque al presente no haya bases constitucionales suficientes para una figura jurídica de esta naturaleza. Una vez más, los hechos rebasan al derecho e inducen la búsqueda de normas más flexibles.

Al respecto, el articulo 5°, frac. XX, de la LGEEPA señala como atribución de la federación "la atención de los asuntos que afecten el equilibrio ecológico de dos o más entidades federativas", de donde se desprende que el gobierno federal es la autoridad ambiental con competencia para enfrentar los problemas ecológicos de la Zona Metropolitana del Valle de México. Con esta base surge la opción de reestructurar la CAM como una comisión intersecretarial del gobierno federal, lo que está previsto en el artículo 21 de la LOAPF, o, como ya apuntamos, un organismo mixto descentralizado.

La reestructuración de la Comisión Ambiental Metropolitana debe tomar en cuenta que la solución de los problemas del entorno rebasan con mucho los periodos administrativos habituales y por ello requieren una planeación de mediano y largo plazos que sólo se modifique en función de sus resultados y no de la discreción de sus funcionarios en turno. El caso concreto de la CAM presenta un problema adicional si se considera la diversidad de periodos administrativos de las diversas instancias. Baste recordar que las autoridades municipales del Estado de México y las delegacionales del Distrito Federal tienen una vigencia trianual, mientras que los gobiernos locales del Estado de México y del Distrito Federal, lo mismo que la administración pública federal, tienen una duración sexenal, y sus periodos de gestión no tienen una correspondencia cronológica.[16]

Al considerar la complejidad sociopolítica del área metropolitana del Valle de México, que incluye tanto al gobierno federal como al del Estado de México, como entidad libre y soberana de la Unión; al Distrito Federal con su estatuto propio, *sui géneris;* diversos municipios libres y las estructuras delegacionales, hoy en día en acercamiento a una figura municipal, la integración de la CAM debe plantearse en forma dinámica, como un primer paso hacia la administración regional. Por otra parte, los problemas ambientales del Valle de México, como los problemas ambientales en general, no pueden ser resueltos por una sola instancia administrativa gubernamental, pues inciden en diversos aspectos sectorialmente encomendados a áreas diferentes de la administración pública, como es el caso del agua y del transporte.

Dentro del marco de la Ley de Planeación, el artículo 14 señala la posibilidad de realizar programas regionales con la coordinación de los estados y municipios afectados, los cuales tendrán carácter obligatorio y cuya definición se detalla en el artículo 34 de la misma Ley. Además, el artículo 37 indica la posibilidad de concertar acciones con los sectores social y privado, cuyos acuerdos de concertación tendrán carácter obligatorio, como señala el artículo 38. Con esta base jurídica, el plan de acción de la CAM sería de índole regional y quedaría dentro de los programas que se derivan del Plan Nacional de Desarrollo del Ejecutivo Federal, y la participación del Estado de México y del Distrito Federal debería incluirse en sus estrategias de desarrollo, lo mismo que la participación específica de los municipios conurbados, dentro de los planes municipales (?) de desarrollo. Sin embargo, el Plan Nacional de Desarrollo 2001-2006 contempla una perspectiva regional diferente, pues la región centro está constituida, además, por los estados de Morelos, Puebla, Tlaxcala, Hidalgo y, en forma compartida, Querétaro. Para que lo ambiental deje de "competir" con las políticas económicas, debe adoptarse en la práctica (no sólo en el discurso) el enfoque, perspectiva, modo de producción o modelo económico sustentable, por lo que, en una siguiente etapa, en la que la CAM de verdad consolide una dinámica de funcionamiento eficiente y eficaz, debe conformarse, en un ámbito de mayor alcance, como "comisión metropolitana de desarrollo sustentable".

---

[16] Frente a esta diversidad, cabe agregar las diferentes posiciones políticas de los partidos representados en las estructuras participantes, lo que provoca un alto grado de entropía en la toma de decisiones colegiadas.

Lacy identifica los problemas más importantes que enfrenta la gestión ambiental metropolitana al señalar que existen diferencias socioeconómicas, culturales y ambientales entre los distintos municipios (o delegaciones, en el caso del Distrito Federal) que conforman una zona metropolitana. También dentro de un mismo municipio es frecuente encontrar diferencias de este tipo, sin embargo, la administración municipal identifica problemas y orienta prioridades en el propio consejo municipal, por lo que es más frecuente que la percepción de un problema varíe entre distintas entidades administrativas. Esto se refleja con claridad en las distintas prioridades de atención a los problemas urbanos. En la ciudad de México, las desigualdades de este tipo se reflejan en la importancia que se da a cuestiones ambientales en las delegaciones de Álvaro Obregón, Benito Juárez, Cuauhtémoc, Miguel Hidalgo y Tlalpan, habitadas en su mayor parte por personas de alto nivel educativo y cultural, e ingresos medios y altos, frente a la percepción de lo ambiental en las delegaciones del norte y el oriente de la ciudad, en donde las carencias relegan lo ambiental a segundos planos. En los municipios del Estado de México que forman parte de la zona metropolitana existen diferentes percepciones o preocupaciones de lo ambiental en los residentes de Naucalpan, Huixquilucan o Atizapán, también de ingresos medios y altos, con buenos indicadores de urbanización, y en los del Valle de Chalco, Nezahualcóyotl o Ecatepec, cuyas preocupaciones más inmediatas no son las ambientales, sino la introducción de servicios públicos, por citar una prioridad.

> Las diferencias socioculturales y económicas generan una percepción distinta de los problemas ambientales de los distintos grupos, a la vez que las preocupaciones y demandas ciudadanas se ven modificadas también por la satisfacción o insatisfacción de necesidades que tradicionalmente consideramos primarias, como el empleo, la vivienda o los servicios públicos. Las diferencias mencionadas anteriormente generan distintas prioridades de atención por parte de la administración municipal y distintos niveles de compromiso ante programas regionales o metropolitanos. En municipios con graves carencias, la administración pública está más preocupada por solucionar problemas sociales como delincuencia, pandillerismo, alcoholismo o drogadicción, o por la introducción de servicios públicos, como el agua potable y el alcantarillado, el alumbrado público, o quizás por el mantenimiento de escuelas y de áreas recreativas. Los residentes de estos municipios, aún si son conscientes de la gravedad de los problemas ambientales y de la urgencia de su atención, demandan la importancia de estos temas en los presupuestos de municipios como Huixquilucan o Naucalpan, en el Estado de México, Miguel Hidalgo y Tlalpan, en el Distrito Federal, Garza García en Nuevo León o Zapopan en Jalisco. (Foro 1997)

Las prioridades se asocian a la satisfacción de demandas. Las demandas, como apuntamos ya, son producto de la percepción de la población y no por fuerza coinciden con las necesidades reales, aunque sean del todo evidentes.[17] Lo ambiental aún se considera una necesidad secundaria en la mayoría de los municipios.

Otro problema para la gestión ambiental municipal, apunta Lacy, lo representan las distintas e imprecisas competencias entre las dependencias federales y los gobiernos y municipales. Entre los gobiernos estatales y la federación aún existen áreas de traslape en el campo de la industria, mientras que en los casos de descentralización de algunas actividades, como el manejo de los parques nacionales, a menudo la queja de los gobiernos estatales es que se les transfiere el problema sin los recursos correspondientes.[18]

Por otra parte, Nacif advierte un desfase entre expectativas y demandas, por un lado, y las posibilidades de acción inmediata, por otro, lo que explica el decaimiento de las autoridades locales. Su incapacidad para resolver las cuestiones fundamentales en el ámbito territorial conduce a una crisis de gobernabilidad. Dicha crisis se vincula al agotamiento del modelo centralista de administración pública. El sistema imperante de distribución intergubernamental de funciones y recursos es ya obsoleto en un contexto que plantea la necesidad de un mayor acercamiento entre las instancias que toman decisiones y el ámbito territorial en el cual se generan las demandas y se gestiona la producción de bienes y servicios públicos. La diferenciación regional del gobierno es relevante en este contexto (Nacif, 1992).

El municipio, base de la organización político-administrativa de los estados y célula de nuestro sistema federal, es el espacio privilegiado para armonizar el desarrollo urbano de las regiones y los estados. Sus elementos son pueblo, territorio y gobierno. Las leyes de nuestro país le reconocen competencia en materia de desarrollo urbano. Esta visión tiene fundamento en un conjunto de bases jurídicas que le dan legalidad, y de recursos político-administrativos que le dan legitimidad (Acosta, 1997). Agregamos que en la perspectiva ambiental hay diferentes tipos

---

[17] Los acontecimientos recientes en las obras de vialidad del Gobierno del Distrito Federal y la contaminación de aguas costeras en zonas turísticas del país, que provocaron conflictos entre autoridades federales y locales, dan muestra palpable de estas diferencias. En ambos casos, la desinformación de la población y su perspectiva focalizada, así como el predominio de valores económicos, fueron determinantes en el escaso interés por los problemas ambientales.

[18] Es necesario insistir en que la transferencia de facultades de la Federación a las entidades federativas no se acompaña de los recursos correspondientes para afrontar las nuevas responsabilidades, y además tampoco existen estudios cuidadosos de la capacidad jurídica, técnica y social de los estados y municipios para recibir las nuevas obligaciones, ni se adoptó el consenso de la población o de los grupos de interés para dar congruencia al proceso de descentralización.

regionales de municipios y dentro de ellos, formas diferentes de manejo que hacen permeables sus límites convencionales.

Municipios y ciudades en conflicto

La globalización tiende a limitar la actuación económica de los estados nacionales y otorga un nuevo y protagónico papel a las regiones y a las redes de ciudades. La revolución tecnológica permite acortar las distancias, y los flujos de capital financiero condicionan el rumbo de las economías nacionales. La crisis del modelo de bienestar impulsa profundas reformas del Estado y transfiere mayores responsabilidades al ámbito de lo local. La revaloración de los sistemas de gobierno democráticos señala al municipio[19] como el ámbito más próximo a la ciudadanía y, por ende, el espacio privilegiado para avanzar en la construcción de la democracia social (Ziccardi, 2000).

El municipio mexicano no ha desempeñado un papel activo de importancia en la regulación de los impactos ambientales de la actividad humana, pero, por su relación cercana con las comunidades locales, conserva un potencial social considerable, el cual puede transformarse en activos protagonismos para abrir o reabrir, en determinadas coyunturas, el debate sobre las cuestiones ambientales en el municipio y modificar la toma de decisiones, vertical y autoritaria. Baste recordar que, por su diseño político, el ayuntamiento es una de las instituciones que ofrece mejores oportunidades para representar los intereses de la comunidad y, al mismo tiempo, para proporcionar la participación ciudadana en tantos ámbitos como permita la imaginación política y la adecuada relación entre autoridades y gobernados (Merino, Foro, 1997).

En algunos países existen grandes diferencias sobre el papel y las atribuciones asignadas a los gobiernos locales. De esta manera se distinguen los sistemas británico, federal e isleño. En el primer caso se incluye Inglaterra, Gales y Escocia; en el segundo, Estados Unidos, Canadá y Australia (países por cierto con enormes dimensiones); y el tercer sistema es propio de Nueva Zelanda y Fidji. Japón muestra una mezcla de las tres formas de organización. A pesar de las diferencias, parece existir una característica común: los servicios públicos, en particular los ambientales, con fundamento en el uso de la tierra (como carreteras, servicios de agua y alcantarillado

---

[19] El municipio es una colectividad territorial relativamente autónoma, descentralizada administrativa, financiera y políticamente, pero circunscrita en la estructura jurídico-administrativa de cada estado y sometida, por tanto, al régimen jurídico unitario interno (Díez de Urdanivia, 2003).

y transporte público), son por lo general funciones locales. Esto no resulta tan evidente, en cambio, para servicios personales, como educación, servicios sociales y vivienda. En estos casos, el sistema británico de gobierno local, con unidades más grandes e integradas, se ocupa de tales servicios; mientras que en el sistema federal estas funciones pueden estar a cargo del gobierno central, del estatal o de organismos *ad hoc*. Por último, en el sistema isleño, con unidades de gobierno local más pequeñas, estas funciones por lo general están a cargo del gobierno central.

La causa principal de estas diferencias parece de carácter espacial-demográfico, toda vez que la prestación eficiente de algunos de los servicios personales requiere umbrales mínimos de concentración de población. La definición de esta población mínima depende de circunstancias diversas; sin embargo, la Real Comisión del Gobierno Local en Inglaterra sugirió, en 1969, que el tamaño mínimo para que los gobiernos locales se ocuparan de la prestación de los servicios personales era de 250 000 habitantes (Gutiérrez, 1994).

En México existe una gran diversidad en lo que al tamaño de los gobiernos municipales se refiere, tanto en términos territoriales como demográficos. En algunos estados hay una gran fragmentación de las unidades de gobierno que ha dado lugar a municipios con una población pequeña y donde los recursos disponibles son sumamente escasos. Estos municipios están lejos de construir unidades sociodemográficas óptimas. Su tamaño es un obstáculo para que se conviertan en administradores de servicios técnicamente complejos, que no pueden gestionarse salvo a partir de cierta escala. En estos casos, la descentralización municipal es impensable sin cierta forma de consolidación. En el otro extremo se encuentran los municipios de las zonas muy urbanizadas que sufren problemas de sobrepoblación y en condiciones de asumir funciones complejas administradas por los gobiernos federal y estatal. Las políticas de descentralización en estos casos pueden llegar mucho más lejos de lo que hasta ahora se ha intentado. Sin embargo, los municipios de las áreas muy urbanizadas carecen de medios institucionales efectivos para solucionar problemas que comparten. La coordinación de gobiernos locales en las grandes ciudades es asequible mediante la adopción de formas intermedias de consolidación. Sin embargo, el sistema federal en México rigidiza la división territorial de la administración pública. La Constitución prohíbe la creación de autoridades intermedias entre municipios y estados (Nacif, 1992).

Cada municipio constituye una unidad económica y demográfica que absorbe recursos de la sociedad y los transforma en bienes y servicios públicos (Hahn y Levine, 1984). El desarrollo económico y la urbanización han alterado la estructura interna de estas unidades y el entorno en el cual operan. El número y el tamaño de los municipios plantean diversos problemas a la gestión pública. La fragmentación excesiva de los gobiernos locales es costosa. No permite que se generen economías a escala (disminución de los costos unitarios en virtud del aumento de producción) en la provisión de servicios urbanos; incrementa las desigualdades en la prestación de dichos servicios; aumenta las disparidades fiscales y da lugar a lo que los economistas llaman "externalidades" negativas, es decir, costos que generan entre sí unidades de gobierno que toman decisiones independientes y sin coordinación (Nacif, 1992).

El sistema fiscal que rige las finanzas de los gobiernos municipales desempeña un papel clave en las relaciones intergubernamentales. Ante las grandes dificultades para incrementar sus ingresos propios, los gobiernos municipales se ven obligados a recurrir a la administración central con el objetivo de obtener recursos para satisfacer las crecientes demandas de infraestructura urbana y servicios públicos.[20] Básicamente existen tres modalidades mediante las cuales la federación canaliza recursos a las municipalidades: en primer lugar, inversiones realizadas por las propias dependencias del gobierno central o sus empresas públicas; en segundo, transferencias del gobierno federal a programas específicos federalmente definidos, administrados por los estados o, a la larga, los municipios; y por último, transferencias en cuyo uso los gobiernos municipales no tienen restricciones.

La pertenencia de un municipio a una región —rural, urbana, metropolitana, indígena, fronteriza— es un dato de fundamental importancia para conocer su vocación económica. Interesa saber qué características naturales y ambientales poseen su territorio y su entorno, cuáles son las capacidades educacionales y culturales de sus habitantes y qué nivel de vida prevalece en él, cuáles son las bases de su identidad cultural, y de qué manera se organiza y cómo participa en la elección de sus representantes (Ziccardi, 2000).

Todo esto conduce al viejo principio de subsidiariedad; es decir, hacer localmente todo lo que se pueda hacer mejor que en lo regional, y hacer regionalmente todo lo que se pueda hacer mejor que en lo nacional. Esto no supone, por tanto, descentralizar paquetes completos de funciones como si todos los municipios tuvieran las mismas características, sino permitir que sean los pro-

[20] La reforma municipal favorece a los gobiernos estatales y no a los municipios. Sin embargo, esto obliga a los municipios a ser más creativos y agresivos para encontrar la forma de cumplir con sus obligaciones para con la comunidad mediante la generación local de ingresos. Así se creó en México un nuevo tipo de gobierno municipal, en efecto mucho más cercano al precepto constitucional del municipio libre (Rodríguez, 1999).

pios gobiernos municipales los que establezcan, en particular, el tipo de descentralización que necesitan (nadie mejor que los gobiernos locales para saber sus problemas y capacidades), y entonces, efectivamente, dejar atrás la vieja discusión de la incapacidad municipal. Nadie mejor que los gobiernos locales para saber hasta dónde pueden llegar, y ellos mismos pueden formular su "listado de verificación", es decir, qué es lo que de verdad pueden hacer mejor y demostrarlo, y una vez demostrado, aplicar el principio de subsidiariedad (Mendoza, 1996).

Uno de los conflictos más importantes en la acción pública es la concurrencia del gobierno federal y los gobiernos locales en materia ambiental, en particular lo referente al territorio de los municipios y las ciudades. En el momento en que la acción pública, determinada por la legislación y los planes y programas de gobierno, se aplica en un territorio determinado, existe un conflicto potencial con los actores que ocupan, viven, se apropian o se quieren apropiar del territorio. En este sentido, los conflictos son una forma de la territorialización de la acción pública urbana y de la construcción de la relación/integración de los habitantes a la ciudad y al espacio urbano. Podemos considerar que los conflictos constituyen momentos de dramatización de la relación entre los habitantes y el orden jurídico urbano-ambiental; que los conflictos constituyen momentos críticos del debate público y que además los asuntos ambientales pueden provocar intensos debates en torno a la ley y la acción pública. Con temporalidades y dinamismos diferentes, asistimos a la introducción del campo de la ecología o del ambiente como elemento importante de la acción pública urbana. Esta inclusión se sitúa al nivel del análisis de la estructuración e institucionalización de la acción pública: no se puede inferir directamente el mismo cuidado de las afectaciones al ambiente en todas las situaciones locales.

La construcción local de la legitimidad de la acción pública ambiental no significa un reforzamiento instrumental o infraestructural automático del cuidado del ambiente. Antes de arribar a ello presenciamos una construcción local de la legitimidad que constituye un fenómeno discursivo orientado a definir la agenda ambiental y el marco político-administrativo; es decir, un proceso de incorporación de la dimensión ambiental por parte de los actores —como cuestión socialmente problematizada— en la agenda pública local. En el mejor de los casos, desde un enfoque de construcción de las políticas públicas, se puede decir que el siguiente paso es que éstas generen capacidad de negociación y establezcan las bases de su capacidad de acción. No se puede hablar de una ciudad sustentable en nuestros días en tanto la ciudad sea un "ecosistema artificial humano", depredador y consumidor de recursos naturales, y la organización del espacio urbano se rija por criterios especulativos y corporativistas. En todo caso, es mejor referirse a prácticas que fortalezcan la propia sustentabilidad de una ciudad en el largo plazo y que contribuyan a evitar un mayor deterioro ecológico en los ámbitos nacional y mundial (Bassols, Melé, 2001).

Respecto de estados y municipios, la centralización administrativa en las autoridades federales inhibe el desarrollo de las capacidades locales en la gestión ambiental. Después de 30 años de legislación ambiental, la mayoría de los estados y municipios aún carece inaceptablemente de estructuras administrativas sólidas y eficientes para enfrentar sus responsabilidades. Con las reformas de 1983 y de 1999 al artículo 115 Constitucional, que otorgan más atribuciones a los municipios en materia ambiental, es urgente que los procesos de descentralización en el ámbito jurídico y administrativo se realicen de acuerdo con un nuevo arreglo federal en el que las autoridades locales asuman el cumplimiento de sus responsabilidades, y las federales atiendan los asuntos que de verdad trasciendan los límites territoriales de un solo estado o sean de interés estratégico para el país (Céspedes, 2000).

El caso de las zonas urbanas conurbadas en las ciudades metropolitanas es peor, pues ni siquiera cuentan con identidad propia respecto del núcleo urbano de pertenencia. Son ciudades satélite, si se les considera del centro a la periferia, o ciudades "arrimadas", si se les ve desde la otra perspectiva. Es inevitable que los intereses en conflicto, de vialidad, transporte, asentamientos humanos e industriales, servicios públicos, mantos freáticos y uso del agua, entre muchos otros, repercutan en conflictos ambientales y dificultades de manejo. Las comisiones de conurbación y los organismos operadores de agua dan muestra de estas dificultades.

V. GESTIÓN INTERGUBERNAMENTAL

Los beneficios esperados a raíz de la integración de México a la economía global son significativos e incluso algunos de ellos son ya evidentes. Sin embargo, las políticas macroeconómicas —el instrumento principal para lograr dicha integración— revertirán estos beneficios esperados en favor de la sociedad mexicana sólo si los territorios del país se vuelven productivos y competitivos en un contexto global. En ausencia de sistemas de infraestructura congruente y modernos, sin una adecuada distribución de servicios comerciales y domésticos en todo el país, sin las medidas correctas para protegerse contra la acumulación de desequilibrios, que en última instancia perjudicaría los presupuestos públicos y la competitividad, las ciudades mexicanas así como todos sus territorios encontrarán dificultades para la integración o la generación de nuevas actividades. [OCDE, 1998]

EL INFORME Deil Wright sobre el desarrollo de las relaciones entre el gobierno central y los gobiernos locales en los Estados Unidos de América, desde las primeras 13 colonias hasta las Reglas del Juez Dillon de Iowa[1] en el decenio de 1860, ofrece una experiencia muy rica en las relaciones intergubernamentales para los países que adoptaron el federalismo como forma republicana de gobierno. Es así como el modelo de autoridad coordinada descrito en su estudio prevaleció en la Unión Americana hasta el *New Deal* de Franklin D. Roosevelt, que surge como respuesta gubernamental a la depresión económico-financiera de 1929.[2] En adelante, la búsqueda de un modelo de gestión pública con autoridades traslapadas ha sido la constante en la administración pública estadounidense, en donde la concurrencia

---

[1] • Las entidades locales son hijas del Estado, sometidas a la creación y abolición a discreción absoluta del estado (salvo limitaciones constitucionales).
  • Las localidades sólo pueden ejercer los poderes que les han sido expresamente concedidos.
  • Las localidades son "simples inquilinos, a merced de la voluntad de la legislatura".

[2] El *New Deal* de la administración de Roosevelt supuso una completa negación del *laissez faire* al postular un grado de control gubernativo por parte de Washington, mucho mayor que los utilizados hasta entonces en el sistema estadounidense (Faya, 1998).

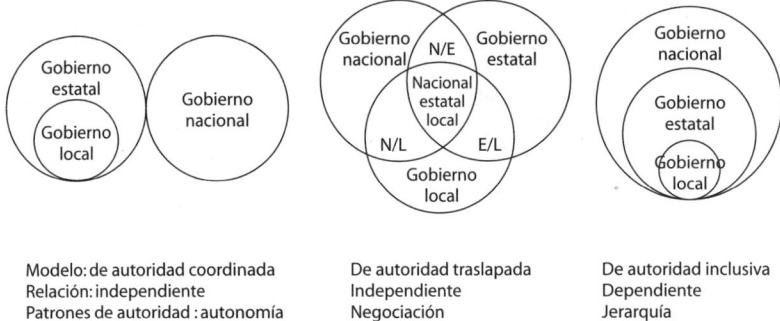

Modelo: de autoridad coordinada
Relación: independiente
Patrones de autoridad : autonomía

De autoridad traslapada
Independiente
Negociación

De autoridad inclusiva
Dependiente
Jerarquía

Fuente: Wright deil spencer, understanding intergovernmental relations, 2a. ed., Brooks/Cole Publishing Company, Belmont, USA, 1988.

del gobierno federal y los gobiernos estatales y locales ha provocado constantes conflictos de interfase, tan diferentes como cada uno de los 50 estados de esa unión.

El desarrollo de las relaciones intergubernamentales en nuestro país debe verse en sentido opuesto, pues está ampliamente documentado que gran parte del siglo XIX, de la Constitución de 1824 a la de 1857, el dilema de la forma de gobierno caracterizó un largo periodo de incertidumbres y debilidades en la formación de nuestras instituciones públicas. El hecho histórico evidente es que el modelo de autoridad inclusiva a que hace referencia el citado estudio fue desde entonces y hasta hace poco el sistema fundamental de relaciones adoptado y prescrito por el gobierno federal. El desarrollo del federalismo y las expectativas de fortalecimiento de los gobiernos locales mediante procesos de transferencia de facultades y recursos cambió no hace mucho el panorama gubernamental para buscar, como sucedió en EUA, el modelo de gestión pública con autoridad traslapada. En ambos casos el gobierno local, con sus connotaciones diferentes, es prácticamente apropiado por el gobierno estatal, y su supervivencia o desarrollo autónomo han dependido de estrategias de descentralización que no han ofrecido una visión regional indispensable en la gestión municipal.[3]

[3] El modelo de autoridad traslapada implica relaciones interdependientes en los tres niveles de gobierno, sujetas a negociación, lo que representa cambios fundamentales en nuestro marco jurídico, empezando por la misma Constitución, pues el concepto de jerarquía y de nivel transformaría sustancialmente las formas de gobierno establecidas. La administración pública, por su parte, tendría que entenderse con los subconjuntos N/E, N/L y E/L, y más aún con la interfase *nacional /estatal / local*, para lo cual no existen bases legales ni sistemas o procedimientos administrativos.

El problema de asignación de responsabilidades está necesariamente relacionado con el de una toma de decisiones desigual, así como con la capacidad administrativa de los estados y/o municipios en particular, lo que puede llevar a enfrentar problemas de congruencia en las políticas. Sin embargo, lo más importante, es que la Constitución misma reconoce el hecho de que algunos municipios puedan tener dificultades para cumplir con las responsabilidades que se les asignan y establece que en dichos casos puede darse la intervención de los estados. Así, el punto central es el de determinar cómo deben asignarse las responsabilidades entre ambos niveles. (OCDE, 1998)

A pesar de que México es un Estado federal, existe una gran tradición centralista en la administración pública. El gobierno central ha sido el principal instrumento del Estado para crear infraestructura, dirigir la economía, proporcionar a la población servicios de bienestar social y llevar a efecto programas de fomento económico. Los gobiernos estatales y municipales han permanecido al margen de las decisiones en las reformas del Estado. En estos niveles de gobierno, la administración pública mantiene predominantemente una organización poco diferenciada, característica de una actividad pública que se reduce al mantenimiento del orden político local y la prestación de los servicios urbanos básicos.

La intervención federal en la soberanía de los estados se intensifica en la década de los años veinte, con el desarrollo de los proyectos de infraestructura económica y social mediante sistemas de irrigación, financiamiento agrícola y administración de las nuevas garantías sociales previstas en la Constitución de 1917: educación, salubridad, trabajo y tenencia de la tierra, consolidando el gobierno presidencialista.

La existencia de fuertes tendencias centralistas en un sistema federal de gobierno formalmente descentralizado es el sello característico de las relaciones intergubernamentales en México. Por la distribución de funciones y recursos entre los diferentes niveles de gobierno —federal, estatal y municipal—, es un lugar común describir el sistema de relaciones intergubernamentales en México como uno de completa concentración de autoridad y poder en la administración central, y con los gobiernos estatales a la sombra de las directrices del centro. Este argumento es de una simplicidad excesiva y debe matizarse; por una parte, minimiza la capacidad de los gobiernos locales para ejercer influencia en las agencias centrales; por otra, tiende a considerar erróneamente al centro como una unidad homogénea y monolítica; no toma en cuenta la segmentación funcional de la administración federal ni el carácter territorial que ésta informalmente asume al vincularse a grupos locales y regionales. Lo que llamamos "gobierno central" en una inspección más cercana se disuelve en una colección de departamentos y secretarías con diversos intereses y considerable autonomía en sus áreas de operación, que negocian más o menos como iguales con base en sus políticas establecidas (Nacif, 1992).

La coordinación intergubernamental es un tema relativamente nuevo en México, debido a que las relaciones tradicionales entre municipios, estados y federación se han regido por una jerarquización estricta de arriba hacia abajo. En las últimas décadas, el progreso hacia la democratización y descentralización del país ha abierto a los municipios la oportunidad de empezar a definir los espacios gubernamentales y administrativos en que ellos asumen la responsabilidad principal, o bien aquellos en que la comparten o la ceden a otros órdenes de gobierno. Así, desde el punto de vista de los municipios, el fondo del debate sobre la coordinación intergubernamental es un incremento sustancial de su importancia en el gobierno del país. La transición hacia un sistema de gobierno descentralizado —el objetivo expreso del gobierno mexicano durante los últimos sexenios— implica hacer más eficientes los procesos de gobierno y la gobernabilidad por medio de una asignación de tareas que definan con mayor claridad las responsabilidades de cada nivel de gobierno. Sin embargo, eso no implica que no existan espacios de políticas públicas en que la acción coordinada de dos o más niveles de gobierno no pueda rendir mejores resultados que la acción independiente (Rowland, 2000).

Es un error equiparar la descentralización con una mayor autonomía en los gobiernos locales. En la medida en que aumenta la transferencia de funciones y recursos de la administración central a los gobiernos locales, crecen el interés federal por el desempeño de las municipalidades y las necesidades de coordinación. Además, las relaciones entre los ámbitos de gobierno tienden a complicarse con la expansión de las actividades de la administración pública. La escala del gobierno se relaciona directamente con sus problemas de coordinación. La interdependencia entre los niveles de gobierno se ha venido acentuando en México y continuará por ese curso. Este desarrollo plantea el problema de sustituir los vínculos personales y las redes informales por formas institucionalizadas de relaciones intergubernamentales (Nacif, 1992).

En la actual transición del gobierno mexicano, la respuesta está todavía por definirse en la práctica. Los tres órdenes de gobierno están metidos en una discusión implícita del papel de los ayuntamientos en la programación sectorial federal y estatal, así como del papel de los estados y la federación en la programación municipal. Esta situación es normal en los países que escogieron el federalismo como forma de gobernar, pero en México el proceso de definir competencias ha caído en problemas por deficiencias en el marco legal (Rowland, 2000).

El enfrentamiento reciente de una mayoría de gobiernos estatales ante el poder federal por el reparto inequitativo de los recursos presupuestales y la generación de mecanismos inéditos en la formulación del presupuesto de ingresos y de egresos abre nuevas expectativas en la forma de gobernar y de lograr en el corto plazo un modelo de gestión negociada e interdependiente. Todo indica que la esencia del centralismo radica en la Constitución misma y en la mayor parte de las leyes que de ella emanan, como la Ley de Planeación, de corte sectorial, que hasta ahora no se ha adaptado a las condiciones actuales de interdependencia económica, política y cultural que envuelve a los países emergentes a la economía de mercado, y que, sin embargo, pretende constituir un sistema nacional de planeación democrática o participativa.

El federalismo[4]

Gran parte del siglo XX en México se caracterizó por una tendencia cada vez más centralista mediante la organización de un sistema corporativista que confluyó en un partido hegemónico y la concentración del poder en el presidente, elementos que contribuyeron al debilitamiento de los poderes locales. La preeminencia que ejerció el Ejecutivo mediante la existencia de un partido hegemónico y corporativista permitió el dominio no sólo sobre los poderes Legislativo y Judicial, sino también sobre el sistema político mexicano. Este patrón fortaleció el papel del gobierno federal con el consecuente debilitamiento de los estados, que representaron un papel más de subordinación que de cooperación (Rowland, Caire, 2001).

En nuestro país, como es sabido, la estructura del Estado ha vivido una tensión histórica permanente entre el federalismo y el centralismo, que se expresa

[4] El origen etimológico de *federalismo* es el latín *foedus*, que significa "unión, alianza, pacto, acuerdo". En este sentido, se refiere a una forma de estructuración y organización de las asociaciones humanas; así, en la ciencia política se le da el significado de "unión de diferentes conjuntos políticos que, a pesar de su asociación, conservan su carácter individual" (Iilsen, 1997). Por su esencia y desde su origen, bien puede decirse que el federalismo es una técnica constitucional para distribuir potestades públicas entre diversos entes relativamente autónomos, pero vinculados a un solo Estado que a todos ellos abarca, formado por entidades originariamente soberanas que cedieron en favor de la unión ciertos poderes expresos para formarla, reservándose todos los que no son indispensables para el funcionamiento de la nueva unidad jurídico-política global que conforman (Díez de Urdanivia, 2003).

en la propia Constitución de 1917. Como resultado de un proceso histórico marcado por una larga secuencia de reformas, coexisten en nuestra Constitución dos tendencias: la primera se basa en el diseño ortodoxo del federalismo dual, expresado en el artículo 124 de la Carta fundamental, en virtud del cual las atribuciones que no se conceden de manera expresa a los funcionarios federales se entienden reservadas a los estados. Este principio general contrasta, en lo que se refiere a los recursos naturales, con el artículo 27, de conformidad con el cual corresponde a la Nación el derecho de regular el aprovechamiento de los elementos naturales susceptibles de apropiación para cuidar de su conservación (tradicionalmente, la jurisprudencia y la doctrina emparejan el concepto de "nación" con el de "federación"). A estas reglas generales inscritas en la Constitución Política de 1917 hay que agregar la reforma al artículo 73, que en 1971 colocó la prevención y control de la contaminación ambiental dentro de las atribuciones de la Federación.

La segunda tendencia, que implica una reacción frente a un centralismo que en la práctica ha mostrado una disfuncionalidad creciente y ha sido objeto de fundadas críticas, consiste en una descentralización arbitrada desde el centro, en el marco de lo que se denomina "fortalecimiento del federalismo". A esta tendencia responden diversas reformas introducidas a la Constitución Política en materia de educación, salud, asentamientos humanos y ambiente, las que establecen el sistema de concurrencias. "La expansión del federalismo y su recepción por diversos países de toda latitud y longitud, tuvo lugar sobre todo durante el siglo XIX y el XX fue sometido a tensiones muy intensas, que hicieron que en la segunda mitad y sobre todo en el tercer cuarto, haya surgido una suerte de explosión federativa en Estados Unidos, que en México vino a producirse hasta la última década" (Díez de Urdanivia, 2003). En forma recurrente, el fortalecimiento del federalismo y la descentralización han sido temas centrales del discurso del Poder Ejecutivo federal. En no pocas ocasiones este discurso se expresó en políticas de intención; sin embargo, sólo en algunas áreas se transitó hacia un ejercicio real de políticas y acciones de descentralización. Algunos procesos están apenas en consolidación y, por tanto, aún no muestran las ventajas inherentes a una gestión pública descentralizada. Tal es el caso, entre muchos otros, de la transferencia del manejo de los distritos de riego hacia los usuarios (Semarnap, 2000). La descentralización se ha entendido más como proceso de negociación del poder central, por medio de órganos desconcentrados de las dependencias federales, que de una verdadera cesión de capacidades a los gobiernos locales para intervenir en el desarrollo de sus entidades. Los mecanismos de coordinación intergubernamental instalados paralelamente en este sentido fortalecieron la estrategia de federalización del poder.

De varias fuentes, en particular del ILPES y de los trabajos de Sergio Boisier, surgen apreciaciones que apuntan a un escenario común a la mayoría de los países latinoamericanos, que se configura por un doble proceso de apertura: la externa impulsada por la globalización, y la interna presionada por las demandas y necesidades de descentralización. En particular, se argumenta que la competencia y la competitividad en mercados no son compatibles con estructuras decisionales centralizadas, sean estatales o privadas, porque carecen de la velocidad y de la flexibilidad que requieren la dinámica del comercio y del cambio técnico (Provencio, Foro, 1997).

La OCDE advierte que en cualquier país la descentralización invariablemente profundizará las diferencias existentes, pues los territorios más ricos o mejor equipados tendrán una ventaja comparativa, factible de incrementarse al atraer aún mayores recursos, en detrimento de los territorios más pobres o menos equipados. Además de este desequilibrio, las diferencias crecientes entre los componentes territoriales de un país dado harán surgir, inevitablemente, los siguientes costos:

- Un proceso de pérdida de población en áreas que no puedan atraer los efectos esperados de la descentralización.
- Congestionamientos en las áreas más atractivas, pues la creciente diferencia en los estándares de vida dará lugar a fenómenos de protesta y de creciente demanda por la reducción de estas desigualdades.

Señala además que, en México, la gran diversidad de los estados y municipios incrementa significativamente estos riesgos y sus costos relacionados (OCDE, 1998).

Un factor que ha influido en la descentralización de las tareas de conservación de los recursos ambientales y del fomento productivo sustentable ha sido la mayor complejidad e incertidumbre inherente a los problemas y procesos por atender, lo que provoca una particular reticencia a las iniciativas de descentralización, más aún en los casos en que, por la novedad de su inserción en el marco de las competencias del Estado, la gestión ambiental ni siquiera ha podido consolidarse por completo en el nivel central de la administración, con especial referencia a las dependencias y entidades con responsabilidades ambientales y que no son desarrolladas con la misma prioridad e integralidad requeridas.

La descentralización de la gestión ambiental en México, sin embargo, es aún un proceso que se lleva a cabo en un medio resistente, que se caracteriza por las inercias de los funcionarios federales a retener sus atribuciones y de los funcionarios locales a no interesarse por la asunción de funciones que no están contempladas en sus agendas, sobre todo cuando no se acompañan de los recursos que permitirían su adecuado desempeño. A las reticencias de las instancias federales para desprenderse de funciones se agrega la de muchos gobiernos locales para responsabilizarse de tareas que no conllevan una decisión sobre el uso y destino de cuantiosos recursos públicos.[5] En países como el nuestro, lo más frecuente es que opere un federalismo de tipo orgánico, que es una especie de centralismo disfrazado de federalismo, en el cual el Gobierno Federal, por razones históricas o de tradición política, es tan importante y poderoso que en realidad absorbe o realiza casi todas las funciones que, en teoría, corresponderían a los estados federados o a los municipios (Carrillo, 1988).

Las experiencias fallidas obedecen en buena medida a insuficiencias o inconsistencias entre el contenido de los programas de descentralización y las posibilidades jurídicas, institucionales, económicas y políticas de los gobiernos y agentes locales (Semarnap, 2000), insuficientemente estudiadas en vista de una gestión ambiental en la perspectiva regional.

¿Cuáles deben ser los fines políticos del nuevo federalismo en lo tocante a la cuestión ambiental? El Estado se justifica por sus fines al servicio de la comunidad, porque sus propósitos coinciden con las aspiraciones de la sociedad, de otra forma los entenderíamos para el beneficio de grupos en el poder. Sin embargo, no en todos los casos la sociedad conoce y por ello manifiesta lo que más le beneficia o perjudica. Existen compuestos de alta peligrosidad cuya detección requie-

---

[5] Desde una perspectiva central, no existe una política de descentralización en verdad armonizada, lo que requiere esfuerzos de coordinación intersectorial. Aunque en la anterior administración se formó la Comisión Intersecretarial para el Desarrollo Social, hay todavía importantes dificultades para coordinar las políticas de descentralización de las diversas secretarías. Cada una adopta sus propias políticas y medidas sin que se dé de antemano una vinculación sistemática con otras secretarías. Por otro lado, el hecho de realizar transferencias iniciales de responsabilidades o de personal sin el correspondiente reparto de fondos y una apropiada redefinición del marco legal crea fuertes tensiones y priva tanto a estados como municipios de la flexibilidad que requieren. En la presente administración, 12 dependencias federales suscribieron las Bases de Colaboración y Coordinación Intersecretarial dirigidas a 250 microrregiones que comprenden 476 municipios en 17 estados, y que representan las localidades con mayor grado de marginación del país, 39 regiones de atención inmediata con 989 ayuntamientos en 22 entidades, y 94 regiones prioritarias que abarcan 1595 municipios en 31 estados de la República Mexicana, con el propósito de fomentar el crecimiento económico con calidad y sustentabilidad.

re equipo especializado, y qué decir de su mecanismo de incorporación al cuerpo humano y sus efectos. En estos casos, por tratarse de un asunto del alcance general de la nación, se amerita la intervención de la Federación, y, por supuesto, que se intervenga para prevenir daños en la salud pública no obstante el desconocimiento que manifieste la comunidad al respecto. Por otra parte, la multiplicidad de reclamos sociales, algunos incluso encontrados, no logran cristalizarse en la representación que toca al Estado, de ahí que siempre esté por la búsqueda de lo que más beneficia a las mayorías y priorizar lo urgente. Cuando no ocurre así se llega a situaciones de resistencia al quehacer gubernamental tanto por los distintos sectores de la sociedad como por los gobiernos locales, en el menor de los casos. Los fines del Estado se inspiran en la justicia social y apuntan al bien común. Tener justicia es equiparable a realizar la gestión ambiental para mantener el equilibrio ambiental, este último como beneficio común (Rodríguez, 1996).

El nuevo federalismo comprende varios aspectos: una separación mayor y más eficaz entre las ramas ejecutiva, legislativa y judicial; la reducción de las facultades del Poder Ejecutivo (constitucionales y metaconstitucionales); la reforma del sistema de participaciones fiscales; un desarrollo urbano y regional sustentable; el fortalecimiento institucional de los gobiernos estatales y municipales; una autonomía mayor para los niveles inferiores del gobierno, y relaciones intergubernamentales diferenciadas con nuevas formas y oportunidades de democracia representativa y participativa en el proceso de la gobernación.

Federalismo ambiental

Con un enfoque similar se transformó el Centro Nacional de Desarrollo Municipal (Cedemun) en el Instituto Nacional para el Federalismo y el Desarrollo Municipal (Inafed), órgano desconcentrado de la Secretaría de Gobernación, con objeto de formular, conducir y evaluar las políticas y acciones de la administración pública federal en materia de federalismo, descentralización y desarrollo municipal. Aunque su cuerpo de atribuciones reglamentarias no lo señala, el cumplimiento de la misión del nuevo Instituto depende en gran parte de la vinculación insoslayable a las secretarías de Hacienda y Crédito Público, Desarrollo Social y Medio Ambiente y Recursos Naturales, responsables de la planeación del desarrollo nacional, del regional y de la conducción de las políticas ambientales, respectivamente.

La integración de las preocupaciones ambientales en los documentos de planeación urbana es problemática en todos los campos. Sin embargo, esta cuestión tiene consecuencias diferentes en los distintos contextos nacionales de acción e inclusive en distintos contextos locales. La introducción de un discurso ambiental sobre la planeación urbana surte, no obstante, el efecto de colocar la noción de bien o de patrimonio común en el meollo de los debates en torno a la gestión urbana, junto con sus necesarios corolarios de participación y atención prestada al largo plazo. A la gestión urbana incumbe no sólo mejorar la ecocompatibilidad del funcionamiento de la ciudad, sino también asegurar su sustentabilidad. Aunque se supone que ofrece un enfoque global frente a los distintos sectores de la intervención urbana (suelo, vivienda, transporte), la planificación ambiental aún es, en la mayoría de los casos, un ejercicio paralelo a los procedimientos tradicionales de planificación de la acción pública urbana (Bassols, Melé, 2001).

Sin duda existe un problema de diseño institucional muy grave dentro de nuestro federalismo; nuestra normatividad no se adapta, de hecho es un obstáculo para darle vida no sólo al federalismo sino incluso al municipalismo.[6] Ambos cambios, que pueden ser complementarios, en muchos casos son contradictorios, precisamente porque el diseño institucional actual no favorece una relación más nítida entre federación, estados y municipios (Mendoza, 1996). Más aún, nuestro marco jurídico no es propicio para estimular la participación de la sociedad civil en la gestión ambiental, hasta ahora monopolio de la acción pública, y hacerla corres-

[6] En su inicio, el principio de federalismo se adoptó en gran medida para controlar las tendencias separatistas de ciertas zonas del territorio nacional mexicano y, por supuesto, reflejaba el modelo de su vecino del norte. Dicho federalismo tenía una fuerza tal que en el siglo XIX algunos estados no sólo establecieron sus propios sistemas fiscales, sino también emitían su propia moneda. Éste fue un periodo donde los estados eran fuertes y el sistema federal débil.

ponsable en la ejecución de las políticas públicas en la materia. La concertación de acciones gubernamentales con la sociedad civil resiente la presión de las organizaciones no gubernamentales que crecen a la par de la globalización de los fenómenos ambientales, asimismo de los foros internacionales incrementados con la Cumbre de Río y los tratados comerciales entre bloques de países.

Hasta ahora, nuestro marco jurídico no da cabida a la participación de las múltiples organizaciones sociales en la planeación y conducción del desarrollo económico y social del país, salvo de manera tangencial por medio de mecanismos de consulta y denuncia populares. El Ejecutivo Federal, por conducto de sus dependencias, establece políticas de comunicación social, de corte sectorial, hacia el exterior y hacia el interior, con las consabidas fragmentaciones —y en ocasiones enfrentamientos— de las políticas públicas. La sociedad civil sólo encuentra ventanas entreabiertas en la Federación, aunque el municipio sea su ámbito natural de conflicto.

Con toda seguridad, el futuro del federalismo mexicano no se va a dar en la devolución de importantes competencias a los Estados y hoy en poder de la autoridad federal, sino seguramente se dará en la creación de modernos mecanismos por los cuales los Estados participen con el poder federal de una manera concurrente y compartida (Faya, 1998). El impulso al federalismo no debe caer en el extremo de soltar responsabilidades en forma desmedida y sin asegurar los mecanismos que permitan mantener el control de recursos, funciones y servicios, so pena de propiciar vacíos de poder, anarquía y, aún más grave, la disolución de la unidad nacional. Fomentar el federalismo no significa fortalecer a los estados miembros en detrimento del Estado nacional (Aguirre, 1997). Como señala Sergio García Ramírez, "una descentralización o una desconcentración atropelladas, tienen un grave riesgo: romper los hilos del tejido social, tan laboriosamente construido, y generar la ilusión de la libertad en la vecindad de la anarquía, y el espejismo de la soberanía particular en la víspera de que se extinga la soberanía nacional".[7]

La región

Una particular importancia encierran las relaciones que existen entre las regiones y el *federalismo*. Ante el debilitamiento o destrucción del moderno Estado burocrático-autoritario, existe en la Unión Europea un movimiento federalista que pro-

---

[7] Sergio García Ramírez, "¿Qué federalismo necesitamos?", *Excélsior*, 16 de mayo de 1996.

mueve la recuperación y la revalorización de las identidades y formas de gobierno que se han dado los ciudadanos en sus regiones y/o ciudades en las que habitan. En este sentido se recupera el concepto de *autonomía y autogobierno regional*. En México estas ideas se vinculan a las propuestas surgidas ante el conflicto chiapaneco que reclaman la construcción y el reconocimiento de *regiones autónomas pluriétnicas*, dentro de las cuales ha de aceptarse la existencia de otros ámbitos territoriales: comunidades, municipios y regiones —monoétnicas o pluriétnicas—, con el fin de proteger y promover la integridad y desarrollo de sus territorios, tierras, lenguas, culturas, costumbres, recursos naturales y formas específicas de organización social, económica y política (Ziccardi, 2000).

Desde el siglo pasado, en México se elaboran diferentes regionalizaciones como agrupaciones de base territorial no necesariamente coincidentes con la delimitación político-administrativa estatal.[8] Si bien a la perspectiva regional hoy en día no se le otorga la importancia que posee en el proceso de diseño e instrumentación de la política económica y, en general, es muy limitada la incorporación de la dimensión territorial que encierra cualquier política pública, en la política social de atención a la población en situación de extrema pobreza se han incorporado criterios regionales, estatales e incluso de identificación por localidad. La idea que prevalece es que las localidades y las regiones donde se concentra la pobreza extrema no coinciden con las delimitaciones geopolíticas de los estados y municipios, sino que conforman microrregiones con características socioeconómicas similares entre sí (Ziccardi, 2000).

La legislación ambiental mexicana otorga un peso preponderante a la acción de las instituciones federales de gobierno en la conducción de la política ambiental. En ese sentido, es la Federación (a través de la Semarnat) y no el municipio, la institución que se halla sobrecargada de demandas y hacia ella se dirigen a menudo la opinión pública, los medios de comunicación y los principales actores sociales locales. Esto sin duda varía de región a región, pero es un hecho la creciente presencia de la autoridad federal en los conflictos ambientales; de ahí la importancia de la Profepa.

En contrapartida, las autoridades estatales y/o municipales no siempre coinciden con el punto de vista de la federación en los conflictos ambientales. Cada una

[8] El desarrollo regional debe considerarse no sólo una manera de equiparar las condiciones entre las diversas partes del país con el fin de evitar los costos demográficos, financieros y sociales de las desigualdades entre diferentes estados o regiones, sino también una forma de elevar el nivel general de desarrollo con la creación de condiciones para una mayor productividad a lo largo y ancho del país.

responde a una esfera de intereses y de poder, lo cual se potencia con la democratización de las estructuras políticas en México y la irrupción de nuevos actores sociales en el escenario urbano (y también rural). Se abre entonces la posibilidad de generar controversias constitucionales en este contexto y la eventualidad de arbitrajes internacionales que no dejan de ser polémicos. El desarrollo turístico en zonas costeras es un claro ejemplo de conflictos de intereses económicos y de impactos ambientales en donde no se deslindan las competencias de la Federación, de los estados y de los municipios.

En el ámbito local, las posibilidades de que se gobierne y se gestione el territorio con una perspectiva regional y de coordinación intermunicipal se enfrentan a los intensos procesos de competitividad política que protagonizan los partidos políticos. Sin duda, un signo de avance y consolidación de la democracia es lograr que las autoridades municipales, sin importar su pertenencia partidaria, actúen de manera coordinada para lograr mayor desarrollo económico y justicia social dentro de los estados y regiones a los que pertenecen. Para ello es necesario promover la cooperación intergubernamental mediante la cual la Federación cumpla con su función compensatoria de redistribuir recursos para superar los desequilibrios regionales y traspasar a estados y municipios mayor capacidad decisoria. Esto es parte de los procesos de descentralización y de reforma del Estado estrechamente vinculados a los del nuevo o auténtico federalismo, y en los cuales el gobierno municipal deberá desempeñar un papel protagónico (Ziccardi, 2000).

Por lo general, las políticas descentralizadoras suelen mostrar débiles capacidades para el ordenamiento del desarrollo regional y revertir las tendencias al desequilibrio que resultan de la dinámica mercantil y espacial. Es claro que las iniciativas descentralizadoras de un gobierno en turno no por fuerza buscan como objetivo inmediato reequilibrar el desarrollo, ni se puede pensar que sea factible en una economía de mercado inducir, a partir de este tipo de políticas, el flujo de inversiones y distribución. Además, en muchos casos, la descentralización en sí misma genera mayores desequilibrios, al menos si no se acompaña de políticas compensatorias importantes que en el nivel central mantengan la idea de un equilibrio regional. Sin embargo, cuando se cuida la complementariedad de programas descentralizadores con programas compensatorios, sí cabe esperar que, como efecto derivado de un conjunto de iniciativas de este tipo a lo largo del tiempo, se comiencen a manifestar tendencias al reequilibramiento del desarrollo regional. Los gobiernos estatales y municipales, al verse fortalecidos por la descentralización, estarían en capacidad de inducir y crear ciertas condiciones de fomento económico, a fin de intentar proveer economías de aglomeración e infraestructura para la atracción de inversiones. De observarse una profundización de los desequilibrios regionales, podría inferirse, entre varios aspectos, tanto una ausencia en el fortalecimiento de gobiernos estatales y locales como una ineficiencia de las iniciativas centrales por revertir las tendencias al desequilibrio regional (Cabrero, 1998).

La Ley General del Equilibrio Ecológico y la Protección al Ambiente indica los asuntos que ejercerá la federación, las entidades federativas y los municipios de manera concurrente. Establece, por principio de orden constitucional (CPEUM, art. 124), las competencias que se consideran del alcance general de la nación y reserva para la administración estatal y municipal los asuntos que no contemple ese apartado. A partir de ese principio, poco queda expuesto para la administración de autoridades locales. Se dice lo anterior al analizar los asuntos que se consideran del interés federal

> [...] la formulación de los criterios ecológicos generales que deberán observarse en la aplicación de los instrumentos de la política ecológica, para la protección de las áreas naturales y de la flora y fauna silvestres y acuáticas, para el aprovechamiento de los recursos naturales, para el ordenamiento ecológico del territorio y para la prevención y control de la contaminación del aire, agua y suelo; la expedición de las normas técnicas en las materias objeto de esta Ley; la protección de la flora y fauna silvestres, para conservarlas y desarrollarlas; el aprovechamiento racional de los recursos forestales; el aprovechamiento racional del suelo en actividades productivas, de acuerdo con su vocación; la prevención y control de la contaminación y degradación de los suelos; la regulación de las actividades relacionadas con la exploración y explotación de los recursos del subsuelo; la regulación de las actividades relacionadas con materiales o residuos peligrosos.

Este grave problema en el reparto de competencias se explica sin lugar a dudas por el concepto de los "asuntos del alcance general de la nación"; en efecto, no se han desarrollado lo suficiente los criterios para considerar lo que es posible incluir y excluir para propiciar un nuevo orden en el reparto de atribuciones. ¿Y las aves migratorias?, ¿y la flora y fauna silvestres, terrestre y acuática?, ¿y la contaminación del suelo, agua y atmósfera?, ¿y los recursos geológicos?, ¿y el uso y aprovechamiento de la energía?; en otras palabras: de todo esto, ¿qué se considera del alcance general de la nación? (Rodríguez, 1996)

La perspectiva regional es la única que se acomoda a la organización heterogénea de la naturaleza y sus ecosistemas, a sus procesos evolutivos, a sus fenómenos disruptivos y a las respuestas excesivamente complejas a las sociedades humanas. El problema es que existen tantos enfoques regionales como fenómenos ambientales, de ahí la importancia de configurar convencionalmente objetos de gestión pública de políticas ambientales.

El municipio

El municipio es el elemento catalizador de un sistema de gobierno que pretende integrar las políticas públicas. En él se confrontan los problemas de tenencia de la tierra y el uso sustentable del suelo y los recursos naturales; debe intervenir por lo tanto en los planes de desarrollo urbano y en el saneamiento ambiental a través de los tradicionales servicios básicos (CPEUM; Artículo 115, Frac. III y V); cuando se encuentran en procesos acelerados de urbanización, conurbación y metropolización, deben enfrentar problemas de contaminación compartida que sólo se podrán resolver a largo plazo con un costo económico, político y social impredecible; además es la última instancia del poder gubernamental para conciliar los conflictos de intereses generados por la actividad económica y sus impactos ambientales.[9]

> El artículo 321 de la Constitución de 1812 otorgaba a los ayuntamientos las siguientes funciones: la policía de salubridad, la seguridad pública y el orden, la instrucción primaria, la beneficencia en su aspecto municipal, las calzadas, puentes, caminos vecinales, cárceles municipales, pavimento y en general todas las obras públicas de necesidad, utilidad y ornato. Además, tenían el cargo de expedir las ordenanzas municipales, atender todo lo relativo a la recaudación y al manejo de las rentas locales, al fomento de la industria y el comercio de la localidad, así como vigilar la calidad de los comestibles, agua potable, abastecimientos y estadística de nacimientos, matrimonios, etcétera.

La Constitución no define al municipio, ni explicita su ámbito de actuación más allá del territorio que gobierna.[10] Sólo en el artículo 115 constitucional se

---

[9] El municipio es aún el escenario más importante de la descentralización, pero, en un Estado federal, los estados también tienen una participación que realizar. Además de su papel de asegurar la congruencia de las políticas municipales, también apoyan a los municipios en la obtención de los medios necesarios para ejercer sus responsabilidades.

[10] La mayoría de los teóricos sobre federalismo se refiere al pacto en el que entidades autónomas (estados o provincias) se unen para conformar una comunidad superior, sin embargo, no hacen alusión en ningún sentido a las comunidades locales (por lo general denominadas munici-

hace referencia a la capacidad de los municipios que forman parte de un área metropolitana de asociarse para el cumplimiento de sus funciones. Cualquier definición de municipio hace referencia a su carácter de entidad político-administrativa, de base territorial, la cual forma parte del régimen interior de los estados y cuyo gobierno es el ayuntamiento de elección popular directa, integrado por un presidente municipal, síndicos y regidores.

El vocablo proviene del [l]atín compuesto de dos locuciones: el sustantivo *munus*, que se refiere a cargas u obligaciones, tareas, oficios, entre otras varias acepciones, y el verbo *capere*, que significa tomar, hacerse cargo de algo, asumir ciertas cosas. De la conjunción de estas dos palabras surgió el término latino *municipium* que definió etimológicamente a las ciudades en las que los ciudadanos tomaban para sí las cargas, tanto personales como patrimoniales, necesarias para atender lo relativo a los asuntos y servicios locales de esas comunidades [Quintana, 2000].

Los límites territoriales de los municipios han permanecido fijos a pesar de los grandes cambios sociodemográficos que México ha experimentado. Sobre todo en las zonas urbanas, esta división territorial es en muchos casos obsoleta. Los límites municipales separan lo que la economía, la cultura y la ecología unifican en las grandes ciudades. Más importante aún, estos límites se han convertido en un obstáculo para la solución de problemas que la zona urbana comparte en su conjunto. La actual distribución territorial de autoridad en las grandes ciudades limita la capacidad para coordinar efectivamente las actividades de los municipios que la integran y, sobre todo, no permite definir quién es políticamente responsable ante la población local de solucionar los problemas que sobrepasan los límites territoriales de los municipios (Nacif, 1992).

pios) como participantes en la alianza para conformar una Unión. Prueba de ello es que el federalismo, en su inicio y como forma de organización política, contaba con sólo dos niveles de gobierno y dos órdenes jurídicos: el federal y el estatal. La Constitución de los Estados Unidos de América (1787), así como las subsiguientes enmiendas, representan el primer ordenamiento jurídico con un carácter evidentemente federalista, el cual no hace mención alguna respecto de la organización administrativa ni tampoco de la división territorial de los estados miembros de la Unión. Debido a esto, cada integrante de la federación está facultado para legislar sobre la forma de organizarse internamente. Por el contrario, algunos países latinoamericanos consideran al municipio, dentro de las normas expresadas en su Ley Suprema, un tercer orden de gobierno (Iilsen, 1997).

Existe consenso en que debe ampliarse el marco legal municipal (arts. 115, 25 y 26 de la Constitución) así como la legislación estatal a fin de incorporar atribuciones que surgen de la diversidad municipal, para definir de manera clara las competencias de los gobiernos locales, del sector privado y del sector social en la promoción del desarrollo económico regional.

Algunos autores consideran que, más allá de sus distinciones y diversidad, el gobierno municipal debe cumplir con seis funciones básicas que encierran una dimensión regional (Ziccardi, 2000):

- Promoción de un desarrollo económico sustentable
- Cuidado del ambiente y los recursos naturales
- Preservación de la identidad cultural y étnica
- Conservación del patrimonio histórico
- Suministro de los servicios públicos básicos
- Promoción de la participación de la ciudadanía en los procesos de toma de decisiones, a fin de ejercer y consolidar la democracia política y social en el ámbito local.

El triángulo comercio/ambiente/desarrollo es determinante para establecer políticas ambientales y organizar un sistema nacional de gestión ambiental, en donde la participación de los municipios y de la sociedad civil organizada desempeñan un papel clave para prevenir, más que controlar, el deterioro del ambiente y la contaminación ambiental, y para orientar el aprovechamiento de los recursos naturales hacia un desarrollo sustentable. Sin embargo, el municipio no cuenta con atribuciones ni instrumentos de gestión integrada y diferenciada en sus diferentes contextos regionales para su desarrollo relativo. Las variables macroeconómicas, el comercio exterior y las políticas públicas que orientan el desarrollo nacional y se sustentan en el aprovechamiento irrestricto de los recursos naturales se manejan sin la participación mínima de los municipios. La formulación del plan nacional de desarrollo y su instrumentación mediante programas sectoriales son atribuciones del Ejecutivo federal, quien puede convenir con los gobiernos de las entidades federativas, como lo señala la Ley de Planeación, "su participación en la planeación nacional por medio de la presentación de las propuestas que estimen pertinentes".

La Ley de Planeación es una disposición jurídica de orden procedimental, esto es, aunque en la exposición de objetivos da la impresión de que pretende orientar el desarrollo, sus contenidos en realidad están dirigidos a definir el procedimiento a seguir para la creación del plan nacional de desarrollo y los programas que lo complementan, así como para determinar esquemas complementarios de participación social e institucional tanto en la definición como en la ejecución de las acciones que se habrán de contener en dichos instrumentos programáticos. La ley de Planeación hoy en día sólo es utilizada cuando se expide el plan nacional de desarrollo y los programas sectoriales y en ocasiones cuando alguna dependencia federal pretende suscribir convenio con otra del orden estatal. Para el objeto del desarrollo sostenible, resulta necesario el empleo de la Ley de Planeación, sobre todo porque se constituye como una ley marco aplicable a todos los sectores de la administración pública federal, lo que permitiría definir la orientación del desarrollo atendible por todos los sectores, es por ello que parece indispensable reformar dicha ley para involucrar en sus contenidos el concepto del desarrollo sostenible. [Jiménez, 1996]

No obstante,

Nuestra normatividad es muy rígida, formalmente muy estrecha, y no se ha hecho cargo de la diversidad regional y mucho menos de la diversidad municipal, que incluye, entre otros temas, el de las distintas capacidades, pero también el de las distintas preocupaciones existentes en los municipios. En la Federación se sigue hablando del municipio en singular, y mientras no logremos admitir su pluralidad y reconocer que cada uno de ellos tiene características y preocupaciones distintas, e incluso medios de participación social distintos, este asunto va a seguir empantanado. Hay que pasar, sin duda, del singular al plural. [Mendoza, 1996]

Se considera al municipio un "nivel inferior" de gobierno, incapacitado casi por definición para abordar los problemas de la comunidad de manera eficiente, eficaz y legítima. Esta perspectiva muy frecuente en las administraciones públicas de los estados se generaliza en la administración pública federal y expresa una fuerte preocupación de estos órdenes de gobierno por mantener el control de la acción gubernamental en los ámbitos donde su autoridad considera apropiados, casi siempre lejos del ciudadano propio de la comunidad. Ello ocurrió en especial con los esfuerzos de descentralizar el gasto social en los últimos años (Merino, Foro, 1997).

> La tendencia no es nueva. Desde sus orígenes coloniales, los municipios han cumplido un papel aparentemente contradictorio; han sido la base de la organización administrativa de México desde que se inició la conquista española, pero también han estado sometidos a una estricta vigilancia del gobierno central. De ahí que su papel haya sido más el de un instrumento de dominación, que el de una instancia propia para el gobierno democrático de los pueblos. Hay una cierta inclinación a pensar que los municipios han jugado un papel diferente en otras épocas de la historia. No es difícil encontrar referencias, en el discurso político de nuestros días, a la necesidad de "recuperar" la posición que alguna vez tuvieron los ayuntamientos, como si con el correr de los tiempos el sistema les hubiera arrebatado el poder que tenían. Pero esa visión no es exacta: los municipios siempre han tenido un sitio secundario en el escenario político nacional, aunque también hayan sido el sostén de la dominación territorial. [Merino, 1998]

Cuando el gobierno estatal otorga atribuciones en la materia a las autoridades municipales, en el mismo paquete de atribuciones suele condicionar su actuación. Así, para que el ayuntamiento autorice cualquier obra o actividad de su competencia requiere contar con la opinión, visto bueno, o inscribirse en un registro estatal. A la inversa, cuando no se otorgan atribuciones al ayuntamiento, las autoridades municipales, conscientes de los riesgos políticos implícitos en la duplicidad o cuestionamiento de las atribuciones legales estatales, antes que permitir la ejecución de una obra o actividad autorizada en materia de impacto ambiental, le sujetan a la obtención de una o más autorizaciones de otra naturaleza que expiden autoridades municipales distintas de las ambientales, como licencias de funcionamiento, de construcción, de uso del suelo, vistos buenos, etcétera.

Las autorizaciones son en ocasiones simples requisitos o "cuellos de botella" para propiciar "negociaciones" con los propietarios de un nuevo proyecto. Las negociaciones tienen que ver, en todos los niveles de gobierno, con la corrupción manifiesta en el otorgamiento de autorizaciones, con relaciones con empresarios para la realización de futuros negocios y con el otorgamiento de favores a funcionarios para obtener otros a cambio. Un cargo al margen del control de cualquier etapa de un proceso de regularización, o bien que no tenga que ver con la supervisión y vigilancia del cumplimiento de la ley, resulta estar caracterizado por un reducido coto de poder. De ahí pues que el ciudadano de este estilo se niegue a ceder las atribuciones relacionadas con materias de la naturaleza que se expone a las dependencias de otros niveles de gobierno. Al ayuntamiento le queda, pues, atender programas de educación ambiental; la recolección, transporte y disposición final de los residuos sólidos municipales; la atención de la denuncia ciudadana y otros ámbitos que no posibilitan la oportunidad de recuperación de ingresos para con ellos financiar el quehacer ambiental; en contraste, el gobierno municipal se ve imposibilitado para costear los servicios que se le atribuyen. Ante este panorama, un ayuntamiento que destaque por su quehacer en el campo ambiental debiera ser digno ejemplo para otros ayuntamientos (Rodríguez, 1996).

La coordinación intermunicipal no se ha desarrollado debidamente en México, sobre todo porque las relaciones políticas tradicionalmente se construyen en dirección vertical (Rowland, 2000). Además de los elementos territoriales y poblacionales con que el Centro Nacional de Desarrollo Municipal tipifica los municipios de México (Cedemun, 1998),[11] la gestión de políticas ambientales requiere distinguir la localización territorial de la población en los municipios costeros y fronterizos, así como sus formas de organización social y de producción en los municipios indígenas.

En el caso de los municipios conurbados (no sólo de la ciudad de México, sino de muchas otras partes del país), la coordinación intermunicipal podría ayudar en cuestiones de infraestructura urbana de gran escala y costo, como son los rellenos sanitarios, los sistemas de agua potable o los proyectos de reservas ecológicas. La coordinación intermunicipal también puede ser de utilidad en los municipios rurales, donde revestiría más importancia la necesidad de apoyar mercados y centrales de abasto compartidos o la defensa mutua en contra de las incursiones de los gobiernos estatal y federal (Rowland, 2000).

Se han señalado algunas prioridades municipales (Graizbord, Foro, 1997):

• Identificar lugares apropiados para rellenos santarios.

[11] El Cedemun clasifica los municipios en rurales (con localidades dispersas, menos de 500 habitantes), semiurbanos (de 10 000 a 15 000), urbanos (de más de 15 000) y metropolitanos (de más de 100 000).

- Controlar deshechos industriales, sólidos y líquidos, tóxicos o no.

- Imponer criterios para deshechos contaminantes.

- Definir ámbitos de privatización en el manejo de residuos sólidos residenciales y/o deshechos industriales.

- Prever el crecimiento de redes de distribución de agua potable y drenaje.

- Aumentar la capacidad técnica y administrativa para atender los sistemas agua-drenaje y basura-deshechos industriales-contaminación.

- Explotar, junto con la planta industrial local-regional, esquemas de reciclado de sus productos.

- Racionalizar el movimiento de llegada de insumos y salida de productos, así como la distribución local de mercancías.

- Integrar regional o subregionalmente el control, supervisión e inspección de fuentes/puntos de generación de contaminantes (aire, agua, suelo).

- Establecer mecanismos o equipos interdisciplinarios de planeación de largo plazo (más de 3 años) en niveles locales y supralocales (no necesariamente la actual comisión metropolitana).

- Ampliar la participación de la comunidad y/o grupos de interés locales y regionales, así como la difusión de información para crear canales de interlocución permanentes.

El problema de descentralizar

Hace algún tiempo, Alejandro Carrillo Castro señalaba que

> Pudiera parecer un despropósito escuchar que el federalismo pueda manifestarse por medio de dos vertientes: la descentralización y la desconcentración. La descentralización, como su nombre lo indica, se propone sacar del gobierno central —federal— la toma de decisiones para ubicarlas lo más cerca posible de la población que recibe sus efectos, a fin de que se adapte a las necesidades específicas de las diferentes regiones geográficas del país. Pero también el gobierno federal y muchos de sus organismos descentralizados emplean el proceso que se conoce como desconcentración, para evitar el congestionamiento en el centro del país de las decisiones que aún conserva bajo su responsabilidad directa. El concepto desconcentración se concibió básicamente para resolver los problemas que se generan en un estado unitario en el que un mismo orden jurídico vale para todo el territorio. Por contra, en un estado federal coexisten por lo menos dos órdenes jurídicos: el federal y el estatal. Los primeros Estados nacionales fueron unitarios, como Francia, y es en ellos donde surgen el concepto y la teoría de la desconcentración administrativa.

Para algunos estudiosos de la administración pública, la desconcentración implica en realidad un fortalecimiento del propio gobierno federal, pues lo que se obtiene con este proceso es acercar hacia los ámbitos estatales las decisiones que aún se adoptan desde el centro, si bien su ejecución queda a cargo de órganos desconcentrados, pero que, por lo mismo, mantienen su dependencia jerárquica directa del gobierno federal. Otros advierten incluso que la desconcentración es la manera de esquivar una descentralización efectiva.

Por su parte, en los estados federales —en particular en los Estados Unidos de América y Alemania— conceptualmente se usa sólo el término "descentralización" para designar el proceso de delegación de facultades del centro a la periferia en sus diversos grados y manifestaciones.

Enrique Cabrero, en su análisis de las políticas descentralizadoras en México (1983-1993), muestra que los países con una tradición democrática consolidada y una administración pública desarrollada orientan sus esfuerzos descentralizadores de las últimas décadas a responder a las demandas de gobiernos regionales y locales (Alemania), o incluso a la mayor apertura de espacios de participación a la ciudadanía y organizaciones no gubernamentales (Estados Unidos, Suecia, Canadá).

Por las características de su desarrollo reciente, es de pensar que dichos países han adoptado una estrategia descentralizadora muy reactiva a las demandas (estrategia de regulación).[12]

Cabe mencionar que en el conjunto de países con tradición democrática también se encuentra Francia, caso que, sin embargo, se diferencia de los demás por la fuerte presencia estatal en las iniciativas descentralizadoras que, por momentos, se ha orientado mucho al control. Por su parte, el caso español de un modelo democrático más reciente podría entenderse como un escenario de transición en el que, a partir de la apertura del sistema de las iniciativas descentralizadoras, se adoptó otra lógica más de carácter reactivo ante el impulso de regiones y localidades, proceso en el que al mismo tiempo se fortalece al aparato administrativo.

Por otra parte, los países con una tradición democrática menos consolidada y un sistema administrativo más autoritario, como el caso japonés, se caracterizan por encontrarse en una fase de descentralización gubernamental en una estrategia de control que aún hoy mantiene la tradición vertical del sistema. Lo mismo vale para países como México, cuya tradición centralista no ha permitido un despegue a mayor velocidad de la descentralización, aunque hoy por hoy nuestro país se debate entre la tradición y el cambio. El caso de mayor rezago en el conjunto de países analizados quizá sea el de Ecuador y Bolivia, situaciones en las que las iniciativas descentralizadoras todavía se encuentran ancladas en la fase de desconcentración administrativa.

Casos un poco diferentes son los de Argentina y Colombia. En el primero, las provincias están ya dinámicamente incorporadas al proceso descentralizador, aunque todavía no es claro si la estrategia irá orientándose a una fase de transición o disminuirá el ritmo en vías de mantener el control desde el centro; parecerían estar dados los elementos para un proceso de transición. El caso colombiano se caracteriza por un dinámico fortalecimiento fiscal de gobiernos locales, sin embargo, no está claro cómo se enfrentará el dilema en los próximos años, pues existen fuerzas encontradas (Cabrero, 1998).

Los procesos de descentralización, privatización y desregulación replantean la cuestión "de las ocupaciones del Estado nacional", aunque esto se formula casi siempre desde el punto de vista "de lo que no debe hacer" y no desde lo que le resulta indelegable. Prácticamente en cada ámbito en que el Estado nacional se ha desprendido de funciones de producción o prestación directa de bienes y servicios

---

[12] Paradójicamente, la descentralización y la internacionalización operan como una pinza reductora de los espacios de decisión autónoma de los Estados nacionales.

GESTIÓN INTERGUBERNAMENTAL

Transferencia de facultades

	Desconcentración administrativa	Descentralización gubernamental	Descentralización hacia la sociedad civil
Políticas reactivas (Origen del impulso descentralizador)		Estados Unidos	Canadá
		Alemania	Suecia
		España	
Políticas inductivas	Ecuador	Japón	Francia
		México	Argentina
	Bolivia		Colombia

Fuente: Enrique Cabrero, *Las políticas descentralizadoras en México*, Cide. Porrúa. México, 1998.

es necesario que asuma otras responsabilidades, generadas precisamente por esa renuncia funcional. Así como la opción centralización-descentralización no es polar sino una fórmula mixta, con opciones a lo largo de un continuo, tampoco la privatización o la desregulación implican un desentendimiento definitivo de toda responsabilidad de gestión central.

En el caso de la descentralización, el Estado nacional no debe renunciar a ciertas funciones, como velar por la consistencia normativa del marco jurídico vigente, analizar y evaluar la relación costo-efectividad de los servicios públicos prestados por los gobiernos locales, supervisar los efectos redistributivos de la transferencia o ejercer con firmeza la conducción macroeconómica y resolver los desequilibrios resultantes de los procesos de descentralización (Kjellberg, 1994, en Oszlak, 1997), así como promover la infraestructura económica y social equilibrada del país e intervenir activamente en la inevitable internacionalización de la economía, aparte de sus funciones básicas por conducto de la administración pública.

De todos modos, existen sectores en los que, aun con la renuncia del Estado a la producción directa de bienes y servicios, debe continuar ejerciendo una función reguladora. Por ejemplo, la energía, el transporte, las telecomunicaciones o el sistema financiero deben someterse siempre a alguna forma de regulación. Así lo exigen la importancia social de tales actividades, el interés público involucrado, la asimetría de posiciones entre empresas y usuarios, la dificultad de crear un mercado plenamente abierto y transparente, las limitaciones técnicas y otros factores. Los conflictos, en apariencia locales, que provocan los problemas del ambiente, cada vez más involucrados con las actividades industriales, agrícolas, comerciales y turísticas, y comprometidos con el crecimiento anárquico de las ciudades, se convierten poco a poco en asuntos de Estado y seguridad nacional.

> Desde hace varios años, el término "regulación" y el término simétrico "desregulación" han sido empleados cada vez con mayor frecuencia y con estados de ánimo alternos en el debate teórico y político europeo. A primera vista, el incremento de la actividad reguladora ejercida por el Estado parece relacionarse con la expansión de las políticas y aparatos administrativos del Estado social, intervencionista, keynesiano. A éste se le atribuía la difícil tarea de combinar y perseguir simultáneamente los objetivos del crecimiento económico, la ocupación plena y la potencialización de los derechos de la ciudadanía [por medio de la oferta de servicios de seguridad y sociales que respondieran en la mayor medida posible a las necesidades de la riqueza, la corrección, la programación, la regulación, precisamente de un amplio conjunto de prácticas socioeconómicas que antes se habían dejado a la lógica del mercado "pensemos en las políticas ambientales, la protección del consumidor y en general todo el ámbito de la regulación social"].[Majone, 1993]

Un último aspecto es el relativo a los efectos de los procesos de descentralización sobre la estructura de poder local e, indirectamente, la nacional. Según Marcou (en Oszlak,1997), la descentralización, vista como proceso y reforma administrativa, implica profundos cambios en los modos de acción del Estado. Implica el abandono de una visión jerárquica y coercitiva de la acción estatal y un mayor respeto a la autonomía de las actividades locales. En este proceso, sin embargo, el Estado nacional puede llegar a perder por completo el control sobre la ejecución final de sus propias políticas, entregadas ahora a una pluralidad de centros de poder locales, recién constituidos (Sulbrandt, en Oszlak, 1997).

El desafío de mayor envergadura, sin embargo, es aún el de la desconcentración del poder. Los procesos de descentralización que ha vivido México en estos años han sido más que nada administrativos: los métodos de coordinación y las nuevas herramientas disponibles para mejorar las relaciones intergubernamentales han producido cambios de trascendencia en la forma de diseñar y ejecutar los programas de desarrollo, pero no han descentralizado las decisiones, ni jurídica ni políticamente. Hacerlo, sin embargo, no será tarea sencilla ni dependerá solamente de una voluntad política: el centralismo es uno de los ingredientes del régimen presidencial mexicano y una de las claves ineludibles del entramado institucional del país. Así, mientras que no se revisen las redes creadas por nuestras más arraigadas instituciones políticas, la descentralización no podrá trascender de la administración a la toma de decisiones; de la operación de programas a la definición de verdaderas políticas públicas regionales; ni de la distribución parcial de recursos a la generación de posibilidades locales de desarrollo (Merino, Foro, 1997).

Las políticas de descentralización suelen encontrar obstáculos en el tamaño y estructura de los gobiernos locales. Debido a que los gobiernos son también unidades de producción, en cuya relación con los mercados la escala desempeña un papel importante, incrementar la capacidad de gestión de los gobiernos locales exige que las organizaciones que realizan los programas públicos se aproximen a un tamaño óptimo en términos demográficos y territoriales, que les permitan aprovechar las economías derivadas de la escala. En muchos casos sólo mediante la consolidación de municipios es posible que las localidades se conviertan en los administradores directos de complejas funciones de gobierno (Nacif, en Pardo, 1992).

> Los procesos de descentralización han sido polémicos y sólo en pocos países se han consumado plenamente, aún cuando no hayan resuelto los problemas que pretendían resolverse con la transferencia. Casi en ningún caso esos procesos fueron precedidos por serios estudios económicos ni de evaluaciones profundas sobre la capacidad de gestión disponible en las localidades para asumir estas nuevas responsabilidades. Es bien sabido que tanto la teoría económica como el *public management* disponen de herramientas de análisis que permiten determinar bajo qué condiciones pueden optimizarse estos procesos de transferencia. [Oszlak, 1997]

Sin embargo, la experiencia de Mexico en materia sanitaria y educativa da muestras claras de no haber trascendido el enfoque sectorial en la importante descentralización realizada durante 1983-1986 y 1995-2000, lo que significa que no se han logrado coordinar con otros sectores de la Federación y mucho menos integrar con las mismas acciones de las entidades federativas. Esta experiencia da muestras claras de que la simple transferencia de facultades, con todo y los recursos para ejercerlas, no basta para romper una tradición de profundos cimientos en el sistema corporativo de gobierno tantas veces mencionado.

En América Latina, la tendencia hacia la descentralización, acelerada por la dinámica política de la democratización, ha tendido a empeorar la crisis organizativa del sector público. Si bien los niveles subnacionales tienen, en potencia, mejores posibilidades de gestión eficaz, en la práctica esto se verifica en pocos casos. Es probable que, en el largo plazo, la descentralización política y administrativa constituya la única opción para mejorar ciertos servicios públicos que deberían administrarse mejor y controlarse en el ámbito local. Sin embargo, en el corto plazo, el proceso descentralizador provoca a menudo un peor desempeño del sector público. Las decisiones improvisadas de transferencia de servicios y las presiones políticas sobrecargaron de súbito a los gobiernos locales y estatales con tareas para las que no estaban capacitados o no podían asumir a cabalidad (Naim, en Oszlak, 1997), o no se encontraban en sus prioridades.

La descentralización, por otra parte, crea la ilusión de que la burocracia estatal se reduce. Al sumar sus efectos a los de la privatización, la desregulación y la subrogación de servicios, es evidente que el tamaño del personal gubernamental ha disminuido en efecto. Pero al mismo tiempo, las burocracias locales han crecido en mayor proporción. En algunos casos, notorios por los escándalos que han provocado, lo único que se transfiere es la incompetencia y la corrupción.

Descentralizar para centralizar

Como señalaba Giuseppe Tomasi, príncipe de Lampedusa, "hay que cambiarlo todo para que todo siga igual". Tal parece que el gobierno mexicano ha realizado importantes esfuerzos de descentralización para fortalecer la centralización de las decisiones. En esencia, el discurso de la descentralización no sólo propone consolidar el federalismo mediante la transferencia de facultades para el fortalecimiento de la gestión local, sino que busca, aunque con imprecisiones conceptuales y defectuosos instrumentos de gestión, fomentar el desarrollo regional y frenar el crecimiento desmedido de las ciudades metropolitanas.

La descentralización de atribuciones se considera un elemento medular para el fortalecimiento de los gobiernos locales (estado y municipio), en el entendido de que a partir de ella se origina la descentralización administrativa y financiera. A

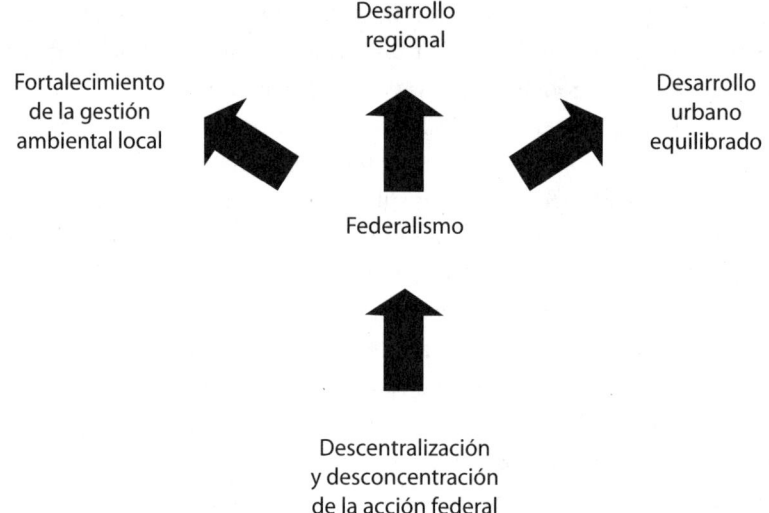

las atribuciones las comprendemos, por tanto, como derechos y obligaciones que otorga la ley a las autoridades administrativas para que éstas últimas logren los fines que se tienen propuestos. Un proceso de esta naturaleza requiere la voluntad política que exprese el centro (la federación), en tanto origen del poder. El proceso para el fortalecimiento del Estado federal mexicano no surge, sin embargo, a partir de la decisión única del centro, sino que existen distintos factores que le orillan a tomar tal derrotero: la contienda política entre partidos, las demandas sociales, el reclamo para ensanchar los espacios de participación pública de gobiernos locales, el agotamiento de las fórmulas para el desarrollo de la economía mexicana, y, como consecuencia, el reconocimiento del proceso de descentralización como medio para el fortalecimiento administrativo, económico, político y legal del Federalismo, que así han expuesto los distintos niveles de gobierno (Rodríguez, 1996).

La transferencia de funciones administrativas del gobierno federal a las entidades federativas principia en 1931, de forma desconcentrada, con la creación de oficinas destinadas a impulsar el saneamiento básico (con programas de introducción de agua potable, higiene de los alimentos, disposición adecuada de excretas, educación sanitaria y control de vectores) y aplicar directamente el control sanitario de alimentos, bebidas y medicamentos. Hasta la publicación de la Ley General de Salud en 1984, los asuntos de salubridad eran competencia exclusiva de la federación.

Esta experiencia exitosa se reforzó con la expedición de la Ley de Coordinación y Cooperación de Servicios Sanitarios en la República Mexicana, que permitió la concurrencia paulatina de los gobiernos locales en el mejoramiento ambiental como el instrumento de gestión más idóneo para la aplicación de políticas de asentamientos humanos, de desarrollo urbano y regional, y de salud pública a través de los programas de servicios médicos rurales cooperativos, de obras rurales por cooperación, de equipamiento urbano y rural, de saneamiento del medio, y de control de enfermedades transmisibles. La dictadura sanitaria que denunció el constituyente del 17 se hacía efectiva, aunque con resultados favorables para el desarrollo regional del país.

Así como los países del bloque soviético impulsaban el desarrollo en forma planificada y los Estados Unidos de América emprendían un nuevo modelo de gestión gubernamental para el desarrollo regional con la Tennesse Valley Authority, en el gobierno de Lázaro Cárdenas se realizaron los primeros planes regionales de desarrollo en la cuenca del bajo Bravo para promover la agricultura de riego, organizar la producción y evitar inundaciones, y en el Yaqui para regular la tenencia de la tierra, restituir terrenos a los yaquis e impulsar la producción agropecuaria. En el periodo de Miguel Alemán se crearon las dos primeras comisiones para el desarrollo integral de las cuencas de los ríos Tepalcatepec, en Michoacán, y Papaloapan, en Puebla, Oaxaca y Veracruz, para lo cual fue necesario dar un nuevo orden institucional a la Comisión Nacional de Irrigación y convertirla en la Secretaría de Recursos Hidráulicos. El gobierno de Adolfo Ruiz Cortines fue notorio por su capacidad administrativa y su impulso a la inversión pública federal para el desarrollo de la infraestructura económica y social, en continuación de las obras de equipamiento y saneamiento ambiental.

La década de los años sesenta fue escenario de importantes esfuerzos de planeación del desarrollo y de la administración pública con la creación de la Secretaría de la Presidencia y la organización en su interior de diversas comisiones: de administración pública, programación del sector público, inversión y financiamiento (en coordinación con la Secretaría de Hacienda y Crédito Público), y de estudios del territorio nacional (Cetenal), esta última transformada después en Cetenap para dar lugar al actual INEGI. El contexto internacional y el modelo de gestión, tanto como la situación económica del país, eran favorables para la adopción de mecanismos de regulación de la acción pública con instrumentos de planeación, programación, organización, asignación e integración de recursos, información, coordinación y control de operaciones. Los trabajos realizados cimentaron los planes sectoriales y la reforma administrativa de la siguiente década, los que a su vez permitieron establecer el sistema de planeación vigente desde 1983.

El Plan de Acción Inmediata 1962-1964 constituyó el primer intento de elaborar un programa nacional de inversiones que abarcara también al sector privado. Se elaboró no sólo sin la participación ni conocimiento de los representantes de los organismos y grupos interesados, sino sin la intervención del sector público propiamente dicho, si se exceptúan a las dos secretarías encargadas de su elaboración; y a la opinión pública sólo se le dio a conocer un resumen, presentado como documento informativo, ante la primera reunión anual del Consejo Interamericano Económico y Social de la OEA.

En el periodo de Luis Echeverría, además de las medidas en política económica (por ejemplo, el crecimiento acelerado y la búsqueda por la reorientación de la inversión pública), se crearon mecanismos de programación mediante los comités promotores del desarrollo (Coprodes) en los estados, de planes sectoriales y regionales, y de diversas comisiones, fideicomisos e instituciones de interés regional, como la Comisión Nacional de Zonas Áridas, la Comisión Coordinadora de Puertos y el fideicomiso de Nacional Financiera, para realizar estudios y actividades de fomento en parques industriales. En el gobierno de José López Portillo se creó la llamada Alianza para la Producción, en cuyo marco se crearon e impulsaron puertos industriales a fin de dar salida a los productos mexicanos; se diseñó el programa de desconcentración territorial de la administración pública federal (Prodetap) y se intentó ponerlo en práctica, con mínimos resultados, debido a que no se realizó un diagnóstico para reconocer los terrenos en que se construyó un edificio gubernamental muy centralizado por los mecanismos establecidos desde la época de Plutarco Elías Calles; se reinventó el gobierno a través de un nuevo marco jurídico, la Ley Orgánica de la Administración Pública Federal, y del impulso a relaciones intergubernamentales que ofrecían un mayor campo de actuación a los gobiernos de las entidades federativas; los Coprodes del ámbito federal se transformaron en Coplades, como órganos de las entidades federativas para conciliar la inversión pública federal; la Secretaría de la Presidencia se transformó en Programación y Presupuesto, y se instaló la reforma administrativa con especial dedicación a los sistemas de organización, información, programación y presupuesto; se formuló el plan global de desarrollo y un sistema de Programas de Acción del Sector

Público (PASP),[13] que configuraron en el siguiente gobierno el sistema nacional de planeación democrática.

En el régimen de Miguel de la Madrid se pone en marcha el Programa de Descentralización de la Administración Pública Federal, que no sólo incluía la reubicación de oficinas y transferencia de recursos a los estados, sino que proponía reglas de concurrencia y corresponsabilidad intergubernamentales. El Programa se enfocaba hacia la descentralización política en cuanto a redistribución de competencias y la participación de la comunidad en las decisiones de gobierno; hacia la económica en lo relativo a la adecuación con criterios de eficiencia de las empresas públicas y privadas; en el ámbito administrativo promovía la desconcentración del Ejecutivo federal hacia los estados; y en materia de desarrollo, a la localización menos concentrada de la actividad económica y la dotación equitativa de servicios e infraestructura a las diferentes regiones del país (Ramos, 1994).

Se puede establecer el año de 1985 como el inicio de los procesos de cambio que modificaron el rumbo de los asuntos públicos en México: las primeras acciones para introducir el concepto de rentabilidad en las empresas públicas; los intentos de "modernización" del aparato público que en términos del Banco Mundial se impulsaron como "Programa de Reestructuración" y que al final del sexenio se conocerían como el "cambio estructural"; el ingreso de México al GATT y la asunción del principio de finanzas públicas sanas para cumplir con la exigencia del FMI de reducir el déficit del sector público respecto del PIB de 17 a 5 por ciento.

Con la promulgación de la Ley General de Salud, se establecen poco a poco mecanismos de descentralización del sector salud en 14 estados de la República; este proceso dio muestras de una efectiva participación de los gobiernos locales y de nuevas experiencias en las estrategias largamente anunciadas para fortalecer el federalismo. Los conflictos económico-financieros del momento impidieron la continuación de dichos procesos hasta 1995, cuando se suma la descentralización de los servicios educativos y, ante todo, se intensifica una etapa más en el desarrollo del sistema nacional de coordinación fiscal, punto de encuentro y de debate en el concierto político entre la federación y las entidades federativas.

---

[13] El PASP surge como un intento de vincular el presupuesto por programas de mediano plazo; este documento se modificó poco a poco con el fin de que cada sector manejara los instrumentos de política de desarrollo. De esta manera, en la programación y presupuestación de las obras o acciones que el gobierno federal llevase a cabo, se consideró la participación del sector privado y social, mediante acuerdos que se celebraron entre ellos en el marco del pacto "Alianza para la Producción"; y mediante diversos instrumentos financieros, como la Ley de ingresos, el presupuesto de egresos, el sistema fiscal y la deuda pública (Ramos, 1994).

El primer Plan Nacional de Desarrollo, 1983-1988, proponía:

i) descentralizar y redistribuir competencias entre las tres instancias de gobierno,
ii) reubicar en el territorio nacional las actividades productivas,
iii) dirigir la actividad económica a ciudades medias e
iv) integrar una red transversal de comunicaciones, transportes y acopio, almacenamiento y comercialización, para incorporar los mercados regionales y revertir los procesos de desarrollo regional desequilibrado.

De esta forma se buscaba el fortalecimiento de las políticas de desarrollo regional. Aprovechaba los mecanismos de coordinación intergubernamental establecidos en los convenios únicos de coordinación (CUC), ahora convenios únicos de desarrollo (CUD), así como los comités de planeación y desarrollo estatal (Coplades), de los cuales se desprenderían los comités de planeación y desarrollo municipal (Copladem). Fue necesario en este caso otorgar una base legal al fortalecimiento del municipio a partir de la reforma constitucional del artículo 115.

El mecanismo fundamental para la promoción del desarrollo regional fue el Convenio Único de Desarrollo (CUD).[14] El valor primordial de los CUD residía en su carácter de acuerdos formales para la transferencia de recursos federales a los estados. Desde una perspectiva de descentralización, éste era un primer paso importante hacia un federalismo más eficaz. Los CUD eran también significativos porque con ellos el gobierno federal y los gobiernos estatales prometían el fortalecimiento del gobierno municipal (Rodríguez, 1999). Los programas gubernamentales como "Fondos Municipales de Solidaridad" y "Fondos de Solidaridad para la

---

[14] Los convenios entre la Federación y los estados se originan en los comités promotores del desarrollo diseñados por Gustavo Martínez Cabañas, presidente del Instituto Nacional de Administración Pública, en 1971. Sobre esta base se crearon los Convenios Únicos de Coordinación en 1977, denominados Convenios Únicos de Desarrollo en 1983 y Convenios de Desarrollo Social a partir de 1992. La organización administrativa para la planeación del desarrollo originalmente diseñada por Martínez Cabañas era por entero distinta, pues partía de un sistema integrado por las unidades de planeación de las entidades federativas, con una visión regional, la que se entendería con las estructuras centrales de la Secretaría de la Presidencia para elaborar el plan general de desarrollo en estrecha asociación con la inversión pública federal. Los municipios, en este esquema, desempeñarían un papel estratégico de conciliación con los representantes de la sociedad civil. Esta perspectiva de coordinación intergubernamental, demasiado avanzada para la época y aun para la actual, se rechazó de inmediato y se convirtió en una iniciativa "federal", es decir, de arriba hacia abajo, o del centro a la periferia.

Producción" se señalaban en convenios específicos del Ejecutivo federal, el Ejecutivo estatal y los municipios como responsables de la administración de recursos federales.[15]

En el periodo 1988-1994, la descentralización, como iniciativa gubernamental integral, desaparece del discurso como tema específico de la agenda de gobierno. Sin embargo, el Programa Nacional de Solidaridad (Pronasol), aun cuando se orientaba sobre todo a la lucha contra la pobreza, pasa a ser el eje alrededor del cual se establecen acciones orientadas a la descentralización, pues el impulso a regiones y comunidades se situó en la lógica de este programa. El Pronasol, si bien no tuvo como objetivo explícito el impulso a la descentralización, fue —junto con la federalización de la educación— de los únicos programas del gobierno que, en el periodo señalado, se referían a orientar acciones para compensar los desequilibrios regionales y fortalecer los ámbitos estatal y municipal. De hecho, el Pronasol contempló tres grandes áreas de acción: bienestar social, producción y desarrollo regional, esto último mediante la creación de Fondos Municipales de Solidaridad, en los cuales habrán participado alrededor de 27 000 comités de solidaridad compuestos por miembros y organizaciones de la sociedad civil (Cabrero, 1998).

El Pronasol intentaba romper con las interferencias políticas locales y con los sesgos que con frecuencia introducen los gobernantes estatales y municipales en los programas centrales. Sin embargo, para lograr lo anterior, esta iniciativa no empleó la "infraestructura institucional" creada por el modelo anterior de descentralización. De hecho, el Pronasol debilitó en gran medida los niveles locales de gobierno, sobre todo en su primera fase, y aunque más adelante se intentó rescatar la participación de gobiernos locales, en general prevaleció el primer enfoque (Cabrero, 1995).

A partir del análisis de las iniciativas ya descritas, se podría suponer que, en los periodos 1970-1976 y 1976-1982, se desarrollaron las iniciativas enfocadas a la desconcentración administrativa; que en el periodo 1982-1988 se profundizó el proceso hacia la descentralización gubernamental; y que en el periodo 1988-1994 se intentó un avance hacia la fase de descentralización a la sociedad civil a partir del Pronasol. Sin embargo, habría que ser cauteloso en la interpretación, pues, si bien lo anterior es válido como hipótesis general, la realidad es que nin-

---

[15] El municipio como eje del desarrollo social y económico, además de asumir su papel en la asignación y localización de la inversión pública, ha de convertirse en el núcleo que propicie la acción de los grupos sociales en materia de salud, educación, producción, vivienda, así como en el ordenamiento territorial y la conservación del ambiente (PND 1989-1994).

guna de las fases se concluyó como programa sexenal ni tuvo una lógica de orientación, de secuencia ni de congruencia como iniciativas. Es decir, no constituyeron una estrategia integral. Es más sensato estudiarlas como iniciativas aisladas entre sí, en las que no se tomaron los avances de anteriores fases como bases de despegue o diseño de las nuevas propuestas; de hecho, fueron iniciativas que compitieron entre ellas. En cada nueva fase se desestructuraba parte de lo anterior, para reorientarlo. Se debe reconocer que, en este conjunto de propuestas, no se lograron consolidar los requisitos mínimos para un avance significativo en la materia (Cabrero, 1998).

La ausencia de instituciones locales sólidas y diferenciadas originó un nuevo cauce de reglamentaciones federales y generales que buscó remplazar las características con nuevas definiciones de alcance nacional. Se siguió entonces una lógica simple: para descentralizar políticas y decisiones había que diseñar un formato común para todas las entidades; leyes nuevas que tomaban en cuenta la participación creciente de las administraciones locales, pero que al mismo tiempo partían de un mirador centralista y tenderían inevitablemente a la homogeneización. Comenzó entonces una descentralización al final diseñada en el centro y auspiciada por la legislación federal. Sin embargo, predominó la perspectiva "desde el centro" sobre las realidades regionales. Con tal perspectiva, se dio igual tratamiento a realidades sociopolíticas diferentes, en especial porque también se acompañó de marcos jurídicos demasiado rígidos que impedían siquiera considerar mejores oportunidades de descentralización en algunos estados (Merino, Foro, 1997).

La crisis política y económica que se empezó a desatar por primera vez en el decenio de 1980 tuvo un efecto interactivo en la descentralización; como política, se convirtió en una respuesta del régimen a los desequilibrios económicos y políticos regionales, que ya amenazaban la estabilidad. La práctica de la descentralización, y en particular los avances de la oposición, intensificaron las presiones en favor de la devolución (de la capacidad de decisión a las autoridades locales). En términos generales, la política de descentralización tenía la premisa general de que, al fortalecer al gobierno (y al partido) en los niveles inferiores, se preservaría la estabilidad del sistema. No dejaba de mencionarse la descentralización como elemento fundamental para el proceso de democratización (Rodríguez, 1999). La creación de la Secretaría de Desarrollo Social y la reintegración de la Secretaría de Programación y Presupuesto a la Secretaría de Hacienda y Crédito Público, en 1992, dividieron el sistema de planeación en "nacional" a cargo de la SHCP y "regional" a cargo de la Sedesol, aunque la instrumentación de la planeación regional no quedase definida en los procesos de programación y presupuesto instalados desde 1983. Además de esta duplicidad, la Semarnap, en su momento, promueve Programas de Desarrollo Regional Sustentable (Proders) en 22 regiones de 18 estados, e impulsa un esfuerzo institucional de descentralización y desconcentración de facultades en vista de un fortalecimiento de la gestión ambiental municipal; adopta el esquema de zonas marginadas (250) de la Sedesol pero no define políticas ni prioridades, y el enfoque metodológico es diferente al propio del programa de descentralización de la misma Secretaría, e igualmente dirigido al municipio.

Los Proders, por su parte, actuaron en un doble plano: el de la reforma a los procesos de gestión regional, y el de la transformación sustentable de comunidades campesinas por medio del impulso articulado de formas ambientalmente favorables de aprovechamiento y conservación de los recursos naturales. Los Proders impulsaron un proceso de coordinación sectorial con la Sagar, Sedesol, SCT, SRA, SEP, SSA y Secofi. Estas dependencias, junto con la Semarnap, suscribieron las bases de colaboración interinstitucional para el desarrollo sustentable de regiones prioritarias que dio apoyo jurídico al programa nacional de atención a regiones prioritarias, tardíamente instalado en mayo de 1999, para impulsar procesos de desarrollo regional sustentable de mediano y largos plazos que permitan participar de manera coordinada las instituciones gubernamentales y las organizaciones sociales, por medio de consejos de desarrollo regional y con la integración concertada de programas-presupuesto regionales. Con base en un proceso de programación y organización regional se identificaron 91 regiones, de las cuales se seleccionaron 36 para su atención prioritaria por medio de los mecanismos intergubernamentales ya establecidos: CUD, Coplades, Coplademun donde los hubiera, el ramo 36 y proyectos de Poas regionales, que no llegaron a configurarse. Una vez más la planeación estratégica no se materializó en programas de acción por falta de tiempo, o por desconocimiento, en la instrumentación táctica y su negociación con los sectores involucrados, lo que muestra la inefectividad del denominado sistema nacional de planeación democrática, al menos en materia ambiental.

El desarrollo regional ha sido el cimiento de la inversión pública federal y el elemento mas desconocido del sistema de políticas gubernamentales, pues ni siquiera ha constituido un mecanismo de operación que diera congruencia a los procesos de planeación. El centralismo, la distribución sectorial de la acción pública federal y la división política del país han impedido la concepción y el manejo regional del desarrollo económico y social; cualquier intento de regionali-

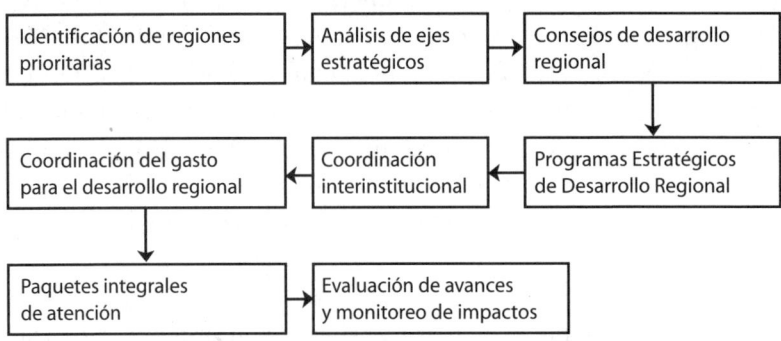

Estrategia de los Proders

zación quedaba automáticamente supeditado al sistema de gobierno establecido por la Federación. En consecuencia, cada sector trasmite sus propias políticas, objetivos y estrategias a las entidades federativas sin contemplar su diversidad municipal ni su concepción regional multifactorial. Los instrumentos (convenios de desarrollo social) y mecanismos (sistema de coordinación fiscal) de gestión intergubernamental no han demostrado ser los elementos de cohesión del sistema corporativo de gobierno instalado desde 1925, menos aún en sectores difundidos como el energético, ambiental, sanitario, turístico y urbano, que requieren de un manejo transectorial.

Es necesario diseñar modelos diferenciados de desarrollo regional que permitan intervenir en forma integrada y sin conflictos de competencias, tanto la parte federal como la estatal y municipal, en particular en microrregiones que afectan zonas metropolitanas, fronterizas, costeras, deprimidas e indígenas, con la presencia ineludible de los sectores productivo, distributivo, social y académico, en función de programas de desarrollo regional consensuados. Los programas de descentralización han sido partes desarticuladas de las estrategias adoptadas en la reforma del Estado, de ahí los alcances limitados en el fortalecimiento de la gestión local y la nula perspectiva regional. Mientras los planes de desarrollo nacional no intervengan de forma armonizada en los elementos constitutivos del Estado, sus presupuestos e intenciones seguirán formando parte de la retórica gubernamental.

El programa de descentralización se preparó con base en el diseño conceptual de un sistema en el que participan las dependencias comprometidas en el sector ambiental, sobre todo el Programa Federal de Mejora Regulatoria de la Secofi, y las entidades federativas con las cuales se suscribieron 860 acuerdos de coordinación y se transfirieron recursos de la Comisión Nacional del Agua y de fondos provenientes del Programa de Desarrollo Institucional Ambiental; se preparó asimismo la agenda municipal para la gestión ambiental y un sistema nacional de fondos ambientales que ofrecen al municipio una infraestructura muy importante para la planeación y la gestión ambiental. Sin embargo, la falta de vinculación con los programas de desarrollo regional sustentable, con las delegaciones de la propia Secretaría, y ante todo con las unidades de gestión y de servicio descentralizadas de otras dependencias del gobierno federal, para proveer de un marco de referencia regional en la gestión estratégica de grupos de municipios envueltos en la problemática ambiental, limitaron las expectativas del esfuerzo institucional realizado.

Además,

[...] la influencia de factores tanto internos como externos ha traído una modificación radical de las bases, modos de operación y estrategias de desarrollo de México a partir de los años ochenta. El eje de la economía se desplazó del mercado interno al externo, y se pasó de una economía caracterizada por la presencia amplia y profunda del Estado en los procesos productivos a una en que la iniciativa privada, nacional y extranjera, adquirió un papel de actor central del crecimiento y el desarrollo. Los centros de decisión son ya en parte externos y en parte del sector privado nacional. Se dejaron atrás políticas que regulaban y subsidiaban excesivamente la actividad económica, y se propició la participación de nuevos actores, entre los cuales la libre competencia se considera el principal regulador. Se desregularon los sectores agropecuario, financiero y de comunicaciones y transportes y se descansó en inversiones privadas para tratar de asegurar la expansión de estos sectores y de la infraestructura. [Urquidi, 1996]

En esta circunstancia histórica, la política ambiental del gobierno mexicano, sustentada en la Ley General del Equilibrio Ecológico y la Protección al Ambiente, depende para una efectiva transferencia de facultades de una redefinición de competencias que permita una descentralización gradual, oportuna y adaptada a las condiciones ambientales heterogéneas del país.

El programa de descentralización impulsado por la Semarnap a finales de 1995 se desarrolló con las siguientes líneas estratégicas:

- un proceso gradual de redistribución de atribuciones, capacidad de decisión y de fuentes de financiamiento.
- un fortalecimiento de la capacidad de gestión local y ampliación de las posiblidades de participación social,
- una convergencia de responsabilidades, decisiones y acciones entre órdenes de gobierno,
- una generación de espacios más propios para las aportaciones de instituciones académicas, agentes económicos, e iniciativas indivisuales y colectivas de cada región,
- y una incorporación efectiva de la dimensión ambiental a los procesos económicos y sociales locales (Provencio, Foro, 1997).

Conviene mencionar que, en la pasada administración, el proceso de descentralización se enfrentó a una serie de problemas que impidieron alcanzar el éxito deseable, entre los cuales destaca que la oferta de funciones por descentralizar se definió desde las áreas centrales de la Secretaría y resultaba poco atractiva para los gobiernos estatales en virtud de que sólo cinco de ellas ofrecían la posibilidad de generar ingresos. También, la demanda de los estados quedaba insatisfecha debido a que no se transfirieron actos de autoridad.

A lo anterior se añadieron los obstáculos para trasladar bienes inmuebles, financieros y humanos debido a un marco jurídico centralista, a los diversos intereses políticos y al desarrollo institucional incipiente en los gobiernos locales. A esto se suma el desconocimiento sobre el cumplimiento de acuerdos y el escaso apoyo a la coordinación del proceso, lo que dio como resultado que el proceso de descentralización se sometiera a un panorama político de suyo desconcertado y no tuviera el efecto esperado. No obstante estos problemas, hubo algunos avances, entre los que destaca el desarrollo de un marco estratégico de la descentralización con el diseño de mecanismos de apoyo al desarrollo institucional, la conceptuación de una visión regional del proceso y la creación de un programa de desarrollo institucional ambiental destinado a fortalecer un nivel básico para atender la gestión ambiental en las entidades federativas del país. Se logró la difusión del proceso y se iniciaron acciones de capacitación en materia de fortalecimiento de la gestión ambiental a nivel municipal.

En la administración 2000-2006 el fortalecimiento del federalismo de nuevo se consideró una política prioritaria, entre cuyos propósitos se procuró promover el desarrollo regional, mejorar los servicios públicos, abatir los costos administrativos y acercar las decisiones a los lugares donde se requieren. Para tales fines se planteó redistribuir la autoridad, responsabilidades y recursos del gobierno federal hacia los órdenes estatales y municipales del gobierno (Pronama, 2001).

En un acto celebrado en la Secretaría de Gobernación, el 11 de abril de 2002, y presidido por los secretarios de Gobernación, y de Medio Ambiente y Recursos Naturales, con la asistencia de representantes de 27 estados, como los mandatarios estatales de Aguascalientes, Coahuila, Hidalgo, Jalisco, Nayarit, México, Michoacán, Puebla, Tlaxcala, Veracruz y Zacatecas, se firmó el "Convenio marco de coordinación para el fortalecimiento de las capacidades institucionales necesarias para la descentralización", instrumento para lograr la descentralización del sector ambiental mediante cuatro líneas generales de acción:

- Adecuación del marco jurídico ambiental.
- Fortalecimiento de la gestión ambiental estatal.
- Estandarización de los procesos por descentralizar.
- Apoyo para la obtención de financiamiento.

VI. GESTIÓN PÚBLICA DE LAS POLÍTICAS AMBIENTALES

> Si el lenguaje carece de precisión, lo que se dice no es lo que se piensa. Si lo que se dice no es lo que se piensa, entonces no hay obras verdaderas. Si no hay obras verdaderas, no florecen el arte y la moral. Sin arte y sin moral no hay justicia. Si no existe la justicia, la nación no sabrá cuál es su ruta; será una nave en llamas y a la deriva.
>
> Confucio

En el marco de la administración pública

La última década y la que comienza se distinguen por la formación de agrupamientos económicos y la ineludible internacionalización de países ricos y pobres, en la búsqueda de un nuevo paradigma de relaciones de intercambio en donde la conservación y el aprovechamiento sustentable de los recursos, así como la protección planetaria del ambiente, son factores determinantes. La consecuente permeabilización de fronteras nacionales y las necesarias reformas de los Estados, en lo económico y político pero también en lo jurídico y administrativo, exigen al mismo tiempo una "tercera vía" que inaugure la economía global del tercer milenio.

Mientras tanto, nuestros países con economías subordinadas y en clara desventaja histórica se ven impulsados a privatizar las empresas del Estado, a desregular la economía y a modernizar el aparato administrativo gubernamental con base en enfoques de eficiencia, eficacia y calidad. Se incorporan en estas estrategias los procesos de descentralización que, aunados a la desconcentración de facultades hacia las entidades federativas y a la concertación de la acción pública con la sociedad civil, ya había emprendido gran parte de los países latinoamericanos con objeto de promover el desarrollo regional, fortalecer el federalismo en su caso y apoyar la gestión municipal.

Las políticas públicas en México se orientaron sobre todo a partir de 1925 a la creación de infraestructura para el desarrollo regional, por conducto de la inversión pública federal, y al fortalecimiento de la economía, por medio de instituciones de promoción, y fomento a la agricultura y a la industria. El crecimiento del aparato gubernamental y de las ciudades del país fueron consecuentes con dichas políticas hasta la década de los años cuarenta, cuando se instalan los instrumentos y mecanismos de desarrollo nacional que todos conocemos con el paradigma ecológico de dominio de la naturaleza y explotación irrestricta de los recursos.

Los acontecimientos ambientales de la década de los sesenta y en particular la concientización mundial creciente del foro de Estocolmo 72 al de Río de Janeiro 92 impulsan aún más la intervención gubernamental en los problemas ambientales, se promueve la legislación ambiental, se organiza el sector ambiental, y los temas ambientales se incorporan en el sistema nacional de planeación como elementos estratégicos de los procesos de programación del sector público federal. La intervención de la federación en la economía nacional y en el desarrollo social que predominaba frente a la tímida participación de los gobiernos locales se transformó conforme se establecía una reforma política, jurídica, económica y administrativa que aún no termina, pero que mientras tanto redefine un nuevo paradigma en donde el gobierno federal, los gobiernos locales y la sociedad civil aparecen en el escenario ambiental como corresponsables en la protección de la salud y el bienestar general de la población, en el aprovechamiento sustentable de los recursos y en la conservación de la integridad de los ecosistemas.

En la misma década de los sesenta se instalan los primeros mecanismos institucionales para planificar el desarrollo económico y social del país con un fuerte acento en el ámbito regional. Los diversos instrumentos de planeación y de gestión que ahí surgieron, influyeron decisivamente en las políticas públicas de los siguientes regímenes de gobierno:

1952 / 1958
- Organización administrativa del gobierno federal a partir de proyectos de desarrollo.
- Crecimiento de los órganos paraestatales y mayor participación gubernamental en la economía nacional.
- Programación y control de la inversión pública federal.

1958 / 1976
- Creación de la Secretaría de la Presidencia. Inicio de estudios sobre planeación regional.
- Organización para la planeación del desarrollo.

- Estudios de organización y sistematización de la administración pública federal.
- Creación de unidades de programación institucional.
- Principios de sistematización de los estudios y procesos de planeación del desarrollo en las entidades federativas y creación de los Coprodes.
- Planeación sectorial y regional.

1976 / 1988
- Reforma administrativa del gobierno federal e instalación de sistemas y procedimientos administrativos.
- Implantación del presupuesto por programas y desarrollo de sistemas de información por conducto de la Secretaría de Programación y Presupuesto.
- Convenio único de coordinación de la Federación con los estados.
- Plan global de desarrollo y programas de acción del sector público.
- Instalación de los Coplades mediante los convenios únicos de desarrollo.
- Implantación de sistemas de control y vigilancia del gasto público por conducto de la Secretaría de la Contraloría General de la Federación.
- Instalación del Sistema Nacional de Planeación Democrática.
- Planeación nacional del desarrollo, programación sectorial y operativa.

En México, los problemas ambientales están en gran medida unidos a la estructura económica y, en particular, a los patrones de consumo y producción. Se han tomado iniciativas para modificar estos patrones, aunque la mayoría son todavía muy recientes para que puedan observarse resultados ambientales. La creciente urbanización, el grado de pobreza y la inadecuada infraestructura acentúan los efectos locales de las presiones producidas por el estilo de desarrollo. Además, el desarrollo de las políticas ambientales en México, de su propia legislación y de sus estructuras de gestión dependerán sensiblemente del comportamiento económico internacional y de los compromisos ambientales consecuentes, así como del éxito que se obtenga en el corto plazo en los procesos de descentralización y en el fortalecimiento de la gestión ambiental local. La integración de las políticas ambientales con las políticas de desarrollo, en este caso, es una resultante de las variables ya señaladas.

Aunque se avanzó significativamente en diversas áreas de la administración ambiental, el radio de acción de la política ambiental del país fue limitado, y los instrumentos promovidos mostraron poca eficacia para modificar las principales tendencias de degradación del ambiente y de los recursos naturales. Esto se debió al presupuesto relativamente escaso, al tiempo inadecuado para consolidar las estructuras de gestión y sus programas en el ámbito sectorial, y a la incapacidad de las estructuras locales para intervenir en la gestión ambiental. La escasa importancia que dieron tanto el gobierno como la legislatura a la gestión ambiental se evidencia en el bajo presupuesto destinado a los asuntos ambientales. Así, programas y proyectos de desarrollo en el país no lograron cumplir con la normatividad ambiental o dieron poca importancia a los aspectos de sustentabilidad del desarrollo. Por ejemplo, las políticas agropecuaria y agraria han inducido procesos que favorecen la deforestación y el uso irracional del suelo. Programas como el de Apoyos Directos al Campo (Procampo) o el de Certificación de Derechos Ejidales y Titulación de Solares Urbanos (Procede) no incluyen la actividad forestal y en algunos casos han resultado ser promotores de la deforestación[1] (Pronama), como sucedió en la década de los años setenta, con el sorprendente programa de desmontes.

Porcentaje del presupuesto para el ambiente respecto del presupuesto federal	
1990	0.035
1994	0.146
1996	0.887
2000	0.378
2001	0.327

Fuente: Pronama, 2001- 2006.

La gestión ambiental en México por parte de los sectores público y privado, así como la sociedad civil organizada, no ha sido lo bastante amplia y efi-

---

[1] El Procampo pretende reducir poco a poco los subsidios a ciertos productos agrícolas para sustituirlos por un pago por hectárea cultivada. Un efecto ambiental positivo de este programa es que se elimina la distorsión en los precios relativos entre los productos agrícolas y los forestales, aunque genera incentivos para la deforestación (hoy en día se busca promover esquemas de pago por conservación). El efecto negativo, identificado por algunos analistas aunque se requiere aún evidencia empírica concreta, es que al inicio del programa, al conocerse que el pago sería por hectárea, muchos campesinos deforestaron zonas boscosas para declarar que contaban con un mayor número de hectáreas. El Procede es un programa que busca regularizar y otorgar títulos de propiedad en zonas rurales. Con ello, se evitarían muchos de los problemas asociados a la falta de derechos de propiedad bien definidos, como la sobreutilización de áreas de explotación común (Uribe, 2002).

caz para proteger al ambiente. Las instituciones gubernamentales, las empresas privadas y las organizaciones no gubernamentales que trabajan en el campo ambiental no han podido proteger de manera eficaz al ambiente y corregir el deterioro que pone en riesgo la salud pública y agota los recursos naturales. El marco legal, aun con las importantes reformas de la LGEEPA en 1996, es insuficiente. Sin embargo, es creciente la conciencia y preocupación por los asuntos ambientales en todos los sectores. En el sector privado, las principales agrupaciones industriales o de negocios del país, tanto nacionales como locales, poseen áreas de atención a los asuntos ambientales. Es ya común en nuestro país que los grandes corporativos industriales o empresariales tengan dentro de sus estructuras divisiones específicas para atender sus necesidades de planeación y acción ambiental. A su vez, en forma individual o colectiva, muchos empresarios han creado fondos en apoyo al ambiente y mantienen iniciativas de interlocución con la sociedad civil y el gobierno. Las universidades, tecnológicos e institutos de investigación, tanto públicos como privados, han creado centros de investigación dedicados al ambiente y poseen una cartera de opciones curriculares que van desde licenciaturas y estudios de posgrado hasta diplomados y cursos libres en el campo de las ciencias ambientales. Algunas universidades dirigen proyectos de conservación y administran parte del patrimonio natural del país, haciendo gestión ambiental en comunidades, empresas y gobierno.

Mientras tanto, la política ambiental marcha contra el reloj, y los tiempos —con todo y los cambios en curso— son aún sexenales. Las atribuciones ambientales de otras dependencias, en torno a la Semarnat, se cumplen con diferente prioridad y están desvinculadas de los programas ambientales. La estrategia de descentralización para el fortalecimiento del federalismo no cuenta con instrumentos legales, financieros y administrativos que hagan posible el fortalecimiento de la gestión ambiental local. Lo anterior significa que se aprecian esfuerzos muy importantes con resultados notables pero desarticulados y, en algunos casos, de alcances insuficientes. Esto justifica la necesidad de una planeación estratégica de las políticas ambientales que, en principio, habría que definirlas en función de la situación de la gestión ambiental del país, del escenario institucional y sus prioridades, de las estrategias más eficaces, del manejo adecuado de los instrumentos de gestión pública y de la percepción acertada de los conflictos que generan los problemas ambientales en las regiones del país y en las transacciones internacionales.

A TRAVÉS DE LAS ESTRUCTURAS DE GESTIÓN

La gestión ambiental del Estado implica la búsqueda de una articulación de espacios administrativos desde la cual se lleven a cabo con eficacia las nuevas funciones estatales relacionadas con la protección del ambiente, incluso la conservación y utilización sustentable de los recursos naturales. La reestructuración administrativa resultante no puede limitarse a la creación de un nuevo sector dentro de la organización administrativa tradicional del Estado, como ocurrió con otras funciones que asumió el sector público durante el siglo XX. La incorporación de la dimensión ambiental en la administración pública presenta desafíos más complejos. Afecta principios constitutivos de la organización administrativa tradicional, empezando por el principio de la especialidad y de la sectorialidad que se encuentra en su base, y en virtud del cual los asuntos que conciernen al Estado deben "departamentalizarse", es decir, ubicarse en compartimentos diversos construidos al efecto, relativamente independientes entre sí, de acuerdo con la naturaleza de cada asunto (Semarnap, 2000).

> En su raíz epistemológica, la sectorización administrativa del quehacer gubernamental tiene su origen en la departamentalización del conocimiento provocada por el desarrollo de la ciencia, sus aplicaciones tecnológicas y su profesionalización a través del impulso de las universidades (Bolonia, 1980), de los centros de investigación y de la impronta industrial del siglo XVIII, mismos que contribuyeron a la percepción fragmentada de los fenómenos de la naturaleza y de la sociedad. "La especialización de las disciplinas científicas que creó la fragmentación de las perspectivas modernas en el nivel de la investigación es producto de los dos últimos siglos. La geología surgió como campo de estudio coherente alrededor de 1800; la ecología más o menos un siglo después. Los primeros científicos no dividían el estudio de la naturaleza en categorías tan rígidas. De ahí que estuvieran mejor situados para apreciar los vínculos existentes entre lo que hoy son campos de investigación distintos. [Bowler, 1998]

Una dificultad inicial para consolidar la gestión ambiental —que aún no se supera por completo— es la comprensión del ambiente como una totalidad de extraordinaria complejidad. En efecto, los componentes de nuestros ecosistemas interactúan entre sí y con las actividades humanas, las cuales modifican el medio al transformar el paisaje, extraen elementos y materias primas necesarias para los procesos productivos e incorporan residuos a la atmósfera, a los suelos o a los cuerpos de agua. Nuestra capacidad colectiva para incidir en la evolución del ambiente y de los recursos naturales está determinada por factores y procesos institucionales que se desarrollan en cuatro planos, o aspectos:

- culturales,
- normativos,
- político-administrativos e
- internacionales

Cada plano presenta su propia dinámica institucional, estructural y funcional, que interactúa con la de los demás para definir, impulsar o frenar en la práctica las correspondientes políticas públicas. Los temas ambientales maduran con diferente velocidad en los diversos planos de referencia, en los que a su vez se presentan notables heterogeneidades internas. Un mayor dinamismo en algunos de estos planos puede arrastrar a los demás e inducir una transformación institucional en la gestión ambiental (Semarnap, 2000)

Como señala Raúl Brañes, la gestión ambiental es sobre todo una función pública o función del Estado. Por eso se dice que ella es un "cometido", "competencia", "misión", "prerrogativa" o "atribución" del Estado, expresiones con que se la designa. Pero, a diferencia de otros cometidos del Estado, la gestión ambiental no es una función exclusivamente pública. Por el contrario, entre sus objetivos está su transformación en una función compartida por el Estado y la sociedad civil.

> La incorporación de la gestión ambiental a la función del Estado es relativamente reciente. Dicha incorporación es consecuencia directa de que la ordenación del ambiente fue concebida como un fin estatal. En general, la calificación de un objetivo social como un fin estatal implica la creación de un nuevo cometido del Estado. Corresponde al propio sistema jurídico estatal establecer esa calificación y delimitar el ámbito de la nueva función pública [Brañes, 2000].

Sin embargo, la experiencia mexicana da muestras de incongruencias entre las políticas ambientales, reactivas a los problemas del desarrollo industrial, urbano y regional del país *vis à vis* los compromisos ambientales contraídos por el gobierno mexicano en los foros internacionales durante los últimos 30 años. El desarrollo institucional del sector público mexicano, como en mínima parte se ha descrito, y el contexto internacional actual explican que la gestión ambiental se incorporase en un sector orientado al saneamiento ambiental y a la asistencia médica, con una filosofía cargada de previsión social y prevención de factores determinantes de enfermedades en gran parte originadas o catalizadas en el ambiente (modelo sanitario de Leavell y Clark), con la responsabilidad de una dependencia muy centralizada y desconcentrada en todas las entidades federativas mediante unidades de regulación sanitaria y de programas (campañas) para la erradicación y el control de enfermedades transmisibles y para el equipamiento territorial.

La creación de estas nuevas estructuras requirió la integración de unidades administrativas preexistentes, que tenían a su cargo la gestión de algunos de los principales componentes del ambiente:

La Subsecretaría de Mejoramiento del Ambiente respondía a políticas de salubridad estrechamente vinculadas con el modelo de crecimiento económico del país y con las políticas, aunque subsidiarias, de desarrollo social y regional emprendidas por el gobierno mexicano desde 1920 e impulsadas por los procesos de modernización y globalización de la economía de la posguerra. El contexto gubernamental, centralizado, desarticulado y conflictuado, no le fue favorable y no se asimiló el ingrediente ecológico, más bien provocó un dilema entre el paradigma higienista y el ecológico, y un rompimiento institucional entre la SSA y la naciente Sedue, como antes había sucedido con la STPS en materia de higiene del trabajo.

Así como la fusión de la Secretaría de Asentamientos Humanos y Obras Públicas con la Subsecretaría de Mejoramiento del Ambiente para constituir la Secretaría de Desarrollo Urbano y Ecología en 1983 no se materializó en acciones de protección ambiental de los asentamientos humanos, la transformación de la Sedue en Sedesol tampoco significó que las políticas ambientales se vincularan con el desarrollo social, como sucedió a partir de los años cuarenta con los programas de saneamiento ambiental que permitieron la apertura de grandes zonas potencialmente agrícolas a cultivos de alto rendimiento, y el desarrollo de núcleos y corredores industriales, así como de centros de colonización. Estas asociaciones institucionales de funciones gubernamentales "por decreto" y sin estudios previos de factibilidad y congruencia hacen dudar de la racionalidad que ha dado lugar a las estructuras de gestión ambiental, en especial con la constitución del sector en 1983. La Subsecretaría de Mejoramiento del Ambiente culminó el desarrollo de una tradición sanitaria iniciada por el Consejo Superior de Salubridad en 1841.

La Sedue y la Sedesol no dieron muestras de que las políticas ambientales implícitas (no explícitas) en los programas correspondientes de 1984 y 1990 se integrasen, como era indispensable, a las políticas generales de desarrollo.

En cambio, el diseño de la Semarnap tuvo éxito en la conformación de una dependencia que sumaba órganos estratégicos para hacer factible la realización de políticas ambientales bajo una unidad de mando, como fue el caso del agua, pesca, flora y fauna silvestres, recursos forestales y la zona federal marítimo-terrestre, aunque no se haya logrado su integración con las políticas económicas. No obstante que la exposición de motivos de la iniciativa del Ejecutivo no declaraba intenciones relacionadas con el desarrollo sustentable, tanto el Plan Nacional de Desarrollo como el Programa de Medio Ambiente señalaban a la Secretaría como el eje fundamental para reorientar las políticas de aprovechamiento económico de los recursos naturales hacia un manejo y uso sustentables, lo que se hizo extensivo al campo industrial y al desarrollo de las ciudades en la lucha contra la contaminación ambiental. De cualquier forma, no fue posible formular la agenda para el desarrollo sustentable prevista en el Plan.

La nueva Secretaría de Medio Ambiente y Recursos Naturales devuelve al sector agropecuario las políticas de aprovechamiento pesquero y retoma, una vez más, el reto de promover una agenda para el desarrollo sustentable, esta vez con una estrategia diferente y un esquema de planeación regional, y muy impregnada de determinantes macroeconómicos estrechamente vinculados con el comercio y las finanzas internacionales. Su posición dentro del área de crecimiento con calidad facilita la integración de políticas públicas en torno al medio ambiente, a la producción industrial, al comercio exterior y al desarrollo sustentable. Su inclusión asimismo en el área de desarrollo social y humano permite armonizar el crecimiento y la distribución territorial de la población con las exigencias de sustentabilidad para mejorar la calidad de vida de los mexicanos y fomentar el equilibrio de las regiones del país, con la participación del gobierno y la sociedad civil. Su vinculación a la Comisión de Orden y Respeto le permite intervenir en materia de riesgos y seguridad nacional, crecimiento y distribución poblacional, así como en la protección ambiental del mar territorial.

Esta posición transversa en su actuar institucional coloca a la Semarnat en una situación de enormes dificultades, pues, para coadyuvar al alcance de la visión sectorial prevista a 25 años y lograr la misión institucional propuesta a mediano plazo, requeriría políticas públicas y estrategias transectoriales con nuevos instrumentos de gestión de naturaleza proactiva que ofrezcan mayor certidumbre en la integralidad de las políticas ambientales, en su integración con las políticas de desarrollo, y ante todo en la aceptación y participación responsable de los sectores de la población comprometidos con un desarrollo sustentable, y, por ende, de muy largo plazo. Este modelo de gestión matricial sirvió para la formulación de metas intersectoriales del Programa Nacional de Medio Ambiente, pero no dio apoyo suficiente para el desarrollo del Programa por la desaparición paulatina de las coordinaciones señaladas.

El análisis del orden reglamentario de las dependencias de la administración pública federal muestra un conflicto de políticas públicas en función de sus relaciones intersectoriales en materias sanitaria, ambiental, laboral, agrícola, industrial, comercial, urbana, regional y energética. Es el caso de la Secretaría de Salud, que cuenta con una Comisión Federal para la Protección Contra Riesgos Sanitarios como órgano desconcentrado cuyo objeto es el ejercicio de atribuciones en materia de regulación, control y fomento sanitarios, por lo que incluye a la Dirección General de Salud Ambiental en proceso de transformación a una Dirección General de Análisis de Riesgos; cuenta además con el Centro Nacional de Vigilancia Epidemiológica, cuyas atribuciones son de importancia estratégica en el control de riesgos ambientales en la salud de las poblaciones. La Secretaría de Agricultura reglamenta el Servicio Nacional de Sanidad, Inocuidad y Calidad Agroalimentaria, que interviene en sanidad agropecuaria, forestal, acuícola, pesquera e inocuidad alimentaria por conducto de las direcciones generales de Inspección Fitozoosanitaria, de Salud Animal y de Sanidad Vegetal con el apoyo de un Consejo Técnico integrado, entre otras dependencias, por la Semarnat.

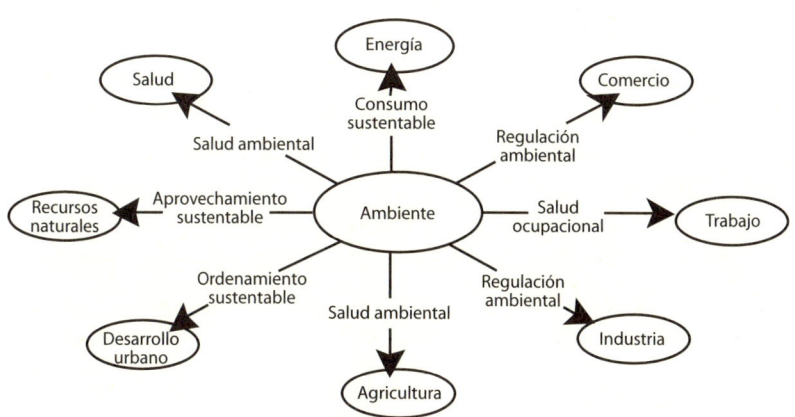

Conflicto de políticas públicas

La Secretaría de Desarrollo Social mantiene sus atribuciones heredadas de la Sedue en materia de asentamientos humanos, vivienda y desarrollo urbano a través de la Subsecretaría de Desarrollo Urbano y Ordenación del Territorio, que se encarga de proponer las políticas generales de ordenamiento territorial, de desarrollo urbano y regional, y de suelo y reservas territoriales, además de elaborar el Programa Nacional de Desarrollo Urbano y Ordenación del Territorio, de conformidad con la Ley General de Asentamientos Humanos. La Secretaría de Energía, no obstante la carencia de atribuciones ambientales, incorpora en su estructura administrativa a la Dirección General de Investigación y Desarrollo de Tecnología y Medio Ambiente, con el propósito de formular una visión integral de los requerimientos de investigación y desarrollo tecnológicos del sector energético, y proponer lineamientos que permitan su fomento y difusión para contribuir al desarrollo sustentable; participa, con el apoyo de la Comisión Nacional para el Ahorro de Energía, en el diagnóstico de la evolución de la diversificación de las fuentes de energía y del aprovechamiento del potencial de energía renovable del país, además de que efectúa el diagnóstico del estado del cumplimiento de la normatividad ambiental en materia energética y de las principales tendencias en el diseño y la aplicación de normas ambientales, y diseñar un sistema de evaluación del impacto y la interrelación de la política energética con las políticas de protección ambiental y de acción climática que establezca la Semarnat.

A la Secretaría del Trabajo le corresponde, mediante la Dirección General de Medicina y Seguridad en el Trabajo, promover la mejoría de las condiciones físicas y ambientales en que se desempeña el trabajo; establecer las normas en materia de medicina, seguridad e higiene en el trabajo; y coordinar con la Secretaría de Salud lo relativo a salud ocupacional prevista en la Ley General de Salud. Sin dejar de mencionar actividades específicas en materia de transporte federal y desarrollo turístico a cargo de las secretarías de Comunicaciones y Transportes, y de Turismo.

Aunque la Ley Orgánica de la Administración Pública Federal establece diversos mecanismos de coordinación sectorial e intergubernamental con las entidades federativas y municipios (arts. 7, 9, 13, 21, 22, 24, 25), los reglamentos interiores de las dependencias no incorporan atribuciones suficientes y precisas para lograr dicha coordinación.[2] El Plan Nacional de Desarrollo es el principal instrumento

---

[2] Es tan difícil y tan importante lograr la efectiva coordinación intersectorial que no basta negociar con oportunidad metas comunes o complementarias en el proceso de elaboración de los programas sectoriales, es necesario además disponer de estructuras de evaluación y vinculación que den seguimiento y apoyo a las partes en cuestión, en especial en la operación conjunta de metas compartidas.

de conciliación, coordinación y ejecución de políticas públicas mediante sus programas de mediano plazo y sus directrices de largo plazo. No obstante la experiencia de 25 años en el desarrollo de ambos instrumentos gubernamentales, los alcances difícilmente podrán atribuirse a dichos dispositivos en tanto no se realicen evaluaciones periódicas de resultados que orienten y condicionen los planes siguientes. Las bases y mecanismos de organización y coordinación provistas por la LOAPF se mantienen sin modificación desde que se establecieron, y desde entonces forman parte de un ritual administrativo que por lo general se cumple con manuales, instructivos y convenios, si bien con efectos limitados.

La administración pública, como instrumento de gobierno para el desarrollo equitativo y sustentable, ha evolucionado sobre todo en el manejo de recursos, en demérito del diseño y aplicación de políticas, estrategias y programas, en especial en materias de naturaleza transectorial, como el ambiente, salud, energía, ordenamiento territorial y asentamientos humanos. La falta de una visión integral en los procesos administrativos de gobierno se traduce en una reglamentación de las dependencias que limita la elaboración de agendas que vayan más allá del sector y del mediano plazo. Los reglamentos interiores de las dependencias involucradas en las políticas ambientales carecen de elementos que permitan formular un sistema congruente de gestión ambiental, como mecanismo idóneo para una efectiva participación intergubernamental y corresponsable con la sociedad civil.

De los procesos de planeación y programación

La programación ambiental no puede quedar separada de los procesos de planeación del sector público federal, cuyos antecedentes se remontan a la programación de la inversión pública federal y a los intentos de planeación del desarrollo que dieron origen primero a la Secretaría de la Presidencia y más adelante a la Secretaría de Programación y Presupuesto. Este periodo de 1958 a 1992 cimentó las bases estructurales de la administración pública federal respecto de los sistemas de regulación administrativa en materia de planeación, programación, organización, presupuestación, información y control que conforman los actuales procesos gubernamentales. La huella administrativa que dejaron estos sistemas y procesos no se ha estudiado lo bastante para permitir los cambios propuestos por los regímenes de gobierno recientes. La inercia de prácticas administrativas, sobre todo organizativas, procedimentales, programáticas y presupuestales, provocó, por una parte, la degeneración de los sistemas instalados, en particular en los procesos de programación-presupuestación y, por otra, la instalación de rituales administrativos, como es el caso de la elaboración de manuales de organización y procedimientos. El presupuesto por programas adoptado en 1977 como herramienta de planeación se convirtió a partir de 1983 en un instrumento de control del gasto público y *modus operandi* de la nueva Secretaría de la Contraloría de la Federación (Secogef); el sistema de planeación y programación pasó con rapidez de una perspectiva económica-financiera para la planeación del gasto público hacia objetivos de desarrollo, a un enfoque contable-presupuestal para el control administrativo del objeto del gasto.

Lo anterior se revela en la actual desarticulación entre las estructuras jurídicas, organizativas y programáticas, así como en la dificultad de conciliarlas con las propuestas de cambio estratégico planteadas en el Plan Nacional de Desarrollo 2001-2006. Quienes aseguran pomposamente que el gobierno federal va a sustituir la planeación tradicional por la estratégica no han advertido que la primera se implantó formalmente pero no llegó a instrumentarse como se había previsto; los que se desarrollaron, con excesivo celo administrativo, fueron los programas sectoriales (nivel medio) o institucionales (nivel micro) de mediano plazo, que no se integraron en los comités técnicos institucionales de planeación (nivel macro). El predominio del control contable de los programas desvió la metodología original ensayada y propuesta por la ONU en el Manual de Transacciones del Gobierno (1946) y puesta en práctica por diversos países, entre ellos Chile, de donde se trajo a México para fortalecer los procesos de la reforma administrativa; este cambio puede explicar la ausencia de elementos de evaluación y de prospectiva en los programas, así como la "innecesaria" revisión del plan al término de cada periodo; se generó en cambio la demanda pública de auditorías sobre el presupuesto ejercido, pero no para verificar el alcance de metas programadas, sino la legitimidad del gasto. Al cabo de diez años de esta forma de manejo del presupuesto sería justificable desaparecer la Secretaría de Programación y Presupuesto, como sucedió en 1992, al reincorporarla a la Secretaría de Hacienda y Crédito Público, aunque sin las atribuciones de planeación y desarrollo regional que quedarían en la naciente Secretaría de Desarrollo Social. El antecedente descrito ofrece un marco de referencia institucional para guiar nuestro análisis del sector ambiental.

Señalamos ya que el día 8 de julio de 1971, por disposición del Ejecutivo federal, se creó un equipo de trabajo intersecretarial con el objeto de organizar e instrumentar acciones en sus diversos ámbitos con el fin de proteger el equilibrio ecológico y mejorar el ambiente, mismo que se denominó Comité Central Coordinador de Programas para el Mejoramiento del Ambiente; dicho grupo estuvo presidido por la SSA y con representantes de diversas secretarías, de las cuales resaltamos las de Recursos Hidráulicos, Agricultura y Ganadería, y de Industria y Comercio.

Una parte importante del esfuerzo de reorganización gubernamental en esa década se orientó a impulsar los procesos de planeación por sectores de la administración pública federal entre los cuales destaca, por su participación multidisciplinaria, el Plan Nacional de Salud 1974-1976. El Plan constó de 20 programas, como el de higiene, saneamiento y mejoramiento del ambiente, con el objeto de prevenir y controlar la contaminación del aire, agua, suelo y la originada por agentes específicos que afecten la salud pública o los sistemas ecológicos; asimismo, con el propósito de contribuir al saneamiento básico de los asentamientos humanos y lograr el control sanitario de los alimentos, desde su producción hasta su consumo.

El programa de higiene, saneamiento y mejoramiento del ambiente estaba predestinado al fracaso, pues su ejecución dependía de un comité central coordinado por representantes de 10 dependencias y cuatro entidades de la administración pública federal, además de 31 entidades federativas y dos cámaras industriales. ¿Quién tiene capacidad de convocatoria para reunirlos? Nunca se formularon los programas institucionales, excepto los de la Subsecretaría de Mejoramiento del Ambiente que se encontraban en operación, aunque desvinculados, dentro de la entonces Secretaría de Salubridad y Asistencia; aunque se hubieran elaborado, no habrían podido coordinarse, pues las instituciones involucradas conocieron el Plan Nacional de Salud hasta bien avanzado 1975; y el siguiente régimen de gobierno no tomó en cuenta las metas previstas para 1983.

La Comisión Intersecretarial de Saneamiento Ambiental de 1978 tomó medidas importantes en materia de programación ambiental, con un diagnóstico consolidado aunque sin plan maestro orientador. No existe documentación sobre el seguimiento de los programas elaborados por las dependencias que integraban la Comisión, excepto lo referente al Programa Coordinado para Mejorar la Calidad del Aire en el Valle de México (*DOF*, 7 de diciembre de 1979), que sentó las bases para el PICCA de 1991 y la constitución de la Comisión Ambiental Metropolitana del año siguiente.

El Plan Global de Desarrollo 1980-1982 señala la meta, no cuantificada, de "reducir la presencia de materias, sustancias, elementos o formas de energía que comprometan la salud y/o degraden la calidad del ambiente", el primer informe de avance del Plan sólo menciona que "se instrumentó el sistema de control del aire y del agua y se tomaron medidas iniciales para controlar la contaminación por fuentes móviles", y aclara que "sólo cambios estructurales resolverán el problema de fondo". Pretendía alcanzar metas para el desarrollo urbano del Distrito Federal y fijaba una política demográfica y de vivienda más o menos consistente, además de que basaba la política agropecuaria y forestal en un enfoque económico y sectorial.

El Programa Nacional de Ecología 1984-1988

El PND 83-88 incluye la ecología dentro del capítulo de Política Social para "asegurar una calidad de vida adecuada y un aprovechamiento sostenido de los recursos naturales en el mediano y largo plazo". Adopta tanto medidas correctivas mediante el control y disminución de la contaminación ambiental como preventivas relacionadas con el aprovechamiento integral y racional de los recursos naturales. Establece, además, lineamientos para el ordenamiento territorial y la exigencia de estudios de impacto ambiental.

Por primera vez las políticas ambientales se expresan en un programa ambiental que explicita los criterios de control y prevención del deterioro ambiental y, sobre todo, el aprovechamiento sostenido de los recursos naturales con una visión de largo plazo. El diagnóstico del Programa Nacional de Ecología 1984-1988 declaraba que "la sectorización de la planeación económica, sin una perspectiva integral, no favoreció la inclusión de criterios ambientales en los diversos programas y proyectos realizados. Cada sector ha buscado aisladamente el éxito de sus actividades, sin ponderar lo que significa llevar a cabo una planeación integral que no vaya en detrimento de otros sectores y sobre la base material que representan los recursos naturales". El diagnóstico transmitía las experiencias del régimen anterior en materia ambiental.

El decreto por el que se aprueba el programa sectorial (21 de agosto de 1984), señala en su artículo 2 que "es de observancia obligatoria para las dependencias de la administración pública federal en el ámbito de sus respectivas atribuciones y, conforme a las disposiciones legales aplicables, será igualmente obligatorio para las entidades de la administración pública federal".

Establece una estrategia de gestión ambiental basada en:

- la participación de la población en el manejo racional de los recursos naturales y la preservación de la calidad del medio ambiente,

- la previsión de largo plazo en la solución a los problemas de la contaminación ambiental, por lo que se precisa de la definición de prioridades, tiempos, costos y responsables,
- la esencia intersectorial de la ecología, pues todos los demás sectores realizan gestión ambiental,
- el carácter de requisito de la ecología para el desarrollo económico y
- la convicción de que sólo con una descentralización eficaz será posible alcanzar mejores condiciones de vida.

El Programa ofrece un diagnóstico mediante una cronología de la problemática ambiental en donde destacan los aspectos estructurales y coyunturales más relevantes. Los objetivos se orientan a compatibilizar el desarrollo socioeconómico con la conservación y preservación de los recursos naturales y el ambiente. Fija criterios de coordinación con las entidades federativas así como instrumentos de política de carácter global, sectorial e intersectorial con el propósito de inducir comportamientos acordes en los sectores privado y social. Es decir, un programa orientado al desarrollo sustentable.

El Programa contiene un buen diagnóstico de los problemas ambientales e introduce en el análisis un elemento nuevo y fundamental para la planeación de políticas, al atribuirle la responsabilidad principal del deterioro de la naturaleza a la forma de producción. Las estrategias y metas del PNE incluyen aspectos correctivos, como el control de la contaminación y la restauración ambiental, y preventivos, como el ordenamiento territorial, la conservación y aprovechamiento de los recursos naturales y la educación ambiental. Desde entonces se advertía que el costo de la solución de los problemas ambientales no debe considerarse una deseconomía externa a las actividades productivas, ni asumirse en forma exclusiva a partir del Estado o de terceros afectados: quien produce contaminación o causa deterioro debe pagar por ello.

El Programa Nacional de Protección al Medio Ambiente 1990-1994

Dentro del marco del Plan Nacional de Desarrollo, el Programa establece objetivos[3] similares al Programa Nacional de Ecología, aunque con estrategias intersectoriales más precisas con 14 dependencias y la banca de desarrollo.

[3] "Armonizar el crecimiento económico con el restablecimiento de la calidad del medio ambiente, promoviendo la conservación y el aprovechamiento racional de los recursos naturales."

El rediseño de la política ambiental incorporada en el Programa no fue sensible al agravamiento de la degradación ecológica, al incremento de estudios que documentaban la tendencia del deterioro, a la movilización de grupos sociales que presionaban por acciones más activas ni a los avances conceptuales registrados interna y externamente. En tales condiciones, el Programa no representó una nueva concepción de la estrategia ambiental, aunque se reconociera la creciente deforestación, la disminución de la flora y la fauna, la intensa sobreexplotación del agua, la grave contaminación de las zonas urbanas, y la incapacidad para absorber los desechos industriales y urbanos, entre otros problemas.

El Programa de Medio Ambiente 1995-2000

Las cuestiones ambientales suelen incluirse en programas sectoriales relativos a la salud, agricultura, transporte, energía, industria, turismo y desarrollo urbano. La Semarnap participa en muchos programas nacionales a cargo de otras secretarías, incluso sus vínculos de cooperación con la Secretaría de Salud, para elaborar un inventario de empresas de alto riesgo desde el punto de vista de la salud y el ambiente, y un inventario de las fuentes de contaminación; la Secretaría de la Reforma Agraria y la de Agricultura, Ganadería y Desarrollo Rural, remarcando el papel de la propiedad de la tierra respecto de su uso sustentable, y la necesidad de apoyar la reforestación y proteger los recursos acuíferos; la Secretaría de Comunicaciones y Transportes, para garantizar que los proyectos de carreteras se aprueben sólo después de llevar a cabo un Estudio de Impacto Ambiental (EIA) y que se retiren de la circulación los vehículos altamente contaminantes; la Secretaría de Comercio y Fomento Industrial para el establecimiento de lineamientos técnicos de carácter voluntario relativos a la conservación de agua y energía, así como de programas de ayuda financiera; y la Secretaría de Turismo para promover actividades turísticas sustentables que respeten la naturaleza. En el área de desarrollo urbano se introdujeron consideraciones ambientales en cuanto al uso del suelo y la construcción de infraestructura ambiental. Existen otros ejemplos en los que se integran cuestiones ambientales en otros programas, por ejemplo, en asuntos sobre la lucha contra la pobreza, la protección de la salud, el estímulo al desarrollo rural y el fomento del papel de la mujer.

Sobre la concepción de seis dimensiones o perspectivas para el diagnóstico ambiental, el PMA señala un objetivo diferente a los programas anteriores, pues propone[4] frenar las tendencias de deterioro ambiental, sentar las bases para su recuperación y promover de esta manera un desarrollo sustentable. Aunque las políticas no son explícitas ni establece subprogramas o líneas de acción, como era la práctica en la programación sectorial, caracteriza 16 instrumentos de política ambiental y sus estrategias, define 148 proyectos y acciones prioritarias que facilitan la planeación estratégica en cada órgano de la Semarnap y una mejor identificación de responsabilidades de gestión en un sector gubernamental que se extiende a las competencias de cinco dependencias y que necesariamente implica una agenda para el desarrollo sustentable.

La estructura del programa permite identificar los proyectos y acciones prioritarias con el programa operativo anual y con las unidades responsables, lo que facilitó la dirección y el seguimiento de las acciones; sin embargo, la ausencia de un sistema de evaluación gubernamental de los programas, salvo el control presupuestal de la SHCP, impidió la cohesión de los proyectos y la coherencia de estrategias previstas para la integralidad de políticas en el sector ambiental. En esta verticalidad el Programa de Medio Ambiente produce 12 programas "especiales" destinados a las áreas naturales protegidas, a la conservación de la vida silvestre, al mejoramiento de la calidad del aire en siete zonas metropolitanas y a la regulación industrial de residuos y sustancias tóxicas; asimismo da lugar a 26 programas de manejo para las áreas naturales protegidas.

El Programa Nacional de Medio Ambiente y Recursos Naturales 2001-2006

El Programa Nacional de Medio Ambiente y Recursos Naturales 2001-2006 es un programa de diseño diferente. Se identifica con los lineamientos estratégicos del PND y con la nueva gestión pública propuesta por la presente administración. En consecuencia, incorpora 17 estrategias[5] de corte intersectorial relacionadas con las Comisiones Coordinadoras del Poder Ejecutivo Federal con el propósito

---

[4] "Frenar las tendencias de deterioro del medio ambiente, los ecosistemas y los recursos naturales, y sentar bases para un proceso de restauración y recuperación ecológica que permita promover el desarrollo económico y social de México, con criterios de sustentabilidad."

[5] No menciona las estrategias para promover el desarrollo económico regional equilibrado.

de integrar las políticas ambientales en las políticas de desarrollo económico y social para impulsar de esta forma la agenda pública hacia el desarrollo sustentable. Sobre este objetivo estratégico, el Programa establece para la Semarnat la misión de "incorporar en todos los ámbitos de la sociedad y de la función pública, criterios e instrumentos que aseguren la óptima protección, conservación y aprovechamiento de nuestros recursos naturales".

El Programa señala 41 metas y 43 compromisos interinstitucionales agrupados en seis pilares orientados a la integralidad del sector ambiental, a la integración de políticas, al control y a la vinculación ciudadana. Por otra parte, incluye cinco programas estratégicos para:

- Detener y revertir la contamimación de los sistemas que sostienen la vida: aire, agua y suelos.
- Detener y revertir la pérdida del capital natural.
- Conservar los ecosistemas y la biodiversidad.
- Promover el desarrollo sustentable.
- La procuración de la justicia ambiental.

También se presentan dos cruzadas nacionales "por los bosques y el agua" y "por un México limpio", en las cuales la coordinación intergubernamental y la participación ciudadana son condiciones indispensables.

Aunque no prevé estrategias para el desarrollo regional sustentable, sí participa en el esfuerzo renovado del gobierno federal de fortalecer el federalismo mediante procesos de descentralización diferenciados y negociados con los gobiernos de las entidades federativas, y la participación prioritaria en programas regionales multisectoriales, como:[6]

- El Plan Puebla-Panamá
- El Programa Frontera Norte
- El Proyecto escalera Náutica del Mar de Cortés
- El corredor Biológico Mesoamericano
- El corredor Cancún-Riviera Maya

[6] Los programas ambientales especiales "para los pueblos indígenas" y "de equidad de género" no cuentan con elementos significativos y pueden incluirse en los programas estratégicos. Aparentemente el primero cumple con fines de gobernabilidad y el segundo con fines electorales, aunque subsidiariamente puedan rendir cuentas ambientales.

Es evidente que el Programa Nacional de Medio Ambiente[7] (Pronama) es de gestión intersectorial, orientado sobre todo a la conservación y aprovechamiento sustentable de los recursos naturales, y en segundo lugar a frenar el deterioro ambiental producto del desequilibrio de los ecosistemas, la pérdida de biodiversidad y la contaminación ambiental.[8] Es fundamentalmente un programa "verde".

¿Hasta qué punto el Programa será nacional y no sectorial?[9] Seguramente dependerá, en primera instancia, del grado de fortalecimiento del federalismo que se proponga lograr el gobierno federal, en especial en la transferencia efectiva de facultades, recursos, capacidades y, ante todo, de decisiones hasta ahora centralizadas. Como ya advertimos, la reforma del Estado en su dimensión económica, administrativa, política y jurídica lleva ritmos y alcances distintos, por lo que las estrategias gubernamentales de descentralización del poder y concertación con la sociedad civil pueden ser incompatibles con las que propone el Programa. Es por ello que en el enfoque intersectorial subyace la necesidad de amarrar los sectores regionales y locales involucrados para fortalecer la gestión intergubernamental antes de buscar una "tercera vía" al federalismo ambiental. Sin embargo, en la presente administración no se han considerado las estrategias e instrumentos de descentralización y programación del desarrollo regional diseñados por la anterior.

El Programa reúne los lineamientos generales de los programas de la Conafor, de la Conagua, de la Conanp y de la Profepa, sin mencionar los del INE y del IMTA, aunque incluye a la investigación ambiental como un instrumento de gestión.

Como mencionamos, el Pronama promueve el desarrollo sustentable por medio de programas y acciones focalizadas de 14 dependencias del gobierno federal, en combinación con la Semarnat, de manera que se propicie una adecuada integración y articulación de políticas públicas y se induzcan las sinergias correspondientes. Para 2006 existe el compromiso del cumplimiento de 105 metas en favor del ambiente y los recursos naturales:

---

[7] Aceptamos la idea de que la noción de ambiente abarca a la de recursos naturales.
[8] De las 41 metas programadas, sólo siete se refieren al manejo y control de la contaminación, aunque dedica un programa estratégico destinado a controlar, no a prevenir, la contaminación.
[9] Ya aclaramos que la concepción de sector es del ámbito gubernamental.

Metas y compromisos de las dependencias
y entidades participantes

Dependencia	Metas 2006
1. Secretaría de Agricultura, Ganadería, Desarrollo Rural, Pesca y Alimentación	8
2. Secretaría de Comunicaciones y Transportes	8
3. Secretaría de Desarrollo Social	8
4. Secretaría de Economía	4
5. Secretaría de Educación Pública	5
6. Secretaría de Energía	6
7. Petróleos Mexicanos	7
8. Comisión Federal de Electricidad	5
9. Luz y Fuerza del Centro	3
10. Secretaría de Hacienda y Crédito Público	9
11. Secretaría de la Reforma Agraria	6
12. Secretaría de Salud	6
13. Secretaría de Turismo	10
14. Fondo Nacional de Turismo	20
TOTAL	105

INSTRUMENTOS DE GESTIÓN

Los instrumentos de la política ambiental previstos en la LGEEPA son elementos estratégicos fundamentales para la planeación y gestión integradas de políticas ambientales establecidas por sectores en un marco administrativo por tradición centralizado. Las innovaciones tecnológicas y la práctica gubernamental han incorporado nuevos instrumentos de gestión:

Ordenamiento ecológico territorial
La LGEEPA concibe al Ordenamiento Ecológico del Territorio (OET) como el instrumento de política ambiental cuyo objeto es regular o inducir el uso del suelo y las actividades productivas, con el fin de lograr la protección del ambiente y la preservación y aprovechamiento sustentable de los recursos naturales, a partir del

análisis de las tendencias de su deterioro y las potencialidades de aprovechamiento. El ordenamiento ecológico surge entonces de la necesidad de manejar sustentablemente los recursos naturales, por lo que, en sentido estricto, constituye un proceso de planeación dirigido a evaluar y programar el estado, destino y manejo de los recursos naturales en el territorio nacional y en las zonas sobre las que la nación ejerce su soberanía y jurisdicción, a fin de preservar y restaurar el equilibrio ecológico y proteger al ambiente. "El ordenamiento ecológico del territorio sólo puede ser de carácter regulatorio cuando es aprobado por un congreso, local o federal, o aún por los ayuntamientos, y en ese caso asume el carácter de una modalidad a la propiedad" (González Márquez, 1997).

Durante la administración pasada, la política ambiental procuró modificar el enfoque de la gestión territorial de manera que el OET se convierta en criterio normativo que otorgue certidumbre a la toma de decisiones dentro de los procesos de planificación económica y social; y que las decisiones en torno a las condiciones óptimas de gasto y asignación eficiente de recursos de un programa de desarrollo estén dirigidas por los espacios de oportunidad que permitan una planeación territorial de largo plazo. En este periodo se concluyó la descripción y el diagnóstico del territorio nacional en materia de recursos naturales, actividades productivas y aspectos socioeconómicos que incluye información relacionada con la calidad del medio natural y factores de presión sobre él. El resultado es una imagen actual con un diagnóstico a partir de la información geoestadística disponible. Este trabajo es de gran importancia, pues se trata de elaborar y poner en práctica un instrumento de primer piso para el desarrollo sustentable del país. La innovación que este instrumento representa consiste en la aplicación de un enfoque metodológico nacional que no se había utilizado en el sector público ni en el privado, además del gran acervo cartográfico digital elaborado. Hasta julio de 2000 había en el país 14 ordenamientos ecológicos correspondientes a 14 190 832 hectáreas, alrededor de 12.5% de la superficie total del país (Semarnap, 2000).

Las líneas de acción contempladas para el periodo 2001-2006 son impulsar reformas a la LGEEPA en materia de vigilancia y verificación al ordenamiento ecológico con el fin de reforzar su cumplimiento; dictar la suspensión de obras o actividades que contravengan los Programas de Ordenamiento Ecológicos (POE) decretados; realizar talleres y seminarios para la integración de una propuesta de marco jurídico en la materia; elaborar dictámenes técnicos y recomendaciones a las autoridades competentes tendientes a lograr el cumplimiento de los POE; e integrar comités mixtos de vigilancia de los programas de ordenamiento ecológico en los que participen los actores sociales del sector productivo, organizaciones no gubernamentales, instituciones científicas y de enseñanza superior, y comunidades. Una de las críticas más fuertes en el ordenamiento ecológico del ámbito local es la incongruencia entre la normativa establecida en los programas de ordenamiento ecológico y los planes de desarrollo urbano (Carmona, 2003).

Evaluación del impacto ambiental
La Evaluación del Impacto Ambiental (EIA) constituye una de las figuras jurídicas más novedosas de la legislación ambiental mexicana y ha estado en el centro de los asuntos ambientales que más debates han suscitado dentro de la vida pública mexicana en los últimos años (LGEEPA, 1996). La evaluación del impacto ambiental es ante todo un procedimiento jurídico-administrativo, y por tanto está sujeta no sólo a las disposiciones de carácter ambiental, sino también a las de la Ley Federal de Procedimiento Administrativo (14 de julio de 1994) cuando se trata de la evaluación del impacto ambiental de una obra o actividad pertinente para la competencia federal o las leyes locales cuando sea el caso (González Márquez, 1997).

La LGEEPA determina que la EIA es el procedimiento a través del cual la Semarnat establece las condiciones a que se sujetará la realización de obras y actividades que puedan causar desequilibrio ecológico o rebasar los límites y condiciones establecidos en las disposiciones aplicables para proteger el ambiente y preservar y restaurar los ecosistemas, a fin de evitar o reducir al mínimo sus efectos negativos.

En el texto original de 1988, la EIA se consideraba una prueba de cuyo resultado dependía si la obra o actividad podía iniciarse o no, mientras que en el texto actual es una evaluación que busca establecer las condiciones en las cuales la obra o actividad deberá realizarse pero no prohibir su realización, salvo casos muy concretos (González Márquez, 1997).

Normatividad ambiental
Además del ordenamiento territorial y la evaluación de impacto, la normatividad ambiental es uno de los pilares de la política ecológica y se constituye como un esfuerzo regulatorio para adecuar las conductas de agentes económicos a los objetivos sociales de calidad ambiental. Con fundamento en la Ley Federal de Metrología y Normalización (1 de julio de 1992), las normas son un instrumento muy poderoso, no sólo por su capacidad de control de los procesos productivos, sino por su capacidad de inducir cambios de conducta e internalizar costos ambienta-

les, lo que las convierte en un mecanismo que promueve cambios tecnológicos y genera un mercado ambiental importante. La mayoría de las normas generadas hasta ahora aplica a actividades industriales, y muy poco hemos hecho para ejercer una regulación efectiva y eficiente en procesos productivos agropecuarios y de utilización de recursos naturales, que, como todos sabemos, es donde se generan los impactos ambientales de mayor dimensión, por su alcance y su carácter con frecuencia irreversible (Carmona, 2003).

Instrumentos económicos
En México existen diversos instrumentos económicos en operación, pero su uso es todavía limitado; su instrumentación eficaz representa dificultades de diseño y operación. A continuación se presenta un listado de los principales instrumentos que han operado en nuestro país a partir de la década de los noventa:
Depreciación acelerada: El objetivo de este instrumento es promover las inversiones en equipo destinado a prevenir y controlar la contaminación ambiental, está dirigido a todo tipo de industrias y fue diseñado por el INE y la Secretaría de Hacienda y Crédito Público (SHCP) en 1993.
Arancel cero: El objetivo de este estímulo fiscal es promover la importación de equipo de control o prevención de la contaminación, siempre y cuando no se fabriquen sustitutos competitivos en México. Este estímulo fue diseñado por el INE y puesto en vigor en 1996. Lo coordinan la Secretaría de Economía (SE) y la Canacintra. La SHCP autoriza un arancel de cero por ciento a cierta inversión, lo cual significa un ahorro de entre 15% y 20% para el empresario que realiza la importación.[10]
Derechos de descarga de aguas residuales: Con el objetivo de hacer cumplir el principio del que contamina paga y lograr la internalización de costos mediante la construcción de infraestructura para el reciclaje, se diseñó el instrumento de derechos de descarga de aguas residuales industriales. Las normas establecen límites de tipos de contaminantes iguales para todos aquellos que descargan en cuerpos receptores que tienen las mismas características y uso, y se establece el pago de un derecho de descarga para aquellas que sobrepasan los límites establecidos por las normas.
Derechos por el uso, goce o aprovechamiento de los elementos naturales marinos e insulares de dominio público existentes dentro de las áreas naturales protegidas competencia de la Federación:

[10] Información obtenida de la Dirección de Economía, INE, 2003. Este esquema ha presentado dificultades en su instrumentación debido a la falta de difusión acerca del universo de equipos disponibles para mitigar la contaminación; además, este instrumento privilegia las soluciones de control de emisiones y no la adopción de tecnologías más limpias. Durante 1999 sólo se recibieron 49 solicitudes de importación de equipo con estas características.

La visita a las áreas naturales protegidas marinas es cada vez de mayor intensidad, lo que daña los ecosistemas de las zonas arrecifales principalmente, motivo por el cual se estableció un cobro por turista para la compensación del daño que causan.

Derecho por el goce o aprovechamiento no extractivo de elementos naturales y escénicos que se realiza dentro de las áreas naturales protegidas terrestres: El ecoturismo es una actividad con mayor demanda en estas áreas. Los recursos generados sobre todo por los turistas se reinvierten en ANP para mejorar los senderos de señalización, financiar proyectos sustentables de las localidades, etcétera.

Derecho por la explotación, uso o aprovechamiento de aguas nacionales: En 2003 se aprobó la creación del Programa de Servicios Ambientales Hidrológicos, cuyo principal objetivo es detener y revertir la tasa de deforestación en nuestro país por medio de la compensación económica por la externalidad positiva producto de la preservación de la cubierta forestal; en este caso se paga por el servicio ambiental relacionado con los beneficios hidrológicos del bosque. Este instrumento no pretende de ninguna manera ser un subsidio, sino que en el mediano plazo, se logre la detonación de un mercado de servicios ambientales en donde las compensaciones entre particulares cubran el costo de oportunidad de no usar las tierras forestales para fines que impliquen reducir la masa forestal, como la ganadería y la agricultura, y otorgrales así a los bosques la rentabilidad económica que necesitan para subsistir.

Investigación y capacitación ambiental
Con antecedentes en el Acuerdo de Cooperación Técnica entre los gobiernos de México y de Japón (1986), el 25 de noviembre de 1997 se inauguró el Centro Nacional de Investigación y Capacitación Ambiental (Cenica) con el objeto de apoyar la gestión ambiental mediante el desarrollo de investigaciones aplicadas y de capacitación técnica en las áreas de prevención y control de la contaminación atmosférica y manejo de residuos peligrosos. Se constituye en un laboratorio nacional de referencia en materia de muestreo y análisis de sustancias y residuos peligrosos, así como para el desarrollo y aplicación de tecnologías limpias y ambientalmente sustentables que contribuyan a la reducción de la generación de residuos y emisión de contaminantes.

A la fecha se ha participado en diversos proyectos, algunos pioneros en México, como el desarrollado en el estado de Veracruz, que incluyó un diagnóstico de calidad del aire con mediciones manuales y pasivas de CO, NO_x, SO_2, O_3, PM_{10} y PST en 10 ciudades del estado, un inventario de emisiones para dichas ciudades y el diseño preliminar de una red automática de monitoreo atmosférico. En el ámbito latinoamericano, el Cenica se consolida como un Centro que apoyará el fortalecimiento de capacidades técnicas, en especial de los países del Caribe y Centroamérica, incluso dentro del esquema de cooperación Sur-Sur que promueve el gobierno de Japón.

En 2003 se crea el fondo sectorial Conacyt-Semarnat, a través del cual se busca coordinar esfuerzos con un efecto multiplicador en la generación del conocimiento, innovación, desarrollo tecnológico y formación de recursos humanos, así como el fortalecimiento de la capacidad científica y tecnológica que requiere el país. El objetivo de este fondo sectorial es integrar el sector educativo no gubernamental al área de investigación de la Semarnat. Este fondo cuenta con 200 millones de pesos, cuyo destino específico es fomentar la investigación ambiental. Este fondo ha otorgado ya recursos a diversos proyectos de investigación en materia ambiental. Ésta es la primera vez en la historia de la Semarnat que, junto con el Conacyt, se otorgan fondos para la investigación a actores fuera del ámbito gubernamental, lo cual representa un gran avance para la investigación ambiental en nuestro país.

Sistema nacional de información ambiental
La complejidad de los problemas del ambiente y el aprovechamiento sustentable de los recursos naturales requiere sistemas de información que permitan avanzar y consolidar las etapas de diagnóstico del estado y de las tendencias de los conflictos ambientales. Hasta hace algunos años, la información ambiental estaba dispersa en varias dependencias públicas, que la elaboraban con diferentes criterios y enfoques. Desde entonces, una tarea relevante es sistematizar la información forestal, pesquera, hidráulica, de biodiversidad y de gestión ambiental industrial.

El Sistema Nacional de Información Ambiental y de Recursos Naturales, ordenado por la LGEEPA, es el instrumento para registrar, organizar, actualizar y difundir la información ambiental nacional, además de integrar la información relativa a los inventarios de recursos naturales y los resultados obtenidos del monitoreo de la calidad del aire, agua y suelo, el ordenamiento ecológico del territorio, las emisiones atmosféricas, las descargas residuales y residuos peligrosos, así como los aspectos sociales, económicos y otros que se requieran para apoyar al desarrollo sustentable del país. El problema toral del Sistema es la insuficiente comunicación entre los agentes de la generación de la información ambiental, incluso la medición, captación, procesamiento, análisis, difusión, interfase con el conocimiento y retroalimentación. Establecer un sitio de vinculación implica promover los intercambios entre dichos agentes, con independencia de su base institucional (Semarnap, 2000).

A pesar de que el primer informe ambiental de México se publicó en 1986 y de que cada dos años se dispone de un informe sobre la situación general del ambiente, falta cultura de información por parte del público y de los especialistas en prácticamente todos los quehaceres nacionales. En consecuencia, en el sector ambiental hay una necesidad importante de datos y de información; es decir, la problemática no se reduce a la sistematización del procesamiento, manejo y diseminación de la información, sino que además se carece de mecanismos adecuados de adquisición de datos básicos que deben también incluirse.

Programas y proyectos interinstitucionales

Programa Nacional de Reforestación (Pronare)
Este programa se creó en 1992 con el objetivo de involucrar a la sociedad civil en la tarea de reforestación. En cada región se utilizan las especies y las técnicas más apropiadas. Este programa se integra conjuntamente por Semarnat, Conafor, Sedena, Sedesol, Sagarpa, Sep, los gobiernos de las entidades federativas y de los municipios involucrados, así como organismos no gubernamentales e institutos de investigación. Cabe destacar la participación de Sedena, que cuenta con 46 viveros forestales de alta producción, que en 2003 alcanzó 27.7 millones de árboles, para abarcar una superficie de 25 870 hectáreas.

Programa de manejo de tierras en la modalidad de proyectos ecológicos
Este programa se instrumentó entre la Semarnat y la Sagarpa en el marco del Plan Nacional de Desarrollo 2001-2006 para fomentar la conservación y restauración de la tierra, así como para detener los procesos de deforestación.

Programa integral de agricultura sostenible y reconversión productiva en zonas de sequía recurrente
Este programa lo coordina la Sagarpa y participan en él la Semarnat y Sedesol mediante el Programa de Empleo Temporal (PET). El objetivo principal es fomentar el cambio de métodos de producción en zonas de sequía recurrente para incorporar prácticas sustentables que reduzcan los impactos ambientales y permitan un mejor aprovechamiento de los recursos naturales.

Programa de energía y medio ambiente hacia el desarrollo sustentable
Este programa se consolidó entre la Sener y la Semarnat en 2002. Los objetivos principales son vincular las metas planteadas en los programas sectoriales de ambas dependencias. El proyecto refleja las bases de la política ambiental del sector energía y su impacto en el desarrollo sustentable de México, y establecer metas para las empresas y organismos del sector energía para el periodo 2001-2006.

Proyecto de la Selva Lacandona
El proyecto ecoturístico de la Selva Lacandona se realiza con la participación de las secretarías de Comunicaciones, Trabajo y Turismo, y de otros organismos de la administración pública federal. Este proyecto se divide a su vez en programas temáticos para cada objetivo, como el de desarrollo sustentable, restauración ecológica y reforestación, y protección al patrimonio natural, entre otros. La participación de las dependencias se concentra en la definición de los lineamientos y la asignación de recursos en un primer momento, y después, en la colaboración por medio de programas específicos ya existentes (como Pronare o Procampo) para cada etapa de los programas temáticos.

Escalera náutica
El objetivo general consiste en detonar el crecimiento acelerado del turismo náutico para elevar la afluencia turística, captación de divisas, generación de empleos y contribuir al desarrollo regional; mejorar la calidad de vida de las comunidades receptoras de las acciones del programa y promover el aprovechamiento racional y la conservación de los recursos en el marco del Programa para el Desarrollo Sustentable de la Región del Mar de Cortés, a cargo de la Semarnat. Este programa se aplica junto con dependencias del Ejecutivo federal (Sectur, Semar, Sedena, SHCP, SCT), Pemex, Fonatur y los estados de Baja California, Baja California Sur, Sonora y Sinaloa.

EN LA PERSPECTIVA DEL GASTO[11]

El gasto público es la respuesta más significativa de la sociedad a las expectativas de conservación de la naturaleza y de protección ambiental por conducto del Estado. La tendencia de los problemas ambientales en relación con el gasto

[11] Del ensayo "La gestión ambiental en México: Una mirada desde el gasto", preparado por Jorge Avilés Barrera para el Curso de especialización en Gestión y Análisis de Políticas Ambientales, 2002.

público en la materia muestra una disociación creciente, en especial en la administración del agua, sus costos y financiamiento; en la degradación de zonas costeras, el desequilibrio de ecosistemas y la falta de programas integrados de protección ambiental; la metropolización de las ciudades y la insustentabilidad del desarrollo urbano que supera las posibilidades financieras; la deforestación y la pérdida de biodiversidad, de acuíferos, de sumideros de carbono y de múltiples efectos que escapan a los deficientes mecanismos de normatividad y vigilancia.

El Programa Nacional de Medio Ambiente 2001-2006 señala que la evolución del presupuesto ambiental de las secretarías del ramo en los últimos diez años (Sedue, Sedesol y Semarnap), respecto del presupuesto programable del gobierno federal, el sector ha recibido un presupuesto cada vez mayor, pero muy inferior al esperado si se toma en cuenta la jerarquía que recibió al ser elevado como asunto de Estado dentro del gabinete presidencial, al incluirse el tema del desarrollo sustentable en el Plan Nacional de Desarrollo 1995-2000; al reformarse y ampliar la Ley General del Equilibrio Ecológico y la Protección al Ambiente; al firmarse diversos acuerdos internacionales que comprometen al país a dar seguimiento a políticas globales de protección ambiental y al conocer con relativa precisión el grado de deterioro de nuestros ecosistemas y el daño que este deterioro provoca a la economía del país y la salud pública.

En su perspectiva de análisis, la OCDE informa que el gasto del sector público (incluso las empresas federales, estatales, municipales, de servicios públicos de agua y grandes empresas públicas) en el abatimiento y control de la contaminación (ACC) correspondiente al año 2000 se estimó en más o menos 21 mil millones de pesos (0.4 % del PIB), considerada una de las tasas más bajas en la OCDE. El gasto público en ACC varía entre 0.5 y 0.7 del PIB en la mayoría de los países miembros (OCDE, 2003).

Identificar el gasto público ambiental y su evolución, aun del gobierno federal, es una tarea complicada debido, entre otros, a los siguientes factores: primero, que el tema ambiental no ocupó un lugar importante en la agenda pública hasta que alcanzó una jerarquía de primer nivel con la creación de la Semarnap en 1995, por lo que hasta entonces el presupuesto respectivo se distribuyó en diversas dependencias de la administración pública federal, no siempre de una manera fácilmente identificable como ambiental. Segundo, la falta de transparencia en las cuentas públicas, que no catalogan con precisión y con base en funciones el gasto federal previo a 1997. Tercero, la introducción de nuevas reglas de presentación

Marginación Presupuestal

Evolución del presupuesto ambiental autorizado para el Gobierno Federal
Secretaría del ramo 1990-2001 (millones de pesos de 1994)

Año	Secretaría del ramo	Presupuesto programable del Gobierno Federal	Presupuesto total del sector	Presupuesto destinado al medio ambiente	Porcentaje del presupuesto para medio ambiente respecto del presupuesto federal
1990[1]	Sedue	214 972	827	45	0.035
1994[2]	Sedesol	250 663	1 475	365	0.146
1996[3]	Semarnap	223 582	3 598	3 598	0.887
2000[4]	Semarnap	366 685	4 484	4 484	0.378
2001[5]*	Semarnat	420 550	4 447	4 447	0.327

FUENTE: Programa Nacional de Medio Ambiente y Recursos Naturales 2001-2006 (Semarnat).

de las cuentas federales en 1997, llamada la Nueva Estructura Programática (NEP), que si bien implica mejoras respecto del sistema anterior al presentar el gasto por funciones, la estructura de esas funciones no es la idónea para identificar el gasto ambiental. Cuarto, la presentación de las cuentas federales de acuerdo con la NEP, por razones contables, hace parecer que el gasto en ciertos rubros sea mayor o menor que según las reglas anteriores. De esta manera, por ejemplo, el gasto de la Semarnap en 1998 parece ser sustancialmente mayor que en 1996 en términos reales, pero la mayor parte de esta diferencia se explica porque en la NEP, ciertos gastos que antes se atribuían a otras dependencias ahora caen en el rubro de protección al ambiente.

A partir de 1997, como señalamos, la Cuenta Pública se presenta al Congreso de la Unión con base en la nueva estructura programática que permite identificar el gasto por funciones para todas las dependencias federales. De acuerdo con la NEP, la función presupuestal 14 corresponde a "Medio Ambiente y Recursos Naturales". Con los datos disponibles, es imposible detectar con precisión el componente ambiental de dicho gasto o identificar siquiera los programas en cuestión, a pesar de que dentro de los objetivos de la estrategia programática de dichas dependencias se menciona la protección ambiental y el aprovechamiento sustentable de los recursos naturales. Aún más, no es fácil distinguir el gasto destinado a la protección del ambiente de otros gastos con incidencia ambiental. No todos los recursos erogados por la Semarnap, en su momento, pueden considerarse directamente destinados a la protección del medio y conservación de los recursos naturales, ni los gastos clasificados como Función 14 engloban todo el gasto que puede considerarse ambiental.

Por otra parte, obtener información del gasto ambiental de los estados y municipios es una tarea aún más compleja que la referente al gasto federal. Entre los obstáculos se encuentran los siguientes: primero, no todos los estados cuentan con una autoridad encargada del ambiente y los programas con contenido ambiental a menudo tienen objetivos adicionales, lo que impide identificar el gasto ambiental; segundo, existen diferencias en la contabilidad estatal y federal, y entre los mismos estados; tercero, es evidente la falta de transparencia en el gasto público en muchos estados. De cualquier manera, es de esperar que el gasto estatal y municipal destinado a la gestión ambiental sea considerablemente inferior al federal por razones políticas y económicas. Tal cultura permea con más lentitud el entorno local, de modo que, con algunas excepciones, en la mayor parte de los estados y municipios no ocupa un lugar importante en la definición de políticas públicas, como refleja el que alrededor de la mitad de los estados no cuente con alguna dependencia encargada de asuntos ambientales o que ésta forme parte de una secretaría que tenga otros objetivos primordiales de política pública.

A su vez, los estados y municipios son muy dependientes de las transferencias federales debido al centralismo impositivo imperante en México. El gobierno federal recauda alrededor de 90% de los ingresos, los gobiernos locales tienen pocas bases fiscales propias y enfrentan incentivos adversos para su explotación, lo que impide que los gobiernos locales generen recursos propios

Tipo de institución encargada de la gestión ambiental en el nivel estatal

Tipo de Institución	Cantidad de estados y porcentaje	Estados
Secretaría de medio ambiente o ecología	8 (25%)	Campeche, Chiapas, Distrito Federal, Durango, Jalisco, México, San Luis Potosí, Yucatán
Secretaría que comparte tema ambiental con planeación urbana, infraestructura, vivienda y otros	10 (31%)	Baja California Sur, Colima, Chihuahua, Nayarit, Puebla, Querétaro, Quintana Roo, Sonora, Tabasco, Tamaulipas
Instituto, coordinación o comisión especializada dependiente de la oficina del gobernador, pero con menor jerarquía que una secretaría	8 (25%)	Baja California, Guanajuato, Guerrero, Hidalgo, Michoacán, Morelos, Oaxaca, Tlaxcala
No aparece ningún tema ambiental en la denominación oficial de la secretaría donde se ubica administrativamente	6 (19%)	Aguascalientes, Coahuila, Nuevo León, Sinaloa, Veracruz, Zacatecas

FUENTE: Céspedes, 2000.

significativos para destinar a la gestión ambiental o utilizar mecanismos fiscales para promover conductas en favor del ambiente. Una proporción considerable de las transferencias federales vienen atadas a programas específicos, por lo que los gobiernos locales cuentan con poca flexibilidad para determinar su gasto (Merino, 2000).

Parte del gasto ambiental que llevan a cabo los estados corresponde a programas desarrollados en conjunto con el gobierno federal en los cuales cada orden de gobierno financia una proporción fija del programa, como el Programa de Desarrollo Institucional Ambiental (PDIA), que, como su nombre indica, lleva a cabo acciones tendientes a mejorar la capacidad institucional y legislativa en materia ambiental en el nivel estatal, y el Programa Nacional de Reforestación (Pronare). El PDIA, por ejemplo, clasifica los proyectos en tres categorías según su prioridad, y el complemento que han de pagar los estados al financiamiento federal depende de la prioridad del proyecto propuesto. Por ejemplo, la actualización de leyes es de alta prioridad y el complemento estatal es de 30% del costo total; los de prioridad media y baja requieren un complemento estatal de 40% y 60%, respectivamente. La identificación del gasto ambiental privado se caracteriza por problemas metodológicos y de falta de información aún más graves que en el caso del gasto público. Un problema fundamental es determinar con precisión lo que constituye gasto ambiental privado, incluso el de empresas y el de los hogares. Las empresas por tradición han sido renuentes a reportar información acerca del gasto ambiental que llevan a cabo, sobre todo por temor de que esa información se utilice en su propio perjuicio, ya sea por las propias autoridades o por proveedores o consumidores.

El gasto ambiental del sector privado puede obedecer a diversas razones, una de las cuales es la inversión para mejorar procesos productivos en la búsqueda de mayor competitividad y que dicha inversión también genere procesos productivos mejores para el ambiente. Asimismo, las empresas llevan a cabo inversiones para cumplir con las normas ambientales oficiales y voluntarias, con los compromisos derivados de las auditorías ambientales, con acuerdos voluntarios referentes al ambiente o para obtener certificaciones como la ISO 14000. Los procesos de privatización que se han llevado a cabo en nuestro país en años recientes, sobre todo los tratamiento de agua y otros aspectos relacionados con éste y otros servicios públicos, a menudo requieren cuantiosas inversiones que con ciertos criterios se clasifican como protección y conservación del medio.

Estimaciones de las erogaciones ambientales del sector privado en México
(Miles de dólares de 1994)

Concepto	Gasto en 1998	Gasto en 2010
Aguas residuales	1336.16	2939.55
Residuos municipales	99.96	219.91
Residuos hospitalarios	5.6°	12.32
Residuos industriales	134.4°	295.68
Contaminación atmosférica	551.88	1214.13
Remediación de suelos	29.12	64.06
Ahorro y generación alterna de energía	1.4°	3.08
Total	2158.52	4748.74

FUENTE: Céspedes, 2000.

El Centro de Estudios del Sector Privado para el Desarrollo Sustentable (Céspedes, 1999) indica que el gasto ambiental total del sector privado puede superar los 2 mil millones de dólares al año y que puede expandirse a 5 mil millones en 2010.[12]

No hay mecanismos para obtener información referente al gasto ambiental de las empresas, sea de manera obligatoria o voluntaria; tampoco es posible estimar la inversión privada en equipo que promueva la preservación del ambiente y reduzca la contaminación gracias a estímulos fiscales como la depreciación acelerada, pues la información de la SHCP al respecto no distingue entre la depreciación acelerada por razones ambientales y la depreciación acelerada con otros programas fiscales. La falta de certidumbre respecto del equipo e inversiones que pueden ampararse por este mecanismo, a su vez, promueve que unas empresas busquen disfrazar de inversión ambiental ciertas inversiones que no tienen en realidad esta característica y que otras prefieran no utilizar este mecanismo por la incertidumbre legal que genera una vaga especificación por parte de la SHCP sobre el tipo de inversiones permitidas.

Como vemos, no es posible realizar un análisis confiable de la gestión pública de las políticas ambientales por medio del gasto ampliamente difundido en actividades ambientales o de incidencia ambiental. En extensión a otros sectores de la

[12] Por desgracia, la publicación de donde se obtienen los datos no indica la metodología con que se obtuvieron sus cifras, por lo que hay que tomarlas con un poco de cautela, sobre todo al tomar en cuenta que no hay una clasificación precisa de los gastos que pueden considerarse relacionados con la protección ambiental.

acción gubernamental, también considerados de naturaleza intersectorial, pensamos que el presupuesto por programas incorporado en los procesos de planeación no previeron criterios ni mecanismos para la programación horizontal, por objetos del gasto, de este género de actividades, que, además, escapa a los límites convencionales de la acción gubernamental.

¿Se requiere de inmediato orientar el presupuesto conforme a una nueva estructura de asignación por resultados?, ¿o se requiere prioritariamente dar un mayor orden al presupuesto y dotarlo de las características de transparencia y discusión pública que requiere una democracia formal? Las reformas gerenciales inspiradas en la NGP llegan y se adoptan como discurso y/o estrategias de cambio sin reflexionar lo suficiente en la similitud o diferencia de las condiciones y malestares de las administraciones municipales latinoamericanas. El tratamiento aplicado antes de tiempo puede no sólo ser inocuo, sino incluso generar efectos secundarios no previstos. Por ejemplo, ¿deben flexibilizarse las estructuras burocráticas antes de lograr un apego sistemático de los funcionarios locales a la legalidad?, ¿debe dotarse de mayor autonomía presupuestal a las agencias municipales antes de afinar mecanismos de control y rendición de cuentas?, ¿debe promoverse una atención individual al cliente antes de consolidar una ciudadanía participativa en las políticas públicas y vigilante de la acción gubernamental? (Cabrero, 2003).

Respecto del financiamiento de la gestión ambiental hay una brecha financiera cada vez más amplia entre un gasto federal insuficiente y sectorizado, muy poca aplicación del principio del que contamina paga y en general del uso de instrumentos económicos, limitada capacidad de los estados y municipios para obtener ingresos frente a facultades mayores de protección ambiental y una baja o nula captación del financiamiento externo.

En gran medida, reporta la OCDE, los recursos federales han sido inadecuados para cubrir la gran brecha de infraestructura ambiental. Se estima que sólo el sector hidráulico y de aguas residuales requiere más o menos 20 mil millones de pesos al año (el doble del presupuesto de la CNA). La brecha de la inversión para el manejo de residuos municipales se estima en poco más de 15 mil millones de pesos, en tanto el sector público invierte 400 millones de pesos anuales. Los bajos niveles de recuperación de costos a partir de los cargos por servicios ambientales (agua, agua residual, residuos) implican que la mayor parte del gasto público en ACC (70% a 80%) se destinase a gasto corriente, y sólo de 20% a 30%, a inversión. Si bien existen incentivos fiscales para la inversión en ACC, para las pequeñas y medianas empresas el acceso al crédito es aún un factor limitante (OCDE, 2003).

VII. INTEGRALIDAD DE LAS POLÍTICAS AMBIENTALES Y SU INTEGRACIÓN CON LAS POLÍTICAS GENERALES DE DESARROLLO

> Fortalecer los mecanismos institucionales para estimular una mejor integración de políticas ambientales, económicas, sectoriales y sociales a nivel interministerial, requerir la presencia de las autoridades ambientales en el nivel de toma de decisiones en comisiones, comités y consejos federales relevantes. [OCDE, México, 1997]

La integralidad del sector

La INTEGRALIDAD de la gestión ambiental está estrechamente vinculada con la definición del concepto mismo de ambiente o medio ambiente. Toda separación artificial entre el "medio ambiente" y los recursos naturales renovables, toda segregación funcional o administrativa entre las respectivas áreas de gestión, implicarían un retroceso que nos alejaría todavía más del objetivo de lograr una gestión sustentable de los ecosistemas.[1] En el fondo, más allá de su utilidad comunicativa, la expresión "medio ambiente y recursos naturales" es una fórmula pleonástica, en la medida en que los recursos naturales son un componente principal del concepto de medio ambiente. Una gestión será integral si abarca la totalidad de los elementos estrictamente pertinentes para incidir en una transformación eficaz y eficiente del objeto de la gestión ambiental, con exclusión de aquellos cuya relación con dicho objeto pudiera ser débil, indirecta o inexistente. Planteado de esta forma, la gestión no será mejor ni más integral por el solo hecho de abarcar más sectores. En este sentido, una gestión "más abarcante" podría incluso ser menos integral, o en todo caso menos eficiente (Semarnap, 2000).

En cambio, el concepto de integración reúne los elementos que se necesitan para formar un conjunto organizado de acciones y manejar congruentemente el

---

[1] No obstante, es un exceso considerar que un ecosistema sea susceptible de una gestión sustentable. La elevada complejidad y entropía de los ecosistemas impiden su manejo integral.

objeto de la gestión ambiental, sin importar de qué sectores se trate. El ambiente se encuentra implicado en todos los sectores de actuación gubernamental, en forma directa o indirecta, expresa o implícita, por lo cual sus componentes (aire, agua, suelo, energía, productos, residuos, flora, fauna, biodiversidad) forman sistemas susceptibles de manejo diferente según sus relaciones y usos.

Un elemento clave de la integralidad radica en la habilidad para manejar los componentes de conservación con los de fomento productivo. En México, como en muchos países, la separación administrativa de ambos componentes en un mismo organismo operativo sólo garantiza la proliferación de conflictos en los que los objetivos de conservación llevan todas las de perder. La formación de la Semarnap con áreas de aprovechamiento y necesidades de conservación, en especial en materia de agua, bosques, vida silvestre y pesca, acarreaba la exigencia de formular una agenda para el desarrollo sustentable.

Los problemas de falta de integralidad en el diseño institucional vigente y el aislamiento político de la gestión ambiental se agravan al menos por dos razones adicionales: una es la falta de mecanismos reales de coordinación intersectorial en programas de gobierno, carencia que hoy en día obstruye una visión integral orientada a la sustentabilidad; otra es el corto alcance sectorial de la política ambiental, que hasta ahora sólo ha sido capaz de regular parcialmente a la industria, y todos los demás sectores, en la práctica, quedan fuera de sus ámbitos de influencia (Céspedes, 2000).

En la administración 1994-2000, la incorporación de los recursos forestales, costeros, pesqueros e hidrológicos a la gestión ambiental implicó en todos los casos una refuncionalización y un replanteamiento de sus formas tradicionales de manejo productivo, con avances todavía incipientes aunque claros en su manejo sustentable. Las lecciones aprendidas bastan para proponer la reorientación de las políticas ambientales hacia los factores condicionantes —y no hacia los determinantes— de la degradación ambiental y del desequilibrio ecológico; intervenir en las etapas de previsión de las condiciones socioeconómicas, territoriales y culturales que dan lugar a los fenómenos ambientales, antes de que los medios y modos de producción y los patrones de distribución y de consumo afecten el uso indiscriminado de los recursos naturales y el hábitat de las poblaciones; mucho antes de que las fuentes de emisión, fijas o móviles, liberen contaminantes (industria limpia, transporte limpio).[2]

[2] Desde esta perspectiva, el proceso iterativo de gestión ambiental se amplía en los siguientes elementos: previsión, prevención, control, restauración y reparación del daño.

Los replanteamientos aludidos han vulnerado en ocasiones intereses corporativos de dudosa legitimidad. Algunos grupos sociales ven amenazadas sus expectativas económicas de muy corto plazo por unas políticas públicas ambientales que representan pasos, todavía modestos, para garantizar una mayor equidad intergeneracional mediante el impulso al desarrollo sustentable. Es explicable que para los grupos en cuestión la desintegración de la gestión ambiental, mediante la segregación de las funciones administrativas relacionadas con el manejo forestal, pesquero o hidráulico, representaría una oportunidad para intentar recobrar influencias corporativas, restablecer las viejas formas de manejo productivo en dichos ámbitos, recuperar antiguos tutelajes estatales y posponer indefinidamente los reclamos de la sustentabilidad. [Semarnap, 2000]

Quizá pueda afirmarse que muchos conceptos relativos a la colaboración intersectorial y al desarrollo integrado, que parecían atractivos en teoría, conducen a resultados desalentadores en la práctica. Ahora es posible una mejor identificación de lo que funciona y lo que no funciona, y la definición de los obstáculos que dificultan la creación y el desarrollo de iniciativas intersectoriales integradas.

Siempre se sufrió la tendencia a ignorar la complejidad y el entrelazado de los distintos temas, pero ya se concluyó que tratar problema por problema no es una buena solución: con enfoques fragmentados que sirven a intereses limitados y de corto plazo no pueden lograrse objetivos políticos (Silberman, 2000).

En el ámbito federal, hoy parece clara la contradicción e ineficiencia de cobijar los temas ambientales dentro de secretarías de Estado que han perseguido otros objetivos. El desarrollo sustentable no se logra adhiriendo a las funciones de protección ambiental responsabilidades sectoriales distintas y cambiantes; éste requiere una institucionalidad ambiental sólida y de la más alta jerarquía, que genere de forma autónoma políticas eficaces en todo el espectro sectorial de la economía. Cabe hacer notar que el pequeño peso relativo institucional que han tenido las diferentes entidades administrativas a cargo de la política ambiental las ha mantenido ausentes del gabinete económico, lo que obstaculiza la convergencia de las políticas económicas en general, y fiscales en particular, con objetivos de desarrollo sustentable. De hecho, México era el único país de la OCDE cuya autoridad ambiental no formaba parte del gabinete o consejo de gobierno donde se ventilan asuntos económicos estratégicos.

La construcción de capacidades adecuadas para una política ambiental eficaz orientada a impulsar un desarrollo sustentable para México exige, además de la reforma institucional, consolidar los avances acumulados en las últimas décadas e introducir cambios significativos en los esquemas de coordinación intersectorial de programas y decisiones de gobierno, en la planeación y programación, y en el diseño y aplicación de instrumentos de política. Demanda también una promoción decidida de infraestructura, ampliaciones en el acceso a la justicia ambiental y en los mecanismos de participación social, y nuevos esquemas de coordinación entre las entidades federales y los gobiernos estatales y municipales (Céspedes, 2000).

Integración de políticas

Aunque las políticas públicas en materia ambiental no se han declarado en forma explícita, prácticamente toda la jerarquía administrativa las enuncia.[3] Las políticas legislativas han merecido mayor atención, puea la LGEEPA se reformó y los reglamentos correspondientes, como las normas, se encuentran en revisión constante. No ha sido así con las políticas de gestión ambiental, que quedaron en el ámbito de los mandos superiores y están limitadas o sesgadas por disposiciones impuestas por las dependencias globalizadoras. Como sea la forma en que se expresen, general o especifica, total o parcial, las políticas legislativas dejan el monopolio de la autoridad o del legislador para ser legitimadas con el consenso de la sociedad civil: sucedió con las reformas a la ley ambiental, sería pertinente en la actualización de reglamentos y se realiza, aunque de manera limitada y convencional, en la formulación de normas oficiales mexicanas.

Las políticas programáticas se establecen a partir de los lineamientos del sistema nacional de planeación democrática y de la Ley de Planeación, y se instrumentan por medio de instructivos para sujetarse al proceso de programación operativa o a través de restricciones en el ejercicio presupuestal. Existen muchas políticas incorporadas a los programas y proyectos de trabajo, a veces confundi-

[3] El Sistema Nacional de Planeación Democrática menciona la necesidad de fijar y establecer políticas intersectoriales, necesarias para la integración del sistema, sin embargo, no aclara el concepto de política pública ni articula este importante aspecto como elemento de dicho sistema. Aunque la Ley de Planeación declara la necesidad de incorporar lineamientos de política dentro de los planes de desarrollo, dichos lineamientos por lo general se han confundido con estrategias o procedimientos para instalar los programas sectoriales. Estas ambigüedades trajeron consigo procesos de planeación, programación y presupuestación carentes de orientación y sentido, en especial en la definición y alcance de objetivos. La indefinición de políticas y de criterios de evaluación, así como el sesgo de los procesos de programación y presupuestación hacia el control contable del gasto, degeneraron el sistema al cabo de pocos años de instalados los procesos de planeación.

das con estrategias o procedimientos que cumplen con ordenamientos específicos pero que no logran conformar cuerpos regulativos. Las políticas comprendidas en los programas dan sustantividad a la institución: son propiamente las políticas ambientales de las cuales se esperan resultados. A nadie, que no sea a la propia autoridad o a las instancias deliberativas, interesa la eficiencia en el uso de los recursos o la eficacia de los programas. A la opinión pública o especializada y a los grupos de presión ambiental les interesan los resultados eficaces, que son los que previenen o controlan la contaminación o riesgo ambiental, que preservan el equilibrio ecológico y que permiten el aprovechamiento sustentable de los recursos naturales.

Las políticas de gestión, tanto en estructuras organizativas como en recursos, procedimientos e instrumentos, deben cimentarse en las leyes, reglamentos, normas y disposiciones a que se refiere el artículo 1º del Reglamento Interior de la Semarnat, y definir su objeto de conformidad con las estrategias, proyectos y acciones prioritarias contemplados en el Programa de Medio Ambiente y Recursos Naturales. Esto no es fácil, pues la organización y programación de la Semarnat debe tomar en cuenta, aparte de las atribuciones que le concede la LOAPF en su artículo 32 bis, las facultades que le otorga la LGEEPA en el artículo 5°, los compromisos contraídos por el gobierno mexicano a través de tratados internacionales, así como las disposiciones relativas de las leyes generales de Vida Silvestre, de Bienes Nacionales, de Salud y Desarrollo Forestal Sustentable, de Aguas Nacionales, de Pesca, de Minería, de Bioseguridad de Organismos Genéticamente Modificados y Federal para el Control de Precursores Químicos. Sin dejar de mencionar las regulaciones inductivas de la Ley General de Asentamientos Humanos, la Ley Federal de Metrología y Normalización, la Ley de Planeación, la Ley Federal de Procedimiento Administrativo, la Ley Agraria y en lo particular la Ley de Fomento a la Investigación Científica y Tecnológica, que provee de preceptos determinantes para la configuración de un nuevo modelo de gestión para el Instituto Nacional de Ecología (ordenamientos aplicables).

Por lo general, se espera que las dependencias se estructuren y organicen a través de un reglamento interior que debe interpretar, en términos administrativos, las atribuciones gubernamentales que distribuye la LOAPF a cada dependencia.

Esto no ha sido así, pues el derecho administrativo no ha logrado convertir atribuciones reglamentarias en funciones administrativas ni ha evolucionado lo suficiente para ser el soporte del derecho público. Más aún, se dirá más adelante, los compromisos contraídos en los tratados internacionales y en los acuerdos inter-

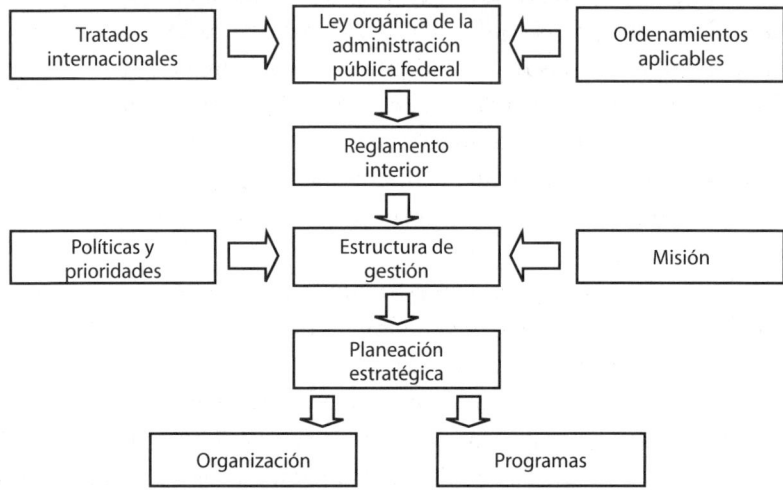

institucionales pueden pasarse por alto en la estructuración de órganos, puestos y plazas, y, por tanto, en la formulación del presupuesto anual.

En el ambiente, como en otras materias *difusas*, existen ordenamientos aplicables, trátese de leyes, reglamentos o normas que inciden en la organización de la dependencia y que tampoco se analizan como determinantes de gestión en la elaboración de los programas institucionales. Por si fuera poco, habrían de agregarse las políticas y prioridades, así como la misión que marca el gobierno federal por medio de su sistema de planeación y sus instrumentos de gestión para darle cuerpo y forma a una dependencia y se incorpore en los procesos de planeación estratégica instalados por el Plan Nacional de Desarrollo. Esta incómoda posición de alfiletero hace del titular de una dependencia el blanco visible de propuestas, reclamos, invectivas y desviaciones de un quehacer gubernamental tan heterogéneo y entrópico que no podría ser ordenado por el derecho público sin intervención de la ciencia política.

En este concierto de instituciones y responsabilidades se desenvuelve la Semarnat, sin considerar los crecientes compromisos contraídos por el gobierno mexicano en el marco de la cooperación internacional. Aunque la recepción de los convenios y tratados internacionales en nuestro derecho interno mexicano requieran en algunos casos de desarrollos legislativos, su incorporación en lo general es automática, como lo ordena el art. 133 de la Constitución Política. Esta práctica en la materia ambiental puede acarrear distorsiones en la aplicación de políticas públicas de los sectores involucrados en la gestión ambiental, más aún cuando en este sector concurren diversas autoridades y dependencias.[4]

Según López Ayllón, pueden identificarse al menos tres áreas en las que se encuentran incipientes órdenes jurídicos transnacionales en los cuales la potestad normativa de los Estados ya no es ilimitada, y que constituyen ámbitos relativamente autónomos de los propios Estados que los originaron. Desde el punto de vista interno, nos importa destacar que, en esos ámbitos —derechos humanos, ambiente y comercio internacional—, el derecho internacional se incorpora directamente al ámbito jurídico interno al completar, suplir y aun sobreponerse a la legislación interna hasta el punto de formar, debido a los efectos del artículo 133, un sistema integrado en el cual se diluyen las fronteras "tradicionales" de diferenciación entre lo interno y lo internacional. Junto con estos tres sectores, existen otros (laboral, de comunicaciones, arbitraje comercial o ciertas relaciones entre particulares en materia mercantil) en los que la regulación internacional desempeña una función similar (López Ayllón, 1997). El problema, aparte de incorporar compromisos jurídicamente vinculantes al sistema normativo interno, es además internalizarlos en las dependencias del Ejecutivo federal, como ya expresamos.

En la actualidad, el diseño de políticas ambientales se encuentra en una encrucijada: por una parte nuestro país necesita participar en un concierto internacional dominado por agrupaciones económicas, problemas globales y organizaciones multilaterales vinculados al ambiente, y por otra requiere al mismo tiempo fortalecer el federalismo con el mejoramiento de las relaciones intergubernamentales y la instalación de mecanismos que hagan copartícipes y corresponsables a las instituciones de la sociedad civil. La internacionalización de la economía pro-

---

[4] Existen tratados *(hard law)* pero también proliferan distintos instrumentos *(soft law)* que complementan o sustituyen los términos jurídicos vinculantes de los tratados. Se dividen en seis categorías: *1)* los que tratan los temas que los Estados deseaban estampar al principio en un tratado, pero sólo pudieron llegar a acuerdos sobre un instrumento no vinculante como marco internacional final; *2)* los que se concibieron y produjeron desde su origen como lineamientos para que los Estados los tomasen en cuenta al negociar tratados, promulgar legislaciones o formular políticas; *3)* los producidos como lineamientos para aplicar un tratado existente; *4)* los producidos como lineamientos para aplicar disposiciones reglamentarias o constitucionales de una organización internacional; *5)* los producidos en forma de directivas, decisiones, regulaciones o recomendaciones de órganos formadores de políticas dentro de las organizaciones internacionales, y *6)* las declaraciones firmadas por los jefes de Estado y de gobierno para promover ciertos principios relacionados con los temas del ambiente y el desarrollo (Adede, 1995).

vocó también la internacionalización de la agenda ambiental por conducto de las Naciones Unidas, los compromisos multilaterales y bilaterales, y, asimismo, los tratados comerciales. Para participar con provecho en los foros internacionales, nuestro país necesita un sólido frente común de los agentes de producción, las fuerzas motrices de la sociedad y las autoridades locales, que pueden disociarse en el proceso de fortalecimiento del federalismo.

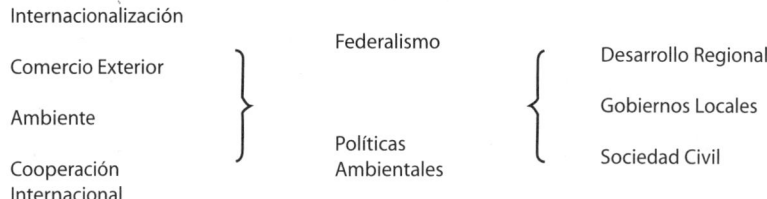

Estos parámetros divergentes obligan a buscar mecanismos efectivos de integración de las políticas ambientales con las de fomento económico, desarrollo regional y desarrollo social. El PND 2001-2006 se construye a partir de una visión prospectiva al año 2025 en la búsqueda de "una nación plenamente democrática con alta calidad de vida que habrá logrado reducir los desequilibrios sociales extremos y que ofrecerá a sus ciudadanos oportunidades de desarrollo humano integral y convivencia basadas en el respeto a la legalidad y en el ejercicio real de los derechos humanos [...] con un crecimiento estable y competitivo y con un desarrollo incluyente y en equilibrio con el medio ambiente".

Es muy significativo que el Plan adopte como criterios centrales para el desarrollo de la nación las estrategias de inclusión, sustentabilidad, competitividad y desarrollo regional, y, asimismo, dentro de las normas básicas de acción gubernamental, incluya el federalismo como una etapa más intensiva de fortalecimiento de las relaciones intergubernamentales. Ya señalamos que los criterios de sustentabilidad están incorporados tanto en las políticas sociales como económicas. En materia de política exterior exige diseñar nuevas estrategias y enfoques novedosos para insertar de manera provechosa a nuestro país en la economía internacional, para enfrentar los retos que encierra la nueva agenda de seguridad internacional y para garantizar condiciones de desarrollo sostenido y de bienestar para la sociedad:

> En particular, por razones de identidad cultural, proximidad geográfica, raíces históricas comunes, complementariedad económica y aspiraciones compartidas de desarrollo

e integración, los vínculos con la región de América Latina y el Caribe constituyen una prioridad de la política exterior mexicana. Fortalecer los esquemas de concertación y el diálogo políticos con Centroamérica y Sudamérica, impulsar los intercambios económicos, comerciales, culturales, educativos y científicos, e intensificar la cooperación para el desarrollo coadyuvará a hacer de América Latina y el Caribe una región con mayor presencia en el escenario internacional. En Centroamérica, el Plan de Desarrollo Regional Puebla-Panamá constituirá el eje para promover el desarrollo integral y a largo plazo del sur de México y los países de América Central. [PND 2001-2006]

También señalamos que el Plan no provee instrumentos de gestión para hacer efectivos estos propósitos, por lo que deja a los programas sectoriales la responsabilidad de identificar elementos tácticos* para hacerlos operativos, lo que no sucede en ningún caso.

En este marco, el Plan en los cambios promovidos por el Poder Ejecutivo federal en la estructura administrativa de gobierno (al crear las comisiones para el desarrollo social y humano, para el crecimiento con calidad, y de orden y respeto) incorpora, como se mencionó al principio de este estudio, objetivos y estrategias vinculados a las políticas ambientales en las dos primeras comisiones señaladas. En la presentación del Programa Nacional de Medio Ambiente y Recursos Naturales 2001-2006, el secretario de Medio Ambiente declara que por primera vez en la historia de México el tema ambiental integra los esfuerzos de todas las dependencias del sector y establece 43 metas comprometidas por 14 secretarías de Estado y otras entidades del gobierno federal.

> El secretario Lichtinger calificó de histórico para México el esfuerzo que las dependencias del sector y todo el gobierno Federal han hecho para integrar una política ambiental que dé respuesta a la necesidad imperante que la sociedad mexicana ha planteado, para detener y revertir los procesos de degradación que dañan seriamente el capital natural del país y que ya no son sólo un asunto de preocupación para las generaciones futuras, sino un reto de enorme envergadura a vencer por las generaciones presentes de mexicanos [Comunicado de prensa, 17 de junio de 2001].

El programa del ambiente rige los programas hidráulico y forestal encargados de articular los siete aspectos torales de la política ambiental (Apaez):

---

* *Táctico:* Método o sistema para poner en orden las cosas.

1. Agua
2. Bosques (en general suelos)
3. Gestión ambiental
4. Industria

5. Investigación
6. Educación, capacitación y cultura ambiental
7. Atención a la "Agenda 21"

Aún no se declaran las estrategias y tácticas instrumentales para conciliar los requerimientos del concierto internacional y las necesidades de fortalecer el federalismo interno, en términos de una percepción ambiental que en ocasiones es diferente a la realidad ambiental, ni es posible anticiparlas. pues forman los elementos conductores de una agenda ambiental para el desarrollo sustentable cuyas partes se construyeron en el último decenio.

Para complicar más aún el problema de integrar las políticas ambientales con las políticas generales de desarrollo, el gobierno federal tiene el dilema que le exige la economía nacional de aprovechar sostenidamente los recursos naturales frente a la necesidad de conservarlos, tomando en consideración la contaminación que genera el estilo de desarrollo y los patrones de producción, distribución y consumo que adoptó la población. La respuesta gubernamental en esta doble encrucijada requiere la conciliación urgente entre una respuesta social responsable y una intervención estatal más inteligente.

La incorporación de la dimensión ambiental o la consideración del ambiente en la formulación de objetivos de desarrollo antecede a la necesidad de preocuparse por paliar los efectos negativos. De hecho, implica al menos tres aspectos bási-

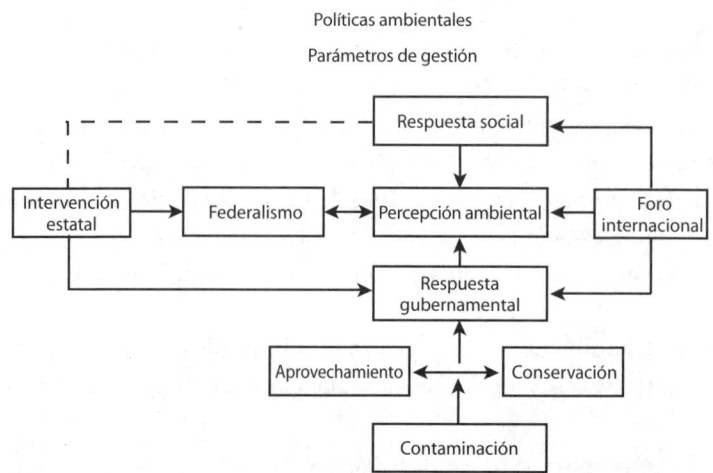

Políticas ambientales
Parámetros de gestión

cos que revisten suma importancia, pues contribuyen a un uso más eficiente de los recursos naturales. Estos aspectos son:

1. El conocimiento y el manejo adecuado de los recursos naturales, de modo que se los aproveche sin destruirlos ni agotarlos. Esto exige la aplicación de conocimientos técnicos sobre ordenamiento del ambiente y una intensa concertación política con las partes involucradas.

2. El conocimiento y el adecuado manejo de la demanda de recursos disponibles (también en términos de cantidad, calidad, lugar o tiempo). Dicha presión depende del estilo de desarrollo adoptado y de sus posibilidades de reorientación.

3. El conocimiento y el manejo adecuado de los efectos positivos o negativos que se producen en el ambiente como resultado de la relación entre la oferta y la demanda de recursos, para evitarlos, controlarlos o aceptarlos.

En la práctica, esto impone una serie de obligaciones o compromisos de acción permanente que anteceden a la decisión de influir en el medio, y que se relacionan tanto con las políticas y los modelos de desarrollo como con las técnicas y los conocimientos científicos. Por eso es tan importante que se preste atención a los factores ambientales desde el momento en que se definan los objetivos de crecimiento económico, y no sólo una vez que se adopte la decisión de ejecutar un proyecto u otra acción (Dourojeanni, 1990).

El PND incorpora en su proceso de planeación estratégica un sistema nacional de indicadores con el propósito de evaluar el desempeño de las dependencias y entidades, así como cuerpos de estrategias planteados en sus programas operativos anuales. La obligación de presentar cada año los programas ante el Congreso de la Unión hace de este mecanismo un instrumento de previsión idóneo para articular con oportunidad los factores condicionantes ambientales en las políticas generales del desarrollo nacional. Aunque los indicadores se relacionan de manera estrecha con las metas para medir sus resultados, el Plan no contempla indicadores de desarrollo nacional que permitan evaluar sus alcances y encadenarlo con el siguiente, de tal forma que la transmisión de logros sólo es posible en los programas.

Planear el cambio de uso del suelo y orientar el desarrollo a partir de las condiciones ambientales, de las características de los recursos y de los ecosistemas es ahora un requisito central para el desarrollo nacional, por lo que el ordenamiento ecológico del territorio debe convertirse en un instrumento obligatorio y un medio para el diseño e instrumentación de las políticas públicas gubernamentales, tanto federales como estatales y municipales.

El reto será establecer un balance óptimo entre las políticas orientadas a promover el crecimiento económico necesario para elevar las condiciones de vida de los mexicanos en un marco de mayor equidad y protección ambiental, ambos requisitos indispensables para el futuro de México. El logro de este objetivo requerirá una estrategia que reconozca el carácter intersectorial de la problemática ambiental, en la que por desgracia poco se ha avanzado en el pasado. Lejos de una interpretación estrecha sobre la política ambiental, la dimensión de la sustentabilidad implica un marco amplio de políticas que incorpora los niveles macroeconómico, regional, sectorial y microeconómico, de cuya articulación dependen los efectos agregados en el ambiente de la actividad económica. Además, las fallas históricas de política en contra del desarrollo económico y social en el país (asignación ineficiente e inequitativa del gasto público, fallas en los mercados de capital, distorsiones en los precios, indefinición de derechos de propiedad, etc.) también han estado en el origen de los desequilibrios regionales y del deterioro ambiental y los recursos naturales (Ojeda, Lichtinger, 2000).

Desde 1994, Carabias y Provencio advertían que dentro de las insuficiencias de la política ambiental predominaban la exclusión de la dimensión ambiental frente a la estrategia general y sectorial de desarrollo; el confinamiento administrativo de la política ambiental con muy poca incidencia en el resto de las instituciones; la segregación de las disposiciones y normas en una legislación que, si bien se fue desarrollando, permaneció desvinculada del cuerpo jurídico; la baja prioridad presupuestal para las acciones de prevención y control de la degradación ambiental; y la ausencia de mecanismos para que la política económica y el mercado asumieran la dimensión ambiental como uno de sus elementos de funcionamiento orgánico. Habría que dejar de concebir la política ambiental escindida de otras áreas de decisión, o, dicho de otra forma, tendría que dejar de ser una política sectorial para convertirse en un elemento transversal y constante de las acciones públicas y privadas. Esto no supone que no existan instituciones, leyes o programas "ambientales", sino interiorizarlos en todas las dimensiones de la actividad humana. Este cambio se debería expresar al menos en cinco áreas de reforma:

a) revisión de los métodos y prioridades para definir las estrategias de desarrollo,
b) reforma del marco legal y regulatorio para garantizar que la normatividad sea coherente con las prioridades ambientales,

c) adopción de instrumentos económicos que orienten los mecanismos de mercado, de la producción y el consumo, para interiorizar la racionalidad ambiental en las decisiones económicas,

d) reformulación de los sistemas de información y cuantificación de la actividad productiva y social para eliminar los sesgos antiambientales, y

e) estructuración de un sistema eficaz de ordenamiento general del uso productivo y ocupación del territorio (Carabias, Provencio, 1994).

En los últimos años, de acuerdo con el informe de la gestión ambiental en México, podemos apreciar alcances importantes en la gestión intersectorial y regional de los recursos naturales, para su conservación y para inducir medidas de aprovechamiento sustentable, así como en el freno a la contaminación, en especial la del aire en zonas urbanas, mediante el uso de instrumentos normativos, administrativos y económicos de alcance federal, aunque con integración sectorial y cobertura regional limitadas por la falta de precisión de las estrategias de desarrollo; las reformas a la LGEEPA, la expedición de la Ley General de Vida Silvestre y la adecuación de la normatividad ambiental no ha sido suficiente para compatibilizar su congruencia con factores cambiantes del contexto nacional e internacional que inciden desfavorablemente en las políticas ambientales; los instrumentos económicos no se han incorporado a la gestión ambiental, y en cambio se ha dado un gran avance en sistemas de información y medición de las actividades productivas en su dimensión ambiental; se extiende el ordenamiento territorial en áreas naturales protegidas, cada vez con instrumentos de gestión adecuados, y el ordenamiento de asentamientos humanos e industriales tiene mayor aceptación por las autoridades locales y la sociedad civil. Los puntos fuertes del sector ambiental superan a los débiles, mientras que las amenazas del entorno se advierten con mayor importancia que sus oportunidades.

Internalización de la política ambiental

Aparentemente, las políticas ambientales en México han avanzado en el plano legislativo, lo que aún no se ha estudiado; se han incorporado en algunas dependencias y entidades federales, en los planes y programas, y han conformado una opinión pública cada vez más interesada en lo ambiental por conducto de los cuerpos legislativos, agrupaciones políticas, ONG y sociedades de servicio. Sin embargo, aunque se hayan frenado los impactos crecientes de la contaminación atmosférica, del agua y de los alimentos, la degradación de los ecosistemas urbanos, rurales y costeros es aún la nota predominante de los informes periódicos sobre el ambiente, con especial referencia a la carencia de recursos presupuestales y a la escasa participación de los gobiernos locales y de la sociedad civil en la gestión ambiental. Al cabo de 33 años de esfuerzo gubernamental, de desarrollos legislativos e institucionales, los problemas estructurales que impiden la aplicación de políticas ambientales siguen presentes. Uno de ellos, de suma importancia, es la internalización de objetivos, políticas y estrategias ambientales en las instituciones de gobierno y sus agendas de trabajo, tanto federales como estatales, y asimismo en los agentes y procesos de producción, mecanismos de distribución y ante todo los patrones de consumo del sistema económico nacional.

La agenda estatal representa el "espacio problemático" de una sociedad, el conjunto de cuestiones no resueltas que afectan a uno o más de sus sectores —o a su totalidad— y que, por tanto, constituyen el objeto de la acción del Estado, su dominio funcional. Las políticas que éste adopta son, en el fondo, tomas de posición de sus representantes e instituciones frente a las diversas opciones de resolución que esas cuestiones vigentes admiten teórica, política o materialmente. La vigencia de esas cuestiones, es decir, su continua presencia en la agenda, revela la existencia de tensiones sociales, conflictos no resueltos y actores movilizados en torno a la búsqueda de soluciones que expresen sus particulares intereses y valores (Oszlak, 1997).

En términos conceptuales, hace mucho que la política ambiental dejó de considerarse antagónica respecto de las necesidades de la política económica. Al contrario, el desarrollo de una política ambiental eficaz es condición indispensable para garantizar la eficiencia de los procesos productivos y su viabilidad de mediano y largo plazos. No deja de ser cierto que impulsar una política ambiental implica una movilización creciente de recursos, así como restricciones reales para ciertas modalidades insustentables de producción y de intercambio. En este contexto, nuestro marco normativo confiere todavía mayor capacidad decisoria a la esfera económica respecto de la ambiental. Como un simple ejemplo de ello puede invocarse la necesidad de someter una manifestación de impacto regulatorio referida a decisiones normativas de índole ambiental a la aprobación en última instancia de las autoridades comerciales. Sería todavía inimaginable someter a un escrutinio ambiental final las principales decisiones que rigen el régimen económico de nuestro país. Un control ambiental externo, a partir de facultades meramente normativas, ejercido sobre ámbitos productivos vinculados a los recursos naturales, se enfrentaría a obstáculos muy difíciles de superar, al menos en tanto la cultura de la sustentabilidad no se socialice y permee al conjunto de los sectores productivos. La regulación directa, mediante esquemas de "comando y control", resulta insuficiente para transformar fuertes inercias productivas con raíces sociales y culturales históricas, que se expresan en poderosos intereses económicos. La superación de estas inercias requiere la movilización adicional de instrumentos económicos, por lo general relacionados con el fomento productivo (Semarnap, 2000).

Los principios de la política ambiental no están dirigidos a los particulares, pues por su naturaleza son mandatos concebidos para orientar las actividades de las autoridades públicas. En cambio, las normas jurídicas que expresan esos principios son vinculatorias para los particulares; sin embargo, estos principios pueden devenir indirectamente obligatorios por vía de los convenios de concertación que puede celebrar la Federación con los particulares interesados dentro del sistema jurídico en la planeación del desarrollo nacional (Brañes, 2000).

La legislación actual no permite dar un seguimiento efectivo al desempeño y eficiencia de las administraciones en los tres órdenes de gobierno, que pueden no acatar normas ambientales que, en contraparte, se aplican con rigor a particulares. Hay pues una inconsistencia respecto de nuevos esquemas democráticos y federalistas de relación entre federación, estado y municipio, ante la carencia de mecanismos funcionales de concurrencia, supervisión y sanción. En los estados y municipios se observa una inadecuada sectorización de la política ambiental, mientras que el sector privado muestra con frecuencia un muy limitado interés por transformar sus sistemas productivos y sólo es receptivo a las presiones regulatorias. La respuesta municipal es aún más limitada debido a la falta de capacitación de cuadros y a una insuficiente participación social (Céspedes, 2000). No obstante, debe recordarse que la legislación actual tiene la virtud de abrir numerosos espacios operativos de participación social para la aplicación de distintos instrumentos de política ambiental, los cuales deben fortalecerse. Tal es el caso del Comité Técnico Consultivo de Normalización Ambiental, del Consejo Nacional de Áreas Naturales Protegidas, y de los consejos nacionales y estatales de vida silvestre, entre otros.

Como se ha subrayado hasta nuestros días, las estrategias de desarrollo adoptadas en América Latina y el Caribe —desde los años cincuenta— privilegian el crecimiento económico de corto plazo tras una modernización general y acelerada de los medios de producción. La industrialización, la instrumentación de grandes proyectos de infraestructura y la explotación de recursos minerales, agrícolas y de ganadería con fines de exportación toman lugar en esta estrategia que produce importantes consecuencias negativas en el ambiente.

La principal diferencia de las reformas iniciadas en la segunda mitad de los años ochenta respecto de las aplicadas antes es que implicaron una reversión del ciclo histórico de expansión permanente de su aparato institucional. Por primera vez se planteó no sólo una mayor eficiencia en la asignación del gasto público, sino una verdadera demolición del Estado. La crisis de la deuda fue sin duda el detonante de las reformas. Pero el clima ideológico que se venía instalando en el mundo y que se consolidó a partir de la caída del Muro de Berlín prepararon el terreno de un aparato estatal que había crecido más allá de las posibilidades de sustentación por parte de sociedades en crisis (Oszlak, 1997).

La legislación ha previsto desde 1977 la repartición de competencias ambientales en diferentes dependencias y entidades de la APF, incluidos los mecanismos de coordinación gubernamental. Con la instalación de sistemas y procesos de planeación a partir de 1983, tanto los planes como los programas de mediano plazo han incorporado subprogramas y proyectos claramente identificados con el aprovechamiento y conservación de los recursos naturales y con la protección ambiental de factores degradantes y contaminantes.

El paradigma del desarrollo sustentable aparece en el objetivo del Programa Nacional de Protección al Medio Ambiente 1990-1994 y se refuerza en el Programa de Medio Ambiente 1995-2000. En el diseño del Programa Nacional de Medio Ambiente y Recursos Naturales 2001-2006, las autoridades se anticipan, dentro del marco estratégico del Plan Nacional de Desarrollo, al intersecar las 43 metas concurrentes con otras secretarías de Estado, como ya se anotó, mismas que conducirán a la formulación de las estrategias respectivas para abordar los impedimentos intersectoriales que han caracterizado la acción pública. Este paso anticipado puede permitir las condiciones para hacer efectiva la legislación ambiental y modelar las prioridades sectoriales en términos de sustentabilidad.

Los mecanismos de fortalecimiento del federalismo mediante el redimensionamiento del Estado, en el mismo sentido, impulsan elementos para la conformación de un sistema nacional de gestión ambiental y, no obstante, estamos lejos de lograrlo. Las partes involucradas, por los informes de gobierno, por los resultados obtenidos, por la percepción y demandas sobre los problemas ambientales, se encuentran fragmentadas.

La internacionalización de la agenda ambiental, promovida por el comercio exterior y acelerada por la globalización de los fenómenos ambientales y la intervención creciente del Sistema de Naciones Unidas, fortaleció el interés nacional por los asuntos ambientales traducido en órganos e instrumentos de gestión en las dependencias y entidades federales involucradas, y, con la LGEEPA en la década de los noventa, la apertura de leyes estatales y de unidades de gestión ambiental que establecen una plataforma —aunque desarticulada— para la integración y despegue de las políticas ambientales. No obstante el sistema nacional de planeación y los instrumentos de gestión intergubernamental prescritos en la Ley de Planeación y en la LOAPF, los problemas de coordinación y de concertación entre los tres actores del escenario ambiental: gobierno federal, gobiernos locales y sociedad civil, no se han resuelto. La esencia del problema puede radicar en las estructuras jurídica, administrativa, programática y presupuestal de los procesos gubernamentales, que habrían de revisarse, y en la perspectiva especializada, individualizada y vertical desde la cual se abordan las cosas de gobierno. Sin una percepción multidisciplinaria, interdisciplinaria y transdisciplinaria de los problemas ambientales, las instituciones públicas, sociales y privadas, y la población misma, no podrán internalizar conceptos como *equilibrio ecológico* y *protección ambiental.* Las partes seguirán discutiendo las políticas forestales como algo independiente de su conservación, su aprovechamiento o su participación en la degradación del ambiente; el paradigma sanitario de la basura y los alimentos no saldrá del ámbito de las opciones individuales; la contaminación atmosférica de las ciudades metropolitanas será todavía "asunto del gobierno", y el agua, como la biodiversidad —prioridades planetarias— seguirán considerándose bienes comunes. Internalizar los problemas ambientales significa racionalizar conflictos y adoptar pautas de comportamiento individual en función de la colectividad para adaptar las demandas a las necesidades, en términos de las generaciones futuras: así entendemos un desarrollo sustentable viable.

La trascendencia y complejidad de las interacciones entre lo ambiental y la vida social, económica, cultural e institucional demandan hoy un discurso y una propuesta política articulada y consistente, que no puede surgir de la ingenuidad ni limitarse al señalamiento reiterativo de problemas. La abrumadora multivalencia del ambiente como totalidad ha rebasado a una primera generación de ecologistas puros (por llamarlos de alguna forma), quienes fueron incapaces de construir propuestas integradas, política y económicamente viables; sin demeritar un ápice su gran tarea histórica de desencadenar las respuestas ambientales de la sociedad y relanzar el debate sobre los bienes de verdad públicos *(commons)* que constituyen el patrimonio vital de las naciones y la humanidad. Esta primera generación de ecologistas poco pudo decir sobre el papel del Estado y del mercado en la configuración de políticas públicas, sobre sus efectos distributivos o en el sector externo, sobre la eficiencia económica de las soluciones, sobre las consecuencias tecnológicas e inflacionarias de las medidas de protección ambiental, sobre los conflictos Norte-Sur en el manejo de los *commons* globales, sobre los problemas de acción colectiva que enfrenta el manejo de recursos comunes (como muchos bienes y servicios que presta el ambiente), sobre las libertades, sobre el equilibrio entre los poderes federales y locales, sobre equidad y permanencia, o sobre los límites biofísicos que sin duda habrá que establecer en el manejo y utilización del capital ecológico y sus recursos para no rebasar umbrales críticos de sustentabilidad (Quadri, Provencio, 1994).

Internacionalización de la agenda ambiental

> La cumbre de Río fue una reunión de muchos acuerdos pero de pocos compromisos. En la de Johannesburgo, ni siquiera hubo compromisos.

La revolución científico-tecnológica del siglo XX, así como los nuevos conocimientos sobre la interdependencia planetaria de esa centuria, cambiaron la percepción de los seres humanos sobre la naturaleza y los alcances de los problemas ambientales. En efecto, por primera vez en la historia adquirimos la capacidad de transformar la Tierra por completo, e incluso de destruirla de una manera total. Al mismo tiempo, cada vez se hizo más evidente que la interdependencia entre las naciones contenía importantes componentes ambientales. Las nociones *revolución científico-tecnológica* e *interdependencia ecológica* modificaron profundamente la de *seguridad nacional*, y abrieron paso al concepto de *seguridad ambiental* como problema de seguridad mundial o común. Ello determinó el desarrollo de una importante agenda ambiental internacional, cuyos grandes hitos son conocidos (Semarnap, 2000).

El consenso y las recomendaciones emanadas de la Conferencia de Estocolmo no crearon obligaciones jurídicas para los participantes; por lo demás, tales conclusiones se contemplaron con bastante escepticismo por la mayoría de los países en vía de desarrollo, pues juzgaron que la responsabilidad del deterioro ambiental debía fincarse no en el resultado de su propia actividad económica, sino en el de las naciones que habían alcanzado ya grados avanzados de industrialización y, de paso, de explotación de los recursos naturales del planeta. Los sistemas productivos de las naciones industrializadas, con las tecnologías desarrolladas desde fines del siglo XVII y hasta mediados del XX, se basaban en el empleo intensivo de la energía de origen fósil, en la explotación de recursos naturales sin estrategias ni procesos adecuados de mantenimiento, recuperación o, en su caso, reposición, y en aglomeraciones urbanas industriales que emitían sus desechos sin importar su repercusión sobre la naturaleza ni en la salud humana (Urquidi, 1996).

Resulta imprescindible empezar por subrayar los efectos políticos de la globalización. Con el incremento de la interrelación global, la capacidad de decisión de los gobiernos nacionales tiende a estar acotada por límites más estrechos. Los Estados pueden incluso perder otras opciones de intervención en su interior por la expansión de las fuerzas y organizaciones transnacionales, que reducen la influencia particular de los gobiernos sobre las actividades de sus ciudadanos. En este contexto, muchas actividades tradicionales de los Estados no pueden cumplirse sin recurrir a la cooperación internacional. Por tanto, se ha tenido que elevar el grado de integración política con otros Estados para abrir caminos a la creación de instituciones internacionales que embrionariamente establecen reglas de acción para la colectividad mundial. En otras palabras, la globalización genera y enmarca problemas que requieren soluciones de nivel mundial o regional. Estos problemas trascienden las posibilidades operativas de un solo país. La globalización redefine la relación entre un contexto mundial y el Estado-nación (Urquidi, 1996).

> Globalización de la economía >> políticas de ajuste >> conflictos estructurales >> sobre-carga de expectativas >> incremento de demandas sociales >> insuficiente capacidad de respuesta >> crisis de gobernabilidad >>oferta política >> radicalización de partidos>> reforma política >> reforma del Estado

México tiene una larga tradición de cooperación internacional en lo concerniente a la protección ambiental, tanto regional como global. Ha destacado en diversas negociaciones internacionales, sobre todo en cuestiones marinas y nucleares, y en varias ocasiones ha tomado la iniciativa para fomentar la cooperación entre países latinoamericanos. Desde hace tiempo apoya muchas iniciativas de la ONU relativas a la protección del ambiente, y con frecuencia fue el principal portavoz del G-77 de países en desarrollo. Los principales temas emergentes que reclaman una creciente atención por parte de las autoridades federales y obligan a una revisión de su propia capacidad, como el cambio climático, desertificación, pérdida de biodiversidad, problemas asociados a la bioseguridad o la bioprospección, no pueden abrodarse sólo desde una perspectiva nacional. En el siglo XXI, al tomar en cuenta los conocimientos sobre la interdependencia ecológica de las naciones, la agenda ambiental nacional aparece cada vez más vinculada a la agenda de la cooperación mundial para enfrentar los retos ambientales globales, compartiendo responsabilidades y estrategias según el principio propuesto por la OCDE de una responsabilidad común pero diferenciada.

En nuestro país, el carácter internacional de la política ambiental se refuerza por la proximidad con Estados Unidos y la cooperación en el marco del TLC; en el caso de Francia, por el peso de la Unión Europea. Sin embargo, a pesar de su importancia en la dinámica de la acción pública ambiental en México, la cooperación ambiental con Estados Unidos y Canadá dista mucho de implicar la constitución de un derecho supranacional que se imponga poco a poco a los Estados, como sucede en la Unión Europea. La prevención de los riesgos mayores, la reglamentación del derecho a la información, los estudios de impacto, la lucha contra el ruido, las medidas de conservación de la biodiversidad, las sustancias peligrosas y la normalización técnica constituyen importantes campos de la acción común de la Unión Europea en materia ambiental; sin embargo, las directivas que poseen —o son susceptibles de poseer— y la mayor repercusión para la gestión urbana son las que conciernen al aire, al agua y a los desechos, que introducen normas y procedimientos que los Estados tienen que integrar en su orden jurídico (Bassols, Melé, 2001).

En este escenario, se necesita reforzar la capacidad para atender una agenda ambiental internacional cada vez más exigente, así como sus vinculaciones y sinergias con las políticas nacionales. Los compromisos ambientales del gobierno mexicano, en el marco de la cooperación internacional, se acentuaron a partir de la Conferencia de las Naciones Unidas sobre Medio Ambiente y Desarrollo (Río de Janeiro, 1992), y quedó manifiesto que el tratamiento eficaz de los problemas globales del ambiente requieren el concurso de todos los países mediante instrumentos jurídicamente vinculatorios, como la Convención sobre Diversidad Biológica, la Convención Marco sobre Cambio Climático, el Convenio de Basilea sobre el Control de los Movimientos Transfronterizos de los Desechos Peligrosos y su Eliminación, la Convención Internacional de Lucha Contra la Desertificación, la Convención para la Protección y Conservación de las Tortugas Marinas en el

1948	Fundación de la Unión Internacional para la Conservación de la Naturaleza
1957	Declaración del año geofísico internacional
1969	Congreso Founex
1972	Reporte del Club de Roma sobre los limites del crecimiento. Meadows-MIT
	Conferencia de las Naciones Unidas sobre medio humano. Estocolmo
1973	Convención internacional sobre el tráfico de especies amenazadas (Cites)
1985	Creación de la comisión de las Naciones Unidas sobre Medio Ambiente y desarrollo (Comisión Brundtland)
	Convenio de Viena para la protección de la capa de ozono
1986	Programa "Global Change" del Consejo Internacional de Uniones Científicas, para estudiar las interrelaciones geosfera-biosfera
1987	Reporte "Nuestro futuro común" de la Comisión Brundtland
	Protocolo de Helsinki para la reducción de emisiones de azufre y sus efectos transfronterizos
	Protocolo de Montreal sobre sustancias que destruyen la capa de ozono
1988	Protocolo de Sofía concerniente a las emisiones de óxidos de nitrógeno y sus efectos transfronterizos
	Panel intergubernamental sobre cambio climático
1989	"Nuestra propia agenda", BID/PNUD
	Convención de Basilea para el control de movimientos transfronterizos de residuos peligrosos
1990	Moratoria en la caza comercial de ballenas
1991	Global Environmental Facility. ONU/BM
1992	Conferencia de las Naciones Unidas sobre Medio Ambiente y Desarrollo. Río de Janeiro.
	Declaración sobre medio ambiente y desarrollo
	Convenio marco sobre diversidad biológica
	Convenio marco sobre cambio climático
	Principios para un consenso mundial de la ordenación, conservación y desarrollo sustentable de los bosques
1993	Comisión de desarrollo sustentable
	Libro verde sobre reparación del daño ecológico

1994 Conferencia de El Cairo sobre población
1995 Declaración de Copenhague sobre desarrollo social
1997 Comisión de desarrollo sustentable. Nueva York. Río + 5. Protocolo de Kioto
2000 Protocolo de Cartagena sobre protección de riesgos biotecnológicos
Libro blanco sobre responsabilidad ambiental
2002 Johannesburgo. Río + 10

Hemisferio Occidental, el Panel Intergubernamental de Bosques, el Código de Conducta para la Pesca Responsable, la Convención de las Naciones Unidas sobre el Derecho del Mar, y la Conferencia de las Partes sobre Humedales de Importancia Internacional.[5]

Algunos de estos instrumentos jurídicos han procedido del esfuerzo internacional de Río, en el que se aprobó el Programa o Agenda 21, que constituye un marco exhaustivo de acción y que involucra prácticamente todos los aspectos de la vida social y económica que tienen alguna relación con el concepto de sustentabilidad. Contempla previsiones financieras, institucionales y de transferencia de tecnología necesarias para su instrumentación en cada país.

En el contexto regional y para el logro de los compromisos de protección ambiental, los socios del Tratado de Libre Comercio (TLC) (México, Estados Unidos y Canadá) firmaron un acuerdo paralelo en materia de ambiente el 3 de septiembre de 1993. Este Acuerdo dio origen a la Comisión para la Cooperación Ambiental (CCA), con sede en Montreal, Canadá. Algunos proyectos de los Grupos de Trabajo de Frontera XXI coinciden con los propósitos de cooperación de la CCA, lo que inscribe los esfuerzos para mejorar el ambiente y los recursos naturales de la Frontera México-EUA como parte de las soluciones para América del Norte.

El tratado de Libre Comercio de América del Norte (TLCAN) es el primer acuerdo comercial, de nivel mundial, que establece el compromiso de promover el

---

[5] Sin embargo, quedaron algunos cabos sueltos de la mayor significación, como el de la población, que no se trató en Río de Janeiro sino dos años después, en El Cairo, aunque de manera relativamente desvinculada de la materia ambiental. Otro fue el de la situación y perspectiva social, que se trató en la Conferencia de Copenhague en 1995, con poca consecuencia, y otro más, el del estatus de la mujer, objeto de la Conferencia de Beijing en 1995, también poco vinculado a la problemática de las ciudades, con referencia entre otras cosas a la planeación y el ambiente. Por otro lado, se han efectuado innumerables reuniones técnicas acerca de las convenciones propaladas en la Cumbre de Río, y sobre gran número de asuntos ambientales o económico-ambientales. La aportación de los centros académicos en todos los continentes a los temas de Río y los conexos ha aumentado de manera espectacular (Urquidi, 1997).

desarrollo sustentable y la expansión del comercio internacional de manera consistente con la conservación y la protección del ambiente. Se conviene que, en caso de que exista conflicto entre el TLC y las disposiciones contenidas en distintos acuerdos internacionales ambientales de los cuales los tres países son parte, las obligaciones ambientales prevalecerán, y las partes se comprometen a elegir los medios más accesibles y efectivos para cumplir con los compromisos internacionales de protección al ambiente de la manera más consistente posible con las disposiciones comerciales del Tratado. Estos acuerdos ambientales internacionales son:

1. la Convención sobre el Comercio Internacional de Especies Amenazadas de Flora y Fauna Silvestres de 1973 (Cites),
2. el Protocolo de Montreal Relativo a Sustancias que Agotan la Capa de Ozono de 1987,
3. la Convención de Basilea sobre el Control de los Movimientos Transfronterizos de los Desechos Peligrosos de 1989,
4. el Acuerdo entre el Gobierno de Canadá y el Gobierno de Estados Unidos de América Relativo al Movimiento Transfronterizo de Desechos Peligrosos de 1986, y
5. el Convenio entre los Estados Unidos Mexicanos y los Estados Unidos de América sobre Cooperación para la Protección y Mejoramiento del Medio Ambiente en la Zona Fronteriza de 1983 (también conocido como el "Convenio de la Paz").

Los gobiernos estatales y locales, así como las comunidades indígenas, poseen una amplia experiencia sobre los problemas ambientales que afectan a sus habitantes. En México, los seis estados fronterizos y los principales municipios desempeñaron un papel importante en el Programa Frontera XXI.* En los EUA, los cuatro estados fronterizos, así como los condados y tribus indias de la región, participaron de manera estrecha en la operación del Programa. Con el fin de facilitar la participación pública en el Programa Frontera XXI, ambos gobiernos federales recibieron el apoyo del Consejo Consultivo para el Desarrollo Sustentable Región I, por parte de México, y del Comité Ambiental del Buen Vecino *(Good Neighbour Environmental Board)*, por parte de los Estados Unidos. A partir de 2001 se transformó en el Programa Frontera 2012, dirigido a la atención de regiones especificas.

*El programa terminó sus operaciones en noviembre de 2000.

Foros y acuerdos internacionales en los que participa la Semarnat

Multilaterales
- Comisión de Desarrollo Sustentable (CDS)
- Programa de las Naciones Unidas para el Medio Ambiente (PNUMA). Foro de Ministros de Medio Ambiente de América Latina y el Caribe/Programa Ambiental del Caribe
- Programa de las Naciones Unidas para el Desarrollo (PNUD)
- Banco Mundial (GEF)
- Convención sobre la Diversidad Biológica (CDB)/ Protocolo de Cartagena sobre la Seguridad de la Biotecnología
- Convención sobre el Comercio Internacional de Especies Amenazadas de Fauna y Flora Silvestres (Cites)
- Convenio de Viena sobre la Capa de Ozono y Protocolo de Montreal sobre Sustancias Agotadoras de la Capa de Ozono
- Convención Marco de las Naciones Unidas sobre el Cambio Climático/Protocolo de Kioto
- Convenio Internacional de Lucha contra la Desertificación
- Convenio de Basilea sobre el Movimiento Transfronterizo de Desechos Peligrosos y su Eliminación
- Programa de Acción Global para la Protección del Medio Marino de Actividades Originadas en la Tierra
- Convención sobre Humedales de Importancia Internacional Especialmente como Hábitat de Aves Acuáticas (Ramsar)
- Organización de las Naciones Unidas para la Agricultura y la Alimentación (FAO)
- Organización para la Cooperación y el Desarrollo Económicos (OCDE)
- Comisión Ballenera Internacional (CBI)
- Organización Marítima Internacional (OMI)

Regionales
- Acuerdo de Cooperación de América del Norte (ACAAN)
- Memorándum de Entendimiento México-Estados Unidos para la Conservación y Manejo de la Vida Silvestre y los Ecosistemas
- Tuxtla (Cooperación con Centroamérica)

- Asociación de Estados del Caribe (AEC)
- Mecanismos de Cooperación Económica Asia–Pacífico (APEC)

Bilaterales
- Convenio entre los Estados Unidos Mexicanos y los Estados Unidos de América sobre cooperación en caso de desastres naturales
- Acuerdo de cooperación entre el Gobierno de los Estados Unidos Mexicanos y el Gobierno de los Estados Unidos de América sobre contaminación del medio marino por derrames de hidrocarburos y otras sustancias nocivas
- Convenio entre los Estados Unidos Mexicanos y los Estados Unidos de América sobre cooperación para la protección y mejoramiento del medio ambiente en la zona fronteriza (La Paz, México)
- Acuerdo entre el Gobierno de los Estados Unidos Mexicanos y el Gobierno de Guatemala para la prevención y atención en caso de desastres naturales.
- Acuerdo entre el Gobierno de los Estados Unidos Mexicanos y el Gobierno de los Estados Unidos de América sobre cooperación para la protección y mejoramiento del medio ambiente en la zona metropolitana de la ciudad de México.
- Convenio entre el Gobierno de los Estados Unidos Mexicanos y el Gobierno de Guatemala sobre la protección y mejoramiento del ambiente en la zona fronteriza.

FUENTE: Semarnap, *La gestión ambiental en México*, 2000.

En todo caso, como resultado de esta "internacionalización" de la agenda ambiental se crearon o reforzaron diversas organizaciones internacionales como mandatos específicamente ambientales y se concluyeron numerosos acuerdos internacionales para enfrentar ciertos problemas ambientales en los planos mundial, regional, subregional y bilateral.

Existen muchos asuntos que nuestro país debería impulsar en el ámbito internacional. Todos estos esfuerzos deben enmarcarse en un espíritu de cooperación internacional que aún no alcanza los niveles deseables. Por el contrario, ya se ha dicho que la ayuda oficial para el desarrollo, por ejemplo, no se ha incrementado de acuerdo con los parámetros aceptados en 1992 en la Cumbre de la Tierra, sino, por el contrario, ha disminuido. Tampoco han funcionado de manera adecuada los mecanismos de cooperación técnica y de transferencia de tecnología.

La falta de compromisos de los países asistentes a la Cumbre de la Tierra provocaron que los debates, acuerdos y esfuerzos internacionales en favor del ambiente fuesen a todas luces insuficientes. Esto se debe, entre otras causas, a la proliferación de mecanismos de cooperación ambiental, que ocasiona duplicidades, problemas de coordinación y sobrecarga institucional, tanto en organismos multilaterales como en niveles nacionales, y provocan ineficiencias en el uso de los recursos humanos, materiales y financieros. Los países en desarrollo enfrentan problemas adicionales derivados de la carencia de bases de información científica y de falta de capacidades administrativas esenciales para instrumentar los compromisos asumidos.

El contexto internacional de esta etapa fue, por un lado, las directrices de la Conferencia de Naciones Unidas sobre el Medio Ambiente Humano, realizada en 1972; por otro, la creciente atención sobre las evidencias que desde los años sesenta se tenían sobre la contaminación por agroquímicos y por la industria, y sus efectos en la salud; las alarmantes predicciones del Club de Roma sobre el colapso global, el agotamiento de los recursos y de la energía por la sobrepoblación y el acelerado crecimiento económico, así como la preocupación por la baja de rendimientos y de producción agrícola. Además, desde principios de los años setenta se cuestionaba la estrategia de desarrollo a partir de sus implicaciones ambientales en general, y no sólo desde la perspectiva del agotamiento de los recursos. Como parte de tal debate se puede ubicar al enfoque del ecodesarrollo.[6]

El ecodesarrollo se planteaba más como estrategia alternativa al orden económico internacional, enfatizando modelos locales basados en tecnologías apropiadas, en particular para zonas rurales, buscando cortar la dependencia técnica y cultural. Los planteamientos incluían, empero, propuestas de reestructuración del sistema económico internacional y se extendían también hacia los elementos de *reforma institucional, patrones de consumo y otros.* (Rojas, 2003)

[6] La expresión *ecodesarrollo* se acuñó en los prolegómenos de la Conferencia de Estocolmo de 1972 para designar una estrategia de desarrollo aplicable sobre todo a los países del Tercer Mundo, que postulaba un estilo de desarrollo ecológicamente viable. Durante la Conferencia, esta idea se sometió a análisis posteriores que le dieron un contenido más profundo al asociarla —en palabras de Ignacy Sachs, su principal expositor— "a un desarrollo endógeno y dependiente de sus propias fuerzas, sometido a la lógica de las necesidades de la población total y no de la producción erigida en fin en si misma, consciente, finalmente, de su dimensión ecológica y buscando una simpatía entre el hombre y la naturaleza" (Brañes, 1994).

La reacción internacional ante la crisis económica global fue parcial, sesgada y tardía, pero real. La evolución institucional de esta reacción refleja la dinámica de las percepciones sociales. Hace treinta años, la incipiente percepción social respecto de los problemas ambientales que trascendían el marco nacional se centraba sobre todo en los procesos transfronterizos de contaminación: derrames petroleros, plaguicidas, metales pesados, partículas atmosféricas, precipitación ácida. Esta perspectiva, enfocada a los problemas de salud pública y probable heredera de los enfoques sanitaristas que habían predominado en las primeras políticas públicas referidas al ambiente, era la que imperaba en la época de la histórica Conferencia de las Naciones Unidas sobre el Medio Humano de 1972. Los gobiernos allí reunidos señalaron de manera enfática que había llegado el momento de cuidar las consecuencias de nuestros actos sobre el ambiente. Sin omitir la referencia a ciudadanos, comunidades, empresas e instituciones, la Conferencia subrayó la responsabilidad que correspondía a las autoridades gubernamentales, con un acento especial en la necesidad de la intervención pública (Semarnap, 2000).

Un problema constante en las posiciones negociadoras de México ha sido la falta de planteamientos nacionales conciliados entre los diversos sectores, con múltiples ejemplos en los que lo ambiental quedó subordinado a posturas y prioridades económicas y comerciales. Esto tuvo como consecuencia la pérdida de espacios de interlocución con países en desarrollo, o posiciones contradictorias, al impulsar la negociación de un acuerdo y luego no suscribirlo o mantener un bajo perfil en la negociación de temas en los que tenía mucho que aportar a la definición de reglas y opciones multilateralmente acordadas (Pronama).

Lo anterior podría llevar a la conclusión de que no es dable esperar mucho de la cooperación internacional y, más bien, que habría que concentrarse en el esfuerzo propio. Por desgracia, la cooperación internacional es una verdadera condición *sine qua non* para avanzar hacia la sustentabilidad, porque lo cierto es que, por muchos esfuerzos que se hagan dentro de cada país para alcanzar el desarrollo sustentable, ello no se logrará sino dentro de un contexto mundial favorable, como lo impone la interdependencia económica entre las naciones, así como con la cooperación de los países que tienen una clara responsabilidad histórica y actual en el deterioro ambiental del planeta y, además, con los recursos financieros y tecnológicos necesarios para contener y revertir ese deterioro no sólo dentro de sus fronteras.

Es preciso hacer resaltar el grado de influencia internacional mediante los procesos de internalización del contexto global. La estrecha relación entre los espacios nacional y global hace que la construcción de instituciones y la toma de decisiones nacionales expresen criterios, valores y normas en gran parte legitimados en los escenarios internacionales. Es decir, además de la existencia de sanciones o presiones internacionales frente a ciertas pautas de conducta local —un aspecto en cierto grado coercitivo y externo—, lo que se advierte cada vez más en los planos nacionales son procesos al interior de la toma de decisiones locales que asumen pautas o valores del espacio global; es decir, se va asentando una predisposición interna a asumir pautas globales (Urquidi, 1996).

No es extraño en estas condiciones de dependencia que las reformas del marco jurídico de 1987 y de 1992, y las que se plantearon después sobre la propiedad, disponibilidad, uso y aprovechamiento de los recursos naturales se manifiesten abruptamente en conflictos de garantías individuales y de soberanía nacional, como sucedió hace poco con la adhesión al Protocolo de Cartagena y la consecuente expedición de la Ley de Bioseguridad de Organismos Genéticamente Modificados.

Los problemas de gobernabilidad ambiental resultan mucho más difíciles de resolver en una escala global que en una nacional, en donde la mayor parte de los países ha logrado avances sostenidos hacia la integralidad de la gestión. Las sinergias posibles entre las diversas convenciones no sólo no se están logrando, sino que en la mayor parte de los casos ni siquiera se plantean. Las negociaciones asociadas con los acuerdos multilaterales ambientales se han visto dominadas por posiciones geopolíticas e intereses de corto plazo, a menudo asociados con grupos de presión de alcance internacional. Por éstas y otras razones, los avances, que son innegables, no guardan todavía proporción con la velocidad que están adquiriendo los cambios ambientales globales. La movilización internacional es todavía incapaz de atajar la crisis ambiental del planeta. La tarea es inmensa y el tiempo apremia. A casi tres décadas de la Conferencia de Estocolmo, la necesidad de una actuación ambiental global coordinada no sólo no ha desaparecido, sino que se ha vuelto cada vez más urgente e imperiosa, en función del deterioro cuantitativo y cualitativo del ambiente planetario y la escasa capacidad de transformación global que ha mostrado hasta ahora la gestión ambiental que han impulsado los diversos Estados nacionales (Semarnap, 2000).

Por eso, para los países en desarrollo, la globalización de la economía y la cooperación internacional son componentes importantes e irrenunciables de su gestión ambiental, en términos de que a ellas deben una parte significativa de su quehacer diario, lo que se agrega a sus propios problemas de conciliación interna para lograr un federalismo ambiental.

Los resultados de la CNUMAD, de aplicarse a fondo, tendrían que considerarse una tentativa de reorientar la forma misma en que la humanidad se vincula a su entorno, lo que supondría ni más ni menos que la revisión del propio modelo civilizatorio dominante en el mundo y sobre todo en los países que más influyen en el curso de los procesos que tienen alcances planetarios. Sostenemos lo anterior conscientes del conjunto de limitaciones que afloraron en los documentos acordados en la CNUMAD, e incluso de que los acuerdos en muchos casos fueron soluciones de compromisos y por tanto están lejos de ser soluciones óptimas (Carabias, Provencio, 1994).

El acento en la Conferencia de Estocolmo estaba puesto en los aspectos técnicos de la contaminación provocada por la industrialización, el crecimiento poblacional y la urbanización, todo lo cual imprimía un carácter nítidamente primermundista a la reunión. Como lo resumió un representante de India en una reunión previa a la de Estocolmo: "los ricos se preocupan del humo que sale de sus autos; a nosotros nos preocupa el hambre". En cambio, la preocupación dominante en las etapas previas y durante la conferencia de Río fue la de que ya no es posible disociar los problemas del ambiente de los problemas del desarrollo.[7] La Comisión de Naciones Unidas sobre Medio Ambiente y Desarrollo, presidida por la primera ministra de Noruega, y cuyo informe se publicó en 1987, esboza muy bien la nueva perspectiva. Al hacer eco a lo que fue en su tiempo una postura claramente identificada con los intereses de los países subdesarrollados del Sur, la Comisión se centró en los estilos de desarrollo y sus repercusiones para el funcionamiento de los sistemas naturales, y subrayó que los problemas del ambiente, y por ende las posibilidades de que se materialice un estilo de desarrollo sustentable, se relacionan de manera directa con los problemas de la pobreza, de la satisfacción de las necesidades básicas de alimentación, salud y vivienda, de una nueva

---

[7] Hubo otras dos conferencias previas a la CNUMAD, en marzo de 1989: la Conferencia de Londres, del 5 al 7, y la Conferencia de La Haya, del 11. La Conferencia de Londres se centró primordialmente en el problema del agotamiento de la capa de ozono y recibió muy apropiadamente el nombre de Conferencia "Salvador de la Capa de Ozono". La Conferencia de La Haya produjo la tan conocida Declaración de La Haya respecto de la atmósfera de la Tierra y los posibles enfoques en relación con la preservación de su calidad. En el mismo año de la CNUMAD se celebraron otras tres conferencias que trataron el tema del calentamiento global y el cambio climático: la Conferencia de Tokio sobre el Medio Ambiente Global y la Respuesta Humana para el Desarrollo Sustentable, que tuvo lugar del 11 al 13 de septiembre; la Reunión de los Jefes de Gobierno del Commonwealth, que produjeron la Declaración de Langkawi sobre Medio Ambiente, del 21 de octubre; y por último, la Conferencia Ministerial sobre la Contaminación Atmosférica y el Cambio Climático, del 6 y 7 de noviembre, en Woordwijk, Países Bajos (Adede, 1995).

matriz energética que privilegie las fuentes renovables, y del proceso de innovación tecnológica. En respuesta a una solicitud de la Comisión Brundtland se creó en octubre de 1989 la Comisión Latinoamericana de Desarrollo y Medio Ambiente, cuyo informe, dado a conocer a fines de 1990, hizo hincapié en los vínculos entre riqueza, pobreza, población y ambiente. Por último, el documento preparado por la CEPAL para la Reunión Regional sobre Medio Ambiente y Desarrollo, llevada a cabo en 1991 en México y preparatoria para la Conferencia de Río, siguió también la misma huella de sus precursores, al destacar la necesidad de armonizar los desafíos de las economías latinoamericanas más competitivas, promover mayor equidad social y permitir la prevención de la calidad ambiental y del patrimonio natural de la región.

La evolución de la agenda global sobre los problemas del ambiente parecen pues afianzar la legitimidad de las propuestas de desarrollo sustentable. Si Estocolmo 72 buscaba encontrar soluciones técnicas para los problemas de contaminación, Río 92 tuvo por objeto examinar estrategias de desarrollo mediante "acuerdos específicos y compromisos de los gobiernos y de las organizaciones intergubernamentales, con identificación de plazos y recursos financieros para implementar dichas estrategias". La propia Resolución 44/228, que convocó la conferencia, afirma con claridad que "pobreza y deterioro ambiental se encuentran íntimamente relacionados", y que la protección del ambiente no puede aislarse de ese contexto. Añade también que los países desarrollados provocan la mayoría de los problemas de contaminación, que a ellos les corresponde "la responsabilidad principal de combatirla" y que el desarrollo sustentable "requiere cambios en los patrones de producción y de consumo, en particular en los países industrializados". Es a partir de este entendimiento específico de la crisis del desarrollo como los problemas globales del deterioro ambiental y del agotamiento de las reservas de recursos naturales constituyen nada menos que las manifestaciones más evidentes del agotamiento del estilo internacionalizado vigente desde la posguerra, y como conviene retener la especificidad de la realidad ambiental en los países subdesarrollados del Sur, en particular en América Latina (Guimaraes).

VIII. GESTIÓN AMBIENTAL ¿Y DESARROLLO SUSTENTABLE?

> Más de 99% de todas las especies biológicas que surgieron en este planeta se han extinguido ya; y una gran porción de los grupos humanos culturalmente específicos que aparecieron en la historia también han desaparecido. Sólo el alcance y la escala de tiempo de una megacatástrofe causada por el hombre constituirían una novedad.
>
> Laszlo, 1990

A pesar del desarrollo institucional de los últimos años, la dimensión ambiental continúa al margen de la toma de decisiones de política económica y de los principales sectores productivos. Así, si bien se ha avanzado en áreas importantes, la política ambiental en México ha actuado en un ámbito muy limitado y con instrumentos de política de dudosa efectividad para modificar las principales tendencias de degradación del ambiente y los recursos naturales. Algunos instrumentos de política, como el ordenamiento ecológico territorial, carecen de un vínculo claro con la toma de decisiones. El sistema de áreas naturales protegidas no ha logrado modificar las tendencias de expansión de la frontera agrícola ni frenar la deforestación. Las manifestaciones de impacto ambiental han dado oportunidad a las comunidades y al público en general de discutir y tratar de frenar proyectos de inversión negativos para el ambiente, pero en general se han convertido en trabas burocráticas a la inversión, son vistas por el sector privado como meros trámites administrativos y son irrelevantes para influir en planes y programas estatales (lo que se ha demostrado como la faceta más efectiva de este mecanismo en muchos países avanzados) (Ojeda, Lichtinger, 2000).

Después de treinta años de gestión ambiental en México, diversos sectores productivos continúan desregulados o no contemplados por la normatividad y la política ambiental. Este es el caso de la ganadería, la agricultura, la pesca y las empresas de servicio, en especial las dedicadas al desarrollo turístico costero, en donde la protección ambiental de los asentamientos humanos y el equilibrio ecológico de los ecosistemas marinos representan cada vez más asuntos de seguridad nacional. Esto también ocurre, aunque en forma parcial, con actividades de competencia local, como el crecimiento urbano, en términos de sustentabilidad de la calidad de vida, disponibilidad del agua o manejo de residuos municipales, sólo algunos de los mayores conflictos intermunicipales.

Diversas políticas sectoriales han resultado contrarias a la protección de los ecosistemas y los recursos naturales. Por ejemplo, a pesar de que Procampo no alentó el avance de la rotulación o la quema, sí las mantuvo, lo que propició la deforestación. Además, el registro de agricultores y tierras sembradas en 1997 provocó el desmonte de bosques para aumentar la superficie de parcelas y así lograr que el subsidio otorgado fuese mayor. De igual forma, el marco jurídico y las condiciones en las que se aplicó Procede propiciaron desmontes para lograr la certificación y disposición de más tierras. Se fraccionaron y certificaron lotes dentro de áreas forestadas, a pesar de que este tipo de prácticas estan expresamente prohibidas en la Ley Agraria (Pronama).

El reto será establecer un balance óptimo entre las políticas orientadas a promover el crecimiento económico necesario para elevar las condiciones de vida de los mexicanos en un marco de mayor equidad y protección ambiental, ambos requisitos indispensables para el futuro de México. Para lograr este objetivo será necesario reconocer el carácter intersectorial de la problemática ambiental, en la que por desgracia poco se ha avanzado. Lejos de una interpretación estrecha sobre la política ambiental, la dimensión de la sustentabilidad involucra un marco amplio de políticas que incorpora los niveles macroeconómico, regional, sectorial y microeconómico, de cuya articulación dependen los impactos agregados en el ambiente de la actividad económica. Además, las fallas históricas de política que han actuado en contra del desarrollo económico y social en el país (asignación ineficiente e inequitativa del gasto público, fallas en los mercados de capital, distorsiones en los precios, indefinición de derechos de propiedad, etc.) también han estado en el origen de los desequilibrios regionales y del deterioro ambiental y de los recursos naturales (Ojeda, Lichtinger, 2000).

Una protección ambiental eficaz requerirá decisiones encaminadas a modificar los patrones de un crecimiento que aún es netamente degradante de los recursos naturales. Esta tarea se dificulta en el marco de las inercias generadas durante décadas de políticas gubernamentales inadecuadas y restricciones de recursos que ha debido enfrentar México como resultado de las recurrentes crisis económicas.

En resumen, además de un sistema regulatorio ambiental eficiente y eficaz, el desarrollo sustentable del país dependerá de la instrumentación de un marco amplio de políticas basado en tres ejes fundamentales: *a)* la corrección de las distorsiones de política y en las fallas en los mercados que actúan en contra del ambiente y de la calidad de vida de la población; *b)* el desarrollo regional integral y *c)* el fortalecimiento de la capacidad de respuesta de las autoridades locales y de la sociedad.[1] Para lo anterior será necesario diseñar mecanismos basados en la realidad del país y en las mejores prácticas internacionales que permitan integrar la dimensión de la sustentabilidad en las políticas y programas sectoriales, y que garanticen la articulación del sector ambiental con el desarrollo regional y las grandes prioridades nacionales de generación de empleos, impulso a la productividad y competitividad, y de combate a la pobreza (Ojeda, 1999).

Los objetivos ambientales para alcanzar el desarrollo sustentable deben buscar simultáneamente la protección de la salud humana y el bienestar general de la población, así como garantizar el aprovechamiento sustentable de los recursos naturales conservando la integridad de los ecosistemas. El logro de estos objetivos depende en buena medida de los patrones de consumo y del estilo de desarrollo[2] económico y social del país. Necesariamente el estilo de desarrollo depende cada vez más de las variables macroeconómicas que condicionan nuestro ingreso al mercado internacional; en este sentido, no es posible basar en las políticas ambientales la consecución del desarrollo sustentable. En tal caso es de primer orden modificar el paradigma economicista del ambiente, así como adoptar políticas de previsión en lugar de políticas de sobrevivencia, reactivas y adaptativas. Asimismo, la percepción pública de problemas ambientales debe cambiar de un papel acusador y pasivo a uno corresponsable y activo. Esto no sería posible sin la debida integración de las políticas ambientales a las políticas generales de desarrollo.

El sistema de gestión ambiental que aplica el gobierno mexicano desde hace 20 años ha sido fuertemente centralizado, aunque las recientes modificaciones a la Ley en 1996 y 1999 permiten una mayor descentralización de facultades ambientales y una concurrencia más determinada de las autoridades locales. El manejo de programas de protección ambiental tiende al control integrado de la contami-

---

[1] *Sustentabilidad* es una cuestión ideológica y política, no ecológica ni económica (O'Connor, 2001).
[2] Estilo de desarrollo: la manera en que dentro de un determinado sistema se organizan y asignan los recursos humanos y materiales con objeto de resolver los interrogantes sobre qué, para quiénes y cómo producir los bienes y servicios (Aníbal Pinto).

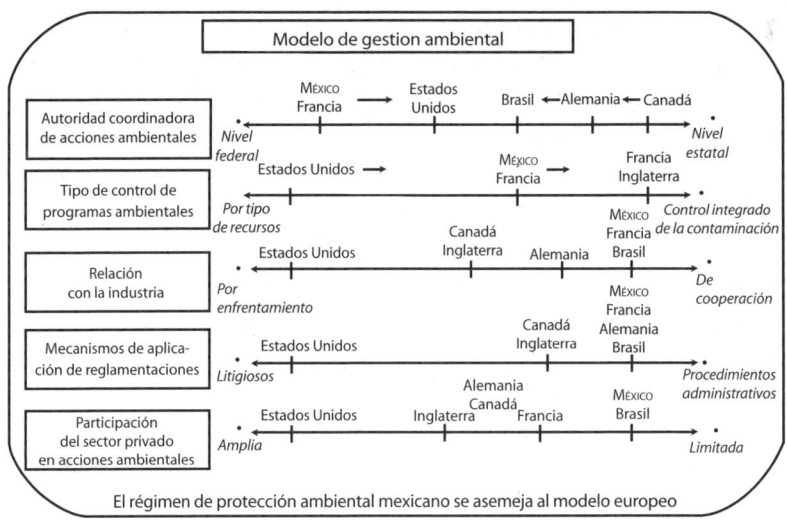

nación con registros multimedia y sistemas de información. La regulación ambiental de la industria ofrece diferentes opciones y prioridades en los mecanismos voluntarios mediante sistemas de cooperación y de procedimientos administrativos; se asemeja al modelo europeo, que guarda un equilibrio en sus relaciones intergubernamentales, aunque la participación del sector privado en acciones ambientales aún es incipiente.

Pese a las circunstancias económicas y financieras adversas para el desarrollo económico equilibrado y equitativo del país, las políticas ambientales tienden a un acercamiento cada vez mayor con algunos sectores de la administración pública, en especial con el de salud, industria y desarrollo social; está pendiente la vinculación con las políticas de energía, comunicaciones, trabajo y agricultura para lograr una efectiva integración sectorial del ambiente y sustentar una agenda gubernamental de largo plazo en la perspectiva del desarrollo sustentable.

La transferencia de capacidades de gestión a los gobiernos locales se ha impulsado en diferente forma y grado con la reforma política emergente, aunque se anticipan serias inequidades en el reparto de "poder" y de recursos para responder a conflictos ambientales que se perciben distintos en la perspectiva local, tal es el caso de problemas de interés global o nacional que no coinciden con las demandas de la población. El control integrado de la contaminación cuenta con sistemas de inventarios y de registros de contaminantes de origen industrial que tienden a mayor cobertura. Los programas de gestión ambiental voluntaria y la certificación de industria limpia también logran mayor aceptación, incentivados por un cumplimiento voluntario de la ley, antes que litigioso. La segunda debilidad, al igual que la centralización, del modelo de gestión mexicano es la escasa participación del sector privado en las actividades gubernamentales que no da muestras de interés en ninguna de las partes del escenario ambiental.

En esta coyuntura, la conversión de la administración pública en gerencia pública, la adaptación de los procesos de planeación y programación del sector público a la gestión estratégica y la adopción de nuevos criterios en la asignación de recursos, pueden esperar.

Un estilo emergente de gestión pública

La Nueva Gestión Pública (NGP) promovida por Gran Bretaña y patrocinada por la OCDE apareció en la década de los años ochenta, junto con el pronunciamiento de un nuevo modelo de desarrollo promovido por el consenso de Washington, conforme a los siguientes principios: consideración del usuario como cliente, afirmación de que los servicios públicos deben obedecer las reglas de la competencia para ser más eficaces y eficientes, interés por la evaluación como forma de control democrático y de aseguramiento de la calidad, y técnicas contractuales como alternativa a la acción unilateral del Estado.[3] Como consecuencia, se aplicó una serie de reformas y nuevos instrumentos de gestión en los siguientes campos:

- Ámbito presupuestario y financiero: modificación de los mecanismos de control y evaluación, presupuestación ligada a objetivos y resultados.
- Ámbito organizativo: reorganización de los aparatos administrativos mediante la desconcentración, la descentralización y la reducción del tamaño de las organizaciones. Diferentes fórmulas de privatización.

---

[3] Desde un "realismo ingenuo" se pretende transitar de un paradigma burocrático a uno posburocrático, de una vieja administración pública a una nueva gestión pública (NGP), o de un viejo enfoque centrado en las normas y la ley a uno nuevo que se oriente a la acción, el contexto y la negociación. El desarrollo de la NGP ha propuesto nuevos retos tanto a la comprensión como a la práctica de la administración de lo público. Tantas implicaciones ha tenido que pareciera que incluso ha trastocado factores de cambio institucional en países como el nuestro, al grado de servir como acicate para los esfuerzos no sólo de reforma o modernización del espacio publi-administrativo, sino que se propone como elemento de soporte para los procesos de "apertura democrática", combate a la corrupción, cambio de cultura en los servidores públicos, "nuevo" puente en las relaciones Estado-sociedad o elemento dignificador de los propios servidores públicos y los ciudadanos interesados (sus clientes) (Ramírez, 2003).

• Ámbito directivo: mayor capacidad de los directivos en el desarrollo de la gestión.

• Ámbito de los recursos humanos: flexibilización de las fórmulas de gestión .

Una de las tendencias de la NGP es desplazar los sistemas de control tradicionales —sobre todo los controles de legalidad y financiero contables— para reemplazarlos por la evaluación, con el argumento de que los sistemas de control persiguen básicamente la reproducción del sistema y aseguran que las conductas o los procesos no se desvíen de los estándares establecidos, mientras que la evaluación pone el acento en los resultados de la gestión y busca medir o ponderar la adecuación entre ellos y los objetivos perseguidos.

Los sistemas tradicionales de control son primordialmente internos, la evaluación se dirige hacia el medio externo si los resultados de la gestión producen los efectos o impactos deseados (Meny-Thoenig, 1992) y, por tanto, es más adecuada para tomar en consideración las variaciones del entorno. La búsqueda de flexibilidad, adaptabilidad y cambio, los grandes retos de la NGP, han hecho de la evaluación un instrumento imprescindible de las políticas públicas y de la gestión (Olías de Lima, 2001).

En nuestro país, la nueva gestión pública o gerencia pública, en el sentido de tomar decisiones con técnicas de carácter administrativo (planeación estratégica, control de gestión, *benchmarking*, etc.), de carácter técnico (normas, estándares, indicadores, etc.) y de carácter político (consensos, análisis de conflictos, construcción de escenarios, etc.), es un enfoque novedoso de la administración pública que no ha alcanzado la instrumentación suficiente para adaptar sus dispositivos a la regulación de la acción pública federal y, por su conducto, fortalecer el federalismo y la concertación con la sociedad civil. En principio, no toma en cuenta el marco jurídico que sustenta la acción pública como punto de partida para realizar actos de autoridad y programas de fomento económico y de desarrollo social en cumplimiento de mandatos constitucionales; tampoco sitúa la "nueva gestión pública", con sus poderosos instrumentos gerenciales, en el contexto histórico de la constitución y desarrollo del Estado, de sus relaciones entre poderes y gobiernos, y de las formas de gobernar y de administrar lo público. La evaluación, tan importante para el nuevo estilo de gestión propuesto, no se ha incorporado a nuestros procesos de programación operativa y de asignación de recursos, como lo hemos repetido a lo largo del presente estudio. De ahí que los parámetros de gestión de este nuevo enfoque administrativo no coincidan con los sistemas y procedimientos de planeación, programación, organización y evaluación establecidos, y que no hayan sido adaptados.

La existencia del Estado de derecho se ha convertido en un estorbo, pues la noción de ley con referencia a la industria o al individuo alteró la esencia de la relación entre el cliente y la administración pública. El Estado de derecho ha producido una relación perversa a través de la cual dicha administración mantiene una posición de fuerza, y con base en ella, distribuye los beneficios o adopta las decisiones con arreglo a sus propias normas. La situación está torcida una vez más: tales normas no permiten que la administración pública se adapte a las necesidades de cada cliente, de modo que ellas deben ser reelaboradas en su provecho. Ciertamente el Estado de derecho es un estorbo, toda vez que es inútil: "los derechos de los ciudadanos están bien establecidos pero, ¿qué derechos tienen contra la omnipresente burocracia cuando, en su calidad de clientes, no pueden dirigirse a nadie más?. Es cierto que hay tribunales, pero en ocasiones es difícil y costoso recurrir a ellos". [OCDE, en Guerrero, 2003]

El movimiento del *Reinventing Government* que se describe tanto en el libro de Osborne y Gaebler (1992, Paidós 1994) como en el discurso de la National Performance Review (NPR,1993) se caracteriza por la ausencia de los temas políticos que por fuerza deben plantearse en todo proyecto o programa de cambio del alcance de la NPR. Dejar de lado actores como el Congreso y los grupos de interés, y no abordar, por ejemplo, cuestiones relativas a la historia de los cambios en el sector público o las características propias de las diferentes dependencias del gobierno que participan en dichas reformas, indica un desconocimiento o menosprecio de las relaciones estrechas entre la política y la administración pública (Lhérisson, en Lynn y Wildavsky, 1999).

El problema de fondo se sintetiza en las siguientes preguntas: ¿existen rasgos generales que caractericen el conjunto de transformaciones producidas en la gestión pública de los diferentes países desarrollados?, ¿cuál es el peso de las especificidades nacionales dentro de estas experiencias?, ¿tiene el conjunto de reformas en curso un sentido convergente, es decir, aproxima los modos de gestión pública de los diferentes países?, ¿qué vínculo se produce, si es que existe, entre los diferentes programas de reforma desarrollados por los distintos países?

Los instrumentos de gestión para el reordenamiento del aparato gubernamental en la reforma administrativa de 1977: planeación, organización y programación institucional, sistemas de información, presupuestación por programas, sistemas administrativos y sectorización, definieron estructuras y cuerpos institucionales claramente diferenciados en la LOAPF, y que permitieron delimitar el sector público y establecer las bases orgánicas del sistema nacional de planeación vigente. Sin embargo, lo anotamos ya, los problemas económico-financieros del país y el contexto internacional de la década perdida (la de los años ochenta) que llevaron a la adopción de un modelo de desarrollo condicionado a los procesos de globalización frenaron y desviaron los importantes esfuerzos de integración de la administración pública con las políticas generales de desarrollo.

En nuestro país, durante 22 años de regulación administrativa sistematizada mediante planes, programas y proyectos, los instrumentos de gestión no han incorporado diagnósticos integrados y análisis prospectivos que permitan fundamentar pronósticos y escenarios que faciliten planificar la economía y el desarrollo social de largo plazo. El desarrollo acelerado de los mecanismos y sistemas de información, por su parte, ha sido fragmentado y desarticulado de los procesos de planeación. Contrasta la notoriedad de los sistemas de información frente a la carencia de un diagnóstico de la situación ambiental del país o de un sistema nacional de vigilancia ambiental, en donde se advierte que los medios son más importantes que los fines. Contrasta asimismo la insistencia en impulsar los procesos de descentralización de la gestión ambiental cuando las estructuras locales no cuentan con la infraestructura básica para recibirla. La importancia de las zonas costeras es ostensible en todos los documentos de política ambiental y, no obstante, los programas existentes operan por separado y con limitadísimos recursos, al menos en los componentes ambientales. La Comisión Ambiental Metropolitana no ha buscado integrar los esfuerzos y resultados logrados en materia de gestión de la calidad del aire, con el mejoramiento de la calidad del agua y con el control de residuos peligrosos, que corren con tiempos distintos. La Comisión Intersecretarial para el Control del Proceso y Uso de Plaguicidas, Fertilizantes y Sustancias Tóxicas en realidad no controla las sustancias tóxicas. El Consejo de Salubridad General, que incorporó facultades ambientales desde 1971, al cabo de 33 años no ha incluido en su agenda ninguna iniciativa en la materia. Estas evidencias muestran el tono discursivo de las políticas ambientales y la posición marginal del ambiente en las acciones de gobierno.

En el sector ambiental, el diagnóstico del Programa Nacional de Ecología 1984-1988 ofrece un análisis ambiental en donde destacan los aspectos estructurales y coyunturales más relevantes. El Programa Nacional de Protección al Medio Ambiente 1990-1994 reconoce el aumento del deterioro ambiental, aunque no incorpora elementos de análisis para su valoración. El Programa de Medio Ambiente 1995-2000 aborda seis dimensiones o perspectivas para el diagnóstico ambiental que le permite organizar un sistema de gestión por proyectos y acciones prioritarias identificados con el programa operativo anual y las unidades responsables, por lo que sus estrategias se dirigen más a la capacidad de respuesta que a la naturaleza de los problemas ambientales. El actual Programa Nacional de Medio Ambiente y Recursos Naturales se inscribe en un sistema de planeación articulado por indicadores, que, al igual que el anterior, tiende a enfocarse hacia la integración del sector ambiental y su vinculación intersectorial con el fin de lograr un desarrollo sustentable cuya responsabilidad se reparte entre 14 dependencias del gobierno federal, pero no se ha previsto un sistema con mecanismos efectivos de seguimiento, evaluación, decisión, instrumentación y corrección oportuna de las acciones intersectoriales; en los planes regionales Puebla-Panamá, Frontera Norte y Escalera Náutica del Mar de Cortés no se precisan tales intersecciones.

En este sentido, el diagnóstico o análisis de la situación ambiental, a partir de indicadores sujetos a estrategias y resultados, abre una nueva perspectiva de gestión ambiental que implica el origen de los problemas ambientales, su desarrollo, estado, efectos y consecuencias, y asimismo las acciones de gobierno. En este proceso es posible determinar con mayor precisión la oportunidad de instalar programas de previsión, prevención, control o restauración, así como las prioridades que den sentido a la respuesta instalada.

El cuadro se elaboró con los indicadores de presión-estado-respuesta de Canadá con que la OCDE evalúa el desempeño de la gestión ambiental en los países afi-

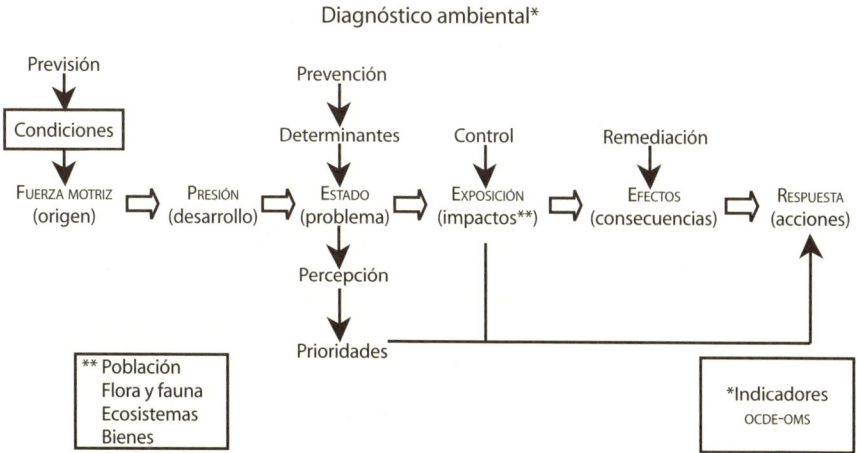

liados, más aquellos con que la OMS evalúa los efectos del ambiente en la salud, para manejar los conflictos ambientales en una perspectiva integral del ciclo previsión-prevención-control-remediación-reparación del daño. No obstante, cabe aclarar que los elementos de previsión y de reparación del daño aún no se consideran en la gestión ambiental.

Para implantar un proceso de diagnóstico con estos elementos, que contribuyan a evaluar resultados y en consecuencia retroalimenten la revisión del plan y la reformulación de programas, es necesario replantear los esquemas de organización de la administración pública federal que sustentan el actual modelo denominado justamente de gestión burocrática, asi como diseñar otros enfoques de programación y nuevas estructuras programáticas con unidades de medida que permitan evaluar los avances y resultados de las metas previstas, y no sólo controlar el gasto.

Aún no se lleva a cabo el diagnóstico completo de la problemática ambiental de México, sobre todo en un posible contexto de desarrollo sustentable como imagen-objetivo de mediano y largo plazos. Entre los diversos campos en que aumentó el conocimiento figuran desde luego algunas áreas naturales protegidas, así como otras que no lo están debidamente y en donde es evidente el deterioro forestal y de los suelos, así como la condición de las cuencas hídricas, lagunas y esteros. Se ha avanzado en el conocimiento y la protección de la biodiversidad. Pero en el campo de los desechos industriales y municipales, problema que se agrava cada año en grandes proporciones, se carece de información sistemática y suficiente (Urquidi, 1996).

El gobierno federal no ha contado con una organización sistematizada para la recopilación, procesamiento, análisis y difusión de la información ambiental, excepto la que maneja el INEGI para fines estadísticos. Debido a la estructura y visión centralizada, los estados y los municipios no acopian la información de sus territorios y los sectores del gobierno federal no se responsabilizan de esa información, y tampoco se ha resuelto la práctica de compartir información en el nivel gubernamental. La información ambiental con que se cuenta hoy en día tiene limitaciones. Por ejemplo, se carece de datos actualizados sobre residuos tóxicos, residuos sólidos peligrosos, tasa de deforestación, y eficiencia en el uso y la calidad del agua y del suelo, entre otros. Es necesario actualizar y precisar la información estadística y geográfica. Existen pocas series históricas sobre el estado del ambiente y los recursos naturales, por lo que es difícil vislumbrar tendencias, avances de indicadores ambientales y sustentabilidad.[4] Es muy reciente y aún escasa la utilización de la geomática como herramienta para la gestión y administración de los recursos naturales.

Ante estos problemas, es necesario proporcionar al gobierno una infraestructura que le permita contar con investigación aplicada robusta y rigurosa, capaz de someterse al arbitraje y a la crítica científica, y que represente una herramienta moderna de política basada en la investigación sobre problemas ambientales. Un gobierno interesado en contar con bases científicas para la toma de decisiones sobre asuntos ambientales debe estimular una investigación aplicada e interdisciplinaria, cuyos productos sean de una calidad tal que permita a quienes participaron en su producción tener acceso a los foros y publicaciones científicas reconocidos, y que a su vez representen insumos confiables para tomar decisiones en el momento oportuno. Es además necesario generar mecanismos de retroalimentación que coadyuven a la apertura de espacios novedosos para la generación y aplicación de este tipo de conocimiento, a fin de contar con verdaderos programas de investigación ambiental (Pronama). Sin embargo, el Instituto Nacional de Ecología —ahora responsable de la investigación ambiental— no cuenta con atribuciones ni recursos para cumplir con este importante cometido.

El "medio ambiente" no es una variable más ligada al desarrollo, sea como freno o estímulo. Es precisamente el redimensionamiento de los problemas del llamado "desarrollo" lo que debería discutirse, en el marco de un debate sobre las relaciones entre sociedad y naturaleza. Además, el desarrollo sustentable se convierte en un discurso de Estado cuando no se traduce en programas regionales de largo plazo, socialmente validados, ni se le destinan recursos financieros que puedan materializar los programas y acciones públicas. Es el caso del desarrollo de ciudades metropolitanas sin perspectivas de sustentabilidad; es el caso del desarrollo turístico en las zonas costeras sin previsiones ecológicas ni medidas de protección ambiental; y sucede lo mismo con la explotación de los recursos naturales para fines industriales y comerciales en donde predominan los parámetros de rentabilidad de corto plazo.

Las crisis económicas recurrentes, los problemas existentes en el sistema fiscal recaudatorio y la falta de importancia que el Estado ha dado a las principales cuestiones ambientales provocan que los recursos destinados al gasto ambiental

---

[4] El INE ha hecho importantes avances en la investigación de indicadores de desarrollo sustentable para responder al sistema de evaluación del desempeño ambiental implantado por la OCDE en los países miembros, así como para medir los alcances de cumplimiento de los compromisos contraídos en el Programa Frontera XXI con los Estados Unidos.

resulten insuficientes para atender las prioridades ambientales a lo largo del territorio nacional. Además de la limitada capacidad técnica, administrativa y financiera que se observa en los estados y municipios del país, los cuales han asumido en forma limitada y errática mayores funciones en su competencia como resultado de la descentralización, la autoridad ambiental presenta actualmente un marco jurídico y organizacional complejo e ineficiente, caracterizado por la mezcla de una serie de funciones reguladoras y operativas que no han permitido optimizar sus escasos recursos para atender en forma eficaz los problemas prioritarios a lo largo del territorio (Ojeda, Lichtinger, 2000).

Puede decirse que el término *desarrollo sustentable* se pronuncia mucho pero se practica poco; sin embargo, ha sido de cierta utilidad para replantear y reubicar el problema de la relación sociedad-sistemas productivos-naturaleza, de cara al siglo XXI, quizás el más urgido de soluciones. Pero el tema que lo envuelve es mucho más que una moda. A pesar de las discrepancias en las distintas interpretaciones y definiciones dadas a dicho término, lo cierto es que permanece como una tarea común de la humanidad actual, para asumir las consecuencias ambientales de un modelo expansivo de la sociedad moderna, el cual no parecía tener más límites que el uso diferenciado de las innovaciones tecnológicas, los conflictos en las relaciones entre capital y trabajo, o bien la competitividad económica en el comercio mundial. Aunque seguirán siendo factores por ponderar en los procesos productivos, es indudable que el entorno territorial local estará presente en el cálculo de proyectos de inversión con algún impacto ambiental (Bassols, Melé, 2001).

Orientaciones en la política ambiental

Las dificultades características de coordinación intersectorial de la administración pública mexicana, aunadas a la rigidez administrativa provocada por el sistema de planeación, y los procesos de programación y presupuesto instituidos, conducen a la necesidad de diseñar un modelo de gestión estratégica de perspectiva horizontal que vincule los sectores a cargo de las dependencias pertinentes y permita la incorporación juiciosa y oportuna en las políticas ambientales de los compromisos contraídos en el ámbito internacional; asimismo, deberá permitir, mediante instrumentos de gestión vertical integrada, la coordinación eficaz con las entidades federativas y los municipios, y su concertación con la sociedad civil. Aún más, el modelo de gestión deberá tomar en cuenta el proceso de regionalización que vive la economía del país en el marco internacional y, en consecuencia, el impacto ambiental de las relaciones de intercambio comercial, en particular el estilo de desarrollo nacional en lo que toca al aprovechamiento sustentable o no de los recursos naturales, al crecimiento de la tasa de urbanización en proceso de metropolización de las ciudades, a los problemas de contaminación ambiental y sus efectos en la salud de las poblaciones, a la deforestación y desertificación asociada, a la pérdida de biodiversidad y a las tendencias globalizadoras de los fenómenos ambientales hasta ahora percibidos localmente.

Las políticas y estrategias ambientales incorporadas en el Plan Nacional de Desarrollo y en el Programa Nacional de Medio Ambiente y Recursos Naturales 2001-2006 establecen cambios muy importantes, algunos ya previstos en administraciones anteriores, que se reflejan en nuevas y mayores posibilidades de responder y aprovechar al entorno internacional, así como de continuar con mayor intensidad los procesos de fortalecimiento del federalismo que tanto exige el desarrollo de la vida democrática del país, entre ellos:

1. La integración de las políticas ambientales con las políticas de desarrollo económico y social, mediante la participación de la Semarnat en el gabinete de crecimiento con calidad y su estrecha vinculación con el gabinete del desarrollo social; asimismo, por conducto de la cooperación internacional, vista a través de los tratados internacionales que en parte importante se vinculan jurídicamente con la política ambiental, así como de otros compromisos de naturaleza política y económica que, indirecta y casuísticamente, sirven por igual como mecanismos vinculantes.

    La integración intersectorial de esta manera ayuda a resolver uno de los más graves problemas, ya citados, como el de la fragmentación y dispersión de la acción pública federal, fundamental para la aplicación efectiva de las políticas ambientales.

2. La integralidad del sector ambiental mediante 43 compromisos interinstitucionales, por primera vez pactados durante el proceso de elaboración del Plan y antes de la confección de los programas sectoriales. Esto ofrece mayor congruencia administrativa en el quehacer gubernamental y un campo de actuación menos parcelado y más efectivo para la coordinación de programas nacionales en las entidades federativas. La integralidad del sector ambiental puede conducir a una mejor concertación de políticas públicas con la sociedad civil y en particular con el sector productivo que debería

aprovechar los recursos naturales en términos de sustentabilidad, pero como socio activo de los procesos gubernamentales.
3. Un programa ambiental identificado con el enfoque estratégico del PND y de naturaleza intersectorial, descentralizada y desconcentrada, que se orienta sobre todo a la conservación y aprovechamiento sustentable de los recursos naturales, así como a frenar el deterioro ambiental producto del desequilibrio de los ecosistemas, la pérdida de biodiversidad y la contaminación ambiental.
4. La organización del sector ambiental, constituido en sus cuerpos de mando por diferentes órganos que se distinguen por su descentralización o desconcentración en la conservación y aprovechamiento de los recursos naturales y por la centralización en materia de prevención y control de la contaminación ambiental. Como nota de interés relevante, el Reglamento Interior de la Semarnat convierte al Instituto Nacional de Ecología en un centro de promoción, fomento y coordinación de la investigación ambiental aplicada, aunque primariamente de apoyo a la propia Secretaría; por su parte, las recientes reformas a la LGEEPA destacan la transferencia de facultades ambientales de la federación a los gobiernos locales.

Política ambiental 2001-2006

Integración de las políticas ambientales con las políticas de desarrollo económico y social
- Mediante la participación de la Semarnat en el gabinete de crecimiento con calidad y su vinculación al gabinete de desarrollo social.
- Por conducto de la cooperación internacional.

Integralidad del sector ambiental
- Por conducto de 43 compromisos interinstitucionales.

Programación ambiental
- De gestión intersectorial, descentralizada y desconcentrada.
- Identificado con el enfoque estratégico del PND.
- Orientado a la conservación y aprovechamiento sustentable de los recursos naturales y a frenar el deterioro ambiental producido por el desequili-

brio de los ecosistemas, la pérdida de biodiversidad y la contaminación ambiental.

Organización del sector ambiental
• Descentralizada y desconcentrada en la agenda verde.
• Centralizada en la agenda café.
• Fomento de la investigación ambiental mediante la reconstrucción del INE.
• Fortalecimiento del federalismo ambiental por medio de la descentralización.

En consecuencia, el diseño del sistema de gestión ambiental sustentado en la nueva estructura organizacional de la Semarnat debe contemplar los siguientes puntos de análisis:

• Definición de políticas ambientales e identificación de los factores críticos de éxito: inmersos en los textos legislativos, en los tratados internacionales, en los planes de desarrollo y programas sectoriales.
• Compromisos internacionales que requieren respuestas institucionales: incorporados en tratados y acuerdos de diferente naturaleza, en un nivel multilateral o bilateral, en donde la materia ambiental es determinante o condicionante.
• Atribuciones ambientales declaradas o contenidas en la legislación.
• Reglamentos y normas transectoriales vinculadas con las políticas ambientales.
• Estructuras de gestión y programas ambientales congruentes con la legislación.
• Gestión intersectorial de prioridades institucionales.
• Instrumentos integrados de gestión.
• Mecanismos de concertación social corresponsable.

Escenario previsto

En la jornada de reflexión del personal directivo del INE de 1998 se señaló que en futuro próximo se incrementaría la influencia del Poder Legislativo, que participaría con mayor fuerza en los temas ambientales —en la elaboración de la normativa ambiental— y vigilaría más acuciosamente al Ejecutivo, al exigirle rendición de cuentas y evaluar su desempeño. Se coincidió en que el Congreso de la Unión y los congresos locales buscaran una participación más vigorosa en la definición de políticas y estrategias en la materia, y tuviesen un papel destacado en la presentación de iniciativas de ley propias.

La evaluación ha sido el segmento más débil de las estructuras de gestión y de los procesos de planeación y programación. La SPP de 1977 se estructuraba con las subsecretarías de programación, presupuesto y evaluación, que deberían establecer los principios y cuerpos metodológicos básicos para implantar un sistema de planeación, como sucedió a partir de 1980 con el primer Plan Global de Desarrollo; las dos primeras trabajaron en correspondencia para integrar, en coordinación con la SHCP, los programas de acción del sector público; la tercera, destinada a "tareas de amarre, de análisis y de síntesis de información múltiple procedente del avance y logros de los programas" en términos de eficacia, eficiencia y congruencia, pero no de efectividad, cumplió en adelante con la elaboración de informes anuales de la ejecución del plan pero no se incorporó al proceso de programación con elementos articulados.

La formulación de un programa debe sustentarse desde su diseño en criterios de evaluación para medir no sólo el uso de los recursos dispuestos y el alcance de las acciones, sino los resultados, que son precisamente los que dan origen al programa. Sin embargo, hasta ahora, la evaluación no ha formado parte del proceso de programación y presupuesto, al legislador tampoco le ha interesado y la sociedad no ha demandado estos resultados.

Por lo que se refiere a la presencia de las organizaciones no gubernamentales, el centro de su actuación incidirá en demandas de mayor participación en la toma de decisiones, evaluación del desempeño institucional, vigilancia del cumplimiento de la ley y de la transparencia en el uso de los recursos, así como un mayor escrutinio y vigilancia de la mayoría de los temas ambientales a la par de apoyos fundamentales en áreas como la biodiversidad. Un aspecto central en los años venideros para las autoridades ambientales será la necesidad de arribar a consensos amplios con las distintas organizaciones civiles para la aplicación de políticas en la materia.

Las organizaciones civiles, más interesadas en la formulación de las políticas ambientales que en la gestión, son inclasificables en su naturaleza, objeto, dependencia y permanencia.

Aunque la situación ambiental en términos generales no ha mejorado en absoluto desde que arranca el movimiento ambientalista (sino al contrario, cada vez son más agudos y exacerbados los problemas del medio ambiente), no podemos negar que este fenómeno social ha influido muy profundamente en la generación de leyes, reglamentos y normas, en la creación de instituciones encargadas de mitigar la problemática ambiental y ha abierto diferentes espacios para la participación social, algunos de ellos ahora institucionalizados. Las preguntas cruciales son si éste es un movimiento efímero, producto tan sólo de una generación con una ideología fecundada en el pasado, o resurgirá, algún día, con tal fuerza que no tan sólo pondrá en tela de juicio a la sociedad industrial sino que acabará con los determinismos y paradigmas del modelo de desarrollo actual que pone en juego la viabilidad de la especie humana. [Barba, 1998]

Los organismos empresariales tenderán a buscar una mayor certidumbre regulatoria y esquemas de modernización administrativa que se traduzcan en incentivos e instrumentos que faciliten y den certeza a la inversión privada en programas de gestión ambiental, no obstante que las dificultades económicas tengan como primer impacto la retracción de las inversiones y la reticencia a una participación más activa.

[L]a política fiscal no está diseñada para ofrecer incentivos claros a la minimización de impactos ambientales y a la introducción de tecnologías limpias y eficientes. Debe notarse que la propia debilidad de la política ambiental explica las grandes dificultades para superar las resistencias a emprender una reforma fiscal con una dimensión de sustentabilidad, a pesar de la experiencia favorable que se observa en gran parte de los países de la OCDE. Debe decirse que, a pesar de fallas, rezagos e ineficiencias, la carga regulatoria sobre la industria ha rendido, desde finales de los años ochenta, resultados tangibles y verificables especialmente en las grandes empresas (aunque recientemente parece haber un debilitamiento importante que pone en riesgo algunos de los avances logrados, de acuerdo con el testimonio de muchas empresas dedicadas a la consultoría, al diseño y a la venta de equipos ambientales). Cabe hacer notar que la mejora sensible en el desempeño ambiental de la industria se ha conjugado con un considerable fortalecimiento en su competitividad, como lo demuestra el crecimiento exponencial de las exportaciones de manufacturas mexicanas. El éxito relativo, no obstante, sólo aplica a la gran industria; es necesario apuntar un vacío casi absoluto de políticas y resultados con respecto a las [medianas y pequeñas empresas]. [Céspedes, 2000]

Las distintas opiniones de los ejecutivos del INE convergieron en considerar que el Instituto debía concentrarse y especializarse en el análisis, formulación y evaluación de políticas y estrategias para la protección ambiental; en la mejora de su base informativa y la calidad de decisión, a la vez que determinar de manera institucionalmente precisa y administrativamente operativa las formas y campos de acción independiente o conjunta de cada orden de gobierno, de modo que el INE se descargue de los procesos operativos de la puesta en práctica de la política ambiental en campo.

La directriz del estudio contratado para definir a la Subsecretaría de Ecología de la Sedue, en el marco de la LGEEPA, era precisamente organizarla como instancia normativa encargada de la planeación y conducción de las políticas ambientales. La Comisión Nacional de Ecología sería, en su caso, el órgano encargado de concertar las políticas ambientales con la sociedad civil y los organismos internacionales. La creación de la Sedesol cambió por entero el curso previsto al desconcentrar las funciones ambientales en un sistema de comando y control a cargo del Instituto Nacional de Ecología y la Procuraduria Federal de Protección al Ambiente.

Esta forma de organización, incompatible hoy en día con la estructura legal, administrativa, programática y presupuestal del sistema de planeación vigente, exige además un modelo de gestión sustentado en la coordinación intergubernamental de las políticas ambientales, en la concertación de la misma con la sociedad civil y en el aprovechamiento nacional de la cooperación internacional. Un modelo de esta naturaleza debe buscar un equilibrio adecuado y diferente entre las competencias ambientales de la Federación y cada entidad federativa; formular programas institucionalmente integrados, de comando horizontal y alcances previstos, estrechamente relacionados con las políticas industriales y la industria; con estrategias apoyadas en la cooperación y en mecanismos administrativos para el cumplimiento de la normatividad, y en una participación responsable de los particulares en la orientación y gestión de las políticas ambientales.

Evidentemente, un modelo de gestión abierto como el que se propone depende de un cambio de estilo de desarrollo: transformar un paradigma economicista en un desarrollo sustentable, lo que significa actuar primariamente en la negociación de políticas económicas ambientales sustentables; exige un cambio drástico en el estilo de decisiones autoritarias a decisiones colegiadas; asimismo, reclama la adopción de políticas de previsión en lugar de políticas de sobrevivencia, reactivas y adaptativas. La percepción pública de los problemas ambientales deberá cambiar de un papel acusador y pasivo, a veces contemplativo, a un papel corresponsable y activo, lo que a su vez requiere una nueva concepción de la gestión ambiental: del ámbito gubernamental a un sistema nacional de gestión ambiental que permita además el aprovechamiento efectivo de oportunidades que brinda la cooperación internacional.

Modelo de gestión

- Cambio de estilo de desarrollo: de un paradigma economicista al desarrollo sustentable.
- Cambio de estilo de decisión: de decisiones autoritarias a decisiones colegiadas.
- Orientaciones de política: políticas de previsión vs políticas de sobrevivencia, reactivas y adaptativas.
- Percepción pública de los problemas ambientales: de un papel acusador y pasivo a un papel corresponsable y activo.
- Extensión de la gestión ambiental: del ámbito gubernamental a un sistema nacional de gestión ambiental.
- Nacionalización de la gestión ambiental internacional: del cumplimiento de compromisos al aprovechamiento de oportunidades

Hacia un sistema nacional de gestión ambiental

Lo anterior significa que se aprecian esfuerzos muy importantes con resultados notables pero desarticulados, y en algunos casos, insuficientes en sus alcances. Esto justifica la necesidad de una planeación estratégica de las políticas ambientales que, en principio, habría que definirlas en función de la situación de la gestión ambiental del país, del escenario institucional y sus prioridades, de las estrategias más efectivas en sus resultados y del manejo adecuado de los instrumentos de gestión.

La adopción de un modelo adecuado de gestión ambiental dependerá en muy corto plazo de variables éticas, jurídicas, económicas y políticas aún no consideradas lo suficiente en la política ambiental mexicana. Dentro de ellas, la económica ha sido de importancia cada vez mayor en los países signatarios de la OCDE y en el nuestro, a raíz de la apertura del Tratado de Libre Comercio de América del Norte (Carmona, 1996). Desde la perspectiva de la gestión sanitaria, la idea de un sistema nacional de salud ha sido una propuesta de la Secretaría de Salud desde

1982, al presente con un alto grado de avance, mediante una "administración del medio ambiente que determine el ordenamiento del territorio, la regulación del uso del suelo en los asentamientos humanos, el control de la explotación de los recursos no renovables y del uso de energéticos, el ordenamiento del transporte y el control del desarrollo de la industria en general" (Soberón, 1982).

Los planteamientos iniciales para la consolidación de un sistema se dedicaron a la sectorización, programación sectorial, programas interinstitucionales y descentralización. Al mismo tiempo se instalaron los mecanismos básicos del sistema nacional de planeación democrática: gabinetes, comités técnicos de instrumentación del plan y comisiones de programación, agregados a los ya existentes para la organización, información, evaluación y control de las dependencias y entidades de la administración pública federal; y en la dimensión intergubernamental, los convenios de desarrollo social, Coplades y Coplademunes. En este marco institucional se inician los procesos de integración sectorial y descentralización, complementados con la modernización de la Secretaría de Salud, el fomento de sistemas estatales de salud y la construcción de un Consejo Nacional de Salud formado por las autoridades sanitarias de las entidades federativas.

Este modelo de gestión permitió revertir un sistema secularmente centralizado y acercar los servicios a la población, aunque sin resolver del todo los importantes problemas de regulación sanitaria del ciclo de producción, distribución y consumo de bienes y servicios, y del ambiente. Es pertinente precisar que, de los componentes del modelo de gestión sanitaria, sólo se descentralizan los servicios de atención médica y se desconcentran las actividades de regulación sanitaria, y quedan centralizadas las de vigilancia epidemiológica, planeación y control de gestión. Esto significa que la descentralización de facultades, recursos y servicios ha requerido ser diferente para cada uno de los componentes del sistema. Esta descentralización diferenciada no se previó en la transferencia de facultades ambientales. La experiencia con los procesos de descentralización en el sector salud y en el educativo, así como el espectro tan amplio de enfoques previstos en la desconcentración de las dependencias y entidades del gobierno federal, ha sido de una riqueza extraordinaria para sustentar un modelo de gestión ambiental de amplitud nacional. En este caso, como ya señalamos, sus componentes se determinaron en el desarrollo institucional descrito y corresponden a las tres áreas de gestión ambiental determinadas por la Constitución Política para la conservación de recursos naturales, su aprovechamiento y la protección ambiental. En este mismo enfoque, serán distintos la descentralización, desconcentración, coordinación intergubernamental, fortalecimiento de la gestión local y concertación con la sociedad civil.

El desarrollo regional sustentable, en esta estrategia, puede sumar con mayor facilidad el desempeño ambiental de los municipios que comparten problemas similares y, asimismo, la coordinación intersectorial por conducto de sus delegaciones.

IX. 30 AÑOS DESPUÉS, Y LO QUE SIGUE

> Qui vult scire consecuentes, debet primo scire antecedentes [Quien quiera conocer los consecuentes debe, primeramente, conocer los antecedentes]
>
> BALDO DE UBALDI, *circa* 1327-1400

RECAPITULACIÓN

EL PROCESO de institucionalización de la gestión ambiental, con un enfoque propio de salubridad, a partir de la promulgación del primer Código Sanitario de 1891 e incorporado a nuestra Constitución Política de 1917 mediante la creación del Consejo de Salubridad General y del Departamento de Salubridad Pública, contribuyó en efecto al mejoramiento del ambiente y a la prevención, control y erradicación de enfermedades transmisibles hasta el presente, y, con ello, también al desarrollo regional del país con la ampliación de la actividad productiva en el campo y de polos industriales de atracción, así como a la apertura de múltiples centros de población. Los estudios recientes de transición epidemiológica en que se mueve la situación sanitaria del país dan cuenta, no obstante, de los efectos adversos de estos procesos en la calidad de vida de la población y del ambiente.

Los efectos del modelo de industrialización, del tipo de urbanización y del patrón de consumo en la salud de las poblaciones y en la calidad del ambiente no se reflejaron con oportunidad en estructuras de gestión y políticas ambientales idóneas. La constitución del sector ambiental a partir de los años setenta, según el paradigma higienista de la época con la Ley Federal para Prevenir y Controlar la Contaminación Ambiental, no bastó para abordar los problemas de contaminación ambiental, ni mucho menos los de degradación de los ecosistemas que no se habían previsto. El esfuerzo ambiental, aislado de las políticas de desarrollo nacional, fue tarea de "pioneros" incomprendidos que sin embargo generaron las bases normativas y una capacidad expansiva de la gestión ambiental. La reforma administrativa del gobierno federal encauzada en esa década promovió la sectorización de la acción pública y acentuó la tradicional independencia de las dependencias y entidades de la administración pública federal.

La década de los ochenta fue muy importante para el desarrollo del sector ambiental al ampliar la concepción higienista por una interpretación ambientalista que llevó a promulgar primero la Ley Federal de Protección al Ambiente y luego la actual Ley General del Equilibrio Ecológico y la Protección al Ambiente. Por su parte, la Ley General de Salud incorpora preceptos ambientales de su competencia y las adiciones constitucionales de 1983 proporcionan atribuciones ambientales al Consejo de Salubridad General y al municipio. Es así como la distribución de facultades ambientales se diversifica en diversas materias por conducto de diferentes leyes en los campos de aguas nacionales, pesca, forestal, minas y energía, que se desarrollan de manera diferente dentro de sus ámbitos de aplicación y fragmentan aún más la gestión pública. Sin embargo, es pertinente destacar la importante conversión de la vocación federal de la ley ambiental en el enfoque concurrente de los tres órdenes de gobierno que brinda la reforma constitucional de 1987 y que permitió la expedición de la LGEEPA.

Es importante señalar que la naturaleza difusa de las materias ambientales que incluye la LGEEPA complica la selección de políticas y estrategias dirigidas al aprovechamiento sustentable de los recursos naturales y a la protección del medio. La perspectiva sectorizada de la legislación ambiental es incompatible con una gestión integrada y matricial, indispensable para el manejo diferenciado de cada uno de los elementos que constituyen las materias ambientales.

En la década de los años noventa se inician esfuerzos de integración institucional catalizados por los compromisos internacionales contraídos por el gobierno mexicano. La creación de la Secretaría de Medio Ambiente, Recursos Naturales y Pesca, la realización de actividades conjuntas cada vez mayores con la Secretaría de Salud y con la Organización Panamericana de la Salud, con la Secretaría de Energía y sus entidades sectorizadas (Pemex, IMP, CFE, Conae, ININ), con la Secretaría de Economía y con el INEGI, así como el impulso a los mecanismos de coordinación gubernamental para fortalecer el federalismo, son prueba reciente de este esfuerzo que, en realidad, busca reconciliar sectores gubernamentales divorciados de objetos comunes.

Por tanto, la coordinación interinstitucional ocupa, junto con las estrategias de modernización de la administración pública, de coordinación sectorial, de descentralización de facultades y de concertación con la sociedad civil, un lugar central dentro de las preocupaciones fundamentales que envuelven las decisiones gubernamentales. El tema rebasa los límites de simple cooperación y coordinación, pues implica estilos de desarrollo y pautas de gestión pública que obedecen a determinantes políticos, económicos, sociales y aun culturales que escapan al presente análisis. Las instancias, y sus respectivos mecanismos de coordinación intersecretarial, se establecieron por necesidades específicas y vinculadas a diversas políticas sectoriales (salud, ambiente, trabajo, industria, comercio, protección civil), debido a lo cual responden a otras prioridades (protección a la salud, ambiental y laboral, fomento económico, comercio exterior, bienestar social), y sus agendas de trabajo difieren de manera importante de los objetivos necesarios para lograr una regulación congruente y una gestión integral.

Existe la voluntad política para incorporar a las instancias coordinadoras la participación de grupos no gubernamentales y organismos privados, debido a que los costos —en términos de legitimidad y de cooperación ciudadana— que ocasionan las decisiones no conciliadas con los grupos sociales involucrados e interesados en las políticas ambientales, en un momento dado, pueden hacer fracasar la instrumentación y aplicación de las políticas gubernamentales. Un ejemplo de este interés se observa en la proliferación de reuniones de análisis, de consejos consultivos y de mecanismos de consulta abiertos por los comités consultivos nacionales de normalización; no obstante, los dispositivos de comunicación empleados han sido demasiado convencionales y limitados para permitir una efectiva participación de la sociedad civil.

Queda al final el problema de la diseminación de la información que generan los diferentes actores del escenario ambiental en donde todos son protagonistas. La información es el insumo fundamental de los procesos de respuesta social a las políticas de gestión. Por lo general, la información que se genera en una dependencia no fluye hacia otra debido a muchos factores, como el desconocimiento del tipo de datos que se pueden solicitar, la falta de infraestructura, la desconfianza y el celo institucional, el poder político de la información y su manejo discrecional dentro de la jerarquía administrativa de las instituciones, la ausencia de una cultura informática, y la dispersión de mecanismos institucionales y tecnológicos para el manejo de la información.

La búsqueda de un nuevo paradigma de la administración pública y la creciente complejidad de los problemas que enfrenta para acomodarse al desconcierto de la economía de mercado ha fortalecido la convicción de que su solución integral no puede llevarse a cabo sin el conocimiento y la participación intensa de todas las instancias públicas y privadas que tengan competencia o intereses en ella.

En estas condiciones, no es útil ni práctico continuar con los antiguos esquemas en los que predominaban el protagonismo institucional o el monopolio de la acción gubernamental. Una sola institución aislada no puede hacerse cargo de gran parte de las funciones del sector público, lo que hace necesario diseñar nuevos sistemas de organización y fortalecer asimismo los mecanismos de cooperación dentro de las instituciones del gobierno federal, de éstas con las correspondientes de los gobiernos estatales, y de ambas con la sociedad civil, si consideramos que es el municipio la instancia fundamental de competencia ambiental. La consolidación de esfuerzos se compromete en mayor medida en los sectores gubernamentales de salud, medio ambiente, energía, turismo, desarrollo social y comercio que invaden por su propia naturaleza todo el ámbito de la acción pública federal y que requieren, por lo mismo, esquemas idóneos y flexibles de legislación, organización, programación, información y control.

La idea de una comisión nacional —no intersecretarial— de ecología en la época de la Sedue y de un instituto de investigación asociado se malogró por las circunstancias financieras del país, y además fue inoportuna en las condiciones del desarrollo institucional del sector público, entonces en retirada y que no daba cabida a una figura administrativa de acción transectorial e intergubernamental, con necesidades de vinculación hacia otros sectores de la sociedad y el entorno internacional. Sin embargo, fue una idea muy adelantada que puede ser aplicable de nuevo en situaciones de emergencia al mercado internacional y de respuesta coyuntural en la búsqueda de un nuevo modelo de desarrollo, como las que entendemos que atraviesa el país.

Paradojas ambientales

La gestión integral de las políticas ambientales e integrada con las políticas generales de desarrollo puede brindar, como hasta ahora, resultados importantes para combatir la degradación ambiental, producto del desequilibrio de los ecosistemas y de la contaminación. Sin embargo, la agenda ambiental sólo será eficaz como puente conductor de las actividades económicas hacia el desarrollo sustentable hasta que se incorporen en las políticas públicas diversos elementos críticos:

1. En primer lugar, habría que dejar de concebir la política ambiental en sentido estricto, es decir, escindida de otra área de decisión; dicho de otra forma,

tendría que dejar de ser una política sectorial para convertirse en un elemento transversal y constante de las acciones públicas y privadas. Esto no supone que no existan instituciones, leyes o programas "ambientales", sino internalizar sus actividades en todas las dimensiones de la actividad humana, es decir, incorporadas en sus premisas básicas, en sus preceptos, en el significado de sus objetivos y en las intenciones de sus estrategias. Las políticas ambientales deben constituir el horizonte de los procesos gubernamentales.

2. Por su parte, la naturaleza en exceso compleja y difusa de los problemas ambientales, objeto de percepciones y valoraciones distintas, y que en consecuencia provocan conflictos de intereses entre lo público y lo privado, así como contradicción entre el discurso gubernamental (reactor) y la realidad social (efector), explica que por lo general las necesidades (problemas reales) no coincidan con las demandas (percepción de los problemas), y que varíe la importancia de algunas prioridades de la agenda ambiental y obedezcan a motivaciones en apariencia ajenas a los conflictos ambientales.

3. El aprovechamiento productivo de los recursos naturales, frente a las exigencias éticas de conservarlos en equilibrio en sus ecosistemas y en su biodiversidad, construyen un paradigma de desarrollo sustentable tan difícil de lograr que su manejo inadecuado puede conducir a una mayor desigualdad de oportunidades en el desarrollo de los países económicamente dependientes y, en consecuencia, ampliar la brecha Norte-Sur.

4. La conveniencia de adoptar mecanismos de prevención de la contaminación y de la degradación ambiental, frente a la necesidad ineludible de contener sus efectos en la población y los ecosistemas, reciclan la incapacidad de los países con desarrollo económico subordinado para tomar decisiones idóneas y oportunas, para frenar los impactos globales de los fenómenos ambientales y, al mismo tiempo, para resolver con oportunidad los efectos nacionales. Conocemos la importancia de prevenir, pero las circunstancias nos conducen a controlar.

5. La globalización creciente de los problemas ambientales y, en consecuencia, la pérdida de perspectiva local, aumenta la tendencia a internacionalizar la agenda ambiental *vis à vis* la necesidad de fortalecer el federalismo y el desarrollo regional. En este balance, los problemas de percepción de la realidad ambiental se desvirtúan y determinan prioridades y demandas cada vez más alejadas de las necesidades, y distorsionan el uso de recursos destinados al bienestar social, siempre escasos.

6. Este dilema, de responder a las presiones de un concierto internacional que asume la responsabilidad, no compartida del todo, de atender los fenómenos ambientales, por un lado, y de resolver a tiempo los conflictos nacionales producto de la degradación ambiental, por otro, es ya central en las políticas públicas.
7. Por último, asignamos a *Federación, Estado* y *gobierno* el mismo significado. El fortalecimiento del federalismo descansa en procesos de transferencia de facultades que por tradición monopoliza la federación, sin el consenso de las autoridades locales ni mucho menos de la sociedad civil. La descentralización resultante en este sentido como cesión, concesión y delegación sólo reafirma y consolida el sistema corporativo de la Federación. Es necesario insistir en que las políticas ambientales son asuntos de Estado.

Estos encuentros cuestionan la viabilidad de las políticas ambientales centradas en actos de autoridad con mecanismos de comando y control; la efectividad de estructuras piramidales, responsables de la gestión ambiental, sean dependencias o entidades de la administración pública federal y estatal; el acuerdo intergubernamental contemplado en nuestra Constitución Política, canalizado por el sistema nacional de planeación e instrumentado por planes, programas y mecanismos de coordinación; así como la integridad y capacidad del municipio para atender y resolver los asuntos de su gobierno, centrados sobre todo en el saneamiento básico, hábitat, uso del suelo y desarrollo urbano.

Fenómenos como la desregulación y apertura de mercados, el ajuste del Estado y la economía, la desocupación y flexibilización laboral, la privatización de empresas y servicios públicos, la descentralización administrativa y la integración regional han redefinido las funciones tradicionales del Estado nacional —principalmente sus funciones benefactoras y empresariales—, y a la vez replantean las del mercado, la empresa privada, y los actores y sus espacios subnacionales y supranacionales. Estos procesos han contribuido a conformar distintas modalidades de un capitalismo desorganizado y difuso, pero hegemónico respecto de otras formas de organización económica (Oszlak, 1997).

México enfrenta sus perspectivas de desarrollo en una nueva coyuntura internacional definida por un proceso de intensa globalización sustentada en ideologías fundamentalistas de mercado y que han generado una creciente interdependencia. En ese nuevo orden internacional, aún en ciernes, se redefinen las relaciones externas y los patrones internos de organización económica, social y política, así como las instituciones y valores que caracterizan la cultura nacional. La administración pública y las relaciones intergubernamentales previstas en nuestros ordenamientos jurídicos no pueden mantener diseños anacrónicos, aunque sirvieran con eficiencia al sostenimiento de un sistema corporativo que brindó paz, seguridad y desarrollo económico y social durante 75 años.

Nuevas perspectivas

El acontecimiento conceptual más importante de la física del siglo XX fue el descubrimiento de que el mundo no está sujeto al determinismo. La causalidad quedó derribada, o por lo menos inclinada y en suspenso: el pasado no determina exactamente lo que ocurrirá luego. La erosión del determinismo dio cabida al azar (Hacking, 1991) y a la concepción de una sociedad de riesgo en donde lo "ambiental" es un componente, si bien fundamental, de un fenómeno que analiza S. Huntington como "civilizatorio" y se distingue por un cambio acelerado y caótico, y por ende con un alto grado de incertidumbre, en donde prevalecen los conflictos culturales que provoca la percepción social del ambiente sobre los problemas reales de la naturaleza. El concepto de ecodesarrollo señero de los años setenta y la impronta del desarrollo sustentable ya no caben en las interpretaciones lineales del pasado reciente; las relaciones entre el ambiente y la sociedad deben verse desde una perspectiva multidimensional, siempre inestable e intervenida con alto grado de ineficiencia por políticas gubernamentales en constante contradicción y conflicto con los procesos de globalización económica y cultural.

Hoy se reconoce de manera tardía que el desarrollo nacional no debe continuar a costa de la riqueza natural de la nación ni de la calidad del ambiente, íntimamente ligados, pero tampoco es admisible —en un país con tantas carencias y desigualdades— una política ambiental conservacionista que pretenda limitar el acceso a los recursos naturales y frenar el desarrollo. A diferencia del pasado, son los propios beneficiarios directos de la propiedad o de la posesión de los recursos naturales del país quienes están rompiendo este círculo vicioso; ellos, por razones históricas y sociales, tienen el legítimo derecho a su explotación y comercialización, y comienzan a reconocer la necesidad de aplicar políticas e instrumentos que garanticen en el mediano y largo plazos la reproductividad de los ecosistemas y las especies para asegurar la viabilidad de sus fuentes de empleo e ingresos, y la estabilidad de generaciones futuras. Por tanto, un gran reto del desarrollo nacional está en la capacidad del gobierno y la sociedad para diseñar, conducir y participar en políticas, estrategias e instrumentos que reorienten las prácticas de producción, distribución y consumo para acompasar la explotación inadecuada de los recursos naturales y su incidencia en la calidad del ambiente, de forma que reviertan el deterioro de los ecosistemas, y la destrucción y degradación de los recursos, y promuevan el crecimiento de la economía con equidad y bienestar social.

Planear y ordenar el cambio de uso del suelo y orientar el desarrollo a partir de las condiciones ambientales, de las características de los recursos y de la estabilidad de los ecosistemas es ahora un requisito indispensable para el crecimiento económico, por lo que el ordenamiento ecológico del territorio debe ser el sustento de las políticas públicas, tanto federales como estatales y municipales.

La transformación mundial provocada por los procesos de globalización en los últimos treinta años ha suscitado debates sobre la posición de los gobiernos frente a la economía de sus países, sus formas de gestión en la búsqueda del desarrollo, la respuesta oportuna al contexto internacional y al mismo tiempo a la solución perentoria de sus propios problemas. La OCDE señala con demasiada facilidad que

> [...] en un contexto nuevo de interdependencia, globalización e internacionalización de la economía y de la sociedad, se precisa una reconsideración de la configuración y de la actuación del Estado y de sus instituciones, desarrollando al máximo su voluntad y capacidad para la receptividad, la innovación, la eficiencia, la adaptación, el aprendizaje, la transparencia, la competitividad, la flexibilidad, la comunicación e información internas y externas, la desconcentración y descentralización, así como para la medición y valoración de los resultados a través de la evaluación. Estos son, pues, valores y criterios de actuación requeridos por las nuevas circunstancias. [OCDE, 1997].

Sin embargo, si la globalización se entiende como la adhesión irrestricta al modelo económico mundial que prevalece en nuestros días, a todas luces insustentable, la meta del desarrollo sustentable estará cada vez más lejana para México; por el contrario, el país estará cada vez más cerca de entrar en una grave crisis ambiental (Brañes, 1994).

Hoy en día presenciamos un debate acerca de la mejor forma de conceptuar un término que se ha vuelto tanto incómodo como prometedor: *nueva gestión pública (new public management)*. Los debates actuales a que nos condujeron las construcciones teóricas acerca del comportamiento humano en las organizaciones, el "realismo" positivista y el creciente tránsito del modernismo a una era posmoderna no han podido efectuar la complicada tarea de elaborar una teoría sobre la administración pública en su relación con el nuevo tipo de Estado y sociedad ideales. Con un "realismo ingenuo" se pretende transitar desde un paradigma burocrático a uno posburocrático, de una vieja administración pública a una nueva gestión pública, o de un antiguo enfoque centrado en las normas y la ley a uno nuevo que se oriente a la acción, el contexto y la negociación. Sobre todo, este debate se inició a raíz de su polémico desarrollo, logrado a costa de integrar enfoques de diversa naturaleza e índole con la pretensión de explicar tanto el funcionamiento de las organizaciones públicas como el comportamiento de los responsables de dirigirlas. Sus defensores proclaman que este "nuevo" modelo revitalizará las organizaciones públicas al ubicarlas en su justa dimensión y realidad administrativas acorde a nuestros tiempos, al diseñar elementos explicativos más contundentes acerca de problemas, tecnologías y relaciones, así como al desarrollar la capacidad de prescribir modelos de comportamiento que permitan, para decirlo en una sola palabra, modernizar al sector público [Ramírez, 2006].

> Reconociendo que en la actualidad las prescripciones normativas (políticas, jurídicas o administrativas) ya no son suficientes para entender o interactuar con la dinámica de los fenómenos colectivos, podemos atrevernos a decir que la crisis del modelo de administración racional-legal-impersonal ha llegado a su punto máximo. El control ya no es la premisa más importante de las funciones del gobierno; las reglas, la obligatoriedad, la impersonalidad y la centralización han terminado con cualquier utilidad que pudiera ofrecer el paradigma burocrático, por lo que es necesario transitar a otro nuevo paradigma, sea cual sea el nombre, en el que se sustituyan las reglas por los principios, se reconozca la complejidad y la ambigüedad que enfrentan las dependencias públicas; y en función de este contexto turbulento se construyan nuevas relaciones de trabajo que incidan en la creación de una nueva cultura organizacional; y se realice un esfuerzo introspectivo y transversal, donde en un pequeño espacio podamos encontrar diferentes significados, racionalidades, formas y objetos. [Martínez Reyes, en Barzelay, 1998]

Las instituciones estatales, pues, experimentan profundas transformaciones a raíz del nuevo contexto y las demandas ciudadanas. Y, desde luego, los ciudadanos y esa entelequia que denominamos *sociedad civil* en general no desean hoy (y tal vez ni se les ha ocurrido) la desaparición del Estado. Por el contrario, parece evidente que el carácter esencial del Estado es muy compartido. Lo que sí desean los ciudadanos es que el Estado actúe de otro modo. Y parece que ese Estado requerido y que se perfila de cara al futuro próximo en los países desarrollados social y económicamente (sería muy aventurado propugnar soluciones idénticas para otros contextos socioeconómicos) será cada vez menos protagonista directo y cada vez más supervisor, es decir, más árbitro y garante que participante directo en la vida económica y social. Los años transcurridos desde que se comenzaron a identificar las quiebras del modelo tradicional de administración —predominante, centralizado y reglamentista— hacen que hoy sea ya menos necesario diagnosticar nuestros males que estudiar los mecanismos en operación para resolverlos (OCDE, 1997).

Contra los esfuerzos de la dupla FMI-BM para impedir la intervención gubernamental en la economía de los países subdesarrollados, ni en Europa ni en los Estados Unidos se ha pretendido desmantelar el Estado. La reducción del Estado es menos importante que el cambio de sus metas, límites y estrategias. Buena parte de los problemas residen precisamente en la manera de conectar las diversas formas de poder y autoridad en un sistema de responsabilidad democráticamente controlable que incluya a todos los actores que deben tomar parte en el diseño y la instrumentación de los programas públicos. "La afirmación de que el gran gobierno no ha desaparecido sino que se ha transformado inspira a algunos una seria desconfianza hacia lo que puede estimarse como una nueva versión del viejo estado administrativo" (Olías de Lima, 2001).

La nueva administración pública, o nueva gestión pública, promovida por la OCDE, que el gobierno mexicano adoptó de forma mecánica en 1995 y así la incorporó al Plan Nacional de Desarrollo 2001-2006, acarrea cambios estructurales muy difíciles de concebir y aplicar en nuestros procesos gubernamentales. Hasta ahora, la transformación de usos, costumbres, prácticas y tradiciones en los procesos administrativos del sector público federal no se ha planteado en forma sistematizada ni existe siquiera un diagnóstico completo de la situación administrativa que guardan las dependencias y entidades y sus mecanismos de relación intergubernamental para la adopción de elementos estratégicos en este nuevo orden institucional. Aunque la administración pública pretende transformarse en gerencia pública, aún no resuelve trabas fundamentales del derecho público y de la ciencia política que hasta el día de hoy han dado fundamento y legitimidad a los actos de gobierno.

> El drama latinoamericano de estar "en desfase con la historia" parecería estarse repitiendo una vez más, ahora en lo que se refiere al desarrollo de estrategias de reforma gubernamental. Es claro que no habrá el tiempo suficiente para que la premodernidad administrativa que caracteriza muchos espacios de la acción gubernamental latinoamericana, recorra el periodo de la modernidad tradicional, para luego instalarse en el modelo posburocrático que profesan los países más desarrollados [...] No podemos hacer a un lado que la evolución de las administraciones públicas latinoamericanas no vino acompañada —como en otros países— de la consolidación y maduración de instituciones democráticas. En algunos países hoy es posible orientarse a la evaluación por resultados porque los procesos administrativos sólo excepcionalmente se alejan de las normas. De igual forma, se puede atender al ciudadano como un cliente debido a que otras instituciones ofrecen espacios a la participación ciudadana, a la deliberación de políticas, y a la exigencia en la rendición de cuentas. En dichos países la Nueva Gestión Pública nace con la idea de mejorar la función gubernamental, no de reconstruirla desde sus bases, como sería el reto en la mayor parte de los países latinoamericanos. La NGP promueve procesos de mejora en el gobierno, y no necesariamente la construcción de instituciones democráticas, al menos no es ésa su prioridad. (Cabrero, 2003)

Las variables fundamentales del nuevo sistema administrativo de gobierno propuesto residen en adoptar un enfoque estratégico de la gestión pública, con parámetros de resultados a un cliente participativo y corresponsable, de evaluación del desempeño y de rendición de cuentas, entre otros tantas veces citados; sucede lo mismo en el enfoque de calidad de los servicios.

El enfoque de calidad en el sector público no ha tenido problemas especiales en las empresas públicas, no obstante, su aplicación a las funciones básicas y a los servicios públicos de la burocracia tradicional merece algún comentario.[1] Los

---

[1] De acuerdo con Bovaird, el concepto de *calidad* se interpreta de diversas formas: *a)* como atributo, *calidad* es una característica esencial que distingue un producto o servicio de otro; *b)* como la conformidad con una especificación, la *calidad* se vincula a cumplir los requisitos establecidos en una lista predefinida; *c)* como adecuación a un objetivo, consiste en satisfacer los objetivos de las distintas personas a las que se dirige el servicio; *d)* como capacidad para satisfacer las necesidades declaradas o implícitas (definición aceptada por la Organización Europea para el Control de la Calidad y por la Sociedad Estadunidense de Control de la Calidad), y *e)* como satisfacción completa de las expectativas del consumidor (1995).

servicios públicos tienen un conjunto de peculiaridades y diferencias que exigen que el método de la calidad total se adapte a dichas características y no viceversa:

- *a)* La gestión de la calidad total *(total quality management)* está pensada en su origen para procesos industriales, por lo que su adaptación a la prestación de servicios requiere nuevos diseños.
- *b)* La clientela de servicios públicos puede plantear demandas contradictorias y la satisfacción de un segmento de la población puede ocasionar efectos laterales negativos en otro de los segmentos no atendidos.
- *c)* La preocupación fundamental de la gestión de la calidad total es con los *outputs*, mientras que en la administración pública hay que hacer una extraordinaria incidencia en los *inputs* presupuestarios y no presupuestarios, y en los procesos administrativos y no administrativos.

Todo ello lleva a aceptar que el enfoque de calidad en la administración pública se debe aplicar en combinación con las técnicas tradicionales de la gestión pública. De la gestión de la calidad total conviene adoptar la búsqueda de objetivos medibles y las correspondientes técnicas de medición de la calidad, la retroalimentación que proporciona el cliente, la mejora continua de procesos, y la capacitación y autonomía que se da al empleado. De los métodos tradicionales, es necesario mantener la planificación estratégica, la preocupación por las garantías del ciudadano en todo proceso de adopción de decisiones, y el respeto a los mandatos de los representantes del pueblo expresados en la Constitución y las leyes (Villoria, 1996).

En esta transición administrativa, tendríamos que transitar de un presupuesto por programas a un presupuesto por objetivos con una nueva ingeniería administrativa enfocada a proyectos estratégicos, manejados por procesos, en el marco de programas de referencia y con sistemas de organización matricial. Entonces, ¿qué hacemos con una estructura programática que al cabo de veinte años ha devenido en un instrumento farragoso de auditoría?, ¿qué hacemos con una contraloría que nunca ha realizado funciones de contraloría?, ¿cómo conciliar la clasificación funcional y por objeto del gasto con procesos y proyectos?, ¿qué procesos y proyectos se deben evaluar en función de sus resultados?, ¿en dónde están los procesos?, ¿cuáles son los estándares de calidad? La medición de eficiencia en el uso de los recursos, y de eficacia en el alcance de los programas, cumple fines de control; mientras que la efectividad y congruencia de los resultados evalúan el desempeño institucional.² Los cuatro elementos de control y evaluación deben formar el conjunto de indicadores del sistema de planeación estratégica. En este orden, ¿subsistirá la programación operativa?, ¿y la clasificación funcional, administrativa y por objeto del gasto que apoyan a la Cámara de Diputados para asignar recursos, a la SHCP para programar el presupuesto y a la Secodam (SFP) para vigilar el gasto? Estas preguntas no pueden responderse por separado, requieren un nuevo enfoque de programación y organización de las dependencias globalizadoras del sector público que no ha sido diseñado.

La reinvención del gobierno en términos de competitividad, objetivos y resultados al cliente según el modelo de Osborne y Gaebler, y los postulados administrativos propuestos por la OCDE a sus países afiliados, si bien es cierto que cambian de raíz el paradigma burocrático de la administración pública, no ofrecen las bases para adecuar con prontitud y oportunidad la práctica jurídica y administrativa en que se sustentan nuestros sistemas y procesos gubernamentales. Tampoco abordan el manejo *sui generis* del personal burocrático tal como evolucionó en los países dependientes de la globalización.³ Aparentemente son modelos de gestión pública diseñados para los países del G-8 y del resto de la OCDE, con excepción de México y Turquía.

---

² La eficacia consiste en la habilidad demostrada por la unidad administrativa de alcanzar los objetivos relacionados con su misión. Se refiere al rendimiento global de la unidad en relación con la consecución del cumplimiento de su mandato institucional. La eficiencia, por su parte, se refiere a la relación en virtud de la cual los *inputs* de una unidad se transforman en resultados organizativos por medio de operaciones que requieren la mínima suma de recursos posible. En última instancia, la eficiencia se refiere a producir el máximo de productos con un nivel dado de recursos o a requerir el mínimo de recursos para producir un determinado producto. La eficiencia relaciona recursos y esfuerzos, y la eficacia, recursos y objetivos. Una versión patológica de la preocupación por la eficiencia consistiría en aplicar este concepto a los propios objetivos del Estado, con lo que los objetivos serían los que requieren menores costos. Finalmente, la responsabilidad se alcanza al generar productos que anticipan, resuelven o sirven a las necesidades o intereses de los diferentes agentes críticos afectados, dentro y fuera de la unidad administrativa (Villoria, 1996). Este último concepto es lo que entendemos por efectividad y congruencia.

³ El adelgazamiento del Estado (Poder Ejecutivo), la reducción del gasto público en función de hacer más con menos, la menor intervención del Estado en la economía nacional, la modernización del aparato gubernamental en términos de eficiencia y productividad, y la "racionalización" de estructuras de gestión, frente a la juramentada protección de los derechos de los trabajadores al servicio del Estado, hacen sospechar que en realidad uno de los propósitos no declarados de la nueva gestión pública es minar su capacidad de gestión al vulnerar la permanencia del personal de "confianza", por lo general el más calificado, y mantener la estabilidad del personal sindicalizado, coincidentemente el destinado al trabajo auxiliar.

El movimiento del *Reinventing Government* es considerado como una de las reformas administrativas más importantes de los Estados Unidos, aún reconociendo sus grandes limitaciones. El discurso de Osborne y Gaebler (1992) como de la National Performance Review (NPR) se caracteriza por la ausencia de los temas políticos que forzosamente tienen que plantearse en todo proyecto o programa de cambio del alcance de la NPR. Dejar de lado actores como el Congreso y los grupos de interés, y no abordar, por ejemplo, cuestiones relativas a la historia de los cambios en el sector público o las características propias de las diferentes dependencias del gobierno que participan en dichas reformas, indica que existe un desconocimiento o menosprecio de las relaciones estrechas entre la política y la administración pública. [Lhérisson, en Lynn y Wildavsky, 1999]

La legislación actual no permite dar un seguimiento efectivo al desempeño y eficiencia de las administraciones en los tres órdenes de gobierno, los cuales pueden no acatar normas ambientales que, en contraparte, se aplican con rigor a particulares. Hay pues una inconsistencia respecto de nuevos esquemas democráticos y federalistas de relaciones intergubernamentales ante la carencia de mecanismos funcionales de concurrencia, supervisión y sanción. En las dependencias de la administración federal se observa una inadecuada sectorización de atribuciones ambientales, mientras que el sector privado muestra con frecuencia un muy limitado interés por transformar sus sistemas productivos y sólo es receptivo a las presiones regulatorias. La respuesta municipal es aún más limitada debido a la imprecisión de competencias ambientales, a la falta de capacitación de cuadros y a una insuficiente participación social.

Existe una desmedida y dispersa normatividad cuyas contradicciones, lagunas e indefiniciones propician una atención coyuntural y atropellada de los múltiples compromisos del servicio público; además, autogenera su desconocimiento e ineficacia como consecuencia de la inconsistencia y elevada cantidad de preceptos. Aparte de la baja calidad técnica, gramatical y funcional de la legislación, se abusa de la expedición desarticulada de disposiciones jurídico-administrativas. Las leyes, reglamentos, decretos y acuerdos se emiten abruptamente y sin un plan integral de desarrollo, lo que convierte al "sistema" jurídico en un complejo normativo muy alejado de proveer la estabilidad, el orden y la seguridad a las que aspira todo derecho. Paradójicamente, existen otras fuentes de singular valía que se han desaprovechado, y quedan relegadas a planos de mínima influencia, como es el caso de la jurisprudencia y de la doctrina, que en mucho pueden enriquecer al interesante y poco explorado campo de la administración pública del nuevo siglo (Aguirre, 1997).

No obstante nuestra tradición jurídica e institucional, a pesar de la consistencia dogmática y doctrinaria del sistema normativo mexicano y sin menoscabar la fortaleza de los principios constitucionales comprometidos en el pacto nacional, es necesario revisar y modernizar los fundamentos jurídicos que hasta ahora han dado soporte a la estructura orgánica de la administración pública federal y a los instrumentos establecidos para vincular al Poder Ejecutivo federal con los gobiernos extranjeros y los sistemas de cooperación internacional mediante tratados, convenios y otros acuerdos jurídica o políticamente vinculantes que resultan de la interpretación administrativa del art. 133 constitucional y que no se trasmiten en cascada a las leyes secundarias. Asimismo es indispensable adecuar los preceptos, ya imprecisos e insuficientes, para coordinar la acción pública federal con las de las entidades federativas y los municipios, sea el sistema federal ordenado por el artículo 124 constitucional, como las facultades ambientales atribuidas al Consejo de Salubridad General en el artículo 73, frac. XVI, como el sistema de concurrencias entre niveles de gobierno del mismo artículo 73, frac. XXIX-C y G, como la adición de funciones y servicios públicos al municipio en la décima reforma de 1999 al artículo 115.

Este ultimo acontecimiento legislativo concita reflexiones de índole subversiva en la elaboración de las leyes. ¿Cómo es posible que las legislaturas locales hayan aceptado estas adiciones como un *empowerment* del municipio o, en castellano, como una conquista del federalismo? ¿De verdad el legislador federal no se percató de las implicaciones financieras, tecnológicas, organizativas y políticas que acompañan la transferencia de la Federación a las entidades federativas de asuntos tan estratégicos para mantener la calidad de vida de la población como el tratamiento y disposición de aguas residuales; la recolección, traslado, tratamiento y disposición final de residuos; o el equipamiento de calles, parques y jardines? ¿Se advirtió a los municipios de dichas implicaciones? El municipio, responsable de la prestación y manejo de estos servicios, requeriría otra visión para resolver estas necesidades, para responder a las demandas de una población a la expectativa y para participar aun tangencialmente, ahora como nivel de gobierno otorgado por la citada reforma, en los procesos legislativos que lo van a afectar.

El municipio forma parte de cada estado, su carácter de *municipio libre* no le da un rango de autonomía tal que pueda constituirse, *strictu sensu*, en gobierno —a pesar de la última reforma constitucional que cambió el término "administrado" por "gobernado"— y menos aún en un *gobierno* cabalmente autónomo. El gobierno es la representación del poder soberano del pueblo que se expresa, conjuntamente, a través de las ramas legislativa, ejecutiva y judicial que el municipio no tiene *per se*. [Díez de Urdanivia, 2003]

La ausencia de las variables sociopolíticas fundamentales en todo proceso de elaboración e instrumentación de las políticas públicas conduce al olvido o desconocimiento de que la aplicación de toda norma presupone *a)* una negociación sectorial previa a su promulgación, *b)* la constitución de un escenario real para su cumplimiento, *c)* la existencia, por parte del emisor y del receptor de la norma, de una voluntad de cumplimiento, *d)* una capacidad y voluntad de sanción por parte de la autoridad, y *e)* una capacidad real de las partes —emisor-receptor— para negociar la aplicación de la norma (Lezama, 2004).

Raúl Brañes designa con el término "eficiencia" el grado de idoneidad de una norma jurídica para satisfacer la necesidad que se tuvo en cuenta al expedirla, y con "eficacia", el grado de acatamiento de una norma jurídica por parte de sus destinatarios. Todo indica que en gran parte la ineficacia de la normatividad mexicana se debe a su ineficiencia, en especial en los amplios espacios aún descubiertos del desarrollo urbano metropolitano, de la industria y los corredores industriales y turísticos, del desarrollo regional y zonas deprimidas, del municipio metropolitano o cabecera de los poderes estatales, de las zonas fronterizas, del manejo ambiental de las zonas costeras, y de la coordinación gubernamental entre la Federación, el Distrito Federal, los estados y los municipios según el principio rector de que a mayor subsidiariedad menores fronteras sectoriales, menor separación de los niveles de autoridad y mayor participación ciudadana.

> Entre los factores que hacen ineficiente la legislación ambiental se encuentran, en mi opinión, tanto su falta de desarrollo como el enfoque equivocado que asume para el tratamiento de los asuntos ambientales cuando concurren todos o algunos de los siguientes elementos: 1) la falta de presencia de la idea del desarrollo sostenible en el sistema jurídico en general y, especialmente, en la legislación económica; 2) la carencia de instrumentos apropiados para su aplicación, en particular de aquéllos de naturaleza preventiva; 3) la falta de consideración de las cuestiones sociales y naturales involucradas en los asuntos ambientales; y 4) su heterogeneidad no sólo material sino también estructural. Y entre los factores que hacen ineficaz la legislación ambiental se encuentran: 1) la insuficiente valoración social de la legislación ambiental por sus des-

tinatarios e incluso su desconocimiento; y 2) las deficiencias que presentan las instituciones encargadas de aplicarla administrativa y judicialmente. [Brañes, en Pnuma, 2001]

En México existe una gran diversidad en lo que se refiere al tamaño de los gobiernos municipales, tanto en términos territoriales como demográficos. Estos municipios están lejos de constituir unidades sociodemográficas óptimas. Su tamaño es un obstáculo para que se conviertan en administradores de servicios técnicamente complejos, que no pueden gestionarse salvo a partir de cierta escala. En estos casos es impensable la descentralización municipal sin cierta forma de consolidación. Por otro lado, se encuentran los municipios de las zonas muy urbanizadas que sufren los problemas de la sobrepoblación y en condiciones de asumir funciones complejas administradas por los gobiernos federal y estatal. Las políticas de descentralización en estos casos podrían ya ir mucho más lejos de lo que hasta ahora se ha intentado. Sin embargo, los municipios de las áreas muy urbanizadas carecen de medios institucionales efectivos para solucionar problemas que comparten. La coordinación de gobiernos locales en las grandes ciudades puede conseguirse mediante la adopción de formas intermedias de consolidación. Sin embargo, el sistema federal en México rigidiza la división territorial de la administración pública. La Constitución de la República prohíbe la creación de autoridades intermedias entre los municipios y los estados (Nacif, 1992).

En estos espacios intersectoriales y transfronterizos es necesario aclarar que

> el escaso desarrollo de la legislación ambiental determina que muchas veces no existan las normas jurídico-ambientales que se necesitarían para regular ciertos problemas. Sin embargo, hay que puntualizar que los casos de anomia absoluta no son tan habituales en la legislación ambiental como los de anomia relativa. En otras palabras, es poco usual que un determinado problema ambiental no se regule de alguna manera. En cambio, es muy frecuente que esa regulación sea incompleta, es decir, que las normas existentes no se complementen por otras normas que harían posible su aplicación. [Brañes, 1994]

La experiencia internacional demuestra que la protección ambiental en la industria no está reñida con la competitividad. Múltiples casos observados en los últimos años confirman que las empresas y ramas industriales sujetas a estrictas regulaciones ambientales logran un desempeño sobresaliente en los mercados internos e internacionales. Entre países, es muy claro que las naciones con una estricta política ambiental no sólo mantienen sino que amplían su capacidad de competir y de expandir sus mercados. Los países que permiten una externalización indiscriminada de costos ambientales en realidad están subsidiando a los consumidores tal vez de naciones ricas a expensas de su propia población, recursos naturales y economía. La política ambiental hoy en día debe edificarse a partir de nuevos principios, conforme los cuales la regulación ambiental entre en sinergia con un desarrollo industrial competitivo. Industriales y autoridades ambientales deben dejar de considerarse adversarios mutuos en un juego de suma cero, donde lo que uno cosecha para sus propios fines lo pierde el otro. Ahora sabemos que la regulación ambiental puede y debe ser un eficaz impulsor de la posición competitiva de la industria mediante nuevos esquemas de cooperación entre el gobierno y las empresas (Céspedes, 2000).

En otros países, esta asociación de medios y fines entre la promoción del desarrollo industrial y la protección del ambiente ha generado poderosos círculos virtuosos. Hoy sabemos que los problemas ambientales no sólo pueden y deben atacarse por la vía correctiva de la reparación o al final del tubo, sino que es posible resolver problemas ambientales con un uso más eficiente de materias primas e insumos, un mejor control de procesos, una mayor creatividad en el diseño organizacional, minimización de riesgos y de primas de seguros, reducción de costos de disposición y manejo de efluentes, residuos y emisiones, incremento en la productividad, identificación y aprovechamiento de mercados para materiales secundarios, eficiencia energética, mejor mantenimiento de equipos y recuperación de desechos, entre otros aspectos que de manera conjunta tienden a promover la innovación y el progreso tecnológico. Así, los resultados de la regulación ambiental no son sólo públicos, sino también se traducen en ventajas para las empresas que mejoran su productividad y su posición competitiva (Céspedes, 2000).

En la perspectiva regional, el impacto ambiental de la actividad industrial difiere por la desigual distribución geográfica de las instalaciones. Hasta hace muy poco tiempo, la industria se desplegó territorialmente, con escasa atención a las limitaciones naturales en materia de recursos, y su ubicación atendió más que nada a la disposición de mano de obra y acceso a los mercados. Este patrón tuvo el efecto de exacerbar presiones sobre algunos recursos naturales, en particular sobre el agua, y, en lugares más específicos, sobre los recursos maderables y el subsuelo, además de inducir asentamientos humanos sin el adecuado ordenamiento territorial.

Entre los avances de los últimos años en materia de política ambiental hacia el sector industrial se encuentran la transformación del marco normativo y del sistema de regulación directa y su seguimiento, y el uso creciente de instrumentos voluntarios, procurando el uso de instrumentos económicos, de información y una creciente participación social. El nuevo marco normativo es de aplicación generalizada, establece límites basados en consideraciones de las características de los ecosistemas y no de la tecnología de control, y abre posibilidades de cambio tecnológico.

Hace poco se diseñó un sistema integrado de regulación y gestión ambiental de la industria con diversas líneas y segmentos en el cual se distinguen dos vías de manejo de instrumentos, tanto legislativos —por conducto de licencias, cédulas de operación y registro de contaminantes— como administrativos —ordenamientos, estudios y manifiestos— que concurren en un sistema de vigilancia ambiental. Además, como opción prioritaria en la regulación ambiental de la industria, se ha impulsado una vía concertada que fomenta mecanismos de adhesión voluntaria con instrumentos de prevención, de control y administrativos para inducir la autorregulación ambiental de la industria.

Las normas oficiales mexicanas para el sector industrial se orientan más a regular industrias de competencia federal, donde se incluye a la industria grande y pesada que cuentan con recursos económicos y tecnológicos para cumplirlas, así como con políticas propias de autorregulación. Muchas normas resultan inaplicables para la micro, pequeña y mediana industrias debido a los costos administrativos y de inversión necesarios para su cumplimiento. Es necesario desarrollar las normas para las actividades industriales y comerciales emisoras de contaminantes, actualizar las normas para los autos nuevos y en circulación, y vehículos de diesel, complementar la normatividad de la calidad del aire para proteger la salud, y regular el uso de tecnologías más limpias y eficientes.

La propuesta del Centro de Estudios del Sector Privado para el Desarrollo Sustentable señala algunas tareas de gran importancia para la modernización del marco jurídico ambiental (Céspedes, 2000):

- Incorporación de mecanismos que permitan a los particulares la adopción de medidas alternas para alcanzar las metas ambientales que persigan las disposiciones jurídicas más rentables y cuyos logros puedan evaluarse con indicadores de resultados.
- Introducción de procesos que permitan la desconcentración y descentralización gradual, planificada, financiada y responsable de las facultades de regulación, emisión de autorizaciones y control en las distintas materias.
- Sustento jurídico al establecimiento de alianzas entre sectores y organizacio-

nes que brinden apoyo a la instrumentación de las políticas y cumplimiento de las disposiciones legales, junto con la creación de cuerpos de asesores y contribución de peritos privados.
- Creación de mecanismos jurídicos que induzcan a los particulares a prevenir la contaminación del suelo por el manejo inadecuado, y, sobre todo, la disposición inadecuada de materiales peligrosos y residuos de diverso tipo, así como para contar con los recursos financieros y disposiciones necesarias para sustentar la remediación de suelos contaminados que requieran atención prioritaria.
- Definición más precisa de la responsabilidad ante el daño que se pueda ocasionar al ambiente o a terceros por el manejo inadecuado de materiales peligrosos y sus residuos.
- Establecimiento de procedimientos para compartir la vigilancia del cumplimiento de la norma con otras dependencias del gobierno federal, con las que se emitan normas conjuntas o con los gobiernos de las entidades federativas con los cuales se convenga en ceder el control de residuos de baja peligrosidad o concurrir en la promoción de la aplicación de las disposiciones legales, en particular en áreas de alta prioridad local.
- Apoyo a la reforma de legislaciones locales para que reformen su propia normativa en la materia, sobre todo en lo que respecta al enfoque preventivo de la gestión de los residuos industriales no peligrosos y sólidos municipales, y complementar esto con la promoción de sistemas de manejo integral que privilegien la valoración de dichos residuos y eviten que vayan a parar a los sitios de disposición final.
- Se deben establecer mecanismos que permitan incidir en las legislaciones y reglamentaciones del desarrollo urbano y zonificación de los usos del suelo, para incorporar disposiciones que posibiliten el control efectivo de los usos del suelo en torno de las actividades consideradas de alto riesgo. Al mismo tiempo, habrá que considerar la incorporación en la normativa local sobre protección civil la posibilidad de desarrollar programas municipales de prevención de accidentes químicos.
- Es conveniente aplicar los conceptos contenidos en la Ley Federal de Metrología y Normalización relativos a limitar la emisión de normas oficiales mexicanas sólo a los casos en los que no puedan alcanzarse las metas que se persigan por otros medios más rentables. Esto significa elaborar, con el concurso de especialistas en las distintas materias y disciplinas, matrices

que consideren todas las opciones para resolver el problema ambiental en cuestión mediante un instrumento normativo, distintos criterios de ponderación, como factibilidad, costo, accesibilidad de los elementos o instrumentos requeridos, su eficiencia y eficacia, y aceptación social, entre otros.
- Habrá que abrir más los espacios para que los particulares desarrollen sus propias propuestas para lograr los fines ambientales mediante su autorregulación, esto significa, entre otras cosas:
  – Evaluar las experiencias nacionales e internacionales en la materia.
  – Fomentar la investigación y el desarrollo de nuevos instrumentos no regulatorios aplicables en los distintos campos de interés.
  – Identificar y aplicar indicadores de resultados ambientales alcanzados mediante la aplicación de los esquemas de autorregulación, para evaluar la relación entre sus costos y su efectividad.

El Programa Nacional de Medio Ambiente y Recursos Naturales (Pronama) señala por su parte que aún existen vacíos legales e imprecisiones jurídicas que dificultan la gestión de la Semarnat para regular o sancionar actividades. Después de 30 años de gestión ambiental en México, hay sectores productivos completos que continúan desregulados o no contemplados por la normatividad y política ambientales. Así sucede con la ganadería, agricultura, actividad forestal, pesca y empresas de servicio, en especial las dedicadas al turismo.

El Pronama propone una nueva gestión ambiental, entendida como "el conjunto de acciones e iniciativas que la sociedad realiza en favor del medio ambiente", cuyo tema ambiental "deja de ser un asunto sectorial, restringido a la política social y pasa a ser un tema transversal en las agendas de trabajo de los gabinetes de Crecimiento con Calidad, Desarrollo Social y Humano, y Orden y Respeto". Como herramienta novedosa para lograr la integralidad en la gestión de los recursos naturales, adopta el Manejo Integral de Cuencas (MIC), que consiste en utilizar las cuencas hidrológicas y reconocer la presencia y relaciones de todos los elementos que existen e interactúan dentro de la cuenca:[4] recursos de agua, cuencas

---

[4] John Saxe-Fernández y Gian Carlo Delgado documentan tres formas de privatización del agua que suelen implicar el aval de organismos internacionales como el Banco Mundial. En la primera hay una venta total de los sistemas de distribución, tratamiento o almacenamiento por parte de los países a las corporaciones multinacionales. En la segunda se hace una concesión por parte de los países para que las corporaciones se hagan cargo del servicio y el cobro por la operación y mantenimiento del sistema en uso. La corporación gestiona en su totalidad el cobro por el servicio y las ganancias. La tercera se trata de un modelo "restringido" en el que el país contrata una corporación para que admi-

atmosféricas, suelo, recursos de la biodiversidad, hábitat natural y actividades socioeconómicas, en actuación coordinada de la Conagua con la Conabio, Conafor y Conanp. Esto hace necesaria una transformación sustancial de las unidades de gestión de la Semarnat, la Profepa y la Conanp delegadas en las entidades federativas para formar nuevas estructuras que respondan al manejo integral de cuencas. Aunque el Pronama no define estrategias para que converjan los programas ambientales y otros programas sectoriales con acciones ambientales o metas compartidas, este enfoque estratégico identifica 13 subcuencas hidrológicas[5] de atención prioritaria con base en los siguientes criterios: fragilidad ambiental, gravedad del deterioro ambiental, iniciativas regionales vigentes, vinculación con la seguridad nacional, pobreza extrema, demandas de la sociedad, problemas y necesidades ambientales de los pueblos indígenas.

Este enfoque aprovecha la experiencia y los logros obtenidos en el desarrollo regional del país por la Comisión Nacional de Irrigación (1926) por medio de sus distritos de riego, después por la Secretaria de Recursos Hidráulicos (1946) y el manejo de cuencas y planes hidroeléctricos, en adelante por la Secretaria de Agricultura y Recursos Hidráulicos (1976) y la Comisión Nacional del Agua (1989), que poco a poco integraron las políticas hidráulicas con el desarrollo regional y los asentamientos industriales. La historia económica del país da cuentas diversas de los efectos de las políticas hidroeléctricas en el desarrollo de cascos y corredores industriales, de las actividades agrícolas, de los asentamientos humanos y del desarrollo urbano; sin embargo, hasta ahora no ha sido lo mismo *cuenca de desarrollo* que *desarrollo regional,* mucho menos cuando a esta estrategia se le suma el crecimiento metropolitano de las ciudades, la emergencia ambiental de las zonas costeras, la presión económica, demográfica y ambiental de la frontera norte, y la necesidad de respuesta creciente e inmediata al entorno internacional. Con todo, debemos reconocer que la iniciativa es oportuna, de riesgo compartido con la población y de alcances intersectoriales, en tanto se sustente en una estructura matricial de la Semarnat con sus órganos desconcentrados, y se adecuen tanto la Ley de Aguas Nacionales —en lo relativo a consejos de cuenca y usos del agua— como los términos de los convenios e instrumentos suscritos por el Ejecu-

---

nistre el servicio de agua a cambio de un pago por costos administrativos generados. La corporación puede o no hacer el cobro del servicio, pero en ningún caso tiene acceso a las ganancias. Aunque las tres formas se han aplicado en diversas partes del mundo, la más popular es la segunda.

[5] Río Fuerte, Río Culiacán, Río San Juan, Río Bajo Santiago, Medio Lerma, Alto Lerma, La Laja, Rio Tula, Valle de México, Costa Chica de Guerrero, Rio Verde, Coatzacoalcos y Usumacinta.

tivo federal con los gobiernos locales para el desarrollo social.[6] La estrategia reclama asimismo cambios en el proceso de descentralización y en el fortalecimiento de la planeación estratégica de la gestión ambiental del municipio en la perspectiva de un desarrollo regional más que integral, integrado con las políticas de desarrollo nacional.

Es incuestionable el traslape del MIC con las políticas de desarrollo urbano sustentable y con la gestión ambiental de zonas costeras y fronterizas. El manejo de cuencas evolucionó con concepciones fisiográficas, muy vinculadas al uso del agua y su aprovechamiento energético, agrícola, industrial y urbano, en un orden histórico que principia en 1923 con el Plan Goelro de la entonces Unión Soviética. El proyecto de electrificación acarreó el desarrollo agrícola, agroindustrial e industrial de los países asociados y de otros que, por sus propios determinantes nacionales, contribuyeron en los años treinta con modelos de desarrollo regional tales como la citada TVA de los Estados Unidos, los planes de desarrollo de India y Yugoslavia conforme a la misma dimensión regional, Sudene (Superintendencia del Nordeste) de Brasil y los distritos de riego (comisiones) en México. El concepto de *cuenca* en este sentido se ha ampliado según el uso estratégico del agua hasta implicar variables dependientes en los procesos de colonización y el desarrollo urbano. Sin embargo, en este último ha sido más factor de disenso que de consenso, en especial en la zona metropolitana de la ciudad de México.

Las tendencias de urbanización acelerada a partir de 1970 y la configuración de patrones similares de metropolización llevan del mismo modo a la adopción de modelos de gestión ambiental regional centrados en polos de desarrollo urbano, con alcance y manejo metropolitanos diferentes según la respuesta de la expansión industrial a los ejes y mercados internacionales, en equilibrio con las fuerzas motrices nacionales: redimensionamiento del Estado, fortalecimiento del federalismo, participación de la sociedad civil, revaloración de los bienes comunes e internalización de las políticas ambientales.

La ciudad es hoy en día la forma más compleja y acabada de organización humana. En ella podemos convivir millones de seres vivos (incluso fauna y flora urbanas), realizar al mismo tiempo una gran cantidad de actividades cotidianas, interactuar, comunicarnos, producir y consumir bienes y servicios, todo sin que el sistema urbano se colapse; el ecosistema urbano, si bien complejo y multidimen-

---

[6] Las Reformas de 2004 a la Ley de Aguas Nacionales fortalecen la administración regional del agua en virtud de una mayor participación de los usuarios en el manejo de cuencas y estructuras de gestión más desconcentradas.

sional, es algo que funciona en desequilibrio constante. Aunque se desconocen los mecanismos homeostáticos del metabolismo urbano, la dinámica de nuestras ciudades ha rebasado en muchos casos los límites de lo saludable: la capacidad de respuesta de los tres órdenes de gobierno, y de los sectores social y privado, no ha podido operar al ritmo que exigen las necesidades de la población en lo que se refiere a calidad de vida. Las demandas de la sociedad mexicana en materia de preservación ecológica y protección ambiental se unen a los reclamos políticos y a las implicaciones de las nuevas relaciones económicas internacionales, para definir de manera conjunta las directrices de una nueva planeación del desarrollo urbano. En este marco de ideas, las premisas y fundamentos de la nueva planeación ambiental urbana y regional se circunscriben al entorno que forman, por un lado, una economía abierta expuesta a los avatares del libre comercio internacional y a un acelerado proceso de globalización de los mercados, y, por otro, a las nuevas restricciones e incentivos impuestos por los criterios de sustentabilidad ambiental.

El proceso de megalopolización de la región centro del país conlleva algunos de los retos más grandes y graves que deben enfrentar de modo impostergable la sociedad y el gobierno de la República. La magnitud del desafío implica encontrar soluciones reales y duraderas a los problemas ambientales, para lo cual resulta imprescindible rediseñar, renovar y enriquecer el marco conceptual que nutre el debate sobre las políticas públicas para el desarrollo urbano sustentable. La argumentación de las acciones hasta ahora emprendidas resulta cada vez más limitada y menos productiva, por lo que es preciso explorar un nuevo marco conceptual fundado en una reflexión que aborde no sólo las verdaderas causas estructurales de los problemas ambientales, sino que vaya más allá en la identificación tanto de los elementos como de los mecanismos que definen y operan los complejos sistemas urbanos.

De ese nuevo marco conceptual puede surgir un lenguaje más rico e integrado en sus ideas, con mayor capacidad de comunicación, de movilización de intereses y mucho más cercano a las realidades que configuran los retos ambientales metropolitanos. En primer lugar, es insoslayable la fusión de una multiplicidad de conceptos que en la actualidad se encuentran dispersos, sobre todo en los ámbitos de las ciencias ambientales y la economía. Ello requiere comenzar por una actitud abierta al cambio, dejando de lado prejuicios muy generalizados respecto del tipo y alcance de las medidas aplicables. Sólo así tendrá éxito la introducción y la aceptación del concepto básico de este nuevo enfoque: el desarrollo urbano sustentable. Se trata de un concepto mucho más robusto que el normalmente utilizado como desarrollo urbano, y que se perfila como una idea de gran poder de convocatoria intelectual y política, al compatibilizar la vitalidad económica y social de la metrópoli con su viabilidad de largo plazo, asegurando el mantenimiento de los equilibrios biofísicos fundamentales y, ante todo, la calidad de vida.

No está de más recordar que la idea de sustentabilidad del fenómeno urbano surge de la introducción explícita de conceptos ambientales a la gestión de las ciudades, en un enfoque que destaca el impacto del deterioro ambiental en el bienestar social de las comunidades urbanas. Así, el desarrollo urbano no podrá disociarse en adelante de los costos sociales económicos (incluyendo por supuesto los ambientales) producidos por los esquemas actuales de urbanización, en donde muchas ventajas ofrecidas por las economías de aglomeración quedan anuladas por los efectos de un crecimiento ambientalmente distorsionado. El concepto de desarrollo urbano sustentable es una extensión de su origen referente a la confrontación entre la conservación de muy largo plazo de los recursos naturales y su aprovechamiento económico en el corto plazo, en términos de mantener o mejorar la calidad de vida en las ciudades mediante la protección ambiental y la valoración económica de los servicios ambientales.

El enfoque de sustentabilidad del desarrollo urbano se complica en las zonas turísticas de la zona federal marítima y terrestre en donde confluyen problemas encontrados de la Federación, de los estados y de los municipios involucrados en el ejercicio de atribuciones constitucionales y legales en conflicto de intereses jurídicos, económicos, sociales, y, en consecuencia, políticos. Las zonas costeras han merecido una atención marcadamente patrimonialista en la Ley General de Bienes Nacionales, en detrimento de su valoración ambiental. La zona costera se ha abordado en la gestión pública de México de manera desvinculada, tanto por autoridades federales como estatales, y en su manejo sectorial. Aunque hay muchos esfuerzos institucionales por organizar y manejar esta franja, todos se han planteado y realizado sólo desde el punto de vista y necesidades de cada sector que tiene intereses en el litoral mexicano, en especial en el desarrollo turístico y pesquero. Por esa razón, los planes y programas que inciden en la zona costera se encuentran dispersos en distintas instituciones públicas, sin articulación evidente entre sí y con los municipios involucrados, y distan de considerarse en una política integrada. Aunque las causas son diversas, puede afirmarse que como primer punto existe un problema con la definición, significado e importancia de la zona costera de México, pues, por una parte, se aborda la problemática costera en el ámbito federal, y, por otra, se hacen programas sectoriales en los estados y los municipios costeros. Asimismo, se ha reconocido que el diagnóstico existente es heterogéneo, insuficiente para algunos sitios o regiones y más profundo para otros, y poco integrado debido a que la información se genera para cumplir objetivos parciales y dispersos respecto de la problemática general que le atañe.[7]

La gestión integrada de la zona costera y los recursos biológicos del mar en la perspectiva del desarrollo sustentable suscita varias preguntas (OCDE, 1993):

¿Cuáles son los indicadores de vigilancia de los ecosistemas costeros?
¿Cómo proteger, conservar, mejorar y restaurar los valores ecológicos y los ecosistemas?
¿Qué factores permiten mantener de manera duradera la calidad de las zonas costeras?
¿Cuál es el umbral crítico de calidad de recursos costeros que permite una producción duradera?

El tema costero parece visualizarse como emergente debido, entre otras razones, a las tendencias demográficas y económicas de los últimos años, y a la creciente preocupación mundial y nacional sobre las evidentes consecuencias de los problemas que enfrentan estos ecosistemas y los que se prevé enfrentarán en poco tiempo a causa de la aceleración de los procesos de globalización de los servicios turísticos; las altas tasas de crecimiento de la población en las zonas costeras y la importancia creciente de estas zonas en la economía (como espacio turístico y de producción); la degradación del ambiente y de la calidad de vida ocasionados por asentamientos humanos irregulares; el decaimiento de diversos recursos marinos y la interrelación, cada vez más clara, entre los procesos que ocurren en tierra con los que suceden en el mar; y los problemas previstos en términos de los pronósticos del cambio climático global.

En síntesis, entre los principales problemas que atañen a las zonas costeras de México se encuentran:

- Alteraciones físicas de los ecosistemas.
- Alteraciones por procesos de contaminación.
- Cambios de tipo funcional o estructural de los ecosistemas.

[7] Los ecosistemas costeros conceptuados como "típicos" son las lagunas costeras y estuarios. Sin embargo, resulta difícil excluir a otros ecosistemas, que si bien no presentan condiciones de estuarinidad tan marcadas como las primeras, llegan esporádicamente a tener y manifestar una influencia considerable de agua dulce proveniente de los escurrimientos fluviales. Por otro lado, y en primera instancia, todos estos ecosistemas son accidentes geográficos con un origen cercano entre sí (Contreras, 1993).

Por su parte, la atención ambiental de la frontera norte es producto de la historia de las relaciones bilaterales con los EUA, en donde el agua ha sido uno de los elementos más importantes de controversia. El Programa Frontera XXI 1995-2000 fue una etapa diferente, no continuada, del Programa Integral Ambiental Fronterizo 1992-1994, que a su vez sucedió a diversos convenios e instrumentos de vinculación que arrancan del Programa Nacional Fronterizo 1961-1965. Los asuntos ambientales de la frontera sur se asimilan indiscriminadamente en el Plan Puebla Panamá en la perspectiva de una integración económica regional. Los aspectos ambientales de la frontera marina con los EUA, Cuba, Belice y Guatemala no se consideran en los instrumentos mencionados.

Abandonamos abruptamente el enfoque sectorial de la gestión gubernamental sin modificar el marco jurídico ni el administrativo, y nos adentramos en el manejo de cuencas como vía de integralidad del sector ambiental en el contexto regional pues, en el nivel nacional, el Pronama ya previó el amarre interinstitucional. Sin embargo, los elementos ambientales, repetimos, son insumos difundidos de los procesos de desarrollo nacional. El agua, aire, suelo, flora y fauna, bosques, manglares, humedales, pantanos y arrecifes no obedecen a delimitaciones convencionales como el país, entidad federativa o municipio. El concepto de ciudad ya escapa a estas convenciones, y su extensión conurbada es de interpretación espacial. La colisión de políticas sectoriales en la "región" es, pues, inevitable. En estas condiciones, podrán suscribirse cuantos convenios sean necesarios entre la Federación y las entidades federativas, y al final los municipios rurales dispersos y las etnias quedarán al margen.

El Banco Interamericano de Desarrollo, en sus lineamientos para la preparación de proyectos de manejo de cuencas hidrográficas para eventuales financiamientos (1996), advierte que "la relevancia de la cuenca como unidad para la planificación está condicionada por los alcances de los programas que se definan, su tamaño y complejidad, los niveles de decisión involucrados y las fuentes de financiamiento", y aclara que

> la relevancia de la cuenca como unidad espacial para la gestión ambiental ha sido objeto de polémica y está igualmente condicionada por los factores señalados. El principal problema en este sentido consiste en que las fuerzas que materializan el desarrollo por lo general actúan según criterios espaciales de carácter político-territorial o sectorial. Por su parte, los procesos naturales que dinamizan las interacciones entre los recursos agua, suelo y vegetación no respetan estos límites. La cuenca es el espacio

natural para manejar estas relaciones con el objetivo de satisfacer las necesidades de bienes y servicios que la sociedad demanda en el corto, mediano y largo plazos, sin acelerar procesos de degradación de los recursos naturales.

Apunta además que

el objetivo de lograr la sustentabilidad del proceso de desarrollo plantea la necesidad de establecer una solución de compromiso al problema de la incompatibilidad entre los límites político-territoriales y los límites naturales que definen las cuencas. En este sentido, la inclusión de consideraciones estratégicas tendentes a armonizar las decisiones concebidas desde estas distintas perspectivas geográficas puede ser una alternativa para resolver la mencionada incompatibilidad. En materia de gestión ambiental y, en particular, de manejo de los recursos son los límites político-territoriales, no los naturales, los que introducen el problema.

En los últimos años ha tomado fuerza la iniciativa del BID para llevar los consejos de cuenca a un esquema de gestión sustentable del agua, lo cual por necesidad requiere un ordenamiento territorial de la cuenca que exprese un conocimiento compartido y reglas concertadas sobre uso del suelo, potencial de uso y aprovechamiento de los recursos naturales, así como de límites de carga sobre los ecosistemas. Esto exige aplicarse a fondo con una política de ordenamiento ecológico más intensa que recupere y proyecte lo avanzado en el ordenamiento general del territorio, en sus dos escalas y en las modalidades estatal, regional y local del ordenamiento.

X. UN DESARROLLO SUSTENTABLE CENTRADO EN LA CALIDAD DE VIDA

> ¿Qué tipo de circunstancias proporcionan buenas condiciones para vivir? ¿Qué hace que una vida sea buena para la persona que la vive? ¿Qué hace que una vida sea valiosa? ¿Qué hace que la vida de una persona sea mejor, en cualquiera de estos sentidos?
>
> Thomas Scanlon

El desafío

La inclusión de la temática ambiental a la esfera de la gestión pública representa un desafío que hasta la fecha ningún país puede considerar superado a plena satisfacción. En función de la complejidad de los procesos gubernamentales, resulta difícil asimilar la gestión ambiental para una organización administrativa heredera de la Ilustración y, en América Latina, con una gran influencia de la reforma borbónica del siglo XVIII y las formas administrativas napoleónicas. En esta organización tradicional, que evolucionó durante cerca de 200 años con base en la mencionada departamentalización de los asuntos públicos, no tiene fácil cabida un nuevo asunto, como la gestión ambiental, que es de índole multisectorial e interdisciplinaria. La dificultad de insertar la gestión ambiental en la organización del Estado, las inercias históricas y los intereses establecidos a los que se enfrenta este empeño, no disminuyen la urgencia de llevarla a cabo. Orientar la producción basada en los recursos naturales hacia niveles crecientes de sustentabilidad es ya una exigencia impostergable (Semarnap, 2000).

En su secuencia histórica, los enfoques sanitario, ecológico-urbano, concurrente y sustentable de las políticas ambientales que se aplican desde hace 30 años han dejado una huella legislativa y administrativa que difícilmente puede sustraerse de la gestión pública, cualquiera que haya sido su orientación. Aunque la percepción de los legisladores no se anticipa a la previsión de los factores condicionantes de los problemas ambientales y en cierta forma aborda la prevención de los determinantes —sobre todo en materia de protección ambiental—, la atención se ha centrado en las medidas de control en vias de frenar la contaminación y la degradación ambiental. Desde esta perspectiva de prioridades de corto y mediano plazos, no es posible adelantar acciones de restauración ni mucho menos posibilidades de reparación del daño ambiental. Los administradores, por su parte, siguen en su actuación sectorial con ritmo y alcances diferentes según objetivos institucionales pese al afán integrador de los planes de desarrollo. Los tres niveles de gobierno se superponen en la gestión de una materia que, valga repetir hasta el cansancio, no admite fronteras.

Reiteramos, con Merino, que uno de los desafíos de mayor envergadura es aún el de la distribución real y equitativa del poder. Los procesos de descentralización han sido sobre todo administrativos: los mecanismos de coordinación y las nuevas herramientas disponibles para mejorar las relaciones intergubernamentales han producido cambios en la forma de diseñar y ejecutar los programas de desarrollo, pero no han conciliado objetivos ni prioridades en los niveles de gobierno; en la actualidad, las entidades federativas cuentan con una legislación ambiental en su origen copiada de la general aunque cada vez y en forma diferenciada con una preceptiva más adecuada a sus condiciones, conflictos y demandas ambientales, de conformidad con las posibilidades de actuación que ofrece el sistema de coordinación fiscal y el programa de descentralización de facultades del gobierno federal, verdaderos obstáculos de la democracia; disponen de instrumentos de gestión en forma de planes y programas, no lo bastante aplicados ni necesariamente articulados con la problemática ambiental que plantea el Pronama; la organización, jerarquía y funcionamiento de las estructuras de gestión ambiental de las entidades federativas se diseñaron de forma diferente, lo que propicia problemas de integralidad en sus ámbitos de competencia y de coordinación con los organismos de la Federación; y aunque la "sociedad civil" muestra indicios de que comienza a internalizar la problemática ambiental, ni el gobierno federal ni los locales ofrecen instrumentos o mecanismos que posibiliten su participación.

> Una planificación ambiental de fondo sólo puede concebirse como un proceso de gestión descentralizada y participativa de los recursos productivos de los pueblos; sin embargo, su realización dependerá, dentro de las condiciones políticas e institucionales de cada caso, de las estrategias de organización, comunicación y acción que emanan de las características ideológicas y culturales de cada comunidad. [Montes, en Leff, 2000]

Se transfirieron facultades de la Federación a los gobiernos locales pero no se descentralizó la capacidad de decisión, ni jurídica ni políticamente. Sin embargo, esto no será tarea sencilla ni deberá limitarse sólo a la presión política: debemos reconocer que el centralismo ha sido uno de los soportes mas sólidos del régimen corporativo mexicano y una de las claves ineludibles del entramado institucional del país. Así, mientras que no se revisen las tradiciones de nuestras más arraigadas instituciones políticas y sociales, la descentralización no trascenderá de la administración a la toma de decisiones, de la operación de programas a la definición de verdaderas políticas públicas regionales; de la distribución dispersa de recursos a la generación de posibilidades locales de desarrollo; ni de la participación pasiva de la población en los conflictos ambientales a una participación responsable en la gestión del mejoramiento ambiental. De esta forma podremos concebir un sistema nacional de gestión ambiental equilibrado y equitativo.

Es indispensable, en estas condiciones, replantear los mecanismos de coordinación intergubernamental de tal forma que permitan la acción integrada de los niveles de gobierno en el ámbito microrregional, que den entrada a la participación de la sociedad civil y den salida a los conflictos intermunicipales o interestatales.

La planeación estratégica prevista en el PND 2001-2006, para que sea compatible con los criterios determinantes de la nueva administración pública, requiere cambios legislativos aún no planteados y que a su vez dependen de la definición de estrategias y de instrumentos de gestión que ni siquiera se han diseñado y seguramente entrarían en conflicto con los procesos y prácticas administrativas del sistema de planeación vigente. No basta negociar metas compartidas con otros sectores vinculados a las políticas ambientales, medida reconocida con un alto valor estratégico: es necesario además organizar un sistema de vinculación intersectorial y regional por medio de una Agenda Nacional para el Desarrollo Sustentable que arregle eslabones de frontera entre el ambiente, industria, agricultura, minería, salud pública y desarrollo urbano, costero, fronterizo y turístico. La idea de una comisión nacional del ambiente, como se organizaron en varios países latinoamericanos durante los años setenta y ochenta,[1]

---

[1] Comisión Nacional de Política Ambiental (Argentina, 1987), Comisión de Medio Ambiente y Recursos Naturales (Bolivia, 1986), Comisión Nacional de Medio Ambiente (Chile, 1990), Comisión Nacional de Protección del Medio Ambiente y del Uso Racional de los Recursos Naturales (Cuba, 1976), Consejo Nacional del Medio Ambiente (El Salvador, 1990), Comisión Nacional del Medio Ambiente (Guatemala, 1986), Comisión Nacional de Medio Ambiente y Desarrollo (Honduras, 1990), Comisión Nacional del Ambiente y Ordenamiento Territorial (Nicaragua, 1990), Comisión Nacional de Medio Ambiente (Panamá, 1985), Instituto de Preservación del Medio Ambiente (Uruguay, 1973) (Brañes, 2001).

aún es vigente para el nuestro, pero ahora en un nivel regional, en zonas ambientalmente críticas y sectores seleccionados por conducto de las estructuras de planeación de la Semarnat y los gobiernos de las entidades federativas; un sistema similar al planteado por Gustavo Martínez Cabañas en 1971 para articular las comisiones promotoras de desarrollo —que él mismo diseñó y sirvieron a otros fines— con los programas de la inversión pública federal y lograr un modelo de gestión regionalmente diferenciada para la planeación del desarrollo nacional.

Las cuencas hidráulicas administradas por la CNA, en proceso de cambio hacia cuencas de gestión regional sustentable, al igual que el manejo de zonas deprimidas a cargo de la Sedesol y quizá los planes de desarrollo urbano y costero, pueden ser compatibles en el marco de una agenda diferenciada destinada a la integración de sectores y territorios por objetos ambientales en la dimensión regional. Los municipios, excluidos del sistema de planeación y de las decisiones nacionales, considerados inexplicablemente como iguales, marginados en su propio terreno por el sistema jurídico y supeditados a la hegemonía política de los estados y al ejercicio fiscal de la federación, encontrarían su identidad nacional y espíritu constitucional.

No es coincidencia que la estrategia intervencionista en la economía de los Estados Unidos, en los años treinta, surgiese en plena depresión económica y se adoptasen medidas anticíclicas con instrumentos de planeación para el desarrollo regional; como tampoco es casual que se promoviese la planeación económica, en los años sesenta, en los países latinoamericanos con la Alianza para el Progreso en el marco de incertidumbre y riesgo imprevisible de la Guerra Fría. La estrecha correspondencia, en los ochenta, entre el Consenso de Washington[2] y la inducción de cambios en los modelos de desarrollo hacia una economía de mercado no es circunstancial, y ya se ha denunciado ampliamente. En esa década, el gobierno mexicano instaló un sistema nacional de planeación y al mismo tiempo un proceso, que aún no termina, de apertura a una economía de mercado que por su propia naturaleza cancelaba no sólo planes y programas de desarrollo, sino que ponía en entredicho la intervención del Estado en la economía nacional. Ya apuntamos la notoria asociación entre los acontecimientos geopolíticos de los años

---

[2] Término ideado por John Williamson, para quien "Washington" significa el conjunto de políticos, economistas e intelectuales integrados a los organismos financieros internacionales (FMI, BM), el Congreso de Estados Unidos, la Reserva Federal, los altos funcionarios gubernamentales y sus estrategias nacionales e internacionales, cuya labor se dirige a la consecución de una agenda global para el desarrollo (Isidro Herrera, investigador del Centro de Estudios Estratégicos y Geopolíticos).

noventa y las importantes decisiones, para bien o para mal, del gobierno mexicano para su reacomodo internacional.

Esta historia de discursos gubernamentales cargados de contradicciones intrínsecas puede explicar que los objetivos de los planes se elaboraran sin opciones estratégicas; que ostentasen una naturaleza cuantitativa mediante metas sin expresión cualitativa sobre situaciones políticas y sociales sin sustento suficiente; que se determinasen en el corto o mediano plazos, pues el largo plazo previsto no era un cálculo prospectivo, sino la suma de plazos cortos; que estuviesen desarticulados del siguiente plan y orientados al control contable de los objetos del gasto, y no a su eficacia o efectividad; esto explica asimismo que los sistemas de retroalimentación en realidad fueran ensayos de prueba y error, pues en el proceso de planeación y programación no se incluía la evaluación, y la comprobación de resultados era *a posteriori;* y que los sistemas, metodologías y técnicas de planeación económica se consideren hoy en día anacronismos propios de un pasado vergonzoso que los jóvenes tecnócratas desconocen y excluyen de su experiencia.

"Y, sin embargo, se mueve": los espíritus de Fayol, Taylor, Weber, Mayo, Münsterberg, Gilbreth, Gulick, Barnard, Maslow, McGregor, Simon, March, Likert y Argyris campean en una administración pública latinoamericana que se resiste a incorporar automáticamente y sin las adaptaciones indispensables los enfoques gerenciales de Deming e Ishikawa, Juran y Fiegenbaum, Drucker y Ansoff, y Osborne y Gaebler a los procesos gubernamentales mientras no se resuelvan los problemas de equidad, justicia, seguridad y bienestar de la población y de defensa de la soberanía nacional.

El enfoque estadístico en los procesos de producción se desarrolló al mismo tiempo que los métodos eficientistas de Frederick Taylor, y Frank y Lilian Gilbreth, en la primera mitad del siglo XX. Como ya mencionamos, los acontecimientos de la posguerra y la necesidad de reconstruir la industria devastada de Japón hicieron surgir la gestión estratégica asociada al control de calidad. Mientras tanto, en Estados Unidos se adoptaba el modelo de bienestar —paradigma de la economía keynesiana que impulsaba la intervención del Estado en el desarrollo— y se fomentaba en el Tercer Mundo, en este caso con instrumentos de planeación económica vinculados al desarrollo regional y a la gobernabilidad de los países. La administración pública, en este panorama, se consideró un factor decisivo en la formulación de programas de desarrollo y la gestión centralizada de metas aparentemente compartidas en un sistema corporativo de gobierno. De ahí la necesidad de una reforma administrativa del gobierno federal y un sistema de planeación, aunque tardío, aún vigente. El predominio del mercado en los sistemas económicos en las últimas dos décadas acarrea precipitadamente la necesidad de adoptar el nuevo y multicitado paradigma de gestión pública, en las condiciones igualmente descritas, sin resultados previsibles.

Un gran reto del desarrollo nacional se centra en la capacidad del gobierno y la sociedad para definir políticas, aplicar programas y diseñar instrumentos que transformen las prácticas de producción y consumo para frenar la explotación inadecuada de los recursos naturales y su incidencia en la calidad del ambiente, que reviertan el deterioro de los ecosistemas, y la destrucción y degradación de los recursos, y promuevan el crecimiento de la economía y el bienestar social. En este sentido, la nueva política ambiental y en especial el aprovechamiento de los recursos naturales debe buscar la articulación entre las estrategias y políticas de desarrollo económico y social con las de conservación de los recursos y del ambiente, en todos los sectores y programas de la administración pública federal, y promover en las entidades federativas la integración de la perspectiva ambiental y del reconocimiento de las capacidades de reproducción y carga de los ecosistemas, de los recursos y de las especies naturales en los proyectos de desarrollo y en los cambios de uso del suelo.

Una definición incluyente e integral del proceso de desarrollo debe por necesidad abarcar cinco elementos: desarrollo político, económico, social, cultural-ideológico y ambiental. Todo apunta, en el mediano y largo plazos, a escenarios en los cuales el ambiente será el factor crítico en la ecuación del desarrollo. Más importante aún, si no prevalece un mejoramiento —o al menos una estabilidad— de las condiciones ambientales, cualquier ruta hacia el desarrollo, sin importar su ideología, se convierte en un callejón sin salida: el crecimiento económico se desvanece, el progreso social se estanca, la idoneidad cultural se trastoca en caldo de cultivo de conflictos, y la política desemboca en soluciones de fuerza o anarquía. De llegar a estas consecuencias en estos términos tan estrictos, aunque posibles, será inevitable el deterioro de la calidad de vida, eje rector del desarrollo económico sostenible y socialmente sustentable.

El destino del país aún apuesta a una modernización basada en el fortalecimiento de la economía de mercado (ventajas comparativas y liberación de precios), y a una planeación coyuntural y de corto plazo, con acciones correctivas y preventivas pero sin una perspectiva ambiental de largo alcance. Las políticas para la recuperación económica se encaminan a cerrar los lazos de la racionalidad económica dominante antes que a abrir opciones y plantearse escenarios productivos alternos, basados en el ordenamiento ecológico del territorio y el aprovechamiento racional de los recursos del país (Leff, 1990).

En tan corto tiempo, prácticamente en los últimos años, los países ahora del G-8 dan marcha atrás en sus mecanismos de libre mercado y regresan a fórmulas de regulación y de gestión soslayadas por una modernidad que nunca rebasó los círculos académicos. En nuestro país, no entendimos o no pudimos utilizar con oportunidad los criterios e instrumentos de la planeación "tradicional", que declaramos anacrónica por el mismo acto de autoridad que la adoptó y pretendemos sustituirla por una planeación estratégica trasplantada de la gestión empresarial, que no sabemos de qué se trata y para cuya incorporación al sector público no diseñamos dispositivos idóneos. La obediencia irrestricta a los lineamientos de los globalizadores en los últimos veinte años ha sido el lastre más pesado de nuestra historia contemporánea. Desconocemos la enorme fortaleza de nuestras instituciones y no hemos aprendido a aprovechar la nobleza de nuestras debilidades frente a paradigmas internacionales, importados como amenazas, y que nos pueden brindar oportunidades insospechadas para llenar nuestras propias brechas, no las del exterior.

En estas condiciones, el desafío es en apariencia insuperable, sin embargo, una fortaleza de un país como el nuestro, que marcha contra el reloj en la gestión de políticas ambientales, vulnerable a fuerzas motrices provenientes del exterior y con un paradigma ambiental inaccesible, es precisamente la debilidad del puercoespín, citado hace poco en los círculos literarios.

La calidad de vida

Los problemas de desequilibrio ecológico y contaminación ambiental no son coyunturales: modifican paradigmas fundamentales en la sociedad moderna y condicionan la adopción de nuevos modelos de desarrollo. Es posible, sin pretender sensacionalismos, que induzcan nuevas pautas de comportamiento social. Las restricciones para lograr un desarrollo sustentable no son estrictamente de orden material, sino también conceptuales y valorativas. Las limitaciones parecen estar más en las ideas, en las tradiciones culturales, pero también en el propio paradigma del progreso sustentado en el dominio y transformación de la naturaleza. La crisis ambiental se asocia ineludiblemente a la crisis económica del mundo occidental y a la crisis política de los Estados-nación.

El modelo con que se justifica el desarrollo industrial como factor de cambio social y mejoramiento de las condiciones de vida ha sido más eficiente para acomodar y manejar los aspectos cuantitativos y revela limitaciones fundamentales como procesador de las dimensiones cualitativas de los procesos de cambio. Ya está en desuso la idea de que el desarrollo industrial y el mejoramiento general de las condiciones de vida van aparejados. La gravedad de los efectos negativos provocados por el modelo liberal de crecimiento exige una toma de conciencia generalizada y la asunción de una responsabilidad colectiva frente a los bienes comunes: aire, mar, y flora y fauna silvestres. Todos protestamos por los atentados contra la naturaleza, pero nadie está dispuesto a renunciar a las ventajas y beneficios que de ello se derivan.

Una forma concreta de atentar contra la calidad de vida del ser humano es deteriorar el ambiente en que vive. Cualquier agresión contra las leyes y fenómenos naturales termina por repercutir, en un plazo más o menos corto, sobre las condiciones de su propia existencia. La variable ambiental se suma a las biológicas y conductuales que sostienen el modelo de desarrollo de nuestros países. Vivimos hoy en día un proceso de transformación profunda en la constelación de teorías, métodos y organización de datos que constituyen los apartados del conocimiento. Este cambio está sustituyendo las bases de dicho conocimiento y abriendo una amplia gama de interrogantes que no podrían surgir con las concepciones convencionales. La adquisición de un nuevo paradigma no se va a lograr sin un grado suficiente de rebeldía y subversión frente a los moldes de las disciplinas que se han configurado.

> Elementos de referencia, tales como "naturaleza" y "vida", que se habían aceptado sin dificultad, cambian hoy de significado debido en parte al mejor conocimiento que se tiene de los mecanismos constitutivos de la vida, como consecuencia de una mejor integración de la biología en el conjunto de las ciencias físico-químicas, así como en los circuitos socioeconómicos y en los campos socioculturales. En estos momentos en que el artificio y la técnica tienden a tomar el relevo de la naturaleza, hay una evidencia que conviene recordar: la vida no existe, no hay más que seres vivos. Es imposible aislarla o concebirla en abstracto. La vida sólo podemos mostrarla (no demostrarla), hacerla visible según sus mecanismos y sus condiciones; ni siquiera podemos concebir todas sus potencialidades, puesto que éstas se revelan a través del tiempo, y nos desbordan en el pasado y en el futuro. [Ribes, 1978]

Antes, los efectos de la acción humana se asociaban directamente al agente causal. El ser humano podía valorar sus consecuencias y normar su conducta de acuerdo con su experiencia personal. Hoy, generaciones de seres vivos disocian el agente causal de los efectos, lo que dificulta en gran medida el análisis interdisciplinario de la relación ser humano-naturaleza, y en particular de los efectos del ambiente contaminado en la salud de las poblaciones humanas y el desequilibrio de los ecosistemas, y más aún el efecto del aprovechamiento insustentable de los recursos naturales en la calidad de vida de las poblaciones futuras.

Dentro del amplio terreno del comportamiento social de los individuos, el estilo de desarrollo que adoptan, y, en particular, su irrestricta propensión al consumo y su indeclinable vocación depredadora de los recursos naturales, trastocan el análisis de los conflictos ambientales. La naturaleza multicausal del desequilibrio ecológico y de la contaminación, y sus efectos tan diversos e insidiosos para la vida humana, exigen nuevas estrategias de acción y diferentes perspectivas de análisis. Es por ello que se requiere una ética dirigida a los problemas de degradación y contaminación ambiental, lo que exige un amplio y profundo análisis interdisciplinario en tanto que envuelve diversas disciplinas (biología, medicina y derecho) muy comprometidas con los bienes esenciales de la humanidad (vida, salùd y libertad); implica asimismo exigencias y valores que pueden ser antinómicos y, en consecuencia, generar conflictos de intereses entre la sociedad y los individuos. La bioética como alternativa de análisis de los conflictos ambientales emerge de manera oportuna como instrumento de cohesión y, paradójicamente, de racionalidad frente a enfoques unilaterales que confunden la visión justa de los problemas. La bioética en esas condiciones contribuye a la armonización de las políticas ambientales con las económicas que ponen en conflicto los valores fundamentales del ser humano. La bioética, en suma, agrega un toque de dignidad a la satisfacción de las necesidades humanas en términos de calidad de vida.

Como paradigma bioético, el desarrollo sustentable es deseable pero impracticable en los términos impositivos del consenso globalizador. Mientras que los países industrializados no adopten y cumplan los principios y programas de la agenda 21,[3] las autoridades nacionales no hagan compatibles las políticas sectoriales entre sí, con el ambiente y con las demandas regionales, y las autoridades locales no concilien sus intereses con la percepción ciudadana de los conflictos ambientales, el desarrollo sustentable será una utopía, un futuro deseable pero no probable ni posible (véase la siguiente figura: F1). Nuestros países transitan hacia un futuro probable y posible, pero no deseable por las enormes desigualdades que provoca

---

[3] Tema rector del foro de Johannesburgo, con resultados desalentadores.

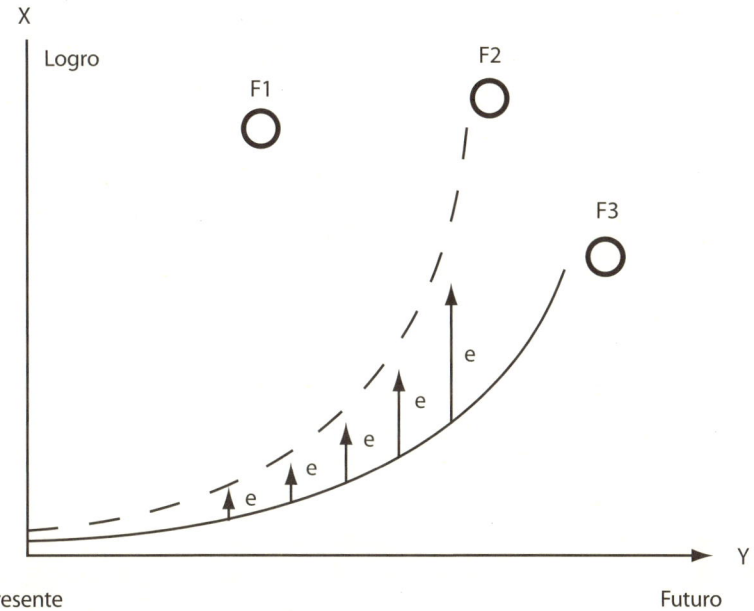

(F3), en la búsqueda de un futuro deseable y posible (F2) aunque se requiera de un modelo de desarrollo aún no diseñado; de ahí la búsqueda de integración con bloques económicos, los modelos regionales de respuesta, las reformas de los Estados y las estrategias contradictorias para alcanzar el desarrollo compartido mediante políticas macroeconómicas y al mismo tiempo para combatir la pobreza. Las paradojas ambientales son manifestaciones de estas contradicciones.

F1 – Futuro deseable pero no probable ni posible.
F2 – Futuro deseable y posible.
F3 – Futuro probable y posible pero no deseable.
e – esfuerzos, requerimientos y estrategias.

Los distintos parámetros que entran en juego en las directrices de las políticas ambientales son en su mayoría de naturaleza estratégica, de mucha importancia para lograr resultados en condiciones de desventaja, pero sus alcances al cabo de 30 años siguen en términos del control de la degradación ambiental sin lograrlo del todo, en tanto exista la posibilidad de incorporar dispositivos preventivos. De conformidad con este modelo de desarrollo, no se puede asegurar el logro de objetivos de calidad ambiental de largo plazo, pues depende de elementos imprevisibles incluso para países con el mayor potencial de respuesta al entorno internacional y al desarrollo endógeno; y la calidad ambiental es un requisito de suma importancia para lograr la calidad de vida.[4]

El término *calidad de vida* apareció en el lenguaje culto de los países occidentales a partir de los años cincuenta, y adquirió una connotación semántica precisa en la década de los setenta. La expresión *calidad de vida* se introdujo en el lenguaje de las ciencias humanas a partir de los métodos de control de calidad propios de los procesos industriales (Gracia, 1984). La idea positivista de que podemos cuantificar y comparar la calidad de vida humana surge por la confusión entre dos sentidos diferentes del término. Es necesario distinguir entre la calidad de vida biomédica y la calidad de vida personal. La primera se mide con índices médicos en términos del funcionamiento del cuerpo, deterioro de este funcionamiento y expectativas de supervivencia física, mientras que la segunda no puede entenderse de esta forma, pues envuelve términos existenciales del individuo que escapan a cualquier unidad de medida (Charlesworth, 1996). El concepto personal de calidad de vida toca los derechos humanos y se sustenta en la dignidad.

La cuestión de la calidad de vida irrumpe en el momento en el que converge la masificación del consumo con el deterioro del ambiente, la degradación del valor de uso de las mercancías, el empobrecimiento crítico de las mayorías y las limitaciones del Estado para proveer los servicios básicos a una creciente población marginada de los circuitos de la producción y el consumo. La ampliación de los mercados induce una uniformización de los bienes de consumo, y la homogeneización del uso del suelo y los recursos, mediante la incorporación forzada de modelos tecnológicos con el propósito de maximizar los beneficios económicos en el corto plazo, destruyendo las condiciones de sustentabilidad ecológica y las identidades culturales (Leff, 2000).

Así como la calidad de vida está estrechamente asociada con los riesgos derivados del estilo de desarrollo, el estilo de vida se vincula con los riesgos derivados del comportamiento individual y social; el potencial de vida está ligado con los

---

[4] *Calidad* viene del latín *qualitas*, que significa lo que convierte a una persona en *cuál*, por tanto lo que la individualiza y diferencia de las demás, y le da su diferencia específica. En este sentido, la cualidad por antonomasia del ser humano es la razón, de modo que *calidad de vida* se identifica con *racionalidad* (Gracia, 1984). Para la OMS, *calidad de vida* es la percepción de los individuos de su posición en la vida en el contexto de la cultura y del sistema valórico en que viven, y en relación con sus metas, expectativas, normas e intereses.

riesgos genéticos y el significado de la vida, con los riesgos derivados de los valores humanos: las cuatro dimensiones de la vida humana constituyen un paradigma centrado en la dignidad de vida para determinar las necesidades humanas esenciales (Peña Mohr, 1982). Esta perspectiva ofrece una visión integrada de las posibilidades existentes para intervenir estratégicamente en los conflictos ambientales.

Planeación estratégica

Si entendemos el desarrollo sustentable como un "proceso de cambio social en el cual la explotación de los recursos, el sentido de las inversiones, la orientación del desarrollo tecnológico y las reformas institucionales se realizan en forma armónica, ampliándose el potencial actual y futuro para satisfacer las necesidades y aspiraciones humanas" (Informe Brundtland), un sistema de planeación orientado hacia un desarrollo sustentable centrado en la calidad de vida requiere una planeación económica estratégica:

- dirigida al mejoramiento de las condiciones de vida,
- a través de una gestión integral, integrada y consensuada de
- políticas ambientales,
- mediante la definición jurídica de intereses colectivos y difusos y
- sistemas procesales para su tutela, así como de
- una homogeneidad estructural de la legislación ambiental.

Y todo esto debe darse en el marco de un estilo de desarrollo que permita el aprovechamiento sustentable de los recursos naturales, inserto en una economía de mercado que impulsa la internacionalización de los sistemas económicos y financieros y exige la homogeneización de los Estados y la armonización del derecho interno de los países.

En este contexto mundial, adverso para todos, hay que restarle rigidez al derecho en tanto que cada vez más el daño ambiental es irreparable y tiende a afectar mayores núcleos de población y ecosistemas transfronterizos. El derecho ambiental, en consecuencia, debe ser de naturaleza precautoria, flexible, manejable y eficaz, y el derecho ambiental internacional debe buscar la conciliación de intereses legítimos pero encontrados entre las economías integradas y las emergentes.

Es indispensable incorporar elementos estratégicos en la gestión pública de las políticas ambientales y modificar los parámetros tradicionales de la administración pública, más discursivos y convencionales que efectivos, en especial en el manejo del personal y del presupuesto. Sin embargo, el Plan Nacional de Desarrollo no abre cambios estructurales en los procesos gubernamentales ni exige requerimientos de arreglo institucional en los programas sectoriales, tan sólo obliga la adopción de objetivos y estrategias para el desarrollo sustentable. En estas condiciones, los procesos de mejoramiento organizacional instituidos en el sistema nacional de planeación participativa dejan de tener sentido. Hasta el presente, las estructuras administrativas no se han adaptado para organizarse y operar por unidades, procesos y proyectos. Los cursos de capacitación, incorporados a los programas de modernización administrativa desde 1995, no se han traducido en cambios en la organización institucional, en la actitud de los trabajadores al servicio del Estado ni en los enfoques de trabajo propuestos para la nueva gestión pública. Es evidente que fracasaron los intentos de la Secodam y la SHCP para modernizar la administración pública federal, y los planes de desarrollo se quedaron sin sustento administrativo para una programación integrada.

En cuanto al proceso mismo de planeación, no hay indicios de articulación entre programas regionales, sectoriales, institucionales y especiales, lo que resta su naturaleza estratégica. El Ejecutivo creó la Oficina Ejecutiva de la Presidencia de la República, que consta de seis oficinas, un secretariado técnico y tres comisiones, a efecto de lograr la integralidad del Plan mediante la coordinación interinstitucional y la integración de políticas públicas. A cuatro años de distancia se aprecia una actuación descoordinada de las oficinas, algunas de ellas desaparecidas, así como las tres comisiones vinculadas con el PND que no lograron sus propósitos. De cualquier forma, las estrategias previstas en el objetivo rector (crear condiciones para un desarrollo sustentable) no pretenden modificar el estilo de desarrollo depredador de los recursos naturales y se trasmiten en parte en el Pronama; las correspondientes al objetivo de lograr un desarrollo social y humano en armonía con la naturaleza abordan aspectos terminales de las políticas ambientales pero no mencionan los puntos torales de las políticas económicas en relación con un desarrollo sustentable. De forma circular, la planeación en nuestro país, antes tradicional y ahora estratégica, regresa al punto de partida: la incapacidad para diseñar instrumentos que hagan factible el logro de objetivos y para traducir estrategias en tácticas que posibiliten su manejo. El sistema de planeación volcado desde el inicio de sus procesos de programación y presupuesto hacia el control contable y político del gasto público sigue siendo el mismo, ahora rodeado de parámetros y lineamientos incomprensibles para la nueva gestión pública.

La planeación estratégica en el ámbito gubernamental y la nueva gestión pública no pueden disociarse de un proyecto nacional cuyos objetivos están prescritos en la Constitución Política aunque no lo bastante instrumentados en una legislación construida para el ejercicio de un sistema hegemónico de gobierno. Las políticas ambientales, como insumos fundamentales del desarrollo económico y social, no encuentran acomodo en un contexto gubernamental atraído más por variables macroeconómicas y señales del exterior que por las demandas internas y el desarrollo regional equitativo. Las fuerzas motrices más importantes para el diseño de las políticas ambientales han sido en los últimos 15 años el redimensionamiento del Estado llevado al extremo de acotar sus facultades básicas de gobierno; el fortalecimiento de un federalismo que no ha logrado ser cooperativo; la participación de una sociedad civil, más reactiva que proactiva; la revalorización de bienes comunes aún no considerados en nuestro sistema jurídico; el comercio exterior, que condiciona las posibilidades de un desarrollo sustentable, y la internalización de las políticas ambientales, tanto de los compromisos adquiridos en los foros internacionales por conducto de tratados y mecanismos de *soft law*[5] como de las competencias distribuidas por el legislador a las dependencias de la Federación. Las diferentes experiencias referidas en nuestro texto dan cuenta de la presión sobre el estado del ambiente y los dilemas constantes que enfrentan las decisiones gubernamentales. La respuesta rápida y eficiente a los compromisos internacionales contrasta con la falta de recursos y prioridades para atender las demandas de los grupos locales de presión y los requerimientos de los programas gubernamentales.

Las propuestas de la nueva gestión pública no son muy exigentes en los dispositivos de regulación jurídica, administrativa y programática que requiere la administración en la perspectiva de gerencia pública;[6] tal parece que la adopción de criterios y lineamientos propuestos por la OCDE y por la doctrina administrativa

---

[5] Resoluciones, declaraciones, programas, estrategias, códigos de conducta, actas finales de conferencias, informes de grupos de expertos, protocolos (mediante comisiones, comités, grupos de trabajo, reuniones de expertos, grupos *ad hoc*) o convenios marco. En la práctica internacional, las normas ambientales aparecen en numerosas ocasiones en forma de procedimientos informales, y se formulan en instrumentos jurídicos de carácter no obligatorio, para configurar un "derecho programático" donde las reglas ya consolidadas no se distinguen con claridad de los principios en formación, pero donde unos y otros actúan a modo de "vasos comunicantes" (Juste, 1999).

[6] No obstante, no parece que el sistema jurídico sea incompatible con su adaptación a la gestión de la calidad total. Como dice Martín Mateo, una adecuada comprensión del principio de jerarquía no es incompatible con la filosofía de la calidad total, la cual tampoco propugna la erradicación de todo principio jerárquico (Villoria, 1996). Lo característico de la gerencia pública es que se desenvuelve en un entorno político, lo cual quiere decir, en primer lugar, que afecta a los intereses colectivos (Olías de Lima, 2001) y que no puede restringirse a criterios eficientistas.

de los impulsores del modelo gerencial en los países industriales de punta está incorporando elementos extraños a la idiosincrasia de la gestión pública de nuestros países, que pueden provocar rompimientos de corto plazo en la realización de actos de autoridad, en la respuesta de los usuarios de servicios públicos, en el manejo del personal al servicio del Estado y en el comportamiento de las partes constitutivas del Estado mismo.

> La existencia del Estado de derecho se ha convertido en un estorbo, pues la noción de ley con referencia a la industria o al individuo alteró la esencia de la relación entre el cliente y la administración pública. El Estado de derecho ha producido una relación perversa a través de la cual dicha administración mantiene una posición de fuerza, y con base en ella, distribuye los beneficios o adopta las decisiones con arreglo a sus propias normas. La situación está torcida una vez más: tales normas no permiten que la administración pública se adapte a las necesidades de cada cliente, de modo que ellas deben ser reelaboradas en su provecho. Ciertamente el Estado de Derecho es un estorbo, toda vez que es inútil: "los derechos de los ciudadanos están bien establecidos; pero, ¿qué derechos tienen contra la omnipresente democracia cuando, en su calidad de clientes, no pueden dirigirse a nadie más? Es cierto que hay tribunales, pero en ocasiones es difícil y costoso recurrir a ellos" (OCDE, 1995). El Estado de derecho es un desastre, es inútil e inviable en la edad de la globalización, pues no funciona su administración ni su poder judicial, y quizá, ni su poder legislativo. [Guerrero, 2003]

> Durante años se hizo famosa la tesis de que en México había un país legal junto a otro país real, es decir, que la legalidad circulaba por un canal y la práctica por otra; sin importar el grado de veracidad de este problema, en la medida en que llegó la alternancia se comprobó que hace falta un nuevo marco legal y nuevos diseños institucionales; en resumen, una reforma del Estado (Aziz, 2003).

> La inercia social, los desajustes económicos y los tiempos políticos han provocado la proliferación de la normatividad administrativa, pero sin marcos de referencia, ni principios ni reglas de jerarquización ni coordinación. Existe por ello una gran labor por realizar en su integración; debemos proponer referencias que traigan orden al derecho público administrativo, que fortalezcan su teoría general dentro de un contexto sociopolítico real, reivindicando su lugar y trascendencia en la vida del Estado y de la sociedad. [Aguirre, 1997]

En todo caso, la expedición de leyes respondía a las pautas de mantenimiento de un orden preestablecido en el sistema corporativo de gobierno adoptado por las estructuras de poder y conciliado durante 75 años con las fuerzas motrices generadas en el curso del desarrollo nacional. En los últimos 15 años del siglo XX nuestro país ya no podía sustraerse a la dinámica expansiva de cambio acelerado hacia una economía de mercado, por lo que se realizaron los cambios jurídicos de 1987 y de 1992 para reducir la intervención del Estado y desregular la economía, y asimismo conservar, una vez más, el *statu quo,* es decir, un Estado de derecho del régimen que muy pronto demostró ser incapaz de responder con oportunidad a los cambios que ocurrían en la sociedad. En estas condiciones, las instituciones ambientales, con atribuciones ambientales o con incidencia ambiental, son obstáculos importantes para el desarrollo eficaz de las políticas ambientales, en tanto no exista un marco jurídico y administrativo que permita la acción institucional conjunta por objetivos compartidos. Las delegaciones federales, desconcentradas de las dependencias competentes en la gestión ambiental, acentúan la desarticulación gubernamental, pues trabajan sin coordinar sectorialmente sus recursos, y sin compartir objetivos y funciones en el nivel local.

De los escenarios prospectivos construidos por Ojeda y Lichtinger, a tres años de distancia, el marco institucional y el débil peso político de la problemática ambiental relegan aún más a la política ambiental a un papel secundario, lo que limita su capacidad de influir en las decisiones económicas sectoriales. Continúa el acotamiento y la sectorización de las consideraciones ambientales y de sustentabilidad. En los años siguientes y hasta 2012 el panorama no deja de ser desalentador, pues las ciudades siguen su proceso de metropolización generando problemas ambientales y de salud pública; la exigencia del cumplimiento con la legislación ambiental es todavía laxa, y los nuevos corredores industriales se convierten en importantes focos de contaminación tanto del agua como de la atmósfera; se incrementa la generación de residuos peligrosos industriales frente a una mayor pero aún precaria infraestructura de manejo, reciclaje y disposición; las escasas inversiones en la infraestructura ambiental requerida para estos fines no son rentables, debido a que persiste un amplio margen para el incumplimiento de las disposiciones en esta materia; no obstante, se comienza a sustituir con rapidez la capacidad de generación eléctrica con plantas que utilizan tecnologías eficientes y menos contaminantes, el gas natural como combustible principal en la generación de energía es ya una realidad, las emisiones que producen tanto la contaminación de efecto local (SO_2, NO_2, hidrocarburos, etc.) como las emisiones de gases de efecto invernadero disminuyen sustantivamente en términos unitarios, aun cuando la generación aumenta en forma consecuente con el ritmo de crecimiento económico. Es a partir de 2013 cuando ambos investigadores prevén un crecimiento económico moderado con avances en equidad y protección ambiental.

El mediano plazo en estas condiciones es el que se anticipa posible pero conflictivo en el diseño de políticas ambientales congruentes con un desarrollo sustentable, en la preparación de dispositivos administrativos para hacer frente a un entorno internacional agresivo con el ambiente y en el reforzamiento de un equipamiento nacional insuficiente para dar respuesta oportuna y con algunas ventajas a las fuerzas motrices del deterioro ambiental. El modelo de economía de mercado, inconsistente para los países emergentes, no ofrece conductos para una planeación prospectiva indispensable para las políticas ambientales. Esto se traduce en la necesidad de una perspectiva estratégica —de salvaguarda y defensa— en la planeación y en la organización del trabajo gubernamental, como señalamos ya con insistencia.

En estas condiciones, la planeación y gestión estratégicas en la administración pública deben contemplar los siguientes:

Ejes de análisis

- La naturaleza de los fenómenos ambientales: multicausal; multidisciplinaria, interdisciplinaria y transdisciplinaria; transectorial; local, regional o global; de corto, mediano, largo y muy largo plazos; de alcance y efectos imprevisibles.
- La percepción reduccionista, inmediata, personalizada y dispersa de los problemas ambientales.
- El paradigma ambiental conservacionista y economicista, orientado al desarrollo sustentable sin modificar los estilos de desarrollo.
- La sustitución de un sistema corporativo de gobierno por un modelo de gestión gubernamental sustentado en parámetros económicos, políticos y financieros internacionales aún sin reconocimiento en el desarrollo institucional de la administración pública.
- La transformación de una administración pública burocrática en una "nueva gestión pública" sin el acondicionamiento de su estructura jurídica y la adecuación de sistemas, mecanismos e instrumentos de gestión, muy internalizados en la administración pública.

- Las relaciones intergubernamentales de autoridad inclusiva, dependiente y jerárquica.
- La incorporación de tratados internacionales *(hard law)* en el sistema jurídico interno sin la suficiente preparación para recibirlos.
- La adopción de compromisos internacionales mediante mecanismos de *soft law*.
- La integración aleatoria de elementos en el sistema organizativo de las dependencias federales.
- La disociación del marco legal con el administrativo y programático en la organización y funcionamiento de las dependencias.

La naturaleza de los problemas ambientales y la sectorización del cuerpo legal impiden una gestión ambiental integrada y provocan conflictos entre las políticas públicas, por lo que cada medio (aire, agua, suelo, residuos, alimentos) y objeto (industria, ciudad, costa, frontera, biodiversidad) de las políticas ambientales debe manejarse de acuerdo con sus características e insertarse de manera distinta en los instrumentos de gestión (programas, sistemas de información, inventarios, registros integrados), según los objetivos y estrategias previstos. La percepción de los diferentes participantes en el escenario ambiental (Congreso de la Unión; autoridades federales, estatales y municipales; partidos políticos; organizaciones no gubernamentales y académicas; sector productivo; asociaciones civiles) solo podrá ser conciliada por medio de dispositivos colegiados de consulta y de educación ambiental que permitan determinar lo que se puede hacer, en función de lo que debe hacerse.

Las facultades concurrentes son producto de la más fina y profunda interpretación del sistema federal, por lo que sólo se ha aplicado en su mejor forma dentro de regímenes federalistas desarrollados. La filosofía que sustenta la concurrencia federal, de naturaleza pactista, señala que los estados miembros del pacto delegaron a la Federación determinadas atribuciones, por lo que si ésta no hace uso de ellas, los estados podrán reasumirlas para que no queden ociosas y puedan satisfacer las necesidades locales en tanto la Federación se ocupa de su atención. En México, las facultades concurrentes han sido desvirtuadas, confundidas y desaprovechadas en virtud de que sin mayor técnica competencial simplemente se les ha comparado con las facultades coincidentes, y casi no se han utilizado para reorientar la fuerza de los estados en la asunción de atribuciones. En su aplicación, casi nula, se les ha confundido con las facultades coincidentes al llamar concurrentes a aquellas facultades en las que, a través de las novedosas leyes generales o leyes marco, se ha conjugado la participación de los gobiernos federal y estatal en determinadas materias, como educación, salud, medio ambiente, ecología, asentamientos humanos y seguridad pública, con la aspiración por configurar un modelo de federalismo cooperativo. [Aguirre, 1997]

Ya mencionamos que la búsqueda de un desarrollo sustentable sin modificaciones estructurales en el estilo de desarrollo, con prácticas idóneas de producción, distribución, comercialización y consumo en el aprovechamiento de los recursos naturales para mejorar la calidad del ambiente, es una utopía. Sólo con estos procesos será accesible el equilibrio perdido desde el inicio del desarrollo industrial entre la sociedad y la naturaleza, y la confrontación actual entre el nivel de vida de la sociedad de consumo y la calidad ambiental.

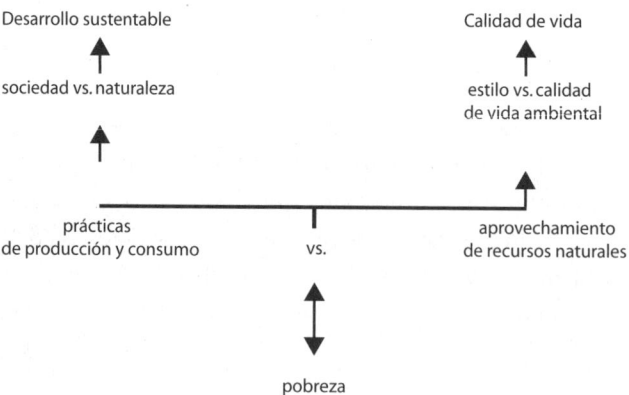

La creciente preocupación por las repercusiones del crecimiento económico en el ambiente, la emergente conciencia en la limitación de los recursos no renovables disponibles y la atención que comienza a darse a la calidad de vida despertó un interés en la formulación de estilos alternos de desarrollo. Las transformaciones sociales, el crecimiento económico y el adelanto tecnológico nunca ocurren en el vacío histórico: se dan en un contexto temporal, geográfico, político y cultural. Poco se conocen el mecanismo por el cual las comunidades deciden emprender su desarrollo, los estímulos que desencadenan este proceso, la introducción de las innovaciones y la difusión de sus efectos. Mucho menos se comprende el significado que estos cambios tienen en la forma de vida de cada comunidad (Peña Mohr, 1982).

Las reformas estructurales promovidas o realizadas por el gobierno mexicano para integrarse a la economía de mercado no han sido correspondidas en el mismo sentido ni en el mismo ritmo por el sector productivo, que debe tender hacia una administración empresarial de clase mundial: muy competitiva, orientada hacia nichos de mercado, organizada por procesos, flexible y con objetivos de producción en función de la demanda. Por su parte, la administración pública intenta incorporar estrategias y procedimientos ajenos a su tradición y sin la suficiente adaptación a sistemas administrativos arraigados durante un siglo de desarrollo institucional. La nueva gestión pública, en los términos de la OCDE, será un modelo deseable hasta que se instalen los dispositivos que lo hagan factible:

Ejes del cambio

- La diversificación de la organización de servicios públicos, con la creación de organismos con fines especiales.
- El reforzamiento de la responsabilidad y el compromiso de la administración para con los ciudadanos, y con los controles adecuados.
- La transformación del diseño de políticas para dar mayor participación a los clientes de la organización y a los directivos de línea en su elaboración.
- La conciencia de la importancia de los recursos humanos, con la consiguiente transformación de las políticas laborales.
- La mejora sustancial de los puntos de contacto con el ciudadano, lugar donde "el lenguaje y los productos administrativos se traducen al lenguaje de los clientes".
- La generación de prácticas administrativas que refuercen la receptividad como aprendizaje social.
- El adecuado uso de las tecnologías de información.
- La formación de los clientes, de forma que éstos practiquen y se comprometan en la toma de decisiones.
- La renovación de la gestión pública, con el consiguiente cambio de cultura y la introducción de un espíritu de gestión emprendedora.

(OCDE, 1989).

La apertura democrática hacia el "interior", como sabemos, depende de reorientaciones de las políticas económicas al mercado interno, del fortalecimiento del gobierno y de la gestión local, de un desarrollo regional equilibrado y de un desarrollo urbano sustentable, de un efectivo proceso de descentralización de facultades, recursos y capacidades de decisión hasta ahora centralizados, de mecanismos idóneos para establecer relaciones intergubernamentales equitativas, y, ante todo, de la concertación con la sociedad civil para hacerla participativa y corresponsable en los procesos de desarrollo nacional, todo ello para constituir un federalismo ambiental cooperativo, como tanto se ha insistido.

Es posible que el federalismo cooperativo no sea el adecuado para arreglar las relaciones intergubernamentales diferenciadas y equitativas que requieren las entidades federativas y los municipios del país, como sucedió en la década de los sesenta en los Estados Unidos cuando el presidente Johnson advirtió al Congreso que habría de adoptarse un federalismo creativo mediante un sistema fiscal de participaciones, más que el de inversión federal directa que caracterizó al federalismo cooperativo (Díez de Urdanivia, 2003). La perspectiva regional, la inermidad del municipio en el ejercicio de gobierno y la participación ciudadana, indispensables en la gestión ambiental, llevan a la búsqueda de nuevas fórmulas como la de un "federalismo asociado" que proponemos alrededor de los objetos de la política ambiental ya analizados.

Hacer realidad el sistema federal formalmente asumido por el Estado mexicano implica reconstruir jurídicamente al país, y de manera particular, por ser el encargado de regular la estructura y funcionamiento gubernamental, el derecho público-administrativo. Por tanto, además de los problemas técnico-jurídicos propios de la materia, se presenta el reto de compatibilizarlo con los derechos administrativos de las entidades federativas. Es una gran tarea pero también una histórica oportunidad para reorganizar jurídicamente al Estado federal mexicano, haciéndolo más eficiente y justo ante una sociedad más participativa. Nuestro derecho administrativo es de naturaleza centralista, por lo que requiere una regionalización coordinada de vanguardia, con el realce jurídico, político, social e ideológico que aún se le niega. Urge un cambio de las administraciones públicas federal, estatales y municipales en sus respectivos ordenamientos jurídicos (Aguirre, 1997).

La apertura al exterior impulsada en los últimos 20 años que nos impone compromisos jurídicamente vinculantes *(hard law)* y políticamente persuasivos *(soft law)* no se internalizan en el sistema jurídico interno ni en la organización de las instituciones públicas por la falta de instrumentos adecuados, lo que provoca incertidumbre jurídica y discrecionalidad administrativa, con sus consecuentes efectos adversos para la integralidad del sector ambiental y para su integración con otros sectores de la administración pública, así como para su congruencia intergubernamental. Por lo mismo, debe reglamentarse la Ley sobre la Celebración de Tratados en lo correspondiente a instrumentos de gestión para incorporar los compromisos internacionales a la legislación y la administración pública.

> La presencia de normas de *soft law* constituye un fenómeno dominante en el Derecho internacional del medio ambiente desde sus inicios, hace ya más de 30 años. Numerosas razones sociológicas, políticas y jurídicas explican su aparición, su consolidación y su desarrollo creciente; a saber, el impacto de los métodos normativos empeados por los organismos internacionales, las divergencias de intereses entre los países desarrollados y los países en desarrollo (que lleva a ambos al rechazo de reglas demasiado rigurosas o rígidas) y la incesante y rápida evolución de la situación al impulso del constante desarrollo de la ciencia y la tecnología (que aconseja adoptar normas flexibles, susceptibles de acomodarse a los cambios a medida que se van produciendo). [Aguirre, 1997]

La organización y operación de las dependencias de la administración pública federal están determinadas por la distribución de competencias que establece la LOAPF y por la eficiencia en la formulación de los reglamentos que ordena en su artículo 18. Sin embargo, es necesario repetir que el derecho administrativo no ha establecido criterios para convertir atribuciones legales en reglamentarias, y éstas, a su vez, en funciones administrativas para organizarlas en estructuras de gestión, de conformidad con la tradicional división del trabajo, con la departamentalización de competencias y con la jerarquización de responsabilidades que ha guiado a la ahora denominada administración burocrática, o en los términos de la nueva gestión pública. Esta discrecionalidad ha contribuido a la disociación del marco legal con el funcionamiento administrativo de las dependencias y a la operación fragmentada de los programas, los que han dependido más de mecanismos informales para su desarrollo que de soportes de tecnología avanzada. Igualmente ha generado un ambiente institucional de imponderables en la definición de sus partes y en la toma de decisiones para integrarlas en un sistema institucional. En esta circunstancia, la reinvención del gobierno y la nueva gestión pública son iniciativas de alto valor estratégico en una sociedad que tiende a ser global, caracterizada por la información, conocimiento, innovación y competencia, a la cual los países emergentes en una economía de mercado deben dar respuestas especiales rápidas, oportunas y ventajosas.

Conclusiones

Una recapitulación violenta de la gestión pública del ambiente nos encamina a buscar explicaciones y soluciones a los conflictos ambientales en el modelo de apropiación y aprovechamiento de los recursos naturales adoptado por nuestros países; en la actitud de la sociedad hacia la naturaleza; en la respuesta del Estado frente a la crisis ambiental, mediante políticas públicas, disposiciones jurídicas y medidas administrativas; en la respuesta de la sociedad ante los fenómenos de globalización y los compromisos internacionales; y en menor cuantía, ante los problemas ambientales que no necesariamente son percibidos por la población ni provocan demandas sociales. Es decir, los problemas ambientales —sujeto y objeto de la degradación ambiental— son los elementos de menor peso al seleccionar opciones y prioridades que determinan las políticas públicas. Con este argumento dimos curso al análisis de los factores condicionantes y determinantes de las políticas ambientales en nuestro país en lo referente a la naturaleza de los fenómenos ambientales, al marco gubernamental y a las fuerzas motrices del entorno internacional.

Reiteramos que la naturaleza interdisciplinaria, transectorial y contextual de los fenómenos ambientales es la que marca el sendero de las políticas públicas en materia de producción industrial, manejo, distribución, comercio y consumo de bienes y servicios, así como las condiciones del hábitat humano, de la salud de la población y del equilibrio sostenido de los ecosistemas. Es la percepción del ambiente, condicionada sobre todo a las tradiciones, usos y costumbres de la población, la que influye en mayor medida en la generación de conflictos y en el establecimiento de prioridades gubernamentales, aunque no coincidan con la realidad ambiental, lo que significa que las necesidades no correspondan con las demandas sociales y, en su caso, las acciones carezcan de legitimidad y de integralidad con alto costo e ineficiencia.

El acercamiento a la percepción de necesidades se busca, sin pretenderlo, mediante actividades de promoción educativa con agregados de información ambiental "para el desarrollo sustentable" en los planes formales de educación pública en el largo plazo y, asimismo, mediante programas de capacitación en el corto plazo. Sin embargo, no tenemos suficiente conocimiento científico y tecnológico sobre el ambiente para adoptar paradigmas generados en otros contextos y, ante todo, para diseñar instrumentos jurídicos y de gestión ambiental adecuados a nuestra problemática; y más aún desde la perspectiva de un entorno internacional agresivo y un federalismo ambiental sin plantear.

Acerca del conocimiento ambiental, no se ha hecho mención de la importancia de la fuerza motriz del desarrollo científico y tecnológico orientado al incremento del nivel de vida y, en consecuencia, a un renovado paradigma de una sociedad de consumo de masas. El proceso acelerado de globalización no ha dado tiempo a los países emergentes en la economía de mercado de inventar mecanismos de salvaguarda, defensa o respuesta a las incertidumbres del concierto internacional. Hemos hecho referencia constante de la presión internacional ante la calidad del medio ambiente mediante la hegemonía económica y política de los países industrializados, que induce a la internacionalización de mercados y a la globalización de pautas de intercambio de personas, bienes y servicios, capitales e información. Las relaciones y términos de intercambio modificaron el derecho internacional, público y privado, y generaron principios dogmáticos y doctrinarios suficientes para conformar un derecho ambiental internacional que tiende a armonizar —vulnerar— el derecho interno de nuestros países.

Si bien México reconoce la grave degradación ambiental que enfrenta, se necesitará tiempo y esfuerzos sostenidos y continuos para instrumentar y respaldar las políticas ambientales. La transferencia de la instrumentación de la política ambiental no se ha acompañado del desarrollo adecuado de capacidades estatales y municipales. Esta brecha en la instrumentación refleja, en particular, la compleja y a veces confusa distribución de la competencia ambiental entre los distintos niveles de gobierno y las limitaciones de la autoridad local para la obtención de ingresos provenientes de impuestos y cobros. El alcance del cumplimiento ambiental se extiende al problema del uso insustentable de los recursos naturales (por ejemplo, tala ilegal de bosques), pero sin el incremento paralelo necesario de personal y presupuesto para la Procuraduría Federal de Protección al Ambiente (Profepa). Los distritos de riego aún se inspeccionan de manera separada por la Comisión Nacional del Agua (la cual revisa e impone sus propios esquemas de riego), mientras que los esquemas de riego individuales (50% del agua de riego) se encuentran virtualmente al margen de cualquier inspección. Existe un campo muy amplio para extender el uso de instrumentos económicos, en particular en la gestión del aire y los residuos. Los cargos a los usuarios por los servicios de agua potable y de origen residual son inferiores a los costos de recuperación. Los agricultores están exentos de cobros por extracción de agua (OCDE, 2003). La nueva Ley de Aguas Nacionales ha previsto la acción conjunta de la CNA y de la Profepa en la regulación y vigilancia de los sistemas de operación del agua.

Por su dimensión y complejidad, la protección del ambiente no puede ni debe recaer en la responsabilidad exclusiva del Estado. La idea esencial en la política ambiental consiste en sustituir poco a poco, y con el consenso de la población, las medidas correctivas que se aplican hoy en día por mecanismos de prevención socialmente integrados, de forma que las decisiones de inversión y tecnología guarden el equilibrio idóneo entre el crecimiento económico y el mejoramiento de la calidad de vida. Sin embargo "hasta ahora, en el ámbito de la cultura y de las prácticas cívicas todavía pesan las décadas de patrimonialismo y clientelismo, lo cual ha dificultado enormemente la valoración social de la denuncia y su expresión cotidiana del derecho a un ambiente de calidad" (GEO, México, 2004).

La capacidad o voluntad para llevar a cabo una adecuada gestión ambiental enfrenta una serie de obstáculos que impiden una correspondencia real entre la preceptiva legal, la realidad ambiental, la respuesta gubernamental y la percepción pública de los conflictos ambientales. Se expresa de manera reiterada que nuestro marco jurídico en materia ambiental es de primer orden, con una preocupación manifiesta por la conservación del ambiente y el aprovechamiento sustentable de los recursos naturales, además de contarse con mecanismos para el control de la contaminación mediante instrumentos de regulación jurídica y administrativa. Sin embargo, existe un abismo entre la formalidad del marco legal y el comportamiento real de los diferentes sectores de la sociedad frente a una situación de conflicto con el ambiente, que va en aumento, en un contexto de desarrollo global que impide la adopción de medidas precautorias.[7]

> Los problemas de eficiencia y eficacia que presenta la legislación ambiental se refieren al bajo grado de idoneidad que poseen las normas para satisfacer las necesidades de regulación ambiental; y al bajo grado de acatamiento de éstas por quienes son sus destinatarios. Lo cual obstaculiza la correcta tutela del derecho a un medio ambiente adecuado. (GEO, México, 2004)

---

[7] En la bibliografía de la modernización ecológica, el principio precautorio se ofrece por lo general como medio de tratar las amenazas ecológicas. El concepto parece haber sido utilizado por primera vez en Alemania en los años ochenta, y hasta cierto punto ha formado parte de la política pública en aquel país. Muy simplificado, establece que debe actuarse sobre las cuestiones medioambientales incluso aunque exista incertidumbre científica sobre ellas. Así, en varios países continentales se iniciaron programas para combatir la lluvia ácida, mientras que, en Gran Bretaña, con la falta de evidencia concluyente se justificó la inactividad en éste y otros problemas de contaminación (Giddens, 1999).

El desarrollo institucional de la administración publica ha seguido la evolución histórica de intervención del Estado en el desarrollo económico y social del país, desde el estado gendarme (1821), el benefactor (1930) y el regulador (1980) hasta el presente estado gerencial (2000). Las estructuras de gestión pública, desde la Secretaría de Salubridad y Asistencia (1972-1982) y la Secretaría de Desarrollo Urbano y Ecología (1983-1992) hasta la Secretaría de Desarrollo Social (1992-1994), no fueron congruentes con una gestión integral de las políticas ambientales. Con la Secretaría de Medio Ambiente, Recursos Naturales y Pesca (1995-2000) se abre la posibilidad de desarrollar una agenda para el desarrollo sustentable. El enfoque estratégico del Plan Nacional de Desarrollo 2001-2006, la estrategia intersectorial del Programa Nacional de Medio Ambiente y la organización de la Secretaría de Medio Ambiente y Recursos Naturales, desconcentrada en la agenda verde y centralizada en la agenda café, aumenta la posibilidad de sentar las bases orgánicas y funcionales para reorientar el desarrollo económico y social del país en términos de sustentabilidad y responsabilidad compartida entre los sectores gubernamentales.

La adopción de un modelo de desarrollo sustentado en el aprovechamiento económico irrestricto de los recursos naturales es el punto de partida de la crisis ambiental que tiende a cubrir el planeta y que afecta más a los países subdesarrollados. Países como México, con una gran biodiversidad, recursos naturales estratégicos comprometidos en un desarrollo sustentable incompatible con el crecimiento de una economía vulnerable y dependiente, envuelto en procesos acelerados de urbanización y de marginación, así como en procesos de democratización, descentralización y *empoderamiento* de la sociedad civil, y con un sistema macroeconómico montado en alfileres, difícilmente podrá promover un cambio en el estilo de desarrollo.

El problema de lo ambiental no se refiere sólo a aspectos de superestructura (normas, valores, educación, conciencia social, etc.), sino a fenómenos de tipo estructural, determinados por la forma de producir y la manera como la sociedad se apropia de ese modo de producir, es decir, se refiere al estilo de desarrollo adoptado de manera democrática o autoritaria, pero al fin y al cabo ineludible. Por razones ampliamente expuestas, la problemática ambiental se valora desde una perspectiva tangencial, por lo que los esfuerzos de corrección se centran en aspectos normativos y en programas orientados sobre todo al freno del deterioro ambiental y al control de la contaminación, y dejan intacto el cuestionamiento al modelo de desarrollo que se nos ha impuesto, o que no hemos podido adaptar a nuestras necesidades, el cual está en la base de muchos de nuestros problemas ambientales, y tal vez también la explicación del distanciamiento entre discurso y realidad.

> Si el desarrollo sustentable debe ir acompañado de equidad —queriendo decir por ello una menor desigualdad en el ingreso, mayor seguridad de empleo y en el acceso a los beneficios sociales, menor desventaja ante los actos administrativos del poder público y ante el comportamiento empresarial y mayores oportunidades y libertades para buscarlas— México está bien lejos de esa meta. Ni siquiera se ha efectuado un comienzo, por supuesto radical en sus propósitos, de racionalizar el uso de la energía disponible o potencial, o de hacer frente a una futura escasez de agua y de descenso de la calidad de ésta. La economía mexicana continúa fincada en el empleo de energéticos contaminantes y agotables, en la pretensión de todos los sectores de emplearlos a mansalva. Prevalece la noción de que la actividad agropecuaria conspira contra la conservación de los suelos, vegetación y fauna, como si fuera una actividad extractiva y no una de reproducción o renovación de recursos productivos. El agua sigue siendo considerada como un don gratuito de la naturaleza, cuando que su uso encierra un costo real y ambiental de proporciones gigantescas. La industria mexicana está, en general, muy distante de incorporar las llamadas tecnologías limpias. La administración pública del país carece de una estrategia adecuada para el control de los desechos urbanos, los industriales y los agropecuarios. Como en tantos otros campos del quehacer en materia de desarrollo, no se parte de cero. Deben reconocerse muchos logros de los últimos diez años, tanto en materia ambiental como en otras áreas. Las políticas ambientales se han definido mejor, el conocimiento ha aumentado, se tiene acceso a nuevas tecnologías, se cuenta con alguna medida de cooperación internacional y regional. Falta, sin embargo, que la sociedad otorgue mayor prioridad a esas políticas y que las sitúe a largo plazo en el marco de lo que podrá ser un proceso de desarrollo sustentable. [Urquidi, 1997]

En general, la idea del desarrollo sustentable no ha penetrado en las sociedades ni en los gobiernos al grado de que sea una base firme de formulación de políticas de desarrollo, donde éstas lleguen a considerarse necesarias. Suelen prevalecer los objetivos a corto plazo. En particular, no se han identificado adecuadamente las rigideces estructurales, las resistencias de todo orden que se enfrentan al cambio, por lo menos en los sectores críticos. La mayoría de las resistencias son difíciles de cambiar con rapidez. Existe un gran vacío entre las formulaciones teóricas, el desarrollo sustentable y la práctica política, económica y social. Prevalece, además una excesiva conformidad con la idea —también teórica— de que en el marco de mercados libres y competitivos, nacionales o internacionales, se generan las condiciones que permitirán abordar, por simple interés propio de los grandes sectores empresariales, las políticas ambientales y otras necesarias —por ejemplo, respecto a energéticos y agua— que detendrían el deterioro ambiental. Una de las condiciones implícitas —y aun explícitas— en los documentos de Río de Janeiro es que no basta que un país, una sociedad, se propongan por sí solos encaminarse al desarrollo sustentable. Se necesita que la idea sea aceptada y cumplida por todos los principales países que en la esfera económica ejerzan gran influencia en el sistema mundial: sean industriales, agrícolas o petroleros. Se requiere asimismo que la cooperación internacional, hoy tan menguada, se oriente hacia esa finalidad y reconozca, además, las desigualdades preexistentes y la capacidad diferencial para salir del atraso, para llevar a la práctica políticas ambientales efectivas y para asumir las responsabilidades del desarrollo sustentable en todos los terrenos. [Urquidi, 1998]

Para nuestros países no hay una tercera vía, como propone Anthony Giddens, sino una doble vía paralela que responda en congruencia o a la defensiva del entorno y al mismo tiempo resuelva nuestros problemas internos, que no suelen coincidir con las prioridades que exigen los foros de cooperación internacional y menos aún los términos de intercambio comercial, los que determinan la percepción global de los fenómenos ambientales. Los conflictos ambientales que generan son componentes consolidados en los procesos de globalización de la economía y en los consecuentes impactos nacionales. Las conferencias de Estocolmo, de Río y de Johannesburgo son lo bastante críticas de una realidad ambiental que no depende estrictamente de las políticas ambientales pero que, sin embargo, obligan a los países pobres a establecerlas o a modificarlas.[8]

---

[8] La expresión *tercera vía* parece haberse acuñado ya a finales del siglo XIX, y fue común entre los grupos de derechas de los años veinte. Sin embargo, se ha utilizado mayormente por socialdemócratas y socialistas. A comienzos de la posguerra, los socialdemócratas estaban convencidos de que estaban encontrando una vía distinta al capitalismo de mercado estadounidense y al comunismo soviético. En los años setenta se empleó para referirse al socialismo de mercado. A finales de los ochenta, los socialdemócratas suecos parecen haber hablado con más frecuencia de la *tercera vía* para referirse a una importante renovación programática. La apropiación más reciente de la *tercera vía* por Bill Clinton y Tony Blair encontró un recibimiento tibio por parte de la mayoría de los socialdemócratas continentales, así como por los críticos de la vieja izquierda en sus respectivos países. En su nueva versión, los críticos contemplan la *tercera vía* como un neoliberalismo recalentado (Giddens, 1998).

Se ha dicho que las dos grandes contradicciones que nuestro sistema económico tiene que vencer para subsistir, sin merecer ser calificado de injusto, son en el ámbito interior las grandes diferencias de niveles de vida entre los pobladores, la superación de grandes contrastes; en el ámbito internacional, la coexistencia de países altamente desarrollados y países económicamente coloniales... ¿es que no habrá una fórmula que permita superar ambas antítesis armónicamente?, ¿no existirá en el debate de nuestros tiempos un tercer camino? [Reyes Heroles, 1948]

La filosofía del desarrollo sustentable se encuentra todavía en el discurso oficial aunque no se ha internalizado efectivamente en las estructuras legislativas ni en las gubernamentales. El concepto se coló ya hasta los medios de difusión, y la mayoría de los grupos informados de la población da muestras de entender su significado y su importancia para promover la calidad de vida de las generaciones por venir; pero, como afirmó un miembro de la Comisión Brundtland en su momento, nadie sabe cómo lograrlo o incorporarlo a las políticas públicas de los gobiernos tan distantes entre sí y con frecuencia tan distantes de sus propias realidades nacionales. "La sustentabilidad ambiental tiene que estar relacionada con los límites de carga de los ecosistemas, con la irreversibilidad de ciertos deterioros, así como con la calidad de vida ambiental" (GEO, México, 2004).

El cambio de modelo de desarrollo económico y de gestión gubernamental propuesto por el Consenso de Washington con diferentes vías para el redimensionamiento de los Estados se interpreta e impone de manera uniforme en todos los países que han requerido ayuda financiera y "asistencia técnica" del FMI/BM (Stiglitz, 2002), con las consecuencias tan visiblemente equivocadas que han provocado las manifestaciones violentas en las últimas reuniones del Foro de Davós y de la Organización Mundial de Comercio.

Mientras tanto, al cabo de 30 años de esfuerzos gubernamentales y expectativas de organismos internacionales y grupos de presión interesados en la defensa del ambiente, los Estados no han internalizado las políticas ambientales en sus estructuras de regulación y de gestión —salvo de manera formal—, y la emergente sociedad civil adopta posturas reivindicativas, contestatarias y demandantes sin hacerse partícipes —con los depredadores— de la explotación insustentable de los recursos naturales y de la degradación ambiental.

En nuestro país, la necesidad de internalizar exigencias y conductas ambientales no sólo proviene del exterior, por expansiva que sea su apertura a los mercados internacionales. Las estructuras de gestión legislativa y gubernamental no han establecido, insistimos ya, criterios ni instrumentos para incorporar las políticas ambientales a preceptos legales, dependencias de la federación o programas de desarrollo, lo que explica la incongruencia entre los diferentes componentes de la administración pública: las leyes que la sustentan, las competencias atribuidas a las instituciones ambientales y el presupuesto asignado a sus programas. Más aún, la sociedad civil requiere principios convincentes para modificar sus patrones de conducta frente a los recursos naturales, su aprovechamiento sustentable y, ante todo, su irrefrenable consumo.

BIBLIOGRAFÍA

Estudios rectores

Brañes, R. (1994, 2000), *Manual de derecho ambiental mexicano*, Fundación Mexicana para la Educación Ambiental / Fondo de Cultura Económica, México.
Cabrera Mendoza, E.(1998), *Las políticas descentralizadoras en México (1983-1993)*, CIDE / Porrúa, México.
González Márquez, J. J. (1999), *Introducción al derecho ambiental mexicano*, UAM-A, México.
Instituto Nacional de Ecología (2000), *Protegiendo al ambiente: Políticas y gestión institucional*, Semarnap, México.
Leff, E. (2000), *Los problemas del conocimiento y la perspectiva ambiental del desarrollo*, Siglo XXI, México.
López Ayllón, S. (1997), *Las transformaciones del sistema jurídico y los significados sociales del derecho en México*, UNAM.
Secretaría del Medio Ambiente, Recursos Naturales y Pesca (2000), *La gestión ambiental en México*, Semarnap, México.
Secretaría del Medio Ambiente y Recursos Naturales, *Programa Nacional de Medio Ambiente y Recursos Naturales 2001-2006*.
Urquidi, V., coord. (1996), *México en la globalización*, FCE, México.

Referencias bibliográficas

Aburto Muñoz, H. (1996), *Estado, régimen y sistema político*, INAP-RAP.
Aguilar Villanueva, L., coord. (1992), *El estudio de las políticas públicas*, Porrúa, México.
Aguirre, E. (1997) *Los retos del derecho público en materia de federalismo*, UNAM, México.
Alponte, J. M. (2003), *Conferencias: Las grandes crisis ambientales del siglo XXI*, Semarnat, México.
Apaez, J.(2002), Comunicación personal. México.
Arnold, D.(2000), *La naturaleza como problema histórico*, FCE, México.

Avilés Barrera, J. (2002), *La gestión ambiental en México: Una mirada desde el gasto*, INAP, México.
Aziz Nassif, A., coord. (2003), *México al inicio del siglo XXI*, CIESAS / Porrúa, México.
Azuela, A. (1996), *Reformas a la LGEEPA*, Profepa, México.
Barba, R. (1998), "Participación de organismos no gubernamentales ambientalistas", en *La guía ambiental: Unión de grupos ambientalistas*, México.
Barnard, A., coord. (1994), *Secretaría de Salud. Reseña testimonial 1988-1994*, SSA, México.
Bassols, M., y Melé, P. (2001), *Medio ambiente, ciudad y orden jurídico*, UAM-I / Porrúa, México.
Berman, H. (2001), *La formación de la tradición jurídica de Occidente*, FCE, México.
Banco Interamericano de Desarrollo (1996), *Lineamientos para la preparación de proyectos de manejo de cuencas hidrográficas para eventual financiamiento del Banco Interamericano de Desarrollo*, BID, Washington.
Bovaird, T. (1995), "Gestión de la calidad total e indicadores del rendimiento en el sector público", en *La productividad y la calidad en la gestión pública*, EGAP, Santiago de Compostela.
Bozeman, B., coord. (1998), *La gestión pública: Su situación actual*, FCE, México.
Brañes, R. (1987), *Derecho ambiental mexicano*, Fundación Universo Veintiuno, México.
—— (2001), *El desarrollo del derecho ambiental latinoamericano y su aplicación: Informe sobre los cambios jurídicos después de la CNUMAD*, México.
Bustamante M., coord. (1982), *La salud pública en México: 1959—1982*, SSA, México.
Bustamante, M., López Picazos, A., y Fernández del Castillo, F. (coords.) (1960) *Historia de la salubridad y de la asistencia en México*, SSA, México.
Cabrero E. (1995), *La experiencia descentralizadora reciente en México: Problemas y dilemas*, CIDE, México.
Calderón, A. (2000,) *Valor y ambiente: El tránsito hacia el desarrollo sustentable*, Cuernavaca.
Calva, J. L. (coord.) (1996), *Sustentabilidad y desarrollo ambiental*, ADE / Semarnap / PNUD / Juan Pablos, México.
Carabias, J., y Provencio, E. (1994), *La política ambiental mexicana antes y después de Río: La diplomacia ambiental*, SRE / FCE, México.
Carrillo Castro, A. (1888), *La reforma administrativa en México*, Porrúa, México.
Carmona Lara, C. (1981), *Aspectos jurídicos de los problemas ambientales en México*, UNAM, México.
—— (1981), *Derecho ecológico*, UNAM, México.
—— (1996), *La política ecológica en México*, UNAM, México.

Carmona Lara, C., *Derechos en relación con el medio ambiente*, UNAM / Cámara de Diputados LVIII Legislatura, México.

Cespedes (2000), *Desarrollo sustentable*, CCE, México.

——— (1999), *Competitividad y protección ambiental: Iniciativa estratégica del sector industrial mexicano*, Concamin / Coparmex / Canacintra, México.

Colborn, T., Dumanoski, D., y Peterson, J.(1996), *Our stolen future*, Penguin, Londres.

Contreras, F .(1993), *Ecosistemas costeros mexicanos*, Conabio / UAM-I, México.

Cortés, J. L. (1997), *Las zonas metropolitanas en el ocaso del siglo XX y los paradigmas para el siglo XXI: Las metrópolis mexicanas*, H. Cámara de Diputados, LVI Legislatura, México,

Chapoy Bonifaz, D. B. (2003,) *Planeación, programación y presupuestación*, UNAM, México.

Charlesworth, M. (1996), *La bioética en una sociedad liberal*, Cambridge University Press.

Díez de Urdanivia, F .(2003), *El sistema federal mexicano*, Fundap, México.

Dourojeanni, A. (1990), *Procedimientos de gestión para un desarrollo sustentable*, Ilpes, Santiago de Chile.

Faya Viesca, J.(1998), *El federalismo mexicano*, Porrúa, México.

Fernández, R. (1998), *Gestión ambiental de ciudades: Teoría crítica y aportes metodológicos*, PNUMA / Red de Formación Ambiental, México.

Figueroa Neri, A. (2000), *Fiscalidad y medio ambiente en México*, Porrúa, México.

Foladori, G. (2001), *Controversias sobre sustentabilidad*, Porrúa, México.

Fujigaki Lechuga, A. (coord.), *Historia de la salud: 1982-1988*, SSA, México.

García, E. (2004), *Medio ambiente y sociedad*, Alianza Editorial, Madrid.

Giddens, A. (1999), *La tercera vía*, Taurus, Madrid.

Giménez T., V., coord. (2002), *Justicia ecológica y protección del medio ambiente*, Trotta, Madrid.

Glender, A., y Lichtinger, V., comps. (1994), *La diplomacia ambiental*, SRE / FCE, México.

Gobierno del Estado de México, (1996), *Memoria del Foro nacional sobre gestión ambiental en municipios metropolitanos*, México.

González Márquez, J. J.(2002), *La responsabilidad por el daño ambiental en México: El paradigma de la reparación*, UAM-A / Porrúa, México.

González Márquez, J. J.(2001), "El ambiente como bien jurídico", *Revista Mexicana de Legislación Ambiental*, núms. 5 y 6.

Gracia Guillén, D. (1984), *Ética de la calidad de vida*, Fundación Santa María, Madrid.

Grupo Vallarta, (2004), *Reforma del Estado*, México.
Guerrero, O. (1999), *Del Estado gerencial al Estado cívico*, UAEM / Porrúa, México.
Guerrero, O. (2003), *Gerencia pública en la globalización*, UAEM / Porrúa, México.
Guimaraes, R., *El desarrollo sustentable: ¿Propuesta alternativa o retórica neoliberal?*
Gutiérrez Vidal, M., y Martínez Pellegrini, S. (1994), *El papel de los gobiernos locales en el desarrollo regional, gestión y política pública*, CIDE, México.
Hernández, R. (2000), *Globalización y privatización: El sector público en México, 1982-1999*, INAP, México.
Instituto Nacional de Ecología (1995), *Principios, orientaciones y agenda de trabajo del Instituto Nacional de Ecología*, INE, México.
—— (1998), *Jornada de reflexión del personal directivo del INE*, México.
Jiménez, A. (1996), *Análisis del marco jurídico relacionado con el desarrollo sostenible en México*, México.
Juste Ruiz, J. (1999), *Derecho internacional del medio ambiente*, McGraw-Hill, Madrid.
Lanning, J. T. (1997), *El real protomedicato*, UNAM, México.
Leff, E., coord. (2001), *Justicia ambiental: Construcción y defensa de los nuevos derechos ambientales, culturales y colectivos en América Latina*, PNUMA / UNAM, México.
Lezama, J. L. (2004), *La construcción social y política del medio ambiente*, El Colegio de México, México.
Lynn, N., y Wildavsky, A., coords. (1999), *Administración pública: El estado actual de la disciplina*, FCE, México.
Lolas, F. (1997), *Más allá del cuerpo*, Andrés Bello, Santiago de Chile.
Loperena, D. (1996), *El derecho al medio ambiente adecuado*, Civitas, Madrid.
López Portillo, M. (1982), "Estructura administrativa y gestión ambiental", en *El medio ambiente en México*, FCE.
Lozano, B. (2001), *Derecho ambiental administrativo*, Dykinson, Madrid.
Majone G., y Spina, A. (1993), *El Estado regulador: Gestión y política pública*, vol. II, núm. 2.
Martínez Cortés, F. (1993), *De los miasmas y efluvios al descubrimiento de las bacterias patógenas: Los primeros cincuenta años del Consejo Superior de Salubridad*, México.
Martínez Cortés, F., Martínez Barbosa (2000), *Del Consejo Superior de Salubridad al Consejo de Salubridad General*, México.
Martínez Barbosa, X., Martínez Cortés, F., y Rivero Serrano, O. (2000), *El Consejo de Salubridad General 1935-2000*, México.
Mendoza, E. (1996), *Federalismo, ecología y administración municipal*, El Colegio de la Frontera Norte, México.

Meny, Y., y Thoenig, J. C. (1992), *Las políticas públicas*, Ariel, Barcelona.
Merino Huerta, M., "Los municipios", en *Fuera del Centro*, Universidad Veracruzana, México.
Merino, G. (2000), "Federalismo fiscal: Diagnóstico y propuestas", *Gaceta de Economía*, ITAM, México.
Mesarovic, M., y Pestel, E. (1975), *La humanidad en la encrucijada: 2º informe al Club de Roma*, FCE, México.
Secretaría de la Presidencia (1976), *México a través de los informes presidenciales, t. 5, La administración pública, t. 10, La obra hidráulica, t. 12, La salubridad general*, Secretaría de la Presidencia, México.
Massachusetts Institute of Technology (2000), *Proyecto para el diseño de una estrategia integral de gestión de la calidad del aire en el valle de México: 2001-2010*, MIT, México.
Nacif, B. (1992), "Gobiernos locales y descentralización", en Pardo, M. C. (coord.), *Teoría y práctica de la administración pública en México*, INAP, México.
Organización para la Cooperación y el Desarrollo Económicos (1997), *Análisis del desempeño ambiental*, OCDE, México.
—— (1998), *Descentralización e infraestructura local en México*, OCDE, México.
—— (1997), *La transformación de la gestión pública: Las reformas en los países de la OCDE*, Ministerio de Administraciones Públicas, Madrid.
—— (1993), *Gestión de zonas costeras*, OCDE, París.
—— (1989), *La administración al servicio del público*, INAP, Madrid.
O'Connor, J. (2001), *Causas naturales: Ensayos de marxismo ecológico*, Siglo XXI, México.
Ojeda O. (1999), *El desarrollo institucional y la política ambiental*, Ensayo.
Ojeda, O., y Lichtinger, V. (2000), "Política pública, arreglos institucionales y presiones ambientales en México: Una visión prospectiva", en *México 2030*, FCE, México.
Olías de Lima, B., coord. (2001), *La evolución de la gestión pública: La nueva gestión pública*, Prentice Hall, Madrid.
Ortiz Monasterio, F. (1987), *Tierra profanada: Historia ambiental de México*, INAH, México.
Oszlak, O. (1997), "Estado y sociedad: ¿Nuevas reglas del juego?", en *Reforma y Democracia*, revista del CLAD, núm. 9, Caracas.
Ovalle, I., y Cantú, A. (1982), *Necesidades esenciales en México: Situación actual y perspectivas al año 2000*, Siglo XXI, México.
Peña Mohr, J. (1982), *Administración para el desarrollo de la salud: Búsqueda de alternativas de relevancia*, OPS.

Programa de Naciones Unidas para el Medio Ambiente-Unión Mundial para la Naturaleza (2002), *De Río a Johannesburgo: Perspectivas del derecho ambiental en Latinoamérica*, PNUMA / UICN, México.

Ponce Nava, D. (1995), *El derecho internacional sobre medio ambiente y desarrollo: La contribución mexicana*, México.

Provencio, E. (1999,) "Recursos naturales, potencial regional y sustentabilidad", en *Planeación regional integral: Una visión prospectiva 2020*, México.

Quintana Roldán, C. (2000), *Derecho municipal*, Porrúa, México.

Ramírez, J., y Ramírez, E. (2006), *Génesis y desarrollo del concepto de nueva gestión pública*, documento de trabajo núm. 106, CIDE, México.

Ramírez Velásquez, B. R. (2003), *Modernidad, posmodernidad, globalización y territorio*, UAM-X / Porrúa, México.

Ramos, M. A. (1994), *La dinámica del federalismo mexicano: Una revisión a los convenios para el desarrollo*, tesis de grado, UNAM, México, 1994.

Ribes, B. (1978), *Biología y ética*, UNESCO, París.

Rodríguez, V. (1999), *La descentralización en México*, FCE, México, 1999.

Rojas Orozco, C. (2003), *El desarrollo sustentable: Nuevo paradigma para la administración pública*, INAP, México.

Rowland , A., y Caire, G. (2001), *Federalismo y federalismo fiscal en México: Una introducción*, CIDE, México.

Rowland, A. (2000), *Los municipios y la coordinación intergubernamental*, CIDE, México.

Ruiz Massieu, J. F. (1984), "Una ley para una sociedad igualitaria: La Ley General de Salud", en *Derecho federal mexicano*, Porrúa, México.

Sánchez, J. J. (1998), *Administración pública y reforma del Estado en México*, INAP, México.

Saucedo, J. A. (1997), *Hacia el federalismo fiscal*, INAP, México.

Saxe-Fernández, J. (coord.) (2004) *Tercera vía y neoliberalismo*, Siglo XXI / UNAM, México.

Silberman, I. (2000), *Problemas y posibilidades para una gestión ambiental*, Asociación Colombiana de Ingeniería Sanitaria y Ambiental, Medellín.

Sobrino, J. (1993), *Gobierno y administración metropolitana y regional*, INAP, México.

Sosa, N. (1990), *Ética ecológica*, Libertarias, Madrid.

Stiglitz, J. E. (2002), *El malestar en la globalización*, Taurus, Madrid.

Tena Ramírez, F., (1996), *Derecho constitucional mexicano: Facultades del Congreso en materia de salubridad general*, Porrúa, México.

Urquidi, V. (1997), "Globalización, medio ambiente y desarrollo sustentable", en

Desarrollo sustentable, medio ambiente y población: A cinco años de Río, El Colegio Mexiquense, Zinancatepec, Edo. de México.

Urquidi, V. (1998), *Condicionantes del desarrollo sustentable*, Congreso Regional del Medio Ambiente y Desarrollo Sustentable, Guatemala.

Valdés, C., coord. (1988), "Problemas y programas de salud", en *La Salud en México: Testimonios 1988*, FCE, México.

Vargas, J. M. (2002), *La protección ambiental en México y sus aspectos internacionales*, INAP, México.

Villoria, M. (1996), *La modernización de la administración como instrumento al servicio de la democracia*, INAP, Madrid.

Weizsäcker, E. (1993), *Política de la tierra*, Sistema, Madrid.

Zavaleta, G. (2002), *Análisis conceptual y delimitación de la Zona Metropolitana del Valle de México*, INAP, México.

Ziccardi, A., (2000), *Municipio y región*, IIS / UNAM, México.

Documentos

(DOF: Diario Oficial de la Federación)

Acuerdo mediante el cual se crea el Consejo Consultivo Nacional y cuatro consejos consultivos regionales para el Desarrollo Sustentable, DOF, 21 de abril de 1995.

Acuerdo por el que se crea con carácter permanente la Comisión Nacional de Ecología, DOF, 18 de abril de 1985.

Acuerdo por el que se crea la Comisión Interna del Programa de Salud Ambiental y Ocupacional, SSA, 6 de septiembre de 1985.

Acuerdo por el que se crea en la SSA la Subsecretaría de Mejoramiento del Ambiente, DOF, 29 de enero de 1972.

Acuerdo por el que se crea la Comisión Intersecretarial de Saneamiento Ambiental, DOF, 25 de agosto de 1978.

Código Sanitario de los Estados Unidos Mexicanos (1973), Porrúa, México.

Código Sanitario de los Estados Unidos Mexicanos (1903), Secretaría de Estado y del Despacho de Gobernación, México.

Comisión Nacional de Ecología (1988), *Informe general de ecología*, México.

——, *Informe de la situación general en materia de equilibrio ecológico y protección al ambiente, 1989-1990*.

Comisión Nacional de Ecología, *México: Informe Nacional del Ambiente, 1989-1991, para la CNUMAD.*

Constitución Política de los Estados Unidos Mexicanos (1917), México.

Convenio de coordinación por el que se crea la Comisión Ambiental Metropolitana, DOF, 17 de septiembre de 1996.

Decreto por el que se aprueba el Programa para un Nuevo Federalismo 1995-2000, DOF, agosto de 1997.

Decreto por el que se expide la Ley General de Desarrollo Forestal Sustentable y se reforman y adicionan la Ley General del Equilibrio Ecológico y la Protección al Ambiente, la Ley Orgánica de la Administración Pública Federal y la Ley de Premios, Estímulos y Recompensas Civiles, DOF, 25 de febrero de 2003.

Decreto por el que se reforma la LGEEPA, DOF, 31 de diciembre de 2001.

Decreto que establece las bases de coordinación entre SECOFI, SARH, SEDUE y SSA, que deberán observar en relación con plaguicidas, fertilizantes y sustancias tóxicas (Cicoplafest), DOF, 15 de octubre de 1986.

INE-Sedesol, *México: Informe de la situación general en materia de equilibrio ecológico y protección al ambiente, 1991-1992.*

——, *Informe de la situación general en materia de equilibrio ecológico y protección al ambiente, 1993-1994.*

——, *Normas oficiales mexicanas en materia de protección ambiental, 1993-1994.*

INEGI-Semarnap, *Estadísticas del medio ambiente: Informe de la situación general en materia de equilibrio ecológico y protección al ambiente, 1995-1996.*

INEGI-Semarnap, *Estadísticas del medio ambiente: Informe de la situación general en materia de equilibrio ecológico y protección al ambiente, 1997-1998.*

INEGI, *Indicadores sociodemográficos de México* (2001), *1930-2000,* México.

Iniciativa de reformas a la LOAPF, DOF, 22 de diciembre de 1982, 23 de abril de 1992, 9 de diciembre de 1994.

Ley de Aguas Nacionales, ref. del 29 de abril de 2004.

Ley de Bioseguridad de Organismos Genéticamente Modificados, 17 de marzo de 2005.

Ley Federal de Protección al Ambiente, DOF, 11 de diciembre de 1982.

Ley Federal para Prevenir y Controlar la Contaminación Ambiental, DOF, 23 de marzo de 1971.

Ley General de Asentamientos Humanos, DOF, 26 de mayo de 1976, ref. del 21 de julio de 1993.

Ley General del Equilibrio Ecológico y Protección al Ambiente, DOF, 28 de enero de 1988, ref. del 13 de diciembre de 1996.

Ley General de Salud, DOF, 7 de febrero de 1984, ref. del 5 de enero de 2001.

LII Legislatura, *Ley General de Salud. Proceso legislativo de la iniciativa presidencial* (1984) Cámara de Diputados del Congreso de la Unión, México.

Ley Orgánica de la Administración Pública Federal, DOF, 29 de diciembre de 1976, ref. del 22 de febrero de 1992, 23 de diciembre de 1993, 28 de diciembre de 1994, 19 de diciembre de 1995, 15 de mayo de 1996, 24 de diciembre de 1996, 30 de noviembre de 2000.

Manual General de Organización de la Semarnap, DOF, 21 de noviembre de 1997.

Plan Global de Desarrollo 1980-1982, DOF, 17 de abril de 1980.

Plan Nacional de Desarrollo 1983-1988.

Plan Nacional de Desarrollo 1989-1994

Plan Nacional de Desarrollo 1995-2000.

Plan Nacional de Desarrollo 2001-2006.

Plan Nacional de Salud 1974-1976 (1974), SSA, México.

Profepa, *Informe 1995-2000.*

Programa coordinado para mejorar la calidad del aire en el Valle de México, DOF, 7 de julio de 1979.

Programa de Medio Ambiente 1995-2000.

Programa de Procuración de Justicia Ambiental 2001-2006.

Programa especial para un auténtico federalismo 2002-2006 (2003), Instituto Nacional para el Federalismo y el Desarrollo Municipal, Segob, México.

Programa Nacional de Ecología 1984-1988.

Programa Nacional de Salud 2001-2006.

Programa de Acción: Protección Contra Riesgos Sanitarios (2003), SSA,

Programa Nacional para la Protección del Medio Ambiente 1990-1994, DOF, 10 de julio de 1990.

Proyecto de decreto que reforma, adiciona y deroga diversas disposiciones de la Ley de Aguas Nacionales, 24 de abril de 2003.

Reglamento Interior de la Sagarpa, DOF, 10 de julio de 2001.

Reglamento Interior de la Sedue, 1983.

Reglamento Interior de la Ssa, DOF, 10 de octubre de 1973, 1984, 23 de septiembre de 1988, 31 de diciembre de 1992.

Reglamento Interior de la Sedesol, DOF, 13 de septiembre de 2001.

Reglamento Interior de la Segob, DOF, 30 de julio de 2002.

Reglamento Interior de la Semarnap, DOF, 8 de julio de 1996, 5 de junio de 2000.

Reglamento Interior de la Semarnat, DOF, 4 de junio de 2001, 21 de enero de 2003.

Reglamento Interior de la Sener, DOF, 4 de junio de 2001.
Reglamento Interior de la STPS, DOF.
Reglas de operación para los programas de infraestructura hidroagrícola, y de agua potable, alcantarillado y saneamiento a cargo de la Comisión Nacional del Agua, y sus modificaciones aplicables a partir del año 2003, DOF, 7 de abril de 2003.
Semarnap, *Informes de labores 1994-1995, 1995-1996, 1996-1997, 1997-1998, 1998-1999, 1999-2000.*
Semarnap, (1999) *Programa Nacional de Atención a Regiones Prioritarias,* México.
Semarnat, (2002) *Informe de la situación del medio ambiente en México.*

Consultas bibliográficas

Arnold, D. (2000), *La naturaleza como problema histórico,* FCE, México.
Azuela, A., *Informe 1995-2000,* Procuraduría Federal de Protección al Ambiente.
Barzelay, M. (1998), *Atravesando la burocracia: Una nueva perspectiva de la administración pública,* FCE, México.
Blanco, F. J., *Integración económica y medio ambiente,* Dykinson, Madrid, 1999.
Carrillo Castro, A. (1988), "El federalismo y sus dos vertientes: Descentralización y desconcentración", en *El cambio estructural,* SSA, México.
Comisión Nacional de Ecología (1988), *Consulta para el programa nacional de conservación ecológica y de protección al ambiente 1988-1994,* Sedue, México.
Corona, A. (2000), *Economía ecológica: Una metodología para la sustentabilidad,* UNAM, México.
Delgado, J., y Ramírez, B., coords. (1999), *Transiciones,* UAM / Plaza y Valdés, México.
Fuentes, A. (1994), *Ciudades intermedias en México,* INAP, México.
Fundación Mexicana para la Educación Ambiental (1992), *Primera Reunión de Norteamérica sobre Derecho Ambiental,* Tepotzotlán, México.
Gámiz, M. (2000), *Derecho constitucional y administrativo de las entidades federativas,* UNAM.
Gil, M. A., Alanís, G. (1995), *Comercio, medio ambiente y desarrollo,* INE / Cemda, México.
González Márquez, J. J. (1995), *Estudio sobre la distribución de competencias en materia ambiental,* México.
Hacking, I. (1991), *La domesticación del azar,* Gedisa, Barcelona.
Hayles, N. K. (1993), *La evolución del caos,* Gedisa, Barcelona.
Instituto Nacional de Administración Pública (1993) *Gobierno y administración metropolitana y regional,* México.

Instituto Nacional de Ecología (2003), *Memorias del Primer Encuentro Internacional de Derecho Ambiental*, México.

Instituto de Investigaciones Legislativas del Senado de la República (1997), *El federalismo mexicano*, LVI Legislatura del Senado de la República, México.

Kliksberg, B. (1989), *¿Cómo transformar el Estado?*, FCE, México.

—— (1994), *El rediseño del Estado: Una perspectiva internacional*, INAP / FCE, México.

Laín Entralgo, P. (1981), *La medicina actual*, Dossat, Madrid.

—— (1984), *Antropología médica*, Salvat, Barcelona.

Laszlo, E. (1990), *La gran bifurcación*, Gedisa, Barcelona.

Leff, E. (1994), *Ciencias sociales y formación ambiental*, Gedisa, Barcelona.

—— coord. (1990), *Medio ambiente y desarrollo en México*, CIIH / UAM, México.

—— (2000), *Saber ambiental: sustentabilidad, racionalidad, complejidad, poder*, Siglo XXI, México.

—— (1994), *Ecología y capital*, Siglo XXI, México.

—— (2000), *La complejidad ambiental*, Siglo XXI, México.

Márquez Padilla P., y Castro, J., coords. (2000) *El nuevo federalismo en América del Norte*, UNAM, México.

Meadows, D. (1992), *Más allá de los límites del crecimiento*, El País / Aguilar, Madrid.

Merino, M. (1998), *Gobierno local, poder nacional*, El Colegio de México, México.

Millán, J., y Concheiro, A. (2000), *México 2030: Nuevo siglo, nuevo país*, FCE, México.

Nussbaum, M., y Sen, A. (1996), *La calidad de vida*, FCE, México.

Osborne, D., y Gaebler, T. (1994), *La reinvención del gobierno*, Paidós, Barcelona.

Ostrom, E. (2000), *El gobierno de los bienes comunes*, FCE, México.

Oszlak, O. (1984), *Teoría de la burocracia estatal*, Paidós, Buenos Aires.

Pardo, M. C. (1991), *La modernización administrativa en México*, El Colegio de México, México.

Programa de Naciones Unidas para el Medio Ambiente (1998), *Instrumentos económicos para la gestión ambiental en América Latina y el Caribe*, Semarnap, México.

—— (2001), *El desarrollo del derecho ambiental latinoamericano y su aplicación*, México.

Ramírez Velázquez, B. R. (2003), *Modernidad, posmodernidad, globalización y territorio*, UAM-X / Porrúa, México.

Real Ferrer, G. (2000), *Integración económica y medio ambiente en América Latina*, McGraw-Hill, Madrid.

Robles, R. (2000), *El municipio*, Porrúa, México.

Rodríguez Uribe, H. (1996), *Las atribuciones ambientales*, México.

Romero, P. (2001), *Política ambiental mexicana*, UAM-X, México.

Rosen, G. (1985), *De la policía médica a la medicina social,* Siglo XXI, México.
Soberanes, J. L., y Treviño, F., coords. (1997), *El derecho ambiental en América del Norte y el sector eléctrico mexicano,* UNAM, México.
Soberón, G. (1982), *Hacia un sistema nacional de salud,* Presidencia de la República, México.
Turner, B. (1989), *El cuerpo y la sociedad,* FCE, México.
Una experiencia en curso. La participación social en la Semarnap (1999), México.
Varios (1998), *La responsabilidad jurídica en el daño ambiental,* UNAM / Pemex, México.
Vera, G. (1998), *Negociando nuestro futuro común,* FCE, México.
Wright, D. (1997), *Para entender las relaciones intergubernamentales,* FCE, México.
Yassi, A., Kjellström, T., De Kok, T., y Guidotti, T. (2002), *Salud ambiental básica,* PNUMA / OMSS / INHEM, México.

Anexos

CRÓNICA AMBIENTAL DE MÉXICO

1519 Diego Ordaz y otros nueve españoles suben al Popocatépetl para sacar azufre del cráter y con éste hacer pólvora. Al llegar cerca del cráter, salían de sus entrañas humos, gases, chispas y cenizas que cegaban y sofocaban a los exploradores.

1524 Hernán Cortés funda los primeros ingenios azucareros en la región de Tuxtla, Veracruz, lo que generó las primeras formas de contaminación del agua.

1554 Bartolomé Medina usa mercurio para la amalgamación de la plata, la primera forma de contaminación no restaurable por la naturaleza.

1646 Tribunal del Protomedicato:
El Ayuntamiento de la ciudad de México, y después los demás del virreinato, fueron los primeros en dictar disposiciones para controlar el ejercicio de la medicina y luchar contra las epidemias. Fue el protomédico del ayuntamiento el encargado hasta la fundación de la Cátedra de Prima de Medicina en la Real y Pontificia Universidad de México, cuyos titulares las ejercieron hasta 1646. Ese año, el Consejo de Indias instituyó el Real Tribunal del Protomedicato, cuyas atribuciones generales eran velar por la salubridad pública y cuidar el ejercicio de las artes médicas. En 1831 el Tribunal se sustituyó por la Facultad Médica del Distrito Federal, en cuyo seno se estableció diez años después el Consejo Superior de Salubridad del Departamento de México.

1728 Se expiden las primeras Ordenanzas Municipales: norman, imponen y señalan cómo han de vivir los habitantes de la capital, conforme a los conocimientos higiénicos de la época (HSAM, p. 146).

1809 Andrés del Río instala el primer alto horno, con fuertes emisiones de gases, polvos y humos.

1841 Consejo Superior de Salubridad:
Con base en el Reglamento de Estudios Médicos, de Exámenes y del Consejo de Salubridad del Departamento de México, se creó el Consejo Superior de Salubridad para regular el ejercicio profesional de la medicina, vigilar el funcionamiento de las boticas, dictar las medidas pertinentes en materia de salubridad pública y arreglar "con la posible brevedad el código de leyes sanitarias", tarea que no había cumplido la Facultad Médica.

Las actividades de "policía médica" (control sanitario) encomendadas al Consejo se vieron limitadas por la difícil situación que atravesó el país a lo largo de las tres décadas siguientes, y fue hasta 1872 cuando se expidió su reglamento en el que se agregó la formación de la estadística médica del Distrito Federal, lo que comenzó los estudios epidemiológicos en México. En 1879 el Consejo pasó a depender de la Secretaría de Gobernación, por lo que comenzaba a manifestarse la intención de una acción federal en el campo de la salud pública.

1842 Se expidió el Reglamento de Enseñanza y Política Médica, que después se modificó mediante el Reglamento de Establecimiento de Ciencias Médicas y Consejo de Salubridad. Se evidenciaba así la tarea normativa del Consejo y su relación cercana con la Escuela de Medicina, nacida el 12 de enero, con este nombre, en lugar del establecimiento de ciencias médicas; a partir de esta fecha la enseñanza de la medicina se encargaría a la escuela con un órgano especializado, el Consejo de Salubridad.

1857 Se inaugura el ferrocarril México-Veracruz, y con éste la primera forma móvil de contaminación atmosférica.

1866 Durante el espurio gobierno imperial de Maximiliano, el Consejo se denominó Consejo Central de Salubridad y emitió su reglamento interior (17 de enero).

1867 Se instaló el Consejo Superior de Salubridad, cuyo presidente era el gobernador del Distrito Federal (23 de septiembre).

1872 Se establece el primer Parque Nacional en el mundo, el Yellowstone.

1876 Sebastián Lerdo de Tejada, presidente de la República, procedió a la expropiación de la zona boscosa denominada Desierto de los Leones por causa de utilidad pública, pues protegía el curso de 14 manantiales que abastecían de agua a la ciudad de México (reserva forestal).

1879 Se incorporó en el Presupuesto General de Egresos al personal del Consejo Superior de Salubridad y determinó que, como primer Cuerpo Consultivo, dependiera exclusivamente de la Presidencia de la República.

1881 Las modificaciones al reglamento interior del Consejo logradas en 1879 ampliaron y precisaron sus facultades en materia de regulación sanitaria (policía médica), lo que sentó las bases para la organización sanitaria contenidas en la Constitución de 1917.

El Consejo Superior de Salubridad elaboró el proyecto de reglamento de las fábricas, industrias, depósitos y demás establecimientos peligrosos, insalubres e incómodos del Distrito Federal. En este primer esfuerzo técnico de higiene industrial, el Consejo adopta una política de prevención de riesgos (como en Francia y Bélgica) en lugar de sistemas represivos (como en Inglaterra). En el sistema preventivo sólo se permite la apertura de determinados establecimientos hasta que han satisfecho ciertos requisitos en consonancia con los intereses de la salud y bienestar públicos. El reglamento señala como inconvenientes de los establecimientos, los siguientes: 1) desprendimiento de gases nocivos procedentes de operaciones químicas; 2) desprendimiento de gases y malos olores procedentes de la descomposición de la materia orgánica; 3) impregnación de los suelos por materias orgánicas; 4) peligros de incendio; 5) peligros de explosión; 6) escurrimiento de aguas sucias; 7) producción de humos abundantes y 8) fuertes ruidos y conmociones del suelo (HSAM, p. 303).

1883 Proyecto de organización de los servicios de higiene pública: "1) El Consejo Superior de Salubridad tendrá carácter nacional, quedando anexo a la

Secretaría de Gobernación. 2) Se nombrará una Junta de Salubridad en cada uno de los Estados. 3) Se nombrará una Junta de Sanidad para cada uno de los puertos principales de la República. 4) El Ejecutivo de la Unión estará autorizado para dictar en caso de epidemia grave en cualquier punto de la República, las medidas que deban ponerse en práctica para prevenir su propagación y para modificar o suspender las medidas de preservación, oyendo el parecer del Consejo Nacional de Salubridad Pública. 5) Las autoridades no emprenderán ninguna obra que pueda influir en la salubridad pública, ni dictarán su resolución en los asuntos del mismo género sin oír antes el parecer de los encargados de la higiene de la localidad en el orden en que lo prescriban los reglamentos" (HSAM, p. 313).

1886 La fábrica de papel "San Rafael", en las faldas del volcán Ixtlaccíhuatl, producía 20 000 toneladas anuales de papel, así como importantes cantidades de contaminantes químicos para el agua y una fuerte deforestación.

1889 Por decreto presidencial se establece el Parque nacional El Chico, en el estado de Hidalgo, destinado a la conservación de bosques para asegurar el abasto de agua de poblaciones cercanas, y brindar recreo y esparcimiento.

1898 El presidente Porfirio Díaz decretó con fines de conservación El Monte Vedado del Mineral del Chico, Hidalgo, como reserva forestal.

1904 La Secretaría de Agricultura y Fomento establece la Junta Central de Bosques y Arboledas.

1908 Origen de la "Salubridad General".
El Ejecutivo envía al Congreso de la Unión una iniciativa para adicionar la fracción XXI del artículo 72 constitucional, a efecto de que se facultara al Poder Legislativo para legislar sobre la salubridad pública en las costas y fronteras. La adición propuesta se basa en la noción de que la salubridad pública de las costas y fronteras constituía un capítulo de la regulación migratoria. Dicha iniciativa no prosperó, pero sirvió como antecedente inmediato de la fracción XVI del artículo 73 de la Constitución de 1917. Aunque se planteó con el propósito de restringir la garantía

de libre tránsito como medida de salubridad para contribuir al control de epidemias, el legislador prefirió establecer dicha facultad en términos de "salubridad pública en los puertos y fronteras". La comisión de puntos constitucionales de la Cámara de Diputados, en la creencia de que precisaba el propósito del Ejecutivo, modificó la frase por "salubridad general de la República" (Tena, 1981).

La Secretaría de Fomento crea el Departamento de Bosques.

1919 Se reemplaza la tracción animal por motores de gas en las ramas Azcapotzalco-Tlalnepantla.

1920 La Secretaría de Agricultura y Fomento establece la Dirección Forestal.

1922 El presidente Álvaro Obregón decretó como reserva a la Isla de Guadalupe y aguas territoriales que la circundan.

En los municipios de Amatalán y Zacamixtle, Veracruz, se apagó un mechero en el que se quemaba el gas asociado a la extracción de petróleo, y la fuga de gas produjo la muerte de varios niños, mujeres y trabajadores que dormían en sus hogares.

1926 Inician los estudios para el aprovechamiento de las aguas de la laguna y manantiales del río Lerma.

Se crea la Comisión Nacional de Irrigación.

La Dirección Forestal amplía sus funciones como Dirección Forestal de Caza y Pesca.

Se expide la Ley Forestal.

1928 Se crea el Departamento del Distrito Federal. Su gobierno estará a cargo del presidente de la República.

1930 Dirección General Forestal, de Caza y Pesca (Secretaría de Agricultura y Fomento).

1931 Ley Federal del Trabajo.

Los principios de higiene industrial contenidos en el proyecto de reglamento de 1881 se incorporaron al primer Código Sanitario en sus capítulos IV y V, además de otros preceptos relacionados con medidas preventivas en los accidentes de trabajo. Estas normas de protección a los trabajadores se convierten en derecho positivo al integrar como parte sustantiva el artículo 123 de la Constitución de 1917. En cumplimiento de lo dispuesto, el 18 de agosto de 1931 se promulgó la Ley Federal del Trabajo, la que, a su vez, determinó en 1934 dos disposiciones complementarias: el Reglamento de Medidas Preventivas de Accidentes del Trabajo y el Reglamento de Higiene del Trabajo.

Se crea el Departamento del Trabajo.

El Código Sanitario de 1926 amplía los conceptos de higiene del trabajo con capítulos que garantizaran la protección de la salud de los trabajadores frente a los riesgos a que se exponían, lo que dio sustento a la creación del Servicio de Higiene Industrial y Previsión Social del Departamento de Salubridad, con la responsabilidad de ejercer la vigilancia de las condiciones en que se desarrollaba el trabajo y la promoción de la salud de los obreros.

Sin embargo, el Departamento del Trabajo, creado el 30 de noviembre de 1932, se hizo cargo de todos los asuntos y problemas de previsión de accidentes e higiene industrial, sin descargar al Departamento de Salubridad de las mismas atribuciones. La duplicidad de autoridades y la falta de delimitación entre las materias que correspondían al Departamento de Salubridad Pública y al del Trabajo eran tan evidentes y limitantes de la propia legislación del trabajo que las actividades que realizaba el Departamento de Salubridad Pública en materia de censo de industrias, inspección de fábricas y medidas particulares de protección en el trabajo disminuyeron en forma notable hasta la desaparición de la Oficina de Higiene Industrial, cuyo presupuesto, mobiliario y personal se trasladaron al Departamento del Trabajo en 1937.

1933   En Londres, Inglaterra, se celebra la Conferencia Internacional para la Protección de Flora y Fauna de África, en donde se amplía el objetivo para abarcar sitios y objetos de interés estético, geológico, prehistórico, arqueológico y científico, y se prohibió en su superficie la cacería, matanza o captura de fauna y destrucción de flora.

1935   Departamento Autónomo Forestal de Caza y Pesca.

Durante el gobierno de Lázaro Cárdenas se dio un fuerte impulso a la protección de las áreas naturales, con los decretos de 40 parques nacionales y siete reservas, bajo la administración de la Oficina de Bosques y Parques del Departamento Autónomo Forestal.

1936   Establecimiento de parques nacionales.

1938   En vista de que el Departamento del Trabajo no tenía competencia para intervenir en las industrias de jurisdicción local, el presidente de la República acordó en 1938 la creación de la Oficina de Higiene Industrial, dependiente del Departamento de Salubridad Pública, con la misión de convencer a los industriales de las ventajas económicas del mejoramiento de las condiciones higiénicas y la prevención de riesgos en el trabajo, así como la de promover la educación higiénica en los trabajadores y la organización de comités de vigilancia en las fábricas sobre los preceptos reglamentados. No obstante, "cuando la Oficina de Higiene Industrial trató de abordar la prevención de los riesgos en las empresas no federales, frecuentemente fue desobedecida por los patrones, los cuales interpusieron y ganaron amparos, dándose el caso en algunas entidades de la República de que fuera necesario suprimir los inspectores sobre la materia en virtud de que las Cámaras de Comercio respectivas acordaron no tomar en cuenta las disposiciones de Salubridad" (HSAM, p. 364).

1939   Se crea la Dirección Nacional de Aguas Potables.

1941   Veda parcial indefinida para la explotación de bosques.
Se organiza la policía forestal (17 de enero).
Zona protectora forestal vedada Valle del Mezquital.
Departamento de Reservas y Parques Nacionales.

1942   Reformas que adicionan la fracción XXXI al artículo 123 constitucional, con obligaciones a los patrones en materia de seguridad e higiene en los centros de trabajo.
Durante el periodo presidencial de Manuel Ávila Camacho se expidió el Reglamento de Parques Nacionales e Internacionales (20 de mayo).
Se decretó Parque Nacional al Desierto del Carmen, en el Estado de México.

Convención para la Protección de la Flora y Fauna y de las Bellezas Escénicas Naturales de los Países de América: "Las regiones establecidas para la protección y conservación de bellezas escénicas naturales y de la flora y la fauna de importancia nacional de las que el público pueda disfrutar mejor al ser puestas bajo vigilancia oficial".
Reglamento sobre reservas minerales nacionales.

1943 La Secretaría de Asistencia Social se fusiona con el Departamento de Salubridad para constituir la Secretaría de Salubridad y Asistencia.
Reformas a la Ley Forestal.

1945 El presidente de la República promulgó el 18 de octubre de 1945 el Reglamento de Higiene del Trabajo, en el cual se determinó que la ya entonces Secretaría del Trabajo y Previsión Social continuase a cargo de la higiene de las empresas de jurisdicción federal, y que la Secretaría de Salubridad y Asistencia atendiera la higiene de las empresas no federales en donde ejerciese funciones de autoridad sanitaria local, y por medio de coordinaciones con las autoridades locales en los demás casos. Por desgracia, el reglamento no se sometió a la aprobación de la Legislatura [sic], lo que ocasionó que la Suprema Corte de Justicia lo declarase inconstitucional al conceder en su ejecutoria todos los amparos solicitados contra su aplicación de 1944 a 1952, tanto por parte de la STPS como de la SSA (HSAM, p. 365).

1946 La Comisión Nacional de Irrigación se transforma en Secretaría de Recursos Hidráulicos.

1948 Departamento de Zonas Protectoras, Vedas, Reservas Forestales y Parques Nacionales.
Se funda la Unión Internacional para la Conservación de la Naturaleza y los Recursos Naturales (Uicn).
La ciudad de Donora, Pennsylvania, amaneció con una espesa capa de neblina además de tiempo húmedo, nublado e inversiones térmicas. Se percibía un olor intenso a azufre y compuestos sulfurosos emanados de la fundidora y plantas industriales que producían zinc y ácido sulfúrico. Esto ocasionó que 14 000 personas enfermaran del sistema respiratorio, con tos, sibilancias, expectoración, sensación de opresión en el pecho, e irrita-

ción de ojos y garganta. Se detectó que las personas que fallecieron durante este episodio padecían alguna enfermedad cardiopulmonar crónica e irritación importante del sistema respiratorio (26 de octubre).

Reformas a la Ley Forestal.

1951   Se crea la Comisión Hidrológica de la Cuenca del Valle de México.
        La Secretaría de Agricultura y Ganadería establece la Subsecretaría de Recursos Forestales y de Caza.

1952   El 5 de diciembre, la mayor parte de Londres amaneció con niebla e inversión de la temperatura además de altos niveles de SO_2 y partículas. Este episodio duró cinco días; se incrementó el número de internamientos por neumonías, exacerbación de bronquitis y padecimientos cardiacos principalmente en ancianos, así como las defunciones por las mismas enfermedades.

1953   En noviembre, en Nueva York, hubo un incremento importante de SO_2 asociado con condiciones meteorológicas adversas y un aumento en el registro de muertes.

1959   Acuerdo que crea la comisión técnica mexicana para la prevención de la contaminación de las aguas de mar por hidrocarburos (24 de enero).

1960   Subsecretaría Forestal y de Fauna.
        Reformas a la Ley Forestal.

1962   En Washington, Filadelfia, Nueva York y Cincinnati se presentó un aumento de SO_2 y oxidantes fotoquímicos junto con condiciones meteorológicas adversas, lo que incrementó las tasas de mortalidad en toda esta zona. Algo parecido sucedió en Rotterdam, Hamburgo, Frankfort y Praga.

1963   Reserva natural y refugio para la fauna silvestre Isla de Tiburón.

1964   Dirección General de Fauna Silvestre.

1966   Realiza trabajos la Comisión del Valle de México para abastecer agua y drenaje a la unidad urbana industrial de Naucalpan, Zaragoza y Tlanepantla.

1969 Se realiza el Congreso Científico Internacional de Founex, Suiza, el cual difundió un importante informe en el que renombrados expertos de diversos países proveyeron suficiente evidencia científica para probar que la degradación ambiental que ocurría en todo el mundo requería una acción concertada por parte de todos los gobiernos.

1970 Constitución del fideicomiso, encomendado a Nacional Financiera, para los estudios y fomento de conjuntos, parques y ciudades industriales, con el objeto de evitar problemas de contaminación (24 de diciembre).

Nace la Comisión de Conurbación del Centro del País.

En Tokio, Japón, altas concentraciones de SO_2 y una gruesa capa de niebla ocasionó en 6 000 escolares irritación de ojos y garganta, además de dificultades para respirar.

1971 Acuerdo por el que se constituye una comisión intersecretarial transitoria que se denominará Comisión de Estudios del Lago de Texcoco (calidad atmosférica del valle de México) (20 de marzo).

Departamento de Parques Nacionales (SARH).

Dirección General de Recreación y Parques (SARH).

Acuerdo por el que se aprueba el Plan Lago de Texcoco y las recomendaciones formuladas por la Comisión de Estudios del Lago de Texcoco (23 de junio).

El Hombre y la Biosfera (MAB). Manejo científico e integral encaminado a la conservación y aprovechamiento racional de los recursos naturales. Proyecto internacional de largo plazo de investigación, capacitación e intercambio de información, sobre el medio ambiente.

Red Mundial de Áreas Protegidas, Reservas de la Biosfera.

Comité Central Coordinador de Programas para el Mejoramiento del Ambiente (8 de noviembre).

Comité Cultural Coordinador de Programas para el Mejoramiento del Ambiente, conducido por la SSA, con el objeto de integrar las funciones ambientales atribuidas a diversas dependencias del sector público (8 de noviembre).

Primera reunión del Consejo Internacional de Coordinación del Programa sobre el Hombre y la Biosfera. Se realiza con la participación de 30 países europeos, con representantes de la FAO, de la Organización Mundial de la Salud/OMS, y la Unión Internacional para la Conservación de la Naturaleza y los Recursos Naturales (Francia).

Se instala la Comisión Jurídica para la Prevención y Control de la Contaminación Ambiental (4 de mayo).

Se constituye la Comisión Nacional Tripartita con representación empresarial, laboral y gubernamental para formular un programa que contempla el estudio, conocimiento y propuesta de solución a los problemas de contaminación ambiental (10 de junio).

1972 Acuerdo por el que se crea en la Secretaría de Salubridad y Asistencia la Subsecretaría de Mejoramiento del Ambiente (SMA) (29 de enero).

Acuerdo por el que la SHCP, en representación del gobierno federal, procede a la constitución de un fideicomiso cuyo desempeño se encomienda a Nacional Financiera, con el objeto de administrar recursos económicos y demás bienes que se aportan para la prevención y control de las aguas y el desarrollo de la fauna acuática (24 de agosto).

Declaratoria general de exención de impuestos núm. 273 para la fabricación de mejoradores orgánicos de suelos, a partir del beneficio de basura (23 de octubre, 16 de diciembre).

Acuerdo que modifica y adiciona el diverso del 23 de diciembre de 1970 por el que se ordenó la constitución de un fideicomiso para el estudio y fomento de conjuntos, parques y ciudades industriales en las entidades federativas de la República (15 de diciembre).

Surge la Comisión de Aguas del Valle de México.

Reporte del Club de Roma sobre los límites del crecimiento (Meadows/MIT).

Conferencia de las Naciones Unidas sobre Medio Humano (Estocolmo). Esta conferencia se realizó con la participación de todos los representantes del mundo, en la cual se efectuaron debates en favor de la claridad y sistematización con que se aborda la problemática ambiental y las posibles opciones que presenta. Algunos temas son los siguientes: a) el agotamiento de los recursos, b) la contaminación biológica, c) la contaminación química, d) la perturbación del medio físico, y e) deterioro social.

Norma Oficial para el almacenamiento y transporte de plaguicidas (28 de junio).

Norma oficial de requisitos para envases de plaguicidas (3 de julio).

Norma oficial de método de prueba para determinar la densidad aparente visual del humo con la Carta de Ringelman (5 de agosto).

se creó el programa de las naciones unidas para el medio ambiente (PNUMA), con sede en nairobi, kenia, y representaciones en bangkok, el cairo, ginebra, nueva york, méxico, panamá y washington, d.C. El PNUMA sirve como "agente catalizador de las actividades de los gobiernos, comunidades científicas y organizaciones no gubernamentales a través de la elaboración de proyectos relacionados con la atmósfera, el cambio climático, el agotamiento de la capa de ozono, los recursos acuíferos, los océanos, las zonas costeras, la deforestación, la desertización, la salud y la biotecnología, entre otros. Estos proyectos son financiados por los gobiernos interesados. Auspicia además actividades en los sectores laboral, energético, tecnológico y de asentamientos humanos. La presencia del PNUMA en américa latina y sobre todo en méxico, ha favorecido el establecimiento de un marco de cooperación regional con miras a identificar y abordar preocupaciones ambientales comunes. Asimismo, ha colaborado en el desarrollo institucional y en la formulación de políticas, además de mantener un programa de becas y financiamiento con el fin de que los funcionarios gubernamentales puedan participar en cursos de formación y foros regionales". *Naciones unidas en méxico*, información general/boletín mensual del centro de información de las naciones unidas s/f pp.15-16.

Acuerdo Cultural Nórdico. Constituye la base legal de cooperación entre los países nórdicos, que alcanza todos los campos de la actividad, excepto política exterior y defensa; abarca un área de cooperación en relación con la educación ambiental (Suecia).

1973   Se expide el Reglamento Interior del Consejo de Salubridad General (26 de febrero).

De conformidad con el Reglamento de la Ley Federal de Aguas, la SRH, por conducto de la Dirección General de Usos del Agua y Prevención de la Contaminación, instrumentó el control de aguas residuales.

1974   Reglamento Interior del Consejo de Salubridad General (11 de noviembre).

Decreto por el que se crea el Centro de Investigaciones Ecológicas del Sureste (actualmente Colegio de la Frontera Sur) (2 de diciembre).

Se expide el Plan Nacional de Salud.

Se establece la red nacional de monitoreo del agua para la supervisión y control de las fuentes contaminantes.

El científico mexicano Mario Molina, en colaboración con Sherwood Rowland, de la Universidad de California, dedujo la teoría inicial que explica los efectos de los clorofluorocarbonos en la capa estratosférica de ozono.

La Subsecretaría de Mejoramiento del Ambiente inicia el inventario nacional de establecimientos contaminantes.

1975 Se incorpora el impacto ambiental en las políticas hidráulicas, aunque se definen procedimientos hasta la década de los años ochenta.

La UNESCO declara la Reserva de la Biosfera Mapimí, la "modalidad mexicana" (Halffter).

1976 La Secretaría de Recursos Hidráulicos se fusiona con la Secretaría de Agricultura y Ganadería para integrar la Secretaría de Agricultura y Recursos Hidráulicos.

Se forma la Comisión de Aguas del Valle de México.

Siendo presidente José López Portillo, volvió a tomar auge la protección de las áreas naturales con la declaración de 20 reservas y nueve parques nacionales. Se creó la primera reserva de la biosfera Montes Azules (Selva Lacandona) en Chiapas.

Se Celebra la Conferencia de Naciones Unidas Sobre Asentamientos Humanos, donde se hace un reconocimiento explícito del papel de los asentamientos humanos en el desarrollo y en la calidad del ambiente, conocida como la "Conferencia Hábitat". Contribuyó a destacar el papel central que debe tener la satisfacción de las necesidades básicas en el desarrollo, en especial el agua, el saneamiento y la atención primaria a la salud.

1977 Se abroga la Ley de Secretarías y Departamentos de Estado y se expide la Ley Orgánica de la Administración Pública Federal, que distribuye competencias ambientales en seis dependencias.

Surge la Comisión Nacional de Desarrollo Urbano (16 de junio).

Acuerdo por el que las entidades de la administración pública se agrupan por sectores a efecto de relacionar al Ejecutivo Federal por conducto de la secretaría o departamento administrativo que se determine.

Dirección General de Organización y Obras en Parques Nacionales (SAHOP).
Se crea la Comisión de Vialidad y Transporte.
Reserva de la Biosfera Michilía.
La Secretaría de Asentamientos Humanos y Obras Públicas crea la Dirección General de Ecología Urbana.

1978 Plan Nacional de Desarrollo Urbano 1978-1980 (12 de junio).
Se establece el Programa Nacional de Desconcentración Territorial de la Administración Pública Federal, que fue aplicado en tres entidades: INEGI, Capufe y Anagsa.
Comisión Intersecretarial de Saneamiento Ambiental.
Un efecto imprevisto en la sectorización de dependencias y entidades, de conformidad con la Ley Orgánica de la Administración Pública Federal promulgada en 1977, fue la separación de la acción pública en compartimientos de difícil coordinación, tanto en sentido horizontal (entre sectores) como vertical (con las entidades federativas). Esta situación contribuyó a que las dependencias que incorporaron facultades para abatir la contaminación ambiental en diversas formas desarrollaran programas desvinculados de la Subsecretaría de Mejoramiento del Ambiente. En estas condiciones, el 24 de agosto de 1978 se creó la Comisión Intersecretarial de Saneamiento Ambiental, "para conocer de la planeación y conducción de la política de saneamiento ambiental, la investigación, estudio, prevención y control de la contaminación, el desarrollo urbano, la conservación del equilibrio ecológico y la restauración y mejoramiento del ambiente".
La Comisión elaboró el primer programa para mejorar la calidad del aire en el valle de México (*DO*, 7 de diciembre de 1979) y el programa integral de saneamiento ambiental.
Acuerdo relativo a la organización, administración y acondicionamiento de los programas nacionales (11 de octubre).
Reserva de la biosfera (1ª) Montes Azules.
Memorándum de entendimiento para la cooperación en problemas y programas ambientales en la frontera con Estados Unidos (junio).
El 20 de septiembre se clausura la fábrica Cromatos de México al comprobarse que, por la emisión de cromo hexavalente, cancerígeno plenamente identificado, había dañado la salud de más de 150 000 habitantes de Cuautitlán, Tultitlán y Lechería, en el Estado de México.

Reserva de la Biosfera Montes Azules (Selva Lacandona).

1979 Programa de dotación de infraestructura de apoyo a puertos industriales. (8 de octubre).

Acuerdo por el que se aprueba el programa coordinado para mejorar la calidad del aire en el Valle de México, formulado por la comisión intersecretarial de saneamiento ambiental (7 de diciembre).

Se elabora el Programa integral de saneamiento ambiental.

Acuerdo por el que se establecen las bases para la ejecución del Programa de Integración Regional de Servicios Urbanos (11 de diciembre).

Acuerdo del Programa de Dotación de Infraestructura para Comunidades y sobre parques industriales pesqueros (26 de diciembre).

Del 3 de junio de 1979 al 9 de marzo de 1980 tuvo lugar una inmensa contaminación del Golfo de México con petróleo crudo y gas por el derrame del pozo Ixtoc 1 de la sonda de Campeche. Se considera el más grave caso de contaminación marina en la historia de la humanidad. Duró 281 días y se derramaron 3 100 000 barriles.

1980 Decreto que establece el Sistema Nacional de Acreditamiento de laboratorios de pruebas (21 de abril).

Registro nacional de parques industriales (12 de septiembre).

Acuerdo sobre la entrega de sistemas de agua potable y alcantarillado a estados y municipios (5 de noviembre).

El Ejecutivo Federal publica el Plan Global de Desarrollo 1980-1982.

1981 Acuerdo por el que faculta a la SMA para crear y otorgar el certificado de calidad del agua para consumo humano (5 de enero).

Reglamento Industrial de la SSA (16 de marzo).

Acuerdo para otorgar un carácter permanente y de interés social al Plan Nacional de Contingencias para combatir y controlar el derrame de hidrocarburos y sustancias nocivas en el mar (15 de abril).

Acuerdo por el que se autoriza la constitución del fondo nacional para prevenir y controlar la contaminación ambiental (15 de julio).

El 23 de abril se presenta una alarmante mortandad de peces por la emisión de sustancias químicas no identificadas que contaminaron el río Amacuzac, en Morelos.

El 3 de septiembre, en Ciudad Nezahualcóyotl, Estado de México, tuvo lugar una intoxicación masiva por desechos sólidos industriales que, en contacto con el agua, produjeron gases de ácidos sulfúrico y amoniaco. Afectó a 200 personas y se presentaron tres abortos.

Reglamento de la comisión intersecretarial de la obra pública.

Fue constituido el Fondo Nacional para Prevenir y Controlar la Contaminación Ambiental (5 de junio).

1982 Se promulgó la Ley Federal de Protección al Ambiente, con artículos específicos sobre la protección a la fauna, flora, suelo y ecosistemas marinos. Su objetivo se describe en su artículo 1º, que, de acuerdo con la reforma de 1984, se refiere por una parte a la conservación, protección, preservación, mejoramiento y restauración del ambiente, así como los recursos que lo integran, y por otra parte a la prevención y control de los contaminantes y sus causas. Mantiene la distinción entre las ideas de protección al ambiente, y de prevención y control de la contaminación, pero invierte el orden de su presentación, como por lo demás correspondía en una ley cuya denominación se refería a la protección del ambiente. En la legislación ambiental de 1982 aparecen por primera vez, aunque tímidamente, las primeras medidas preventivas orientadas a la protección integral del ambiente. Se incorpora en este sentido la evaluación del impacto ambiental de los proyectos de construcción de obras públicas o privadas como instrumento básico de planeación, así como la figura jurídica de la declaratoria, destinada a proteger, mejorar y restaurar ambientalmente las áreas que así lo requieran (Brañes, 1987).

Dos situaciones impidieron la aplicación de esta ley. En primer término, su endeble fundamento constitucional, que se refería a la conservación de recursos naturales y a la prevención y control de la contaminación, y en segundo término, su falta de reglamentación, pues, según el artículo tercero transitorio, en tanto no se expidieran los reglamentos previstos en la misma, como sucedió, quedaban vigentes los de la ley anterior (Carmona, 1991).

Al igual que la ley de 1971, su carácter federal impidió responsabilizar e involucrar a las autoridades locales y municipales en las funciones previstas.

Acuerdo que otorga interés social al Plan Nacional de Contingencias para combatir, controlar y corregir derrames de hidrocarburos y sustancias nocivas en el mar (15 de abril).

Primeras medidas preventivas orientadas a la protección integral del ambiente. Se incorpora la evaluación del impacto ambiental.

Declaratoria destinada a proteger, mejorar y restaurar ambientalmente las áreas que así lo requieran.

Acuerdo que establece los lineamientos para evaluar la calidad del aire en un determinado momento (29 de noviembre).

Reglamento para la protección del ambiente contra la contaminación originada por la emisión de ruido (6 de diciembre).

Instructivo para el otorgamiento de concesiones y permisos para el uso, aprovechamiento o explotación de la zona federal marítimo-terrestre o de los terrenos ganados al mar (12 de abril).

Acuerdo por el que se clasifican las zonas marítimo-terrestres y los terrenos ganados al mar en diversas poblaciones y se determinan las cuotas para el pago de los derechos correspondientes por su uso, aprovechamiento y explotación (9 de noviembre).

La Subsecretaría Forestal se adscribe a la Secretaría de Agricultura y Recursos Hidráulicos.

Según un reporte del 12 de febrero, 8 000 niños residentes en Ciudad Juárez, Chihuahua, presentan alteraciones hematológicas y neuropsicológicas debido al envenenamiento con plomo proveniente de la contaminación atmosférica. El informe técnico de los médicos de la SMA y de salud pública señala como principal emisor a la empresa estadounidense ASARCO, ubicada a dos kilómetros de la frontera con México.

El Consejo de Administración del PNUMA adopta la Declaración de Nairobi, y en noviembre del mismo año la Asamblea General de la ONU anexa a su resolución 37/7 la Carta Mundial de la Naturaleza que establece que "en la planeación y realización de las actividades de desarrollo económico y social debe tomarse debidamente en cuenta el hecho de que la conservación de la naturaleza es una parte integral de esas actividades".

1983 Se expide el Plan Nacional de Desarrollo 1983-1988.

Adición al artículo 4 constitucional: el derecho a la protección de la salud: "El derecho a un medio ambiente adecuado está en cierto modo comprendido en el llamado Derecho a la Protección de la Salud, que fue incorporado a la Constitución Política como parte de las modificaciones que entraron en vigor en 1983 [...] el derecho a la protección de la salud comprende de manera parcial, por así decirlo, el derecho a un medio ambiente sano, en los términos de la LGEEPA, porque incluye la idea de la protección de la salud humana ante los efectos adversos del ambiente. Desde esa perspectiva, el derecho de protección a la salud lleva implícito el derecho a un ambiente sano" (Brañes, 1994).

Decreto por el que se establecen reformas y adiciones a las fracciones V y VI del artículo 115 Constitucional en materia de planeación urbana, zonificación y conservación ecológica (3 de febrero).

Se crea la Secretaría de Desarrollo Urbano y Ecología, Sedue (29 de marzo).

La Sedue incorpora la Dirección General de Flora y Fauna Silvestres, adscrita a la Subsecretaría de Ecología.

Se crea la Dirección General de Parques, Reservas y Áreas Ecológicas, dependiente de la Subsecretaría de Ecología, y se plantea la integración del Sistema Nacional de Áreas Naturales Protegidas, Sinap.

Acuerdo por el que las secretarías de Programación y Presupuesto, de la Contraloría General de Federación, de Desarrollo Urbano y Ecología establecerán las fases y procedimientos generales a efecto de fomentar el desarrollo de los sistemas de agua potable, drenaje y alcantarillado en los centros de población (21 de junio).

Convenio entre México y Estados Unidos sobre cooperación para la protección y el mejoramiento del medio ambiente en la zona fronteriza. Anexos II, IV y V (14 de agosto de 1983).

Acuerdos de cooperación para la protección y mejoramiento del medio ambiente en la zona fronteriza:

Anexo I: Para la solución de los problemas de saneamiento en San Diego, California/Tijuana, Baja California (1985).

Anexo II: Sobre contaminación del ambiente a lo largo de la frontera internacional por descarga de sustancias peligrosas (1985).

Anexo III: Sobre movimientos transfronterizos de desechos peligrosos y sustancias peligrosas (1986).

Anexo IV: Sobre contaminación transfronteriza del aire causadas por las fundidoras de cobre a lo largo de la frontera común (1987).

Anexo V: Relativo al transporte internacional de contaminación del aire urbano (1989).

Contaminación por cobalto 60 en Ciudad Juárez, Chihuahua. Se considera el peor accidente de contaminación radioactiva del continente americano. Una bomba de cobalto con fines curativos se vendió por diez dólares como chatarra. La bomba se abrió y su contenido se desparramó en Yonke el Fénix. La chatarra contaminada y los *pellets* de cobalto 60 se trasladaron a Ciudad Juárez y otras fundidoras, en donde se produjeron varillas de construcción y patas de mesas, principalmente. Estas piezas circularon por México y Estados Unidos.

Emisión de gas amoniaco en Guadalajara, Jalisco. 1 000 intoxicados (diciembre).

La Asamblea General de la ONU establece, con su resolución 38 / 1612, la Comisión Mundial sobre Medio Ambiente y Desarrollo (Comisión Brundtland) con el fin de recopilar información respecto al estado del medio ambiente mundial. Cuatro años después, en 1987, se dieron a conocer los resultados en el informe Nuestro Futuro Común.

Hacia fines del siglo XIX, un biólogo especializado en cuestiones forestales acuñó el término *desarrollo sustentable* para referirse a la necesidad de explotar los recursos de los bosques de modo que se garantice la capacidad del sistema forestal para seguir reproduciéndose. El concepto le gustó a la responsable de la Comisión Mundial sobre Medio Ambiente y Desarrollo, comisión surgida de la incorporación de temas sobre el medio ambiente en la 38º Asamblea General de las Naciones Unidas, conocida como la Comisión Brundtland en honor a su presidenta, entonces primera ministra de Noruega, Gro Harlem Brundtland, quien rescató el término para generalizarlo a todas las áreas del medio ambiente en el informe Nuestro Futuro Común.

Se crea el Sistema Nacional de Áreas Protegidas.

1984   Programa Nacional de Ecología 1984-1988 (26 de septiembre).

Se incluyen programas de acción vinculados al control sanitario y ambiental en el Programa Nacional de Salud.

Convenio internacional del trabajo sobre seguridad y salud de los trabajadores y ambiente de trabajo.

Explosión en San Juan Ixhuatepec: 317 muertos, más de 2 000 heridos y desaparecidos, 139 casas destruidas y 24 automóviles calcinados. Es el accidente con mayor número de muertos y de daños en la historia de México.

1985   Se expide el segundo reglamento interior de la Sedue para simplificar su estructura administrativa (19 de agosto).

Acuerdo por el que se crea con carácter permanente la Comisión Nacional de Ecología (18 de abril).

Reserva de la Biosfera Sian Ka'an.

La Comisión de Conurbación del Centro del País, con el programa de ordenación territorial de la región centro del país, determinó la Zona Metropolitana de la Ciudad de México, constituida por el Distrito.Federal, 53 municipios del Estado de México y un municipio de Hidalgo.

1986 Acuerdo de creación del Comité Técnico Consultivo de la Red Automática de Monitoreo del Aire del Área Metropolitana del Valle de México (22 de octubre, abrogada el 16 de junio de 1991).

Decreto por el que se aprueban las bases para el establecimiento del sistema nacional de protección civil (6 de mayo).

Ley Federal del Mar (8 de enero).

REB Mariposa Monarca.

RB Sian Ka'an.

Se instala una subcomisión de contaminación atmosférica en la zona metropolitana.

Comité Técnico Consultivo de la Red Automática de Monitoreo del Área Metropolitana del Valle de México (22 de octubre).

1987 Consejo nacional de la fauna.

Reporte Nuestro futuro común.

Inicia el desarrollo de conceptos sobre indicadores ambientales en Canadá y Holanda.

Reserva de la Biosfera Sierra de Manantlán.

1988 Se publica la Ley General del Equilibrio Ecológico y Protección al Ambiente en el *Diario Oficial* el 28 de enero de 1988. A diferencia de la anterior, esta ley determina los criterios para la descentralización de la gestión ambiental al definir el mecanismo de concurrencia de los tres niveles de gobierno. Además, difiere de las legislaciones ambientales de otros países por requerir estudios de impacto ambiental para proyectos públicos y privados, así como estudios de riesgo para cierto tipo de instalaciones y actividades. Asimismo, hace explícito que el principio de desarrollo sustentable debe guiar la política ambiental.

Este nuevo ordenamiento faculta a los estados y municipios para prevenir y controlar la contaminación ambiental, participar en la prevención y control de la contaminación de las aguas, en la creación de zonas de reserva de interés estatal o municipal y en el establecimiento de sistemas de evaluación de impacto ambiental en las materias que no sean de jurisdicción federal. La Ley amplía de igual manera las facultades del Departamento del Distrito Federal, sin perjuicio de las que corresponden a la Asamblea de Representantes, con lo que fortalece la participación ciudadana (Brañes, 1994).

Comisión Nacional de Desarrollo Urbano (29 de noviembre).

Decreto por el que se crea el Centro Nacional de Prevención de Desastres (20 de septiembre).

Criterios ecológicos de la calidad del agua (14 de diciembre).

Reglamento interior de la Comisión Intersecretarial para el Control del Proceso y Uso de Plaguicidas, Fertilizantes y Sustancias Tóxicas (Cicoplafest) (27 de octubre).

Se firma el convenio entre los gobiernos del D.F. y el Estado de México para coordinar acciones y dar soluciones integrales al área metropolitana. Nace el Consejo del Área Metropolitana de la Ciudad de México.

Panel Intergubernamental sobre Cambio Climático (PICC), cuyo objetivo fue compilar toda la información científica mundial relacionada con los gases de efecto invernadero. Entre las conclusiones del Panel se recomendó una Convención marco que permitiera políticas mundiales para revertir un eventual calentamiento de la atmósfera. Esta Convención se celebró en Río de Janeiro: "Cumbre de Río" o "Cumbre de la Tierra".

1989 Se crea la Comisión Nacional del Agua, adscrita a la SARH (16 de enero).

Se acuerdan las bases de cooperación CNA-Sedue para la evaluación de las obras hidráulicas.

Reglamento interior de la Secretaría de Pesca (14 de febrero, abrogada el 8 de julio de 1996).

Acuerdo por el que se autoriza la edición de la publicación gubernamental *Gaceta Ecológica* (29 de marzo).

Comisión Metropolitana para la Prevención y Control de la Contaminación Ambiental en el Valle de México (3 de mayo).

Dirección General de Salud Ambiental (SSA).

Decreto por el que se aprueba el Plan Nacional de Desarrollo 1989-1994 (31 de mayo).

RB Calakmul.

"Nuestra propia agenda", BID/PNUD.

En respuesta a una solicitud de la Comisión Brundtland se creó, en octubre, la Comisión Latinoamericana de Desarrollo y Medio Ambiente, cuyo informe, de fines de 1990, destacaba los vínculos entre riqueza, pobreza, población y ambiente.

Cumbre Económica del Grupo de los 7, en la que se resolvió, por sugerencia de Canadá, que la OCDE trabajara en el estado de indicadores ambientales.

1990 Decreto por el que se aprueba el programa sectorial de mediano plazo denominado Programa Nacional para la Protección del Medio Ambiente 1990-1994 (9 de julio).

Decreto por el que se crea el Consejo Nacional de Protección Civil (11 de mayo).

Programa Integral contra la Contaminación Atmosférica de la Zona Metropolitana de la Ciudad de México.

Programa de Salud Ambiental y Control y Vigilancia Sanitaria (PNS).

Bases de coordinación para el establecimiento de una ventanilla única de recepción y tramitación de solicitudes de constitución de unidades cooperativas acuícolas.

Moratoria en la caza comercial de ballenas.

1991 Acuerdo por el que se crea el Consejo Técnico Consultivo de la Calidad del Aire (6 de junio).

Decreto por el que se aprueba el programa sectorial de mediano plazo denominado Programa Nacional de Aprovechamiento del Agua (4 de noviembre).

Decreto promulgatorio del acuerdo internacional de México con Estados Unidos sobre cooperación para la protección y mejoramiento del medio ambiente en la zona metropolitana de la ciudad de México (25 de enero).

Decreto promulgatorio del acuerdo de cooperación internacional ambiental entre México y Canadá (28 de enero).

Decreto por el que se aprueba el acuerdo de cooperación internacional en materia de ambiente entre México y Brasil (15 de agosto).

Acuerdo por el que se establecen las características y los porcentajes de eficiencia de conversión mínima de gases contaminantes de los convertidores catalíticos (29 de octubre).

Acuerdo por el que la Sedue, con la participación de la Secretaría de Turismo, procederá a planear el ordenamiento ecológico para el desarrollo turístico de la región denominada Corredor Cancún-Tulum (31 de mayo).

Acuerdo por el que se faculta a los delegados de Sedue en los estados de Baja California, Coahuila, Chihuahua, Nuevo León, Sonora y Tamaulipas para autorizar la importación y exportación de materiales y residuos peligrosos (15 de noviembre).

Acuerdo de Cooperación entre México y Alemania que formaliza la aportación de 3 millones de marcos alemanes para las actividades del Fondo para Estudios y Expertos destinado a la Protección del Medio Ambiente (Fondo Medio Ambiente) (20 de marzo).

Proyecto piloto de mejoramiento ambiental de la zona metropolitana de Monterrey (Comisión de la Comunidad Europea) (febrero de 1991).

Reunión Regional sobre Medio Ambiente y Desarrollo, en Cocoyoc, Morelos, México, en donde se da a conocer el informe preparado por la CEPAL que sirvió de apoyo para la junta preparatoria para la Conferencia de Río, y coincidió con los documentos precedentes de la ONU en materia ambiental pero enfatiza la necesidad de armonizar "los desafíos de tornar más competitivas las economías latinoamericanas, promover mayor equidad social y permitir la preservación de la calidad ambiental y del patrimonio natural de la región".

La OCDE publica su conjunto preliminar de indicadores ambientales.

Publicación de indicadores ambientales nacionales de Canadá.

Publicación de indicadores ambientales realizados por el gobierno holandés.

1992 La Sedue se transforma en Secretaría de Desarrollo Social.

Acuerdo por el que se crea la Comisión para la Prevención y Control de la Contaminación Ambiental en la Zona Metropolitana del Valle de México (8 de enero, abrogado el 12 de julio de 1996).

Acuerdo por el que se crea la Comisión Nacional para el Conocimiento y Uso de la Biodiversidad (16 de marzo, referencia del 11 de noviembre de 1994).

Plan integral ambiental fronterizo.

Acuerdo por el que se crean las comisiones delegacionales de protección al ambiente como órganos de análisis, consulta, opinión y difusión en materia de protección al ambiente en sus respectivas circunscripciones territoriales (23 de marzo).

Acuerdo por el que se modifica la denominación de las normas oficiales mexicanas de carácter voluntario por el de Normas Oficiales Mexicanas (6 de noviembre).

Ley sobre la Celebración de Tratados (2 de enero).

Dirección General de Flora y Fauna Silvestre (SARH).

Dirección General de Aprovechamiento Ecológico de Recursos Naturales (INE/Semarnap)

Ratificación del acuerdo para la creación del Instituto Interamericano para Investigación del Cambio Global (adoptado el 13 de mayo de 1992).

Conferencia de las Naciones Unidas sobre Medio Ambiente y Desarrollo, Río de Janeiro.

Explosión en el sistema de drenaje de la ciudad de Guadalajara debido a la acumulación de gases de hidrocarburos que ocasiona más de 200 muertes y 1 800 heridos. Más de 5 000 personas son evacuadas y 1 500 viviendas quedan destruidas.

Pemex inicia un programa de protección ambiental cuyos principales objetivos son reducir la contaminación atmosférica en áreas densamente pobladas, producir combustibles de mayor calidad ambiental, disminuir las emisiones de COV, controlar las descargas de desechos al agua y evaluar el daño causado al ambiente marino por actividades industriales. La empresa cierra su refinería en la ciudad de México con el fin de mejorar la calidad del aire de la metrópoli.

México participa en la Conferencia de la Naciones Unidas sobre el Medio Ambiente y Desarrollo celebrada en Río de Janeiro, y suscribe las convenciones sobre el cambio climático y la biodiversidad.

Se inicia el Programa de Verificación Industrial en el área de la ciudad de México, que requiere que todas las industrias en dicha área midan sus emisiones de contaminantes a la atmósfera una vez al año e informen de los resultados al INE.

Se hacen obligatorios los convertidores catalíticos en automóviles nuevos.

Una enmienda a la Constitución produce cambios significativos en la tenencia de la tierra. Se detiene la distribución de tierra, se otorga a las comunidades locales el derecho a privatizar o vender sus tierras y se fortalecen los derechos de propiedad. Se espera que los dueños de la tierra pongan mayor atención en el cuidado de sus propiedades.

Se aprueba el Plan Integral Ambiental Fronterizo para la cooperación ambiental con Estados Unidos. México y Canadá firman asimismo un acuerdo bilateral de cooperación en cuestiones ambientales.

Durante varios días del mes de diciembre, la capa de inversión térmica sobre la ciudad de México llega a ser de 1 km de profundidad, y la concentración de ozono sobrepasa la norma por un factor mayor de tres (338 imecas).

México ratifica el Convenio Marco sobre el Cambio Climático.

Aguascalientes otorga la primera concesión hecha en México a una empresa privada para que opere el sistema municipal de distribución de agua.

El Grupo de Trabajo de alto nivel sobre política de combustibles, formado por representantes de Pemex y algunas agencias gubernamentales propone una política integral de combustibles de largo plazo.

Sedesol y más de 350 ONG crean el Fondo Social de Coinversiones para apoyar financieramente a organizaciones no lucrativas que prestan servicios comunitarios, entre ellos tareas de protección ambiental.

La industria eléctrica mexicana, que manifestó preocupaciones por cuestiones ambientales en el Programa Estratégico del Sector Eléctrico 1991-2000, adoptó un programa institucional para la protección del ambiente.

1993   Acuerdo mediante el cual se crea el Consejo de la Profepa como órgano consultivo de participación ciudadana (2 de marzo).

Relación de organismos de certificación, laboratorios de pruebas y unidades de verificación que podrán certificar y verificar el cumplimiento de las NOM y demás funciones que establezcan las demás disposiciones aplicables (4 de mayo).

Aprobación del Tratado de Libre Comercio de América del Norte (18 de mayo).

Convenio sobre la diversidad biológica (7 de mayo).

Decreto que promueve la creación y operación de parques industriales (18 de mayo).

Programa nacional de normalización.

Acuerdo por el que se crea el Comité de Proyectos y Estudios para la recuperación ambiental en la zona metropolitana en el Valle de México (28 de mayo).

Acuerdo por el que se crea el Consejo Técnico Consultivo del INE (8 de septiembre).

Directorio de laboratorios de pruebas acreditados ante la Secofi para la certificación de productos sujetos al cumplimiento de NOM (10 de noviembre).

Decreto por el que se crea la comisión mixta para la promoción de la industria y del comercio en la franja fronteriza norte y zonas libres del país, así como el municipio de Cananea, Sonora, y establece su organización y funciones (22 de abril).

Decreto de promulgación del acuerdo entre México y Estados Unidos sobre la Comisión de Cooperación Ecológica Fronteriza (Cocef) y el Banco de Desarrollo de América del Norte (Bandan) (27 de diciembre).

Acuerdo por el que se establece el premio anual al mérito ecológico, que se otorgará a persona física o moral mexicana por sus acciones en favor del equilibrio ecológico.

Acuerdo por el cual se delega en el subsecretario de Vivienda y Bienes Inmuebles y en el Presidente del Instituto Nacional de Ecología la facultad de expedir las NOM en materia de vivienda y ecología, respectivamente, directa o de manera coordinada con otras dependencias del Ejecutivo federal.

Reserva de la biosfera Sierra del Pinacate y Gran Desierto de Altar.

RB Alto Golfo de California y Delta del Río Colorado.

Convenio sobre el Cambio Climático (13 de febrero).

Comisión de Desarrollo Sostenible (CDS) (febrero).

Memorándum de entendimiento sobre intercambio de legislación ambiental. (ORPALC/PNUMA) (octubre).

1994 Programa ambiental de la frontera norte.
Incorporación de México a la OCDE.

Acuerdo que establece la clasificación y codificación de mercancías cuya importancia está sujeta a regulación ecológica por parte de la Sedesol.

Se establece la Comisión para la cooperación ambiental en América del Norte, estipulada en el acuerdo paralelo sobre medio ambiente del tratado de libre comercio, entre México, Estados Unidos y Canadá (24 de marzo).

Programa para el control de la contaminación del aire proveniente de fuentes fijas en la zona metropolitana de la ciudad de México (financiado con recursos del acuerdo de crédito entre el Eximbank de Japón y Nafin de México) (octubre).

La OCDE publica su conjunto central *(core set)* de indicadores ambientales.

El Banco Mundial organiza un taller técnico para buscar bases comunes para el desarrollo de indicadores de sustentabilidad.

Conferencia sobre Ciudades Sustentables Europeas, que marcó un paso importante para el desarrollo de conceptos y tareas relativos a indicadores de sustentabilidad.

Una coalición de 18 ONG ambientales demandan información sobre la propuesta de incinerar y depositar en México residuos peligrosos provenientes de Estados Unidos, y pide que se modifique la Ley General de Equilibrio Ecológico y Protección Ambiental (LGEEPA) para impedir y prohibir la importación de desechos de ese tipo.

El gobierno federal establece las normas máximas de oleofinas y sustancias aromáticas, y los límites de presión de la gasolina.

Una explosión de gas en una planta petroquímica de Tabasco ocasiona 10 muertos y 20 heridos.

1995 Se crea la Secretaría de Medio Ambiente, Recursos Naturales y Pesca. (Semarnap) con tres órganos desconcentrados: INE, Profepa y CNA.

Programa de Medio Ambiente 1995-2000.

Programa de Áreas Naturales Protegidas de México 1995-2000.

Programa para Mejorar la Calidad del Aire en el Valle de México 1995-2000.

Acuerdo mediante el cual se crea el Consejo Consultivo Nacional y cuatro consejos consultivos regionales para el desarrollo sustentable (21 de abril).

Acuerdo que tiene por objeto liberar actividades y establecimientos industriales, mercantiles y de servicios del trámite de autorización de impacto ambiental, y precisa los que deberán sujetarse a este trámite (25 de julio).

Acuerdo por el cual se simplifica el trámite de la presentación de la manifestación de impacto ambiental a las industrias que se mencionan, sujetándolas a la presentación de un informe preventivo (23 de octubre, sin efecto el 23 enero de 1997).

Conferencia Cumbre de Copenhague sobre Desarrollo Social.

La importancia de esta reunión radica en que se firmó un acuerdo que para muchos representa un nuevo contrato social de alcance mundial y se conoce como la Declaración de Copenhague, suscrita por la mayor cantidad de dirigentes mundiales reunidos para este fin hasta la fecha (además participaron en la Cumbre más de 14 mil personas, delegados de 186 países, mas de dos mil representantes de 811 organizaciones no gubernamentales y cerca de tres mil periodistas).

Se reunieron 118 presidentes y jefes de Estado (entre los cuales no se encontraba México representado en ese nivel, según el informe respectivo, seguramente por la cantidad de problemas nacionales que enfrentaba el gobierno en esos meses), con el fin de comprometerse a satisfacer mas eficazmente las necesidades humanas. También se expresó la intención de asumir responsabilidades para con las generaciones presentes y futuras, asegurando equidad e integridad entre ellas.

Esta cumbre generó un plan de acción donde se plantean varias metas cuantitativas en distintas esferas de desarrollo humano, y se determina la naturaleza y el papel de la cooperación internacional en cada esfera de compromiso.

Los diez compromisos son:

1. Erradicar la pobreza absoluta antes de una fecha que habrá de fijar cada país.

2. Promover el objetivo del pleno empleo como prioridad básica.

3. Promover la integración social basada en la difusión y la protección de todos los derechos humanos.

4. Lograr la igualdad y equidad entre hombre y mujer.

5. Acelerar el desarrollo de África y los países menos adelantados.

6. Velar porque los programas de ajuste estructural incluyan objetivos de desarrollo social.

7. Aumentar los recursos asignados al desarrollo social.

8. Crear un entorno económico, político, social cultural y jurídico que permita el logro del desarrollo social.

9. Lograr el acceso universal y equitativo a la educación y la atención primaria de la salud.

10. Fortalecer la cooperación para el desarrollo social por medio de las Naciones Unidas.

También se acordó que 1996 sería el año internacional para la erradicación de la pobreza.

Finalmente se aprobó que en 2000 se realice un periodo extraordinario de sesiones de la Asamblea a fin de examinar la aplicación de la Declaración y del Programa de Acción de Copenhague.

Se establece el Consejo Consultivo para el Desarrollo Sustentable con representación gubernamental y no gubernamental; se crean asimismo cuatro consejos consultivos para el desarrollo sustentable que pueden coordinarse con organizaciones estatales, regionales y nacionales e intercambiar experiencias.

La Secretaría de Comercio y Fomento Industrial y el Programa de las Naciones Unidas para el Medio Ambiente establecen el Centro Mexicano para una Producción más Limpia, encargado de distribuir información sobre el procesos de producción más limpia y llevar a cabo proyectos de demostración (más de 20 proyectos en tres años), proporcionar asistencia técnica y elaborar programas sobre la ecoeficiencia en la industria. La misma secretaría, en asociación con la Semarnap y la Confederación de Cámaras de Comercio Industrial, establece un Programa de Protección Ambiental y Competitividad Industrial.

La Secretaría de Medio Ambiente anuncia que el arrecife de Cozumel, uno de los más grandes del mundo, se declarará parque nacional marino.

Catorce instituciones públicas y privadas inician la investigación sobre las causas del desastre ecológico en el embalse Silva en el río Turbio, que provocó la muerte de más de 40 000 aves. La Secretaría de Medio Ambiente asigna 545 millones de pesos para limpiar el río.

En el marco de su programa de cooperación ambiental, México y Canadá deciden invertir 500 000 dólares para el establecimiento de una red internacional de reservas para la protección de la mariposa monarca.

1996 Programa de verificación vehicular obligatoria para el primer semestre de 1996 (4 de enero).

Decreto por el que se aprueba el programa sectorial de mediano plazo denominado Programa de Medio Ambiente 1995-2000 (3 de abril).

Acuerdo mediante el cual se constituye el Consejo Nacional de Áreas Naturales Protegidas (8 de agosto).

Convenio de Coordinación por el que se crea la Comisión Ambiental Metropolitana (17 de septiembre).

Programa Frontera XXI.

Programa para la minimización y manejo integral de residuos industriales peligrosos en México 1996-2000.

Acuerdo por el cual se crea la Comisión Internacional de Seguridad y Vigilancia Marítima y Portuaria.

Se adopta un amplio programa de mejoramiento de la calidad del aire para el área de la ciudad de México, dirigido a reducir 50% las emisiones de hidrocarburos, 40% las de NO_x y 35% las de partículas.

Una explosión en una planta de procesamiento de gas natural en Reforma, en el estado de Chiapas, causa siete muertes y 47 heridos. En otro accidente en San Juan Ixhuatepec, cerca de la ciudad de México, explota un tanque de almacenamiento causando cuatro muertes y 12 heridos, y son evacuadas más de 10 000 personas.

Se establece el Programa de Conservación de la Flora y Fauna Silvestre y Diversificación de la Producción Rural dirigido a proteger la biodiversidad y el uso sustentable de las especies silvestres en el desarrollo económico rural.

Se introduce el horario de verano, con el propósito de alcanzar una reducción de consumo de electricidad de 0.9 TWh anual.

Las entidades federales de México y de Estados Unidos llegan a un acuerdo final en cuanto al Programa Frontera XXI, segunda fase del Plan Ambiental de la Frontera, en el que se definen los objetivos ambientales para las zonas fronterizas y se describen los mecanismos para lograrlos.

1997 Programa de conservación de la vida silvestre y diversificación productiva en el sector rural 1997-2000.

Programa de normalización ambiental industrial 1997-2000.

Programa de manejo del área de protección de flora y fauna en Laguna de Términos, México.

Programa de gestión ambiental de sustancias tóxicas de atención prioritaria.

Programa para el mejoramiento de la calidad del aire en la zona metropolitana de Guadalajara 1997-2000.

Programa de administración de la calidad del aire del área metropolitana de Monterrey 1997-2000.

Programa para mejorar la calidad del aire en Ciudad Juárez 1997-2000.

El 1 de enero, una nueva generación de regulaciones que prestan mayor atención a las normas de recepción de aguas y que dispone que los límites de efluentes sean iguales para todas las ramas de la industria reemplaza el sistema anterior de límites de efluentes específicos para cada industria.

Altos Hornos de México es la primera industria mexicana, y la primera empresa siderúrgica en el Continente, que recibe la certificación ISO 14001.

Las primeras plantas de tratamiento primario y secundario de aguas se abren en la Instalación Internacional de Tratamiento de Aguas Residuales en Tijuana, construida como un proyecto internacional acordado entre México y Estados Unidos en 1990.

Se establecen, en febrero, nuevos estándares para los límites nacionales de emisiones de vehículos en circulación.

Monterrey, Guadalajara y Toluca han adoptado y empiezan a aplicar planes locales de gestión del aire.

En junio, el Consejo de Ministros de NACEC decide elaborar un acuerdo obligatorio relativo a la evaluación del impacto ambiental transfronterizo y establecer procedimientos comunes para la EIA en las zonas fronterizas.

1998   El gobierno capitalino y el Estado de México firman un convenio para la instalación de la Comisión Ejecutiva de Coordinación Metropolitana.
Se expide la ley general de vida silvestre.

2000   Se crea la Comisión Nacional Forestal.

2001   Ley General de Desarrollo Forestal Sustentable.

2003   Ley General para la Prevención y Gestión Integral de Residuos.

PANORAMA AMBIENTAL

Año	Contingencias ambientales	Movimientos sociales y ecologistas. Publicaciones señeras	Contexto internacional y acuerdos multilaterales	Contexto nacional y evolución institucional
1950	En la Ciudad de Poza Rica, Ver., se presentó una falla en la planta de Pemex; durante el proceso de recuperación de azufre hubo una fuga de ácido sulfhídrico: 22 muertos.		En 1948 se funda la Unión Internacional para la Conservación de la Naturaleza y los Recursos Naturales. 1949 Primera conferencia de la ONU sobre problemas ambientales en Lake Succes, N.Y. 1959 Conferencia de la ONU sobre el Derecho del Mar.	Ley de Cooperación para Dotación de Agua Potable a los municipios (1956). Ley Reglamentaria del Párrafo 5º del artículo 27 Constitucional en Materia de Aguas del Subsuelo (1956).
1962	Contaminación del agua potable con arsénico proveniente de una empresa metalúrgica, en Torreón, Coah.	Rachel Carson publica *Silent Spring*, primera denuncia sobre la degradación ambiental del planeta.		
1966		5000 científicos norteamericanos, entre ellos 17 premios Nobel, protestan contra la utilización de productos fitotóxicos en Vietnam. Aurelio Peccei y Alexander King fundan el Club de Roma.		
1967	Naufragio del petrolero Torrey Canyon. La marea negra pro-			

Año	Contingencias ambientales	Movimientos sociales y ecologistas. Publicaciones señeras	Contexto internacional y acuerdos multilaterales	Contexto nacional y evolución institucional
	vocada por 30 000 toneladas de crudo sensibiliza a la opinión pública sobre los riesgos de la contaminación del mar. En Tijuana, B.C., se produjo la intoxicación grave de 559 personas, de las cuales perecieron 16, en su mayoría niños, por ingerir pan hecho con harina contaminada por plaguicidas órgano-fosforados.			
1968		Paul Ehrlich, neomalthusiano, alerta sobre el peligro demográfico en *The Population Bomb*.	Conferencia Internacional de la Biosfera, París, Francia.	
1969			Estados Unidos de América establece la National Environment Protection Act (Nepa). Congreso Científico Internacional, Founex, Suiza.	
1970	559 intoxicaciones y 4 defunciones ocasionadas por plaguicidas en trabajadores agrícolas de Mexicali, B.C.	Fundación de la revista inglesa *The Ecologist*, la más antigua publicación de su tipo que aún aparece.	En los Estados Unidos inicia sus operaciones la Agencia de Protección Ambiental (EPA, Environmental Protection Agency)	
1971		Primer modelo de Jay Forrester "World 2". Un equipo interdisciplinario de expertos,	La UNESCO establece el programa El Hombre y la Biosfera (MAB) que propone el mane-	Decreto por el que se adiciona la base cuarta de la fracción XVI del artículo 73

Año	Contingencias ambientales	Movimientos sociales y ecologistas. Publicaciones señeras	Contexto internacional y acuerdos multilaterales	Contexto nacional y evolución institucional
		encabezado por D.H. Meadows del MIT, presenta su informe al Club de Roma, denominado Los Límites del Crecimiento.	jo científico e integral encaminado a la conservación y al aprovechamiento racional de los recursos naturales.	de la Constitución Política, referida a la lucha contra la contaminación como facultad del Consejo de Salubridad General. Declaración de Cocoyoc, preparatoria de la Conferencia de Estocolmo. Se crea el Conacyt, que organiza el Programa Nacional Indicativo de Ecología tropical. Se expide la Ley Federal para Prevenir y Controlar la Contaminación Ambiental.
1972		Un panel independiente de expertos, coordinado por Bárbara Ward y René Dubós, prepara el informe Only one Earth (Una sola Tierra), para la Conferencia de la ONU.	Conferencia de las Naciones Unidas sobre el Medio Ambiente Humano, conocida como Conferencia de Estocolmo. Se crea el Programa de las Naciones Unidas para el Medio Ambiente, PNUMA, y se establece el Registro Internacional de Sustancias Químicas Potencialmente Tóxicas.	Creación de la Subsecretaría de Mejoramiento del Ambiente adscrita a la Secretaría de Salubridad y Asistencia. Ley Federal de Aguas.
1973		Informe Hacia un Equilibrio Global y presentación del modelo "World 3". E.F. Schumacher publica *Small is Beatiful*, que rápidamente se	Convención Internacional sobre el Tráfico de Especies Amenazadas (Cites).	Última reforma al Código Sanitario. Incorpora el concepto de saneamiento del ambiente así como investigaciones y programas relativos a la

Año	Contingencias ambientales	Movimientos sociales y ecologistas. Publicaciones señeras	Contexto internacional y acuerdos multilaterales	Contexto nacional y evolución institucional
		convierte en una guía para los ecologistas.		preservación de los ecosistemas y el combate a la contaminación ambiental. Reglamento para la Prevención y Control de la contaminación de Aguas. Control de aguas residuales. Ley General de Población.
1974	En la región de la Laguna, Coah., hubo 934 intoxicados por plaguicidas utilizados en las actividades agrícolas. Fallecieron 5 personas.	Segundo Informe al Club de Roma. En México, lucha contra los desmontes de Uxpanapa, Ver. .	El científico mexicano Mario Molina, en colaboración con Sherwood Rowland, dedujo la teoría inicial que explica los efectos de los CFC en la capa estratosférica de ozono.	Gonzalo Halffter y Arturo Gómez Pompa organizan el Programa Nacional Indicativo de Ecología Tropical en el Consejo Nacional de Ciencia y Tecnología. Se establece la red nacional de monitoreo del agua.
1975		Carta abierta de 400 científicos franceses instando a la población a rechazar la instalación de reactores nucleares. Barry Commoner publica *En paz con el planeta*. La primera edición del texto de E. P. Odum: *Ecology*, lleva el sugestivo subtítulo: *The link between the Natural and the Social Sciences*, que desaparece en las siguientes ediciones.	EUA., Gran Bretaña, Japón, Alemania, Francia, Italia y Canadá deciden formar el Grupo de los Siete (G7); su constitución obedece a razones financieras y está integrado por las mayores economías del planeta.	La UNESCO otorga reconocimiento a la Reserva de la Biosfera Mapimí, la modalidad mexicana de Gonzalo Halffter. Se formula el Plan Nacional Hidráulico.
1976	Fuga de dioxina, en la fábrica de Hoff-	Tercer Informe al Club de Roma "Por		Se decreta la Ley Orgánica de la Ad-

Año	Contingencias ambientales	Movimientos sociales y ecologistas. Publicaciones señeras	Contexto internacional y acuerdos multilaterales	Contexto nacional y evolución institucional
	mann-Roche-Givaudan, en Seveso, Italia. En 1977 nacen doce niños con malformaciones atribuidas a la intoxicación.	un nuevo orden internacional".		ministración Pública Federal que distribuye facultades ambientales en seis dependencias. Reformas constitucionales a los artículos 27, 73 y 115, con lo cual se sentaron las bases jurídicas para la planeación urbana en México. Se expide la Ley General de Asentamientos Humanos y se crea la Secretaría de Asentamientos Humanos y Obras Públicas.
1977		Protestas contra la instalación del reactor nuclear experimental de Pátzcuaro, Mich. Organizaciones vecinales de la ciudad de México forman las Brigadas Verdes, como una forma de lucha contra la apertura de los ejes viales.		
1978	Doce años después del Torrey Canyon, un superpetrolero, el *Amoco-Cádiz*, vierte 233 000 toneladas de crudo en las costas bretonas. Se clausura la fábrica Cromatos de México al comprobarse que, por la emisión de cro-	Nicolau Georgescu-Roegen, un economista franco-rumano, publica un ensayo denominado: "The entropy law and the economic problem", que genera polémica entre los economistas.		México establece la Reserva de la Biosfera Montes Azules en la selva lacandona. Se crea la Comisión Intersecretarial de Saneamiento Ambiental.

Año	Contingencias ambientales	Movimientos sociales y ecologistas. Publicaciones señeras	Contexto internacional y acuerdos multilaterales	Contexto nacional y evolución institucional
	mo hexavalente (cancerígeno plenamente identificado), había dañado la salud de más de 150 000 habitantes de Cuautitlán, Tultitlán y Lechería, en el Estado de México. Explosión de un camión con gas en la ciudad de México: 10 muertos y 150 heridos. Explosión de un camión con gas en Xilotepec, Estado de México: 100 muertos y 150 heridos. Explosión de un gasoducto en Huimanguillo: 58 muertos.			
1979	Accidente en la central nuclear de Three Mile Island, en Penssylvania, EUA. Incendio del pozo Ixtoc, en la sonda de Campeche. Impacto ecológico ocasionado por la liberación de 3 100 000 barriles de petróleo. El siniestro se controló en nueve meses. Fuga que provocó la emisión de cloro gas en Ciclómeros, S.A. en Teoloyucan, Estado de México. Murieron 35 personas.	Fundación del grupo ambientalista internacional Greenpeace. Hoy en día, esta organización, con base en Ámsterdam, Holanda, afirma tener 2.8 millones de miembros en todo el mundo y oficinas nacionales o regionales en 41 países.		

480   ANEXOS

Año	Contingencias ambientales	Movimientos sociales y ecologistas. Publicaciones señeras	Contexto internacional y acuerdos multilaterales	Contexto nacional y evolución institucional
1980	2 500 personas deben ser evacuadas de Niágara Falls, al oeste del Estado de Nueva York, al ser descubiertas emanaciones producidas por 20 000 toneladas de residuos químicos enterrados por la empresa Hooker Chemicals.	En EUA. Alvin Toffler publica su obra *La tercera ola*, proponiendo una síntesis sobre los cambios que en todos los órdenes comienzan a producirse en el mundo, los cuales visualiza como un anuncio de la muerte del industrialismo y el nacimiento de una nueva civilización. Informe al Presidente Carter "Futuro común".	La Estrategia Mundial para la Conservación —Reporte Conjunto de la Unión Mundial para la Naturaleza (UICN), el Programa de las Naciones Unidas para el Medio Ambiente (PNUMA) y el Fondo Mundial para la Naturaleza (WWF)— subraya que el desarrollo sostenido debe contemplar objetivos de calidad.	Se publica el Plan Global de Desarrollo 1980-1982. Ley de Obras Públicas
1981	En Ciudad Nezahualcóyotl, Estado de México, tuvo lugar una intoxicación masiva causada por residuos sólidos industriales que al ser descargados al agua produjeron gases de ácido sulfúrico y amoniaco que afectó a una población de 200 personas y provocó 3 abortos.		Margaret Thatcher y Ronald Reagan producen un recetario de políticas económicas que promete sacar de su crisis a los países subdesarrollados. Más tarde, este paquete de medidas fue conocido como el "Consenso de Washington".	
1982	El fenómeno climático conocido como El Niño arruina las pesquerías de Perú y Ecuador, la sequía afecta a Australia, al este y centro de África —donde produce hambrunas— y a Tahití que es asolada			Decreto que adiciona al artículo 4 de la Constitución Política relativo al Derecho a la Protección de la Salud. Se expide la Ley Federal de Protección al Ambiente, LFPA, donde ya se conside-

Año	Contingencias ambientales	Movimientos sociales y ecologistas. Publicaciones señeras	Contexto internacional y acuerdos multilaterales	Contexto nacional y evolución institucional
	por un tifón por primera vez en 100 años. Según un reporte de la Subsecretaría de Mejoramiento del Ambiente, ocho mil niños residentes en Ciudad Juárez, Chih., presentan alteraciones hematológicas y neuropsicológicas debido a la intoxicación por plomo proveniente de la contaminación atmosférica. Las autoridades señalan como principal emisor a la empresa estadounidense Asarco, ubicada a dos kilómetros de la frontera con México.			ra la protección a la flora, a la fauna, el suelo y los ecosistemas marinos. Creación de la Secretaría de Desarrollo Urbano y Ecología, Sedue.
1983	En 1983 ocurrió el mayor accidente en un buque-tanque: el *Castillo de Beliver* se incendió y derramó cerca de 300 millones de litros de petróleo en el océano, frente a las costas de Ciudad del Cabo, en Sudáfrica. Contaminación por cobalto 60 en Ciudad Juárez Chih. Emisión de gas amoniaco en Guadalajara, Jal., con un impacto de 1 000 intoxicados.	Manifestaciones contra el reparto agrario en el Desierto de los Leones.	Convenio entre México y Estados Unidos sobre la cooperación para la protección y mejoramiento del medios ambiente en la zona fronteriza	Reformas constitucionales al artículo 115 que otorgan al municipio servicios públicos relacionados con el saneamiento básico, así como facultades de gestión ambiental. Se crea la Secretaría de Salud con un nuevo modelo de gestión descentralizada de servicios, aunque continúa centralizado el control sanitario de bienes y servicios.

ANEXOS

Año	Contingencias ambientales	Movimientos sociales y ecologistas. Publicaciones señeras	Contexto internacional y acuerdos multilaterales	Contexto nacional y evolución institucional
				Se expide el Plan Nacional de Desarrollo 1983-1988 y el Programa Nacional de Ecología 1984-1988.
1984	Explosión en instalaciones de almacenamiento de Pemex y dos plantas gaseras contiguas, ubicadas en San Juan Ixhuatepec, México: 503 muertos y 7 000 heridos. Durante este mismo año, en la ciudad de Bophal, India, un escape de gases químicos originado accidentalmente en una planta de Unión Carbide provoca una tragedia: más de 5 000 muertos y 200 000 afectados.	Formación de la Red Alternativa de Ecocomunicación. En Brasil, el Movimiento de los Sin Tierra, un movimiento de jornaleros agrícolas sin tierra, se consolida en este año como un movimiento nacional. En menos de veinte años se convertirá en uno de los movimientos sociales más exitosos de Latinoamérica.		Se promulga la Ley General de Salud. Se crea el Instituto Sedue. Se instala el sistema de monitoreo de la calidad del agua.
1985	Un terremoto de 8.1 grados afecta la ciudad de México, provocando cuantiosos daños materiales y un gran número de edificios derrumbados. Las estimaciones de muertos varían entre varios cientos y varios miles. Fugas y contaminación con mercurio radioactivo en el Centro de Investigaciones	Frente común de grupos ecologistas contra el Programa de Reordenación Urbana y Protección Ecológica, PRUPE, del Departamento del Distrito Federal. Integración de la Federación Conservacionista Mexicana. Primer encuentro nacional de ecologistas.	Creación de la Comisión de las Naciones Unidas sobre Medio Ambiente y Desarrollo (Comisión Brundtland) Convenio de Viena para la protección de la capa de ozono. Convenio de La Paz, anexos I y II para la protección y mejoramiento del medio ambiente en la zona fronteriza, México-EUA.	Se establece la Comisión Nacional de Ecología.

Año	Contingencias ambientales	Movimientos sociales y ecologistas. Publicaciones señeras	Contexto internacional y acuerdos multilaterales	Contexto nacional y evolución institucional
	Nucleares en Salazar, Edo. de México. La Convención de Viena para la Protección de la Capa de Ozono confirma oficialmente la existencia del fenómeno del agujero de ozono en el Polo Sur. Hundimiento del buque *Rainbow Warrior* de Greenpeace, la organización ecologista, cuando intentaba impedir una prueba nuclear francesa, en el Pacífico Sur.			
1986	En Ucrania una grave explosión afecta a uno de los reactores de la planta nuclear de Chernobyl, produciendo gravísimas fugas radiactivas en el peor accidente de la historia en la utilización de la energía nuclear con fines pacíficos. Fuga en gasoducto de Cárdenas, Tab.: 2 heridos y más de 20 mil evacuados.	Fundación del Pacto de Grupos Ecologistas.	El transbordador espacial Challenger, de la NASA, estalla en mil pedazos a sólo 73 seg.. de su lanzamiento en el Centro Espacial Kennedy, en Florida, EUA. Los siete tripulantes fallecieron. Programa Global Change del Consejo Internacional de Uniones Científicas, para estudiar las interrelaciones geosfera-biosfera. Acuerdo de cooperación entre México y Estados Unidos sobre movimientos transfronterizos de deshechos y sustancias peligrosos (Convenio de La Paz, Anexo III)	Ingreso de México al GATT, antecedente de la actual Organización Mundial de Comercio, OMC.

Año	Contingencias ambientales	Movimientos sociales y ecologistas. Publicaciones señeras	Contexto internacional y acuerdos multilaterales	Contexto nacional y evolución institucional
1987	Fallas en los procesos de la refinería de Minatitlán, Tab.; emiten acrilonitrilo con un saldo de 200 heridos y más de 1 000 evacuados.	Cerca de 10 000 personas y 25 grupos ecologistas participan en la clausura simbólica de la planta de Laguna Verde, en un evento que marca el clímax del movimiento ecologista en México. El Pacto de Grupos Ecologistas emite el Primer Manifiesto Ecologista, nueve tesis ecologistas en defensa de la nación. Poco después se concreta la disolución del Pacto.	Protocolo de Montreal, relativo al control de las sustancias agotadoras de la capa de ozono. Protocolo de Helsinki para la reducción de emisiones de azufre y sus efectos transfronterizos. La aparición del Informe Brundtland, llamado Nuestro Futuro Común, adopta el paradigma del desarrollo sustentable. Acuerdo de Cooperación entre México y Estados Unidos sobre contaminación transfronteriza del aire causada por las fundidoras a lo largo de la frontera común (Convenios de La Paz, Anexo IV). Acuerdo de Cooperación entre México y Estados Unidos relativo al transporte internacional de contaminantes del aire urbano (Convenio de La Paz Anexo V).	
1988	El Instituto Goddard de Investigaciones Espaciales de la NASA anuncia que el calentamiento global del planeta ha comenzado, 1988 es el año más caluroso de la década, comprobándose		Protocolo de Sofía concerniente a las emisiones de óxidos de nitrógeno y sus efectos transfronterizos. Panel Intergubernamental sobre Cambio Climático.	Promulgación de la Ley General del Equilibrio Ecológico y la Protección al Ambiente, LGEEPA. Primer informe general de ecología. La Secretaría de Gobernación crea el

Año	Contingencias ambientales	Movimientos sociales y ecologistas. Publicaciones señeras	Contexto internacional y acuerdos multilaterales	Contexto nacional y evolución institucional
	su tendencia creciente desde el siglo anterior. Explosión de un depósito de gasolina en Chihuahua, Chih.: 7 heridos y más de 1 000 evacuados. Explosión de un depósito de gasolina en Monterrey, N.L.: 4 muertos, 15 heridos y 10 000 evacuados. Explosión de fuegos artificiales en la Ciudad de México: 62 muertos y 87 heridos.			Centro Nacional de Prevención de Desastres. Se establece el programa de verificación vehicular obligatoria en la ZMVM.
1989	En marzo, el buque tanque *Exxon-Valdez* derrama 41 millones de litros de petróleo crudo en las aguas del golfo del Príncipe Guillermo, en Alaska.	Nuestra Propia Agenda BID/PNUD.	Convenio de Basilea para el control de movimientos transfronterizos de residuos	Se crea la Comisión Nacional del Agua (CNA). Se expide el Plan Nacional de Desarrollo 1989-1994 y el Programa Nacional de Protección al Medio Ambiente 1990-1994. Se establecen los programas "Hoy no circula" y de verificación vehicular en la ZMVM.
1990				Se crea el Consejo Nacional de Protección Civil bajo la coordinación de la Secretaría de Gobernación.
1991	El mayor derrame de la historia, ocurre durante la primera Gue-	Los Meadows publican *Más allá de los límites del crecimiento*.	Se establece el World Bussiness Council for Sustainable Develop-	Programa de contingencias ambientales de la ZMVM.

Año	Contingencias ambientales	Movimientos sociales y ecologistas. Publicaciones señeras	Contexto internacional y acuerdos multilaterales	Contexto nacional y evolución institucional
	rra del Golfo: cinco barcos petroleros kuwaitíes son arrojados al mar desde su terminal de almacenamiento, en la Isla del Mar de Kuwait. Se estima que 525 millones de litros de petróleo crudo se derramaron en el Golfo Pérsico. Fuga de plaguicidas en la planta de Anaversa, en Córdoba, Ver., México. 300 personas intoxicadas y 1591 evacuadas. Fuga de gas butano en San Luis Potosí: 30 muertos. Explosión en una planta de PVC con emisiones de cloro en Coatzacoalcos, Ver.: 2 muertos y 122 heridos.	Al Gore publica *La Tierra en juego*.	ment, WBCSD, originalmente un espacio para preparar la participación empresarial en la reunión de Río de Janeiro. Actualmente agrupa a 165 empresas transnacionales y opera mediante redes regionales en los cinco continentes. El Banco Mundial crea el Global Environment Facility, GEF. El informe conjunto de la UICN, el PNUMA y el WWF, Cuidar la Tierra. Estrategia para el futuro de la vida, señala que el término desarrollo sostenible ha sido objeto de críticas por su ambigüedad y porque se presta a interpretaciones muy diversas, muchas de las cuales son contradictorias.	
1992	Explosión en el sistema de drenaje de la ciudad de Guadalajara, Jal., México, debido a la acumulación de gases de hidrocarburos que ocasiona oficialmente 190 defunciones y 1470 lesionados. Más de 5000 personas son evacuadas y 1500 viviendas quedan destruidas.	Ernst von Weizsäcker publica su *Política de la Tierra*. Osborne y Gaebler publican *Reinventing Government*.	Se celebra en Río de Janeiro, Brasil, la Conferencia de las Naciones Unidas sobre el Medio Ambiente y el Desarrollo, llamada Cumbre de la Tierra. En el contexto de Cumbre de la Tierra, el presidente George Bush, de los Estados Unidos, afirma que "El modo de vida de	Creación de la Secretaría de Desarrollo Social, Sedesol. Las funciones ambientales de la Sedue se distribuyen entre el INE y la Profepa, órganos desconcentrados de la Sedesol. Se crea la Comisión Nacional para el Conocimiento y Uso de la Biodiversidad,

Año	Contingencias ambientales	Movimientos sociales y ecologistas. Publicaciones señeras	Contexto internacional y acuerdos multilaterales	Contexto nacional y evolución institucional
			los países desarrollados no está a discusión". A la fecha, aún se discute si esta declaración es sustentable. Convenio 170 de la OIT sobre la seguridad en la utilización de los productos químicos en el trabajo.	así como la Comisión Ambiental Metropolitana. Se expide la Ley de Aguas Nacionales y la Ley Federal sobre Metrología y Normalización
1993		Fundación de la Unión de Grupos Ambientalistas y de Greenpeace México. La mayoría de estos grupos abandonan el discurso radical ecologista y comienzan a llamarse a sí mismos ambientalistas.	Comisión de Desarrollo Sustentable. Aparece el libro verde sobre reparación del daño ecológico.	Se aprueba el TLCAN y los acuerdos de cooperación en amteria ambiental y laboral. Ley Federal de Sanidad Vegetal. Ley Federeal de Sanidad Animal.
1994	Explosión de tubería de gas en una planta petroquímica de Tabasco: 10 muertos y 20 heridos.		Entra en vigor el Tratado de Libre Comercio de América del Norte, TLC, y su acuerdo ambiental paralelo. También se crea la Comisión de Cooperación Ambiental, CCA. Conferencia de El Cairo sobre población.	Rebelión del EZLN. Ingreso de México a la OCDE.
1995	El gobierno francés reanuda los ensayos atómicos en el Pacífico sur provocando fuertes condenas de la comunidad internacional. En Japón, un fuerte		Declaración de Copenhague sobre desarrollo social.	Creación de la Secretaría de Medio Ambiente, Recursos Naturales y Pesca, Semarnap. La gestión del agua, bosques y pesca caen dentro de sus atribuciones. Se expide el Plan Na-

Año	Contingencias ambientales	Movimientos sociales y ecologistas. Publicaciones señeras	Contexto internacional y acuerdos multilaterales	Contexto nacional y evolución institucional
	terremoto en Kobe provoca más de 5 000 muertes.			cional de Desarrollo 1995-2000 y el Programa de Medio Ambiente 1995-2000. Se establece el Programa Frontera XXI.
1996	En Inglaterra, el reconocimiento oficial del riesgo provocado por la enfermedad de las vacas locas provoca una grave crisis sectorial y serias tensiones dentro de la comunidad europea. Explosión en un complejo de procesamiento de gas natural en Reforma, Chis., con emisiones de propano: 7 muertos y 47 heridos. En San Juan Ixhuatepec, cerca de la ciudad de México, explota un tanque de almacenamiento de gasolina causando 4 muertos y 12 heridos, y son evacuadas más de 10 000 personas.	Colborn *et al.* publican *Our Stolen Future*.		La Semarnap constituye la Comisión Nacional de Áreas Naturales Protegidas como órgano desconcentrado.
1997			Una evaluación de las Naciones Unidas, conocida como Río + 5, concluye que el estado del medio ambiente mundial no ha mejorado significativamente desde la Cumbre de la Tierra.	

ANEXOS

Año	Contingencias ambientales	Movimientos sociales y ecologistas. Publicaciones señeras	Contexto internacional y acuerdos multilaterales	Contexto nacional y evolución institucional
			Se firma en Japón el Protocolo de Kyoto, por el que varios países se comprometen a reducir sus emisiones de gases de efecto invernadero en 5% para el año 2012. El protocolo queda sujeto a ratificación por cada una de las partes.	
1998	Centroamérica es devastada por el huracán Mitch, el peor en varias décadas. Guatemala, Honduras, El Salvador y Nicaragua son los países más afectados, las víctimas cuyo verdadero número quizás nunca se sabrá superan en un balance extraoficial el número de 5000 y los daños comprometen la infraestructura productiva y de comunicaciones de los países afectados.		Convenio de Rotterdam: para la aplicación de un procedimiento de consentimiento informado previo, a ciertos plaguicidas y otros productos químicos tóxicos, objeto de comercio internacional.	
1999	En Venezuela, lluvias torrenciales provocan aludes de barro y piedra hacia la costa en los alrededores de Caracas, sepultando a miles de personas y provocando daños materiales catastróficos. El número de víctimas oscila entre	El Instituto Nacional de Ecología de Semarnap y la Comisión Nacional de Biodiversidad, Conabio, publican el libro *La defensa de la tierra del jaguar*, de Lane Simonian. El texto, publicado originalmente por la Texas University Press en 1995, constituye la primera historia general		Se crea la Comisión Intersecretarial de Bioseguridad y Organismos Genéticamente Modificados. Se instalan convertidores catalíticos a través del Programa integral de reducción de emisiones contaminantes (Pirec).

Año	Contingencias ambientales	Movimientos sociales y ecologistas. Publicaciones señeras	Contexto internacional y acuerdos multilaterales	Contexto nacional y evolución institucional
	30 000 y 50 000 personas.	de la conservación en México. El 30 de noviembre de 1999, una multitud de más de 50 000 personas tomó las calles de la ciudad de Seattle para protestar contra la Ronda del Milenio de la Organización Mundial de Comercio, OMC. Las protestas obligan a cancelar la reunión.		
2000		El mandatario mexicano Ernesto Zedillo durante su mensaje en el Foro Económico de Davós, Suiza, emplea por primera vez el término *globalifóbicos*. En otros ámbitos, comienzan a ser conocidos como *el pueblo de Seattle*.	El World Economic Forum de Davós, Suiza, construye el índice de sustentabilidad ambiental. Protocolo de Cartagena sobre protección de riesgos biotecnológicos. Se publica el libro blanco sobre responsabilidad ambiental.	Creación de la Secretaría de Medio Ambiente y Recursos Naturales, Semarnat, con un enfoque de gestión que da prioridad al aspecto regulador. Formalmente se busca desconcentrar la gestión del agua, los bosques y las áreas naturales protegidas.
2001		Miles de globalifóbicos protagonizan en Génova violentas protestas contra la reunión de los países ricos del mundo, G8. Se reporta por primera vez el fallecimiento de un manifestante en este tipo de protestas.	Estados Unidos rechaza, en marzo de este año, ratificar el Protocolo de Kyoto, por considerarlo lesivo para sus intereses económicos. Convenio de Estocolmo: 127 países adoptan un tratado de las Naciones Unidas para prohibir o minimizar el uso de doce de las sustancias tóxicas más utilizadas en el mundo.	Se crea la Comisión Nacional Forestal, organismo descentralizado. Se expide el Plan Nacional de Desarrollo 2001-2006 y el Programa Nacional de Medio Ambiente y Recursos Naturales 2001-2006. Se establece el Programa Frontera 2012, dirigido a la atención

Año	Contingencias ambientales	Movimientos sociales y ecologistas. Publicaciones señeras	Contexto internacional y acuerdos multilaterales	Contexto nacional y evolución institucional
			Invasión de Afganistán: los Estados Unidos, con un importante respaldo internacional, inicia la operación Libertad Duradera, con el propósito de destruir los refugios y centros neurálgicos de la red terrorista Al Qaeda y capturar a Osama Bin Laden.	de regiones específicas.
2002	Tras casi seis días a la deriva, el petrolero *Prestige* se parte en dos a 130 millas de la costa de Galicia. Una mancha de 11 000 toneladas se libera mientras el barco se hunde. Persiste el riesgo de que se liberen el resto de las 77 000 toneladas de crudo que transportaba el buque en el momento del accidente.		Cumbre de Johannesburgo. La reunión, realizada con el propósito principal de renovar un compromiso político con el desarrollo sustentable, es calificada en forma unánime como un fracaso rotundo por la ausencia de discusiones y propósitos relevantes para la sustentabilidad ambiental del planeta.	
2003		Quinta reunión de la OMC en Cancún, Quintana Roo, con un fracaso manifiesto en sus objetivos. El G-7 triunfa y los globalifóbicos también, los únicos que pierden son los países del G-21.		El presidente Fox ordena un cambio de estrategias en las políticas gubernamentales y sustituye a las autoridades de la Semarnat y de la Profepa. Se expide la Ley General para el Desarrollo Forestal Sustentable Se publica la Ley General para la Prevención y Gestión Integral de los Residuos.

LEGISLACIÓN AMBIENTAL FEDERAL

1761   Reglamento general sobre medidas de aguas, primer cuerpo legislativo en la Nueva España que conformó una completa regulación sobre el agua. El Reglamento señalaba que para poseer aguas, y en consecuencia para usarlas y aprovecharlas para cualquier explotación, era necesario el otorgamiento de una concesión por el rey o sus representantes. La facultad de otorgar concesiones correspondía a los virreyes y presidentes de la Audiencia Real de la Nueva España.

1825   Bando de Policía y Buen Gobierno de la Ciudad de México: contiene las leyes para el resguardo de la salud pública, tales como las reglas sobre la policía de salud pública que se han de observar por la Suprema Junta del Gobierno de Medicina y el reglamento para evitar los perjuicios que causan a la salud las vasijas de cobre, el plomo de los estañados, las de estaño con mezcla de plomo, y los malos vidriados de los de barro (HSAM, 196).

1870   El Código Civil incorpora el primer dispositivo legal para regular las aguas propiedad de la nación: preveía que para usar o aprovechar aguas propiedad de la Nación se debería contar con la concesión otorgada por autoridades competentes. Asimismo, establece las primeras disposiciones sobre cacería y veda de algunas especies.

1871   El Código Penal castigaba al que ocupaba o usurpaba aguas sin consentimiento del legitimo poseedor, o en su caso, sin la concesión correspondiente.

1891   Código Sanitario. Fortalecido el Consejo Superior de Salubridad con atribuciones estratégicas para el desempeño gubernamental, con recursos para actuar y ante todo con el apoyo del Ejecutivo, después de nueve años de estudios coordinados por el doctor Eduardo Liceaga se formula el primer Código Sanitario en 1889, sustentado en acciones de salubridad general para la prevención de enfermedades provocadas por agentes ambientales. Fue aprobado en 1891, aún con la resistencia de la mayoría de los legisladores, quienes tuvieron que ceder presionados por el impacto político de las contingencias epidemiológicas del país.

1902   La Ley sobre Régimen y Clasificación de Bienes Federales, antecedente de la Ley General de Bienes Nacionales, declaró por primera vez a las aguas propiedad de la Nación como inalienables e imprescriptibles.

1908   El Ejecutivo envía al Congreso de la Unión una iniciativa para adicionar la fracción XXI del artículo 72 Constitucional, a efecto de que se facultara al Poder Legislativo para legislar sobre la salubridad pública en las costas y fronteras. La adición propuesta se basa en la noción de que la salubridad pública de las costas y fronteras constituía un capítulo de la regulación migratoria. Dicha iniciativa no prosperó, pero sirvió como antecedente inmediato de la fracción XVI del artículo 73 de la Constitución de 1917.

1910   Se promulgó la Ley sobre Aprovechamiento de Aguas de Jurisdicción Federal que reguló en forma pormenorizada los usos de las aguas y las concesiones de las mismas, a excepción de las concesiones para efectos de navegación las cuales se sujetaban a la aprobación del Congreso de la Unión (21 dic.).

1915   La Ley Agraria establece disposiciones relativas a la dotación y restitución de aguas a los indígenas; su articulado se caracteriza por una estrecha relación entre el agua y las tierras. Algunas aguas se encontraban bajo el régimen y regulación del Derecho Agrario (6 ene.).

1917   Adición a la fracción XVI del artículo 73 de la Constitución. En el proyecto de Constitución que presentó el presidente Carranza ante el Congreso de Querétaro no se introducía modificación alguna a la facultad que respecto a salubridad concedía la reforma de 1908. Pero en la sesión del 19 de enero de 1917, un médico, el diputado José Maria Rodríguez, presentó una adición a la fracción XVI del artículo 73, que, salvo escasas modificaciones de forma, ha venido a constituir los cuatro incisos enumerados que, sin reforma alguna posterior, conserva en la actualidad la referida fracción XVI (Tena, 1981).

1926 Ley sobre Irrigación con Aguas Federales. Crea la Comisión Nacional de Irrigación, lo que marca el inicio de un esfuerzo sistemático para regular la utilización del recurso hidráulico (4 ene.).

El Código Sanitario amplía los conceptos de higiene del trabajo incluyendo capítulos que garantizarían la protección de la salud de los trabajadores frente a los riesgos a que se veían expuestos, dando sustento a la creación del Servicio de Higiene Industrial y Previsión Social del Departamento de Salubridad con la responsabilidad de ejercer la vigilancia de las condiciones en que se desarrollaba el trabajo y la promoción de la salud de los obreros.

Se expide la Ley Forestal y el Código Nacional Eléctrico (11 mayo).

1929 Ley de Aguas de Propiedad de la Nación, primera Ley reglamentaria del párrafo quinto del artículo 27 constitucional que otorgó a la Secretaría de Agricultura y Fomento las atribuciones en la materia, excepto la navegación, que correspondía a la Secretaría de Comunicaciones y Obras Públicas.

Ley sobre Aprovechamiento de Aguas de Jurisdicción Federal (derogó la de 1910) (6 ago.).

1931 Se promulga la Ley Federal del Trabajo (18 ago.).

1934 Con base en la Ley Federal del Trabajo, se expiden dos disposiciones complementarias: el Reglamento de Medidas Preventivas de Accidentes del Trabajo y el Reglamento de Higiene del Trabajo.

Ley sobre Aprovechamiento de Aguas de Jurisdicción Federal (derogó la de 1929). Establecía el orden de preferencia para el riego, entró en vigor hasta el 21 de abril de 1936.

1935 Reglamento para los análisis de potabilidad de las aguas en la República (9 nov.).

1936 Reglamento de la Ley de Aguas de Propiedad Nacional (21 abr.).

ANEXOS

1937 Se publica la Ley que crea la Comisión Federal de Electricidad (24 ago.).

1939 Ley sobre el patrimonio de la Comisión de Fomento Minero y Reglamento de la Comisión (25 ene.).

1940 Reglamento para los establecimientos industriales o comerciales molestos, insalubres o peligrosos (6 nov.).
Reglamento para la ocupación y construcción de obras en el mar territorial, vías navegables, playas y zona federal.

1942 Convención para la pPotección de la Flora y Fauna y de las Bellezas Escénicas Naturales de los Países de América. "Las regiones establecidas para la protección y conservación de bellezas escénicas naturales y de la flora y la fauna de importancia nacional de las que el público pueda disfrutar mejor al ser puestas bajo vigilancia oficial."
Reformas a la Ley Forestal.

1944 Se reglamentan en las empresas los accidentes.

1945 Reglamento de Higiene del Trabajo.

1946 Ley de Conservación del Suelo y Agua (6 jul., derogada el 13 dic. 96).
Ley Reglamentaria del párrafo Quinto del Artículo 27 Constitucional en materia de aguas del subsuelo.

1948 Reformas a la Ley Forestal (10 ene.).
Ley de Pesca (13 ene.).

1951 Reglamento federal de desinfección y desinfestación (7 abr.).

1952 Ley Federal de Caza.
Tiene por objeto orientar y garantizar la conservación, restauración y fomento de la fauna silvestre que subsiste libremente en el territorio nacional, regulando su aprovechamiento, estipulando dicha ley que todas las especies de animales silvestres que subsisten libremente en el territorio nacional son de propiedad de la nación y corresponde a la Secretaría de

Agricultura y Ganadería (ahora a la Secretaría de Medio Ambiente y Recursos Naturales) autorizar el ejercicio de la caza y la apropiación de sus productos (5 ene.).

1953 Reglamento federal sobre obras de provisión de agua potable (2 jul.).

1955 Convenio internacional para la prevención de la contaminación de las aguas de mar por hidrocarburos (31 dic.).
Ley Orgánica del Consejo de Recursos Naturales no Renovables (31 dic.).

1956 Ley de cooperación para dotación de agua a los municipios (21 dic.).
Decreto que promulga la Convención Internacional para la Prevención de la Polución de las Aguas de Mar por Hidrocarburos (20 jul.).
Ley Reglamentaria del párrafo 5° del artículo 27 constitucional en materia de aguas del subsuelo (31 dic.).

1960 Reformas a la Ley Forestal con el objeto de regular y fomentar la conservación, protección, restauración, aprovechamiento, manejo, cultivo y producción de los recursos forestales del país, a fin de propiciar el manejo adecuado.

1961 Ley Reglamentaria del artículo 27 constitucional en materia de explotación y aprovechamiento de recursos minerales (6 feb.).

1966 Reglamento de la Ley Reglamentaria del artículo 27 constitucional en materia de explotación y aprovechamiento de recursos mineros (7 dic.).

1969 Reformas a la Ley General de Bienes Nacionales (30 ene.).

1971 Ley Federal para Prevenir y Controlar la Contaminación Ambiental
Reglamento para la prevención y control de la contaminación atmosférica originada por humos y polvos *(DO,* 17-IX-71).
Decreto por el que se adiciona la base cuarta de la fracción XVI del artículo 73 de la Constitución Política de los Estados Unidos Mexicanos,

referida a la lucha contra la contaminación como facultad del Consejo de Salubridad General (6 jun.).

Ley Federal de Armas de Fuego y Explosivos (11 ene.).

Reformas a la Ley de la Reforma Agraria.

1972 Ley Federal de Aguas (derogó la Ley Sobre Aprovechamiento de Aguas de Jurisdicción Federal de 1934). Se inicia una serie de restricciones en cuanto a la distribución de agua. A este ordenamiento se le aplicó el Reglamento de la Ley de Aguas de Propiedad Nacional.

Instructivo que describe el uso, característica e interpretación de la Carta de Humo de Ringelmann (25 ene.).

Ley Federal para el Fomento de la Pesca (25 mayo). Tiene por objeto reglamentar al Artículo 27 Constitucional en lo relativo a los recursos naturales que constituyen la flora y la fauna cuyo medio de vida total, parcial o temporal, sea el agua. Asimismo, garantizar la conservación, la preservación y el aprovechamiento racional de los recursos pesqueros, y establecer las bases para su adecuado fomento y administración.

Acuerdo que fija las bases a que se sujetará la fabricación de equipos y dispositivos para prevenir y controlar la contaminación ambiental (14 jul.).

Acuerdo que concede a los industriales nacionales los subsidios que procedan en razón de los equipos y aditamentos que importen, con el objeto de evitar, controlar o abatir la contaminación causada por la emisión de humos y polvos (14 ago.).

Declaratoria general de exención de impuestos núm. 273, para la fabricación de mejoradores orgánicos de suelos, a partir del beneficio de basura (23 oct. fe. 16 dic.).

Instructivos para solicitar los beneficios de los decretos del 23 de nov. 1971 y 19 de jul. 1972, para las empresas que se declaren de utilidad nacional (14 sep.).

1973 Reformas al Código Sanitario que contemplaba el saneamiento del ambiente como materia de salubridad general (13 mar.).

Acuerdo que dispone que la importación de desinfectantes e insecticidas queda sujeta al requisito de previo permiso expedido por la Secretaría de Industria y Comercio, hasta el término de dos años (26 feb.).

Reglamento para la prevención y control de la contaminación de las aguas. Planteaba un sistema de control sustentado en permisos de descarga de aguas residuales. Tuvo efectos limitados (29 mar.).

Ley General de Población (12 dic.).

Convención internacional sobre el tráfico de especies amenazadas (CITES).

Reglamento para el control y prevención de la contaminación de las aguas (29 mar.).

1974 Ley de Sanidad Fitopecuaria de los Estados Unidos Mexicanos (13 dic.).

Decreto que aprueba el convenio sobre la prevención de la contaminación del mar por vertimientos de desechos y otras materias (27 mayo).

1975 Acuerdo que señala el trámite de la licencia para establecer nuevas industrias o ampliar las existentes a que se refieren los artículos 7º y 8º del Reglamento para la prevención y control de la contaminación atmosférica originada por la emisión de humos y polvos (15 ago.).

Decreto por el que se promulga el convenio sobre la prevención de la contaminación del mar por vertimiento de desechos y otras materias (16 jul.).

Decreto por el que se modifican y adicionan los artículos 24 y 70 del Reglamento para la prevención y control de la contaminación de aguas (22 dic.).

Ley reglamentaria del artículo 27 constitucional en materia minera (22 dic.).

Decreto que reforma los artículos 17 y 59 del reglamento para prevenir y controlar la contaminación atmosférica originada por la emisión de humos y polvos (22 dic.).

Convenio entre el gobierno de los Estados Unidos Mexicanos y el gobierno de la República de Guatemala sobre la protección y mejoramiento del ambiente en la zona fronteriza (31 mayo).

Decreto por el que se promulga el Convenio sobre la Prevención de la Contaminación del Mar por Vertimiento de Desechos y otras Materias, firmado en las ciudades de México, Londres, Moscú y Washington, el 29 de diciembre de 1972 (16 jun.).

Decreto que adiciona el artículo 26 del Reglamento de la Ley Reglamentaria del artículo 27 constitucional en materia de explotación y aprovechamiento de recursos minerales (24 dic.).

1976 Reglamento para la prevención y control de la contaminación ambiental originada por la emisión de ruidos (2 ene. abrogado el 6 dic. 82.).

Ley General de Asentamientos Humanos (26 feb.).

Tiene por objeto establecer la concurrencia de la Federación, de las entidades federativas y de los municipios, para la ordenación y regulación de los asentamientos humanos en el territorio nacional; fijar las normas básicas para planear y regular el ordenamiento territorial de los asentamientos humanos y la fundación, conservación, mejoramiento y crecimiento de los centros de población; definir los principios para determinar las provisiones, reservas, usos y destinos de áreas y predios que regulen la propiedad en los centros de población, y determinar las bases para la participación social en materia de asentimientos humanos. Cabe aclarar que la fracción VIII del Artículo 5° estipula que se considera de utilidad pública la preservación del equilibrio ecológico y la protección al ambiente de los centros de población.

Decreto por el que se promulga el convenio internacional relativo a la Intervención en altamar en casos de accidentes que causen una contaminación por hidrocarburos, adoptado en la ciudad de Bruselas el 29 de noviembre de 1969 (26 mayo).

Decreto que fija los límites permisibles de emisión de los gases de escape de los vehículos automotores nuevos que usan gasolina como combustible (29 oct.).

Ley de Desarrollo Urbano del Distrito Federal (7 dic.).

Reformas constitucionales a los artículos 27, 73 y 115 con lo cual se sentaron las bases jurídicas para la planeación urbana en México (6 feb.).

1977 Ley Orgánica de la Administración Pública Federal que distribuye competencias ambientales en seis dependencias.

Reglamento de la Ley General de Población (17 nov.).

Decreto que reforma los artículos 17 y 59 del Reglamento para la prevención y control de la contaminación atmosférica originada por la emisión de humos y polvos.

Modificaciones del convenio internacional para prevenir la contaminación de las aguas del mar por hidrocarburos (1954) y sus anexos (9 mar.).

1978 Reglamento general de seguridad e higiene en el trabajo (1 jun.).

Memorandum de entendimiento para la cooperación en problemas y programas ambientales a través de la frontera con Estados Unidos (jun.).

1979 Reglamento para prevenir y controlar la contaminación del mar por vertimiento de desechos y otras materias (23 ene.).

1980 Reglamento de la Ley Federal de Sanidad Fitopecuaria de los Estados Unidos Mexicanos (18 ene.).

Decreto de promulgación del protocolo relativo a la intervención en alta mar en casos de contaminación del mar por sustancias de los hidrocarburos (19 mayo).

Reglamento para el control sanitario de los productos de la pesca (7 ago.)

Registro nacional de parques industriales (12 sep.).

Ley de Obras Públicas (30 dic.).

1981 Decreto que establece los estímulos fiscales para el fomento de la actividad preventiva de la contaminación ambiental (23 mar.).

Acuerdo por el que el plan nacional de contingencias para combatir y controlar el derrame de hidrocarburos y sustancias nocivas en el mar será de carácter permanente y de interés social (15 abr.).

Acuerdo por el que se autoriza la constitución del fondo nacional para prevenir y controlar la contaminación ambiental (15 jul.).

Reglamento de la Ley de Obras Públicas (11 nov.).

Ley Federal de Derechos (31 dic.).

Tiene por objeto establecer las cuotas que deberán pagarse por el uso o aprovechamiento de los bienes del dominio público de la nación, así como por recibir servicios que presta el Estado en sus funciones de derecho público.

1982 Ley Federal de Protección al Ambiente.

Reformas a la Ley General de Bienes Nacionales (8 ene.).

1983 Adición del párrafo 6º. del artículo 25 constitucional. Se refiere al uso, en beneficio general, de los recursos productivos cuidando su conservación y el medio ambiente, como condición para apoyar e impulsar a las empresas de los sectores social y privado de la economía.

Adición al articulo 4° Constitucional del Derecho a la Protección de la Salud.

Convenio entre los Estados Unidos Mexicanos y los Estados Unidos de América sobre la cooperación para la protección y mejoramiento del medio ambiente en la zona fronteriza (Convenio de La Paz, firmado el 14 ago.).

1984 Ley General de Salud (7 feb.).

Convenio internacional del trabajo sobre seguridad y salud de los trabajadores y medio ambiente de trabajo.

Decreto que reforma y adiciona diversas disposiciones de la Ley General de Asentamientos Humanos (febrero).

1985 Acuerdo de cooperación entre los Estados Unidos Mexicanos y los Estados Unidos de América para la solución de los problemas de saneamiento en San Diego, Cal./Tijuana, B.C. (Convenio de la Paz. Anexo 1).

Acuerdo de Cooperación entre los Estados Unidos Mexicanos y los Estados Unidos de América sobre contaminación del ambiente a lo largo de la frontera internacional por descarga de sustancias peligrosas (Convenio de la Paz. Anexo II).

1986 Convenio de concertación para efectuar las acciones de prevención de la contaminación atmosférica en el Distrito Federal y zona conurbada del Estado de México.

Decreto por el que se establecen las zonas geográficas para la descentralización industrial y el otorgamiento de estímulos. (22 ene. Adición 25 nov.).

Decreto que establece diversas acciones de protección ecológica que habrán de tomar algunas entidades y dependencias de la administración pública federal.

Decreto por el que se aprueban las bases para el establecimiento del sistema nacional de protección civil (6 mayo).

Ley Federal del Mar.

Tiene por objeto reglamentar los párrafos cuarto, quinto, sexto y octavo del Artículo 27 de la Constitución Política de los Estados Unidos

Mexicanos, en lo relativo a las zonas marinas mexicanas. Esta Ley rige en las zonas marinas que forman parte del territorio nacional y, en lo aplicable, más allá de éste en las zonas marinas donde la Nación ejerce derechos de soberanía jurisdicción y otros derechos. Sus disposiciones son de orden público, en el marco del Sistema Nacional de Planeación Democrática.

Es conveniente precisar que el Artículo 6° establece que la soberanía de la nación y sus derechos de jurisdicción y competencia dentro de los límites de las respectivas zonas marinas se ejercerán respecto a: el aprovechamiento económico del mar, inclusive la utilización de minerales disueltos en sus aguas, la producción de energía eléctrica o térmica derivada de las mismas, de la corriente y de los vientos, la captación de energía solar en el mar, el desarrollo de la zona costera de maricultura, el establecimiento de parques marinos nacionales, la promoción de la recreación y el turismo y el establecimiento de comunidades pesqueras; la protección y prevención del medio marino, inclusive la prevención de su contaminación, así como la realización de actividades de investigación científica marina, entre otros. A mayor abundamiento es conveniente señalar que esta Ley cuenta con un capítulo, el cuarto, dirigido específicamente a la protección y preservación del medio marino, y otro, el tercero, dirigido a los recursos naturales y el aprovechamiento económico del mar (8 ene.).

Decreto por el que las dependencias y entidades de la Administración Pública Federal procederán, en el ejercicio de las atribuciones de su competencia o en la realización de los programas y actividades a su cargo, a ejecutar los ajustes o modificaciones conducentes a efecto de observar y dar pleno cumplimiento a las medidas preventivas en este ordenamiento en materia de protección ecológica.

Acuerdo de cooperación entre los Estados Unidos Mexicanos y los Estados Unidos de América sobre movimientos transfronterizos de desechos peligrosos y sustancias peligrosas (Convenio de la Paz. Anexo III) (12 nov.).

Ley Federal de Pesca (26 dic.).

Reformas a la Ley Forestal.

1987 Reforma al párrafo tercero del artículo 27 constitucional para incorporar la protección al equilibrio ecológico (3 ago.).

Adición de la fracción XXIX-G al artículo 73 constitucional que faculta al Congreso para expedir leyes que establezcan la concurrencia del gobierno federal, de los gobiernos de los estados y de los municipios, en el ámbito de sus respectivas competencias en materia de protección al ambiente y de preservación y restauración del equilibrio ecológico (3 ago.).

Adición de la fracción VI del artículo 73 Constitucional que otorga facultades a la Asamblea de Representantes para emitir reglamentos para la preservación y protección del ambiente.

Protocolo de Montreal relativo a las sustancias agotadoras de la capa de ozono.

Decreto relativo a la importación o exportación de materiales o residuos peligrosos que por su naturaleza puedan causar daños al medio ambiente o a la propiedad o constituyen un riesgo a la salud o bienestar (19 ene., derogado el 25 nov.).

Decreto que establece las bases de coordinación entre Secofi, SARH, Sedue, SSA que deberán observar en relación con plaguicidas, fertilizantes y sustancias tóxicas (15 oct.), con el se crea la Comisión Intersecretarial para el Control del Proceso y Uso de Plaguicidas, Fertilizantes y Substancias Tóxicas (Cicoplafest).

Decreto que establece estímulos fiscales para el fomento de las actividades de prevención y control de la contaminación ambiental (3 ago.).

Protocolo relativo a los clorofluorocarbonos del Convenio de Viena para la Protección de la Capa de Ozono (adoptado 16 sep.).

Acuerdo de Cooperación entre los Estados Unidos Mexicanos y los Estados Unidos de América sobre contaminación transfronteriza del aire causada por las fundidoras a lo largo de la frontera común (Convenio de la Paz. Anexo IV) (firmado 29 ene.).

Acuerdo de Cooperación entre los Estados Unidos Mexicanos y los Estados Unidos de América relativo al transporte internacional de contaminación del aire urbano (Convenio de La Paz Anexo V) (firmado 3 oct.).

Protocolo para la reducción de emisiones de azufre y sus efectos transfronterizos (Protocolo de Helsinki).

1988 Ley General del Equilibrio Ecológico y Protección al Ambiente (LGEEPA).
Reglamento de la LGEEPA en materia de impacto ambiental (7 jun.).
Reglamento de la LGEEPA en materia de prevención y control de la contaminación atmosférica (25 nov.).

Reglamento de la LGEEPA en materia de residuos peligrosos (25 nov.).
Reglamento de la LGEEPA para la prevención y control de la contaminación generada por vehículos automotores que circulan por el Distrito Federal y municipios de la zona conurbada (25 nov.).

Acuerdo por el que se exceptúa el trámite para la obtención de la licencia de establecimiento o aplicación, a que se refiere el artículo 7º del reglamento para la prevención y control de la contaminación atmosférica originada por la emisión de humos y polvos, a las empresas microindustriales con arreglo a la ley de la materia que no estén clasificadas como altamente riesgosas siempre que queden comprendidas en alguna de las actividades que se describen (14 abr. Abrogado el 15 jun. 90).

Decreto que establece la codificación y clasificación de mercancías cuya importación está sujeta a regularizaciones sanitarias, fitosanitarias y ecológicas (9 nov.).

Acuerdo por el que se da a conocer el instrumento para el procedimiento uniforme e integral al que se sujetarán las secretarías de Comercio y Fomento Industrial, Agricultura y Recursos Hidráulicos, Desarrollo Urbano y Ecología, y Salud en la resolución de solicitudes de registro para el otorgamiento de autorizaciones en sus modalidades de licencias, permisos y registros para plaguicidas, fertilizantes y sustancias tóxicas (7 dic.).

Acuerdo que establece el procedimiento uniforme e integral para la resolución de solicitudes de importación de plaguicidas (7 dic.).

Acuerdo que establece la lista y clasificación arancelaria de los plaguicidas, cuya importación estará sujeta a regulación sanitaria, fitosanitaria y ecológica (7 dic.)

Acuerdo que establece los lineamientos para la formulación, expedición y modificación de normas técnicas ecológicas.

Plaguicidas sujetos a regulación sanitaria y ecológica.

Reglamento interior de la Comisión Intersecretarial para el Control del Proceso y Uso de Plaguicidas, Fertilizantes y Sustancias Tóxicas. (Cicoplafest) (27 oct.).

Se firma el convenio entre los gobiernos del DDF y el Estado de México para coordinar acciones y dar soluciones integrales al área metropolitana: Consejo del Área Metropolitana de la Ciudad de México.

Protocolo concerniente a las emisiones de óxidos de nitrógeno y sus efectos transfronterizos (Protocolo de Sofía).

1989 Formato de manifestación para empresas generadoras eventuales de residuos de bifenilos policlorados provenientes de equipos eléctricos.

Acuerdo por el que se dan a conocer los formatos en los que la industria nacional debe declarar el volumen y tipo de generación de residuos peligrosos, señalados en el reglamento de la LGEEPA en materia de residuos peligrosos.

Acuerdo de cooperación entre los Estados Unidos Mexicanos y los Estados Unidos de América sobre la cooperación para la protección y mejoramiento del ambiente en la zona metropolitana de la Ciudad de México (firmado 3 oct.).

1990 Acuerdo por el que se establecen los criterios para limitar la circulación de los vehículos automotores que consuman gasolina o diesel en el D.F. un día a la semana (1 mar.).

Acuerdo por el que la Segob y la Sedue con fundamento en lo dispuesto por el artículo 5º fracc. X y 146 de la LGEEPA, y 27 fracc. XXXII y 37 fracc. XVI y XVII, de la Ley Orgánica de la Administración Pública Federal expiden el primer listado de actividades altamente riesgosas para el manejo de sustancias peligrosas tóxicas (28 mar.).

Acuerdo por el que se establece la verificación semestral de emisiones contaminantes de los vehículos de autotransporte de pasaje y carga que circulen por caminos de jurisdicción federal (3 mayo).

Adición a la Ley Federal de Derechos del "Derecho por uso o aprovechamiento de bienes del dominio público de la Nación como cuerpos receptores de descargas de aguas residuales".

Acuerdo por el que se exceptúa del trámite para la obtención de la licencia de funcionamiento a que se refiere el art. 19 del Reglamento de la LGEEPA en materia de la contaminación atmosférica, a las fuentes fijas consideradas como empresas microindustriales en los términos de la ley de la materia, que emitan o puedan emitir olores, gases o partículas sólidas o líquidas a la atmósfera (15 jun.).

Convenio de Basilea sobre el control de los movimientos transfronterizos de los residuos peligrosos y su eliminación.

Acuerdo de cooperación ambiental entre el gobierno de los Estados Unidos Mexicanos y el gobierno de Canadá (firmado 16 mar.).

Acuerdo de Cooperación en materia de medio ambiente entre el gobierno de los Estados Unidos Mexicanos y la República Federal del Brasil (10 oct.).

1991 Acuerdo por el que se establecen las modalidades para restringir la circulación de los vehículos automotores dedicados al transporte público de pasajeros en el D.F. (16 ene., abrogado 13 oct.).

Relación de plaguicidas prohibidos para su importación, fabricación, formulación, comercialización y uso en México.

Acuerdo por el que se establecen las medidas para restringir la circulación de los vehículos automotores que prestan el servicio público de transporte de pasajeros en sus modalidades de taxis sin itinerario fijo y colectivos en el D.F. (31 oct.).

Acuerdo por el que se establecen las medidas para limitar la circulación de los vehículos automotores en el D.F., incluyendo a los que tengan placas de otras entidades federativas o del extranjero, para prevenir y controlar contingencias ambientales o emergencias ecológicas de esta entidad federativa (3 dic., abrogado el 12 jul.).

Reglamento para el uso y aprovechamiento del mar territorial, vías navegables, playas, zona federal marítimo terrestre y terrenos ganados al mar (21 ago.).

Acuerdo por el que se establecen las características y los porcentajes de eficiencia de conversión mínima de gases contaminantes de los convertidores catalíticos (29 oct.).

Acuerdo sobre cooperación en materia de medio ambiente entre el gobierno de los Estados Unidos Mexicanos y la Comisión Centroamericana de Ambiente y Desarrollo (13 jun.).

Convenio entre los Estados Unidos Mexicanos y Belice sobre la protección y mejoramiento del ambiente y conservación de los recursos naturales en la zona fronteriza (20 nov.).

Decreto promulgatorio entre los gobiernos de los Estados Unidos Mexicanos y los Estados Unidos de América que modifica el acuerdo de cooperación entre los dos gobiernos sobre la contaminación del medio marino por derrames de hidrocarburos y otras sustancias nocivas (25 ene.).

1992 Convenio 170 de la OIT, sobre la seguridad en la utilización de los productos químicos en el trabajo (4 dic.).

Segundo listado de actividades altamente riesgosas (4 mayo).

Convenio marco sobre cambio climático (7 mayo).

Ley Federal sobre Metrología y Normalización (1 jul.).

Tiene por objeto, en materia de normalización, certificación, acreditamiento y verificación, fomentar la transparencia y eficiencia en la elaboración y observancia de normas oficiales mexicanas y normas mexicanas; establecer un procedimiento uniforme para la elaboración de normas oficiales mexicanas por las dependencias de la administración pública federal, y coordinar las actividades de normalización, certificación, verificación y laboratorios de prueba de las dependencias de la administración pública federal, entre otros.

Decreto por el que se aprueba el Convenio sobre la diversidad biológica (13 ene.).

Reformas a la Ley General de Asentamientos Humanos.

Reformas a la Ley Forestal (22 dic.).

Reformas a la Ley agraria (26 feb.).

Ley de Aguas Nacionales (deroga la Ley Federal de Aguas). Se faculta a la Comisión Nacional del Agua la administración del recurso. Tiene por objeto reglamentar el Artículo 27 Constitucional en materia de aguas nacionales, en lo particular regular la explotación, uso o aprovechamiento de dichas aguas, su distribución y control, así como la preservación de su cantidad y calidad para lograr su desarrollo integral sustentable. Cabe aclarar que el Artículo 38 fracción II establece que previo los estudios técnicos que al efecto se elaboren y publiquen, se podrán reglamentar la extracción y utilización de aguas nacionales, establecer zonas de veda o declarar la reserva de agua para proteger o restaurar un ecosistema.

Reformas a la Ley de Pesca (25 jun.).

Reformas a la Ley Minera (26 jun.).

Reglamento de la Ley de Pesca (25 jul.).

Memorándum de entendimiento sobre educación ambiental entre Canadá, México y Estados Unidos (jun.).

Decreto por el que aprueba el Convenio Internacional para Prevenir la Contaminación por los Buques, adoptado en la ciudad de Londres, Gran Bretaña, el 2 de noviembre de 1973, y el Protocolo de 1978 relativo al Convenio Internacional para Prevenir la Contaminación por los Buques (1973), adoptado en la ciudad de Londres, Gran Bretaña, el 17 de febrero de 1978 (28 ene.).

Decreto promulgatorio de la Convención sobre el Comercio Internacional de Especies Amenazadas de Fauna y Flora Silvestres, publicado en el *Diario Oficial de la Federación* el día 6 de marzo.

1993 Reglamento para el transporte terrestre de materiales y residuos peligrosos (7 abr.).
Ley Federal de Sanidad Vegetal (5 ene.).
Modificaciones a los artículos 6 y 7 de la Convención Relativa a Humedales de Importancia Internacional (28 ene.).
Reglamento de la Ley de Comercio Exterior (30 dic.).
Reglamento de la Ley Minera (29 mar.).
Ley de Comercio Exterior (27 jul.).
Ley de Puertos (9 jul.).
Decreto por el que se aprueba el Tratado de Libre Comercio de América del Norte y los acuerdos de cooperación en materia ambiental y laboral, suscritos por los gobiernos de México, Canadá y los Estados Unidos de América (8 dic.).
Decreto de promulgación de las enmiendas al convenio internacional para prevenir la contaminación por los buques (26 oct.).
Ley Federal de Sanidad Animal (18 jun.).
Convenio sobre el Cambio Climático (13 feb.).

1994 Acuerdo que establece la clasificación y codificación de mercancías cuya importancia está sujeta a regulación por parte de las dependencias que integran la Cicoplafest.
Reglamento de la Ley Forestal (21 feb.).
Decreto por el que se aprueba el Convenio Internacional sobre Cooperación, Preparación y Lucha contra la Contaminación por Hidrocarburos de 1990 (17 ene.).
Reglamento de la Ley de Aguas Nacionales (12 ene.).
El gobierno federal establece las normas máximas de oleofinas y sustancias aromáticas, y los límites de presión de la gasolina.
México firma el Convenio sobre Desertificación, suscribe el Plan para la Gestión de Aves Acuáticas de América del Norte e inicia actividades conjuntas con Belice sobre desarrollo urbano, recursos acuíferos y evaluación de impacto ambiental.

1995 Acuerdo que tiene por objeto liberar actividades y establecimientos industriales, mercantiles y de servicios del trámite de autorización de impacto ambiental y precisa los que deberán sujetarse a este trámite (25 jul.).

Acuerdo por el cual se simplifica el trámite de la presentación de la manifestación de impacto ambiental a las industrias que se mencionan, sujetándolas a la presentación de un informe preventivo (23 oct., dejado sin efectos el 23 ene. 97).

1996 Ley Ambiental del D.F. (9 jul.).

Reformas y adiciones a la Ley General del Equilibrio Ecológico y Protección al Ambiente (13 dic.).

Acuerdo que reforma, adiciona y deroga diversos artículos del Código Penal (13 dic.) Se incorpora al Código Penal un nuevo título, el vigésimo quinto, denominado "Delitos Ambientales" tipificándose como delitos de las conductas contrarias o adversas al medio ambiente. Asimismo, es necesario señalar que con estas acciones se fortaleció la eficacia de la legislación ambiental logrando un mayor orden y sistematización de su regulación.

Ley Federal de Variedades Vegetales (25 oct.).

Acuerdo por el que se establece la verificación sectorial obligatoria de emisiones contaminantes para 1996 (23 feb.).

Acuerdo que establece las medidas para limitar la circulación de los vehículos automotores en el D.F., incluyendo a los que tengan placas federales o de otras entidades federativas o del extranjero, para prevenir y controlar las contingencias ambientales o emergencias ecológicas. (12 jul.)

Memorándum de entendimiento para la cooperación en materia de protección ambiental y de los recursos naturales entre la Secretaría de Medio Ambiente, Recursos Naturales y Pesca de los Estados Unidos Mexicanos y el Ministerio de Ciencias, Tecnología y Medio Ambiente de la República de Cuba (22 mayo).

1997 Reglamento Federal de Higiene, Seguridad y Medio Ambiente de Trabajo.

Adición de nuevos parámetros de contaminantes para el cálculo del derecho por descargas; establecimiento de porcentajes de descuentos en aguas nacionales para aquellos que descarguen con una calidad superior a la establecida para el tipo de cuerpo receptor; y exenciones para quienes presenten programa de acciones para mejorar la calidad de sus descargas.

Acuerdo por el que se deja sin efectos el anterior Acuerdo por el cual se simplifica el trámite de la presentación de la manifestación de impacto ambiental a las industrias que se mencionan, sujetándolas a la presentación de un informe preventivo (23 ene.).

Reformas a la Ley Forestal.

Modificaciones al Reglamento de la Ley de Aguas Nacionales.

Acuerdo por el cual se establecen los mecanismos y procedimientos para obtener la licencia ambiental única, mediante un tramite único, así como la actualización de la información de emisiones mediante una cédula de operación (11 abr.).

Aviso por el que se dan a conocer al público en general, el instructivo general para obtener la licencia ambiental única, el formato de solicitud de licencia ambiental única para establecimientos industriales de jurisdicción federal y el formato de cédula para establecimientos industriales de jurisdicción federal (18 ago.).

Acuerdo por el que se establecen las bases para la operación del Servicio Nacional de Inspección y Vigilancia del Medio Ambiente y los Recursos Naturales de la Profepa.

1998 Reglamento de la Ley Forestal.

2000 Reglamento de la LGEEPA en materia de Auditoría Ambiental (29 nov.)
Ley General de Vida Silvestre (4 jul.).
Reglamento de la LGEEPA en materia de Impacto Ambiental (3 mayo).
Reglamento de la LGEEPA en materia de Áreas Naturales Protegidas (30 nov.).

2001 Decreto por el que se crea la Comisión Nacional Forestal (4 abril)
Reformas a la LGEEPA (31 dic.).

2002 Reformas a la Ley General de Vida Silvestre (10 ene.).

2003 Ley General de Desarrollo Forestal Sustentable (25 feb.).
Ley General para la Prevención y Gestión Integral de los Residuos (8 oct.).

LEGISLACIÓN AMBIENTAL EN LAS ENTIDADES FEDERATIVAS

Ley Ambiental para el Distrito Federal *(DOF* 28.07.96—Gob. DF 13.01.00—Ref. 31.12.03)

Ley Estatal de Equilibrio Ecológico y Protección al Ambiente de Aguascalientes (26.03.89)

Ley del Equilibrio Ecológico y Protección al Ambiente del Estado de Baja California (29.02.92)

Ley de Equilibrio Ecológico y Protección del Ambiente del Estado de Baja California Sur (30.11.91)

Ley del Equilibrio Ecológico y Protección al Ambiente del Estado de Campeche (22.06.94)

Ley del Equilibrio Ecológico y la Protección al Ambiente del Estado de Coahuila de Zaragoza (08.12.98)

Ley Ambiental para el Desarrollo Sostenible del Estado de Colima (11.06.02)

Ley de Equilibrio Ecológico y Protección al Ambiente del Estado de Chiapas (31.07.91)

Ley de Equilibrio Ecológico y Protección al Ambiente del Estado de Chihuahua (26.10.91)

Ley Estatal de Equilibrio Ecológico y Protección al Ambiente del Estado de Durango (20.05.90)

Ley Ecológica para el Estado de Guanajuato (28.08.90)

Ley del Equilibrio Ecológico y Protección al Ambiente del Estado de Guerrero (19.03.91)

Ley del Equilibrio Ecológico y la Protección al Ambiente del Estado de Hidalgo (8.09.89)

Ley del Equilibrio Ecológico y la Protección al Ambiente del Estado de Jalisco (06.06.89)

Ley de Protección al Ambiente para el Desarrollo Sustentable del Estado de México (26.11.97)

Ley de Protección al Ambiente del Estado de Michoacán (7.05.92)

Ley del Equilibrio Ecológico y la Protección al Ambiente del Estado de Morelos (9.08.89)

Ley Estatal del Equilibrio Ecológico y la Protección al Ambiente del Estado de Nayarit (29.01.92)

Ley del Equilibrio Ecológico y la Protección al Ambiente del Estado de Nuevo León (26.06.89)

Ley del Equilibrio Ecológico del Estado de Oaxaca (12.04.91)

Ley de Protección al Ambiente y el Equilibrio Ecológico del Estado de Puebla (22.11.91)

Ley Estatal del Equilibrio Ecológico y la Protección al Ambiente del Estado de Querétaro (26.05.88)

Ley del Equilibrio Ecológico y la Protección al Ambiente del Estado de Sinaloa (12.07.91)

Ley del Equilibrio Ecológico y la Protección al Ambiente para el Estado de Sonora (03.01.91)

Ley del Equilibrio Ecológico y la Protección al Ambiente del Estado de Tabasco (20.12.89)

Ley del Equilibrio Ecológico y Protección al Ambiente del Estado de Tamaulipas (12.12.91)

Ley Estatal del Equilibrio Ecológico y Protección al Ambiente del Gobierno del Estado de Yucatán (21.12.88-21.12.91)

Ley de Ecología y de Protección al Ambiente del Estado de Tlaxcala (22.02.90)

Ley Estatal del Equilibrio Ecológico y la Protección al Ambiente del Estado de Veracruz (22.05.90)

Ley Estatal del Equilibrio Ecológico y la Protección al Ambiente del Estado de Zacatecas (27.12.89

ORGANISMOS AMBIENTALES EN LAS ENTIDADES FEDERATIVAS

AGUASCALIENTES
Subsecretaría de Ecología

BAJA CALIFORNIA
Dirección de Ecología

BAJA CALIFORNIA SUR
Dirección de Planeación Urbana y Ecología

CAMPECHE
Subsecretaría de Ecología

COAHUILA
Instituto Coahuilense de Ecología

COLIMA
Dirección de Ecología

CHIAPAS
Secretaría de Ecología, Recursos Forestales y Pesca

CHIHUAHUA
Instituto de Ecología

DISTRITO FEDERAL
Secretaría del Medio Ambiente

DURANGO
Instituto de Ecología

ESTADO DE MÉXICO
Secretaría de Ecología

GUANAJUATO
Instituto de Ecología del Estado

GUERRERO
Procuraduría del Medio Ambiente y Ecología

HIDALGO
Consejo Estatal de Ecología

JALISCO
Secretaría del Medio Ambiente para el Desarrollo Sustentable

MICHOACÁN
Secretaría de Desarrollo Urbano y Ecología

MORELOS
Comisión Estatal de Agua y Medio Ambiente

NAYARIT
Instituto Promotor de la Vivienda

NUEVO LEÓN
Subsecretaría de Ecología

OAXACA
Instituto Estatal de Ecología

PUEBLA
Subsecretaría de Ecología

QUERÉTARO
Secretaría de Desarrollo Urbano

QUINTANA ROO
Secretaría de Infraestructura, Medio Ambiente y Pesca

SAN LUIS POTOSÍ
Secretaría de Ecología y Gestión Ambiental

SINALOA
Secretaría de Planeación y Desarrollo

SONORA
Secretaría de Infraestructura Urbana y Ecología

TABASCO
Secretaría de Desarrollo Social y Protección al Ambiente

TAMAULIPAS
Dirección General de Recursos Naturales y Medio Ambiente

TLAXCALA
Coordinación General de Ecología

VERACRUZ
Subsecretaría del Medio Ambiente

YUCATÁN
Secretaría de Ecología

ZACATECAS
Instituto de Ecología y Medio Ambiente

ÁREAS NATURALES DE MÉXICO PROTEGIDAS CON DECRETOS FEDERALES

Reservas de la biosfera

Número	Área natural protegida	Decreto de creación	Superficie en ha	Ubicación
1	Alto Golfo de California y Delta del Río Colorado	10-jun.-93	934 756	Baja California y Sonora
2	El Vizcaíno	30-nov.-88	2 546 790	Baja California Sur
3	Complejo lagunar Ojo de Liebre	14-ene.-72 como zona de refugio para ballenas y ballenatos	**60 343**†	Baja California Sur
4	Sierra La Laguna	6-jun.-94	112 437	Baja California Sur
5	Calakmul	23-mayo-89	723 185	Campeche
6	Los Petenes	24-mayo-99	282 858	Campeche
7	Selva El Ocote	27-nov.-00	101 288	Chiapas
8	La Encrucijada	6-jun.-95	144 868	Chiapas
9	Lacan-Tun	21-ago.-92	61 874	Chiapas
10	Montes Azules	12-ene.-78	331 200	Chiapas
11	La Sepultura	6-jun.-95	167 310	Chiapas

* Conanp. Semarnat, 2004.
† Los datos de las celdas en **negritas** han sido calculados con el SIG.

Número	Área natural protegida	Decreto de creación	Superficie en ha	Ubicación
12	El Triunfo	13-mar.-90	119 177	Chiapas
13	Volcán Tacana	28-ene.-03	6 378	Chiapas
14	Archipiélago de Revillagigedo	6-jun.-94	636 685	Colima
15	Mapimi	27-nov.-00	342 388	Durango/Chihuahua/Coahuila
16	La Michilia	18-jul.-79	9 422	Durango
17	Barranca de Metztitlán	27-nov.-00	96 043	Hidalgo
18	Chamela-Cuixmala	30-dic.-93	13 142	Jalisco
19	Sierra de Manantlán	23-mar.-87	139 577	Jalisco y Colima
20	Mariposa Monarca	10-nov.-00	56 259	Michoacán y México
21	Sierra de Huautla	8-sep.-99	59 031	Morelos
22	Islas Marías	27-nov.-00	641 285	Nayarit
23	Tehuacán-Cuicatlán	18-sep.-98	490 187	Oaxaca y Puebla
24	Sierra Gorda	19-mayo-97	383 567	Querétaro
25	Arrecifes de Sian Ka'an	2-feb.-98	34 927	Quintana Roo
26	Banco Chinchorro	19-jul.-96	144 360	Quintana Roo
27	Sian Ka'an	20-ene.-86	528 148	Quintana Roo
28	Sierra del Abra Tanchipa	6-jun.-94	21 464	San Luis Potosí
29	El Pinacate y Gran Desierto de Altar	10-jun.-93	714 557	Sonora
30	Isla San Pedro Mártir	13-jun.-02	30 165	Sonora

Número	Área natural protegida	Decreto de creación	Superficie en ha	Ubicación
31	Pantanos de Centla	6-ago.-92	302 707	Tabasco
32	Los Tuxtlas	23-nov.-98	155 122	Veracruz
33	Ría Celestun	27-nov.-00	81 482	Yucatán y Campeche
34	Ría Lagartos	21-mayo-99	60 348	Yucatán

Parques nacionales

Número	Área natural protegida	Decreto de creación	Superficie en ha	Ubicación
1	Constitución de 1857	27-abr.-62	5 009	Baja California
2	Sierra de San Pedro Mártir	26-abr.-47	**72 909**	Baja California
3	Bahía de Loreto	19-jul.-96	206 581	Baja California Sur
4	Cabo Pulmo	6-jun.-95	7 111	Baja California Sur
5	Los Novillos	18-jun.-40	**42**	Coahuila
6	Cañón del Sumidero	8-dic.-80	21 789	Chiapas
7	Lagunas de Montebello	16-dic.-59	**6 396**	Chiapas
8	Palenque	20-jul.-81	1 772	Chiapas
9	Cascada de Bassaseachic	2-feb.-81	5 803	Chihuahua
10	Cumbres de Majalca	1-sep.-39	**4 801**	Chihuahua
11	Cerro de la Estrella	24-ago.-38	**143**	Distrito Federal
12	Cumbres del Ajusco	23-sep.-36	920	Distrito Federal
13	Desierto de Los Leones	27-nov.-17	1 529	Distrito Federal

Número	Área natural protegida	Decreto de creación	Superficie en ha	Ubicación
14	El Tepeyac	18-feb.-37	1 500	Distrito Federal
15	Fuentes Brotantes de Tlalpan	28-sep.-36	129	Distrito Federal
16	El Histórico Coyoacán	26-sep.-38	40	Distrito Federal
17	Lomas de Padierna	22-abr.-38	670	Distrito Federal
18	El Veladero	17-jul.-80	3 617	Guerrero
19	General Juan N. Álvarez	30-mayo-64	528	Guerrero
20	Grutas de Cacahuamilpa	23-abr.-36	1 600	Guerrero
21	El Chico	6-jul.-82	2 739	Hidalgo
22	Los Mármoles (comprende Barranca de San Vicente y Cerro de Cangando)	8-sep.-36	23 150	Hidalgo
23	Tula	27-mayo-81	100	Hidalgo
24	Nevado de Colima	5-sep.-36	9 840	Colima
25	Bosencheve	1-ago.-40	14 600	México y Michoacán
26	Desierto del Carmen o Nixcongo	10-oct.-42	529	México
27	Insurgente Miguel Hidalgo y Costilla	18-sep.-36	1 920	México y Distrito Federal
28	Iztaccíhuatl–Popocatépetl	8-nov.-35	90 284	México, Puebla y Morelos
29	Los Remedios	15-abr.-38	468	México
30	Molino de Flores Nezahualcóyotl	5-nov.-37	46	México

Número	Área natural protegida	Decreto de creación	Superficie en ha	Ubicación
31	Nevado de Toluca	25-ene.-36	53 988	México
32	Sacromonte	29-ago.-39	44	México
33	Barranca del Cupatitzio	2-nov.-38	362	Michoacán
34	Cerro de Garnica	5-sep.-36	978	Michoacán
35	Insurgente José María Morelos	22-feb.-39	4 569	Michoacán
36	Lago de Camécuaro	8-mar.-41	5	Michoacán
37	Pico de Tancítaro	27-jul.-40	23 406	Michoacán
38	Rayón	29-ago.-52	112	Michoacán
39	Lagunas de Zempoala	27-nov.-36	4 556	Morelos y México
40	El Tepozteco	22-ene.-37	22 968	Morelos y Distrito Federal
41	Isla Isabel	8-dic.-80	194	Nayarit
42	Cumbres de Monterrey	17-nov.-00	177 396	Nuevo León
43	El Sabinal	25-ago.-38	8	Nuevo León
44	Huatulco	24-jul.-98	11 891	Oaxaca
45	Benito Juárez	30-dic.-37	2 794	Oaxaca
46	Lagunas de Chacahua	9-jul.-37	14 921	Oaxaca
47	Cerro de Las Campanas	7-jul.-37	59	Querétaro
48	El Cimatario	21-jul.-82	2 448	Querétaro
49	Arrecifes de Cozumel	19-jul.-96	11 988	Quintana Roo
50	Arrecife de Puerto Morelos	2-feb.-98	9 067	Quintana Roo

Número	Área natural protegida	Decreto de creación	Superficie en ha	Ubicación
51	Costa Occidental de Isla Mujeres, Punta Cancún y Punta Nizuc	19-jul.-96	8 673	Quintana Roo
52	Isla Contoy	2-feb.-98	5 126	Quintana Roo
53	Tulum	23-abr.-81	664	Quintana Roo
54	Arrecifes de Xcalak	27-nov.-00	17 949	Quintana Roo
55	Gogorrón	22-sep.-36	**36 965**	San Luis Potosí
56	El Potosí	15-sep.-36	2 000	San Luis Potosí
57	Malinche o Matlalcuéyatl	6-oct.-38	**45 494**	Tlaxcala y Puebla
58	Xicoténcatl	17-nov.-37	**851**	Tlaxcala
59	Cañón del Río Blanco	22-mar.-38	**48 800**	Veracruz
60	Cofre de Perote	4-mayo-37	**11 550**	Veracruz
61	Pico de Orizaba	4-ene.-37	**19 601**	Veracruz y Puebla
62	Sistema Arrecifal Veracruzano	24-ago.-92	52 239	Veracruz
63	Arrecife Alacranes	6-jun.-94	333 769	Yucatán
64	Dzibilchantún	14-abr.-87	539	Yucatán
65	Sierra de Órganos	27-nov.-00	1 125	Zacatecas

MONUMENTOS NATURALES

Número	Área natural protegida	Decreto de creación	Superficie en ha	Ubicación
1	Bonampak	21-ago.-92	4 357	Chiapas
2	Yaxchilán	21-ago.-92	2 621	Chiapas
3	Cerro de La Silla	26-abr.-91	6 039	Nuevo León
4	Yagul	24-mayo-99	1 076	Oaxaca

ÁREAS DE PROTECCIÓN DE RECURSOS NATURALES

Número	Área natural protegida	Decreto de creación	Superficie en ha	Ubicación
1	Las Huertas	23-jun.-88	167	Colima
2	Cuenca Hidrográfica del Río Necaxa	20-oct.-38	**41 692**	Puebla

ÁREAS DE PROTECCIÓN DE FLORA Y FAUNA

Número	Área natural protegida	Decreto de creación	Superficie en ha	Ubicación
1	Valle de Los Cirios	2-jun.-80	**2 521 776**	Baja California
2	Islas del Golfo de California	2-ago.-78	**358 000**	Baja California, Baja California Sur, Sonora y Sinaloa
3	Cabo San Lucas	29-nov.-73	**3 996**	Baja California Sur
4	Laguna de Términos	6-jun.-94	706 148	Campeche
5	El Jabalí	14-ago.-81	5 179	Colima
6	Cascada de Agua Azul	29-abr.-80	2 580	Chiapas

Número	Área natural protegida	Decreto de creación	Superficie en ha	Ubicación
7	Chan-Kin	21-ago.-92	12 185	Chiapas
8	Metzabok	23-sep.-98	3 368	Chiapas
9	Naha	23-sep.-98	3 847	Chiapas
10	Cañón de Santa Elena	7-nov.-94	277 210	Chihuahua
11	Tutuaca	6-jul.-37	**363 441**	Chihuahua
12	Campo Verde	3-ene.-38	**108 067**	Chihuahua
13	Papigochic	11-mar.-39	**243 639**	Chihuahua
14	Cuatro Ciénegas	7-nov.-94	84 347	Coahuila
15	Maderas del Carmen	7-nov.-94	208 381	Coahuila
16	La Primavera	6-mar.-80	30 500	Jalisco
17	Sierra de Quila	4-ago.-82	15 193	Jalisco
18	Ciénegas del Lerma	27-nov.-02	3 024	México
19	Corredor biológico Chichinautzin	30-nov.-88	37 302	Morelos
20	Otoch Ma´Ax Yetel Kooh	5-jun.-02	5 367	Yucatán y Quintana Roo
21	Uaymil	17-nov.-94	89 118	Quintana Roo
22	Yum Balam	6-jun.-94	154 052	Quintana Roo
23	Sierra La Mojonera	13-ago.-81	**9 382**	San Luis Potosí
24	Sierra de Álvarez	7-abr.-81	16 900	San Luis Potosí
25	Meseta de Cacaxtla	27-nov.-00	50 862	Sinaloa
26	Sierra de Álamos-Río Cuchujaqui	19-jul.-96	92 890	Sonora

SANTUARIOS

Número	Área natural protegida	Decreto de creación	Superficie en ha	Ubicación
1	Islas de la Bahía de Chamela (islas La Pajarera, Cocinas, Mamut, Colorada, San Pedro, San Agustín, San Andrés y Negrita, y los islotes Los Anegados, Novillas, Mosca y Submarino)	13-jun.-02	84	Jalisco
2	Playa de Puerto Arista	29-oct.-86	63	Chiapas
3	Playa de Tierra Colorada	29-oct.-86	54	Guerrero
4	Playa Piedra de Tlacoyunque	29-oct.-86	29	Guerrero
5	Playa Cuitzmala	29-oct.-86	12	Jalisco
6	Playa de Mismaloya	29-oct.-86	168	Jalisco
7	Playa El Tecuán	29-oct.-86	17	Jalisco
8	Playa Teopa	29-oct.-86	12	Jalisco
9	Playa de Maruata y Colola	29-oct.-86	33	Michoacán
10	Playa Mexiquillo	29-oct.-86	25	Michoacán
11	Playa de Escobilla	29-oct.-86	30	Oaxaca
12	Playa de la Bahía de Chacahua	29-oct.-86	32	Oaxaca
13	Playa de la Isla Contoy	29-oct.-86	14	Quintana Roo
14	Playa Ceuta	29-oct.-86	77	Sinaloa

Número	Área natural protegida	Decreto de creación	Superficie en ha	Ubicación
15	Playa El Verde Camacho	29-oct.-86	63	Sinaloa
16	Playa de Rancho Nuevo	29-oct.-86	30	Tamaulipas
17	Playa adyacente a la localidad denominada Río Lagartos	29-oct.-86	131	Yucatán

OTRAS CATEGORÍAS

Número	Área natural protegida	Decreto de creación	Superficie en ha	Ubicación
1	Isla de Guadalupe	05-jun.-2003 (aviso)	476 971	Océano Pacífico
2	Sierra de Ajos/Bavispe	30-jun.-36 y 09-sep.-39	183 608	Sonora

GLOSARIO

Abrogar. Privar totalmente de vigencia una ley, reglamento o código. Dejar sin efecto una disposición legal que puede ser expresa, por una disposición posterior; o puede ser tácita, es decir, resultante de la incompatibilidad que existe entre las disposiciones de la misma ley y de la anterior. (SHCP)

Accountability. Rendición de cuentas. Se refiere al derecho que tienen los ciudadanos de pedir cuentas sobre las acciones y decisiones administrativas que los afectan directamente, así como la responsabilidad del gerente público de rendir cuentas al respecto.

Acto administrativo. § Declaración de voluntad de un órgano de la administración pública, de naturaleza discrecional, susceptible de crear, con eficacia particular o general, obligaciones, facultades, o situaciones jurídicas de naturaleza administrativa. (SHCP)

§ Acto que realiza la autoridad administrativa. Expresa la voluntad de la autoridad administrativa, creando situaciones jurídicas individuales, a través de las cuales se trata de satisfacer las necesidades de la colectividad o la comunidad. A veces, las autoridades legislativas o las judiciales realizan también el acto administrativo, cumpliendo funciones de autoridad administrativa. (DJM)

Acto de autoridad. Son los que ejecutan las autoridades actuando en forma individualizada, por medio de facultades decisorias y el uso de la fuerza pública y que, con base en disposiciones legales o de facto, pretenden imponer obligaciones, modificar las existentes o limitar los derechos de los particulares. (DJM)

Acto jurídico. § Expresión de la voluntad humana con capacidad para provocar efectos jurídicos, conforme a los requisitos legales establecidos con anterioridad para cada caso. (SHCP)

§ Manifestación de voluntad de una o más personas, encaminada a producir consecuencias de derecho (que pueden consistir en la creación, modificación, transmisión o extinción de derechos subjetivos y obligaciones) y que se apoya para conseguir esa finalidad en la autorización que en tal sentido concede el ordenamiento jurídico. (DJM)

Acto legislativo. Actuación deliberada del Poder Legislativo orientada a la creación de derecho positivo; igualmente, puede caracterizarse en general como acto legislativo a aquél por el cual se formula una regla general e impersonal, ya sea que emane del Poder Ejecutivo o del H. Congreso de la Unión o de la autoridad con facultades para hacerlo. (SHCP)

Acto reglamentario. Acto emitido por el Poder Ejecutivo o una autoridad administrativa conforme a las normas de un reglamento, que puede ser ejecutado a través de la expedición de decretos o acuerdos, por acción expresa y excepcionalmente por medio de circulares y oficios. (SHCP)

Administración pública. § Medio que el gobierno emplea para aplicar las leyes y reglamentos hacia la consecución de determinados fines.

§ Conjunto de funciones desempeñadas por órganos de la federación, de los estados y municipios, cuya finalidad es satisfacer las necesidades generales de la población en cuanto a servicios públicos.

§ Conjunto ordenado y sistematizado de instituciones gubernamentales que aplican políticas, normas, técnicas, sistemas y procedimientos a través de los cuales se racionalizan los recursos para producir bienes y servicios que demanda la sociedad en cumplimiento de las atribuciones que las constituciones federal y estatales confieren al Gobierno Federal, Estatal y Municipal. (SHCP)

Administración Pública Federal (APF). § Conjunto de órganos que auxilian al ejecutivo federal en la realización de la función administrativa; se compone de la administración centralizada y paraestatal que consigna la Ley Orgánica de la Administración Pública Federal.

§ Conjunto de dependencias y entidades que constituyen el Poder Ejecutivo Federal y cuyas operaciones tienen como finalidad cumplir o hacer cumplir la política, la voluntad de un gobierno, tal como ésta se expresa en las leyes fundamentales del país. (GTA)

Afirmativa ficta (negativa ficta). Decisión normativa de carácter administrativo por la cual todas las peticiones por escrito de los ciudadanos, usuarios, empresas o entidades que se hagan a la autoridad pública, si no se contestan en un plazo que marca la ley o las disposiciones administrativas se consideran aceptadas, basándose para ello conservar la copia del acuse de la solicitud realizada ante la instancia competente. La negativa ficta es la decisión normativa en el sentido opuesto. (SHCP)

Ambiente. Conjunto de elementos naturales y artificiales o inducidos por el hombre que hacen posible la existencia y desarrollo de los seres humanos y demás organismos vivos que interactúan en un espacio y tiempo determinados. (LGEEPA)

Análisis de riesgo. § Los procedimientos involucrados para 1. Identificación posible de fuentes de liberación de materiales riesgosos. 2. Determinación de la vulnerabilidad de un área geográfica en la liberación de materiales riesgosos; y 3. Comparación de riesgos para determinar cuál presenta mayor o menor riesgo a la comunidad. (EPA)

§ Método lógico-matemático que evalúa la probabilidad de que un evento especifico ocurra y cuáles serían las consecuencias de tal evento.

Aprovechamiento sustentable. La utilización de los recursos naturales en forma que se respete la integridad funcional y las capacidades de carga de los ecosistemas de los que forman parte dichos recursos, por periodos indefinidos (LGEEPA).

Áreas naturales protegidas. Las zonas del territorio nacional y aquellas sobre las que la nación ejerce su soberanía y jurisdicción, en donde los ambientes originales no han sido significativamente alterados por las actividades del ser humano o que requieren ser preservadas y restauradas y están sujetas al régimen previsto en la ley. (LGEEPA).

Asentamientos humanos. El establecimiento de un conglomerado demográfico, con el conjunto de sus sistemas de convivencia, en un área físicamente localizada, considerando dentro de la misma los elementos naturales y las obras materiales que lo integran. (LGAH)

Atribución. Es la definición por medio de la ley de la competencia de los órganos políticos y administrativos del Estado.

Atribución de facultades. Cuando la ley otorga derechos y obligaciones a la autoridad administrativa para que ésta pueda llevar a cabo el logro de sus fines. (DJM)

Auditoría. Es el examen objetivo y sistemático de las operaciones financieras y administrativas de una entidad, practicado con posterioridad a su ejecución y para su evaluación. Revisión, análisis y examen periódico que se efectúa a los libros de contabilidad, sistemas y mecanismos administrativos, así como a los métodos de control interno de una organización administrativa, con el objeto de determinar opiniones con respecto a su funcionamiento. (SHCP)

Auditoría administrativa. Es una revisión sistemática y evaluatoria de una entidad o parte de ella, que se lleva a cabo con la finalidad de determinar si la organización está operando eficientemente. Constituye una búsqueda para localizar los problemas relativos a la eficiencia dentro de la organización. La auditoría administrativa abarca una revisión de los objetivos, planes y programas de la empresa; su estructura orgánica y funciones; sus sistemas, procedimientos y controles; el personal y las instalaciones de la empresa y el medio ambiente en que se desarrolla, en función de la eficiencia de la operación y el ahorro en los costos. La auditoría administrativa puede ser llevada a cabo por el licenciado en administración de empresas y otros profesionales capacitados, incluyendo al contador público adiestrado en disciplinas administrativas o respaldado por otros especialistas. El resultado de la auditoría administrativa es una opinión sobre la eficiencia administrativa de toda la empresa o parte de ella. (SHCP)

Bioacumulable. Proceso por el cual la cantidad de una sustancia en un organismo vivo aumenta con el tiempo. (PISSQ)

Bioconcentración. Proceso que conduce a la concentración más alta de una sustancia química en el organismo, en relación con su ambiente. (PISSQ)

Biodegradable. Nombre que se da a los materiales que pueden ser descompuestos por la acción de microorganismos del suelo o del agua.

Biodiversidad. Variedad y variabilidad genética de sus organismos vegetales y animales, y de las condiciones ecológicas necesarias para su subsistencia, referidas a un lugar y tiempo determinados.

Biomasa. Es el total de materia viviente en un hábitat, área o volumen dado.

Cadena alimenticia. Secuencia de la transferencia de materia o energía en forma de alimento de un organismo a otro en niveles tróficos ascendentes o descendentes.

Cadena trófica. Seriación de espacios existentes en los ecosistemas a través de la cual se transmite la energía. El conjunto de cadenas tróficas se llama red alimentaria.

Calidad ambiental. Conjunto de parámetros naturales del ambiente que no han sido alterados.

Calidad de vida. La percepción de los individuos de su posición en la vida en el contexto de la cultura y del sistema valórico en el que viven y en relación con sus metas, expectativas, normas e intereses. (OMS 95).

Cambio estructural. Proceso estratégico que persigue proporcionar un conjunto de transformaciones en la estructura económica y en la participación social, a través de cambios de fondo que corrijan desequilibrios estructurales fundamentales del aparato productivo y distributivo tales como: la falta del ahorro interno y los desequilibrios de la balanza de pagos, modernización del aparato productivo y distributivo; descentralización de actividades productivas y bienestar social; orientar el financiamiento a las prioridades del desarrollo; fortalecer al Estado impulsando al sector privado y social; saneamiento de las finanzas públicas, y preservar, movilizar y proyectar el potencial de desarrollo nacional. (SHCP)

Capacidad instalada. Volumen de producción de bienes y/o servicios que le es posible generar a una unidad productiva del país de acuerdo con la infraestructura disponible. (SHCP)

Caracterización de riesgo. Resultado de la identificación de peligros y la estimación del riesgo aplicada a un uso especifico u ocurrencia de peligro para la salud ambiental, por ejemplo, un compuesto químico. La evaluación requiere de datos cuantitativos sobre la exposición humana en una situación específica.

Certificación. Acto jurídico por medio del cual un funcionario público, en el ejercicio de su cargo, da fe de la existencia de un hecho, acto o calidad personal de alguien, que le consta de manera indudable, por razón de su oficio.

Ciudadano. El concepto de ciudadano ha tomado connotaciones diferentes según su capacidad para influir en la definición y distribución de bienes públicos, de los bienes de consumo social. Como usuario recibe los beneficios de manera directa, pero no tiene suficiente capacidad para influir en la oferta o la demanda de estos bienes. Como beneficiario recibe los beneficios y los impactos indirectos de la distribución. Como cliente recibe los beneficios directamente pero además tiene la capacidad y los elementos para influir y determinar la oferta y la demanda de dichos bienes. (Martínez Reyes en Barzelay)

Comité de planeación para el desarrollo municipal. Organismo público descentralizado, con personalidad jurídica y patrimonio propio autorizado para efectuar las tareas de planeación en el ámbito municipal; tiene facultades para promover y convenir programas y recursos tanto con otros municipios y los gobiernos de los estados, como con la Federación. Su estructura es similar a los Coplades. (SHCP)

Comité estatal de planeación para el desarrollo (Coplades). Organismos públicos dotados de personalidad juridica y patrimonios propios encargados de promover y coadyuvar a la formulación, actualización, instrumentación y evaluación de los planes estatales de desarrollo, buscando compatibilizar a nivel local los esfuerzos que realicen los gobiernos federales, estatales y municipales tanto en el proceso de planeación, programación, evaluación e información, como en la ejecución de obras y la prestación de servicios públicos, propiciando la colaboración de los diversos sectores de la sociedad. (SHCP)

Competencia. § Potestad de un órgano de jurisdicción para ejercerla en un caso concreto. Idoneidad reconocida de un órgano para dar vida a determinados actos jurídicos o administrativos; constituye la medida de las facultades que corresponden a cada uno de los órganos de la administración pública.

§ Término empleado para iniciar rivalidad entre un agente económico (productor, comerciante o comprador) contra los demás, donde cada uno busca asegurar las condiciones más ventajosas para sí. Es el ejercicio de las libertades económicas. facultad atribuida a un órgano para conocer determinados asuntos. (SHCP)

§ En un sentido jurídico general se alude a una idoneidad atribuida a un órgano de autoridad para conocer o llevar a cabo determinadas funciones o actos jurídicos. (DJM)

Competencia administrativa. Facultad legal a una institución o unidad administrativa para ejercer sus funciones.

Composta. Compuesto resultante del reuso de residuos sólidos utilizados para mejorar los suelos.

Composteo. Es un proceso físico, químico y biológico para la estabilización de la fracción orgánica de los residuos sólidos, bajo condiciones controladas, para obtener un mejorador orgánico de suelos.

Concesión administrativa. Es el acto administrativo a través del cual la administración pública, concedente, otorga a los particulares, concesionarios, el derecho para explotar un bien propiedad del Estado o para explotar un servicio público. (DJM)

Concertación. Consulta que hacen los funcionarios de la administración a los grupos o personas implicadas en una decisión administrativa, para darle a dicha decisión un carácter participativo. (GTA)

Concurrencia. La fracción XXIX-G del artículo 73 constitucional reconoce que en materia ambiental existen facultades determinadas para cada uno de los tres niveles de gobierno; pero también reconoce que en la mayoría de las materias concernientes a esta cuestión la competencia es federal, y por tanto, establece una norma programática para que cuando el Congreso Federal legisle sobre el particular procure delegar ciertas funciones en los gobiernos locales. Sin embargo, la técnica empleada por el Constituyente Permanente no fue la correcta y al utilizar el concepto de "concurrencia" introdujo una confusión, dado que en el lenguaje del derecho constitucional este concepto es identificado con las llamadas facultades concurrentes para legislar, cuando en realidad, siguiendo el espíritu de la iniciativa de reforma constitucional y de los debates del Constituyente Permanente, lo que la reforma buscó fue descentralizar algunas atribuciones que siendo originarias de la Federación, por razones de eficiencia administrativa, resultaba conveniente encomendar a los estados. (J. J. González Márquez, *Derecho ambiental*, UAM-A, 1994)

Conservación. Acciones encaminadas a mantener las relaciones de interdependencia entre los elementos que conforman el ambiente, relación que hace posible la existencia, transformación y desarrollo del hombre y demás seres vivos.

Contaminantes orgánicos persistentes (COP). § Sustancias orgánicas que persisten en el medio ambiente, producen una bioacumulación en los tejidos vivos y crean un riesgo para salud humana y el medio ambiente.

§ Consideradas como la docena sucia: aldrin, dieldrin, endrin, DDT, bifenilos policlorados, clordano, dioxinas, furanos, heptacloro, hexaclorobenceno, mirex y toxafeno.

Conurbación. La continuidad física y demográfica que formen o tiendan a formar dos o más centros de población. (LGAH)

Convenio de desarrollo social. Documento jurídico-administrativo, programático y financiero a través del cual se coordinan las acciones de planeación y establecen compromisos para efectuar acciones en forma conjunta entre la Federación y los gobiernos estatales. El convenio es el instrumento fundamental de la planeación regional y de la descentralización de decisiones. (SHCP)

Coordinación fiscal. Mecanismo que tiene por objeto coordinar el Sistema Fiscal de la Federación con los Estados, municipios y Distrito Federal; establecer la participación que corresponda a sus haciendas públicas en los ingresos federales; distribuir entre ellos dichas participaciones; fijar reglas de colaboración administrativa entre las diversas autoridades fiscales; construir los organismos en materia de coordinación fiscal y dar las bases de su organización y funcionamiento. (SHCP)

Corporativismo. Sistema de representación de intereses en el cual las unidades constituyentes se organizan dentro de un número limitado de categorías singulares, obligatorias, jerárquicamente ordenadas y funcionalmente diferenciadas, reconocidas y licenciadas por el Estado, y a las que se les reconoce un monopolio representativo deliberado dentro de sus respectivas categorías a cambio de observar ciertos controles en la selección de sus líderes y en la articulación de demandas y apoyos. (P. C. Schmitter, "Still the century of corporatism?", en *Review of Political Studies*, núm. 36, 1974)

Cuenca. Unidad espacial natural de la biogeoestructura donde se integran los componentes sólidos, líquidos y gaseosos, formando unidades definidas de ocupación del espacio. (Juan Gastó)

Cuenca atmosférica. Condiciones fisiográficas y climatológicas que favorecen la dispersión de contaminantes atmosféricos.

Cuenca hidráulica. El territorio donde las aguas fluyen al mar a través de una red de cauces que convergen en uno principal, o bien el territorio en donde las aguas forman una unidad autónoma o diferenciada de otras, aún sin que desemboquen en el mar. La cuenca, conjuntamente con los acuíferos, constituye la unidad de gestión del recurso hidráulico.

Daño ambiental. Alteración que tiene un cambio adverso considerable sobre la calidad de un ambiente particular o algunos de sus componentes, incluyendo sus valores utilitarios y no utilitarios, y su habilidad para soportar una aceptable y sustentable calidad de vida y un equilibrio ecológico viable. (UNEP, *Liability and compensation regimes related to environmental damage*)

Dependencia. Es aquella institución pública subordinada en forma directa al titular del Poder Ejecutivo Federal en el ejercicio de sus atribuciones y para el despacho de los negocios del orden administrativo que tiene encomendados. Las dependencias de la Administración Pública Federal son las secretarias de estado y los departamentos administrativos según lo establece la Ley Orgánica de la Administración Pública Federal. El acuerdo de sectorización reserva el concepto de dependencias a los organismos públicos del Sector Central que no son coordinadores de sector y da la denominación de secretaría a los que sí lo son. (SHCP)

Derecho ambiental. § El conjunto de normas jurídicas que regulan las conductas humanas que pueden influir de una manera relevante en los procesos de interacción que tienen lugar entre los sistemas de los organismos vivos y sus sistemas de ambiente, mediante la generación de efectos de los que se espera una modificación significativa de las condiciones de existencia de dichos organismos. (Raúl Brañes)

§ El conjunto de principios y leyes que definen la posición jurídica del ciudadano ante el medio ambiente. (Demetrio Loperena)

Desarrollo regional. El proceso de crecimiento económico de un territorio determinado, garantizando el mejoramiento de la calidad de vida de la población, la preservación del ambiente, así como la conservación y reproducción de los recursos naturales. (LGAH)

Desarrollo sustentable. § El proceso de cambio en el cual la explotación de los recursos, la dirección de las inversiones, la orientación del desarrollo tecnológico y la evolución institucional se hallan en plena armonía y promueven el potencial actual y futuro para atender las aspiraciones y necesidades humanas. (Comisión Brundtland, 1987)

§ Proceso evaluable mediante criterios e indicadores de carácter ambiental, económico y social que tiende a mejorar la calidad de la vida y la productividad de las personas, que se funda en medidas apropiadas de preservación del equilibrio ecológico, protección del ambiente y aprovechamiento de recursos naturales, de manera que no se comprometa la satisfacción de las necesidades de las generaciones futuras. (LGEEPA)

§ Cambio económico subordinado al carácter constante de las existencias naturales de capital: las existencias de bienes ambientales se mantienen a un valor constante, mientras que se permite que la economía se desarrolle con miras a alcanzar los objetivos sociales que se estimen apropiados. (Pearce)

§ Un desarrollo que equilibre el crecimiento económico con el imperativo de mantener los recursos comunes ambientales, asegurando que los beneficios y costos se distribuyan equitativamente entre los diferentes grupos sociales y entre las generaciones actuales y futuras. (Semarnap 1996)

§ Es el desarrollo económico caracterizado por el uso de tecnologías más apropiadas en la producción para evitar la contaminación o degradación ecológica, y posibilitar la explotación racional de los recursos naturales. (SHCP)

§ Racionalizar conflictos y adoptar pautas de comportamiento individual en función de la colectividad, para adaptar las demandas a las necesidades, en términos de las generaciones futuras.

Desarrollo urbano. El proceso de planeación y regulación de la fundación, conservación, mejoramiento y crecimiento de los centros de población. (LGAH)

Descentralización administrativa. § Acción de crear o transferir atribuciones que realicen organismos con personalidad jurídica y patrimonio propios y con autonomía orgánica y técnica pero que se encuentran sujetos a controles especiales por parte de la administración pública centralizada. (GTA)

§ Acción de transferir autoridad y capacidad de decisión en organismos del sector público con personalidad jurídica y patrimonio propios. Así como autonomía orgánica y técnica (organismos descentralizados). Todo ello con el fin de descongestionar y hacer más ágil el desempeño de las atribuciones del Gobierno Federal. Asimismo, se considera descentralización administrativa a las acciones que el Poder Ejecutivo Federal realiza para transferir funciones y entidades de incumbencia federal a los gobiernos locales, con el fin de que sean ejercidas y operadas acorde a sus necesidades particulares. (SHCP)

§ Forma jurídica en que se organiza la administración pública, mediante la creación de entes públicos por el legislador, dotados de personalidad jurídica y patrimonio propios y responsables de una actividad específica de interés público.(DJM)

Desconcentración. § Forma de organización administrativa que se integra con órganos a los que se les encomienda la realización de determinadas actividades y que no pierden la relación jerárquica con el órgano central. (GTA)

§ Técnica de organización jurídica de un ente público, que integra una personalidad a la que se le asigna una limitada competencia territorial o aquella que parcialmente administra asuntos específicos, con determinada autonomía o independencia, y sin dejar de formar parte del Estado, el cual no prescinde de su poder político regulador y de la tutela administrativa. (Andrés Serra Rojas, *Derecho administrativo*, Porrúa, 1979)

§ Forma jurídico-administrativa en que la administración centralizada con organismos o dependencias propios, presta servicios o desarrolla acciones en distintas regiones del territorio del país. Su objeto es doble, acercar la prestación de servicios en el lugar o domicilio del usuario, con economía para éste, y descongestionar al poder central. (DJM)

Desconcentración administrativa. Proceso juridico-administrativo que permite al titular de una institución, por una parte, delegar en sus funcionarios u órganos subalternos las responsabilidades del ejercicio de una o varias funciones que le son legalmente encomendadas, excepto las que por disposición legal debe ejercer personalmente, y por otra, transferir los recursos presupuestales y apoyos administrativos necesarios para el desempeño de tales responsabilidades, sin que el órgano desconcentrado pierda la relación de autoridad que lo supedita a un órgano central. La desconcentración administrativa es una solución a los problemas generados por el congestionamiento en las dependencias del gobierno. (SHCP)

Desechos. Denominación genérica de cualquier tipo de productos residuales, restos, residuos o basura, procedentes de la industria, el comercio, el campo o los hogares.

Desincorporación de empresas públicas. Proceso que consiste en reducir la participación del Estado en áreas o actividades económicas no estratégicas ni prioritarias, a través de la venta, liquidación, extinción, transferencia o fusión de entidades del sector paraestatal.

Diagnóstico ambiental. Es la fase que permite identificar las principales causas y efectos de los procesos degradantes del medio ambiente, jerarquizar éstos con base en su impacto, conocer el potencial ecológico y estudiar e identificar las relaciones de la comunidad con sus recursos naturales.

El diagnóstico deberá incorporar los aspectos sociales, económicos, culturales y de capacidad de gestión, detectar las fortalezas y debilidades así como diferenciar entre las variables internas y externas para conocer con objetividad la problemática ambiental y planear la estrategia para hacer frente a los problemas y oportunidades. El diagnóstico, como se mencionó anteriormente, surge de confrontar de manera interactiva los aspectos socioeconómicos, político-administrativos y medioambientales con los objetivos que pretenden de manera general, cubrir lo deseable entre los principios y las metas.

Ecólogo, ecologista. En la tradición descuidada del inglés, especialmente de notas periodísticas, es frecuente la confusión del ecólogo, *ecologist*, con el ecologista, *environmentalist*. Entre el común de la gente la confusión estriba en creer, las más de las veces erróneamente, que el ecologista es también ecólogo. El ecólogo suele ser un biólogo especializado en ecología; el ecologista, un militante de la lucha contra el deterioro del medio, no necesariamente con grado académico, aunque su habla esté saturada de términos técnicos no siempre bien comprendidos y menos aún bien aplicados. El ecólogo realiza un trabajo científico, parte del cual utiliza el político para justificar o una concepción del mundo o actos u omisiones de gobierno; el ecologista realiza una actividad política que con frecuencia se toma por actividad científica.

Ecodumping. Concepto acuñado por países desarrollados, los cuales consideran que las industrias o los países que utilizan procesos productivos contaminantes, sin medidas de protección ambiental, incurren en prácticas desleales ya que tienen menores costos a expensas del ambiente y se justifica aplicar impuestos *antidumping* a los productos respectivos.

Ecoetiquetado. Adopción voluntaria de etiquetas ambientales por un organismo estatal o patrocinado por el sector privado, con el fin de informar a los consumidores de que un producto con tal etiqueta es menos dañino al ambiente que otros de la misma categoría.

Ecocidio. Término acuñado por Galtung para designar el estado de profundo deterioro ecológico y sus graves consecuencias.

Ecosistema. § El sistema interactivo de una comunidad biológica y el medio ambiente sin vida que los rodee. (EPA)

§ Unidad estructural, funcional y de organización constituida por la interacción de todos sus seres vivientes, entre sí y con el medio ambiente físico que los rodea, así como también por la materia que circula y la energía que se consume para hacerla funcionar. (Huturbia, 1980)

§ Sistema de complejo compuesto por organismos y el complejo total de factores físicos que constituyen el ambiente que los rodea (hábitat). (Tanslay, 1935)

Efectividad. § Cumplimiento al ciento por ciento de los objetivos planteados. (SHCP)

§ Logro de resultados sustantivos de un programa, proyecto o acciones gubernamentales.

Eficacia. § Capacidad de lograr los objetivos y metas programadas con los recursos disponibles en un tiempo predeterminado.

§ Capacidad para cumplir en el lugar, tiempo, calidad y cantidad las metas y objetivos establecidos. (SHCP)

Eficiencia. § Uso racional de los medios con que se cuenta para alcanzar un objetivo predeterminado; es el requisito para evitar o cancelar dispendios y errores.

§ Capacidad de alcanzar los objetivos y metas programadas con el mínimo de recursos disponibles y tiempo, logrando su optimización. (SHCP)

§ Relación por virtud de la cual los *inputs* de una unidad son transformados en resultados organizativos a través del uso de operaciones que requieren la mínima suma de recursos posible.

Elementos programáticos. Establecen las características y atributos del destino del gasto con lo cual se constituyen herramientas útiles para la planeación, la programación y la integración del presupuesto. Los elementos que contempla la nueva estructura programática son: misión, propósito institucional, objetivo estratégico, indicador estratégico y meta del indicador.

Emisión. Descarga directa o indirecta a la atmósfera de energía, o de sustancias o materiales en cualquiera de sus estados físicos.

Endémico. Organismos, plantas o animales que tienen un área de distribución restringida a una pequeña localidad.

Entidad. Persona, sociedad, corporación u otra organización.

Termino genérico con que se denomina en la Ley de Presupuesto, Contabilidad y Gasto Público Federal a quienes realizan gasto público como son: los Poderes Legislativos y Judicial, la Presidencia de la República, las dependencias (Secretarías de Estado, departamentos administrativos y la Procuraduría General de la República), los organismos descentralizados, los organismos autónomos, las empresas de participación estatal, las instituciones nacionales de crédito, las organizaciones auxiliares de crédito, las instituciones nacionales de seguros y finanzas, y los fideicomisos. La Ley Orgánica de la Administración Pública Federal define sólo como entidades a los organismos descentralizados, empresas de participación estatal mayoritaria y los fideicomisos públicos en los que el fideicomitente es el Gobierno Federal o los organismos y empresas señalados que, de acuerdo con las disposiciones aplicables, son considerados entidades paraestatales. (SHCP)

Equidad. § Atributo de la justicia que cumple con la función de corregir y enmendar el derecho escrito, restringiendo unas veces la generalidad de la ley y otras extendiéndola para suplir sus deficiencias, con el objeto de atenuar el rigor de la misma.

§ Principio fiscal que establece que un sistema impositivo es equitativo cuando las personas que se encuentran en las mismas condiciones reciben el mismo trato, y las que se encuentran en diferentes condiciones son objeto de trato diferente. (SHCP)

Equilibrio ecológico. Relación de interdependencia entre los elementos que conforman el ambiente que hace posible la existencia, transformación y desarrollo del hombre y demás seres vivos.

Equipamiento urbano. El conjunto de inmuebles, instalaciones, construcciones y mobiliario utilizado para prestar a la población los servicios urbanos y desarrollar las actividades económicas.

Estado. No obstante sus raíces etimológicas (Estado, de latín *status*, antepresente indicativo del verbo 'estar', lo que permanece), el Estado es dinámico y está involucrado en procesos eminentemente dialécticos. Gran cantidad de estudiosos han realizado interesantes trabajos sobre el particular, arribando a teorías muchas veces opuestas e irreductibles: desde la teoría del Estado benefactor y forma superior de organización humana, hasta la del Estado como antecedente, y a efecto de alcanzar su síntesis objetiva, podríamos señalar que el Estado es una forma de organización jurídico-política que surge en Occidente hacia el siglo XV, en una etapa de cambio y evolución identificada en la historia como Renacimiento (ciencias, artes, descubrimientos, humanismo, racionalismo, etc.). El Estado aparece como un producto de la cultura política, social y jurídica del hombre, a través del cual las sociedades y sus miembros buscan alcanzar fines como la seguridad, la justicia, la libertad, la paz, el desarrollo integral, la felicidad y el bien común. El Estado está integrado por un conjunto de elementos fundamentales, categorías o conceptos (pueblo, territorio, gobierno y orden) enriquecido o cualificado por una serie de características, como la soberanía, los derechos del gobernado, la división de funciones, la representación política y la personalidad jurídica del propio Estado.

Estado (poder público). Concepto cuya expresión concreta es el gobierno de una Nación. Cuerpo político de una Nación. Concepto de la más amplia expresión de la Administración Pública Central de un país. Espacio territorial cuya población unida por el mismo idioma, costumbres e historia se organiza soberana e independiente bajo una forma de gobierno plenamente aceptada. (SHCP)

Estilo de desarrollo. § La manera en que dentro de un determinado sistema se organizan y asignan los recursos humanos y materiales con objeto de resolver los interrogantes sobre qué, para quiénes y cómo producir los bienes y servicios. (Aníbal Pinto).

§ La modalidad concreta y dinámica adoptada por un sistema en un ámbito definido y en un momento histórico determinado. (Jorge Graciarena)

Estrategia. § Conjunto de orientaciones que, en forma ordenada, indican diferentes opciones para alcanzar soluciones previamente definidas.

§ Equilibrio entre los recursos y destrezas de una organización, las oportunidades y riesgos ambientales que se le presentan y los propósitos que desea cumplir. (Hofer Ch. y Schendel D.)

§ Principios y rutas fundamentales que orientan el proceso administrativo para alcanzar los objetivos a los que se desea llegar. Una estrategia muestra cómo una institución pretende llegar a esos objetivos. Se pueden distinguir tres tipos de estrategias, de corto, mediano y largo plazos, según el horizonte temporal.

§ Término utilizado para identificar las operaciones fundamentales tácticas del aparato económico. Su adaptación a esquemas de planeación obedece a la necesidad de dirigir la conducta adecuada de los agentes económicos, en situaciones diferentes y hasta opuestas. En otras palabras constituye el camino a seguir por las grandes líneas de acción contenidas en las políticas nacionales para alcanzar los propósitos, objetivos y metas planteados en el corto, mediano y largo plazos. (SHCP)

§ Es la forma de integración de las dependencias y entidades de la administración pública, los organismos de coordinación entre la Federación, estados y municipios, y las representaciones de los grupos sociales que participan en las actividades de planeación. La estructura del Sistema Nacional de Planeación vincula tres niveles: global, sectorial e institucional. (SHCP)

Estructura orgánica (administrativa). Disposición sistemática de los órganos que integran una institución, conforme a criterios de jerarquía y especialización, y codificados de tal forma que sea posible visualizar los niveles jerárquicos y sus relaciones de dependencia. (SHCP)

Evaluación. § Proceso que tiene como finalidad determinar el grado de eficacia y eficiencia en que han sido empleados los recursos destinados a alcanzar los objetivos previstos, posibilitando la determinación de las variaciones y la adopción de medidas correctivas que garanticen el cumplimiento adecuado de las metas presupuestadas.

§ En la planeación, es el conjunto de actividades que permiten valorar cuantitativa y cualitativamente los resultados de la ejecución del Plan Nacional de Desarrollo y los programas de mediano plazo en un lapso determinado, así como el funcionamiento del propio sistema nacional de planeación. El periodo normal para llevar a cabo una evaluación es de un año después de la aplicación de cada programa operativo anual.

§ Fase del proceso administrativo que hace posible medir en forma permanente el avance y los resultados de los programas, para prevenir desviaciones y aplicar correctivos cuando sea necesario, con el objeto de retroalimentar la formulación e instrumentación. (SHCP) (GT)

Evaluación de riesgo. Comparación de los riesgos calculados de exposición a un agente ambiental dado, con los riesgos causados por otros agentes o factores sociales y con los beneficios asociados con el agente. (PISSQ)

Externalidades. § Costos y beneficios que recaen sobre la sociedad y el medio ambiente como consecuencia de una actividad económica y que no están incorporados en la estructura del precio del producto que los ocasiona.

§ Costo no incorporado en los precios de mercado y transferido fuera de algún proceso de producción o consumo. (Quadri de la Torre)

Facultad. § Posibilidad jurídica que tiene un sujeto de ejecutar, bajo su responsabilidad, determinados actos administrativos.

§ En el derecho público, la noción de facultad se encuentra asociada a la noción de competencia. (GTA)

Federal. Denominación correspondiente al Estado organizado como una federación de entidades o grupos humanos voluntariamente asociados, sin perjuicio de la conservación de las atribuciones que respecto a su gobierno interior señale la Constitución como de su competencia. (GTA)

Función. Conjunto de actividades afines y coordinadas necesariamente para alcanzar los objetivos de la institución, de cuyo ejercicio generalmente es responsable un órgano o una unidad administrativa; se definen a partir de las disposiciones jurídico-administrativas.

Función administrativa. Determinación de situaciones jurídicas para la ejecución de actos por parte del Estado.

Función pública. Actividad desarrollada por un órgano del Estado, encaminada a cumplir con sus atribuciones o fines. (SHCP)

Gases de efecto invernadero (GEI)
— Dióxido de carbono (CO_2)
— Metano (CH_4)
— Óxido nitroso (N_2O)
— Hidrofluorocarbonos (HFC)
— Perfluorocarbonos (PFC)
— Hexafluoruro de azufre (SF_6)

Gestión ambiental. § Conjunto de acciones normativas, administrativas y operativas que impulsa el Estado para alcanzar un desarrollo con sustentabilidad ambiental. Las principales funciones de la gestión ambiental son el diseño de políticas ambientales, de los sistemas administrativos y de instrumentos para la acción.

§ Acción de coordinación gubernamental y de concertación social que promueve el Estado para lograr el compromiso permanente de la población en la conservación, protección, restauración y uso adecuado del ambiente natural y sus recursos para alcanzar un desarrollo integral y equilibrado.

§ Estrategia mediante la cual se organizan las actividades antrópicas que afectan el ambiente con miras a lograr el máximo bienestar social y prevenir y mitigar los problemas potenciales atacando de raíz sus causas (PNUD, *Manual y guías para la gestión ambiental y el desarrollo sostenible,* Nueva York, 1992).

§ Incorporación de la perspectiva ambiental al funcionamiento de la administración pública.

§ Proceso político y administrativo de concertación y coordinación del Estado para lograr el compromiso permanente de los sectores público, social y privado en la conservación, protección, restauración y uso adecuado del entorno natural y sus recursos a través de un desarrollo integral y sustentable. (SEDUE, 1991)

§ El conjunto de las actividades humanas que tienen por objeto el ordenamiento del ambiente (Raúl Brañes).

§ Proceso para alcanzar un aprovechamiento óptimo de la oferta ambiental existente en un determinado ámbito territorial, y minimizar al mismo tiempo los impactos ambientales negativos, asociados a las acciones de desarrollo de dicho medio. Sus principales componentes son la política, el derecho y la administración ambientales. La gestión ambiental es principalmente una función pública o del Estado; sin embargo, no es una función exclusivamente pública ya que existe una corresponsabilidad entre el Estado y la sociedad civil.

§ Búsqueda de soluciones a los conflictos ambientales compatibilizando las necesidades humanas y el entorno.

Gerencia pública. Es un método de toma de decisiones que incorpora técnicas de carácter administrativo (sistemas de planeación estratégica, sistemas de control de gestión, métodos de evaluación de impactos y de costo-beneficio, etc.) de carácter técnico (estándares y normas, indicadores de monitoreo del medio ambiente, etc.); y de carácter político (generación de consensos, intensidad de conflictos, análisis de actores, etcétera).

Globalización. § Supresión de las barreras al libre comercio y mayor integración de las economías nacionales. (Stiglitz)

§ Tendencia por medio de la cual las relaciones sociales están menos unidas a marcos territoriales. (Aart Scholte, Jan)

§ Proceso que se sustenta en el despliegue de los mercados y el retiro del Estado de sus tareas fundamentales de conducción, regulación y planeación del desarrollo.

Hábitat. Es el ambiente natural de un organismo, el lugar donde se encuentra o habita de modo natural. La suma total de las condiciones o factores ambientales de un lugar especifico que es ocupado por un organismo o comunidad de organismos.

Índice. Un conjunto de parámetros o indicadores agregados o ponderados.

Índice metropolitano de la calidad del aire (IMECA). Estructura matemática utilizada para referir los niveles de contaminantes del aire en la ZMCM, con base en el monitoreo de contaminantes y su comparación con las normas mexicanas de calidad del aire.

Infraestructura urbana. Los sistemas y redes de organización y distribución de bienes y servicios en los centros de población.

Institucionalización. Internalización de paradigmas, directrices y pautas de comportamiento institucional.

Inversión térmica. Condiciones atmosféricas causadas por una capa de aire tibio previniendo el ascenso de aire frío atrapado debajo de éste. Esto previene el alza de contaminantes que se dispersan y pueden causar un episodio de contaminación del aire.(EPA)

Ley. La ley es producto de un proceso, el proceso legislativo, en el que intervienen decisivamente los poderes Ejecutivo y Legislativo (iniciativa, turno, dictamen, lectura, discusión, aprobación, promulgación, refrendo, publicación, *vacatio legis* e iniciación de vigencia); y debe reunir determinadas características que le dan su diferencia específica frente a otras fuentes del derecho, a saber, es general e impersonal (no alude a persona en particular); abstracta (contiene hipótesis de conducta); heterónoma (proviene de la voluntad ajena de la autoridad); externa (trasciende el fuero interno y se manifiesta en conductas externas); bilateral (impone obligaciones-imperativo al tiempo que otorga derechos-atributiva); coercible (su cumplimiento se asegura por la fuerza y no se deja al arbitrio del destinatario).

Ley orgánica de la administración pública federal. Conjunto de normas jurídicas que establecen la forma de organización y áreas de competencia de la Administración Pública Federal que comprende al sector central y paraestatal, a través de las cuales el Estado ejerce sus atribuciones. (SHCP)

Licencia. El permiso que se obtiene al cubrir algún o algunos requisitos reglamentarios o que han sido establecidos legalmente para poder ejercer una acción o un derecho conferido por el propio poder público.

Lixiviado. Líquido contaminante que resulta del paso de un disolvente, generalmente agua, a través de un estrato de residuos sólidos y que contiene en disolución y/o suspensión sustancias contenidas en los mismos.

Lluvia ácida. Condensación de soluciones de ácidos suspendidos en el aire que atraviesa al caer por lo que su pH se mueve hacia el extremo ácido. Cuando su valor es menor de 5.6 es cuando recibe este nombre.

Meta. § Expresión cuantitativa del objetivo a alcanzar en tiempo y lugar específicos; esto es, precisa en unidades de medida los resultados de las acciones desarrolladas en el programa o subprograma y responde a la pregunta "cuánto" se pretende obtener con dichas acciones.
§ Es la cuantificación del objeto que pretende alcanzar en un tiempo señalado, con los recursos necesarios. (SHCP)

Misión. § Representa el encargo o la consigna que se le ha asignado a una dependencia, entidad o unidad responsable; es la razón que justifica su existencia, la da sentido a la organización y describe su propósito fundamental. (GT)
§ Enunciado corto que establece el objetivo general y la razón de existir de una dependencia, entidad o unidad administrativa; define el beneficio que pretende dar y las fronteras de responsabilidad, así como su campo de especialización. (SHCP)

Modernización administrativa. Proceso de cambio a través del cual las dependencias y entidades del sector público presupuestario actualizan e incorporan nuevas formas de organización, tecnologías físicas, sociales y comportamientos que les permiten alcanzar nuevos objetivos de una manera más eficaz y eficiente. (SHCP)

Modernización (del estado y de la función pública). Aprovechamiento del mejor modo posible de los recursos que el avance de la ciencia, de las comunidades y de las técnicas de todo orden ponen en manos del hombre, eludiendo trabas burocráticas y haciendo más expedita la satisfacción de las necesidades habituales. (Armando Ro,. *Modernidad y posmodernidad*, Ed. Andrés Bello, Santiago de Chile, 1995.)

Nivel global. Ámbito en que las dependencias globalizadoras efectúan sus actividades referidas a aspectos generales de la economía y la sociedad, incluyendo los regionales. Las actividades de las dependencias globalizadoras Hacienda y Crédito Público, y Contraloría y Desarrollo Administrativo no se circunscriben al ámbito de un sector administrativo o entidad paraestatal, involucran a todos. (SHCP)

Nivel institucional. Es el ámbito en que operan las entidades paraestatales del Gobierno Federal.

En este nivel se incluye a los organismos descentralizados, empresas de participación estatal, fondos y fideicomisos, los cuales se ubican en los diferentes sectores administrativos de acuerdo con el tipo de actividad productiva o de servicio que realizan. (SHCP)

Nivel sectorial. Es el ámbito en el que se desarrollan las acciones de las diversas dependencias que tienen a su cargo la regulación de un sector e actividad económica. (SHCP)

Objetivo. § Fin que se pretende alcanzar con la realización de las acciones que prevé el programa o el subprograma y responde a la pregunta "para qué" se van a llevar a cabo determinadas acciones.

§ Expresión cualitativa de un propósito en un periodo determinado; el objetivo deben responder a la pregunta "qué" y "para qué".

§ En programación, es el conjunto de resultados que el programa se propone alcanzar a través de determinadas acciones. (SHCP)

Organismo descentralizado. Institución definida por la Ley Orgánica de la Administración Pública Federal con personalidad jurídica y patrimonio propio, constituida con fondos o bienes provenientes de la Administración Pública Federal; su objetivo es la prestación de servicios, la explotación de bienes o recursos propiedad de la nación, la investigación científica y tecnológica, y la obtención o aplicación de recursos para fines de asistencia o seguridad social. (SHCP)

Organismo público. Término genérico con el que se identifica a cualquier dependencia, entidad o institución de la Federación que tenga o administre un patrimonio o presupuesto formado con recursos o bienes federales. (SHCP)

Organismo público autónomo. Ente público dotado de personalidad jurídica y patrimonio propio, creado por decreto para no depender del Poder Ejecutivo ni de ningún otro Poder (Legislativo o Judicial), con objeto de actuar con independencia, imparcialidad y objetividad en sus funciones; para efectos presupuestales y contables, como ejecutores de gasto, están obligados a cumplir con las leyes y normatividad vigentes en las materias; para fines de presentación su información presupuestaria y contable se incluye en el Sector Central. (SHCP)

Organización Mundial de Comercio (OMC). Organismo mundial que tiene como principal objetivo integrar los mecanismos de solución de controversias comerciales entre las naciones. A partir del primero de enero de 1995 la OMC sustituye el Acuerdo General sobre Aranceles Aduaneros y Comercio (GATT), el cual tenía dicha función; pero la conclusión de las negaciones de la ronda de Uruguay el 15 de diciembre de 1993, con la participación de 117 países miembros, se acordó la creación de la OMC. (SHCP)

Organización para la Cooperación y Desarrollo Económico (OCDE). Organismo internacional que tiene como principales objetivos: a) impulsar el mayor crecimiento posible de la economía y el empleo, elevar el nivel de vida en los países miembros en condiciones de estabilidad financiera y contribuir al desarrollo de la economía mundial; b) promover el desarrollo económico de los países miembros y no miembros; c) impulsar la expansión del comercio mundial sobre bases multilaterales y no discriminatorias acorde con las normas internacionales. Sus tres protocolos se firmaron en París, el 14 de diciembre de 1960. En la actualidad el Organismo se integra por 25 países que sustentan su estrategia de crecimiento en modelos de mercado, democracia y libre comercio: Alemania, Australia, Bélgica, Dinamarca, Francia, Grecia, Irlanda, Islandia, Italia, Luxemburgo, Noruega, Países Bajos, Portugal, Reino Unido, Suecia, Suiza, Turquía, Estados Unidos, Canadá, España, Japón, Finlandia, Australia, Nueva Zelanda y México. (SHCP)

Órgano desconcentrado. Forma de organización con autonomía administrativa pero sin personalidad jurídica ni patrimonio propio, que acuerdo con la Ley Orgánica de la Administración Pública Federal tiene facultades específicas para resolver asuntos de la competencia de su órgano central, siempre y cuando siga los señalamientos de normatividad dictados por ese último. (GT)

Objetivos estratégicos. Identifica la finalidad hacia la cual deben dirigirse el recurso y esfuerzos para dar cumplimiento a la misión, tratándose de una organización, o a los propósitos institucionales, si se trata de las categorías programáticas. (GT)

Ordenamiento territorial de los asentamientos humanos. El proceso de distribución equilibrada y sustentable de la población y de las actividades económicas en el territorio nacional.

Paradigma. § Investigaciones científicas universalmente reconocidas que, durante cierto tiempo, proporcionan modelos de problemas y soluciones a una comunidad científica. (T. S. Kuhn, 1962)

§ Manera fundamental de percibir, pensar, evaluar y hacer vinculada a una particular visión de la realidad. Un paradigma dominante rara vez, de serlo, se plantea explícitamente; existe como entendido indiscutible y tácito que se transmite por medio de la cultura y a generaciones sucesivas, y más que enseñarse, se transmite por la experiencia directa. (Willis Harmon, *An incomplete guide to the future*, Norton, N.Y., 1970.)

Parámetro. Una propiedad que es medida u observada.

Permiso. Es un acto administrativo por el cual se levanta o remueve un obstáculo o impedimento establecido por el poder público. Licencia o anuencia para realizar ciertos actos o ejercer determinados derechos, al haberse cubiertos los requisitos reglamentarios establecidos.

Plan. § Instrumento de política económica y social que contempla en forma ordenada y coherente las metas, estrategias, políticas, directrices y tácticas en tiempo y espacio, así como los instrumentos y acciones que se utilizan para llegar a los fines deseados. Un plan es un instrumento dinámico sujeto a modificaciones en sus componentes en función de la evaluación periódica de sus resultados. (GT)

§ Documento que contempla en forma ordenada y coherente las metas, estrategias, políticas, directrices y tácticas en tiempo y espacio, así como los instrumentos, mecanismos y acciones, que se utilizan para llegar a los fines deseados. Un plan es un instrumento dinámico sujeto a modificaciones en sus componentes en función de la evaluación periódica de sus resultados. (SHCP)

Plan Nacional de Desarrollo (PND). Instrumento rector de la planeación nacional del desarrollo que expresa las políticas, objetivos, estrategias y lineamientos generales en materia económica, social y política del país, concebidos de manera integral y coherente para orientar la conducción del quehacer público, social y privado. Documento normativo de largo plazo en el que se definen los propósitos la estrategia general y las principales políticas del desarrollo nacional, así como los programas de mediano plazo que deben elaborarse para atender las prioridades sociales, económicas y sectoriales del mismo.

Planeación. Etapa que forma parte del proceso administrativo mediante la cual se establecen directrices, se definen estrategias y se seleccionan alternativas y cursos de acción, en función de objetivos y metas generales económicas, sociales y políticas, tomando en consideración la disponibilidad de recursos reales y potenciales que permitan establecer un marco de referencia necesario para concretar programas y acciones específicas en tiempo y espacio. Los diferentes niveles en los que la planeación se realiza son: global, sectorial, institucional y regional. Su cobertura temporal comprende el corto, mediano y largo plazos. (GT)

Planeación estratégica. Proceso que permite a las dependencias y entidades del Gobierno Federal establecer su misión, definir sus propósitos y elegir las estrategias para la consecución de sus objetivos, y conocer el grado de satisfacción de las necesidades a los que ofrece sus bienes o servicio. Esta planeación enfatiza la búsqueda de resultados y desecha la orientación hacia las actividades. (GT)

Planeación nacional del desarrollo. Es la ordenación racional y sistemática de acciones que con base en el ejercicio de las atribuciones del Ejecutivo Federal, en materia de regulación y promoción de la actividad económica, política, social y cultural, tiene como propósito la transformación de la realidad del país, de conformidad con las normas, principios y objetivos que la Constitución y la Ley establecen. (SHCP)

Planeación regional. Establecimiento de objetivos, estrategias, líneas de política y metas, así como de mecanismos de coordinación en los que participan los tres niveles de gobierno y los sectores sociales y privado para hacer compatibles las acciones desarrolladas en el proceso de planeación nacional, trasladando los apoyos instrumentales de la planeación global a las diferentes localidades del país. (SHCP)

Planeación sectorial. Proceso que atiende los aspectos específicos de la economía y la sociedad, concretándose en un plan bajo la responsabilidad de una dependencia coordinadora de sector, mismo que se somete a consideración y aprobación del Ejecutivo Federal, previo dictamen de la Secretaría de Hacienda y Crédito Público. (GT)

Política. § Arte de asociar a los hombres con el fin de establecer, cultivar y conservar entre ellos la vida social. (Louis Althusser)

§ Arte de buscar problemas, encontrarlos, hacer un diagnóstico falso y aplicar después los remedios equivocados. (Groucho Marx)

§ Arte, doctrina u opinión referente a la doctrina de los Estados. (DLE)

§ Forma en la que las diferentes y diversas fuerzas sociales y económicas se articulan e interactúan para llevar adelante sus intereses sin romper el equilibrio dinámico del sistema social y, en su caso, establecer acuerdos que, a través de leyes y regulaciones, permiten cuidar bienes públicos comunes como la salud, la seguridad y el medio ambiente. En este sentido, las políticas y las instituciones públicas son un reflejo y resultado la calidad de esa articulación. (Odón de Buen R.)

Política ambiental. § Conjunto de medidas, orientaciones y procedimientos que se establecen para lograr objetivos ambientales.

§ Selección óptima de opciones, conductas y prioridades en las acciones gubernamentales para tomar decisiones enfocadas al medio ambiente.

Política pública. § Conjunto de concepciones, criterios, principios, estrategias y líneas fundamentales de acción a partir de las cuales la comunidad, organizada como Estado, decide hacer frente a desafíos y problemas que se consideran de naturaleza pública. (PND 2001-2006)

Los objetivos esenciales del Estado orientan el sentido y contenido de las políticas públicas. Éstas se expresan en decisiones adoptadas. Si bien las políticas públicas definen espacios de acción no sólo para el gobierno sino también para actores ubicados en los sectores social y privado, las diversas instancias de gobierno cumplen una importante función en el proceso de generación de políticas públicas en forma de instituciones, programas concretos, criterios, lineamientos y normas.

§ Conjunto de sucesivas tomas de posición del Estado frente a cuestiones socialmente problematizadas. (Oszlak)

§ Criterio o directriz de acción elegida como guía en el proceso de toma de decisiones al poner en práctica o ejecutar las estrategias, programas y proyectos específicos del nivel institucional. (SHCP)

Conjunto de medidas, orientaciones y procedimientos que se establecen para dirigir y organizar cierto aspecto de la actividad de una sociedad o de un país (Colmex, 1996).

§ Son aquellas decisiones del gobierno que incorporan la opinión participación y corresponsabilidad de la sociedad; son singulares, descentralizadas, subsidiarias y solidarias entre gobierno y sociedad; son susceptibles de legalidad constitucional, apoyo político viabilidad administrativa y racionalidad económica.

§ Decisiones eficientes y equitativas que se orientan a la atención de problemas de auténtico interés general, son maximizadoras de beneficios y minimizadoras de costos, corresponsabilizan a la ciudadanía y comprenden procedimientos de evaluación crítica, responsabilidad y corrección. (GT)

Preservación. El conjunto de políticas y medidas para mantener las condiciones que propicien la evolución y continuidad de los ecosistemas y hábitat naturales, así como conservar las poblaciones viables de especies en sus entornos naturales y los componentes de la biodiversidad fuera de sus hábitat naturales. (LGEEPA)

Prevención. El conjunto de disposiciones y medidas anticipadas para evitar el deterioro del ambiente.

Proceso. Conjunto de actividades relacionadas que tienen un insumo, lo transforman y crean un resultado. La transformación de cualquier proceso debe agregar valor al insumo, y su resultado, ser útil y efectivo para el cliente.

Procedimiento administrativo. Conjunto de actos realizados conforme a ciertas normas para producir un acto.

Proceso de planeación. Conjunto de acciones destinadas a coordinar, formular, instrumentar, controlar y evaluar el Plan Nacional de Desarrollo, los Programas de Mediano Plazo y los Programas Operativos Anuales originados en el Sistema Nacional de Planeación Democrática, con el fin de vincular las acciones de los periodos considerados de manera que se observe congruencia entre las actividades cotidianas y el logro de los objetivos y metas programadas. Consigna políticas, estrategias, responsables, tiempos y mecanismos de coordinación.

Las etapas que integran este proceso son: formulación, presupuestación, seguimiento y control y evaluación. (GT)

Programa. § Conjunto de acciones interdependientes que tiende a alcanzar un objetivo y metas específicas mediante la combinación de recursos, cuya ejecución se encomienda a una o más unidades administrativas.

§ Instrumento normativo del Sistema Nacional de Planeación Democrática cuya finalidad consiste en desagregar y detallar los planteamientos y orientaciones generales del Plan Nacional mediante la identificación de objetivos y metas. Según el nivel en que se elabora puede ser global, sectorial e institucional, de acuerdo con su temporalidad y con el ámbito territorial que comprende puede ser nacional o regional, y de mediano y corto plazo, respectivamente. (GT)

§ Conjunto homogéneo y organizado de actividades a realizar para alcanzar una o varias metas, con recursos previamente determinados y a cargo de una unidad responsable. (SHCP)

Programa Operativo Anual (POA). Instrumento que traduce los lineamientos generales de la planeación nacional del desarrollo económico y social del país en objetivos y metas concretas a desarrollar en el corto plazo, definiendo responsables, temporalidad y espacialidad de acciones, para lo cual se asignan recursos en función de las disponibilidades y necesidades contenidas en los balances de recursos humanos, materiales y financieros. (GT)

Programa sectorial. Los programas sectoriales los establece el art. 22 de la Ley de Planeación. Son aquellos que observan congruencia con el Plan Nacional de Desarrollo y su vigencia no excede el periodo constitucional de la gestión gubernamental. Representa el gran marco de referencia para la planeación programación y presupuesto. (GT)

Programas especiales. Son los que se refieren a las prioridades del desarrollo integral del país; en su elaboración intervienen dos o más dependencias coordinadoras de sector. (SHCP)

Programas institucionales. Definen la manera en que se aplicarán y operan los instrumentos de política con que cuentan las entidades paraestatales, para coadyuvar al cumplimiento de los objetivos, prioridades, estrategias y políticas del PND y de los programas que lo desagregan y detallan. (SHCP)

Programas regionales estratégicos. Son aquellos que se formulan para atender una región o regiones que se consideran prioritarias para el desarrollo nacional. Sus objetivos y metas se fijan en función de los lineamientos y directrices del PND. Por su cobertura territorial, implican la participación de los gobiernos de las entidades federativas y los municipios a que corresponden las regiones; presupone también la participación conjunta de diversas dependencias y entidades del sector público federal cuyas actividades estén relacionadas con los programas. (SHCP)

Programas sectoriales. Los programas sectoriales comprenden los aspectos relativos a un sector de la economía o la sociedad, que es atendido por una dependencia. Rige el desempeño de las actividades del sector administrativo relacionado con la materia de los mismos. Se integran bajo la responsabilidad de la dependencia coordinadora del sector, atendiendo las normas y lineamientos que emite para su integración de la Secretaría de Hacienda y Crédito Público, e incorporando las propuestas de las entidades sectorizadas, las previsiones del PND, las recomendaciones de los estados y municipios, y las aportaciones de los grupos sociales interesados a través de los foros de consulta popular. (SHCP)

Protección ambiental. El conjunto de políticas y medidas para mejorar el ambiente y controlar su deterioro. (LGEEPA)

Cualquier actividad que mantenga o restaure la limpieza del medio ambiente a través de la prevención de la emisión de sustancias contaminantes o de ruidos, o la reducción de sustancias contaminantes presentes en el medio ambiente. Esto puede consistir en: a) cambios en las características de los bienes y servicios, y cambios en los patrones de consumo; b) cambios en las técnicas de producción; c) tratamiento o disposición de residuos en instalaciones de protección ambiental separadas; d) reciclaje; y e) prevención de la degradación del paisaje y los ecosistemas.

Proyecto. § Conjunto de obras que incluyen las acciones del Gobierno Federal necesarias para alcanzar los objetivos y metas de un programa o subprograma de inversión, tendientes a la creación, ampliación y/o conservación de una unidad productiva perteneciente al patrimonio nacional.

§ Es un conjunto y actividades con uno o varios objetivos claramente definidos susceptibles ser cuantificados en el tiempo mediante metas, y consecuentemente cuenta con una o varias estrategias para lograrlas. Es un proceso de actividades secuenciales y encadenadas delimitado en el tiempo durante el cual se obtienen determinados resultados. (GT)

§ Conjunto de obras que incluyen las acciones del Gobierno Federal necesarias para alcanzar los objetivos y metas de un programa o subprograma de inversión, tendientes a la creación, ampliación y/o conservación de una unidad productiva perteneciente al patrimonio nacional.

Permite identificar el origen de los recursos que requiere la ejecución de los proyectos de inversión física necesarios para la construcción, ampliación o remodelación de inmuebles y los estudios de preinversión, ya sean por contrato o por administración. (SHCP)

Proyecto estratégico. Conjunto de actividades que tiene como propósito fundamental ampliar la capacidad productiva de un sector económico y social determinado, y que en el contexto de las prioridades nacionales definidas en la planeación contribuye de una manera particularmente significativa para el logro de los objetivos y metas del programa correspondiente, dentro del marco de su propia estrategia. (SHCP)

Recursos naturales. Elementos tangibles o intangibles cuyas características son susceptibles de ser aprovechadas o transformadas por el hombre. Éstos pueden ser renovables o no renovables (wwwSemarnat):
~ **renovables.** Aquellos que se producen (o reproducen) más rápido, o al menos que son susceptibles de someterse a un programa de cultivo/aprovechamiento: agua, suelo, atmósfera, recursos forestales, marinos y pesqueros, flora y fauna silvestres, ecosistemas marinos y costeros, biodiversidad, patrimonio genético, fuentes de energía.
~ **no renovables.** Aquellos cuya velocidad de reproducción es mucho menor que la velocidad de consumo: fuentes de energía, minerales.

Reforma administrativa. Proceso de transformación de actitudes, funciones, sistemas, procedimientos y estructuras administrativas de las dependencias y entidades del Gobierno Federal para hacerlas compatibles con las estrategias de desarrollo y fortalecer la capacidad ejecutiva del Estado en un contexto de planeación. (SHCP)

Región. Zona o espacio de territorio nacional. Para los efectos presupuestarios es una agrupación de centros de gestión productiva en función del ámbito geográfico de actuación (sea la localización geográfica, su destino o una combinación de ambos). (SHCP)

Reglamento. Disposición legislativa expedida por el Poder Ejecutivo en uso de sus facultades constitucionales para hacer cumplir los objetivos de la Administración Pública Federal. Su objeto es aclarar, desarrollar o explicar los principios generales contenidos en la ley a que se refiere para hacer más asequible su aplicación. (SHCP)

Regulación. § Proceso que consiste en restringir intencionalmente las acciones de un particular o una entidad en la realización de actividades. (Consejo para la Desregulación Económica)

§ Proceso coercitivo que implica la restricción intencional de las opciones de algunos grupos, mediante la promulgación de directivas o reglas, y la promesa de castigos por no cumplirlas. (National Academy of Públic Administration)

§ Hacer que algo funcione o se produzca de acuerdo con un orden, regla o ley, de manera uniforme o bajo control. En materia administrativa comprende acciones de planeación, programación, organización, asignación de recursos, integración de recursos, información, coordinación, control y evaluación.

Regulación ambiental. Conjunto de acciones encaminadas al desarrollo de mecanismos que permitan mantener los niveles de contaminación o degradación ambiental dentro de los rangos o parámetros permisibles para el buen desarrollo de los seres vivos. (www.semarnat.gob.mx)

Restauración. Conjunto de actividades tendientes a la recuperación y restablecimiento de las condiciones que propician la evolución y continuidad de los procesos naturales. (LGEEPA)

Saneamiento ambiental. Saneamiento de los ecosistemas en relación con el aire, agua y suelo, con el propósito de coadyuvar a la preservación y mejoramiento de la calidad del medio ambiente y de la vida de los organismos que habitan en los ecosistemas, incluido el hombre, auspiciando el desarrollo económico y social del país.

Saneamiento básico. Acciones orientadas a la provisión de medios, procedimientos, tecnologías y servicios destinados a

1) la prevención de enfermedades derivadas de las deficiencias que presentan los asentamientos humanos en lo relativo al abastecimiento de agua potable,

2) la disposición apropiada de los desechos sólidos, líquidos y excretas,

3) el saneamiento de la vivienda,

4) el saneamiento de establecimientos ocupacionales,

5) el manejo sanitario de los alimentos,

6) el control de la fauna nociva.

Salud ambiental. § Parte de la salud pública que se ocupa de las formas de vida, las sustancias, las fuerzas y las condiciones del entorno del hombre que pueden ejercer una influencia sobre su salud y bienestar. Esta definición incluye a las otras personas como parte del entorno de un individuo (USPHS, 1976).

§ Protección de la salud humana ante los riesgos y daños dependientes de las condiciones del ambiente (LGS, Art. 116).

Swot. *Strengt, Weakness, Opportunity and Threat* (fortalezas, debilidades, oportunidades y amenazas). Análisis swot: adaptar las fuerzas y las debilidades de la empresa a las oportunidades y las amenazas del ambiente.

Vida. Fenómeno emergente que aparece a medida que la diversidad molecular de un sistema químico prebiótico crece por encima de un determinado umbral de complejidad; la vida, pues, no puede ser localizada en las partes, no es una propiedad de ninguna de las moléculas, sino del sistema creado por éstas: es el sistema el que está vivo, sus partes son sólo sustancias químicas. (S. Kauffman, *At Home in the Universe: The Search for Laws of Compexity*, Londres, Penguin, 1996)

Vida silvestre. Conservación, manejo, aprovechamiento, restauración, propagación, recuperación, siembra, introducción, reintroducción, control, trasplante y repoblamiento de especies.

Zona metropolitana. El espacio territorial de influencia dominante de un centro de población. (LGAH)

FUENTES:

LGEEPA   Ley General del Equilibrio Ecológico y la Protección al Ambiente.
EPA   Environmental Protection Agency, *Glosary of Environmental Terms*, 1989
PISSQ   Programa Internacional de Seguridad de las Sustancias Químicas.
GTA   *Glosario de términos administrativos*, Coordinación General de Estudios Administrativos de la Presidencia, 1982.
GT   *Glosario de términos para el proceso de planeación*, Dirección General de Planeación y Evaluación, Semarnat, 2001.
LGAH   Ley General de Asentamientos Humanos.
DJM   *Diccionario jurídico mexicano*, UNAM, 1983.

PÁGINAS AMBIENTALES EN INTERNET

Buscador sobre cuestiones ambientales	webdirectory.com
Secretaría de Medio Ambiente y Recursos Naturales	semarnat.gob.mx/
Comisión Nacional del Agua	cna.gob.mx/
Procuraduría Federal de Protección al Ambiente	profepa.gob.mx/
Instituto Nacional de Ecología	ine.gob.mx/
Comisión Nacional para el Conocimiento y Uso de la Biodiversidad	conabio.gob.mx/
Secretaría de Salud	ssa.gob.mx/
Consejo de Salubridad General	sa.gob.mx/csg/Index.html
Secretaría de Agricultura, Ganadería, Desarrollo Rural, Pesca y Alimentación	agarpa.gob.mx/
Secretaría de Comunicaciones y Transportes	sct.gob.mx/
Secretaría de Energía	se.gob.mx/
Comisión Reguladora de Energía	cre.gob.mx
Programa Universitario de Medio Ambiente	unam.mx/puma/
Céspedes	cce.org.mx/cespedes
Centro Mexicano de Derecho Ambiental	laneta.apc.org/cemda
Legislación federal de México	cddhcu.gob.mx/leyinfo/
Leyes ambientales en México	sequia.edu.mx/leyes/
Red mexicana de derecho ambiental	laneta.apc.org/rmda
Programa de derecho ambiental	rolac.unep.mx/deramb/esp/derpub_e.htm
Programa de Naciones Unidas para el Medio Ambiente (PNUMA)	unep.org
Organización para la Cooperación y el Desarrollo Económico (OCDE)	oecd.org

Fondo Monetario Internacional (FMI)	imf.org
Organización Mundial de Comercio (OMC)	wto.org
World Economic Forum (Foro de Davós)	weforum.com
Organización Mundial de la Salud (OMS)	who.int
Comisión para la Cooperación Ambiental	cca.cec.org
Centro de Información y Comunicación Ambiental	ciceana.org/pag_old/qciceana.htm
International Organization for Standardization	iso.ch
United States Environmental Protection Agency	epa.gov/
U.S. Fish and Wildlife Service	gws.gov
North American Integration & Development Center	webcom.com/issadra/naid
U.S./Mexican Policy Studies Program	utexas.edu/depts/Ibj-school/usmex
Convención Internacional sobre el Comercio Internacional de Especies Amenazadas de la Fauna y Flora Silvestres (CITES)	ukcites.gov.uk
Online Environmental Community	environlink.org
Sierra Club	sierraclub.prg.
Derecho Ambiental Internacional	dacs/centros/jurici/bddoint.htm
Border Information and Outreach Service Greenpeace	irc-online.org/bios/greenpeace.org
World Resources Institute	wri.org
Amigos de la Tierra	tierra.org
Unión Europea	europa.eu.int/pol/env/index_en.htm
Robert Schuman Centre, European University Institute, Florencia	Iue.it/RSC/Research/RSC-2.html
Parlamento Europeo	europarl.eu.int
Agencia Europea del Medio Ambiente	eea.eu.int

Comité de las Regiones de la Unión Europea	cor.eu.int
Consejo de la Unión Europea	consilium.eu.int
Eurostat	europa.eu.int/Comm/eurostat
Red Europea de Información (EIONET)	eionet.eu.int

Ministerios de medio ambiente europeos:

Alemania	bmu.de
Austria	bmu.gv.at
Bélgica	vmm.be
Dinamarca	mem.dk/ukindex.htm
España	mma.es
Holanda	minvrom.nl
Irlanda	environ.ie
Italia	minambiente.it
Portugal	min-amb.pt
Reino Unido	defra.gov.uk/environment/index.htm
Suecia	environ.se
Asociación Latinoamericana de Integración	aladi.org
Banco Interamericano de Desarrollo (BID)	iadb.org
Centro Latinoamericano de Administración para el Desarrollo (CLAD)	clad.org.ve
Comisión Económica para América Latina y el Caribe (Cepal)	eclac.cl
Comunidad Andina	comunidadandina.org
Comunidad del Caribe (Caricom)	caricom.org
Fundación Sinapsis	ba.net/sinapsis
Instituto para la Integración de América Latina y el Caribe (Intal)	iadb.org/intal/
Instituto Interamericano de Cooperación para la Agricultura (IICA)	iica.ac.cr
Mercado Común del Sur (Mercosur)	rau.edu.uy/mercosur
Law Center for Inter-American Free Trade	natlaw.com
Sistema de Integración Centroamericana	sicanet.org.sv

Crónica ambiental:
Gestión pública de políticas ambientales en México
se terminó de imprimir y encuadernar
en el mes de abril de 2007 en los talleres de
Impresora y Encuadernadora Progreso, S. A. de C.V. (IEPSA),
Calzada de San Lorenzo, 244; 09830 México, D. F

Se tiraron 2 000 ejemplares

Formación y tipografía:
Ricardo Escobar y *Gerardo Camargo;*
del Taller de Composición
del Fondo de Cultura Económica,
con tipos Baskerville de 11:14 pts.

Corrección:
Ricardo Rubio, Víctor Kuri y *el autor*

Cuidado de la edición: *Axel Retif*